PRINCIPES

DE LA

PHILOSOPHIE

DU BOTANISTE.

PRINCIPES

DE LA

PHILOSOPHIE

DU BOTANISTE,

OU

DICTIONNAIRE interprète et raisonné des principaux préceptes et des termes que la Botanique, la Médecine, la Physique, la Chymie et l'Agriculture ont consacrés à l'étude et à la connoissance des Plantes.

PAR *N. JOLYCLERC*, *Professeur d'Histoire naturelle, à l'École centrale du département de la Corrèze.*

Ingenuas didicisse , fideliter , Artes , emollit mores nec sinit esse feros. CIC. ✶✶✶✶

A PARIS,

Chez LEVACHER, Libraire, rue du Hurepoix, N°. 12, au bout du quai des Augustins.

AN VIIe. DE LA RÉPUBLIQUE FRANÇAISE.

A TOUS LES HOMMES.

LE plus beau titre de l'Homme, est celui d'être Homme. Les noms les plus distingués, le rang le plus élevé n'ajoutent rien à cette dignité première. CITOYEN, celui-là seul sera noble désormais dans cette République, qui sera vertueux, et la seule illustration parmi nous, sera celle de la vertu. C'est donc à l'Homme seul, à l'Homme seulement vertueux que je dédie cet Ouvrage.

a iij

Qu'est-ce que l'Homme ? c'est le Citoyen. Qu'est-ce que le Citoyen ? c'est l'assemblage de toutes les vertus essentielles à l'Homme. Un vrai Citoyen a le cœur bon, les intentions droites, un esprit éclairé pour discerner le bien, et une volonté qui s'y livre sans réserves. Plus attentif aux règles de la justice qu'à ses intérêts personnels, il n'a dans ses propres affaires aucun juge plus exact et plus sévère que soi-même ; s'il s'agit des intérêts de sa Patrie, toutes ses facultés, toutes ses ressources deviennent sans contrainte les trésors publics ; et s'il est assez heureux pour en être le bienfaiteur, alors il n'a fait que ce qu'il a dû faire ; (la Patrie) elle seule est capable de l'occuper ; elle seule est digne de lui ; elle seule absorbera sans intervalle tous les momens de sa vie ; elle dirigera toutes ses études ; elle éclairera tous ses travaux ; elle animera, elle sanctifiera, elle éternisera tous ses efforts.

Tous les hommes, sans doute, sont susceptibles de ces devoirs sacrés ; presque tous en sont instruits. L'amour de la Patrie, l'habitude et l'idée du bien public, ne supposent dans leurs cœurs que la disposition unique de tout sacrifier à l'empire du devoir. Le germe des vertus sociales ne gît que dans cette générosité qui rend l'homme supérieur à tout, qui agrandit même son ame, qui le rend sensible au bien de ses semblables , qui augmente son bonheur lorsqu'il le partage avec eux , et qui souvent joint à ses sacrifices l'art de dérober ses efforts , paroissant acquitter sa dette , lorsqu'il donne avec le plus de profusion , et ne se croyant que reconnoissant et juste , lorsqu'il étend ses vues bienfaisantes sur l'humanité entière.

Pour être heureux , disoit le philosophe *Epicure*, « il ne faut pas s'enfuir dans les déserts ; il ne faut „ pas fuir la société des hommes : pour être heu„ reux, il nous suffit de savoir borner nos desirs , „ de suivre l'ordre des lois civiles , de concourir „ à l'harmonie parmi nos semblables , et de leur „ être toujours utiles.

„ Le dispensateur suprême nous faisant naître „ dans une contrée plutôt que dans une autre, „ exige que le lieu de notre naissance nous soit plus „ cher et plus précieux que tout autre , parce que „ c'est celui où sa sagesse nous a placés , par un „ arrangement que sa puissance a formé , dans „ une société d'amis et de frères , dont nous ne „ pouvons détourner nos regards , sans nous rendre „ coupables d'une odieuse prévarication ». Cette sentence est aussi celle d'un zélé Républicain de l'antiquité.

Embrassons dans notre cœur tous les habitans de la terre, ils sont tous nos frères, tous nos égaux; mais gardons-nous d'hésiter; l'amour de préférence est incontestablement dû à nos compatriotes; il est le tribut de la Patrie. C'est cet amour, (disoit Cicéron), « qui fait qu'on chérit jusques aux „ pierres de sa Patrie, qu'on la discerne de toutes „ les autres portions de ce vaste Univers, qu'on se „ sacrifie pour elle, en lui consacrant son temps „ et ses travaux; c'est cet amour qui fait que nous „ envisageons notre République comme un tout „ dont nous sommes les parties, comme un corps „ dont nous sommes les membres; et de même que „ nos membres travaillent tous à la prospérité et à „ la salubrité de notre corps, de même concourons „ tous par nos talens, par nos travaux, par nos „ écrits, au bien général de la République. „

N. JOLYCLERC.

AVANT-PROPOS.

LE plus bel usage que l'homme puisse faire de sa raison , est celui d'aimer , d'étudier , et de connoître la Nature , parce que tout dans la Nature a été créé pour l'homme ; parce que tout en elle a des rapports avec l'homme ; parce que tout y est intéressant et essentiel à l'homme. La Botanique est la connoissance acquise de cette partie de la Nature qui embrasse tous les végétaux. La philosophie naturelle , (dit un Auteur recommandable), a pour objet la recherche des causes des phénomènes de la Nature ; la philosophie du Botaniste a ce même objet dans l'étude des plantes ; elle y observe toutes les parties diverses , toute l'organisation et tout ce physique merveilleux qui les compose ; elle compare ; elle combine leurs différens rapports ; elle juge sur leur dissemblance ou leurs conformités , et parvient nécessairement , mais par un travail toujours combiné , méthodique et suivi , à connoître leur véritable nature.

Celui - là seul est digne du titre de Botaniste , et de la qualité de Philosophe , qui répend utilement le fruit des connoissances, qu'il a acquises, dans la société des hommes , et sait les convaincre tous que le règne végétal est une source intarissable des bienfaits de l'auteur de la Nature. Le nombre des plantes qu'embrasse sa science , est immense ; COMMERSON se glorifia d'en avoir formé une collection de plus de vingt-cinq mille : on dit que SHERARD en connoissoit seize mille; ADANSON les portoit à vingt mille ; LINNÉ, dans ses premiers ouvrages, en a décrit plus de dix mille , sans y comprendre les variétés ou espèces changeantes : on en nombre, on en connoît aujourd'hui plus de trente mille.

Si le but et l'ambition du Botaniste n'étoient que de connoître le général des plantes par leurs noms ; l'apperçu de toutes, ensuite un examen répété , et la comparaison simple des unes avec les autres, feroient tout son travail; il s'instruiroit, comme le voyageur connoît les contrées qu'il a parcourues , ou comme l'habitant des campagnes apprend à discerner la plus grande partie des plantes de son canton ; une routine feroit toute sa méthode , secondée par l'effet de sa mémoire; mais sa science, dès-lors, seroit-elle autre chose qu'une science vague , incertaine, et sur-tout très-limitée ? L'ambition du Philosophe-Botaniste est plus agrandie , et son dessein plus vaste ; ses regards se prolongent sur l'immensité de tous les végétaux, et son desir est de les discerner tous ; sa science, dès-lors, ne peut être l'effet d'une routine , ni ses leçons celui d'un rôlet. La ressemblance de plusieurs plantes utiles , avec celles qui sont nuisibles ; la difficulté de connoître sûrement les unes, si on n'a pas une idée distincte des autres ; la facilité de se méprendre, et les dangers d'une méprise , tout lui fait sentir la nécessité de recourir à des caractères et à des signes directs pour toutes.

Car, sans le secours d'une méthode, la Botanique ne seroit qu'un véritable chaos, disoit le célèbre LINNÉ. Quel homme assez heureux pour se reconnoître dans cette foule indéfinie d'objets dissemblables en tout, ou en partie seulement, qu'enfante l'intarissable Nature? Un coup-d'œil les voit tous, mais il ne les voit que confusément et sans fruit. Hélas! comment l'homme s'y prendroit-il, pour ne pas s'égarer? et ses égaremens en botanique ne peuvent qu'être funestes. Un regard jeté rapidement sur l'ensemble du port et de la figure des plantes, présente nécessairement à l'observateur des rapports marqués ou des différences sensibles; cette facilité de l'esprit à saisir les conformités ou les dissemblances, seconderoit nos premiers efforts, et nous aideroit peut-être à parvenir à quelques progrès; mais la mémoire dont nous sommes doués est toujours insuffisante, et son défaut nous ravit même la faculté de nous rappeler cette foule immense d'objets divers, aussi souvent, aussi sûrement que nous le voudrions, et que nous les avons saisis.

C'est donc sur l'indispensable nécessité de nous rendre compte de nos idées, de les rappeler de suite et par ordre, de leur donner un développement qui les rende distinctes, qu'est fondée la nécessité d'une méthode; sa fonction sera de soulager notre mémoire, en guidant notre esprit, en disposant, en distribuant les plantes, suivant des caractères déterminés, d'après la considération de toutes les parties, ou seulement de quelques-unes d'entre elles.

Une science qui embrasse un nombre presque indéfini d'êtres tous dissemblables, et qui les envisage sous tous les rapports, a nécessairement

un grand nombre de termes qui lui sont propres,
et sans lesquels il lui seroit impossible de s'énoncer
avec précision. C'est injustement qu'on a critiqué
ceux qu'a assignés l'immortel Linné dans sa *Philo-
sophie-Botanique*. Les Langues ne peuvent pas être
naturelles, il ne s'agit que de les entendre interpréter. Ces termes techniques, comme les caractères ou signes botanistes, sont le principe de toutes
les méthodes ; sans eux, la Botanique ne seroit
qu'une chimère, et il n'existeroit jamais de parfait
Botaniste.

Je n'écris pas seulement pour les Savans ; (je
répète ici ce que je déclare à la tête de tous mes
ouvrages) : je n'écris pas seulement pour ceux à
qui une éducation suivie a ouvert la carrière des
belles-sciences et des arts utiles ; je sais qu'ils
peuvent se passer de moi ; mes ouvrages sont
adressés à toutes les classes de Citoyens, à tous
ceux dans qui le sentiment d'aimer et de connoître
cette belle Nature, est inné comme dans moi ; ils
sont dédiés à toutes les conditions d'hommes, à
tous les sexes, à tous les âges ; et si je ne crains
pas de descendre jusqu'à des détails qui, peut-
être, paroîtront minutieux ; si, dans les sciences
que mes écrits enseignent, je m'efforce de tout
désigner, de tout interpréter, de tout simplifier,
c'est que mon desir est que mes leçons soient
comprises, s'il est possible, par l'enfant même qui
vient de naître ; c'est que je veux éviter à mes
semblables les études longues et fastidieuses qui
ont fatigué mon enfance et occupé tout mon premier âge ; c'est parce que je veux les soustraire à
ces méditations longues et pénibles par lesquelles

seules je suis parvenu à une connoissance appro-
fondie de tous les êtres végétaux ; c'est enfin ,
parce que, par amour et par estime pour la Botanique , je desire que tous les hommes puissent
devenir Botanistes.

Je n'aspire pas à la gloire d'être auteur unique,
ou créateur isolé du fond de cet ouvrage ; son
frontispice l'annonce ; j'en appelle à lui. Pour
m'instruire plus profondément encore que par
toutes mes recherches, j'ai eu recours aux écrits
des Grands-Hommes ; comme la laborieuse, l'indus-
trieuse abeille, j'ai parcouru toutes les fleurs qui
se trouvoient sous mes, pas et qu'ils y ont semées ;
j'ai cherché par-tout, j'ai moissonné par-tout, j'ai
profité de tout. Si j'ai eu la fermeté de suivre le
fil qui entroit dans tous les détours d'un immense
dédale ; si j'ai entrepris un travail supérieur, peut-
être, aux forces ordinaires des hommes ; si je ne
suis pas rebuté de la longueur et de la difficulté
des chemins qui se présentent encore à mes yeux,
c'est aux travaux de TOURNEFORT, de LINNÉ ,
de JUSSIEU, des LAMARK, DESFONTAINES, CUVIER,
GOAN, VILLARS, DURANDE, et autres savans
naturalistes ; c'est aux recherches profondes des
LAVOISIER, FOURCROY, CHAPTAL, BEAUMÉ, savans
chymistes ; c'est à l'expérience de ces médecins savans
qui ne cèlent pas aux yeux des hommes l'impor-
tance et le prix de leurs découvertes, que je suis
redevable de ma constance et de la plus grande
partie de mes lumières. Je leur en fais le sincère,
le véridique hommage. Mais j'ai percé les murs
et rectifié les détours d'un terrible labyrinthe ;
je résoudrai l'énigme ; j'abattrai les murs et suivrai

les contours du dédale; d'une science qui jusqu'ici
n'étoit accessible qu'à un petit nombre d'individus,
je parviendrai à faire une science aussi générale
qu'elle est utile, aussi répandue qu'elle l'étoit peu;
j'en ferai une science universelle; j'en ferai la
science de tous les hommes : c'est-là mon espoir;
ce sera le but de tous mes travaux et de tous
mes écrits.

Je m'attends qu'ils seront critiqués (*), et je
m'y attends d'autant plus que je ne regarde pas

―――――――――――――――――――――――――――――

(*) L'Auteur d'un Journal estimable m'a demandé pourquoi
je prends le titre de Naturaliste, écrivant sur l'Histoire naturelle,
comme si on pouvoit parler de la Nature sans être Naturaliste.
Mais combien d'hommes parlent, jusqu'à nous étourdir les
oreilles, de ce qu'ils ne sont pas, de ce qu'ils ne savent pas ?
Ce n'est pas là cependant ce que j'ai à répondre à cet Auteur.
Si je prends le titre de Naturaliste, c'est parce que je n'en ai
aucun autre plus honorable ; c'est ainsi qu'écrivant dans peu sur
les Mathématiques, je prendrai la qualité de Mathématicien.
Puissai-je, à juste titre, me donner ces deux qualifications !

Un savant a fait insérer dans ce même Journal, (le Magasin
encyclopédique), quelques traits de critiques contre un ouvrage
qui a paru sous mon nom depuis quelques années. S'il eût su les
circonstances dans lesquelles il a été publié ; s'il eût réfléchi que
c'étoit au temps de la plus épouvantable terreur, et dans la ville
la plus infortunée et la plus dévouée aux horreurs des vengeances ;
s'il eût su que ce livre imparfait, soustrait à mes papiers par
des amis officieux, dirigé et imprimé avec une égale rapidité,
présenté ensuite aux Représentans en mission à Lyon, leur donna
l'idée de l'utilité à laquelle seule j'aspirois dès-lors, qu'il me
valut leur protection, la liberté, la vie même ; certainement un

mes ouvrages comme parfaits ; mais j'invite tous les hommes qui s'étendront au-delà du cercle des connoissances que j'ai acquises, ou qui ont plus de lumières que moi, à travailler d'après mes propres écrits, comme j'ai travaillé d'après les écrits des auteurs qui m'ont précédé ; je les invite à les corriger, à les refondre même ; je les y invite, par l'intérêt qu'ils prennent comme moi au bonheur de l'humanité et à la gloire du nom français. Je dis plus encore ; s'ils satisfont à mes desirs, ce sera pour moi un encouragement à écrire de nouveau et sur la même matière ; ce sera aussi un puissant stimulant dans tout le reste de mes travaux.

----

savant, s'il est humain, bien loin de le censurer, l'auroit approuvé.

Mais ce n'est pas encore là ce que j'ai à lui répondre. Si le Citoyen ★ ★ ★, usant de toutes les lumières dont il est doué, l'eût bien examiné et bien jugé, certes, il auroit relevé dans ce livre des défauts bien plus réels que ceux qu'il y a trouvés. Je laisse aux amis qui l'ont imprimé la liberté de répondre plus au long à la censure ; ils en sont très-capables ; ils le peuvent. Pour moi, j'ai annoncé qu'imprimant tout l'ouvrage dont ce livre n'est que le prélude, je le retirerois bientôt du commerce, où il a été mis malgré moi, et que je donnerois en échange de celui qui me sera rapporté, un autre plus considérable pour moitié ou le quart de sa valeur.

ANNONCE

DE CE QUI EST CONTENU DANS CE VOLUME.

1º. DICTIONNAIRE interprète et raisonné des préceptes et des termes consacrés à l'étude des plantes.

2º. Caractères des Classes et des Ordres naturels , suivant le systême de JUSSIEU.

3º. Dénominations françaises données aux plantes , rapportées à leurs genres et à leurs espèces.

4º. Table concordante des dénominations diverses données aux plantes , par TOURNEFORT , LINNÉ , JUSSIEU , LAMARK , et d'autres savans Naturalistes.

5º. Travail du Pharmacien et récolte du Botaniste , pour la dessication des plantes.

6º. Vocabulaire latin de tous les termes techniques employés par les auteurs , pour la description des plantes , avec l'interprétation française.

PRINCIPES

PRINCIPES

DE LA

PHILOSOPHIE

DU

BOTANISTE,

OU

DICTIONNAIRE explicatif et raisonné des principaux préceptes et des termes que la Botanique, la Médecine, la Physique, la Chymie, l'Agriculture et les Arts ont consacré à la connoissance des Plantes.

A.

ABAT-JOUR, terme d'architecture qui désigne une espèce de fenêtre recouverte du haut en bas, et qui sert à éclairer les lieux souterrains. On se sert de ce terme en botanique, pour exprimer certaines lucarnes qui se trouvent sous le chapiteau du fruit de quelques espèces de pavots, qui en éclairent les loges, et laissent échapper les semences.

Abatardi, ie. On le dit d'une plante qui a dégénéré au point de perdre beaucoup ou de sa beauté, ou de sa taille, ou de ses vertus essentielles et premières.

Abri. On distingue en botanique les abris artificiels et les abris naturels. Les abris artificiels sont les ouvrages du cultivateur, tels que les serres, les couches, etc. Les abris naturels sont purement l'ouvrage de la nature; elle prodigue à ses productions tout ce qui est utile à leur conservation, et c'est d'elle seule qu'elles reçoivent les secours qu'un amateur attentif s'efforçoit en vain de suppléer. On peut regarder les calices dans les fleurs, les bulbes dans les racines, les bourgeons sur les rameaux comme des abris particuliers accordés par la nature, pour protéger et défendre les rudimens ou principes, et la naissance d'une plante nouvelle.

Abricotier, plante. *Prunus*, Linné; *Armeniaca*, Tournef.

Abriter. C'est mettre une plante à l'abri du vent, ou de la pluie, ou du soleil, ou de la gelée, etc. suivant ses besoins.

Abrotone *ou* Aurone, plante. *Artemisia*, Linné; *Abrotanum*, Tournef.

Abrouti, ie, plante mal construite, ou défigurée, ou plus petite que d'ordinaire.

Abruti, ie, plante dégénérée par l'effet du sol ou de la température, ou par défaut de culture.

Absinthe, plante. *Artemisia*, Linné; *Absinthium*, Tournef.

Absorbans, *Vaisseaux absorbans*. Ce sont dans les végétaux des suçoirs disposés principalement sur les feuilles. Ils sont destinés à pomper l'humidité de l'air, aliment secondaire pour les végétaux comme pour les animaux. Ces vaisseaux sont si utiles à l'organisation de certaines plantes, q'en vain on renverseroit leurs feuilles, en mettant la partie supérieure à la place de l'inférieure, elles se retourneroient toujours pour reprendre leur position nécessaire et primitive.

Abutilon, plante. *Sida*, Linné; *Abutilon*, Tournef.

Acacie, plante. *Mimosa*, Tournef. Linné.

Acacia, plante. *Mimosa*, Linné; *Acacia*, Tournef.

Acajou, plante. *Anacardium*, Linné; *Acajou*, Tournef.

Acante, plante. *Acanthus*, Tournef. Linné.

Accoller, terme d'agriculture. C'est attacher une plante à un corps voisin. Il y a des plantes, telles que la *Vigne*, le *Houblon*, le *Liseron*, la *Clématite*, qui s'accollent, d'elles-même et sans le secours de l'amateur, à d'autres plantes, pour étayer la foiblesse de leur tige, soit en s'y accrochant, soit en s'y entrelaçant par le moyen de leurs vrilles. (*Voyez* Vrilles *ou* Mains.)

Accollures, terme d'agriculture. Ce sont les liens de paille dont on se sert pour attacher la vigne et autres plantes grimpantes.

Accroissement. Les végétaux comme les animaux, ont un temps déterminé pour leur accroissement; c'est un développement successif et très-souvent méthodique de toutes leurs parties, jusqu'à ce qu'elles soient parvenues à leur état le plus parfait. L'état de perfection est très-court dans presque tous les végétaux, il touche à l'époque de leur dépérissement. Les plantes s'accroissent par *intus susception*. (Voyez ce terme.)

Ache, plante. *Apium*, Tournef. Linné.

Acide. On nomme acides végétaux tous les acides des substances que fournit le règne végétal. On en distingue principalement quatre sortes.

1°. L'*acide pyro-muqueux*. C'est celui que donnent à la distillation tous les végétaux qui contiennent un suc sucré. Cet acide concentré a une saveur très-piquante ; il rougit fortement les couleurs bleues végétales. Si on l'expose au feu, il se volatise, et ne laisse qu'une tache brune. L'argent n'est pas attaqué par cet acide, mais le mercure l'est à la longue ; il corrompt le plomb, et forme un sel à cristaux très-alongés, très-styptique ; il donne avec le cuivre une dissoluiton verte ; il dissout l'étain en partie, et forme des cristaux verts avec le fer.

2°. L'*acide pyro-ligneux*. C'est cet acide qu'on retire du bois par distillation, et qui y étoit mêlé avec une portion d'huile. Cet acide rougit fortement les couleurs bleues végétales ; il dissout près de deux fois son poids d'oxide de plomb.

3°. L'*acide citrique*. Il est à nud dans le fruit, et analogue à la saveur du citron. Cet acide purifié et concentré se conserve pendant plusieurs années, et sert pour plusieurs usages, même pour faire de la limonade.

4°. L'*acide malique*. On le tire des pommes et de divers fruits, par des préparations chymiques et autres plus ordinaires ; il est plus ou moins mêlé avec l'acide citrique.

On distingue encore plusieurs autres acides que la chymie sait extraire des végétaux, tels sont l'*Acide carbonique*, l'*Acide acéteux*, l'*Acide oxalique*, l'*Acide carbonique*, etc. (Voyez ces articles et les divers ouvrages donnés par la Chymie moderne.) Il est peu de végétaux qui n'en présentent de plus ou moins développés ; dans quelques-uns, la saveur acide est répandue dans tout le parenchyme ou corps végétal ; tels sont le *Giroflier jaune*, la *Bardane*, la *Filipendule*, le *Cresson d'eau*, l'*Herbe à Robert*, etc. Il en est d'autres où le principe acide n'existe que dans une partie de la plante, tels les feuilles de la *grande Valériane*, les fruits de l'*Alchéchenge*, l'écorce de la *Bourdaine*, la racine de l'*Aristoloche*, etc.

Acéteux, *Acide acéteux*. Le muqueux et l'alkool sont les principes de la fermentation acide ; car trois causes sont nécessaires pour qu'elle ait lieu dans les liqueurs spiritueuses : 1°. l'existence d'une matière muqueuse et de l'alkool ; 2°. une chaleur de 18 à 25 degrés ; 3°. la présence du gaz oxigène. Lorsque la fermentation qui conduit à l'acide se développe, la liqueur s'échauffe et se trouble, elle exhale une odeur vive, il s'absorbe beaucoup d'air, d'après les observations de *Rosier*; (voyez les articles *Acide*, *Vinaigre*) c'est ainsi qu'il se forme. Sa préparation chymique consiste à l'épurer par la distillation ; les premières portions sont foibles, mais bientôt après l'acide acéteux monte, et il est d'autant plus fort qu'il passe plus tard.

Aconit, plante. *Aconitum*, Tournef. Linné.

Acotyledones, terme composé du mot grec *Cotulè*, feuille, et de la particule privative *a*. Il désigne les plantes dont l'embryon au germe des semences est seulement composé de la plumule et de la radicule, sans cotyledons ou lobes latéraux ; la tunique propre s'étend lors de la germination, la semence pousse ses racines en dessous, et s'élargit diversement en dessus, sans être partagée par des cotylicons, tels les *Champignons*, les *Algues*, les *Mousses*, les *Fougères*.

Acres, adjectif des plantes dont la saveur est mordicante et corrosive.

Adhérent, te. On nomme pétiole adhérent celui qui n'a avec la tige qu'une simple adhésion, qui ne la touche que par un simple contact, et qui ne s'élargit point à sa base comme le pétiole que l'on nomme cohérent.

Adhésion. C'est le synonyme d'insertion ; c'est l'endroit ou le mode par où une partie sur une plante adhère à une autre partie.

Adoucissant, te, terme de médecine. Il désigne une plante dont la propriété est d'adoucir les acrimonies des viscères et du sang.

Adonide, plante. *Adonis*, Linné ; *Ranunculus*, Tournef.

Adragant, Gomme adragant. C'est de l'*Astragalus tragacantha* que suinte, dans les îles de l'Archipel, cette gomme qui a cela de particulier qu'elle ne se dissout pas dans l'eau comme les autres gommes. Si on cultivoit la plante dans nos provinces méridionales, on se passeroit aisément de celle qui nous est apportée d'*Alep*. C'est pendant les grandes chaleurs que le suc propre de la plante s'épaissit, fait crever les vaisseaux qui le contenoient, coule sur les tiges, sur les branches, et s'accumule sur-tout dans les angles des épines et des tiges. Là, il se coagule et durcit dans la forme d'un vermisseau souvent de plus d'un pouce de longueur, sur une ligne d'épaisseur. La *Gomme*

adragant est regardée par les médecins comme humectante, ra-
fraîchissante, incrassante ; elle est aussi d'usage dans les cuisines ;
on la mêle avec le lait pour faire les crêmes ; on la substitue aux
blancs d'œuf. La colle de farine mêlée avec cette gomme, en
devient plus tenace. Celle que le commerce débite doit être
luisante, légère, blanche, très-nette, sans goût, sans odeur,
autrement elle doit être rejetée.

Adulte. On donne ce titre à une plante qui touche au dernier état
de son accroissement.

Aérien, *Vaisseaux aériens* ou *trachées.* Ces vaisseaux sont principalement situés sur les feuilles et sur les jeunes branches
d'une plante. Ils sont tournés en spirale, élastiques et susceptibles de raccourcissement et de prolongation. Leur fonction
est d'ouvrir un libre passage à l'air dans l'intérieur du végétal,
et de transmettre cet aliment nécessaire aux vaisseaux de la sève
et aux vaisseaux propres avec lesquels ils s'abouchent, favorisant ainsi le mouvement et la secrétion des liqueurs.

Affadi. Une plante est traitée d'affadie lorsqu'elle a perdu une
partie de sa saveur.

Agacement. Impression désagréable que les fruits mangés verts et
certaines plantes, font sur les dents.

Agaric, champignon. *Agaricus,* Tournef. Linné.

Agati, plante. *Æschinomene,* Linné.

Age *des plantes.* On distingue trois âges dans les plantes : 1°. celui
pendant lequel la plante reste susceptible d'accroissement, c'est
le plus long ; 2°. celui dans lequel elle cesse de croître, c'est le
plus court ; 3°. le temps de son dépérissement, de sa décré-
pitude et de sa mort.

Agrafes. On donne ce nom à des poils plus ou moins rudes, ordinairement courbés en hameçon, qu'on rencontre sur certaines
plantes ; c'est par eux qu'elles s'accrochent et se lient aux corps
voisins pour étayer leur foiblesse. Tel est le *Lierre arbre.*

Agrégation. C'est l'assemblage ou amas de plusieurs parties qui
n'ont point entre elles de liaison naturelle. On nomme les fleurs
agrégées lorsqu'elles sont réunies en nombre dans le même
calice, ou dans le même involucre avec des calices particuliers.
On le dit également des semences.

Agrestes. On nomme plantes agrestes celles qui croissent en plein
air dans les champs.

Agriculture. C'est le plus ancien et le plus utile de tous les arts.
c'est elle qui multiplie les plantes utiles aux besoins de l'homme ;

c'est l'art de cultiver la terre et de la forcer de produire avec abondance tous ces grains et ces fruits dont nous attendons notre existence.

Agripaume, plante. *Leonurus*, Linné ; *Cardiaca*, *Marubiastrum*, Tournef.

Ahouai, plante. *Cerbera*, Linné ; *Ahouai*, Tournef.

Aigremoine, plante. *Agrimonia*, Tournef. Linné.

Aigrette, espèce de pinceau de poils déliés qui couronne certaines graines. L'aigrette donne de la prise aux vents pour promener et disperser les semences végétales ; tels les *Chardons*, la *Dent-de-Lion*, plusieurs *Asters*, plusieurs *Epilobes* ont les semences aigrettées.

Aigu, ue. Ce terme désigne les feuilles, les pétales et autres parties des plantes qui se terminent par une pointe aiguë.

Aiguille, *en Aiguille*. On désigne ainsi certaines semences terminées par une pointe ramincie comme une aiguille. Le *Scandix*, les *Becs-de-Grue*, ont leurs semences en aiguille.

Aiguillons. Ce sont des productions dures et pointues, contiguës à la tige d'une plante ou à ses rameaux, ou ses feuilles, ou ses fruits. On les détache sans déchirement sensible ; c'est en cela qu'ils diffèrent des épines qui naturellement font corps avec les tiges, et ne peuvent en être extraites sans les altérer. Les piquans du *Rosier* sont des aiguillons, ceux de l'*Arête-Bœuf* sont des épines. On regarde les aiguillons et les épines comme les armes défensives de certaines plantes.

Aiguillonné, ée. On se sert quelquefois de cet adjectif pour désigner une plante ou les feuilles, lorsque ces parties sont armées d'aiguillons, ou d'épines, ou de simples piquans. On s'en sert aussi pour exprimer que ces parties sont terminées en aiguillon.

Ail, plante. *Allium*, Tournef. Linné.

Ailes. On donne ce nom aux deux pétales latéraux des fleurs légumineuses, en les comparant aux ailes ouvertes de certains papillons. Le pétale supérieur se nomme étendard ou pavillon, et l'intérieur est appelé carène.

Ailé ée. Terme indicatif d'un pétiole, d'un pédoncule, d'une tige, d'une semence, qui sont bordés d'un feuillet ou d'une membrane prolongée sur leur longueur, en forme d'aile : on désigne aussi par ce terme la feuille composée, dont le pétiole commun sert de support à plusieurs folioles disposées comme des ailes.

Ajonc, plante. *Ulex*; Linné; *Genista spartium*, Tournef.

Air. L'air est regardé comme l'aliment secondaire des végétaux. (*Voyez* aériens, vaisseaux aériens.) L'air est un fluide invisible, inodore, quelquefois palpable, insipide, ou dont nous ne sentons que rarement la saveur. Ce qu'on nomme *air fixe*, est une substance volatile, gazeuse, qui se dégage par la fermentation et l'effervescence occasionnées par la dissolution d'un corps. On se sert plus communément du nom de gaz. (Voyez ce terme.)

Airelle *ou* Myrtile, plante. *Vaccinium*, Linné; *Vitis idaea*, Tournef.

Alambic, terme de Chymie. On donne ce nom à des chaudières construites pour la distillation des végétaux et autres substances. Les savans chymistes de nos jours veulent que le fond en soit bombé en dedans, afin que le feu soit presque à une égale distance de la surface du cul de la chaudière; que les côtés soient élevés perpendiculairement et rentrent de quelques pouces, à leur bord supérieur, pour recevoir un vaste chapiteau entouré de son réfrigérant, etc., etc. (Lisez les ouvrages savans de Beaumé, de Fourcroy, de Chaptal.)

Alaterne, plante. *Rhamnus*, Linné; *Alaternus*, Tournef.

Alcée, plante. *Malva*, Linné; *Alcea*, Tournef.

Alène, *en alène*. C'est ainsi qu'on designe un filet, un style, une feuille, terminés en pointe fine, comme celle d'une alène.

Alexipharmaques. Plantes dont la propriété est de ranimer la circulation du sang, de détruire l'effet des morsures vénimeuses et des poisons coagulans.

Alexitères. Autre terme de médecine; il qualifia les plantes qui, prises intérieurement, relèvent subitement les forces abattues, raniment l'action des solides, et atténuent la trop grande quantité de fluides.

Algues, *famille des Algues*. C'est le nom que Jussieu a donné à la seconde de ses familles naturelles. Elle embrasse toutes les plantes qui ont de l'analogie avec l'Algue, *Alga*.

Aliboufier, plante. *Styrax*, Tournef. Linné.

Alimentaires. C'est par ce terme qu'on désigne les plantes réservées par le créateur, à être l'aliment de l'homme; le *Froment*, le *Riz*, la *Pomme-de-Terre*, sont des plantes alimentaires ; ce terme a servi à d'anciens botanistes dans les divisions de leurs méthodes. Ils partagèrent les plantes en alimentaires , vineuses , potagères , etc. C'est supposer la connoissance de la botanique , ce n'est pas l'enseigner ; il falloit à cette science , des signes , plus techniques et plus certains.

Alisier , plante. *Cratœgus* , Tournef. Linné.

Alkalescent. La Chymie emploie ce mot pour désigner une substance végétale ou autre , dont il résulte un léger alkali , ou qui commence à tourner vers la fermentation alkaline et putride.

Alkali. On distingue dans les végétaux deux espèces d'Alkalis ; le *fixe* et le *volatil* ou *ammoniac*. L'*Alkali fixe* présente deux sortes , le *vegétal* ou *potasse* , et le *minéral* ou *soude*. L'*Alkali végétal* peut s'extraire de diverses substances , par la combustion ; toutes n'en produisent pas la même quantité. Celui qui est tiré de la lessive des cendres de bois , se nomme Salin. C'est le *Salin* qui , calciné et débarrassé de tous les principes qui le noircissent , se nomme *Potasse*. L'*Alkali minéral* a reçu ce nom , parce qu'il fait la base du sel *marin*. On le tire des plantes marines par la combustion , et toutes n'en donnent pas la même quantité.

Toutes les recherches chymiques ne représentent qu'une seule espèce d'*Alkali volatil*. Sa formation paroît due à la putréfaction ; mais comme tout l'*Alkali volatil* dont on fait usage dans le commerce et dans la médecine , est fourni par la décomposition du sel ammoniac , les chymistes nouveaux l'ont consacré sous le nom d'*Ammoniac*.

Alkool , terme de chymie. La distillation de l'eau-de-vie à une chaleur douce ; donne une liqueur plus volatile , qu'on nomme *Esprit-de-vin* ou *Alkool*. Cette substance très-inflammable paroît formée de beaucoup d'hydrogène et de carbone. L'*Alkool* est le dissolvant des résines et de la plupart des aromates ; il fait la base de l'art du parfumeur et de celui du vernisseur. On nomme encore *Alkool* , des substances réduites en poudre impalpable.

Aloès , plante. *Aloe* , Tournef. Linné.

Aloès , terme de pharmacie. C'est un suc d'un rouge brun et d'une amertume considérable. On en distingue de trois espèces : le *Sucotrin* , l'*Hépatique* et le *Caballin* ; ils ne diffèrent que par le degré de pureté. Tous les trois sont extraits du genre des *Aloès*. On les emploie en médecine , comme purgatifs , toniques , fondans et vermifuges.

Alpes. Ce nom est donné aux montagnes les plus élevées. Le

Ciel des Alpes est un des climats admis par Linné. Les plantes qu'il y place, sont celles des montagnes les plus élevées et qui présentent des neiges presque pendant toute l'année. Les végétaux y naissent fort tard, fleurissent et fructifient avec rapidité. Ils exigent, dans nos jardins, qu'on les couvre de neige et de branches d'arbres, pour les garantir au printems des neiges et des nuits froides ; ils exigent ensuite le plus grand soin et le grand air. C'est ainsi que la culture, de même que tous les arts, ne réussit qu'autant qu'elle copie le travail et la marche de la nature, qui assigne à chaque végétal, le climat, le sol et la position qui lui sont propres.

Altérantes. On donne cette qualification aux plantes dont la propriété est de rétablir les fonctions de l'économie animale, sans produire d'évacuation sensible.

Alternes. C'est ainsi qu'on désigne les feuilles et les fleurs qui sont placées l'une après l'autre, et tour-à-tour des deux côtés d'une branche ou d'un rameau. On dit que les parties sont relevées et rabattues alternativement, lorsque leurs pointes sont tournées l'une en haut, et l'autre en bas tour-à-tour.

Alvéoles. On donne ce nom aux petites loges ou cellules à six pans des gâteaux de cire, composée par les abeilles. On désigne par le terme *alvéolé*, le réceptacle commun à des fleurs composées, lorsqu'il est composé de la réunion de cellules alvéolaires.

Amandier, plante. *Amygdalus*, Tournef. Linné.

Amaranthes, *famille des Amaranthes*. C'est le nom que Jussieu a donné à la trentième de ses familles naturelles ; elle embrasse les plantes qui ont de l'analogie avec l'Amaranthe. *Amaranthus*.

Amaranthe. On désigne aussi par le terme Amaranthe, les fleurs qui sont de couleur amaranthe.

Amaranthine, plante. *Gomphrena*, Linné ; *Amaranthoïdes*, Tournef.

Ambaïba, plante. *Cecropia*, Linné,

Ambrette, plante. *Centaurea*, Linné ; *Cyanus*, Tournef.

Ambrosie, plante. *Ambrosia*, Tournef. Linné.

Amentacès, ou *arbres à chatons*. Ce sont ceux dont les fleurs sont disposées sur des chatons. (*Voyez* Chaton.) *Famille des amentacées*, c'est le nom que Jussieu a donné à la quatre-vingt-dix-neuvième de ses familles naturelles ; elle embrasse toutes les plantes dont les fleurs sont portées par des chatons.

Amillacées. Terme consacré à indiquer les parties des végétaux qui renferment de l'amidon. (*Voyez* Amidon.)

Amidon. Le procédé de l'amidonier consiste à faire fermenter les gruaux, les recoupettes, la farine de blé gâté, dans l'eau acide, qu'on nomme *eau sure*. Lorsque la fermentation est achevée, au bout de douze ou quinze jours on retire la fécule qui est précipitée au fond de l'eau, on la met dans des sacs de crins et on verse dessus de la nouvelle eau qui entraîne la fécule la plus fine ; alors on lave encore l'amidon à plusieurs reprises, et on le dépouille ainsi de tout principe étranger. Les usages de cette fécule sont très-multipliés. Ces usages qui entraînent une prodigieuse consommation des grains les plus nécessaires à l'aliment de l'homme, pourroient être suppléés par un amidon fait avec des plantes moins précieuses que les graminées ; alors les objets de luxe, tels que la poudre aux cheveux, l'empois, etc. ne le disputeroient plus à nos premiers besoins.

Aminci, ie. Nom qu'on donne au pédoncule, aux feuilles, au pétiole, etc., lorsque ces parties s'alongent, en diminuant d'épaisseur depuis leur base, jusqu'à l'extrémité supérieure.

Ammi, plante, *Ammi,* Tournef. Linné.

Ammoniac. On nomme sel ammoniac tout sel neutre composé d'un acide uni jusqu'au point de saturation, avec l'alkali volatil. Le *Sel ammoniac végétal* seroit celui qu'on pourroit former, en combinant l'alkali volatil jusqu'au point de saturation avec les acides végétaux. On donne aussi le nom d'*Ammoniac* à l'*Alkali volatil.* (Voyez cet article.)

Amourette, plante. *Bryza,* Linné ; *Gramen,* Tournef.

Amplexicaule. On donne ce nom aux feuilles et aux pétioles dont la partie inférieure semble se partager, pour embrasser la tige ou le rameau d'une plante.

Analogie. Proportion et rapports dans la figuration ou dans les vertus d'une plante avec une autre. On nomme analogues les parties qui ont entre elles de l'analogie.

Analyse. La Chymie entend par ce mot la décomposition d'un corps, ou la séparation des principes et parties constituantes d'un composé. Analyse chymique d'une plante, c'est leur résolution en principes sensibles faite par les moyens de la chymie, c'est-à-dire, avec des vases construits pour séparer les substances et avec le feu, au dégré nécessaire, pour les diviser et les purifier. Analyser une plante, c'est aussi travailler à connoitre le nombre, la forme et les diverses uti-

lités des parties qui composent son ensemble , c'est l'anatomiser.

Ananas , famille des Ananas. C'est la quinzième des familles naturelles de Jussieu; elle réunit les Ananas. *Bromeliae.*

Anastomoses. C'est l'embouchure d'un vaisseau dans un autre.
On se sert quelquefois de ce terme en botanique.

Anatomie des plantes. C'est la décomposition, la dissection ,
pour ainsi dire, d'une plante : par cette dissection, on s'assure
de l'existence, de la forme , de la situation et de la nature
de ses diverses parties , du rapport médiat ou immédiat que
ces parties ont entre elles , et de leurs fonctions respectives.

Ancolie, plante. *Aquilegia* , Tournef. Linné.

Androgynes. Terme tiré des deux mots grecs *andros*, homme ,
et *guné*, femme. Il indique les plantes qui ont des fleurs mâles
et femelles séparées sur le même individu.

Andromède , plante. *Andromeda* , Linné ; *Erica* , Tournef.

Androselle , plante. *Androsace* , Tournef Linné.

Anémone , plante. *Anemone* , Tournef. Linné.

Anet , plante. *Anethum* , Tournef. Linné.

Angélique , plante. *Angelica* , Tournef. Linné.

Angiosperme , terme dérivé des deux mots grecs *angios* et *sperma*,
semences cachées. Il qualifie les plantes dont les semences sont
renfermées dans une capsule, pour former l'ordre deuxième de
la quatorzième classe du système sexuel.

Angleux, se. Il se dit des Noix dont la substance de l'amande
est tellement enfoncée dans les angles de la coquille, qu'il est
difficile de l'en tirer.

Angourie, plante. *Anguria* , Linné.

Anguine , plante. *Tricosanthes* , Linné.

Anguleux , se. On désigne par ce terme les tiges, les feuilles, etc. ,
qui sont marqués d'angles saillans en dehors.

Annuel, le. C'est ainsi qu'on qualifie les plantes qui naissent,
croissent et meurent dans le court espace d'une seule année.
Dans la plupart des herbes vivaces , les tiges sont annuelles , il
en renaît ensuite d'autres de la racine.

Annullé, ée. On désigne par ce terme le pédoncule qui a un
anneau ou cercle concentrique lequel l'entoure à son insertion ,
quelquefois ailleurs.

Anodin, ine, terme de médecine. Il désigne les plantes dont la propriété est d'adoucir et de calmer les douleurs.

Anomal, le. Terme consacré à désigner les plantes dont les fleurs ne présentent qu'une forme indéterminée et très-irrégulière. Les Anomales constituent la onzième classe de la méthode de Tournefort.

Anone, *famille des Anones.* C'est la soixante-seizième classe des familles naturelles de Jussieu. Elle embrasse les plantes qui ont des rapports avec l'arbre nommé Anone ou Cachimentier. *Anona.*

Ansérine, plante. *Chenopodium*, Tournef. Linné.

Antalgique, terme de médecine, synonyme d'*Anodin.* (Voy. ce terme.)

Antaphrosidiaque, terme de médecine. Il indique les plantes dont la vertu est d'éteindre la vivacité des désirs amoureux.

Antartritique. Terme de médecine appliqué aux plantes qui peuvent servir de remède contre la goutte.

Antasthmatique. Terme de médecine appliqué aux plantes employées contre l'asthme.

Antephialtique. Adjectif d'une plante employée contre le cochmar.

Antelmintique. Plante employée comme remède contre les vers.

Anthère. C'est le sommet ou la partie supérieure de l'étamine. Cet organe dans le végétal remplit les fonctions des testicules dans l'animal. Il a la forme d'une petite outre. Cette petite outre contient une poussière très-fine , qu'on nomme poussière prolifique ou pollen. Sitôt que ce sperme des plantes est parvenu au degré nécessaire d'effervescence et de maturité , il se fait une petite explosion ; le pollen s'élance et atteint le pistil , et là, soit qu'un simple contact lui suffise, soit que sa subtilité et sa pente naturelle le portent jusqu'à l'ovaire , c'est lui qui le rend fécond.

Anthyllide, plante. *Anthyllis* , Linné ; *Vulneraria, Barba jovis erinacea , Ebenus* , Tournef.

Anti-acides. Plantes dont la proprité est de corriger ou de modifier les acides.

Antidotes. Plantes employées contre l'activité des poisons.

Anti-émétiques. Plantes employées en remède contre les vomissemens.

Anti-épileptiques. Plantes employées contre l'épilepsie.

Anti-fébriles. Plantes employées contre la fièvre.

Anti-hectiques. Plantes employées en remède contre l'hectisie e
la phthisie.

Anti-hydropiques. Plantes employées contre l'hydropisie.

Anti-hystériques. Plantes employées en remède contre les vapeurs
nommées hystériques.

Anti-loïmiques. Plantes regardées comme remède ou comme
préservatif contre la peste.

Anti-mélancoliques. Plantes ordonnées dans la mélancolie.

Anti-néphrétiques. Plantes usitées en remède dans la néphrétique.

Anti-paralytiques. Plantes prescrites en remède dans la paralysie.

Anti-phthisiques. Plantes prescrites en aliment ou en remède dans
la phthisie.

Anti-pleurétiques. Plantes ordonnées en remède dans la pleurésie.

Anti-podagriques. Plantes employées dans les bains ou en remède
contre la goutte aux pieds.

Anti-putrides. Plantes auxquelles on attribue la propriété d'ar-
rêtér les progrès de la pourriture.

Anti-pyriques. Plantes employées contre la suppuration.

Anti-pyrotiques. Plantes usuelles dans l'inflammation causée par
la brûlure.

Anti-scorbutiques. Plantes employées comme remède ou comme
préservatif du scorbut.

Anti – septiques. Plantes employées contre la gangrène et la
putréfaction.

Anti-vénériennes. Plantes employées comme remède contre la
vérole.

Anti-vermineuses. Plantes usitées contre les vers dans le corps
humain.

Aoûter, terme d'agriculture. C'est accélérer la maturité d'une
plante ou d'un fruit ; on dit une *Citrouille* aoûtée, un fruit
aoûté, etc.

Apalachine, plante. *Prinos*, Linné.

Apathique. L'apathie est l'état de notre ame, lorsqu'elle n'est
agitée d'aucune passion. On désigne par le terme apathique,
ce qui ne donne aucun signe de sensibilité sur les plantes.
Les étamines de l'*Epine-Vinette* sont sensibles ou mimeuses,
ses pétales sont apathiques ; les feuilles de la plupart des

mimoses sont sensibles , et se contractent lorsqu'on les touche ; les feuilles du Chêne sont apathiques.

Apéritives. Plantes qui facilitent dans le corps humain le cours des liqueurs , et débouchent l'orifice des vaisseaux obstrués.

Apétale , terme composé du mot grec *petalé*, feuille, et de la particule privative *a*. Il désigne les plantes dont les fleurs sont dépourvues de pétales.

Apocinées, famille des Apocinées. C'est la quarante-septième des familles naturelles de Jussieu. Elle renferme les plantes qui ont de l'analogie avec l'apocin. *Apocinum.*

Apophlegmatisantes. Plantes qui provoquent la secrétion des phlegmes pituitaires.

Apophyse. Sortes d'excroissances qu'on observe sur certaines parties des plantes.

Appendice. Espèce de prolongement d'une feuille qui suit le pétiole jusqu'à son insertion sur la tige , ou sur le rameau de la plante.

Appliquées. Terme adjectif des feuilles qui sont dans une direction parallèle à la tige, qui la touchent suivant sa longueur , et qui sont comprimées du côté qu'elles la touchent.

Approche. Terme du jardinier qui greffe par approche, c'est-à-dire, en approchant deux branches dont il a enlevé l'écorce du côté qu'elles doivent se toucher , soit qu'il fasse entrer la greffe dans l'entaille faite au sujet, ou dans une sorte de mortaise qu'il a pratiqué.

Appuyées. Terme indicatif des feuilles qui sont sessiles, et dont la surface supérieure est comme appuyée sur la tige ou sur les rameaux sans être comprimée.

Apre. On donne ce nom à la tige qui est recouverte de poils durs et épais, ou d'inégalités qui la rendent dure au toucher.

Aquatiques. C'est l'adjectif des plantes qui naissent dans les eaux.

Aqueux, se. C'est le nom qu'on donne à la chair ou substance d'une plante de laquelle on exprime beaucoup d'eau.

Aralie , *famille des Aralies.* C'est la cinquante-neuvième des familles naturelles de Jussieu; elle réunit les plantes qui ont des rapports avec l'Aralie. *Aralia.*.

Arboré, ée. On donne ce nom à une tige qui a les feuilles et les rameaux rassemblés à l'extrémité supérieure dans la forme de ceux d'un arbre. On le donne aussi à la tige d'une plante qui s'élève perpendiculairement et d'un seul jet, comme le tronc d'un arbre.

Arbousier, plante. *Arbutus*, Tournef. Linné.

Arbre. Nom générique de toutes les plantes ligneuses qui portent des bourgeons, s'élèvent d'un seul jet à une hauteur considérable, et vivent plusieurs années. Le *Chêne*, le *Tilleul*.

Arbrisseaux. Ils ne diffèrent des arbres que par une moindre élévation; ils portent, comme eux, des bourgeons; mais ils produisent plus souvent qu'eux plusieurs tiges de la même racine. Le *Grenadier*, le *Myrthe*, l'*Oranger* sont des arbrisseaux.

Arbustes *ou* sous-**Arbrisseaux.** Ils ne diffèrent des arbres et des arbrisseaux que par une élévation bien moindre, et par le défaut de bourgeons. Les *Cistes*, les *Bruyères* sont des arbrisseaux.

Aréolé, ée. On le dit du réceptacle des fleurs composées, des feuilles et autres parties, lorsqu'elles sont applanies, et cependant marquées d'inégalités ou rides peu sensibles.

Arête. On donne quelquefois ce nom aux barbes qui accompagnent l'épi de certaines plantes graminées, et à d'autres parties en arête de poisson sur diverses plantes.

Argalou, plante *Rhamnus*, Linné; *Paliurus*, Tournef.

Argan, plante. *Syderoxilum*, Linné.

Argemone, plante. *Argemone*, Tournef. Linné.

Argile, terre grasse au toucher, et dont la tenacité s'oppose à l'accroissement des plantes. Il est cependant des plantes qui semblent s'y plaire. Telles sont la *Vulnéraire*, l'*Inule dissenterique*, la *Potentile rampante*, le *Tussilage*.

Argot, terme d'Agriculture. On donne ce nom à l'extrémité d'une branche qui a été taillée et qui est morte dans le bout, ainsi qu'il arrive souvent aux branches qu'on écussonne. Argoter un arbre, c'est en retrancher toutes les branches mortes ou chicots.

Argousier, plante. *Hippophae*, Linné; *Rhamnoïdes*, Tournef.

Arguse, plante. *Messerschmidia*, Linné.

Aristoloche, *famille des Aristoloches*. C'est la vingt-troisième famille naturelle de Jussieu. Elle embrasse toutes les plantes qui ont de l'analogie avec l'Aristoloche. *Aristolochia*.

Amarinthe, plante *Cachrys*, Tournef. Linné.

Armoise, plante. *Arthemisia*, Tournef. Linné.

Armoselle, plante. *Seryphium*, Linné.

Aroïdes, *famille des Aroïdes.* C'est la septième des familles naturelles de Jussieu. Elle réunit les plantes qui ont des rapports avec le Pied-de-veau. *Arum.*

Aromatiques, adjectif des plantes qui répandent une odeur d'aromates.

Aromate *ou* Arome. Chaque plante a une odeur qui la caractérise, et c'est ce principe odorant qu'on nomme *Arome.* L'art de s'en emparer et de le porter à volonté sur diverses substances, constitue l'art du parfumeur. L'Arome varie relativement à sa volatilité; il est en général soluble dans l'eau, l'alkool ou les huiles; sa nature, à en juger par notre odorat, varie aussi, mais à l'infini. Il est des aromates qui portent une impression dangereuse dans l'économie animale : l'odeur des *Lys* a été funeste; on a trouvé des personnes asphyxiées, même par l'odeur de la *Violette* ou celle d'autres fleurs aussi suaves. Il est des *Aromes* vénéneux : ainsi le *Mancenilier* exhale des vapeurs mortelles; ainsi la *Lobelia longi-flora* excite une impression suffoquante sur l'homme qui respire dans son voisinage.

Arrête-bœuf, plante. *Ononis*, Linné; *Anonis*, Tournef.

Arroche, *famille des Arroches.* C'est la vingt-neuvième des familles naturelles de Jussieu; elle renferme les plantes qui ont de l'analogie avec l'herbe nommée Arroche. *Atriplex.*

Arrondi, ie. On se sert de ce terme pour désigner des feuilles, des Anthères, des fruits qui présentent une circonférence circulaire ou presque circulaire.

Artichaut, plante. *Cinara*, Tournef. Linné.

Articulé, ée. Terme emprunté de l'Anatomie pour indiquer les racines, les bulbes, les rameaux, les feuilles sur lesquelles on rencontre des gonflemens et des étranglemens qui imitent en quelque sorte les articulations des doigts de la main.

Articule *ou* Article. En terme d'Anatomie, c'est la jointure des os : on s'en sert aussi en Botanique pour désigner sur-tout la jointure d'une partie d'une plante avec une autre partie. Les feuilles de la Raquette sont séparées par articles.

Asaret, plante. *Asarum*, Tournef. Linné.

Assa-fœtida, terme de Pharmacie. C'est le suc d'une plante ainsi nommée qui croît en Perse. Il est fluide et blanc en sortant de la plante, et exhale une odeur détestable; mais en desséchant, il perd son odeur et se colore. Les Indiens trouvent

cependant

cependant son odeur agréable, et l'emploient en assaisonnement. Il ne faut pas disputer des goûts. L'*assa-fœtida* est un
médicament fondant, discussif, et sur-tout un antihystérique
des plus efficaces.

Assis, se. C'est la position d'une plante ou d'une partie de la
plante sur une autre partie.

Asperge, *famille des Asperges*. C'est la douzième des familles
naturelles de Jussieu ; elle embrasse les plantes qui ont des
rapports avec l'asperge. *Asparagus*.

Asphodèle, *famille des Asphodèles*. C'est la seizième des familles
naturelles de Jussieu ; elle embrasse les plantes qui ont des
rapports avec l'Asphodèle. *Asphodelus*.

Assoupissantes, plantes dont la propriété est d'exciter l'assoupissement et le sommeil.

Aster, plante. *Aster*, Tournef. Linné.

Astragale, plante. *Astragalus*, Tournef. Linné.

Astrance, plante. *Astrantia*, Tournef. Linné.

Astringentes, plantes qui, prises intérieurement, ou appliquées
extérieurement, arrêtent le cours immodéré des liqueurs, et
procurent le resserrement des fluides.

Athamante, plante. *Athamanta*, Linné ; *Chœrophyllum*, Tournef.

Atténué, ée. On désigne ainsi les pédoncules, les pétioles et
autres parties, lorsqu'elles sont affoiblies et ramincies propor-
tionnellement à d'autres parties.

Avausse, mot par lequel on désigne dans certaines provinces une
espèce de chêne dont l'écorce est employée pour tanner les
cuirs.

Aubépin, plante. *Mespilus*, Tournef. Linné.

Aubier. C'est un bois encore imparfait, ordinairement blanc, qui
acquerra de la consistance à mesure que la plante prendra de
l'accroissement, et qui se trouve placé sous les couches corticales. Un arbre dont on arrête l'accroissement en enlevant son
écorce, et qu'on laisse ensuite sécher et mourir sur pied, acquiert beaucoup plus de densité, et son aubier, comme l'a
prouvé Buffon, devient aussi dur que le cœur même.

Aubifoin, plante. *Centaurea*, Linné ; *Cyanus*, Tournef.

Averon, ou *Avoine folle*, plante. *Avena*, Linné ; *Gramen*, Tourn.

Aunée, plante. *Inula*, Linné ; *Aster*, Tournef.

Aunaie, terme des campagnes. C'est un lieu planté d'aunes.

B

Aune , plante. *Betula ,* Linné ; *Alnus ,* Tournef.

Avoine , plante. *Avena ,* Tournef. Linné.

Avortement. Les semences avortent , lorsque l'embryon encore renfermé dans l'ovaire n'a pu y être fécondé , soit par le défaut de réunion des parties sexuelles , soit par quelqu'accident , tel que l'intempérie des saisons, la pluie , la gelée , etc. On nomme fruits avortés , ceux qui ne sauroient parvenir à une maturité parfaite.

Aurone , plante. *Artemisia ,* Linné ; *Abrotanum ,* Tournef.

Automnales. On donne ce nom aux fleurs qui n'épanouissent qu'en automne , et aux plantes qui ne se montrent que dans cette saison. On dit de même qu'une fleur est printanière, lorsqu'elle paroît au printems ; estivale , lorsqu'elle se montre en été ; hivernale , lorsqu'elle ne paroît qu'en hiver : la *Primevère,* la *Violette ,* l'*Anémone ,* la *Jacinthe ,* la *Tulipe ,* la *Pulmonaire ,* etc. pour le printems ; le *Miroir de Vénus ,* les *Valérianes ,* les *Roses* pour l'été ; les *Gentianes* pour l'automne ; les *Perce-neiges ,* l'*Absinthe-genepi ,* les *Mousses* pour l'hiver.

Axe. Ce mot désigne un pétiole , un pédoncule , une tige ou autre partie d'une plante , autour desquels d'autres parties sont disposées , comme les rayons d'une roue autour de son moïeu.

Axillaire. On nomme ainsi tout ce qui naît dans l'angle formé par la réunion d'une branche avec la tige , ou d'un pétiole sur un rameau. On dit feuilles , épines , fleurs axillaires.

Azalée , plante. *Azalea ,* Linné ; *Chamœrodendros ,* Tournef.

Azédarach , *famille des Azédarachs.* C'est la soixante-onzième des familles naturelles de Jussieu. Elle embrasse les plantes qui ont de l'analogie avec la plante nommée Azédarach. *Melia.*

Azerolier , plante. *Mespilus ,* Tournef. Linné.

Azote. On donne ce nom à un air corrompu , qui ayant servi à la combustion et à la respiration , n'est plus propre à ces usages. C'est ce qu'on nomme *air méphitique.* Les plantes vivent dans cet air , et y végètent librement.

B·

Baccante , plante. *Baccaris ,* Linné ; *Conyza ,* Tournef.

Baccifère. Dénomination de toutes les plantes , herbes ou arbres qui ont pour fruit une ou plusieurs baies.

Bacille , plante. *Chrytmum ,* Tournef. Linné.

Badamier , plante. *Terminalia ,* Linné.

Badiane, plante. *Illicium*, Linné.

Baguenaudier, plante. *Colutea*, Tournef. Linné.

Baie. (*Voyez* Baye.)

Bale *ou* Balle. C'est le calice ou la corolle des graminées. Elle est composée d'écailles ou de valves disposées sur les côtes d'un pédoncule commun, et qui ne sont point comme les corolles des autres plantes insérées autour d'un axe formé par l'extrémité du pédoncule qui les porte. (*Voyez* Valve.)

Balisier, plante. *Canna*, Linné; *Cannachorus*, Tournef.

Ballote, plante. *Ballota*, Linné; *Ballote*, Tournef.

Balsamine, plante. *Impatiens*, Linné; *Balzamina*, Tournef.

Bananiers, *famille des Bananiers*. C'est la dix-neuvième famille naturelle de Jussieu. Elle embrasse les plantes qui ont de l'analogie avec le Bananier. *Musa*.

Baobad, plante. *Adamsonia*, Linné.

Barbes *ou* Arêtes. On donne ce nom à ces espèces de filets grêles, plus ou moins longs, qui surmontent les valves de la bale.

Barbe de Jupiter, plante. *Anthyllis*, Linné; *Barba jovis*, Tourn.

Barbu, ue. C'est le synonyme de velu. On le dit aussi des épis dans les graminées, lorsqu'ils sont hérissés de barbes ou arêtes. Tel est le Blé barbu.

Bardane, plante. *Lappa*, Tournef. *Arctium*, Linné.

Base. Ce mot, en botanique, désigne la partie inférieure d'un pétiole, d'une feuille, d'une tige, ou de toute autre partie d'une plante.

Baselle, plante. *Basella*, Linné.

Bassin, *en bassin*. Terme indicatif d'une corolle, quelquefois d'un fruit, qui ont la forme d'un bassin ou d'une cloche très-évasée.

Bâtardes. On nomme plantes bâtardes, celles qui sont nées de semences fécondées par le pollen d'ue plante étrangère à leur genre. Elles sont, le plus souvent, dans les végétaux, ce que sont les mulâtres dans les animaux ; elles sont incapables de se reproduire.

Battans. (*Voyez* Valvule.)

Baye. C'est la septième espèce des péricarpes; c'est un fruit mou, charnu, succulent, et qui renferme des pepins ou petits noyaux; mais on ne se sert proprement du mot Baie, que pour exprimer des fruits solitaires ou clair-semés, comme ceux du Laurier, de l'olivier ; mais lorsque les fruits sont ramassés en grappe, on les nomme Grains. On dit un grain de raisin, un grain de sureau, et on dit une baie de laurier, de fraisier, etc.

Beaume. C'est une résine tirée des végétaux, unie avec un sel acide, concret. On en distingue trois principaux : *le Benjoin, le Baume de Tolut* ou *du Pérou* et *le Storax calamite* ;

1°. *Le Benjoin* est un suc épaissi, d'une odeur suave, et qui devient forte par le frottement et la chaleur. On en connoît deux variétés, *le Benjoin amygdaloïde* et *le Benjoin commun*. Ces deux beaumes nous sont apportés du royaume de Siam et de l'isle de *Sumatra*. Nous ne connoissons pas l'arbre qui les produit; la médecine les emploie comme aromatiques.

2°. *Le Baume du Pérou, de Tolut* ou *de Carthagène*. Il est sous deux états dans le commerce, en coque ou fluide; son odeur est douce et agréable; l'arbre qui le fournit est le Toluifera, qui croît dans l'Amérique méridionale, au pays nommé Tolut. Ce beaume est employé par la médecine comme aromatique, vulnéraire et antiputride. On le falsifie en faisant macérer sur les bourgeons du Peuplier à odeur de beaume, l'huile distillée du Benjoin, et y ajoutant un peu de Beaume naturel.

3°. *Le Storax* ou *Styrax calamite*. C'est un suc d'une odeur très-forte, mais agréable; on en connoît deux variétés dans le commerce. L'un est en larmes rougeâtres et nettes; l'autre en masses d'un rouge noirâtre, molles et grasses. L'arbre qui fournit ce beaume est le *Liquidampar oriental*. Ces trois baumes sont la base de ces pastilles odorantes qu'on brûle dans la chambre des malades, pour masquer ou tromper la mauvaise odeur.

Beaumier de Tolut, plante. *Toluifera*, Linné.

Béchiques, plantes qui appaisent la toux et facilitent l'excrétion des crachats.

Belladone, plante. *Attropa*, Linné ; *Belladona*, Tournef.

Ben, plante, *ou* Noix de Ben. *Guilandina*, Linné.

Benoîte, plante. *Geum*, Linné; *Caryophyllata*, Tournef.

Benzoïque, acide *benzoïque*. Le Benjoin, écrasé et bouilli avec l'eau, fournit un sel acide qui crystallise par refroidissement et en longues aiguilles. On peut encore extraire ce sel par sublimation; il se volatise à un degré de chaleur, même moindre que celui qui procure l'huile de *Benjoin*. Ce sel est connu sous le nom de *Fleur de Benjoin* ou *Acide benzoïque sublimé*. Il a une odeur aromatique très-pénétrante et qui excite la toux. Cet acide brunit avec le temps. C'est un bon incisif qu'on donne dans les embarras pituiteux du poumon et des reins.

Bequillon. Les fleuristes donnent ce nom à une petite feuille qui se termine en pointe.

Berce, plante. *Heracleum*, Linné ; *Sphondylium*, Tournef.

Berle, plante. *Sium*, Tournef. Linné.

Bermudiène, plante. *Sisyrinchium*, Linné ; *Bermudiana*, Tourn.

Bette, plante. *Beta*, Tournef. Linné.

Bétoine, plante. *Betonica*, Tournef. Linné.

Bicapsulaire. Un fruit est nommé bicapsulaire lorsqu'il est composé de deux capsules.

Bicorne, plante. *Martynia*, Linné.

Bicotyledones. Une semence est nommée *Bicotyledone*, lorsqu'elle a deux cotylidons ou lobes. La plus grande partie des plantes sont bicotyledones.

Bienne, synonyme de *Bis-annuelle.* C'est le titre d'une plante, dont la durée est de deux ans. Les *Orchis*, la *Giroflée* sont des plantes bisanuuelles.

Bifide. On donne ce nom aux styles, aux feuilles qui sont fendus en deux parties.

Biflore. C'est l'adjectif du pédoncule lorsqu'il porte deux fleurs.

Bifurcation. C'est l'endroit où une tige, une branche, une racine, etc. se divisent en deux parties pour faire la fourche.

Bigéminées, terme adjectif des feuilles recomposées, dont chaque pétiole propre est bifurqué, et soutient deux folioles à chacune de ses extrémités.

Bignones, *famille des Bignones.* C'est la quarante-cinquième des familles naturelles de Jussieu ; elle embrasse les plantes qui ont des rapports avec la *Bignone. Bignonia.*

Bihaï, plante. *Heliconia*, Linné.

Bijuguées. On nomme ainsi les feuilles qui sont composées de quatre folioles disposées deux à deux sur un pétiole commun.

Bilimbi, plante. *Averrhoa*, Linné.

Bilobe, c'est le synonyme de Bicotyledone.

Biloculaire. On désigne, par ce titre, les fruits d'une plante, lorsqu'ils renferment deux loges.

Binnées *ou* Géminées. C'est le titre des feuilles dont le pétiole est chargé de deux folioles qui sortent de la même insertion.

Bipinnées ou *deux fois ailées*. Les feuilles sont ainsi nommées, lorsqu'elles portent sur un pétiole commun, des pétioles particuliers sur lesquels les folioles sont insérées et disposées en manière d'ailes.

Bisannuelle. (*Voyez* Bienne.)

Biseau. (*Voyez* Chamfrain.)

Bistorte, plante. *Polygonum ,* Linné ; *Bistorta ,* Tournef.

Biternées. Les feuilles sont appelées biternées , lorsque le pétiole commun se divise en deux parties , qui portent chacune trois folioles à leur extrémité.

Bivalves. Les capsules sont appelées bivalves , lorsqu'elles ont deux valvules ou battans.

Blanc , terme d'agriculture. C'est une maladie qui attaque les plantes. On la compare à la jaunisse sur les hommes. Les cultivateurs en distinguent deux espèces ; quelquefois c'est une véritable lèpre : les Œillets sont sujets au blanc , causé par les pluies froides du printems.

Blanc de Champignon. Quoique tous les naturalistes , depuis Pline jusqu'à ce jour , aient publié les dangers des Champignons , ils n'ont pas détourné les hommes de manger plusieurs de ces végétaux : l'art du jardinier apprend à en propager plusieurs espèces , et à en récolter les semences. Celui qu'on préfère pour la culture, est le Champignon de fumier de cheval. *Fungus sativus equinus.* La semence se récolte dans une ancienne couche de fumier où ont été enracinés un grand nombre de Champignons : ce sont certaines galettes blanches que le jardinier nomme *blanc de Champignon.* Ce ramassis de semences , mis en un lieu sec , conserve sa vertu germinante plus de deux ans ; on le divise , ou le sépare à l'infini , avant de semer.

Tous les autres champignons , semblables en cela au cultivé , naissent, croissent et mûrissent avec leurs graines ; ces graines, qui d'abord se trouvent entre les feuillets du chapeau , vues au microscope , ressemblent assez aux graines du Pavot. Portées par les vents sur toutes les terres et sur les autres végétaux , elles y attendent a loisir le degré de chaleur qui leur est propre pour se développer et multiplier l'espèce. Plus de deux cents nuits, passées en plein air pour étudier cette portion du règne végétal , m'ont appris que tout ce que les naturalistes,

●ut écrit jusqu'à présent sur les champignons, est très-insuf-
fisant pour en indiquer solidement les espèces. Il en est dont
l'existence est si fugace ou si frêle, qu'ils ne font que paroître
et disparoître. On en voit croître de nouveaux et d'inconnus à
toutes les heures, sur-tout de la nuit, au temps de la végétation
des autres plantes. Presque toutes les espèces qui se mangent,
peuvent être cultivées avec fruit par le jardinier, dont l'art ne
consiste qu'à donner à la terre ou à du fumier le degré de
chaleur qu'indique la nature. La plupart sont ronds en naissant,
quelques heures après applatis à leur sommet, ensuite étendus
en parasol ; cueillis presque en naissant, ils sont d'un parfum et
d'un goût très-exquis ; parvenus à un diamètre plus grand, ils
font plus de profit et moins de plaisir ; si on les laisse mûrir,
ce ne doit être que pour perpétuer les semences et donner un
nouveau blanc, car leur odeur désagréable avertit que c'est un
mets vénéneux.

Blataire, plante. *Verbascum*, Linné; *Blattaria*, Tournef.

Bois. Ce mot, dans notre langue, a plusieurs significations très-
étendues. On appelle bois *sylva,* un lieu planté d'arbres divers;
on dit *bois de futaie, bois taillis, bois touffus, etc.;* on
nomme bois *de charpente,* bois *de charronage,* bois *de
chauffage,* bois *médicinaux,* bois *de teinture,* toutes sortes
de bois, suivant les usages auxquels ils sont destinés. Le bois
des Botanistes, *lignum,* est cette substance dure et compacte
qui compose le tronc et les branches sur les arbres et arbrisseaux. Au centre du bois est la moëlle de l'arbre ; chaque
couche circulaire qui la recouvre est formée de fibres ligneux,
de vaisseaux lymphatiques, de vaisseaux propres, de trachées
et du tissu cellulaire. (Voyez ces termes.) Les couches ligneuses sont d'autant plus dures, qu'elles approchent de plus
près la moëlle.

Bois à bouton, plante. *Cephalantus,* Linné.

Bois de Campêche, plante. *Hematoxilum,* Linné.

Bois de Colophane, plante. *Bursera,* Linné.

Bois de Demoiselle, plante. *Kirganelia,* Linné.

Bois de Dentelle, plante. *Lagetta,* Linné.

Bois de Guittare, plante. *Citarexylum,* Linné.

Bois d'Huile, plante. *Erytroxilum,* Linné.

Bois de Losteau, plante. *Antirhea,* Linné.

Bois de Merle, plante. *Ornitrophe,* Linné.

Bois de Natte, plante. *Imbricaria*, Linné.

Bois de Nèfle, plante. *Eugenia*, Linné.

Bois d'Olive, plante, ou bois rouge. *Rubentia*, Linné.

Bois de Perdrix, plante. *Heisteria*, Linné.

Bois de Perroquet, plante. *Fissilia*, Linné.

Bois de Pintade, plante. *Badula*, Jussieu.

Bois de Poivrier, plante. *Zantoxylum*, Linné.

Bois de Poupart, plante· *Poupartia*, Jussieu.

Bois de Quivi, plante. *Quivisia*, Jussieu.

Bois de Rat, plante. *Myonima*, Jussieu.

Bois de Rivière, plante. *Chimarrhis*, Jussieu.

Bois de Rongle, plante. *Critoxylum*, Linné.

Bois de senteur bleu, plante. *Assonia*, *Kœnigia*, Linné.

Bois de Source, plante. *Aquilicia*, Linné.

Bois de Teck, plante. *Tectona*, Linné.

Bois Jacot, plante. *Eugenia*, Linné.

Bois Puant, plante. *Fœtidia*, *Anagyris*, Linné.

Bois trompette, plante. *Cecropia*, Linné.

Bonduc, plante. *Guilandina*, Linné.

Bord. On entend, par cette dénomination, la lisière ou bordure des différentes parties d'une plante. On dit d'une corolle qu'elle est ridée sur les bords, d'un champignon qu'il est frisé sur les bords, d'un pétiole, d'une feuille, etc., qu'ils sont échancrés, ou dentés, ou ciliés sur les bords.

Bordures. C'est ce qui termine la circonférence de quelque chose; il est des fruits plats dont la bordure est taillée en chapelet, c'est-à-dire, incisée en grains taillés en chapelet; il est d'autres fruits ou graines dont la bordure est en feuillets déliés.

Boréal, le. On donne ce nom aux plantes qui croissent dans les contrées situées dans le Nord.

Borraginées, *famille des Borraginées*. C'est la quarante-deuxième des familles naturelles de Jussieu; elle embrasse les plantes qui ont de l'analogie avec la Bourache. *Borrago*.

Bosselure, espèce de ciselure naturelle qu'on rencontre sur les feuilles de certaines plantes; telles sont les feuilles de certains choux et de la Toute-Bonne.

Botanique. C'est la connoissance acquise par principes de cette

partie de l'Histoire naturelle qui embrasse tous les végétaux ;
son objet, dit *Adamson*, est d'en étudier toutes les parties
diverses, de les comparer, de combiner leurs différens rapports, de juger leurs dissemblances et leurs conformités, pour
parvenir à discerner leur véritable nature.

Botaniste. Celui-là seul est digne du nom de Botaniste qui répand
utilement le fruit de sa science dans la société, et sait apprendre
aux hommes que le règne végétal est une source intarissable
des bienfaits du créateur. Ses regards se prolongent sur l'immensité de toutes les plantes, et son étude consiste à les toutes
discerner.

Botte, en Botte. On le dit d'un amas de fleurs ou de fruits naturellement disposés en gros paquet ; les fleurs du *Millet* naissent
en bottes ; et dans ce sens-là, une botte se nomme *Panicule*.
On dit aussi que certaines feuilles naissent en bottes lorsque
réunies auprès de la tige elles ne s'écartent qu'à mesure qu'elles
se prolongent.

Boucage, plante. *Pimpinella*, Linné ; *Tragoselinum*, Tournef.

Bouclier, *en Bouclier*, objet de comparaison dont on se sert en
Botanique pour la description de certaines feuilles. Celles du
Nombril de Vénus sont en bouclier.

Bouis *ou* Buis, plante. *Buxus*, Tournef. Linné.

Bouleau, plante. *Betula*, Tournef. Linné.

Boulingrin, terme du jardinier ; c'est une pièce de gazon ou une
plantation distribuée en compartiment.

Bouquet. En Botanique, c'est une pyramide de fleurs disposées
par étage sur un pédoncule commun.

Bourgène, plante. *Rhamnus*, Linné ; *Frangula*, Tournef.

Bourgeon. (*Voyez* Boutons.)

Bourgeonner, terme du jardinage. On dit qu'un arbre commence
à bourgeonner, quand au renouvellement du printems ses jeunes
pousses se développent.

Bourrache, plante. *Borrago*, Tournef. Linné.

Bourrelet. C'est le nom qu'on donne au renflement d'une branche
ou autre partie d'une plante qui paroît entourée d'une espèce
d'anneau.

Bourse *ou* Volva. On donne le nom de Volva à une membrane
plus ou moins épaisse, qui sert d'enveloppe radicale à plusieurs
espèces de Champignons ; cette bourse se déchire par le haut

ou de côté, et le champignon en sort comme la plantule sortiroit d'une graine quelconque, dans l'état de germination.

Bourse du Berger, plante. (*Voyez* Tabouret.)

Bouton. Petits corps arrondis et un peu alongés qui servent d'asile aux parties naissantes de la plante, et se développent par la végétation.

Boutures, terme de jardinage. Ce sont des parties détachées du corps d'une plante qui, mises en terre, prennent racine et reproduisent l'individu.

Bractées, *ou* Feuilles floréales. Petites feuilles qui naissent avec les fleurs, et diffèrent des autres feuilles par leur forme et leur couleur ; elles sont aux fleurs et aux fruits ce que les stipules sont aux feuilles et aux autres parties ; elles sont seules, ou géminées.

Bracteifères. On donne ce nom aux fleurs, aux rameaux, aux pédoncules qui portent des bractées.

Bracteiformes, adjectif des feuilles qui, par leur forme et leur position, imitent les Bractées.

Bragalou, plante. *Aphyllantes*, Tournef. Linné.

Branchage, terme collectif qui désigne l'ensemble de toutes les branches d'une plante.

Branche. On nomme branches ou rameaux toutes les divisions et sous-divisions de la tige ou du tronc d'une plante. On appelle *Branches à bois* celles qui ne donnent ni fleurs ni fruits ; *Branches à fruits*, celles qui portent des fleurs et des fruits ; *Branches gourmandes*, celles qui absorbent toute la nourriture des branches voisines ; *Branches de faux bois*, celles qui percent au travers de l'écorce, et n'ont pas été produites par un œil ou bouton ; *Branches chiffones*, celles qui sont grêles, maigres, et nuisent à l'arbre ; et *Brindilles*, certaines petites branches à fruit qui portent des feuilles ramassées en touffe, etc.

Branchu, ue. Tronc ou tige qui est ramifié et porte plusieurs branches.

Bras, terme du jardinier. Il se sert communément de ce mot pour exprimer les branches de Melon, de Concombre et des plantes semblables. On dit du pédoncule, du pétiole, des feuilles, qu'ils sont à bras ouverts, lorsque depuis leur insertion ils forment un angle élargi avec la tige.

Bresillet, plante. *Cæsalpinia*, Linné.

Bresillet bâtard, plante. *Camocladia*, Linné.

Brou. C'est le nom de cette écorce verte ou pulpe souvent sèche, qui recouvre extérieurement la Noix, l'Amande, etc.

Broualle, plante. *Brovallia*, Linné.

Brouir. Il se dit communément dans les campagnes, de l'action d'un coup de soleil qui brûle les blés attendris par une gelée Blanche.

Brumal, le. On nomme plantes brumales celles qui fleurissent seulement en hiver.

Brunelle, plante. *Prunella*, Linné; *Brunella*, Tournef.

Bruyères, *famille des Bruyères.* C'est la cinquante - unième des familles naturelles de Jussieu; elle embrasse toutes les plantes qui ont de l'analogie avec la Bruyère. *Erica.*

Bryone, plante. *Brionia*, Tournef. Linné.

Bugle, plante. *Ajuga*, Linné; *Bugula*, Tournef.

Buglose, plante. *Anchusa*, Linné; *Buglossum*, Tournef.

Bugrende, plante. *Ononis*, Linné; *Anonis*, Tournef.

Buisson, touffe d'arbrisseaux sauvages ou épineux. On taille en buisson certains arbustes pour la décoration des jardins. Il est aussi des arbres fruitiers qu'on taille de la même manière, et qu'on nomme arbres en buisson.

Bulbe *ou* Oignon. La Bulbe est un composé de plusieurs tuniques ou enveloppes qui ne sont autre chose que la base dilatée des feuilles ou de la tige, et donnent naissance aux racines proprement dites. (*Voyez* les oignons de Jacinthe et de Tulipe). La Bulbe doit être considérée comme l'abri et le berceau de la plante ; elle la contient l'hiver dans son sein, et la garantit de l'influence des gelées. Les petites Bulbes qu'elle produit latéralement se nomment caïeux.

Bulbeux, se. C'est le terme indicatif des plantes qui ont pour racines des bulbes.

Bulbifères. On donne ce nom aux plantes qui portent des bulbes sur leurs tiges. Il est des espèces, sur-tout de l'ail, qui sont bulbifères, et peuvent être multipliées, tant par les bulbes de leurs tiges que par celles de leur racine.

Budlèje, plante. *Budleja*, Linné.

Bullé, ée. On nomme feuilles bullées celles dont la superficie présente des rides convexes en dessus et concaves en dessous. Les feuilles de la Bourrache sont bullées.

Buplévre, plante. *Buplevrum*, Tournef. Linné.

Busserole, plante, *Arbutus*, Linné ; *Uva ursi.* Tournef.

Butôme, plante. *Butomus*, Tournef. Linné.

Butonic, plante. *Mammea*, Linné.

C.

CABARET, plante. *Asarum*, Tournef. Linné.

Cabrillet, plante. *Ehretia*, Linné.

Cabus, terme de jardinier. Il ne le dit qu'en parlant des choux.

Cacalie, plante. *Cacalia*, Tournef. Linné.

Cacaoyer, *ou* Cacao, plante. *Theobroma*, Linné.

Cachiment, *ou* Anone, *ou* Corossol, plante. *Anona*, Linné.

Cachou. Il s'extrait, dans les Indes occidentales, de l'infusion des semences d'une espèce de palmier. Lorsque la semence est encore verte, on la coupe, on la fait infuser dans l'eau chaude, et on évapore en consistance d'extrait ; on fait ensuite des pains, qu'on achève de faire sécher au soleil. Cet extrait est ordinairement impur ; mais on peut le débarrasser de ses impuretés en le dissolvant, filtrant, et évaporant à plusieurs reprises. Le Cachou a un goût amer et astringent ; combiné avec du sucre et de la gomme adragant : on s'en sert en guise de bombons pour remettre les estomacs débiles.

Cactes, *famille des Cactes.* C'est la quarante-cinquième des familles naturelles de Jussieu ; elle réunit les plantes qui ont de l'analogie avec celle qu'on nomme Cacte, Cierge ou Nopal. *Cactus.*

Cadelari, plante. *Achyranthes*, Linné.

Caduc, uque. Le calice qui tombe avant la corolle, se nomme Calice caduc : le calice qui tombe après la corolle, se nomme Calice tombant ; celui qui persiste avec le fruit, se nomme Calice persistant. Le mot Caduc s'applique dans le même sens à toutes les autres parties des plantes.

Caffeyer, *ou* Café, plante. *Coffea*, Linné.

Caïeu. C'est le rejetton des oignons ou bulbes, ou c'est une petite bulbe produite par une bulbe, et qui deviendra bulbe à son tour pour enfanter de nouveaux caïeux. (*Voyez* les oignons de Tulipe, de Narcisse, de Jacinthe.) Ce qu'on nomme gousse d'ail, est proprement le caïeu de la racine de l'ail.

Caillelait, plante. *Galium*, Tournef. Linné.

Caïmitier, plante. *Chrysophyllum*, Tournef. Linné.

Calac, plante. *Carissa*, *Arduina*, Linné.

Calament, plante. *Melissa*, Linné. *Calamintha*, Tournef.

Calcéolaire, plante. *Calceolaria*, Linné.

Calebasse, plante. *Cucurbita*, Tournef. Linné.

Calebassier, plante. *Crescentia*, Linné.

Calice. C'est l'extrémité du pédondule qui, épanouissant, s'est développée à toutes les autres parties de la fleur. Suivant Tournefort, le calice proprement dit est celui qui renferme les organes de la fructification jusqu'à leur état de perfection ; tel est celui de la *Belladone*, de la *Mauve*, des *Véroniques*. Le Calice improprement dit est celui qui ne les accompagne pas jusqu'à leur perfection. Le *Poirier*, le *Cerisier*. Linné distingue sept espèces de Calices : le *Périanthe*, l'*Enveloppe* ou *Collerette*, le *Spathe*, la *Bale*, le *Chaton*, la *Coiffe*, la *Bourse* ou *Volva*. (Voyez ces mots.)

Calicinal. Ce qui appartient au Calice, ou ce qui provient du Calice. On nomme Epines calicinales celles qui naissent immédiatement du Calice.

Calicule. On donne ce nom à un rang de petites écailles qu'on observe sur la base de certains Calices, et qu'on prendroit pour un double Calice.

Calleux, se. Ce qui a des callosités.

Callosités. C'est, en terme de chirurgie, cette chair solide et sèche qui s'engendre sur les ulcères humains. On se sert quelquefois de ce terme en botanique pour désigner certaines parties des plantes ou certaines plantes qui présentent des renflemens arides, raboteux, semblables à ceux qui couvriroient une plaie.

Calorique. Les végétaux, comme les substances diverses qui composent cet univers, sont soumis, d'un côté, à l'attraction, loi générale qui cherche à tout rapprocher pour tout rendre solide et compact; et de l'autre, à ce fluide de la chaleur qu'on nomme *Calorique*, agent puissant qui tend à tout séparer pour en éloigner les parties l'une de l'autre. C'est de l'énergie de ces deux puissances que dépend la consistance de tous les corps : lorsque l'affinité prévaut, ils sont à l'état solide ; ils sont à l'état gazeux, lorsque le calorique domine ; mais l'état liquide paroît être entre deux le modérateur et le point d'équilibre.

Calus. C'est, en terme de chirurgie, un espèce de nœud qui se forme de la lymphe épaissie, et qui rejoint les parties d'un os rompu. On nomme *calus* sur les plantes, certains gonflemens qu'on rencontre dans les articulations des tiges ou chaumes des plantes.

Cambré, ée. On désigne par ce terme les parties d'une plante qui sont courbées en arc : il y a trois pièces cambrées dans la fleur de l'*Iris*.

Camelée, plante. *Cneorum*, Linné; *Camelea*, Tournef.

Cameline, plante. *Myagrum*, Tournef. Linné.

Camomille, plante. *Anthemis*, Linné; *Chamœmelum*, Tournef.

Campane. C'est une espèce de cloche alongée et retrécie par le haut. Ce terme de comparaison sert à désigner certaines fleurs.

Campaniforme *ou* **Campanulée.** On nomme ainsi la fleur lorsque sa forme imite celle d'une cloche. Les fleurs campaniformes composent la première classe de la méthode de Tournefort. On donne également ce nom au calice qui présente la même ressemblance.

Campanule, plante. *Campanula*, Tournef. Linné.

Campêche, plante. *Hœmatoxylum*, Linné.

Camphorique, *Acide camphorique*. Les acides dissolvent le camphre sans s'altérer et sans le décomposer. L'Acide nitrique le dissout paisiblement ; et c'est cette dissolution qu'on nomme *Huile de Camphre*. Pour retirer de l'*Acide camphorique*, il ne s'agit que de distiller cette huile, ou de l'Acide nitrique sur le camphre, et en grande quantité. L'*Acide camphorique*, ou plutôt le radical de cet acide, existe aussi dans plusieurs végétaux, puisqu'on extrait le Camphre des huiles du *Thym*, du *Cinnamomum*, de la *Térébentine*, de la *Menthe*, de la *Matricaire*, du *Sassafras*, etc.

Camphre. Substance blanche, concrète, crystalline, d'une odeur et d'une saveur fortes, soluble dans l'alkool et l'eau-de-vie, brûlant avec une flamme blanche sans laisser de résidu. On le retire d'une espèce de laurier qui croît dans la Chine. Quelques auteurs assurent que les vieux arbres le contiennent en si grande abondance, qu'en les fendant on en tire de grosses larmes très-pures, et qui n'ont besoin d'aucune préparation. On retire aussi du Camphre de la distillation des racines de la *Zodoaire*, du *Thym*, du *Romarin*, de la *Sauge*, de l'*Inula-helenium*, de l'*Anemone pulsatille*, etc. Le Camphre est un des grands remèdes que possède la Médecine; il est *résolutif* extérieurement, *antispasmodique*, *antiseptique*, sur-tout lorsqu'on l'a dissout dans l'eau-de-vie. On croit aussi que son odeur chasse les insectes rongeurs des étoffes.

Camphré, ée. On désigne par ce terme l'odeur de certaines plantes, qui est à-peu-près celle du Camphre.

Camphrée, plante. *Camphorosma*, Linné; *Camphorata*, Tourn.

Canada, *Baume du Canada*. Ce baume ne diffère de la Térébentine du *Sapin*, que par son odeur, qui est plus suave. On le retire d'une espèce de *Sapin* qui est au Canada.

Canaliculé, ée. On désigne par ce terme les tiges, les pétioles, les feuilles, etc., lorsque ces parties sont creusées d'un petit canal ou d'une rainure longitudinale en forme de canal.

Canche, plante. *Aira*, Linné; *Gramen*, Tournef.

Caniculaires. Jours pendant lesquels la canicule domine; les fleurs qui croissent dans ce temps, sont nommées caniculaires.

Canillée, plante. *Lemna*, Linné; *Lenticula*, Tournef.

Cannabine, plante. *Datisca*, Linné; *Cannabina*, Tournef.

Canne, plante. *Saccharum*, Linné; *Arundo*, Tournef.

Canneberge, plante. *Vaccinium*, Linné; *Oxicoccus*, Tournef.

Canelle. Cette écorce est celle d'un laurier qui croît dans l'île de Ceylan; *Laurus cynnamomum* ou *Canelier*. Lorsque la sève est abondante, l'écorce se détache aisément; on rejette l'extérieure qui est épaisse, grise, raboteuse, et on ne conserve que que la seconde, qui est mince. On la coupe par lames, on l'expose au soleil; elle s'y roule d'elle-même de la grosseur du doigt; sa couleur est d'un jaune rougeâtre. On en retire sur-tout, lorsqu'elle est récente, une huile essentielle qui, par l'excellence de son parfum, l'emporte sur tous les aromates. Du coton trempé dans cette essence et mis dans le creux d'une dent cariée, en appaise aussitôt les douleurs, parce qu'elle dessèche et brûle le nerf, par son acreté caustique. Il existe une autre écorce de ce genre, qu'on nomme *Casse en bois* ou *Casse ligneuse*. C'est aussi celle d'une espèce de laurier, *Laurus cassia*; elle ressemble à la canelle, mais son odeur aromatique est moins forte; et quoiqu'elle renferme moins de résine, elle laisse dans la bouche une glutinosité quand on la mâche. La Médecine emploie plutôt celle-ci que la première, lorsqu'il s'agit de resserrer.

Cannelé, ée. Ce qui est sillonné de cannelures.

Cannelures. Espèces de sillons ou rainures longitudinales qu'on rencontre sur plusieurs parties des plantes.

Cantarides. Petits insectes dont les ailes sont verdâtres ; on en trouve en été des essaims entiers sur les *Frênes* , les *Rosiers* , le *Lilac* , le *Peuplier* , le *Noyer* , le *Troène* , *etc.* L'usage que la médecine fait du venin de ces insectes , est très-connu. Ils sont redoutés des jardiniers , parce qu'ils détruisent toute la verdure de la plante à laquelle ils s'attachent , et qu'ils infectent l'air de leur odeur virulente.

Canti , plante. *Cardenia* , Linné.

Cantu , plante. *Cantua* , Linné.

Caoutchouc. C'est une gomme à qui on donne le nom de gomme élastique. Elle brûle comme les résines ; mais , sa mollesse , son élasticité , son indissolubilité dans les menstrues qui attaquent les résines , empêchent beaucoup de chimistes de la classer parmi ces substances. L'arbre qui fournit cette gomme est connu sous le nom de *Siringa* , par les Indiens du *Para*. Les habitans de la province d'Esmeraldas l'appellent *Hhevé* , et ceux de la province de Maïnas la nomment *Caoutchouc*. Cet arbre est de la famille des Euphorbes. Cette gomme est susceptible de s'étendre beaucoup. Elle est insoluble dans l'eau et dans l'alkool. L'éther seul en est le dissolvant. Exposée au feu , elle se ramollit , se boursouffle , et brûle , en donnant une flamme blanche : on s'en sert même pour s'éclairer dans l'île de Cayenne.

Capillaires. On donne ce nom aux feuilles , aux filets , et aux autres parties des plantes qui ont une forme grêle et alongée , ou qui approchent de la figure d'un cheveu.

Capillaire , plante. *Adiantum ,* Tournef. Linné.

Capriers , *famille des câpriers.* C'est la soixante-quatrième des familles naturelles de Jussieu. Elle embrasse les plantes qui ont de l'analogie avec le caprier. *Capparis.*

Capsule. C'est la partie du fruit d'une plante qui renferme les semences , soit que cette partie soit osseuse , ou cartilagineuse , ou membraneuse. C'est la première espèce de péricarpe.

Capucine , plante. *Tropæolum* , Linné ; *Cardamindum ,* Tourn.

Caractères. Les méthodes botaniques assignent divers caractères ou signes destinés à désigner les parties essentielles par lesquelles les plantes se ressemblent ou diffèrent. On en distingue quatre ;

1°.

1º. Le *caractère factice* ou *artificiel*. Il suffit pour discerner les genres d'un ordre , d'avec ceux d'un autre ordre, mais il ne suffit pas pour distinguer les genres entre eux. On le tire d'un signe convenu entre les botanistes , tels que ceux qui sont admis dans toutes les méthodes.

2º. Le *caractère essentiel*. Il distingue le genre de tous les ordres , et distingue également les genres du même ordre. C'est un signe si propre aux plantes qui le portent , qu'il ne convient à aucun autre. Tel est le *Nectaire* dans les *Hellébores* , les *Aconits* , etc.

3º. Le *caractère naturel.* C'est celui qui est si sensible aux yeux , qu'il ne saurait jamais être méconnu. Il se tire de toutes les parties de la plante ; il remplit également le rôle du caractère factice , et du caractère essentiel. Il sert pour distinguer les *classes* , les *genres* , et les *espèces*.

4º. Le *caractère habituel* ou le *port de la plante*. Il gît dans sa conformation , dans tout son ensemble , dans son accroissement , sa grandeur , sa position. C'est la physionomie de l'homme , résultant de l'ensemble de tous ses traits. Linné en use pour discerner ses genres. Goan s'en sert utilement , comme d'un caractère secondaire.

Ces caractères sont encore nommés *classiques , génériques , spécifiques*. Linné prend dans les fleurs ses caractères *classiques* , mais il les prend sur les étamines seulement ; les pistils lui fournissent les caractères de ses *ordres ;* la considération de toutes les parties visibles et palpables , quelquefois même les parties de la fructification , quand elles ne lui parurent pas nécessaires à la formation de ces *genres* , lui fournirent les caractères de ses espèces. Tournefort avoit tiré des fleurs ses caractères *classiques ;* des fruits , ceux de ses *sections* , et de tout ce que lui présenterent les parties diverses de la fructification, ses caractères *génériques ;* enfin il avait cherché dans toutes les parties étrangères à la fructification , ses caractères *spécifiques.*

Caragan , plante. *Robinia* , Linné.

Carambolier , plante. *Averrhoa* , Linné.

Carbone. On appelle en chymie *carbone* , le charbon pur. Il existe tout formé dans les végétaux entouré de principes huileux , aqueux et volatils , dont on le débarrasse par la distillation , comme par la combustion. (*Voyez* Charbon.) Lorsque le chymiste aspire à se le procurer pur , il dessèche le végétal par un coup de feu violent dans des vaisseaux clos; cette précaution est nécessaire , car les dernières portions d'eau

C

y adhèrent avec une telle avidité, qu'elles se décomposent et fournissent du *gaz hydrogène* et de l'*acide carbonique*. L'analyse a démontré que l'eau de fumier contient du *carbone*, et le charie dans toutes les parties de la plante. L'expérience prouve que les terres les plus riches en *carbone* et en débris de la décomposition végétale, sont les plus propres à la végétation ; que l'acide carbonique répandu dans l'atmosphère ou dans l'eau, peut aussi être regardé comme aliment de la plante ; car elle a le pouvoir de l'absorber, de le décomposer ; et l'expérience prouve encore qu'on peut employer avec succès la végétation, pour corriger l'air trop chargé d'*Acide carbonique*, et le rejeter dans l'état d'air pur.

Carbonique, *Acide carbonique*. Cet acide est répandu dans l'atmosphère et dans l'eau, et peut être regardé comme un des alimens du végétal. On a observé qu'il prédomine dans les *fungus* et autres plantes qui vivent dans les souterrains, mais qu'en les faisant passer de l'obscurité à la lumière, par des progrès et des nuances imperceptibles, cet acide surabondant disparaissoit en grande partie, et que la fibre végétale augmentoit à mesure que la résine et la couleur se développoient par l'oxigène du même végétal. Ce gaz acide est plus pesant que l'air commun ; il est composé de *Carbone* et d'*Oxigène*. (Voy. *ces articles*.)

Cardamome, plante. *Amomum*, Linné.

Cardiaire, plante. *Dipsacus*, Tournef. Linné.

Cardiaque, terme d'anatomie. On le dit de tout ce qui appartient au cœur ; telles sont les *glandes cardiaques*. On donne aussi ce titre aux plantes qui sont propres à fortifier le cœur.

Cardon, plante. *Cinara*, Tournef. Linné.

Carène. C'est le nom qu'on donne au pétale inférieur des fleurs papillonacées. Ce pétale renferme presque toujours les parties sexuelles qui prennent la même courbure que lui. Quelquefois la carène est composée de deux pièces ; le plus souvent elle n'est que d'une seule pièce, mais qui a presque toujours deux onglets.

Carie. C'est une maladie qui attaque les os des animaux et les dents ; qui les corrompt et les mange : la carie est aussi une maladie pour les végétaux, et qui attaque sur-tout le froment. On appelle *bois carié*, celui qui est rongé ou piqué par les vers.

Cariné *ou* caréné. On nomme feuilles carénées, celles qui sont creusées dans le milieu et d'un bout à l'autre d'une gouttière profonde, dont les bords sont relevés, et dont la nervure majeure forme en dessous une saillie considérable et avec le reste de la fleur un angle aigu.

Carline, plante. *Carlina*, Tournef. Linné.

Carmantine, plante. *Justicia*, Linné ; *Adathoda*, Tournef.

Carminatives. Plantes dont la vertu est de dissiper les vents contenus dans l'estomac et dans les intestins.

Carnillet, plante. *Cucubalus*, Tournef. Linné.

Caroncule. Terme d'anatomie qui indique certaines glandes charnues qui surviennent sur le corps humain. La botanique s'en sert pour désigner des appendices charnues qu'on trouve sur le corps de certaines plantes.

Carotte, plante. *Daucus*, Tournef. Linné.

Caroubier, plante. *Ceratonia*, Linné.; *Siliqua*, Tournef.

Carthame, plante. *Carthamnus*, Tournef. Linné ; *Cnicus*, Tournef.

Cartilagineux, se. On nomme feuilles cartilagineuses, celles dont la bordure est remarquable par un cartilage ou une espèce de bourrelet, d'une substance plus ferme et plus solide que tout le reste de la feuille. ,

Carvi, plante. *Carum*, Linné ; *Carvi*, Tournef.

Caryophyllées, *famille des caryophyllées*. C'est la quatre-vingt-deuxième des familles naturelles de Jussieu. Elle réunit les plantes qui ont des rapports avec l'œillet. *Dianthus*, Linné ; *Caryophyllus*, Tournef.

Caryophyllées, *fleurs caryophyllées* ou *fleurs en œillet*. On appelle de ce nom les fleurs polypétales dont l'onglet est caché dans un calice alongé, d'une seule pièce, et sur les bords duquel les lames des pétales sont disposées en roue. Ces plantes constituent la huitième classe de Tournefort.

Casque. C'est une arme défensive pour la tête. Les fleurs de quelques espèces d'*Aconits* présentent un casque parfait : on y remarque le haume, les oreillettes, et la mentonière. Il est d'autres fleurs dont la partie supérieure est la seule tournée en casque, et qui n'ont ni oreillettes, ni mentonière. Telles sont les fleurs de l'*Ormin*, de la *Brunelle*.

Cassaille, terme du laboureur. C'est la première façon qu'on donne à une terre restée en jonchère, et dès le commencement de l'été.

Casse , plante. *Cassia ,* Tournef. Linné.

Cassis , plante. *Ribes ,* Linné ; *Grossularia ,* Tournef.

Castration, terme de Chirurgie. C'est l'opération par laquelle on châtre un animal. Ce terme est usité en Botanique ; c'est l'opération qui ôte à une plante la faculté de féconder ses semences, soit en lui retranchant les parties de l'un ou de l'autre sexe avant que la fécondation ait lieu, soit en s'opposant à ce que le pollen des anthères soit reçu par les stygmates. Cette privation pour les végétaux peut être aussi l'effet de l'intempérie des saisons, de la pluie, de la gelée, etc.

Catagmatiques , dénomination ancienne donnée aux plantes et aux autres remèdes qu'on croyoit propres à accélérer la formation du calus dans les fractures.

Cataire, plante. *Nepetha ,* Linné ; *Cataria ,* Tournef.

Catalepsie, terme de Médecine. C'est une affection soporeuse qui retient le malade dans la même posture où la maladie l'a surpris. En Botanique, c'est l'état d'une plante ou de quelques parties d'une plante, qui conservent l'inclinaison qu'on leur donne.

Cataleptiques. On nomme ainsi les plantes dont les différentes parties ne reprennent jamais leur direction première, si une fois elle a été changée par des causes étrangères.

Catalpa, plante. *Bignonia ,* Tournef. Linné.

Cathartiques, terme de Médecine appliqué aux plantes purgatives.

Cathéretiques , terme de médecine appliqué aux plantes qui ont la propriété de ronger.

Catimban, plante. *Globba , Renealmia ,* Linné.

Caucalide, plante. *Caucalis ,* Tournef. Linné.

Caverneux, se. On désigne par ce terme les racines ou fruits, ou autres parties des plantes, dans lesquelles ou rencontre des vuides caverneux.

Caulescentes. Ce terme sert à désigner les plantes qui ont des tiges ; c'est établir leur différence d'avec celles qui n'en ont point et qu'on nomme sessiles, et d'avec celles qui n'ont qu'une hampe ou un chaume.

Caulinaire. Ce terme sert à désigner tout ce qui appartient à la tige *caulis.* On nomme pédoncules ou feuilles caulinaires ceux qui naissent immédiatement de la tige.

Caustique, adjectif des plantes qui ont une propriété brûlante et corrosive.

Cayeu. (*Voyez* Caïeu.)

Cellulaire. On nomme *enveloppe cellulaire* ou *tissu réticulaire*, la premiere couche ou peau que l'on rencontre sous *l'épiderme* d'une plante. Elle sert à la réparation de *l'épiderme* lorsqu'elle vient à manquer, et recouvre les *couches costicales*. Elle prévient le desséchement des parties qu'elle recouvre. Elle est souvent de couleur verte, presque toujours succulente et herbacée, et peut être, en quelque sorte, comparée au *tissu cellulaire* dans les animaux, avec lequel elle paroît avoir des fonctions analogues.

Cellule. Ce mot, en Botanique, se prend pour désigner les loges ou les cavités des fruits, séparées entre elles par des cloisons.

Centaurée, plante. *Centaurea*, Linné ; *Centaurium majus, Cyanus*, Tournef.

Centaurelle, plante. *Gentiana*, Linné ; *Centaurium minus*, Tournef.

Centinode, plante. *Polygonum*, Tournef. Linné.

Cep. C'est le nom qu'on donne aux pieds de la vigne.

Cepée, terme des campagnes. C'est une touffe de plusieurs tiges de bois qui sortent d'une même souche.

Céphalique, terme de Médecine appliqué aux plantes, le plus communément employées contre les affections de la tête.

Céphalante, plante. *Cephalanthus*, Linné.

Céraiste, plante. *Cerastium*, Linné ; *Myosotis*, Tournef.

Cercifis, plante. *Tragopogon*, Tournef. Linné.

Cerfeuil, plante. *Chærophylum*, Tournef. Linné.

Cerfeuil musqué, plante. *Chærophylum*, Linné ; *Myrrhis*, Tourn.

Cerisier, plante. *Prunus*, Linné ; *Cerasus*, Tournef.

Cestreau, plante. *Cestrum*, Linné ; *Jasminoïdes*, Tournef.

Céterach, plante. *Asplenium*, Tournef. Linné.

Chablis, terme des Campagnes. On le dit des bois abattus, dans les forêts, par le vent.

Chagrin, espèce de cuir, fait de peau de mulet ou d'âne, dont la surface est hérissée et rude. En Botanique, on nomme surface chagrinée, feuilles chagrinées, celles dont le dessus est grainé comme le chagrin ; telles sont les feuilles de *l'Ormin* et de plusieurs espèces de *Sauges*.

Chair, substance plus ou moins ferme qui constitue certaines plantes, comme les *Champignons*, ou certaines parties des plantes, comme les fruits, les feuilles, les racines. On dit chair aqueuse, molle, ferme, cassante, spongieuse, blanche, noire, jaune, etc.

Chalastique, terme de Médecine. On prononce *ca*. On l'applique aux plantes dont la propriété est de relâcher les fibres.

Chalef, *famille des Chalefs*. C'est la vingt-quatrième des familles naturelles de Jussieu ; elle embrasse les plantes qui ont de l'analogie avec le Chalef. *Elaeagnus*.

Chaleur. La nature paroît avoir confié aux mêmes agens la composition, l'entretien et la décomposition des êtres qu'elle a formé. C'est la chaleur qui est le principe et le soutien de la végétation ; c'est elle aussi qui accélère la destruction des plantes, et ce même principe, qui entretient leur vie, devient, dès qu'elles sont mortes, l'agent de leur dissolution. (*Voyez* Végétation.)

Chalumeau, terme agreste. C'est le chaume ou tige des graminées.

Chambreule, plante. *Galeopsis*, Tournef. Linné.

Champac, plante de l'Iude, *Michelia*, Linné.

Champignon, plante. *Fungus*, Tournef ; *Agaricus*, Linné.

Champignons, *famille des Champignons*. C'est la première des familles naturelles mises en ordre par les Jussieu.

Chanterelle, plante. *Fungus*, Tournef. *Agaricus*, Linné.

Chancissure. C'est un assemblage de petits filamens produits par du fumier de mauvaise nature, ou par les racines de quelques plantes malades. On regarde cette espèce de moisissure dans les végétaux, comme les signes de l'épuisement, ou comme l'effet de la décomposition des corps qui la produisent.

Chanvre, plante. *Cannabis*, Tournef. Linné.

Chapiteau, terme d'Architecture. C'est le sommet d'une colonne. La Botanique a adopté ce terme pour exprimer certaines parties des fleurs et des fruits qui ont des rapports avec le chapiteau de l'Architecture.

Charagne, plante. *Chara*, Linné.

Charbon, espèce de maladie qui attaque les parties de la fructification de quelques plantes, particulièrement celles des graminées, et les rend noires comme du charbon. Les cultivateurs attribuent ce fléau à un coup de soleil survenu après une pluie; d'autres prétendent qu'il vient d'un vice dans la germination; c'est pour l'éviter qu'ils mêlent avec de la chaux en poussière, les grains avant de les semer.

Charbon ou *Carbone*. C'est une altération de la fibre végétale, mais sans qu'il en perde totalement la forme. Le charbon est quelquefois dur, sonore et cassant, d'autres fois léger, spongieux et friable. L'art de charbonner le bois consiste à former des pyramides, en cône tronqué par le sommet, de bois coupé; on ménage une cheminée dans le milieu et des courans dans les bas, pour faciliter l'aspiration. On recouvre le tour d'une couche de terre bien battue, on met le feu au bucher, et lorsque toute la masse est bien embrâsée, on l'éteint, et on laisse agir la chaleur seule pour volatiliser l'eau, l'huile et tous les principes du végétal, à l'exception de la fibre. Le bois, dans cette opération, perd les trois quarts de son poids et un quart de son volume. On nomme encore *Charbon* ou *Carbone*, le résidu de toutes les distillations; cette substance mérite d'autant plus l'attention du Botaniste-Chymiste, qu'elle entre dans la composition des corps, et joue le plus grand rôle dans leurs phénomènes. (*Voyez* Carbone et Acide carbonique.)

Charbonière, terme des Campagnes. C'est le lieu où l'on a fait du charbon.

Chardon, plante. *Carduus*, Tournef. Linné.

Chardon béni, plante. *Carduus*, Linné; *Cnicus*, Tournef.

Chardonnette *ou* Cardonnette *ou* Artichaut sauvage, plante. *Carduus*, Tournef. Linné.

Charme, plante. *Carpinus*, Tournef. Linné.

Charmille, terme collectif. C'est un lieu planté de petits Charmes.

Charmoie, terme d'Agriculture. C'est un lieu planté de Charmes.

Charneux, se, plus souvent Charnu, ue. On dit qu'un fruit est charnu quand il est formé d'une substance épaisse, plus ou moins ferme. On le dit aussi d'une feuille et des autres parties d'une plante.

Châtaignier, plante. *Castanea*, Tournef. Linné.

Châtaigne d'eau, plante. *Marsilea*, Linné.

Chaton. C'est une espèce de réceptacle commun à un grand nombre de petites fleurs incomplettes. La ressemblance qu'on lui trouve avec la queue d'un chat lui a fait donner ce nom. Si les fleurs qu'il porte sont dépourvues d'un périanthe particulier, il est garni d'écailles qui le suppléent. Le *Saule*, le *Peuplier*, le *Noyer*, la *Masse au Bedeau* ont les fleurs en chaton. Souvent les écailles du chaton, lorsque la fructification est arrêtée, se changent en feuilles ; tels sont le *Saule*, le *Sapin* ; elles perdent même leur couleur sur ce dernier arbre, et prennent la couleur verte des feuilles.

Chaume, espèce de tuyau fistuleux, garni de nœuds ou articulations ; c'est la tige des graminés. On nomme Culmifères les plantes qui ont pour tige un chaume.

Chauler, terme d'Agriculture. C'est préparer les blés avec de la chaux pulvérisée et délayée avant de les semer.

Chausse-Trappe, plante. *Centaurea*, Linné ; *Carduus*, Tournef.

Chélidoine, plante. *Chelidonium*, Tournef. Linné.

Chemise. (*Voyez* Volva.)

Chêne, plante. *Quercus*, Tournef. Linné.

Chenille, plante. *Scorpiurus*, Linné ; *Scorpioïdes*, Tournef.

Chervi, plante. *Sium*, Linné ; *Sisarum*, Tournef.

Chevelure. Ce terme, en Botanique, désigne plusieurs bractées ramassées en touffe au-dessus des fleurs d'une plante ; telle est la *Couronne impériale. L'Ananas.*

Chevelu, terme de jardinage. Il indique ces filets déliés qui sont aux racines des plantes. On le prend adjectivement lorsqu'on dit une racine chevelue.

Chèvrefeuilles, *famille des Chèvrefeuilles*. C'est la cinquante-huitième des familles naturelles de Jussieu ; elle réunit les plantes qui ont des rapports avec le Chèvrefeuille. *Lonicera.*

Chicon, terme de jardinage. On nomme ainsi l'espèce de Laitue qu'on appelle aussi *Laitue romaine.*

Chicoracées, *famille des Chicoracées*. C'est la cinquante-troisième des familles naturelles de Jussieu ; elle embrasse les plantes qui ont des rapports avec la Chicorée. *Cichorium.*

Chicot, terme d'Agriculture. C'est le reste d'un arbre coupé et qui s'élève peu hors de terre.

Chicot, plante. *Guilandina*, Linné.

Chymie. C'est en général l'art de décomposer les corps et de les recomposer. La Chymie du Botaniste consiste à pénétrer et connoître la nature, les principes et les propriétés des végétaux. Pour parvenir au but de cette science, on emploie des laboratoires, des opérations diverses, des vases, des appareils, des fourneaux, etc. dont on peut trouver la description et l'usage dans beaucoup d'ouvrages des savans modernes. Nous y renvoyons nos lecteurs, pour ne pas donner trop d'étendue à ce Dictionnaire.

Chymique. Cet adjectif se joint à tout ce qui appartient à la Chymie. On dit opération chymique, remède chymique, etc.

Chionanthe, plante. *Chionanthus,* Linné.

Chondrille, plante. *Chondrilla,* Tournef. Linné.

Choin, plante. *Schenus,* Linné ; *Gramen, Scirpus,* Tournef.

Chou, plante. *Brassica,* Tournef. Linné.

Christe marine, plante. *Chrithmum,* Tournef. Linné.

Chrysalyde. C'est l'état d'un insecte renfermé dans une coque sous la forme d'une espèce de fève, avant de se transformer en papillon. Ces Chrysalides se montrent déposées sur les diverses parties des plantes que souvent elles défigurent.

Chrysanthême *ou* Chrysène, plante. *Chrysanthemum,* Tournef. Linné.

Chrysocome, plante. *Chrysocoma,* Linné ; *Conyza,* Tournef.

Ciboule, plante. *Allium,* Linné ; *Cepa,* Tournef.

Ciche, *ou* Pois ciche, plante. *Cicer,* Tournef. Linné.

Cicerole, espèce de Pois ciche.

Ciclame *ou* Pain-de-Pourceau. *Ciclamen,* Tournef. Linné.

Cicutaire *ou* Ciguë aquatique, planté. *Cicuta,* Linné ; *Angelica,* Tournef.

Cidre. Le suc des raisins n'est pas le seul susceptible des fermentations spiritueuses ; les pommes contiennent aussi un suc qui fermente facilement et produit la boisson qu'on nomme Cidre. On emploie ordinairement, pour le faire, les pommes sauvages; on les écrase, et le suc fermenté présente les mêmes phénomènes que le raisin.

Cierge, plante. *Cactus,* Linné ; *Melocactus,* Tournef.

Cigue, plante. *Conium,* Tournef. *Cicuta,* Linné.

Cimbaire, plante. *Cimbaria,* Linné.

Cimballaire, plante. *Antirrhinum,* Tournef. Linné.

Cime. C'est le sommet ou la partie supérieure d'un arbre et même d'une herbe. On dit que telle plante est chargée de poils ou d'écailles depuis sa racine jusqu'à sa cime.

Cimicaire, plante. *Cimifuga*, Linné.

Cinéraire, plante. *Cineraria*, Linné ; *Jacobæa*, **Tournef.**

Cinnamome, plante. *Cinnamomum*, Linné.

Cinarocépales, *famille des Cinarocéphales*. C'est la cinquante-quatrième des familles naturelles de Jussieu ; elle réunit les plantes dont les fleurs ont des rapports avec celles de l'Artichaut. *Cinara*.

Cinoglosse, plante. *Cinoglossum*, Tournef. Linné.

Circée, plante. *Circea*, Tournef. Linné.

Cire d'Espagne. C'est la combinaison de diverses résines, colorées par le *Cinabre* et le *Minium*.

Cire. Les Abeilles savent trouver dans le pollen des étamines, la matière de la cire brute ; elles la transportent, à l'aide des brosses de poils dont leurs cuisses sont revêtues, dans leur laboratoire commun ; là, après l'avoir préparée dans leur estomac, elle devient la vraie Cire, huile végétale et concrète par la présence d'un acide que la Chymie sait en extraire lorsqu'elle aspire à la rendre liquide. Il paroît exister dans le tissu même de plusieurs fleurs riches en pollen, une matière analogue à la Cire qu'on peut en extraire par la décoction ; telles sont les chatons mâles du *Betula alnus* : ceux du *Pin, etc.* ; les feuilles du *Romarin*, de la *Sauge officinale* ; les fruits du *Myrica cerifera* laissent transuder de la Cire.

Cirrhifère. On appelle feuilles cirrhifères ou vrillées, pédoncules vrillés, ceux qui portent des vrilles ou mains.

Cistes, *famille des Cistes*. C'est la famille quatre-vingt des ordres naturels de Jussieu : elle réunit les plantes qui ont de l'analogie avec le Ciste. *Cistus*.

Citise, plante. *Cytisus*, Tournef. Linné.

Citrique, *acide citrique*. C'est l'acide du citron ; il est à nud dans le fruit, et manifeste ses propriétés sans aucune préparation ; néanmoins cet acide est toujours mêlé avec un principe mucilagineux, susceptible de s'altérer par la fermentation. Purifié de tout ce qui lui est étranger, et concentré dans un vase fermé, il se conserve plusieurs années, sert pour faire de la limonade, et pour tous les autres usages connus. Trés-souvent l'acide citrique est mêlé dans les fruits avec l'acide malique. (*Voyez* Malique). On dit que les *Raisins verts*, et que le jus de *Tamarin* ne contiennent que l'acide citrique.

Citronelle , plante. *Melissa* , Tournef. Linné.

Citronier , plante. *Citrus* , Tournef. Linné.

Clairevoie , terme de jardinage. Semer à *clairevoie* , c'est jetter la graine en terre , le moins epais qu'il se peut.

Clairière , terme agreste, C'est l'endroit d'une forêt qui est tout-à-fait dégarni d'arbres.

Clair-semé , ée , terme d'agriculture. C'est ce qui n'est pas semé près à près. Le botaniste s'en sert pour désigner les plantes qu'il ne trouve que rarement , ou à des distances considérables les unes des autres.

Clandestine , plante. *Lathræa* , Linné ; *Clandestina* , Tournef.

Classes. Ce sont les premières divisions d'une méthode botanique ; elles sont sous-divisées par les ordres ou sections , les genres et les espèces.

Classiques , *caractères classiques.* (*Voyez* Caractères.)

Clathre , plante. *Clathrus ,* Linné.

Clavaire , plante. *Clavaria* , Linné ; *Coralloïdes* , Tournef.

Clavalier , plante. *Clematis ,* Linné ; *Clematitis ,* Tournef.

Climat. En terme de Géographie , c'est une partie du globe de la terre comprise entre les deux cercles parallèles à l'équateur. On le prend aussi pour pays ou région. Il n'est aucun climat sur la terre , qui n'ait ses végétaux particuliers. Linné les envisageant sous ce point de vue , reconnoît huit climats ; le *ciel des Indes* ; le *ciel d'Egypte* ; le *ciel Méridional* ; le *ciel de Terre - Ferme* ; le *ciel du Nord* ; le *ciel d'Orient* ; le *ciel d'Occident* ; le *ciel des Alpes.* (Voyez ces articles). L'homme qui combine et réfléchit sur la température , l'exposition et le sol que la nature assigne à chacun des végétaux , est nécessairement convaincu de la nécessité d'imiter son travail, pour parvenir à les élever.

Clinopode , plante. *Clinopodium ,* Tournef. Linné.

Cloche. Terme de comparaison pour exprimer la figure de plusieurs fleurs et de plusieurs fruits qui sont en cloche.

Cloison. En maçonnerie c'est une espèce de muraille dans œuvre et de peu d'épaisseur. En botanique , c'est le nom de cette membrane longitudinale qu'on observe entre les deux panneaux de la silique , ou celle qui partage une capsule en deux loges.

Coadnées. Adjectif des feuilles qui naissent plusieurs ensemble et comme par paquets , mais qui ne se touchent point à leur insertion sur la tige.

Coagulantes. Terme adjectif donné aux plantes qui fournissent un suc propre à épaissir les humeurs, et à dissiper les sérosités superflues.

Coca. C'est la feuille d'un arbrisseau qu'on cultive au Pérou, et dont on fait un grand commerce. Il a été nommé par quelques-uns l'arbre de la faim et de la soif.

Cochêne, plante. *Sorbus*, Tournef. Linné.

Cochenille. C'est une matière qui sert à teindre pour l'écarlate et le pourpre. Elle est sous la forme de petits grains de figure singulière et de couleur grise, mêlée de rouge et de blanc. On est convaincu aujourd'hui que c'est un insecte ; c'est dans le Mexique qu'on recueille la cochenille, sur les plantes nommées *Figuier-d'Inde*, *Raquette* ou *Nopal*. Ces plantes transportées dans nos climats y vivent très-bien, si on les préserve des gelées, mais elles n'y nourrissent point ou très-peu de cochenilles.

Cochlearia, plante. *Cochlearia*, Tournef. Linné.

Cocotier, plante. *Cocos*, Linné.

Cocrète, plante. *Rhinanthus*, Linné ; *Pedicularis*, Tournef.

Coddam pulli, plante. *Cambogia*, Linné.

Cohérent, te. On nomme ainsi les pétioles, les stipules, etc., lorsqu'ils sont si fortement attachés à la tige ou aux rameaux, qu'on ne peut les en séparer, sans enlever avec eux une partie de l'écorce. On le dit aussi de certaines parties sur une plante, lorsqu'elles sont totalement appliquées ou collées sur une autre.

Cohésion, terme de physique. C'est la cohérence d'une partie à une autre.

Cohobation, terme de chymie. C'est une opération qui consiste à renverser la liqueur provenue par la distillation d'un végétal, ou de toute autre substance dont elle a été tirée sur une nouvelle substance, semblable à celle dont elle a été tirée, que l'on distille de nouveau.

Cœur, *en cœur*. On donne le nom de feuilles en cœur, siliques, etc., lorsque ces parties des plantes imitent par leur contour la forme d'un cœur.

Coiffe. C'est une enveloppe simple et souvent membraneuse, dans laquelle sont renfermées les organes de la fructification des mousses. On se sert encore de ce nom, pour exprimer l'enveloppe légère et membraneuse de quelques fleurs et de quelques semences. (Voyez *Spathe*.)

Coignassier, plante. *Pyrus*, Linné ; *Cydonia*, Tournef.

Coin, *en coin*. C'est ainsi qu'on exprime la forme de quelques feuilles ou autres parties sur les plantes, lorsqu'elles sont taillées en angle aigu.

Coincider, terme de Géométrie. C'est l'état de deux parties qui s'ajustent et se joignent l'une sur l'autre.

Colasseau, plante. *Barleria*, Linné.

Colature, terme de Pharmacie. C'est la filtration d'une liqueur, ou la liqueur filtrée.

Colchique, plante. *Colchicum*, Tournef. Linné.

Collerette. On donne ce nom à cette espèce d'enveloppe commune ou partielle des ombelliferes ou des fleurs composées. On en distingue deux dans les ombelliferes. L'universelle qui est placée à la base de l'ombelle universelle, et la partielle qui est placée à la base de l'ombelle particielle.

Collet. On nomme *collet* cette espèce de couronne membraneuse qu'on trouve attachée à la partie supérieure du pédicule des agarics. On donne aussi le nom de *collet*, à une espèce d'étranglement ou de rebord, qui sépare une tige d'avec sa racine.

Collier Dans la description des anémones doubles, le collier est un cordon d'étamines qui se trouve dans quelques-unes de ces fleurs, et qui aux yeux du fleuriste en diminue le prix et la beauté.

Colonne, *en colonne*. Terme de comparaison qui désigne quelques fruits ou quelques parties des plantes qui semblent copier la forme d'une colonne.

Colophane bâtard. *Bursera*, Linné.

Colophane. C'est une poix blanche et desséchée. Le desséchement se fait par le vinaigre qu'on fait bouillir et évaporer sur cette substance tenue en fusion sur le feu.

Coloquinte, plante. *Cucumis*, Linné ; *Colocynthis*, Tournef.

Colorans, *principes colorans des végétaux*. Les couleurs sont toutes formées par la lumière : la propriété qu'ont les corps d'absorber tel ou tel rayon, et de renvoyer les autres, forment les nuances de couleurs dont ils sont décorés. C'est-là ce qui résulte des expériences du célèbre *Nevvton*.

Colutea *ou* baguenaudier, plante. *Colutea*, Tournef. Linné.

Comaret, plante. *Comarum*, Tournef. *Pentaphylloïdes*, Linné.

Combinaison. En chymie, c'est l'union intime par laquelle les parties de deux corps se pénètrent et se joignent pour faire un nouveau corps.

Commeline, plante. *Commelina*, Linné.

Commun. Le calice est commun quand il renferme plusieurs fleurs. Le pétiole est commun quand il porte plusieurs feuilles. Le pédoncule et le réceptacle sont communs, quand ils portent plusieurs fleurs.

Complet, te. C'est l'adjectif des fleurs qui ont calice, corolle, étamine et pistil. On nomme fleurs incomplettes, celles qui sont dépourvues de quelques-unes de ces parties.

Composé, ée. Les grappes, les ombelles, les feuilles, les fleurs, sont nommées composées, lorsqu'elles sont formées de plusieurs parties répétées qui en constituent l'ensemble.

Cancave, c'est l'opposé de convexe. On entend par ce mot ce qui naturellement est creux.

Concombre, plante. *Cucumis*, Linné, Tournef.

Conduits. On donne le nom de conduits excréteurs à certains corps glanduleux de diverses formes, que l'on observe sur plusieurs parties des plantes.

Condori, plante. *Adœnanthera*, Linné.

Concret, te. On donne ce nom à des substances végétales, dont les parties se réunissent pour ne faire qu'une masse. Telles sont les résines, les gommes, et certaines huiles extraites des plantes.

Cône. C'est le huitième péricarpe, sa forme la plus ordinaire lui a fait donner ce nom. Il est composé d'écailles appliquées les unes sur les autres, et attachées par une de leur extrémité à un axe commun. On lui donne quelquefois le nom de *Strobile*.

Conferve, plante. *Conferva*, Linné ; *Alga*, Tournef.

Conifères, *famille des Conifères*. c'est la centième famille naturelle de Jussieu ; elle réunit les plantes dont les semences sont portées dans des cônes.

Conjuguées. On nomme les feuilles conjuguées lorsqu'elles portent sur un pétiole commun une ou plusieurs paires de folioles opposées. C'est presque le synonime de feuilles ailées.

Connées. On désigne par ce terme les feuilles, les anthères, etc. lorsque ces parties sont réunies pour ne former qu'une gaîne.

Conniventes. On donne ce nom aux anthères et aux autres parties qui sont rapprochées et paroissent réunies, quoiqu'elles ne le soient pas réellement.

Consoude, plante. *Simphitum,* Tournef. Linné.

Contigu, ue. La contiguité, en botanique, est l'état de deux choses qui se touchent, mais ne se tiennent pas, ou qui, si elles se tiennent, sont susceptibles d'être désunies sans déchirement sensible.

Continu, ue. La continuité est l'état de deux choses qui sont si adhérentes entre elles, qu'on ne peut les désunir sans les casser. Les aiguillons sont contigus, les épines sont continues.

Convexe. C'est ce qui est naturellement bombé; c'est l'opposé de concave.

Conyse, plante. *Conysa,* Tournef. Linné.

Copahu, plante. *Copaifera,* Linné.

Copahu, *Beaume de Copahu.* Il découle dans L'Amérique méridionale, près de Tolu, d'un arbre appellé *Cobaïba* ou *Copaifera.* Ce beaume, distillé à l'eau bouillante, donne beaucoup d'huile volatile, on le regarde comme vulnéraire et Cicatrisant; il est très-balsamique et très-aromatique.

Copalme, plante. *Liquidampar,* Linné.

Coque. C'est la seconde espèce de péricarpe; une enveloppe d'une seule pièce qui ordinairement s'ouvre en haut comme un cornet. On la nomme aussi *Follicule;* Tournef. l'appela *Gaîne.* Elle est dépourvue de sutures apparentes.

Coquelicot, plante. *Papaver,* Tournef. Linné.

Coquemollier, plante. *Theophrasta,* Linné.

Coqueret, plante. *Physalis,* Linné; *Alkekengi,* Tournef.

Cordé, ée. On dit qu'une racine se corde ou qu'elle est cordée, lorsque de charnue et de solide qu'elle étoit, elle est devenue creuse et filamenteuse.

Cordiales, terme de médecine appliqué aux plantes dont la vertu est de réveiller les oscillations des solides, de ranimer la circulation, et de donner de la fluidité au sang.

Cordiformes. On donne ce nom aux anthères, aux feuilles, aux siliques, etc., qui ont la forme d'un cœur.

Coriace. On donne cette qualification aux semences, aux feuilles, aux autres parties des plantes qui ont la dureté, ou presque la dureté d'un cuir.

Coriandre, plante. *Coriandrum,* Tournef. Linné.

Corise, plante. *Coris*, Tournef. Linné.

Cormier, plante. *Sorbus*, Tournef. Linné.

Corné, ée. On le dit des semences et autres parties qui ont le luisant et la dureté de la corne.

Corneille, plante. *Lisimachia*, Tournef. Linné.

Cornet, *en cornet*. Terme de comparaison qu'on emploie quelquefois pour désigner les calices, les feuilles, ou autres parties sur les plantes.

Cornichon. C'est un petit concombre propre à confire dans le vinaigre.

Cornouillier, plante. *Cornus*, Tournef. Linné.

Cornu, ue. Ce qui fait la fourche et dont les divisions sont recourbées comme deux cornes. La fructification du *Martynia* du Pérou, est cornue.

Cornuelle, plante. *Trapa*, Linné; *Tribuloïdes*, Tournef.

Cornue. Vaisseau de chymie employé à la distillation des plantes.

Corolle. C'est la partie la plus apparente de la fleur, la beauté de ses couleurs et de ses nuances lui ont fait donner ce nom ; elle couronne les plantes, mais ses couleurs ne donnent que des signes incertains au vrai botaniste parce qu'elles peuvent varier suivant la température, le sol, l'exposition, la culture même. C'est par le nombre déterminé, la disposition et la structure de ses parties qu'elle forme caractère, et c'est aussi sur cette seule disposition que l'œil du botaniste se fixe pour déterminer le siége ou la classification d'une plante suivant la méthode de Tournefort. (*Voyez* les articles *Monopétales*, *Polypétales*, etc.) Quelques cultivateurs ont prétendu qu'en arrosant des plantes avec des sucs colorés, on parvient quelquefois à changer la partie des fleurs qu'on nomme corolle. Dans ma jeunesse, encore peu instruit sur la marche de la nature, j'ai souvent tenté ce secret, il ne m'a jamais réussi; l'air, la chaleur, sur-tout les rayons du soleil ou la lumière concourent plus sûrement à la vivacité des couleurs de la corolle, comme à celle des autres parties des plantes.

Coronille, plante. *Coronilla*, Tournef. Linné.

Corossol, plante. *Anona*, Linné.

Corrosif. Terme employé pour exprimer le suc de certaines plantes, qui corrode et ronge les substances sur lesquelles on l'applique. L'écorce du *Garou* est corrosive.

Corrude.

Corrude. Nom donné dans les champs à une espèce d'asperge sauvage.

Cortical. On donne ce nom à tout ce qui tient ou appartient à l'écorce d'une plante. (Voyez *couches corticales.*)

Cortuse, plante. *Cortusa,* Linné; *Auricula Ursi,* Tournef.

Corymbe. On nomme fleurs en corymbe celles dont les pédoncules sont inégaux en longueur, placés comme au hasard le long de l'extrémité d'une tige, mais qui arrivent tous à la même hauteur.

Cosse. Ce sont les deux panneaux ou battans des légumes du pois.

Cosson. Nom que les agriculteurs donnent au nouveau sarment qui croît sur le sep de vigne depuis qu'elle est taillée.

Côtes. C'est la prolongation saillante du pédoncule des feuilles, ou sa continuation.

Cotonier, *ou* Coton. *Gossypium,* Linné; *Xylon,* Tournef.

Cotonneux, se. On donne cette qualification aux parties des plantes qui sont recouvertes d'un duvet lequel ressemble à du coton.

Cotula, plante. *Cotula,* Linné.

Cotyledons, *ou* Lobes. Ce sont deux espèces de lobes charnus qu'on remarque dans la plupart des semences prêtes à germer, et dont la tunique propre est enlevée. Ils sont appliqués l'un contre l'autre, convexes extérieurement, presque toujours concaves en dedans ; et c'est dans leur cavité que gît le principe ou germe d'une plante nouvelle. Il est des semences qui n'ont qu'un cotyledon ; on les nomme *Monocotyledones.* Lorsqu'elles ont deux cotyledons, et c'est le plus grand nombre, elles sont *Dicotyledones.* Il est des semences qui n'ont point de cotyledons ; on les nomme *Acotyledones.*

Cotylet, plante. *Cotyledon,* Tournef. Linné.

Couche, terme de jardinage. Elle est faite de lits de fumier et de terre, sur lesquels on sème dès le printemps pour obtenir des primeurs, et devancer par l'art les opérations de la nature.

Couches corticales. Les couches corticales font partie de l'écorce des plantes ; elles sont intermédiaires entre l'enveloppe externe et le bois ou corps du végétal. Elles sont formées par des lames qui ne sont elles-mêmes que la réunion des vaisseaux communs, des vaisseaux propres et aériens de la plante. Ces vaisseaux ne s'étendent pas toujours selon la longueur des tiges ; plusieurs

D

se courbent en divers sens , et laissent entre eux des mailles qui
sont remplies par le tissu cellulaire lui-même. Il suffit de faire
macérer ces couches dans l'eau pour en observer l'organisation :
alors le tissu qui est détruit laisse à nu les mailles qu'il rem-
plissoit ; c'est ce qu'on voit sur-tout dans l'arbre à dentelle ,
dont le tissu se détache par la macération de la plante. Les
Couches corticales se détachent facilement l'une de l'autre ; et
c'est par leur ressemblance assez grossière avec les feuillets
d'un livre, qu'on les a appellées *Liber*. A mesure que ces
couches s'approchent du corps ligneux, elles prennent de la
dureté, et finissent même par donner naissance aux couches
de l'*Aubier*.

Coudée. C'est l'étendue du bras depuis le coude jusqu'au haut
du doigt du milieu ; mesure prise sur cette étendue, qui est
d'un pied et demi : elle sert souvent à désigner la hauteur des
plantes.

Coudrier , plante. *Corylus ,* Tournef. Linné.

Couis , plante. *Crescentia*. Linné.

Coulé , ée , terme d'agriculture. On nomme fruits coulés ceux
qui, par défaut de conformation, ou par le vice de leur naissance, ou par l'effet de l'intempérie des saisons , ne peuvent
parvenir à leur état de perfection. On dit : la *Vigne* a coulé , les
Melons ont coulé , etc.

Coulckin, plante. *Cecropia ,* Linné.

Couleur. La couleur des plantes et des fleurs est moins regardée
par le botaniste comme l'effet de la nature des sucs qui les
nourrissent , que comme le produit de leur organisation primitive. La couleur d'une plante ou d'une fleur ne fournit pas
un caractère certain à l'œil du botaniste, parce qu'elle est
sujette à varier (*Voyez* Corolle , Enveloppe cellulaire , Colorant.)

Couleuvrée, plante. *Bryonia ,* Tournef. Linné.

Coulure. C'est l'avortement du germe dans une plante. (*Voyez*
couler.)

Courant, te. On donne cette épithète aux feuilles, quand leur
extrémité se prolonge le long de la tige.

Courbaril, plante. *Himaenea ,* Linné.

Courbé , ée. C'est, en botanique, ce qui est originairement
droit, et s'est ensuite courbé.

Courge , plante. *Cucurbita ,* Tournef. Linné.

Couronné , ée. On dit qu'un arbre se couronne quand les branches du sommet se dessèchent. On appelle semences couronnées celles qui portent encore les divisions d'un calice supérieur ; et fruit couronné celui qui est surmonté de pareils débris , comme la Nèfle , la Grenade , etc.

Courson , *ou* Crochet, terme d'agriculture. C'est proprement la branche de la vigne qui a été taillée et raccourcie à trois ou quatre yeux. C'est aussi une branche d'arbre de cinq ou six pouces que le jardinier conserve lorsqu'il est obligé de couper les autres.

Court , te. On donne cette épithète au filet , au pédoncule, au pétiole, lorsqu'on compare la longueur d'une de ces parties avec celle d'une autre.

Craie. La Craie , ainsi que tous les terreins salés et vitrioliques, nuit à la végétation par sa sécheresse , à moins qu'elle ne soit mélangée avec de l'argile ou du sable; alors elle peut devenir un excellent engrais, que l'on nomme *Marne.* Cependant la Craie seule, qui est la plus sèche de toutes les terres, paroît propre à quelques plantes, telles que le *Bouleau,* l'*Onobrychis,* le *Réseda jaune,* le *Trèfle rude.*

Cranson , plante. *Cochlearia*, Tournef. Linné.

Crassule, plante. *Crassula*, Linné.

Crénelé , ée. Adjectif des feuilles et des stipules qui ont les dents arrondies.

Crevassé , ée. Ce qui est parsemé de crevasses ou de petites fentes. .

Cretelle, plante. *Cynosurus,* Linné ; *Gramen ,* Tournef.

Croisette, plante. *Valantia ,* Linné ; *Cruciata*, Tournef.

Croissant , *en croissant.* Les feuilles en croissant sont celles qui imitent par leur forme celle du croissant de la lune.

Crotalaire , plante. *Crotalaria ,* Tournef. Linné.

Crucianelle, plante. *Crucianella ,* Linné ; *Valentia*, Tournef.

Crucifères, *ou* Cruciformes. C'est la soixante-troisième des familles naturelles de Jussieu. Elle réunit les plantes qui ont les fleurs en quatre pétales disposés en croix. Les plantes cruciformes constituent la classe cinquième de la méthode de Tournefort.

Crustolle , plante. *Ruellia*, Linné.

Cryptogamie. Ce terme est composé des mots grecs *kruptos* caché , et *gamos* noce. *Noces cachées.* Linné a consacré ce terme pour indiquer les plantes dont la fructification est in-connue , parce que l'alliance des deux sexes n'y est pas visible. Ces plantes composent la vingt-quatrième classe de son système.

Cucurbitacées, *famille des Cucurbitacées.* C'est la quatre-vingt-dix-septième des familles naturelles de Jussieu. Elle réunit les plantes qui ont des rapports avec la courge. *Cucurbita.*

Cuiller, ustensille de table et de cuisine. On se sert de ce terme de comparaison pour désigner certaines parties des plantes. La fleur du *Lamium* a la lèvre supérieure en cuiller.

Cuisantes. On nomme plantes cuisantes ou brûlantes celles dont la superficie est couverte de poils , qui sont autant d'aiguillons dont la piqûre cause une démangeaison douloureuse et une chaleur cuisante ; telles sont plusieurs espèces d'*Orties.*

Culmifères. Une plante dont la tige est un chaume , est souvent nommée *Culmifère.*

Culture. C'est la façon qu'on donne à la terre pour la rendre fertile, et le soin qu'on prend d'une plante pour la faire pros-pérer. (*Voyez* Agriculture.)

Cumin , plante. *Cuminum,* Linné ; *Faeniculum* , Tournef.

Cunéiforme, terme d'anatomie. C'est un des os du cape et du tarse ; c'est aussi un terme de botanique qui indique les feuilles et autres parties qui sont taillées en coin.

Cupidone, plante. *Catananche* , Tournef. Linné.

Cupules. Ce sont les parties apparentes de la fructification sur les lichens , des petits vases tantôt orbiculaires, tantôt con-caves , tantôt companulés ou infundibuliformes, quelquefois planes , pédiculés, quelquefois tuberculeux , sessiles. On les regarde le plus communément comme les parties de la fructifi-cation mâle de ces sortes de végétaux.

Cuscute , plante. *Cuscuta,* Tournef. Linné.

Cylindrique. On donne cette qualification au pédoncule, au pé-tiole, au style , à la tige , aux feuilles , lorsque ces parties sont d'une figure ronde , alongée, et à-peu-près d'une grosseur égale dans leur longeur.

Cynoglosse , plante. *Cynoglossum* , Tournef. Linné.

Cyprès, plante. *Cupressus* , Tournef. Linné.

Cytise , plante. *Cytisus ,* Tournef. Linné.

D.

Dattier, plante. *Phœnix*, Linné.

Dature, plante. *Datura*, Linné; *Stramonium*, Tournef.

Daucus, *ou* Carotte, plante. *Daucus*, Tournef. Linné.

Débile. C'est ainsi qu'on nomme une branche qui plie et paroît surchargée par le poids des feuilles ou des fruits. Les branches du saule pleureur sont débiles. On nomme aussi de même un pédoncule qui plie sous le poids de ses fleurs.

Décandrie. Cette dénomination est composée des mots grecs *deka*, dix, et *aner*, *maris*, *dix maris*. Elle indique les plantes qui ont dix étamines. La décandrie est la dixième classe du système sexuel de Linné.

Déchiqueté, ée. On nomme feuilles déchiquetées, déchirées ou laciniées, celles dont la bordure est remarquable par des découpures de grandeurs inégales et de figures différentes. On donne aussi ces noms à la fructification d'une plante lorsqu'elle est réunie et composée de parties différemment disposées et de grandeurs diverses.

Décomposition. L'art de la décomposition chymique des végétaux se réduit à deux principes; 1°. dégager et élever les vapeurs ou liquides, de la manière la plus économique; 2°. en opérer la condensation la plus prompte. Il faut que la chaudière dans laquelle on distille, présente à un feu toujours égal le plus de surface qu'il est possible, et que la chaleur lui soit appliquée également par-tout, et il ne faut pas que l'ascension des vapeurs soit gênée, mais qu'elle aille frapper contre des corps froids qui la condensent rapidement. (*Voyez* les Elémens de chymie, par Chaptal, et autres ouvrages par Fourcroy et Beaumé.) (*Voyez* aussi les articles *Dissolution* et *Distillation*.)

Décurrent, te. On nomme pédoncule décurrent celui qui se prolonge sur la tige et y laisse une saillie sensible; il en est de même du pétiole. On nomme feuille décurrente celle dont l'extrémité inférieure se prolonge sur la tige ou sur les rameaux, et qui y forme une espèce d'angle.

Défécation, terme de Chymie et de Pharmacie. C'est la dépuration d'une liqueur tirée d'une substance végétale ou autre, qui se fait par la chûte spontanée des parties qui la rendoient trouble.

Défenses. On regarde, en Botanique, les épines, les aiguillons, quelquefois les poils, comme les armes offensives et défensives des plantes.

Défini, ie. On désigne, par ce terme, les étamines, les pistils et autres parties sur les plantes dont le nombre peut aisément se compter. Le terme d'indéfini est l'opposé.

Déflagration, terme de Chymie. C'est l'opération par laquelle un corps est brûlé.

Déflegmer, terme de Chymie. C'est enlever la partie aqueuse d'une substance végétale ou autre.

Dégel. C'est l'adoucissement de l'air qui résout la glace et la condensation des terres.

Déguélé de Cayenne, plante. *Deguelia.*

Délayantes, terme de Médecine appliqué aux plantes dont le suc aqueux et doux a la propriété de suppléer le défaut des sérosités, et de donner de la souplesse aux fibres.

Deltoïdes. On nomme Deltoïdes les feuilles dont le contour décrit un triangle semblable à la lettre grecque Δ. On les nomme aussi Rhomboïdes.

Demi-cylindriques. On donne cette qualification aux pédoncules, aux pétioles et autres parties qui sont arrondies d'un côté, et plates ou un peu comprimées de l'autre.

Demi-fleurons, petites corolles qui s'évasent en une languette plus ou moins alongée, et renferment communément cinq étamines réunies par leurs filets; elles forment, par leur agrégation, les fleurs nommées *Semi-flosculeuses.*

Dentaire, plante. *Dentaria*, Tournef. Linné.

Denté, ée, dentelé, ée, adjectifs des feuilles dont les bords sont remarquables par des dentures plus ou moins fines et plus ou moins aiguës.

Dentelaires, *famille des Dentelaires.* C'est la trente-troisième des familles naturelles de Jussieu; elle réunit les plantes qui ont de l'analogie avec la Dentelaire. *Plumbago.*

Dépouiller. On dit qu'un arbre se dépouille, lorsqu'il perd ses feuilles sans qu'elles se remplacent par des nouvelles; tels sont le *Poirier*, le *Pêcher*, le *Mélèze.* Les arbres qui sont toujours verts ne perdent leurs feuilles qu'à mesure que les nouvelles poussent et ne paroissent pas se dépouiller, les *Sapins*, l'*If,* etc.

Déprimé, ée, *ou* comprimé, ée, adjectif ordinaire des feuilles qui sont applaties par les côtés.

Dessication. C'est l'opération par laquelle on a enlevé à une substance l'humidité qu'elle contenoit. Cette opération intéresse également le Botaniste et le Pharmacien. Le Botaniste, pour former son *herbier*. (*Voyez* cet article.) Le Pharmacien, pour employer les plantes et en faire des médicamens. L'objet de la dessication pour celui-ci est seulement de priver les plantes de l'eau qui a servi à la végétation. Plus elles sont promptement desséchées, mieux elles se conservent. Il faut qu'elles ne perdent ni leur couleur ni leur odeur en général; elles doivent sécher à l'air et au soleil, ou dans un grenier qui y soit exposé.

Détersives, plantes détersives, terme de médecine donné aux plantes dont la propriété est de purifier et de nettoyer les ulcères, soit intérieurs, soit extérieurs.

Développement. Une plante, depuis sa première germination jusqu'au temps où elle n'est plus susceptible d'aucun accroissement, s'étend en longeur, en largeur par le développement successif des parties qui la composent. On dit que les parties d'une plante sont à leur degré de développement, quand elles ne sont pas susceptibles de se développer davantage. On dit d'une fleur bien épanouie, qu'elle est dans un état de développement parfait.

Diadelphie. Ce terme est tiré des mots grecs *dis* deux, *adelphos* frere, *deux frères*. Il indique les plantes dont les fleurs ont les étamines réunies en deux corps par leurs filets ; ces deux corps forment les deux frères. La diadelphie est la dix-septième classe du système sexuel de Linné.

Diandrie. Ce terme est tiré des mots grecs *dis* deux et *aner* mari *deux maris*. Il indique les plantes qui ont deux étamines dans la fleur. La diandrie est la seconde classe du système sexuel de Linné.

Diaphorétique, terme de médecine appliqué aux plantes dont la propriété est d'exciter une transpiration insensible.

Diaphragme, terme d'anatomie. Il désigne le muscle qui sépare la poitrine du bas-ventre. C'est aussi un terme de botanique.

Dichotôme. On le dit de toutes les parties d'une plante qui en font deux.

Dicotyledones *ou* Bicotyledones. On nomme ainsi les semences qui ont deux cotyledons; presque toutes en ont deux; quelques-unes, comme le pin et ses congénères, paroissent être *Polycotyledones* (à plusieurs cotyledons): dans les unes et les autres, l'embryon, qui a sa place au milieu des lobes, entrant dans son état de germination, jette sa radicule et sa plumule et est bientôt abandonné de ses cotyledons. Dans un petit nombre de plantes, ces lobes se changent en deux feuilles qu'on nomme feuilles séminales.

Didyme, synonyme de géminé. Deux parties qui ont la même origine, le même point d'insertion, sont didymes ou géminées.

Didynamie, terme tiré du grec *dis* deux, et *gunamis*, puissance; *deux puissances*. Il désigne les plantes dont les fleurs ont quatre étamines, dont deux grandes et deux petites. Cette disparité dans les étamines constitue les deux puissances. La didynamie est la quatorzième classe du système sexuel de Linné.

Diffus, se. On donne cette qualification au panicule, aux tiges qui sont lâches, étalés et disposés avec confusion.

Digitale, plante. *Digitalis*, Tournef. Linné.

Digité, ée, terme adjectif des feuilles qui ont plusieurs divisions disposées et étalées comme les doigts d'une main ouverte.

Digynie. Ce terme est composé des deux mots grecs *dis* deux, et *gune*, femme; *deux femmes*. Il indique les plantes dont les fleurs ont deux pistils. La digynie est un des ordres qui sous-divisent les classes du système sexuel de Linné.

Diæcie. Ce terme est composé des deux mots grecs *dis* deux, et *oikesis*, habitation; *deux habitations*. Il indique les plantes dont les fleurs seulement mâles et seulement femelles, sont séparées sur deux individus. La diæcie est la vingt-deuxième classe du système sexuel de Linné.

Dioïques. On appelle ainsi les plantes qui sont de la classe *diæcie*.

Diphylle. On dit d'un calice qu'il est diphylle, quand il est composé de deux pièces distinctes.

Dipsacées, *famille des Dipsacées*. C'est la cinquante-sixième des familles naturelles de Jussieu; elle embrasse les plantes qui ont des rapports avec la cardiaire. *Dipsacus*.

Direction. C'est la ligne, selon laquelle une chose est dirigée. On dit que les tiges de telles plantes sont dans la direction droite ou verticale, oblique ou penchée, horizontale ou parallèle à l'horizon, etc.

Discussif, terme de médecine appliqué aux plantes dont la propriété est de résoudre et de dissiper les humeurs.

Disperme. On donne ce nom aux fruits des plantes dans lesquels on a observé deux semences ou spermes.

Disque. On entend par le disque d'une feuille, toute la feuille excepté les bords, et par le disque d'une fleur, le centre ou milieu d'une fleur : c'est ainsi que dans une fleur radiée, on distingue le disque et les rayons.

Disséminé. Ce qui est répandu çà et là et clair-semé.

Dissolution, terme de chymie. C'est dans les végétaux, la division ou la disparution d'un solide dans un liquide, mais sans altération dans la nature de la substance qu'on dissout. On appelle dissolvant ou menstrue le liquide dans lequel disparoît le solide. (*Voyez* analyse chymique, décomposition chymique.)

Distillation, terme de chymie. La distillation des végétaux est l'action d'en désunir les parties ou de les décomposer par le moyen du *calorique*. Ce procédé par la *cornue* a été long-temps la seule voie de l'analyse. Ce n'est que depuis ce siècle qu'on a discontinué ce travail qui parut ne point avancer la science, puisque le *chou* et la *ciguë* donnoient les mêmes principes. (*Lisez* l'excellent ouvrage de Fourcroy, intitulé *Philosophie chymique.*)

Distiques. On appelle distiques, les feuilles qui sont disposées des deux côtés du rameau ou sur deux rangs.

Diurnes. On donne ce nom aux plantes qui ne durent qu'un jour ; tels sont la plupart des champignons.

Divergent, te. On appelle divergens les tiges, les pédoncules, les rameaux qui ont un point d'insertion commun, mais qui s'écartent ensuite.

Divisé, ée. C'est par ce terme qu'on désigne ce qui est d'une seule pièce, mais qui se divise en deux et plusieurs parties. Une corolle peut être d'une seule pièce et divisée en deux, trois et quatre parties ou plus.

Diurétique, terme de médecine donné aux plantes dont la propriété est de provoquer la secrétion des urines. Les diurétiques chaudes opèrent, en augmentant le mouvement des fluides et des solides ; les diurétiques froides opèrent par le moyen opposé.

Dodécandrie. Ce terme est tiré des mots grecs *dodcka* douze, et *aner andros* mari ; *douze maris*. Il indique les plantes qui ont douze étamines. La dodécandrie est la onzième classe du système sexuel de Linné.

Dolique, plante. *Dolichos*, Linné ; *phaseolus*, Tournef.

Doloire. On nomme feuilles en doloire, celles qui sont cylindriques à leur base, planes et élargies en-dessus, épaisses d'un côté et tranchantes de l'autre. On les compare à la doloire, qui est une espèce de hache dont se servent les tonneliers.

Dorine, plante. *Chrysoplenium*, Tournef. Linné.

Doronic, plante. *Doronicum*, Tournef. Linné.

Dorsifères. On dit que les feuilles de fougère sont dorsifères,

parce qu'elles portent sur leur dos les parties de la fructification.

Double. C'est ce qui est composé de deux et plusieurs rangs. On
nomme un calice double, lorsqu'on observe deux calices l'un dans
l'autre. On nomme fleur double celle qui a acquis par la culture
un plus grand nombre de fleurs que dans sa nature première,
mais dans laquelle les organes sexuels subsistent encore en partie,
et fournissent des graines fécondées. Si toutes les étamines et
tous les pistils étoient métamorphosés en pétales, on les nom-
meroit fleurs pleines.

Dracocéphale, plante. *Dracocephalum*, Tournef. Linné.

Drageons, terme d'agriculture. C'est ainsi qu'on nomme des
branches enracinées qui accompagnent le pied d'une plante :
tels sont les rejetons enracinés des pieds des pruniers, des
acacias, etc. On les confond souvent avec les boutures. On dit
qu'un arbre drageone trop.

Drapé, ée, fruit drapé, feuilles drapées. Ce sont ceux sur lesquels on remarque un duvet laineux, tel que celui du drap.
Les fruits de la *Pivoine* sont drapés ; les feuilles du *Bouillon
blanc* sont drapées.

Drave, plante. *Draba*, Linné ; *Alysson*, *Lunaria*, Tournef.

Droit, te. On se sert de ce terme pour désigner un aiguillon,
un pédicule, un pédoncule, un rameau, les tiges, les feuilles,
les fleurs, etc. lorsque ces parties sont perpendiculaires à l'horizon. On s'en sert aussi pour désigner ce qui est alongé sans
aucune courbure.

Drouc, plante. *Bromus*, Linné ; *Gramen*, Tournef.

Drupacé, ée. On donne ce nom aux fruits dont le noyau est
recouvert d'une pulpe ou enveloppe charnue plus ou moins
succulente.

Durée des plantes. C'est l'espace qui s'écoule entre la vie et la
mort des végétaux. (*Voyez* Age des plantes.) Il est des plantes
qui croissent, naissent et meurent dans le court espace d'un
an : on les nomme *annuelles* (le Pavot.) Elles sont *biennes*
ou *bisannuelles*, lorsqu'elles vivent deux ans (le Géroflier) ;
trisannuelles, lorsqu'elles vivent trois ans ; et *perennes* ou
vivaces, lorsque leur vie s'étend au-delà. Il est des végétaux, tels
que les champignons, qui ne vivent qu'un jour, et pas même
un jour : on les nomme plantes *fugaces* ou *diurnes*.

Durion, plante. *Durio*, Linné.

E.

Eau. L'eau a été long-temps regardée comme un principe élémentaire. Les expériences de la Chymie le placent aujourd'hui parmi les substances composées. Le chymiste la décompose par plusieurs procédés, et la forme par la combinaison de l'oxigène et de l'hydrogène. L'eau est contenue en plus ou moins grande quantité dans le corps ; on peut l'y considérer sous deux états, ou dans l'état d'un simple mélange, et on l'appelle *eau exhalative*, ou dans un état de combinaison, et alors elle est nommée *eau générative*. L'eau est nécessaire à la végétation : on a observé qu'une plante qui pesoit trois livres avoit augmenté de trois onces après une forte rosée. On voit journellement des plantes bulbeuses et des graminées vivre et fleurir dans des soucoupes et des bouteilles où l'on n'entretient que de l'eau. Toutes les plantes n'en exigent pas la même quantité, parce que la nature a varié les organes de ces divers individus, d'après les besoins où elle prévoyoit qu'ils seroient de cet aliment. Les feuilles ont également la propriété d'absorber l'eau, et de puiser dans l'atmosphère le même principe alimentaire que la racine pompe de la terre. Plus l'eau est pure, plus elle est salutaire au végétal ; *Duhamel* l'a prouvé. Cependant l'eau chargée de décompositions animales ou végétales, est encore plus profitable, parce que l'eau n'est pas le seul aliment exigé par la plante, mais qu'elle est le véhicule à un autre principe tout aussi essentiel, le *Carbone*. (Voyez cet article.)

Eau-de-vie. C'est à la décomposition du vin par la distillation, et au premier produit de cette opération qu'on a donné le nom d'*eau-de-vie*. On fait aussi de l'eau-de-vie avec le syrop du sucre et d'autres substances végétales dont le produit devient une liqueur plus ou moins colorée, susceptible d'un esprit plus ardent encore ou *alkool*, par une nouvelle distillation. Toutes ces liqueurs ont une odeur aromatique et vineuse, une saveur piquante et chaude, qui ranime le jeu des fibres.

Ébénier, plante. *Diospiros,* Linné ; *Guiacana,* Tournef.

Ébourgeonner, terme du jardinier. Ebourgeonner un arbre, c'est en retrancher les jeunes pousses superflues.

Ébrancher. Ebrancher une plante, c'est lui enlever une partie de ses branches, pour lui donner une forme particulière.

Écailles, Ce sont des productions minces, aplaties, souvent sèches et coriaces ; elles recouvrent entièrement ou en partie , des tiges , des rameaux , des pédoncules , des pétioles , des racines dans plusieurs plantes ; elles forment une ou plusieurs couches sur la bulbe écailleuse ; elles servent d'enveloppe aux boutons des arbres et des arbrisseaux ; elles tiennent lieu de corolle dans les graminées ; on en trouve à la base des calices , des pétales , et quelquefois même parmi les organes sexuels.

Écaillé, ée, c'est-à-dire, incisé , travaillé en écailles. La racine de la *dentaire* est écaillée , c'est-à-dire , incisée en écailles.

Écailleux, se. C'est ce qui est composé de plusieurs écailles. La bulbe du lys est écailleuse.

Écale. On donne ce nom à la couverture extérieure , et qui renferme la coque dure de certains fruits. On dit écales de *noix*. de *pois ,* etc.

Eccarthastique. Terme de médecine appliqué aux plantes qui excitent des transpirations par tous les pores.

Eccopothique. Terme de médecine appliqué aux plantes dont les vertus lénitives évacuent les excrémens.

Échalotte , plante. *Allium ,* Linné ; *Cepa ,* Tournef.

Échancré, ée. Feuille échancrée. C'est une feuille dont le tour est vidé en cœur , en croissant , ou de toute autre manière.

Échancrure. C'est une coupe faite en croissant , en cœur , en pointe , etc. Les échancrures d'un calice sont les entre-deux de ses crénelures.

Écheniller , terme d'agriculture. C'est ôter les chenilles d'un arbre.

Échiné, ée. On donne ce nom aux semences et aux tiges qui sont couvertes de pointes dures et piquantes.

Echinophora , plante. *Echinophora ,* Tournef. Linné.

Echinope , plante. *Echinops ,* Linné ; *Echinopus ,* Tournef.

Echioïde , plante. *Lycopsis ,* Linné ; *Echioïdes ,* Tournef.

Ecimer , terme d'agriculture. C'est couper la cime d'une plante.

Éclaire , plante. *Chelidonium ,* Tournef. Linné.

Économie végétale. C'est l'harmonie , l'organisation proprement dite , des différentes parties qui composent les végétaux ; c'est cet ordre merveilleux dans lequel les plantes naissent , croissent , vivent et se reproduisent. Tout dans les végétaux est purement mécanique , et non l'effet de la réflexion ou du sentiment ; comme les animaux , ils naissent d'une semence , ils vivent de sucs étrangers, ils s'accroissent, ils se reproduisent, ils meurent, laissant après eux une lignée qui durera autant que le monde ; mais ils sont privés de la faculté de vouloir et de faire, qui distingue l'animal.

Écorce. L'écorce est la partie la plus essentielle du végétal, c'est leur enveloppe extérieure ; ses prolongemens ou extensious recouvrent toutes les parties qui le composent. C'est par l'écorce que s'exécutent les principales fouctions de la vie, telles que la nutrition, la digestion, les sécrétions, etc. Toutes les entes, et principalement celles au chalumeau par lesquelles on dénature totalement les produits d'une plante, démontrent avec évidence que la force digestive réside éminemment dans l'écorce. Plusieurs plantes, telles que les graminées, les arondinacées, et celles qui sont évidées intérieurement, prouvent que la partie ligneuse n'est pas aussi essentielle ; les plantes grasses n'ont, à proprement parler, que la partie corticale. On voit souvent des plantes frappées de putrilage dans leur intérieur, tandis que le bon état de l'écorce entretient encore leur vigueur. On y distingue trois tuniques particulières, et qu'on peut détacher séparément : l'*épiderme*, le *tissu cellulaire* et les *couches corticales*. (Voyez à ces trois articles.)

Ecphractique, terme de médecine. C'est le synonyme d'apéritif.

Ectylotique. Terme de médecine appliqué aux plantes dont le suc est propre à consumer les callosités et les durillons.

Ecuisser, terme de campagne. C'est faire éclater un arbre en l'embrassant.

Ecusson. Petit morceau d'écorce garni d'un œil ou bouton que l'on enlève de dessus un arbre, que l'on taille en losange ou en triangle alongé, et que l'on insère entre le bois et l'écorce d'un autre arbre, après lui avoir fait une taille en manière de T. C'est ce que le jardinier appelle écussoner ou greffer en écusson. (Voyez les ouvrages *la Quintinie*.)

Effeuillaison *ou* efeuliation. C'est le moment où les plantes se dépouillent de leurs feuilles. Il y a des plantes qui perdent leurs feuilles, sitôt qu'elles ont donné des fruits ; d'autres, qui les conservent jusqu'aux premières gelées ; d'autres, qui ne les perdent, que lorsque les froids sont très-rigoureux ; quelques-unes, comme la *Rue*, qui les conservent jusqu'au printems, où elles sont remplacées par les nouvelles.

Effeuiller *ou* effaner. C'est dépouiller une plante de ses feuilles.

Effilé, ée. On le dit des pédicules et des tiges qui sont alongés et très-minces.

Egal, le. Lorsque l'on compare la longueur d'une partie avec celle d'une autre partie, on dit qu'elle est égale, ou qu'elle est inégale. Les stigmates sont égaux entre eux, lorsqu'ils sont tous de la même hauteur ; ils sont égaux aux étamines, quand ils arrivent à la même hauteur que les anthères : en général, le botaniste appelle égal, tout ce qui est de la même hauteur.

Egale, polygamie égale. C'est dans une fleur composée, des fleurons hermaphrodites, tant dans le disque, que dans la circonférence des fleurs. La polygamie égale est un des ordres qui sous-divisent certaines classes dans le systême sexuel de Linné.

Egilope, plante. *Egilops,* Linné ; *gramen,* Tournef.

Eglantier, plante. *Rosa,* Tournef. Linné.

Egavilloner, terme de jardinage. C'est lever des arbres en motte et en retrancher une partie de la terre, avant de les replanter.

Egrainer, terme d'agriculture. C'est faire sortir les grains de l'épi ou de la grappe. On dit des blés égrainés, des raisins égrainés.

Egypte, ciel d'Egypte. C'est un des huit climats admis par Linné. Il diffère de celui des Indes, par une chaleur bien plus excessive ; elle y est portée à un tel point, que les œufs d'Autruche éclosent dans le sable tellement échauffé, que le voyageur ne peut y porter le pied sans se brûler. Ces contrées manquent de pluie six mois de l'année. La plupart des plantes indigènes à ces climats ont les racines bulbeuses, et leurs bulbes leur valent la possibilité de subsister très long-tems, sans autre humidité, que celles qu'elles conservent.

Ejaculation, terme de physique. C'est l'émission de la semence avec une certaine force. On adopte ce terme au pollen des plantes.

Elancé, ée. Les plantes qui sont trop grèles et trop affilées pour leur hauteur, sont élancées.

Elemi. C'est un suc résineux qui découle dans la caroline de l'*Amyris elemifera.* Cette résine est jaunâtre, ou d'un blanc tirant sur le vert, souvent molle et gluante, d'une odeur forte de fenouil, mais peu agréable. Le commerce la fournit en morceaux, du poids de deux livres environ, enveloppés dans des feuilles de palmier ou de canne-d'inde. L'Elemi est réputé fondant, détersif, calmant ; il résiste aussi à la corruption, et passe encore pour un excellent modificatif.

Elliptique. On nomme ainsi les feuilles qui ont une forme alongée, et dont les deux extrémités sont arrondies et de même largeur. Ce terme est emprunté de la géométrie.

Embrassant. Les feuilles, les stipules sont *embrassantes* ou *amplexicaules*, quand elles se terminent inférieurement par une membrane qui enveloppe la tige ou les rameaux.

Embryon *ou* germe. C'est cette partie intérieure de la semence qui constitue les radimens de la plante nouvelle. Linné vit si distinctement les feuilles ombiliquées du Nelumbo dans la semence de cette plante, qu'elles servirent à la lui faire reconnoître. On peut faire la même observation sur les semences du tulipier. L'embryon, dans un grand nombre de semences, occupe tout l'intérieur ; dans d'autres, il est accompagné d'un corps farineux, ou corné, ou ligneux, qui se confond avec lui. C'est sur le nombre et la position des parties de l'embryon, que sont fondées les premières divisions de la méthode inventée par Jussieu. Tournefort se sert du mot embryon, pour exprimer la jeune graine, ou le jeune fruit.

Emerus, plante. *Emerus*, Linné ; *Coronilla,* Tournef.

Emménagogue. Terme de médecine appliqué aux plantes dont la propriété est de provoquer le flux menstruel, en corrigeant les viscosités du sang, et réveillant l'oscillation des fibres.

Emollientes. Terme de médecine donné aux plantes qui, appliquées extérieurement, relâchent le tissu fibreux des parties, et communiquent une humidité salutaire.

Emonctoire. Partie destinée pour la séparation de quelque humeur que l'on regarde comme inutile ou comme nuisible dans les animaux, après qu'elle a circulé quelque tems avec le sang. On regarde les fleurs qui ne sont pas nouées, (c'est Tournefort qui le dit) comme les émonetoires qui servent à séparer quelques parties de la masse de la sève, qui doivent en être séparées après un certain tems, suivant les lois de l'économie naturelle. (Tournefort n'avoit pas connu les vaisseaux et autres organes excrétoires dans les plantes.)

Emoussé, ée. On nomme feuilles émoussées, celles qui sont alongées et terminées en pointe, mais dont la pointe est obtuse.

Emousser, terme de jardinage. C'est détacher la mousse d'un arbre.

Empan. C'est la mesure d'une main étendue.

Encens ; c'est une gomme résine. On ne connoît point l'arbre qui la fournit. Quelques auteurs prétendent qu'on la tire du cèdre à feuilles du cyprès. On connoît deux sortes d'*encens* ou *olibans* dans le commerce ; l'une qui est en petites larmes tres-pures et qu'on nomme *encens mâle* ; l'autre en grosses larmes impures, qu'on nomme *encens femelle*. Il est employé par la médecine, comme résolutif. On en fait aussi usage pour purifier un air corrompu , mais on prétend qu'il ne fait que tromper le nez.

Endrac de Madagascar , plante. *Endrachium.*

Engaînant *ou* en gaîne. On nomme feuilles ou stipules en gaîne , celles qui sont terminées à leur base par une extension membraneuse qui embrasse la tige ou les rameaux.

Engaîné , ée. On le dit du pédicule , du pédoncule , de la tige , lorsque ces parties sont entourées d'une membrane qui a la forme d'une gaîne.

Engrais, terme des campagnes. Il se dit des herbages ou prairies où l'on met engraisser les bœufs , les moutons , et autres animaux. On le dit plus communément encore des fumiers dont on amende la terre. Lorsqu'un terrein est effrité par une suite successive de productions végétales, les labours sont insuffisans pour soutenir et perpétuer sa fertilité ; il faut que ses engrais lui rendent les sels dont il est épuisé. Tout ce que la terre produit et tout ce qu'elle nourrit, peut devenir engrais ; l'étude du cultivateur doit être de choisir , à chaque production de la nature qu'il veut en favoriser , la manière d'engrais qui lui convient. Tous les végétaux , les excrémens des animaux , les animaux eux-mêmes, sont propres à entretenir ou à augmenter la fertilité , lorsque leurs parties dissoutes se mêlent avec lui , et rapportent dans son sein les sels et les sucs qui les avoient nourri. Parmi les minéraux mêmes ; le *Sel,* la *Marne,* la *Chaux,* et toutes les matières dont les sels peuvent se détacher, ou les substances se décomposer , fertilisent la terre.

Ennéandrie. Ce terme est composé de deux mots grecs *ennea* , neuf, et *aner*, mari ; *neuf maris.* Il désigne les plantes qui ont neuf étamines. L'ennéandrie est la neuvième classe du systême sexuel de Linné.

En rue, terme d'agriculture. C'est un sillon fort large , composé de plusieurs raies de terres relevées par la charrue.

Ensiforme. On nomme feuilles ensiformes , celles qui ont la forme d'une lame d'épée.

Entaillé , ée. On le dit d'une partie qui est remarquable par une entaille ou cran dans lequel s'emboîte une autre partie.

Ente *ou* greffe. Ces deux mots sont synonymes ; tantôt ils signi-

fient

fient la petite branche ou œil qu'on se propose de greffer ;
tantôt la partie d'un arbre greffé.

Enter. (Voyez *greffer*.)

Entier, re. On le dit des feuilles qui n'ont aucune irrégularité
dans leurs contours.

Entonnoir, *en Entonnoir*.) Voyez *Infundibuliforme*.)

Entortillé, ée. On le dit d'une partie sur une plante qui est entourée par les circonvolutions d'une autre partie. On le dit aussi
de la partie qui en entoure une autre.

Entrée. Synonyme de gorge dans la corolle d'une fleur.

Enveloppe. Ce terme désigne plusieurs parties sur une plante. On
distingue l'*Enveloppe florale* ou *Collerette*, l'enveloppe des
semences qu'on nomme *Tunique propre*, et l'enveloppe, qui,
dans l'écorce, tient le milieu entre l'épiderme et les couches
corticales. On nomme cette dernière, *Enveloppe cellulaire*.
(Voyez tous les articles.)

Enveloppe cellulaire. Elle forme la seconde partie de l'écorce ;
c'est un tissu formé par des vessicules et des utricules tellement
rapprochés et si nombreux, qu'il n'en résulte qu'une couche :
c'est dans cet organe que paroît se faire le travail de la digestion pour les végétaux ; le produit de cette élaboration est ensuite
porté dans tout le corps de la plante, par des vaisseaux qui se
propagent par-tout et communiquent même avec la moëlle,
par des conduits qui parviennent dans le creux de l'arbre, en
croisant les couches ligneuses ; c'est dans ce réseau que se développe la partie colorante des végétaux ; la lumière qui pénètre
l'épiderme concourre à en aviver la couleur ; c'est dans ce
réseau que se forment l'huile et les résines, par la décomposition de l'eau et de l'*Acide carbonique* : c'est enfin de ce
réseau que partent les divers produits que l'organisation pousse
au dehors, et qui sont comme le *fœcès* de la digestion
végétale.

Epanouissement. C'est l'époque où une feuille, et une fleur
s'épanouissent parfaitement. Le botaniste compare l'épanouissement d'une fleur à son réveil ; et son resserrement, au
sommeil.

Epars, se. On le dit des feuilles, des fleurs, des pédoncules
qui sont disposés sans ordre et sans symétrie sur une autre partie
de la plante.

Eperon. C'est une espèce de prolongement en forme de corne,
qui accompagne les fleurs de plusieurs plantes, et qui commu-

nément en est le nectaire. Les fleurs de la *Grassette*, de la *Linaire*, de la *Capucine*, sont éperonées.

Epervière, plante. *Hieracium*, Tournef. Linné.

Ephémère, plante. *Tragacantha*, Linné ; *Ephemerum*, Tourn.

Epi. On donne le plus souvent ce nom à la tête du tuyau de blé où est le grain ; mais le botaniste distingue deux épis. 1°. L'épi proprement dit, qui est composé de fleurs pédonculées et disposées en long, suivant les tiges ou les rameaux, tels que ceux de la *Gaude*, du *Réseda*. 2°. L'épi faux *ou* épi chatonier, c'est celui qui porte des fleurs sessiles disposées sur un réceptacle commun, que l'on nomme rape *ou* rafle. Tels les épis du Froment, de l'Orge, de toutes les graminées.

Epiderme. C'est dans l'anatomie la première peau de l'animal, et la plus mince. Dans le végétal, c'est une membrane fort mince, formée par des fibres qui se croisent en divers sens. Le tissu en est quelquefois si délié, qu'on peut reconnoître à travers quelle est la direction des fibres. Cette membrane se détache aisément de l'écorce, lorsque la plante est en vigueur ; et lorsqu'elle est sèche, on peut en procurer la séparation, en la ramollissant dans l'eau chaude ou à sa vapeur. La fonction de l'épiderme est de défendre du contact de l'air les autres parties de l'écorce qui souffrent nécessairement, lorsqu'on l'a enlevé. La plupart des arbres le conservent très long-tems, et lorsqu'il vient à être détruit, il se régénère ; mais alors il est plus adhérent au reste de l'écorce, et forme une espèce de cicatrice. D'autres végétaux semblent se dépouiller tous les ans de l'épiderme : tels sont, le *Bouleau*, les *Platanes*, les *Jasmins*, les *Groseillers*, les *Quintefeuilles*.

Epilet, *ou* Epillet. On donne ce nom aux petits épis qui composent ordinairement l'épi. L'épilet est formé de l'assemblage de plusieurs bales ; chaque entaille de la rape porte un épilet.

Epilobe, plante. *Epilobium*, Linné ; *Chamœnerion*, Tournef.

Epinars, plante. *Spinacia*, Tournef. Linné.

Epines. Ce sont des productions dures et pointues qui sont continues et font corps avec les différentes parties de certaines plantes, de manière qu'on ne peut les en séparer sans les casser, ou sans déchirement sensible ; c'est en cela qu'elles diffèrent des aiguillons.

Epine-vinette, plante. *Berberis*, Tournef. Linné.

Epispartique, terme de médecine appliqué aux plantes dont la propriété est d'agir en remèdes topiques, qui attirent fortement les humeurs.

Epipétales, terme consacré à désigner les parties sexuelles des plantes qui tiennent aux pétales.

Epygines, terme qui désigne les étamines, les pétales, et autres parties qui sont insérées sur le pistil ou sur l'ovaire.

Equinoxiales. On nomme équinoxiales les fleurs qui s'ouvrent tous les jours à une heure déterminée et fixe, et se ferment de même, de manière cependant que le temps de leur repos, qui est leur resserrement, est égal à celui de leur réveil, qui est leur épanouissement.

Erables, *famille des Erables*. C'est la soixante-sixième des familles naturelles de Jussieu. Elle réunit les plantes qui ont des rapports avec l'Erable. *Acer*.

Ergot, terme d'agriculture. C'est une espèce de prolongement dans la forme de l'ergot d'un coq, qu'on rencontre sur les épis de plusieurs graminées, principalement du seigle, qu'on nomme alors *Seigle ergoté*. Cette maladie les rend vénéneux.

Erinace, plante. *Hydnum*, Linné; *Fungus*, Tournef.

Errine, terme de médecine appliqué aux plantes dont la propriété est d'exciter une irritation vive sur la membrane pituitaire, provoquant l'éternuement et la secrétion des humeurs nazales.

Ers, plante. *Ervum*, Tournef. Linné.

Escarotique, terme de médecine appliqué aux plantes caustiques.

Escourgeon, terme des campagnes. On donne ce nom à une variété du froment.

Espèces. Les espèces appartiennent à un genre par des caractères communs, et les divisent en autant de parties qu'il y a d'individus. Elles font le vœu du botaniste, qui se fonde, pour les établir, sur la comparaison des parties moins essentielles que celles qui sous-divisent la section ou ordre de la classe; car chaque plante, outre les caractères généraux et communs à toutes les espèces du même genre, a des caractères particuliers, des caractères qui lui sont propres, et qui la distingue de toutes les autres espèces.

Estivales. On nomme fleurs estivales celles qui fleurissent en été.

Etalé, ée. Les tiges, les rameaux, les pédoncules sont étalés, quand l'extrémité opposée à celle qui a son point d'insertion sur la tige, s'éloigne beaucoup de la perpendiculaire à l'horizon.

Etamine. L'étamine est la partie mâle de la génération des plantes; le pistil est la partie femelle; les semences sont leurs enfans: c'est là le fondement du système sexuel de Linné. La forme de l'étamine est le plus souvent celle d'un filet surmonté d'un bouton rempli d'une poussière subtile. On distingue donc en elle trois parties : le *filet*, le bouton qu'on nomme *sommet* ou *anthère*, et la poussière qu'on nomme *pollen*. (Voyez ces trois articles.) Le filet est comparé aux *vaisseaux spermatiques* ; l'anthère fait les fonctions de *testicules* ; le pollen est le *sperme* des plantes. Les étamines varient par leur nombre et leur forme ; elles n'occupent jamais le centre de la corolle. Cette place est réservée aux pistils, de manière que ce sont toujours les organes mâles qui entourent les organes femelles. Cette partie de la fleuraison sur quelques plantes, témoigne de la sensibilité. Touchez à la base les étamines de l'*Hélianthême*, de la *Raquette*, de l'*Epine vinette*, aussi-tôt elles éprouvent un elan, un mouvement convulsif, et vous vous appercevrez de l'exportation du pollen sur le pistil.

Etendart. C'est le nom qu'on donne au pétale supérieur des fleurs papillonacées : on les nomme aussi *Papillon*.

Etêter, terme de campagne. Etêter un arbre, c'est couper toutes ses branches, pour ne laisser que le tronc.

Ether. On donne communément ce nom à l'étendue immense d'une substance subtile et fluide dans laquelle on suppose que sont les corps célestes. La Chymie a consacré le nom d'*Ether* pour désigner une liqueur très-subtile, qui n'est autre chose qu'une modification de l'*Esprit-de-vin*, ou *Alkool* par l'oxigène des acides. L'Ether est très-léger, très-volatil, d'une odeur suave. La médecine le regarde comme un excellent antispasmodique ; il calme les coliques comme par enchantement, de même que toutes les douleurs extérieures. Le mélange de deux onces d'esprit-de-vin, de deux onces d'éther, et douze gouttes d'huile éthérée forme la liqueur anodine d'*Offmann*. On est parvenu à former l'Ether avec tous les acides connus ; de-là l'*Ether vitriolique*, l'*Ether sulphurique*, etc. (Consultez l'excellent ouvrage de Chaptal, intitulé *Elémens de Chymie*.)

Etiolé. On appelle branche étiolée celle qui s'élève à une hauteur considérable sans prendre de couleur ni de grossseur. Lorsque les arbres sont trop rapprochés les uns des autres, ils s'étiolent. Le blé s'étiole lorsqu'il est semé trop épais.

Etiolement. C'est une maladie des plantes ; c'est un état de maigreur qui les fait communément périr avant qu'elles n'aient pu donner des fruits : la privation du soleil et de l'air, ce véhicule si nécessaire, en est ordinairement la cause ; c'est pourquoi les plantes semées trop dru, ou trop voisines les unes des autres, s'étiolent.

Etoc, terme de jardinage. Il signifie une souche morte. Le *Bolet oblique* ne vient jamais que sur les étocs.

Etoilé, ée. On nomme ainsi les feuilles, les fleurs, les poils qui sont composés d'une seule pièce, à plusieurs divisions, ou de plusieurs pièces disposées en étoile.

Evasé, ée, terme souvent employé dans la description des fleurs et des fruits. C'est l'élargissement dans l'ouverture de quelque chose en manière de vase.

Eupatoire, plante. *Eupatorium*, Tournef. Linné.

Euphorbes, *famille des Euphorbes*. C'est la quatre-vingt-seizième des familles naturelles de Jussieu. Elle réunit les plantes qui ont de l'analogie avec l'*Euphorbe*.

Euphraise, plante. *Euphrasia*, Tourn. Linné; *Pedicularis*, Tourn.

Excrétion. Les plantes transpirent, et il se fait dans leurs parties diverses une extravasion de liqueurs superflues et nuisibles; c'est ce qu'on nomme excrétion.

Excrétoires, *vaisseaux excrétoires*. Ils sont destinés à émettre les liqueurs superflues. Une telle fonction est remplie dans plusieurs plantes par les poils, les glandes, les anthères, etc.

Excroissances. On donne ce nom aux parties monstrueuses qui se manifestent sur certaines parties des plantes, telles que les loupes sur certains arbres, les gales du *Chêne* et du *Lierre terrestre*, les vessies de l'*Orme*.

Exfoliation. On dit qu'une partie du végétal s'exfolie, ou qu'elle tombe en exfoliation, quand elle se détache par feuillets desséchés de dessus une autre partie.

Expansion. On donne ce nom à certaines prolongations dans une plante ou les parties d'une plante. On remarque des expansions sur certaines feuilles. On nomme expansion le développement de certains *Varecs*, de certains *Lichens*, du *Tremela nostroc*, et autres plantes semblables.

Exotique. Les plantes exotiques sont celles qui sont étrangères au climat que nous habitons. Les plantes indigènes, au contraire, sont celles qui sont dans leur climat naturel, ou qui, depuis long-temps, y sont naturalisées.

Exposition. C'est la situation d'une plante par rapport au soleil, au chaud et au froid. La culture, de même que tous les arts, ne réussit qu'autant qu'elle copie le travail et la marche de la nature, qui, dans sa prévoyance, a assigné à chaque végétal l'exposition qui lui est propre. Les plantes considérées relativement à leur exposition naturelle, croissent dans l'eau, ou sur le sommet des montagnes, ou à l'ombre, ou dans les champs découverts, ou sur les collines, ou dans les plaines. L'homme qui combine et réfléchit sur la température et l'exposition que la nature leur assigne, imite son travail, et par-là parvient à les élever.

Extraction, terme de chymie. C'est l'opération par laquelle on tire les principes des substances mixtes.

Extravasation. C'est l'épanchement au-dehors, de la sève, ou du suc propre, quelquefois dans l'intérieur même des plantes. C'est par l'extravasion que la gomme, la résine, la manne, s'écoulent des arbres.

Extrait, terme de chymie et de pharmacie. C'est la partie d'une substance qui en a été tirée par un dissolvant convenable. La loi des affinités tend à rapprocher les molécules des corps, et à les maintenir dans leur état d'équilibre ou d'union. Le pouvoir du chymiste est celui de vaincre cette puissance attractive; et toutes ses différentes opérations, en altérant la forme, le tissu, et en changeant même la constitution d'une substance, lui donnent le moyen d'en pénétrer la nature. (Voyez les articles *Analyse*.) Les sucs des végétaux ou substances contenues dans le végétal, peuvent aussi en être extraits de plusieurs autres manières, ensemble ou séparément. La simple incision suffit quelquefois, et l'expression est également employée. En général le nom d'extrait est donné à toutes les substances ou sucs tirés du corps d'un végétal.

F.

FAISCEAU. C'est un paquet de plusieurs choses rapprochées suivant leur longeur. Quand les feuilles, les fleurs, les racines sont rassemblées par faisceaux, on les nomme fasciculées.

Familles naturelles des plantes. Cent familles naturelles embrassent tous les végétaux dans le savant système dont la botanique est redevable aux travaux des Jussieu. Le botaniste ne peut que sentir l'avantage de les y trouver tous réunis et disposés d'après l'examen de leurs parties les plus essentielles. Cette méthode est sans doute la mieux combinée de toutes celles qui ont paru jusqu'à ce jour. Elle réunit le triple avantage de rassembler les plantes qui ont des vertus analogues, de ne laisser aucun vuide entre elles, et de les classer de la manière la plus sûre. Elle copie la nature, et présente en même temps une suite combinée. Système d'autant plus ingénieux, qu'il est artificiel et ne dérange que trop peu l'ordre naturel.

Fane. Les cultivateurs le disent pour désigner l'herbe des plantes bulbeuses : ils ôtent la fane du safran après l'hiver ; ils arrachent les oignons de jacinthe quand la fane commence à jaunir. Fane est encore, dans d'autres circonstances, le synonyme de feuilles.

Farine. On donne communément ce nom aux grains réduits en poudre, farine de *Froment*, de *Seigle*, d'*Orge*, de *Millet*, etc. Dans l'analyse de la farine, est le *gluten*, que des propriétés analogues à celles des substances animales ont fait aussi nommer *matière vegeto-animale*. C'est à ce gluten que la farine de froment doit la propriété de faire une bonne pâte avec l'eau, et celle avec laquelle elle lève. La farine est composée de trois principes, l'un amillacé, l'autre sucré, et l'autre animal. Lorsque, par une division convenable, ces principes sont mélangés et qu'on en facilite la fermentation par les moyens connus, chacun de ces principes, susceptible d'une fermentation différente, se décompose à sa manière. Le principe sucré éprouve la fermentation spiritueuse ; le principe émillacé éprouve la fermentation acide ; et le glutineux, la fermentation animale. Lorsque ces principes sont mélangés, assimilés et denaturés, c'est alors que l'on arrête la fermentation par la cuisson, et le pain devient plus léger par une suite de ces précautions préliminaires.

Farineux, se. C'est ce qui est recouvert d'une poussière fine qui s'attache aux doigts. On donne aussi ce nom aux graines dont on retire de la farine propre à faire du pain, de l'amidon, etc.

Fasciculé, ée. On donne ce nom aux feuilles, aux fleurs, aux racines qui sont ramassées en faisceau.

Faux, se. On le dit des épis, des ombelles, de la *polygamie*, lorsque leurs caractères ne sont pas les caractères ordinaires.

Febrifuges. Terme de médecine appliqué aux plantes dont la vertu est de corriger le vice des liqueurs qui entretiennent les fièvres d'accès ou intermittentes.

Fécondation. C'est cette belle opération de la nature, par laquelle une plante devient mère, se trouvant en état de perpétuer son espèce par ses semences. Pour que la fécondation ait lieu dans les végétaux, il est nécessaire qu'ils soient pourvus des organes de la génération dans les deux sexes, soit que ces organes soient réunis dans la même fleur (les hermaphrodites), soit qu'ils soient séparés dans différentes fleurs sur le même pied (plantes monoïques), soit, enfin, que ces organes soient séparés et placés sur des pieds différens (plantes dioïques.) (*Voyez* étamines, pistils, pollen.) Ces parties sont les auteurs de la reproduction dans le règne végétal ; ils le sont de même que le mâle et la femelle réunis sont les auteurs de la génération dans le règne animal. Toutes ces fonctions sont les mêmes, dit le célèbre Linné. Le calice est semblable au palais où se célèbrent les noces ; la corolle au lit nuptial ; les pétales sont les témoins et les protecteurs de l'union et du travail conjugal ; l'étamine fait la fonction du mâle, le pistil fait celle de la femelle ; le fruit et sa graine sont l'enfant vivifié et donné à la nature.

Fécule. La fécule diffère du mucillage, en ce qu'elle est insoluble dans l'eau froide ; cependant elle ne paroît être que le mucillage dépourvu de calorique ; car si on la met dans l'eau chaude, elle en prend tous les caractères. Il est peu de végétaux qui ne contiennent de la fécule, et pour l'en extraire, il suffit de broyer la plante dans l'eau, et la fécule entraînée bientôt se précipite au fond. Les fécules les plus employées sont celles de la *Brione*, des *Pommes-de-terre*, le *Cassave*, le *Sagou*, l'*Amidon*. C'est de la racine de la Brione qu'on tire celle qui porte ce nom ; elle est extrêmement purgative ; lavée dans beaucoup d'eau, elle perd ce défaut, et devient nutritive. La fécule qui est connue vulgairement sous le nom de *farine de Pomme-de-terre*, s'obtient par des procédés ordinaires et faciles. Le *Cassave* des Américains s'extrait des racines du *Manioc*, plante vénéneuse et âcre ; pour la débarrasser du poison, il faut en épuiser les racines. En général, il faut dans ces préparations avoir toujours présent à l'esprit que le poison est à côté de l'aliment. On a approprié à plusieurs usages domestiques une fécule que l'on tire de la moëlle de plusieurs Palmiers ; et on connoît cette préparation sous le nom de *Sagou* ; cette fécule desséchée forme des petits grains qui, réduits en poudre et mis dans l'eau tiède, donnent une pulpe ou un mucilage très-nutritif. Les bulbes de toutes les espèces d'*Orchis* peuvent être employées à faire la fécule nommée *Salep*. Il ne s'agit que de leur enlever, par la décoction, leur principe attractif, et de faire sécher le résidu qui, dans cette opération, est devenu transparent ; cette fécule, pulvérisée et délayée dans l'eau, forme une gelée très-nourrissante. La fécule est encore un des principes des semences des graminées qui, écrasées, réduites en farine, délayées dans l'eau, la précipitent dans le fond. (*Voyez* Amidon.) Dans les pays septentrionaux, les lichens font la nourriture de l'homme et des animaux qui ne sont pas carnivores. C'est ainsi que les Islandois forment du *Lichen rangiferinus* un gruau très-délicat. (Voyez les recherches sur les végétaux nourrissans, par Parmentier.)

Femelles. Les fleurs qui n'ont que des étamines sans pitils sont appelées par les botanistes fleurs femelles, parce qu'elles ne renferment que les organes femelles ; c'est toujours dans elles que l'on doit chercher le germe du fruit ou ovaire.

Fente, terme d'agriculture. Greffer en fente ; c'est insérer une greffe taillée en coin dans une fente que l'on pratique à la cime d'une branche on d'un jeune tronc.

Fenouil, plante. *Anethum,* Linné; *Fœniculum,* Tournef.

Fenu grec, plante. *Trigonella* Linné, *Fœnum grœcum,* Tournef.

Fer à cheval, plante. *Hippocrepis,* Linné; *Ferrum equinum,* Tournef.

Fermentation. C'est un mouvement interne qui s'excite dans un liquide, et par lequel les parties se décomposent pour former un nouveau corps. La fermentation est établie, 1°. par le contact de l'air pur; 2°. par un certain degré de chaleur; 3°. par une quantité de liquide fermentant, et plus ou moins considérable; ce qui produit de la différence dans les effets. Les phénomènes qui accompagnent la fermentation sont d'augmenter le volume de la matière qui fermente, et l'absortion du gaz oxigène. Les produits de la fermentation en ont fait établir différentes sortes. Lorsque le principe sucré y domine, le résultat est une liqueur spiritueuse; lorsque le mucilage est plus abondant, alors le produit est acide ; si le gluten est un des principes du végétal, il y aura production d'ammoniac dans la fermentation.

Férule, plante. *Ferula,* Tournef. Linné.

Fétuque, plante. *Festuca,* Linné; *Gramen,* Tournef.

Février, plante *Gleditsia,* Linné.

Fêve, plante. *Vicia,* Linné; *Faba,* Tournef.

Feuilles. Les feuilles ont leur origine sur la racine, sur les rameaux, sur les tiges ; elles sont nommées radicales ou raméales ou caulinaires : des vaisseaux séveux ou des fibres, après avoir parcouru le pétiole, viennent en former l'ensemble par plus de mille ramifications qui en constituent le squelette. Un tissu cellulaire, qu'on nomme *Parenchyme,* remplit ce rézeau et est recouvert d'une pellicule qu'on nomme *Epiderme.* Les feuilles jouent le plus grand rôle dans l'économie du végétal; des expériences prouvent qu'elles sont les organes destinés à la transpiration, et que la plus grande partie de la sève s'échappe par elles. La nature a accordé des feuilles à toutes les plantes; si quelques parasites, quelques plantes marines, aquatiques ou charnues en sont dénuées, c'est qu'elles peuvent transpirer et sucer l'humidité de l'air par les pores de leur tige. On distingue les feuilles en simples ou composées; la feuille simple est celle qui ne se sous-divise pas; telle celle du *Chêne*, de la *Violette*; la feuille composée est celle qui, outre le pétiole qui l'attache à la tige, en a plusieurs autres qui portent des folioles, tels l'*Acacia*, le *Pois*. Il est des feuilles qu'on nomme recomposées et surcomposées; ce sont celles qui portent deux, trois ou quatre fois d'autres pétioles. On découvre aisément les trachées ou vaisseaux propres dans les feuilles; le suc résineux que ces vaisseaux contiennent est soluble dans l'esprit-de-vin. Dans l'étude des végétaux, le botaniste trouve souvent à se diriger par la variété étonnante des caractères que lui présentent les feuilles; il considère leur disposition, leur structure, leur composition. C'est ainsi qu'elles réunissent à leur utilité sur le végétal à qui elles sont essentielles, le double avantage de diriger l'amateur dans l'étude méthodique et suivie de la nature.

Feuilleté, ée. On désigne par ce terme le chapeau du champignon, lorsqu'il est doublé en-dessous de lames ou feuillets: on le donne aussi aux tiges des plantes lorsqu'elles sont recouvertes de tuniques appliquées les unes sur les autres, ou de membranes que l'on peut aisément séparer.

Feuillu, ue, *ou* Feuillée, terme indicatif d'une plante ou d'une tige qui sont extrêmement garnies de feuilles.

Feurre *ou* Foare, terme des campagnes. C'est la paille de toutes sortes de blés.

Fibres. Il est dans toutes les parties qui constituent l'ensemble d'une plante des vaisseaux ou tubes ou conduits destinés à des usages divers; beaucoup de ces vaisseaux dans les plantes font les fonctions des veines et des artères dans les animaux, et c'est aux plus minces qu'on donne communément le nom de fibres. Ce qu'on nomme fibre végétale est encore cette charpente d'une plante, cette portion ligneuse qui, outre qu'elle fait la base du végétal, se développe dans des circonstances d'où dépendent des fonctions vitales de la plante. Le caractère de cette portion ligneuse est d'être insoluble dans l'eau et dans presque toutes les menstrues. C'est elle qui, préparée et dépouillée de tout ce qui lui est étranger, fait la toile, le papier, etc.; car le concours de l'air avec l'eau ne l'altèrent que difficilement, et elle seroit presque indestructible si les insectes n'avoient pas la faculté de la dévorer et de se nourrir de son tissu. On peut hâter l'endurcissement de la fibre ligneuse, en la laissant plus fortement frapper par l'air et la lumière. *Buffon* a observé que lorsqu'on dépouille l'arbre de son écorce, la couche qui est frappée par l'air acquiert une dureté considérable. Les arbres ainsi préparés forment des pièces de charpente plus solides que celles qui n'ont pas subi cette opération.

Fibreux, se. On nomme ainsi ce qui est composé de fibres distinctes; on dit que tel fruit a la chair fibreuse ou filandreuse. On appelle aussi racines fibreuses celles qui sont menues comme du fil.

Fibrille, terme d'anatomie. C'est une petite fibre. On donne également ce nom aux plus petites fibres sur les plantes.

Ficoïdes, *famille des Ficoïdes*. C'est la quatre-vingt-septième des familles naturelles de Jussieu; elle réunit les plantes qui ont de l'analogie avec le genre nommé ficoïde. *Mesembryanthemum*.

Figuier, plante. *Ficus*, Tournef. Linné.

Filao de Madagascar, plante. *Casuarina*, Linné.

Filaria, Linné; *Phyllirea*, Tournef. Linné.

Filet. Le filet est, dans l'étamine, le pédicule qui porte l'anthère. Ce pédicule est comparé par Linné aux vaisseaux spermatiques animaux; c'est par lui que l'essence qui détermine la fécondation, et constitue le pollen, est portée dans les anthères. Si le nombre des étamines dans chaque fleur, si leur proportion, comparée avec celle des pistils ou de la corolle, offrent aux botanistes des caractères et des signes très-avantageux pour discerner les plantes; la présence ou l'absence des filets, leur forme, leur grandeur respective, leur insertion et leurs dispositions ne sont pas d'un moindre avantage. Linné et Jussieu en ont tiré un caractère très-saillant dans leurs systêmes.

Filiformes. On donne ce nom aux feuilles, aux pédicules, aux racines, aux tiges, lorsque ces parties sont grèles et alongées comme un fil.

Fistuleux, se. On dit qu'une tige est fistuleuse ou tubulée, quand elle est remarquable dans toute sa longueur par un canal ou tuyau dont la surface interne est unie et égale, et n'est point l'effet du dessèchement ni d'une perte de substance qui auroit servi de pâture à quelque insecte. Il ne faut pas confondre la tige fistuleuse avec la tige creuse.

Flambe *ou* Iris, plante. *Iris*, Tournef. Linné.

Flèche. On nomme feuilles en fer de flèches ou feuilles sagittées, celles qui, profondément échancrées à leur base, ont trois angles latéraux et en arrière, très-saillans, et terminées par une pointe alongée comme ceux du fer d'une flèche ordinaire : telles sont les feuilles de la *Sagittaire aquatique* ou *Flèche d'eau.*

Flèche d'eau ou sagittaire, plante. *Sagittaria*, Linné ; *Sagitta*, Tournef.

Flégamagogues, terme de médecine appliqué aux plantes qui purgent et font évacuer la pituite.

Flétries. Feuilles qui restent attachées aux tiges et aux rameaux lorsqu'elles ont perdu leur forme et leur couleur. On donne en pareil cas ce nom aux tiges ou à toute une plante.

Fleur. Beaucoup de personnes sont en état de connoître une fleur, disoit J. J. Rousseau, et très-peu savent la définir : on ignora long-temps sa véritable fonction et le physique merveilleux de toutes ses parties; on la regarda seulement comme l'un des plus beaux ornemens de la nature, comme la parure des plantes, comme un objet diversifié à l'infini d'agrément et de récréation pour l'œil de l'homme. Tel est encore aujourd'hui le seul point de vue d'un fleuriste qui dédaigne l'ensemble de son physique et ses propriétés. Le spectacle qu'elle présente à l'œil observateur du botaniste, est plus intéressant mille fois et plus ravissant. La spéculation d'une fleur est immense; elle doit premièrement être considérée comme la partie des plantes qui précède et opère leur fécondité. C'est dans la fleur, c'est par la fleur que cette fécondation miraculeuse dans toutes les plantes est consommée; il n'est rien en elle qui ne soit créé pour l'opérer. La fleur est composée du *calice*, de la *corolle*, des *étamines* et du *pistil*. (*Voyez* tous ces articles.) Une fleur est complette lorsqu'elle réunit toutes ces parties; telle est la *Rose* : elle est incomplette lorsqu'elle est dépourvue de quelques-unes d'entre elles; tels le *Blé noir*, le *Froment*, l'*Oseille*, le *Lys*.

Fleur de la passion, plante. *Passiflora*, Linné; *Granadilla*, Tourn.

Fleuraison. On nomme fleuraison l'époque à laquelle les plantes épanouissent leurs fleurs. On dit qu'une fleur est *printanière*, lorsqu'elle paroît au printems; *estivale*, lorsqu'elle se montre en été; *automnale*, si elle s'épanouit en automne, et *hivernale*, lorsqu'elle ne paroît qu'en hiver. Les *Primevère*, la *Violette*, l'*Anémone*, la *Jacinthe*, la *Tulipe*, pour le printems; le *Miroir de Vénus*, les *Valérianes*, les *Roses*, pour l'été; les *Gentianes*, les *Asters*, pour l'automne ; les *Mousses*, l'*Absynthe genepi*, les *Perceneiges*, pour l'hiver. C'est ainsi que la nature mère, féconde et prodigue, présente dans toutes les saisons comme dans toutes ses températures, un aliment certain à l'avidité des recherches du botaniste. Aussi sa condition a-t-elle cela de plus pénible ou de plus exigeant que toutes les autres, en aucun temps comme en aucun lieu, il ne peut se livrer au loisir du repos ; les glaces de l'hiver, ainsi que les chaleurs brûlantes de l'été ; le printems, où tout semble renaître, l'automne, où tont semble dépérir et tendre à sa fin, fournissent à ses éternelles observations.

Fleuriste. C'est le titre de l'homme qui, par amusement, par goût ou par état, s'occupe de la culture de certaines plantes, dans la vue d'obtenir les plus belles variétés de fleurs.

Fleurons, petites fleurs monopétales, régulières, qui, par leur réunion sur un même réceptacle, constituent ce que le botaniste nomme fleurs flosculeuses.

Floraison. (*Voyez* Fleuraison.)

Florales. On nomme feuilles florales celles qui avoisinent les fleurs, et qui quelquefois sont colorées comme elles. (*Voyez* Bractées.)

Florifères. C'est par ce terme qu'on désigne les plantes ou les parties de la plante, qui portent les fleurs.

Flosculeuses. Parmi les fleurs composées, celles qu'on nomme flosculeuses sont celles qui sont formées d'une agrégation de fleurons. Elles constituent la douzième classe de la méthode de Tournefort. (*Voyez* Fleurons.)

Flottantes. On nomme feuilles flottantes celles qui, portées sur la superficie de l'eau, y flottent sans abandonner leur pédoncule ; telles sont celles du *Ménianthe* flottant, du *Nénufar*, etc.

Fluides. L'air est le premier des Fluides ; c'est l'air qui entretient la fluidité, le mouvement, la circulation des liqueurs dans les vaisseaux des plantes ; c'est lui qui fait monter et descendre la sève ; c'est l'air qui facilite le passage des sucs propres dans des vaisseaux d'une finesse extrême.

Flûte, terme d'agriculture. Greffer en flûte ou sifflet, c'est ajuster sur la branche d'un sujet dépouillé de son écorce, un tuyau d'écorce de deux ou trois pouces de long, enlevé d'un autre sujet. (*Voyez* Greffer.)

Flûteau, plante. *Alisma*, Linné ; *damasonium*, Tournef.

Fluviatiles. On nomme plantes fluviatiles celles qui naissent, vivent et croissent dans l'eau pure. On ne doit pas les confondre avec les plantes des marais.

Foin. C'est le nom qu'on donne communément à l'herbe fauchée et séchée pour la nourriture des bestiaux.

Foliaires. On donne ce nom aux vrilles et aux autres excrois-sances qui naissent des feuilles.

Foliation. C'est en général l'époque du premier développement des feuilles. Linné a observé que les feuilles étoient rou-lées dans le bouton sous quatorze formes différentes, qui déterminent autant d'espèces de foliations. Il nomme *Feuille roulée*, celle qui est roulée comme un cornet; *involute*, celle dont les deux bords sont roulés en-dedans et en-dessus; *révolute* celle dont les bords sont roulés en-dessous et en-dehors; *double*, celle qui est pliée sous son milieu; *embriquée*, celle dont les plis moins avancés représentent les tuiles d'un toît; *équitante*, deux feuilles opposées présentant la forme d'un V ou celle d'un A, se chevauchant mutuellement; *obvolute*, celle qui, plissée par le milieu, a une moitié en-dedans, l'autre en-dehors; *ployée*, celle qui est plissée comme l'éventail d'une femme; *convolutes*, celles qui sont réunies ou roulées les unes sur les autres comme des feuilles de papier; *involutes opposées*, celles qui réunies sont roulées ensemble en-dehors et sur leurs marges; *involutes alternes*, celles qui, roulées en-dedans par leurs bords, présentent le dos au midi et le dedans au nord; *révolutes opposées*, celles qui sont roulées sur le dos par les deux bords, à peu près comme la troisième qui est simple; *équitantes à deux angles*, celles qui, se chevauchant comme la troisième et la cinquième, ont quatre côtés droits formant des lozanges ouverts sur les deux angles pointus; *équitantes triangulaires*, celles qui, formant deux branches d'équerre un peu rapprochées, rentrent les unes dans les autres, formant un prisme triangulaire. L'observateur Durande réduit ces quatorze espèces de foliations à huit, en rapprochant les feuilles com-posées des feuilles simples. (*Lisez* ses Notions élémentaires.)

Folioles. On donne le nom de folioles aux petites feuilles qui forment la feuille composée, et qui ont leur point d'insertion sur un pétiole commun. On dit les folioles de la feuille du *Pois*, de *Vesce*, de la *Quinte feuille*, etc.

Follicules; c'est le synonyme de *coque*. (*Voyez* cet article.) Elle est ordinairement détendue par l'air; telle est celle du *Dompte-venin* : cependant la follicule du *Tabernæmontana* est remplie d'une pulpe qui entoure les semences.

Fondant, te. Ce terme désigne, en botanique, une substance qui renferme beaucoup d'eau. La médecine l'applique aussi aux plantes dont la propriété est de rendre les humeurs fluides. Le jardinier dit une poire, une pêche fondantes.

Fougueux, se. Ce terme est consacré, par la botanique, pour désigner toute substance végétale qui est de la nature du champignon. *Fungus.*

Fongosités. On appelle fongosités tout ce qui est d'une consistance molle et élastique, et qui a quelque analogie avec la chair du champignon.

Fougères, *famille des Fougères.* C'est la cinquième des familles naturelles de Jussieu; elle réunit les plantes qui ont de l'analogie avec la Fougère.

Fourchu, ues. On appelle fourchues ou bifurquées les racines, les vrilles qui sont fendues en deux parties à leur extrémité, et font la fourche. On appelle stigmate fourchu ou bifurqué, celui qui est partagé en deux.

Fouteau, arbre qu'on nomme communément *Hêtre.*

Fragon, plante. *Ruscus*, Tournef. Linné.

Fraisier, plante. *Fragaria*, Tournef. Linné.

Framboisier, plante. *Rubus*, Tournef. Linné.

Frangé, ée. On le dit des bords d'une feuille, d'un pétale, etc., lorsqu'ils sont remarquables par des découpures très-fines et qui semblent faites avec le ciseau.

Frangipanier, plante. *Plumeria*, Tournef. Linné.

Fraxinelle, plante. *Dietamnus*, Linné; *Fraxinella*, Tournef.

Frisé, ée. On le dit d'un pétale, d'une feuille, des bords du chapeau d'un champignon, quand ils sont irrégulièrement ondés et comme crépus. Ce terme s'emploie aussi quelquefois pour signifier ce qui est roulé en-dessus ou en-dessous.

Fresne, plante. *Fraxinus*, Tournef. Linné.

Fritillaire, plante. *Fritillaria*, Tournef. Linné.

Fromager, plante. *Bombax*, Linné.

Froment, plante. *Triticum*, Tournef. Linné; *gramen*, Tournef.

Fructification. C'est dans la botanique l'opération des organes destinés à féconder les fruits et leurs graines. Ces organes fructifians sont les étamines et les pistils qu'on compare à ceux de la génération dans les animaux, parce qu'ils remplissent les mêmes fonctions. Les filets, dans les étamines, sont les vaisseaux spermatiques, les anthères sont les testicules, la poussière fécondante ou pollen est le sperme. Dans les pistils, c'est le stigmate qui est la *vulve*, le style qui est le *vagin*, c'est le germe qui est l'*ovaire.* Il n'est qu'un petit nombre de plantes sur lesquelles il seroit difficile de suivre une si ingénieuse comparaison. Le fruit et sa graine seront l'enfant vivifié et donné à la nature ; il prendra la place de ses auteurs ; il perpétuera leur nom et leur lignée.

Fruit. On donne communément ce nom à l'ovaire d'une plante, lorsqu'il est grossi et arrivé à son état de perfection. Les cultivateurs appellent fruits coulés ceux que la nature ou le vice de leurs auteurs ont laissé avorter ; ils appellent fruits noués ceux qui sont parfaitement constitués, et sur lesquels ils fondent l'espoir d'une heureuse récolte. Le botaniste distingue huit espèces de fruits ou péricarpes : la *Capsule*, la *Coque*, la *Silique*, la *Gousse*, le *Fruit à noyau*, le *Fruit à pepins*, la *Baie*, le *Cône*. (Voyez tous ces divers articles.)

Fruit à noyau. On donne ce nom au fruit qui, composé d'une pulpe ou chair molle, renferme un noyau, espèce de boîte ligneuse dans laquelle est contenue la semence nommée *amande*. La pulpe est succulente dans la *Prune*, la *Cerise*, sèche dans l'*Amandier*. Dans ce genre de péricarpes, est comprise la *Noix*, fruit osseux, composé de plusieurs pièces recouvertes d'une enveloppe coriacée, très-peu succulente, et dans le milieu duquel est contenu la semence ; la chair qui lui sert d'enveloppe se nomme *brou*. Linné place le *Noyer*, l'*Amandier*, le *Noisetier*, etc. avec les *Cerisiers*, les *Pruniers*, les *Abricotiers*. Les caractères de ces péricarpes, sans doute, sont très-différens ; tout botaniste peut les classer séparément, et ajouter un neuvième péricarpe aux huit autres.

Fruit à pain, plante. *Artocarpus*, Linné.

Fruit à pepin. Il est composé d'une pulpe charnue plus ou moins solide, au centre de laquelle on rencontre des loges membraneuses qui renferment des semences, entourées d'une écorce coriacée qu'on nomme *pepins*; telles sont la *Pomme* et l'*Orange*. Souvent les différentes loges sont d'une membrane molle et sans consistance, tels le *Melon*, la *Courge*. Lorsque le fruit à pepin présente une cavité opposée à son insertion au pédoncule, on le nomme *ombiliqué*, parce que cette partie, qui est le résidu du calice, ressemble à un nombril. Les jardiniers la nomment *œil*; telles sont la *Pomme*, la *Poire*. Quelquefois on croit en appercevoir deux ; telle est la *Poire à deux yeux*.

Frustané, *polygamie frustanée*. C'est lorsque dans une fleur composée les fleurons sont hermaphrodites dans le disque, et stériles dans la circonférence. C'est un ordre dans les classes du système de Linné.

Fullomanie, *ou* Fullotomie, espèce de maladie qui rend une

plante

plante monstrueuse, l'empêche de donner des fruits, et hâte son dépérissement. Elle est le plus souvent occasionnée ou par une culture forcée, et par une surabondance d'engrais qui font naître une prodigieuse quantité de feuilles, aux dépens des organes destinés à la fructification.

Fusain, plante. *Evonymus*, Tournef. Linné.

Fusiforme. On se sert de ce terme pour désigner les pédicules et les racines, lorsque ces parties ont la forme d'un fuseau. La racine des *petites Raves* est fusiforme.

Fustet, plante. *Rhus*, Linné; *Cotinus*, Tournef.

G.

GAINE. On nomme fruits en gaine, ceux dont la forme approche de celle de la gaine d'un couteau. On dit que les feuilles sont en gaine, lorsqu'elles sont terminées par une gaine qui embrasse la tige. On dit aussi que les filets des étamines sont en gaine, lorsque réunis par le bas ils forment comme un cornet au travers duquel passe le pistil.

Gainier, plante. *Cercis*, Linné; *Siliquastrum*, Tournef.

Galane, plante. *Chelone*, Tournef. Linné.

Galanga, plante. *Maranta*, Linné.

Galardiène, plante. *Galardia*.

Galé, plante. *Myrica*, Linné; *Gale*, Tournef.

Galeope, plante. *Galeopsis*, Tournef. Linné.

Galiet, plante. *Gallium*, Tournef. Linné.

Galipot. C'est une des résines qu'on tire par incision du *Pin*. Celle qu'on cueille dans la ci-devant province de *Guienne*, se nomme *Galipot*. On nomme *Perine vierge* ou *Bijon* celle qui vient de Provence. Un arbre en fournit douze à quinze livres par année, et un seul homme peut en soigner plus de trois mille pieds. C'est ainsi que les pins ne sauroient être trop multipliés dans nos forêts, par le grand profit qu'on en tire. On verse dans des barils la résine que des vases ont recueillie au pied de l'arbre; et tel est le *Galipot* qu'on distribue dans le commerce. (*Voyez* Résine.)

Galles des plantes. On donne ce nom à une maladie qui attaque les plantes, et dont la piqûre d'un insecte est communément la cause. Les galles du Chêne, celles du Lierre terrestre, de l'Orme, ainsi que ces monstruosités qui naissent sur le Rosier

F

sauvage, renferment et nourrissent ordinairement l'animal qui en est la cause, mais dont il est innocent. Sa mère, pour donner asile à l'œuf dont il est sorti, l'avoit déposé dans un trou qu'elle avoit pratiqué elle-même, et rebouché ensuite ; et c'est l'extravasion des sucs du végétal par ce trou qui produit ces excroissances monstrueuses que l'on nomme *galles*.

Garence, plante. *Rubia*, Tournef. Linné.

Garo, *ou* Bois d'aigle, plante. *Aquilicia*, Linné.

Garou, plante. *Daphne*, Linné ; *Thymelea*, Tournef.

Garvance, *ou* Pois chiche, plante. *Cicer*, Tournef. Linné.

Gattiliers, *famille des Gattiliers*. C'est la trente-huitième des familles naturelles de Jussieu. Elle réunit les plantes qui ont de l'analogie avec le Gattilier. *Vitex*.

Gaude, plante. *Reseda*, Linné ; *Luteola*, Tournef.

Gayac. C'est une résine qui découle naturellement de l'arbre nommé *Guaiacum* par Linné. Elle doit être luisante, transparente, brune en dehors, blanchâtre en dedans, d'une odeur agréable, quand on la brûle. On l'estime très-utile contre les maladies de la peau. Le bois nommé *Bois de gayac* est aussi de cet arbre ; il est solide, huileux, pesant, d'une odeur assez agréable, et contient encore une petite quantité de résine qu'on en tire par la décoction, mais qui est très-âcre.

Gaz. Le calorique, en se combinant avec les corps, en volatise quelques-uns, et les réduit à l'état aériforme ; la permanence de cet état constitue le *gaz*. Ainsi, réduire une substance à l'état de *gaz*, c'est la dissoudre dans le calorique, et la rendre invisible. On distingue plusieurs espèces de *gaz* ; 1°. le *gaz hydrogène*, ou *air inflammable*. C'est un des principes constituans de l'eau, ce qui lui a valu le nom d'*hydrogène*, et la propriété qu'il a de brûler avec l'air vital, lui a fait donner aussi le nom d'*air inflammable*. On peut extraire ce gaz de tous les corps dont il est le principe constituant ; mais la décomposition de l'eau fournit le plus pur : on le tire par la simple distillation de végétaux ; car la fermentation végétale, comme la putréfaction animale, fournissent également cette substance gazeuse ; l'odeur désagréable et puante qu'elle exhale paroît provenir de l'eau qui est en dissolution. Ce *gaz* n'est point propre à la respiration ; des oiseaux et autres animaux qui y ont été mis, y sont morts, sans que ce *gaz* ait éprouvé un changement sensible. C'est sur sa légèreté, qui est plus grande que celle de l'air, qu'est fondée la théorie des *ballons* ou *machines aérostatiques*. 2°. *Le gaz oxigène* ou *air vital* est plus pesant que l'air atmosphérique ; il est le seul propre à la respiration, et c'est cette propriété très-éminente qui lui a mérité le nom d'*air vital.* Il est l'agent le plus général de toutes les opérations de la nature, et se combine avec les corps. Pour obtenir celui qui existe dans les plantes, il suffit de les exposer au soleil, et on le sent s'exhaler ; cette émission est toujours proportionnée à la vigueur des plantes et à la vivacité de la lumière. Mais l'émission des rayons du soleil n'est pas toujours nécessaire pour déterminer une rosée gazeuse ; elle est pour tous les végétaux un bienfait de la nature, qui sans cesse répare par elle l'affoiblissement de ses ouvrages. 3°. Le *gaz nitrogène* ou *azote*, est celui qui a servi à la respiration ou à la combustion, et n'est plus propre à cet usage ; il est cependant toujours mêlé avec un peu d'air vital, mais réuni à l'acide carbonique. Quoiqu'il soit impropre à la respiration, les plantes y vivent et y végètent librement. En général, toute substance gazeuse existe rarement seule et isolée ; elles sont ou dans un état de mélange, et alors elles sont aériformes, ou dans un état de combinaison, et alors elles constituent des substances visibles. C'est ainsi que l'eau est une combinaison des *gaz oxigène* et *hydrogène* ; c'est ainsi que quelques substances comprises dans la classe des Alkalis, sont des combinaisons du *gaz nitrogène* avec l'*hydrogène.* En général, le mot *gaz* est consacré à désigner la partie aromatique volatile d'une plante.

Gazon. On donne communément ce nom à une terre couverte d'une herbe épaisse et courte.

Gélatineux, se. On donne ce nom aux végétaux et aux parties des végétaux qui ont la consistance molle d'une gelée, ou qui ressemblent à une gelée. Beaucoup d'*Algues, * le *Tremela-nostoc* sont des plantes gélatineuses.

Géminé, ée. Les anthères, les feuilles, les bractées, les fleurs, les graines, sont géminées, quand elles sont portées deux à deux sur un même pétiole, quand elles n'ont sur la tige, sur les rameaux, dans le calice, sur le réceptacle, pour deux, qu'une insertion commune.

Génération. L'analogie qu'on trouve entre les organes de la fructification des plantes et ceux de la génération des animaux, fait qu'on emploie souvent en botanique le mot de génération pour celui de fructification. Le mot génération se prend aussi pour la réproduction de la plante ; une graine, voilà l'œuf végétal : cette graine renferme une plante, semblable en tout, à celle qui l'a produit ; on le voit augmenter, se gonfler ; sa tunique propre éclate ; les cotylédons en sortent , comme de leur berceau ; ils se séparent , livrent passage à la plantule , et dès-lors le végétal entre dans son état de germination. La radicule prend sa direction vers la terre , elle s'y enfonce , elle grossit , elle jette de côtés et d'autres des fibres latéraux , qui seront le chevelu d'une racine, dont elle ne cessera pas d'être le pivot. La plumule paroît presque aussitôt que la radicule ; elle tient encore aux cotylédons , comme l'animal aux mamelles de sa mère, jusqu'à ce que , devenue plantule , elle reçoive de la radicule , un suc capable de la nourrir.

Si c'est une *herbe*, sa tige ne portera point de boutons aux aisselles des feuilles ; cette feuille périra tous les ans, ou presque tous les ans ; et si elle renaît de ses racines , ce ne peut être que par un très-petit nombre d'années. Si c'est un *arbuste*, sa tige sera ligneuse, elle ne portera point de boutons aux aisselles des feuilles , mais elle sera d'une plus longue durée, elle résistera aux changemens des saisons , et pourra donner tous les ans des fleurs et des fruits. Si c'est un *arbrisseau*, il se divisera à sa base en plusieurs rameaux, d'une consistance ligneuse qui présenteront des boutons aux aisselles des feuilles , annonçant un accroissement et une fécondité prochain. Si c'est un *arbre*, il s'élèvera majestueusement et d'un seul jet ; ce jet deviendra un tronc, qui produira des rameaux ; sa consistance sera très-durable ; toutes ses aisselles seront garnies de boutons ; ces boutons serviront d'abri pendant la rigueur des frimats, à de nouveaux rameaux, aux feuilles , aux fleurs , aux fruits, etc. jusqu'au retour de l'hiver , où l'arbre se dépouille communément de ses richesses , pour rendre à la terre ce qu'il a emprunté ; mais il germera de nouveau , et revivra cent fois après cent nouvelles restitutions.

Générique. On donne ce nom à un caractère adopté dans une méthode , pour désigner les genres de plante ; on le donne aussi à tout ce qui appartient aux genres.

Genest, plante. *Genista*, Tournef. Linné ; *Spartium*, Tournef. Linné ; *Genistella*, Tournef. ; *Genista spartium*, Tournef. ; *Cytiso-genista*, Tournef.

Genestréole, plante. *Genista*, Linné ; *Genistella*, Tournef.

Genevrier, plante. *Juniperus*, Tournef. Linné ; *Cedrus*, Tourn.

Genipayer, plante. *Genipa*, Tournef. Linné.

Genre. Le genre est la seconde sous-division de la classe : pour l'établir , on considère sur une plante , indépendamment du caractère particulier à l'ordre ou section, et à la classe, tous les rapports qui semblent rapprocher un certain nombre de plantes entre elles. Linné disoit que c'est la nature qui a formé les genres ; il est rare aussi que les espèces du même genre ne s'écarte pas dans quelques-unes de leurs parties. Tournefort avoit distingué deux espèces de genre. Le genre du premier ordre, c'est celui dans l'établissement duquel on n'a égard qu'à la structure de la fleur et du fruit. Cette structure doit être la même dans toutes les espèces du même genre. L'*Aconit*, la *Renoncule*, le *Rosier*, la *Mandragore*, sont des genres du premier ordre. Les genres du second ordre sont ceux dans l'établissement desquels on fait entrer outre la fleur et le fruit, quelque chose de plus particulier, de quelque nature que cette chose puisse être. Le *Lys*, la *Fritillaire*, la *Rave*, le *Safran*, sont des genres du second ordre.

Gentianes, *famille des Gentianes*. C'est la quarante-sixième des familles naturelles de Jussieu ; elle réunit les plantes qui ont de l'analogie avec la Gentiane. *Gentiana*.

Gentianelle, plante. *Exacum*, Linné.

Géraines, *famille des Géraines*. C'est la soixante-treizième des familles naturelles de Jussieu ; elle réunit les plantes qui ont des rapports avec les Becs de grue. *Giranium*.

Germandrée, plante. *Tencrium*, Tournef. Linné ; *Chœmedris*, Tournef.

Germe. C'est cette partie essentielle d'une semence qui renferme en petit une plante de la même espèce. C'est de ce germe échauffé que sortent la radicule et la plumule : or, la radicule en augmentant deviendra racine, et la plumule croissant, deviendra une tige garnie de feuilles, de fleurs et de graines. Ou donne aussi, mais improprement, le nom de germe à l'ovaire, ou cette partie du pistil qui constitue le fruit avant sa fécondation.

Germination. On donne ce nom au premier signe de vie que donne une plante ; c'est le premier développement des parties qui sont contenues dans le germe des semences ; ce développement se fait par l'introduction de la sève.

Gesse, plante. *Lathyrus*, Tournef. Linné ; *Clymenum*, Tourn. *Aphaca*, Tournef. ; *Nissolia*, Tournef.

Gévuin du Chili, plante. *Gevuina*.

Gingembre, plante. *Amomum*, Linné.

Ginseng, plante. *Panax*, Linné.

Giroflier , plante. *Caryophyllus ,* Tournef. Linné.

Girofle , *clou de Girofle.* Ce sont les calices des fleurs du *Coryophyllus* ou *Giroflier.* Cet arbre précieux ne croît qu'aux Moluques , près de l'équateur. Ces calices doivent être cueillis avant la floraison , en les laissant macérer dans l'eau pendant quelques heures , alors on y reconnoît aisément le calice , le bouton des fleurs et les embryons des fruits. Ces clous encore récents donnent par expression , une huile épaisse , roussâtre et odorante. On en retire , par la distillation de l'huile essentielle , très-aromatique , d'abord claire , légère et jaunâtre , ensuite roussâtre et pesante. Cette huile est excellente contre carie des os , et celle des dents , dont elle calme les douleurs. On emploie le clou de Girofle dans toutes les cuisines , dans les liqueurs spiritueuses , dans les boissons aromatiques , et dans tous les parfums.

Giroflée , plante. *Cheiranthus* , Linné ; *Leucoium ,* Tournef.

Giroselle , plante. *Dodecatheon* , Linné.

Girouille , plante. *Caucalis ,* Tournef. Linné.

Glabre. C'est par ce terme qu'on désigne la superficie de chaque partie isolée d'une plante , ou de toute une plante en général , lorsqu'elle est sans aspérités , sans poils , et parfaitement unie.

Gladié , ée. On donne ce nom aux feuilles et aux tiges qui ont la forme d'une lame d'épée. Les feuilles de beaucoup de joncs sont gladiées.

Glaise. C'est une terre grasse que l'eau ne pénètre point.

Glandes. Ce sont de petits corps vessiculeux qu'on observe sur diverses parties des plantes , et particulièrement sur les feuilles, les calices et les onglets des pétales. C'est d'après leur diversité de forme , que *Guettard* en fait sept espèces. La physique regarde les glandes , comme des organes destinés à quelques secrétions : tantôt elles ressemblent à de petites vessies; tantôt à des écailles ; tantôt à des globules , à des lentilles , à des petites outres ; tantôt elles sont pédiculées ; tantôt elles sont sessiles : elles sont presque toujours remplies d'une humeur , dont la couleur et la nature varient singulièrement.

Glauciène , plante. *Chelidonium* , Linné ; *Glaucium* , Tournef.

Glauque. C'est ainsi qu'on nomme ce qui est d'un vert blanchâtre et comme farineux.

Glayeul , plante. *Gladiolus ,* Tournef. Linné.

Glinole , plante. *Glinus* , Linné ; *Alsine* , Tournef.

Globulaire *ou* Globuleux. On désigne par ce terme les anthères, les glandes, les capsules, les racines, les semences, lorsque ces parties sont composées de globules ou petits corps arrondis, ou qu'elles ont une forme sphérique.

Globulaire, plante. *Globularia*, Tournef. Linné.

Gloméré, ée. Glomérulé *ou* Congloméré, ée. C'est par ces termes qu'on désigne les fleurs ramassées en tête, à l'extrémité d'une tige, ou d'un pédoncule commun.

Glouteron, plante. *Arctium*, Linné; *Lappa*, Tournef.

Gluant, te. C'est le terme adjectif des feuilles, des tiges, et autres parties des plantes qui sont enduites d'une humeur visqueuse qui s'attache aux doigts. Le *Lichnis muscipula* est une plante gluante.

Glui, terme des campagnes. C'est le nom qu'on donne à cette grosse paille de seigle dont on couvre les toits. Plusieurs plantes, telles que les Joubarbes, aiment à végéter sur le *Glui*.

Gluten, terme d'Histoire naturelle. C'est la matière qui lie ensemble les parties qui composent un corps solide. On donne aussi ce nom à un des principes que l'analyse chymique trouve dans les semences des Graminées; des propriétés analogues à celles du *Gluten animal*, a aussi fait donner à ce principe le nom de *matière vegeto-animale*. Dans une farine noyée dans l'eau, la *fécule* s'étant précipitée au fond, il reste une matière tenace, ductile, très-élastique, qui devient de plus en plus gluante, à mesure que l'eau s'évapore; c'est à cette matière, lorsqu'on la dépouille du principe sucré, qu'on donne le nom dé *Gluten*. (Voyez l'article *Farine*.)

Ce *Gluten* exhale une odeur séminale très-caractérisée; la saveur en est fade; lorsqu'il est frais et exposé à l'air, il se corrompt avec facilité, à l'exemple des substances animales; lorsqu'il est mêlé avec la *Fécule* ou *Amidon*, ce dernier passe à la fermentation acide, et retarde la putréfaction du *Gluten*.

Gnaphale, plante. *Gnaphalium*, Linné; *Elyochrisum*, Tourn.

Gnavelle, plante. *Scleranthus*, Linné; *Alchimilla*, Tournef.

Godet. On nomme glandes en godet, celles qui ressemblent à des godets vasés à boire, qui n'ont ni pieds, ni anses. On nomme de même les corolles et autres parties des plantes qui ont cette forme.

Gomme. Ce qu'on nomme *Gomme* ou *suc gommeux*, n'est autre chose qu'un mucilage tiré d'un végétal et desséché. On distingue trois espèces de gommes : 1°. la Gomme du pays,

Gummi nostras. Elle découle naturellement de quelques arbres de nos climats , tels que le *Prunier* , le *Cerisier* , l'*Abricotier.* 2°. La *Gomme arabique* , elle découle naturellement de l'*Acacia*, en Egypte et en Arabie ; mais cet arbre n'est pas le seul qui la fournisse. 3°. La *Gomme adragant* , elle découle de l'*Adragant* de Crète , petit arbrisseau. Si l'on fait macérer dans l'eau les racines de *Guimauve* , de *Consoude* , les semences du *Lin* , les pepins de *Coing ;* on en extrait un mucilage presque analogue à ces Gommes. Elles sont toutes employées dans les arts et par la Médecine , à des usages très-connus.

Gomme ammoniaque. C'est une Gomme-résine blanche en dehors, jaune en dedans , d'une odeur fétide , d'une saveur âcre et un peu nauséabonde. Elle nous vient des déserts de l'*Arabie.* La plante qui la produit paroît être de la classe des *Ombellifères* , si on en juge par la forme des graines qu'on y trouve. C'est une drogue très-employée en médecine , et qui entre dans la composition de tous les onguens fondans et résolutifs.

Gomme élastique. (*Voyez* Caoutchouc.)

Gomme gutte. C'est une Gomme-résine , jaune rougeâtre. Elle n'a pas d'odeur ; mais sa saveur est âcre et caustique. Elle nous vient du royaume de *Siam* , de la *Chine* , et de l'île de *Ceylan.* L'arbre qui la produit est appelé *Coddam pulli.* Elle découle des incisions qu'on fait à cet arbre. La *Gomme gutte* est quelquefois employée comme purgatif , à la dose de quelques grains ; mais c'est le grand usage qu'on en fait dans la Peinture, qui la rend plus précieuse.

Gomme-résine. C'est un mélange naturel d'extrait et de résine. Il est quelquefois blanc comme dans le *Titimale* , jaune comme dans la *Chélidoine* , de sorte qu'on peut considérer ces substances , comme une véritable émulsion dont les principes constituans varient par proportion ; les Gommes-résines sont solubles , partie dans l'eau , partie dans l'*alkool.* Un de leurs caractères est de rendre trouble l'eau dans laquelle on les fait bouillir. Les principales espèces de Gommes-résines sont , l'*Encens* ou *Oliban* , la *Scammonée* , la *Gomme gutte* , l'*Assa fœtida* , l'*Aloès* , la *Gomme ammoniaque* , le *Caoutchouc* , ou *Gomme élastique.* (Voy. tous ces articles dans cet ouvrage.)

Gommier , plante. *Bolax.*

Gorge. On désigne par ce mot l'espace qui est entre les parois d'une corolle monopétale.

Goudron. Espèce de Résine grossière qu'on retire du Pin , lorsqu'il est coupé. L'arbre vivant n'a jamais donné toute sa Résine, par les entailles qu'on a pratiqué à son corps ; mais dès qu'il est mort, on en extrait jusqu'au dernier atome. Cette opération ne consiste qu'à appliquer aux parties du bois qui contiennent encore de la Résine, une chaleur suffisante, pour la ramollir et la faire couler, sans toutefois l'enflammer, ni la volatiser. Pour extraire le Goudron, on choisit sur-tout le cœur de l'arbre, les nœuds, et toutes les veines résineuses.

Gouet, plante. *Arum*, Tournef. Linné.

Goupi, plante. *Goupia*.

Gousse *ou* Légume. C'est la quatrième espèce de péricarpe. Il est formé de deux battans, valvules ou panneaux, que l'on nomme vulgairement *Cosses*, unis par deux sutures longitudinales, mais sans membrane intermédiaire. La Gousse varie beaucoup par sa forme ; elle est ovale, arrondie dans plusieurs espèces d'*Astragales*, linéaire dans le *Galega*, cylindrique dans le *Lotier*, rhomboïdale dans l'*Arête-bœuf*, gonflée et remplie de semences dans le *Pois-chiche*, renflée en vessie sans être remplie de semences dans le *Baguenaudier*, contournée en spirale dans la *Luzerne*, articulée dans le *Sainfoin d'Espagne*, partagée par plusieurs étranglemens dans la *Coronille*, formée de diverses portions qui semblent soudées les unes aux autres dans le *Pied d'oiseau*, profondément échancrée à l'un des bords dans le *Fer-à-cheval*. La Gousse souvent ressemble à la Silique ou à la Coque. C'est Linné qui en assigne la différence. Quiconque compare les semences renfermées dans ces trois péricarpes, en saisit aisément la différence.

Gousse d'Ail. (*Voyez* Cayeu.)

Gouttière. On dit qu'un pédoncule, une branche, une tige, ou une autre partie sont creusés en gouttière, lorsqu'on observe sur leur longueur et d'un seul côté, un enfoncement, un demi-canal, ou une espèce de rainure.

Goyavier, plante. *Psidium*, Linné ; *Guaiava*, Tournef.

Graine *ou* semence. C'est le principe d'une plante nouvelle ; c'est l'œuf végétal qui, fécondé par la poussière génitale des étamines, vivifié par le pistil, échauffé de nouveau par la chaleur de la terre, doit reproduire et perpétuer la plante qui lui a donné naissance. Si l'homme ignore ce qu'une graine présente d'intéressant pour la physique et pour son bonheur, c'est qu'il n'a pas parcouru les diverses semences, ou qu'il ne les a pas étudiées pour les connoître. Nous voyons des semences ornées d'aigrettes, pour donner prise aux vents ; d'autres, pourvues de membranes en forme d'ailes, pour être portées par courans d'eau ; d'autres ont des espèces de crochets, qui les attachent aux poils des animaux, lesquels vont les semer au loin ; d'autres sont enduites d'une humeur glutineuse, qui a la double prérogative de les garantir des injures de l'air, et de les attacher aux corps qui les touchent. Il est des graines qui ont le privilège singulier de ne pas perdre le pouvoir de germer, après avoir passé dans les corps des animaux, et ne l'ont pas même perdu, après avoir séjourné long-tems sous terre, à des profondeurs considérables ; il en est, telles que celle de la *Sensitive*, qui conservent leurs vertus germinantes pendant plus de quarante ans. Il est des graines enfin, qui, par un mécanisme créé par la nature, sont élancées au loin par le jeu des panneaux élastiques qui les renfermoient. On distingue dans une graine, la *Tunique propre*, les *Cotylédons*, l'*Embryon* ou *Germe*, la *Radicule*, la *Plumule*. (*Voy.* tous ces articles.)

Graminées. C'est ainsi qu'on nomme toutes les espèces de blés et de chiendens. La famille des graminées est la dixième des familles naturelles de Jussieu.

Grappe. C'est un assemblage de fleurs ou de fruits disposés par étage sur un pédoncule commun, mais pendant; ce qui établit une différence entre la grappe et le bouquet dont les pédoncules communs sont droits. Les grappes peuvent être composées, c'est-à-dire, à plusieurs pédoncules; on les appelle unilatérales, lorsque les fleurs, dont elles sont chargées, sont toutes disposées du même côté.

Grassette, plante. *Pinguicula*. Tournef. Linné.

Grateron, plante. *Gallium*, Linné; *Aparine*, Tournef.

Greffe. On donne ce nom à la partie d'un arbre que l'on veut enter sur un autre arbre, et l'on comprend aussi sous cette dénomination le sujet greffé.

Greffer, c'est substituer aux branches naturelles d'un arbre, celles d'un autre arbre que l'on veut multiplier par l'union intime de l'aubier des deux sujets. Les végétaux, comme les animaux, se refusent à des alliances étrangères à leur classe; ainsi greffer un *Pêcher*, sur un *Saule*, un *Poirier*, sur un *Orme*, ou un *Cerisier*, sur un *Chêne*, ce seroit perdre son temps et sa peine, parce qu'ils ne s'allient qu'avec les individus de leur famille. Pour que cette alliance soit durable, il est encore nécessaire qu'il y ait en eux une analogie dans la disposition des organes, dans la saison de leur sève et la durée de son mouvement; c'est par-là que le *Pêcher* réussit greffé sur le *Prunier* et sur l'*Amandier*. Il faut aussi proportionner les greffes aux sujets sur lesquels on les place, ainsi un *bourgeon* vigoureux feroit une mauvaise greffe sur un sujet foible et chétif, qui ne pourroit lui fournir une nourriture proportionnée ; ainsi, un bourgeon foible et chiffon seroit suffoqué par l'excès de la sève d'un sujet vigoureux. Mais la première attention du cultivateur doit être de faire coincider parfaitement les libers de sa greffe et du sujet qu'il veut renouveler, parce que c'est de ce point que dépend sur-tout le succès de son travail, car il doit se former de la sève de la greffe un filet ligneux qui s'unira à un autre filet ligneux, lequel se formera en même temps entre le bois et l'écorce du sujet greffé, et ces filets ligneux de la greffe et du sujet ne s'uniront parfaitement que lorsqu'il les aura fait parfaitement coincider. Il est plusieurs manières de greffer ; les plus usitées sont la *greffe en écusson*, la *greffe en fente*, la *greffe en couronne*. (*Lisez* les ouvrages de la Quintinie et autres cultivateurs modernes.)

Grêle. Ce nom convient à toutes les parties des plantes qui paroissent trop longues et trop déliées pour leur grosseur. On dit qu'une tige est grêle quand elle est longue comme celle de la *Cuscute* ; que des pétioles, que des pédoncules sont grêles quand ils n'ont pas une grosseur proportionnée à leur longueur ; on en dit autant des filets des étamines, quand ils sont longs pour leur grosseur, et qu'ils ont l'air de fils ou de cheveux.

Gremillet *ou* Gremil, plante. *Lithospermum,* Tournef. Linné.

Grenadier, plante. *Punica,* Tournef. Linné.

Grenadille, plante *Passiflora*, Linné ; *Granadilla*, Tournef.

Griffe. On donne ce nom à des espèces de racines dont la forme approche assez de celle de la patte d'un animal. On appelle griffe la racine de cette espèce de *Renoncule* originaire d'Asie, qu'on cultive dans tous les jardins fleuristes.

Grignon , plante. *Bucida,* Linné.

Grimpant, te. On donne ce nom aux tiges des plantes qui ne sauroient s'élever qu'en gravissant et s'accrochant ou s'entortillant aux corps qui les avoisinent ; tel est le *Houblon*.

Groseillier , plante. *Ribes,* Linné ; *Grossularia*. Tournef.

Grumeleux , se. On nomme ainsi ce qui est est composé d'une chair cassante, et qu'on peut diviser sans efforts par grumeaux.

Guapuru du Pérou , plante. *Guapurium.*

Guiacuru du Chili , plante. *Plegorhisa*, Linné.

Guède, plante. *Isatis*, Tournef. Linné.

Gueule ; fleurs en gueule. (*Voyez* Labiées.)

Guittarin, plante. *Cytharexilum*, Linné.

Guttiers, *famille des Guttiers*. C'est la soixante-neuvième des familles naturelles de Jussieu ; elle réunit les plantes qui ont des rapports avec le Guttier. *Cambogia*.

Gymnospermie. Ce terme est composé des mots grecs *gumnos* nu , et *sperma*, semences ; *semences nues*. Il indique les plantes qui ont quatre semences nues au fond du calice. La Gymnospermie est le premier ordre qui divise les plantes de la quatorzième classe *Didynamie* du système sexuel de Linné.

Gynandrie. Ce terme est aussi composé de deux mots grecs *guné* femme , et *aner* , homme ; *homme femme*. Il indique les plantes qui ont plusieurs étamines réunies et attachées au pistil sans adhérer au réceptacle. La Gynandrie est la vingtième classe du système sexuel de Linné.

H.

HAMIPLANTE. Ce terme est dérivé en partie du mot latin *hamus*, hameçon. On nomme ainsi certaines plantes qui s'attachent aux habits ou aux poils des animaux, au moyen des poils rudes et courbés en hameçon, dont elles sont munies. On dit du *Grateron* qu'il est hamiplante.

Hampe *ou* Scape. La Hampe est une espèce de tige herbacée, qui est dépourvue de feuilles, sort immédiatement de la racine et est destinée à porter la fleur et les fruits; telle est la tige du *Pissenlit* ou *Dent-de-Lion* : c'est presque toujours un pédoncule simple qui ne porte qu'une fleur.

Hantol des Philippines , plante. *Sandoricum*.

Haricot, plante. *Phaseolus*. Tournef. Linné.

Hasté, ée. On appelle feuilles hastées celles qui imitent par leur forme le fer d'une pique, *Hasta*. Elles sont triangulaires, profondément échancrées à leur base et sur les côtés; leurs lobes latéraux sont presque horizontaux à la nervure majeure de la feuille, considérée comme ligne verticale, c'est-à-dire qu'ils font une saillie très-sensible au-dehors.

Heaume. (*Voyez* Casque.)

Héliotrope. On nomme plantes héliotropes celles qui tournent toujours le disque de leurs fleurs du côté du soleil , de manière que par leur direction, elles le suivent dans son cours; tel est le *Soleil* ou *Tournesol*, plante cultivée dans tous les jardins.

Hélianthème, plante. *Cistus*, Linné; *Helianthemum*, Tournef.

Héliotrope, plante. *Heliotropium*, Tournef. Linné.

Hellébore *ou* Ellébore, plante. *Helleborus*, Tournef. Linné.

Hellébore blanc, plante. *Veratrum*, Tournef. Linné.

Helléborine, plante. *Serapias*, Linné; *Helleborine*, Tournef.

Hépathiques, *famille des Hépathiques.* C'est la troisième des familles naturelles de Jussieu; elle réunit les plantes qui ont de l'analogie avec l'hépatique. *Marchantia.*

Hépatiques, terme de Médecine appliqué aux plantes qui désobstruent le foie, la rate, et rétablissent la liberté de la circulation.

Heptagone, terme de Géométrie. On l'applique à la tige d'une plante, à un calice et autres parties qui présentent sept faces distinctes.

Heptandrie. Cette dénomination est composée des mots grecs *hepta* sept, et *aner* homme, sept hommes. Elle s'étend sur les plantes dont les fleurs ont sept étamines distinctes. L'*Heptandrie* est la septième classe du système sexuel de Linné.

Herbacé, *ou* herbeux, se. On donne ce nom aux parties d'une plante, et à toutes les plantes qui n'ont pas plus de consistance que l'herbe.

Herbe. Toutes les plantes d'une consistance molle et foible, sont des herbes si elles ne portent point de boutons aux aisselles des feuilles, et si leur durée n'est que de quelques années au plus.

Herbe au cancer, ou *Dentelaire*, ou *Plombage*, plante. *Plumbrago*, Tournef. Linné.

Herbe à coton, plante. *Filago*, Tournef Linné.

Herbe à la femme battue, ou *Couleuvrée*, plante. *Bryonia*, Tourn. Linné.

Herbe à la reine, ou *Herbe au grand prieur*, ou *Herbe à l'ambassadeur*, ou *Tabac*, plante. *Nicotiana*, Tournef. Linné.

Herbe à l'épervier, plante. *Hieracium*, Tournef. Linné.

Herbe au chat, ou *cataire*, plante. *Nepeta*, Linné; *Cataria*, Tournef.

Herbe au lait, plante. *Polygala*, Tournef. Linné.

Herbe au pauvre homme, ou *Gratiole*, ou *petite Digitale*, plante. *Gratiola*, Linné; *Digitalis*, Tournef.

Herbe aux cuillers, plante. *Cochlearia*, Tournef. Linné.

Herbe aux épices, *ou* de toute épice. *Nigella*, Tournef. Linné.

Herbe aux gueux, ou *Clématite*, plante. *Clematis*, Linné; *Clematitis*, Tournef.

Herbe aux mittes, ou *Blattaire*, plante. *Verbascum*, Linné; *Blattaria*, Tournef.

Herbe au patagon, ou *Ecuelle d'eau. Hydrocotyle*, Tournef. Linné.

Herbe aux perles, ou *Gremil*, plante. *Lithospermum*, Tournef. Linné.

Herbe aux poux, ou *Staphisaigre. Delphinium*, Tourn. Linné.

Herbe aux puces, plante. *Psyllium*, Tournef. Linné.

Herbe aux teigneux, ou *Bardane. Arctium*, Linné; *Lappa*, Tournef.

Herbe aux verrues, plante. *Heliotropium*, Tournef. Linné.

Herbe de Saint Christophe, ou *Christophoriane*, plante. *Actea*, Linné; *Christophoriana*, Tournef.

Herbe d'or, ou *Helianthême*, plante. *Cistus*, Linné; *Helianthemum*, Tournef.

Herbe du siége, ou *Scrophulaire*, plante. *Scrophularia*, Tourn. Linné.

Herbe du Turc, ou *Herniole*, plante. *Herniaria*, Tourn. Linné.

Herbe Paris, ou *Raisin de Renard*, plante. *Paris*, Linné; *Herba Paris*, Tournef.

Herbier. C'est pour le botaniste une collection de différentes espèces de plantes toutes desséchées, collées sur des feuilles de papier, déterminées et étiquetées suivant la classe, l'ordre ou section, et le genre indiqué dans une méthode botanique. La nécessité d'un herbier est fondée sur la grande difficulté de graver pour toujours dans sa mémoire une nomenclature aussi immense que celle des végétaux. L'utilité et l'agrément d'un herbier sont fondés sur l'impossibilité de pouvoir se procurer au même temps le spectacle d'un grand nombre de plantes, l'époque de leur floraison étant si différenciée et si distincte. L'herbier doit être pour le botaniste le fruit de ses seules recherches et son propre ouvrage, un herbier dressé par d'autres mains, seroit pour lui d'une utilité aussi nulle que celle d'une image mal dessinée et imparfaitement gravée. Il est plusieurs manières de faire un herbier et de dessécher les plantes; toutes sont très-connues. On nomme encore *herbier* un traité ou une histoire des plantes, accompagné de gravures.

Herboriser. Depuis l'Orient jusqu'à l'Occident, du Midi jusqu'au Nord, chaque province, chaque contrée de la terre possède pour le botaniste ses richesses diversifiées et distinctes. Il est des plantes qui fleurissent dans les frimats et à qui l'influence des premiers rayons de l'astre du jour devient aussitôt funeste. Il en est qui n'obtiennent leur végétation que des chaleurs même excessives de cet astre dans son midi; d'autres plus délicates et plus douces ne supportent qu'une chaleur modérée; il est des fleurs qui n'étalent leur beauté que pendant la nuit; il en est qui attendent le retour des ténèbres pour répandre leurs parfums. L'infatigable botaniste les recueille dans tous les climats divers, il sait les découvrir par-tout, les observer et les cueillir dans leur brillant, sur toutes leurs positions, en tout lieu, en tout temps.

Herborisation. Il est indispensable, pour le botaniste, de visiter souvent les plantes dans ces lieux agrestes et variés où la seule nature prend soin de leur culture. C'est là qu'il profite avec plus d'avantage des ressources qu'elle lui présente pour les connoître, c'est là qu'il doit ramasser les matériaux de son herbier préférablement aux jardins botaniques, où une culture forcée rend souvent les plantes monstrueuses et contrefaites. Jean-Jacques Rousseau regarda avec raison les herborisations et les herbiers comme les seuls moyens d'abréger les études du botaniste, de faciliter ses connoissances, et de lui rendre sa science agréable. Car il est une très-grande différence à faire soi-même ses herborisations, à composer son herbier de sa main; de classer et définir les plantes d'après les secours d'une méthode, ou d'acquérir un herbier, et une collection de gravures pour y étudier l'art du botaniste. Dans le premier cas on devient nécessairement botaniste, dans le second on acquiert seulement le goût de la botanique, puisqu'il est des particularités dans les plantes que l'artiste ne peut copier, et qui ne peuvent être exprimées par le pinceau le plus adroit. Telles sont les odeurs, les saveurs, et certaines couleurs, etc.

Herboriste. On donne ce titre aux marchands qui font commerce des plantes usitées en médecine et dans les arts. Malheureusement les herboristes ne sont pas tous botanistes; car sans le secours d'une méthode, le spectacle des plantes ne présente qu'un véritable cahos. Un coup-d'œil les voit toutes mais il ne les voit que confusément; comment l'homme s'y prendroit-il pour ne jamais se tromper, et les égaremens en botanique sont toujours funestes.

Hérissé, ée. C'est ainsi qu'on qualifie les diverses parties d'une plante, ou une plante entière, lorsqu'on y observe quantité de poils rudes et très-apparens.

Herniole, plante. *Herniaria*, Tournef. Linné.

Hermaphrodite. Ce terme signifie la réunion de deux sexes sur le même individu. Dans les végétaux, il indique ceux qui ont dans la même Fleur des étamines et des pistils. Les Fleurs qui n'ont que des étamines sans pistils, sont nommées Fleurs mâles ; celles qui ont des étamines sans pistils, sont nommées Fleurs femelles. Le nombre des Hermaphrodites est le plus grand.

Herse, plante. *Tribulus*, Tournef. Linné.

Hêtre, plante. *Fagus*, Tournef. Linné.

Hexagynie. Ce terme est composé des deux mots grecs *ex*, six ; et *gunè*, femme ; six femmes. Il indique les plantes dont les fleurs portent six pistils. L'Hexagynie est le sixième des Ordres qui sous-divisent les Classes du système sexuel de Linné.

Hexagone. Terme de Géométrie. On l'applique à diverses parties sur une plante, qui ont six angles.

Hexandrie. Ce terme est composé de deux mots grecs *ex*, six ; et *aner*, homme ; six mâles. Il indique les plantes dont la fleur possède six étamines. L'Hexandrie est la sixième Classe du système sexuel de Linné.

Hipociste, plante. *Cytinus*, Linné ; *Hyppocystis*, Tournef.

Hoïzit, plante. *Hoïtzia*.

Horizontal, le. On désigne par ce terme, le chapeau du Champignon, les feuilles, les racines ; et en un mot, tout ce qui coupe à angle droit une ligne verticale.

Horloge de Flore. Le Botaniste toujours avide de découvertes nouvelles, observe tout dans les végétaux avec une infatigable attention. L'œil fixé sur l'instant de l'épanouissement des Fleurs, il trouve dans l'ordre successif de leur floraison, la matière d'une Table, à laquelle on a donné le nom d'Horloge de Flore, parce que les plantes y sont rangées suivant l'heure à laquelle les fleurs épanouissent, si quelqu'accident ou quelques circonstances ne viennent pas retarder leur moment de se montrer.

3 heures du matin	La Barbe de Bouc. *Tragopogon*.
4 heures	Le Pissenlit.
5 heures	La Crépide des Toits.

6 heures.	La Scorsonère. *Tingitana.*
7 heures.	Le Laitron. *Laponicus.*
8 heures.	L'herbe à l'Épervier. *Hispida.*
9 heures.	La Piloselle oreille de Rat.
10 heures.	La Sabline pourprée.
11 heures.	La Crépide des Alpes.
Midi.	Le Laitron. *Oleraceus lœvis.*
1 heure.	La Condrille épervière.
2 heures.	La Crépide rouge.
3 heures.	Le Souci des Champs.
4 heures.	Le Souci Africain.
5 heures.	L'Épervière des Savoyards.
6 heures.	Le Pavot à tige nue.
7 heures.	L'Hémérocalle safranée.
8 heures.	La Belle-de-Nuit *au* Jalap.
9 heures.	L'odeur enchantée du *Geranium triste.*

Hortolage, terme de Jardinage. C'est la partie d'un jardin potager où sont les couches et les plantes basses.

Houblon, plante. *Humulus,* Linné ; *Lupulus,* Tournef.

Houlette. On donne ce nom au bâton du Berger ; c'est aussi un instrument propre à déraciner les plantes ; il est utile au Jardinier et au Botaniste.

Houppe. Assemblage de poils lorsqu'ils paroissent avoir tous la même insertion et s'écartent ensuite. On en observe sur le réceptacle des semences, sur les semences et autres parties. La ressemblance avec une Houppe à poudrer a valu ce nom.

Huile. On nomme ainsi toute substance grasse, onctueuse, plus ou moins fluide, insoluble dans l'eau, et combustible. Ces substances paroissent appartenir exclusivement aux animaux et aux végétaux ; on les distingue en *Huile fixe* et *Huile volatile.* Les *Huiles fixes* sont presque toutes fluides, mais la plupart peuvent passer à l'état solide, à un degré de froid plus ou moins grand, suivant leur nature. Le *Beurre de Cacao,* la *Cire,* le *Pela* des Chinois, ont constamment une forme solide à la température de nos climats. Les Huiles fixes sont contenues dans les *Amandes* des fruits à noyau, dans les *Pepins,* et quelquefois dans toutes les parties du fruit, comme l'*Olive*. C'est en général, par expression, qu'on la fait couler des cellules qui les renfermoient, mais chaque espèce demande une manipulation différente. L'*Huile volatile* est caractérisée par une odeur forte ; elle est soluble dans l'*Alkool* ; a un goût piquant et âcre. Toutes les plantes aromatiques contiennent de l'*Huile volatile*, à l'exception de celles dont l'odeur est tres-fugace, telles que la *Violette*, le *Jasmin*. Elle est quelquefois distribuée dans toute la plante, comme dans l'*Angélique de Bohéme* ; quelquefois dans l'écorce, comme dans la *Canelle*. La *Mélisse*, la *Menthe*, la *grande Absinthe*, contiennent leur huile dans les tiges et les feuilles ; l'*Aunée*, l'*Iris de Florence*, la *Benoite*, dans la racine ; tous les arbres *résineux*, dans leurs rameaux jeunes ; le *Romarin*, le *Thym*, le *Serpolet*, dans les feuilles et les boutons des fleurs ; la *Lavande*, la *Rose*, dans le calice des fleurs ; la *Camomille*, le *Citronier*, l'*Oranger*, dans les pétales. Plusieurs fruits contiennent de l'huile dans leur substance même ; tels sont le *Poivre*, le *Genièvre*, etc. Les *Oranges* et les *Citrons* dans leur zeste et l'écorce qui les recouvre. Les semences des Ombellifères, telles que l'*Ail*, le *Fenouil*, ont les vessicules de l'Huile essentielle rangées le long des lignes saillantes qui se trouvent sur l'écorce. (Voyez l'Introduction à l'étude du règne végétal, par Bouquet, pages 209 et suivantes.) Les odeurs de toutes ces Huiles varient suivant celles des plantes qui les fournissent, il est deux moyens de les extraire, c'est l'expression et la distillation.

Hyacinthe *ou* Jacinthe, plante. *Hyacinthus*, Tournef. Linné.

Hydragoges. Terme de médecine appliqué aux plantes dont la propriété est de purger les eaux et toutes les sérosités superflues.

Hyppocratériforme. C'est par ce terme qu'on désigne quelquefois une Corolle monopétale, qui a la forme d'une soucoupe ou d'un vase porté par un pied tubulé, nommé *Crater* par les anciens.

Hypogines. Terme qui désigne les parties sexuelles et autres des plantes, dont l'insertion est sur le pistil.

Hyssope, plante. *Hyssopus*, Tournef. Linné.

I.

ICAQUE, plante. *Chrysobalanus*, Linné.

Icosandrie. Ce terme est composé de deux mots grecs *eikosi*, vingt ; et *aner*, homme ; *vingt hommes*. Il indique les plantes qui ont une vingtaine d'étamines insérées sur le calice. L'*Icosandrie* est la classe douzième du systême sexuel de Linné.

Ictérique. Terme de médecine pratiqué dans les plantes employées contre la jaunisse.

Idiogynes. Ce terme s'applique aux étamines qui sont séparées du pistil.

If, plante. *Taxus*, Tournef. Linné.

Igname, plante. *Dioscorea*, Linné.

Illipé, plante. *Baxia*, Linné.

Imbibition. Les plantes se nourrissent en partie par l'imbibition de leurs feuilles. Cette fonction est remplie par des vaisseaux qu'on nomme absorbans. Ce sont des suçoirs que la nature a destiné pour pomper l'humidité de l'air, aliment secondaire pour les végétaux, comme pour les animaux. Ces vaisseaux sont si utiles dans l'économie de certaines plantes, qu'en vain on renverseroit leurs feuilles, mettant la partie supérieure à la place de l'inférieure, elles se retourneroient toujours, pour reprendre leur position nécessaire et première.

Imbriqué, ée. Ce terme s'applique à un Calice double, quand les feuillets qui le composent sont disposés sur plusieurs rangs, et dans le même ordre que les tuiles sur un toit. Il s'applique aux feuilles, lorsqu'elles sont disposées dans le même ordre, sur les tiges ou sur les rameaux. On nomme aussi tiges imbriquées, celles qui sont couvertes d'écailles ou de feuilles, disposées comme les tuiles ou les écailles d'un poisson.

Impaire. On nomme feuilles ailées avec impaire, celles dont les folioles sont opposées deux à deux sur un pétiole commun qui est terminé par une foliole seule, de manière qu'elles sont toujours à nombre impair. On nomme les feuilles ailées ou pinnées, sans impaire, quand elles sont composées de folioles disposées en nombre pair sur un pétiole commun.

Imparfait, te. On appelle fruit imparfait, celui qui est d'une mauvaise venue ; graine imparfaite, celle qui n'a pas été fécondée ; et fleur imparfaite, celle à qui il manque quelques parties essentielles à la fructification, lorsque ces parties sont ordinaires à l'espèce.

Imperatoire, plante. *Imperatoria*, Tournef. Linné.

Impériale, plante. *Fritillaria,* Linné ; *Corona imperialis,* Tourn.

Incarnatives. Terme de chirurgie appliqué aux plantes dont l'application extérieure favorise la régénération des nouvelles chaires sur une plaie, et dont les sucs font évacuer le pus, et donnent de la souplesse aux vaisseaux.

Incisé, ée. On désigne communément par ce terme, ce qui a l'air d'avoir été découpé sur une plante par des ciseaux.

Incisif. Terme de médecine appliqué aux plantes qui, prises intérieurement, ont la propriété d'atténuer les humeurs.

Incliné, ée. On le dit du pédoncule, d'une tige, etc., lorsqu'ils sont pliés en arcs depuis leur base, jusqu'à leur sommet, sans qu'il y ait de causes de foiblesse ou de surcharge.

Incomplet, te. On nomme volva incomplet celui qui ne recouvre pas le Champignon dans son entier, et qui n'est point obligé de se fendre pour lui livrer passage. On nomme fleur incomplette celle qui est dépourvue d'une ou de plusieurs parties ordinaires aux fleurs, comme le calice, la corolle, les étamines et le pistil.

Incrassantes. Terme de médecine donné aux plantes qui contiennent beaucoup de parties mucilagineuses et propres à envelopper les parties âcres et salines des viscères.

Indes, *Ciel des Indes*. C'est l'un des huit climats spécifiés par Linné pour indiquer la nature et la température des végétaux. Le climat des Indes est situé entre les tropiques d'Asie, d'Afrique et d'Amérique. Il n'existe point d'hiver dans toutes ces contrées, et dans plusieurs il pleut souvent six mois de l'année. Le plus grand nombre des plantes y fleurit deux fois l'an. Ces végétaux dans nos jardins poussent ordinairement beaucoup dans le printemps et l'automne, mais ils languissent pendant l'été et l'hiver, sans cependant perdre leurs feuilles. Les exceptions sur la délicatesse des plantes de ce climat sont rares ; cependant le *Framboisier* se trouve également sous la ligne et vers les pôles. Le Mûrier blanc que l'on cultive aujourd'hui dans le Nord est indigène dans la Chine. Les observations des Botanistes peuvent lui faire connoître les plantes qui jouissent de cet avantage peu commun.

Indigènes. On appelle plantes indigènes celles qui sont naturelles ou naturalisées au climat qu'elles habitent.

Indigotier, plante. *Indigofera*, Linné.

Indigot. C'est l'extrait d'une plante connue sous le nom d'*Anillo* par les Espagnols, et d'*Indigottier* par les Français ; c'est l'*Indofera tinctoria* de Linné. On la cultive à Saint-Domingue, aux Antilles et dans les Indes orientales. On coupe les tiges tous les deux mois, et la racine dure deux ans. Cette plante, après avoir fermenté et s'être échauffé dans une cuve d'eau, bouillonne et se colore de bleu ; c'est de la substance qu'elle laisse lorsqu'elle est condensée et desséchée, que l'on fait ces pains d'indigo qu'on distribue dans le commerce.

Individu. Tout être organisé est un individu ; un *arbre*, une *mousse* sont deux individus du règne végétal, comme un *Eléphant* et une *Souris* sont deux individus du règne animal. On nomme individu en Botanique la plante qui fixe nos regards, considérée seule, pour elle-même, indépendamment de son ordre, de son espèce et de sa classe.

Inégal, le. Lorsqu'on a égard à la grandeur ou à la grosseur de certaines parties qu'on compare, on dit qu'elles sont égales, s'il y a de la proportion entre elles, et inégales, s'il y a une disproportion sensible. Elles peuvent être égales en grosseur et inégales en hauteur, etc. Ainsi on nomme inégales toutes les parties d'une plante entre lesquelles il y a une disproportion sensible.

Inférieur, re. On appelle corolle inférieure celle qui est insérée au-dessous de l'ovaire ; on appelle ovaire ou fruit inférieur celui qui est surmonté par le calice ou les autres parties de la fleur.

Infundibuliforme. On donne ce nom à une fleur ou corolle dont la forme approche de celle d'un entonnoir. On donne aussi en pareil cas ce nom aux calices. Les fleurs infundibuliformes constituent la seconde classe de la méthode de Tournefort.

Inodore. On qualifie ainsi les fleurs, les fruits, les plantes même qui ne sont douées d'aucune odeur sensible.

Inondé, ée. *Terres inondées.* Les plantes des terres inondées sont couvertes d'eau en hiver et dans les saisons pluvieuses ; mais pendant l'été le terrein qu'elles occupent est sec ; et elles ne s'y soutiendroient pas, si elles étoient en tout temps couvertes d'eau. C'est en cela que les plantes des terres inondées diffèrent de celles des marais et de celles des lacs. Le *Souci des marais*, plusieurs espèces de *Renoncules* et de *Graminées* sont des plantes des terres inondées.

Insertion. Ce terme s'applique aux feuilles, aux rameaux, aux fleurs, aux pétales, aux étamines, etc. Ces parties sont susceptibles d'autant d'insertions différentes, qu'il y a de ma-nières dont les parties qui composent les plantes sont attachées ou insérées sur d'autres parties.

Insipide. Les fleurs, les fruits, les plantes qui n'ont ni odeur ni saveur sont appelées insipides.

Interruption. Une feuille ailée l'est avec interruption, quand elle est composée de folioles grandes et petites alternativement, ou quand entre deux paires de grandes folioles il s'en trouve une ou plusieurs de petites, ou, enfin, quand les folioles sont inégales entre elles, c'est-à-dire, les unes grandes et les autres petites.

Interstice. C'est l'intervalle ou l'espace qui se trouve entre deux corps que l'on croiroit réunis.

Intus-susception. Les végétaux sont des corps vivans et organisés; ils ressemblent aux minéraux par la privation du sentiment ; mais ils en diffèrent essentiellement par leur vie et leur orga-nisation. Le minéral ne vit point, et il n'augmente que par *juxta-position*. La plante vit et s'accroît par *intus-susception*. Les végétaux ont donc plus d'analogie encore avec les animaux qu'ils n'en ont avec les minéraux ; comme eux, ils se nourris-sent de sucs étrangers. Des vaisseaux dans les plantes font les fonctions réservées aux veines et aux artères dans les animaux : c'est par ces vaisseaux que la nature fait circuler dans toutes leurs parties les sucs propres à développer leur accroissement et leur perfection ; et c'est cette répartition de sucs nutritifs qu'on nomme *intus-susception*.

Involucre. On donne ce nom à cette espèce d'enveloppe feuillée d'où partent les rayons qui portent les fleurs sur les plantes ombellifères.

Iris , *famille des Iris*. C'est la dix-huitième des familles naturelles de Jussieu. Elle réunit les plantes qui ont des conformités et des rapports avec l'*Iris*.

Irrégulier , re. On nomme corolle irrégulière celle qui a constam-ment quelque chose d'irrégulier dans sa forme, comme un pétale plus court que l'autre, si elle est polypétale ; un côté plus court que l'autre, ou une division plus sensible, plus profonde, plus élargie que l'autre , si elle est monopétale. On donne également cette épithète au calice, aux pétales, aux filets , lorsque ces parties ne sont pas disposées dans une forme symétrique.

Ivette, plante. *Teucrium* , Linné ; *Chamœpitis* , Tournef.

Ivroie, plante. *Lolium*, Linné ; *Gramen*, Tournef.

Ixia, plante. *Ixia*, Linné.

J.

JACÉE, plante. *Centaurea*, Linné ; *Jacea*, Tournef.

Jaborose, plante. *Jaborosa*, Jussieu.

Jacinthe, plante. *Hyacinthus*, Tournef. Linné ; *Muscari*, Tourn.

Jacobée, plante. *Senecio*, Linné; *Jacobœa*, Tournef.

Jaquier, plante. *Artocarpus* ; Linné.

Jardin. C'est un lieu cultivé, enclos, où l'on élève des plantes pour l'agrément de la vue, ou pour une autre utilité plus spéciale, ou pour l'un et l'autre à la fois. On appelle Jardin botanique celui où l'on rassemble avec ordre et méthode des plantes de toute espèce. L'homme qui réfléchit sur la latitude, l'exposition et le sol que la nature assigne plus particulièrement à un grand nombre de plantes, est convaincu de la nécessité de l'imiter du moins en partie, pour parvenir à les élever. Un Jardin de botanique seroit dans une position bien avantageuse, suivant Linné, si son terrein élevé vers le nord, bien exposé au midi, s'inclinoit vers un marais, une rivière, ou au moins une citerne. Des arbres, des haies doivent y donner de l'ombre à certaines plantes ; des murs doivent en garantir d'autres des vents froids ; mais le milieu du jardin doit être très-aéré, afin d'y élever les plantes agrestes : car si la nature fournit des abris à certaines plantes contre les ardeurs brûlantes de l'été ; si elle en a formé d'autres à subir les chaleurs les plus excessives, elle en a aussi endurci d'autres contre les gelées, afin qu'il n'y eût aucune portion de l'univers qui fût dépourvue de végétaux.

Jardinier. C'est en vain que le laboureur semeroit un champ aride de l'herbe qui exige un sol humide ou une prairie ; inutilement choisiroit-il dans les bois les plantes qu'y cherche le bétail pour les placer au grand air, et celles qui existent au sommet des montagnes, pour embellir des plaines : ainsi le travail d'un jardinier ne sauroit réussir, à moins qu'il ne copie celui de la nature, qui place chaque plante dans le climat, l'exposition et le sol qui lui sont propres. Son art peut cependant, en ménageant aux plantes des passages doux et gradués, en accoutumer un grand nombre à une température et à un sol qui leur sont étrangers ; les preuves en sont multipliées.

Jasminées, *famille des Jasminées* ou *des Jasmins*. C'est la trente-septième des familles naturelles de Jussieu. Elle réunit les plantes qui ont des conformités avec le Jasmin, *Jasminum*.

Jasminoïdes, plante. *Lycium*, Linné; *Jasminoïdes*, Tournef.

Jaspé, ée. On dit qu'une fleur est jaspée ou bigarrée quand ses panaches sont courts, étroits et très-multipliés.

Jerose, plante. *Anastatica*, Linné, Thlaspi, Tournef.

Jet. C'est le bourgeon développé ou dernière production d'un arbre et d'un arbrisseau.

Jomarin, plante. *Ulex*, Linné; *Genista spartium*, Tournef.

Joncs, *famille des Joncs*. C'est la treizième des familles naturelles de Jussieu. Elle réunit les plantes qui ont des rapports avec le jonc. *Juncus*.

Jonc fleuri, plante. *Butomus*, Tournef. Linné.

Jonquille, plante. *Narcissus*, Tournef. Linné.

Joubarbes, *famille des Joubarbes*. C'est la quatre-vingt-troisième des familles naturelles de Jussieu. Elle indique les plantes qui ont de l'analogie avec la Joubarbe. *Semper vivum*.

Jujubier, plante. *Rhamnus*, Linné; *Ziziphus*, Tournef.

Julienne, plante. *Hesperis*, Tournef. Linné.

Jusquiame, plante. *Hiosciamus*, Tournef. Linné.

JUSSIEU.

MÉTHODE DE JUSSIEU.

Cette méthode qui a été donnée de nos jours est la plus travaillée de toutes celles qui ont paru jusqu'à présent. Elle réunit le triple avantage de conserver toutes les familles naturelles, de rassembler toutes les plantes qui ont des vertus analogues, et de les lier de manière à ne laisser aucun vide entre elles; elle copie la nature; elle a des transitions, et présente une suite parfaitement combinée. Cette méthode est établie sur le rapport des familles naturelles mises en ordre, 1°. par l'absence des cotylédons, 2°. par leur présence, 3°. par leur nombre, 4°. par l'insertion des étamines sur l'ovaire, ou sur le réceptacle, ou sur la corolle, ou sur le calice, ou sur le pistil; 5°. sur l'absence ou la présence des pétales, sur leur nombre et leur disposition.

Les classes sont au nombre de quinze.

La 1re. est fondée sur l'absence totale des cotylédons dans la semence.

La 2e. embrasse toutes les plantes à un cotylédon, les étamines insérées sous le pistil.

La 3e. les plantes à un cotylédon, les étamines attachées au calice.

La 4e. les plantes à un cotylédon, les étamines attachées au pistil.

La 5e. les plantes à deux cotylédons, apétales, les étamines attachées au pistil.

La 6e. les plantes à deux cotylédons, apétales, les étamines attachées au calice.

La 7e. les plantes à deux cotylédons, apétales, les étamines insérées sous le pistil.

La 8e. les plantes à deux cotylédons, monopétales, la corolle insérée sous le pistil.

La 9e. les plantes à deux cotylédons, monopétales, la corolle attachée au calice.

La 10e. les plantes à deux cotylédons, monopétales, la corolle attachée au pistil.

La 11e. les plantes à deux cotylédons, monopétales, la corolle attachée au pistil, les anthères distinctes.

La 12e. les plantes à deux cotylédons, polypétales, les étamines attachées au calice.

La 13e. les plantes à deux cotylédons, polypétales, les étamines insérées sous le pistil.

La 14e. les plantes à deux cotylédons, polypétales, les étamines attachées au calice.

La 15e. les plantes à deux cotylédons, apétales, les étamines séparées d'avec le pistil.

Ces classes sont sous-divisées par les ordres ou familles naturelles que le savant auteur établit par l'assemblage de plusieurs caractères généraux et constans.

CLASSE I.

1 Les Champignons.
2 Les Algues.
3 Les Hépathiques.
4 Les Mousses.
5 Les Fougères.
6 Les Naïades.

CLASSE II.

7 Les Aroïdes.
8 Les Massettes.
9 Les Souchets.
10 Les Graminées.

CLASSE III.

11 Les Palmiers.
12 Les Asperges.
13 Les Joncs.
14 Les Lis.
15 Les Ananas.
16 Les Asphodèles.
17 Les Narcisses.
18 Les Iris.

CLASSE IV.

19 Les Bananiers.
20 Les Balisiers.
21 Les Orchidées.
22 Les Morrènes.

CLASSE V.

23 Les Aristoloches.

CLASSE VI.

24 Les Chalefs.
25 Les Thymélées.
26 Les Protées.
27 Les Lauriers.
28 Les Poligonées.
29 Les Arroches.

CLASSE VII.

30 Les Amarantes.
31 Les Plantains.
32 Les Nyctages.
33 Les Dentelaires.

CLASSE VIII.

34 Les Lisimachies.
35 Les Pédiculaires.
36 Les Acantes·
37 Les Jasminées.
38 Les Gattiliers.
39 Les Labiées.
40 Les Scrophulaires.
41 Les Solanées.
42 Les Borraginées.
43 Les Liserons.
44 Les Polémoines.
45 Les Bignones.
46 Les Gentianes.
47 Les Apocinées.
48 Les Sapotilliers.

CLASSE IX.

49 Les Plaqueminiers.
50 Les Rosages.
51 Les Bruyères.
52 Les Campanulacées.

CLASSE X.

53 Les Chicoracées.
54 Les Cinarocéphales.
55 Les Corymbifères.

CLASSE XI.

56 Les Dipsacées.
57 Les Rubiacées.
58 Les Chevrefeuilles.

CLASSE XII.

59 Les Aralies.
60 Les Ombellifères.

CLASSE XIII.

61 Les Renonculacées.

63	Les Crucifères.	62	Les Papavéracées.
64	Les Capriers.	84	Des Saxifrages.
65	Les Savoniers.	85	Les Cactes.
66	Les Érables.	86	Les Portulacées.
67	Les Malpighies.	87	Les Ficoïdes.
68	Les Millepertuis.	88	Les Onagres.
69	Les Guttiers.	89	Les Myrtes.
70	Les Orangers.	90	Les Mélastomes.
71	Les Azedarachs.	91	Les Salicaires.
72	Les Vignes.	92	Les Rosacées.
73	Les Géraines.	93	Les Légumineuses.
74	Les Malvacées.	94	Les Térébintacées.
75	Les Magnoliers.	95	Les Nerpruns.
76	Les Anones.		**C L A S S E X V.**
77	Les Menispermes.	96	Les Euphorbes.
78	Les Vinetiers.	97	Les Cucurbitacées.
79	Les Tillacées.	98	Les Orties.
80	Les Cistes.	99	Les Amentacées.
81	Les Rutacées.	100	Les Conifères.
82	Les Caryophyllées.		

C L A S S E X I V.

83   Les Joubarbes.

Ce systême est accessible à tout amateur qui sème par lui-même, et qui ne peut que ressentir alors l'avantage de trouver tous les individus qui composent le règne végétal, rassemblés et disposés d'après les parties les plus essentielles de la fructification. Nous donnons successivement dans ce dictionnaire la définition des cent familles naturelles indiquées dans cette méthode.

K.

KERMÈS. Le Kermès est une espèce d'excroissance grosse comme une baie de genièvre ; l'arbre où on la trouve est connu sous le nom de *Quercus, Coccifera.* Il croît dans les pays chauds, en Espagne, en Languedoc, en Provence. La femelle de l'insecte qui fait le Kermès, et qu'on nomme *Coccus*, se fixe sur la plante ; elle n'a point d'ailes, tandis que son mâle en est pourvu. Lorsqu'elle est fécondée, elle grossit par le développement de ses œufs, périt, et ses œufs éclosent. Mais il faut cueillir ces œufs avant qu'ils soient éclos ; on les dessèche, et on y voit s'y développer une couleur rouge. Le Kermès est très-employé dans la teinture ; il fournit un rouge d'un bon teint, quoique moins brillant que celui de la Cochenille. La Médecine fait aussi usage du Kermès, et le vante pris en graine et en sirop, comme un stomachique des plus excellens. Le *Quercus coccifera*, ou *Chêne du Kermès*, est un Chêne vert, bas, en buisson, de deux pieds de hauteur, et dont les feuilles sont persistantes.

Ketmie, plante. *Hibiscus*, Linné ; *Ketmia*, Tournef.

L.

LABIÉ, ÉE. On qualifie ainsi les fleurs monopétales irrégulières, formées d'un tube terminé en un limbe à deux lèvres, les graines nues au fond du calice ; c'est la classe quatrième de la méthode de Tournefort.

Labiées, *famille des Labiées.* C'est la trente-neuvième des familles naturelles de Jussieu. Cette famille réunit les plantes dont les fleurs sont labiées.

Laboratoire. C'est le lieu où le Chymiste s'étudie à connoître la nature, les principes et les propriétés des corps. Cet atelier doit être grand et bien aéré, afin d'éviter le séjour des vapeurs dangereuses qui s'exhalent de quelques substances qui se décomposent ; il doit être sec, pour que les produits chymiques n'y soient point altérés ; mais le principal mérite d'un laboratoire est d'être meublé de tous les instrumens qui peuvent être employés à l'étude de la nature des corps et à la recherche de leurs propriétés.

Labour, terme d'Agriculture. C'est la façon qu'on donne aux terres en les cultivant. Les Labours ont pour objet, 1°. de rendre les terres meubles, légères et faciles à être pénétrées par la chaleur et l'eau, ces deux grands agens de la végétation; 2°. de mettre en-dessous les parties de dessus qui ont été comme cuites et bénéficiées par le soleil, et de ramener en-dessus les parties de dessous, chargées d'un sel qui s'y est précipité à une profondeur à laquelle les racines d'une plante naissante ne sauroit atteindre; 3°. de détruire les herbes inutiles, en les enterrant avec les graines qu'elles ont répandues sur la surface du terrein, afin qu'en se décomposant et pourrissant, elles fournissent de nouveaux sels au lieu de dévorer les sucs nécessaires à des productions utiles.

Lacs, *plantes Lacustres ou des Lacs*. Elles croissent dans l'eau pure, à une telle profondeur que la gelée ne peut les atteindre; elles sont lisses et d'une texture lâche, leurs feuilles sont flottantes, leurs racines enfoncées dans la terre et surmontées par l'eau. Ces plantes ne supportent pas la plus petite gelée, aussi sont-elles souvent les mêmes que celles des Indes et des contrées les plus chaudes. Le *Nymphea* est une plante lacustre.

Lâche. On dit que les fleurs sont lâches sur la tige, quand elles sont dispersées et éloignées les unes des autres. On nomme aussi pédoncule lâche, tige lâche, un pédoncule et une tige foibles et qui plient sous le poids des fleurs et des feuilles.

Lacinie, ée. On nomme feuille Laciniée celle qui est divisée en plusieurs parties, par plusieurs sinuosités, et dont chaque division est elle-même découpée ou divisée sans ordre. Ce terme en général convient à tout ce qui paroît être découpé en lanières.

Latescent, te, *ou* Laiteux, se. On nomme plante Latescente celle qui rend, par des incisions ou par des cassures faites à sa tige ou à quelqu'une de ses parties, un suc blanc comme du lait; tels sont les Titymales, les Laitues, les Pavots, le Figuier et le chapeau dans plusieurs Champignons.

Lacustre. On donne quelquefois cette dénomination aux plantes qui croissent dans les marais, les lacs et les étangs.

Ladanum. C'est un suc résineux, noir, sec et friable, d'une saveur aromatique assez désagréable, d'une odeur forte. Il transude des feuilles et des branches d'une espèce de Ciste qui vient dans l'île de Candie. Tournefort, dans son voyage du Levant, dit que lorsque l'air est chaud et que la résine sort par les pores du Ciste, les paysans promènent sur ces arbrisseaux une espèce de rateau composé de plusieurs lanières de cuir, fixées à une lame de bois ; le suc se prend aux courroies et on le ratisse avec un couteau. C'est alors le Ladanum pur.

Lagetto, plante. *Lagetta.*

Laiche, plante. *Carex*, Linné; *Cyperoïdes*, Tournef.

Laineux *ou* Lanugineux, se. On désigne par ce terme les plantes et les racines d'une plante, recouvertes de poils semblables à de la laine ou à un tissu drapé.

Laiteux, se. C'est le synonyme de Latescent. On dit aussi que les fleurs et les fruits sont d'une couleur laiteuse, quand ils sont blancs comme du lait.

Laitron, plante. *Sonchus*, Tournef. Linné ; *Lactuca*, Tournef.

Laitue, plante. *Lactuca*, Tournef. Linné.

Lame. C'est dans un pétale l'espace qui est entre le limbe et l'onglet; c'est aussi le milieu d'une feuille.

Lamellé, ée. On dit que le chapeau du Champignon est Lamellé quand il est garni de feuillets. On appelle aussi chair Lamellée celle qui est composée de lames distinctes, et qui est comme feuilletée.

La Mèque, *Baume de la Mèque.* C'est un suc fluide qui s'épaissit et brunit en vieillissant. Il découle des incisions faites à l'*Amiris opobalsamum.* On le connoît aussi sous le nom de Baume de Judée, d'Egypte, du grand Caire, etc.; son odeur est forte et tire sur celle du Citron ; sa saveur est amère et aromatique. Ce Baume, distillé à l'eau bouillante, donne beaucoup d'huile aromatique. Il est balsamique, et on le donne incorporé avec le sucre ou mêlé avec le jaune d'œuf. Il est aromatique, vulnéraire et cicatrisant.

Lamier, plante. *Lamium*, Tournef. Linné.

Lampourde, plante. *Xantium*, Tournef. Linné;

Lampsane, plante. *Lapsana*, Linné ; *Lampsana*, Tournef.

Lancéolé, ée. On donne cette dénomination aux feuilles qui, dans leur longueur, ont trois ou quatre fois leur largeur, et qui sont plus élargies à leur base qu'à leur extrémité supérieure. On les nomme lancéolées, parce qu'elles représentent assez bien un fer de lance.

Languette. On dit que les demi-fleurons sont des fleurs en languette, parce qu'elles sont terminées par un appendice long, étroit, découpé en languette.

Lanière. On dit de certaines feuilles, qu'elles sont découpées en

Lanière, ou Laciniées, lorsqu'elles le sont en parties longues et étroites ; telles sont celles du *Fenouil,* du *Peucedanum* et autres.

Langue de Serpent, plante. *Ophioglossum ,* Tournef. Linné.

Laque , *ou* Gomme-Laque , espèce de cire que des Fourmis ailées, de couleur rouge, ramassent sur les fleurs aux Indes orientales ; elles en forment des nids alvéolés comme de petites ruches, sur les rameaux des arbres. La partie colorante de cette cire peut en être enlevée par le moyen de l'eau qui évaporée laisse à nud le principe colorant, et forme cette belle Laque si usitée dans la peinture.

Larme de Job *ou* Larmille, plante. *Coix,* Linné ; *Lacrima Job,* Tournef.

Laser , plante. *Laserpitium ,* Tournef. Linné.

Latanier de l'îsle Bourbon, plante. *Latania.*

Latéral, le. On le dit des feuilles, des fleurs, des stipules , des pédoncules, quand ils ont leur point d'insertion sur les côtés de la tige ou des rameaux.

Lavande, plante. *Lavandula,* Tournef. Linné; *Stœchas,* Tourn.

Lavanèze, plante. *Galega ,* Tournef. Linné.

Laurelle, plante, *ou* Laurose, ou Laurier-rose. *Nerium,* Tournef. Linné.

Laurier , *famille des Lauriers.* C'est la vingt-septième des familles naturelles de Jussieu ; elle réunit les plantes qui ont des rapports avec le Laurier. *Laurus.*

Laurier-cerise, plante. *Prunus,* Linné; *Lauro-cerasus ,* Tournef.

Laurier-thym, plante. *Viburnum,* Linné; *Tinus,* Tournef.

Légume. C'est le synonyme de Gousse. (*Voyez* cet article.)

Légumes, terme de Jardinage. On donne le nom de légumes à toutes les plantes dont l'usage est fréquent pour les cuisines. Les Choux, les Navets , les Cardons sont appelés légumes.

Légumineuses. On nomme fleurs légumineuses, celles dont le fruit est une gousse ou légume.

Légumineuses, *famille des Légumineuses.* C'est la quatre-vingt-treizième des familles naturelles de Jussieu ; elle réunit les plantes qui ont pour fruit une gousse ou légume.

Lenticulaire. On dit des graines, des anthères, des glandes , qu'elles sont Lenticulaires, quand leur configuration approche de celle d'une Lentille.

Lentille, *Ervum*, Linné; *Lens*, Tournef.

Lentille d'eau, plante. *Lemna*, Linné; *Lenticula*, Tournef.

Lèvre. Ce nom est donné aux divisions des corolles labiées et personnées. On y distingue la lèvre supérieure et l'inférieure.

Lentisque, plante. *Pistacia*, Linné; *Lenticus*, Tournef.

Libre. On qualifie ainsi toutes les parties des plantes, principalement les étamines lorsqu'elles n'ont aucune adhérence aux corps voisins.

Liber *ou* Livret. C'est aux couches les plus intérieures de l'écorce d'un arbre qu'on donne ces noms; elles ressemblent, en quelque sorte, aux feuillets d'un livre. Il suffit de faire macérer ces couches dans l'eau pour en observer l'organisation : elles ne sont formées que de lames qui ne sont elles-mêmes que la réunion des vaisseaux propres, communs et aériens de la plante; elles touchent immédiatement l'Aubier. Tous les ans il se détache une ou plusieurs de ces lames qui, s'unissant à l'Aubier, en augmentent d'autant le volume et concourent ainsi et successivement à la formation du bois.

Liciet, plante. *Licium*, Linné; *Jasminoïdes*, Tournef.

Licope, plante *Lycopus*, Tournef. Linné.

Liège, plante. *Quercus*, Linné; *Suber*, Tournef.

Liège, écorce. Cette écorce épaisse, spongieuse, souple, se détache tous les huit à dix ans, quelquefois plus fréquemment, d'elle-même ou par la main de l'homme, de l'arbre à qui elle a servi, pour devenir parmi nous d'un usage si répandu et si connu. Cet arbre est un Chêne, dont les feuilles, comme celles de tous les Chênes verts, ne tombent pas en hiver. Il est de grandeur moyenne et fort touffu, ses feuilles sont ovales, terminées en pointe, peu dentelées; il a une variété dont les feuilles sont étroites, sans dentelures. Le Chêne-liège habite dans les provinces méridionales de l'Europe.

Lierre, plante, *Hedera*, Tournef. Linné.

Lierre terrestre, plante. *Glecoma*, Linné; *Calamintha*, Tournef.

Ligneux, se. La tige d'une plante, ses rameaux et ses racines sont réputés ligneux, quand ils sont composés de couches concentriques comme celles qui forment le tronc des arbres. Les couches intérieures sont plus dures que les extérieures, et le tissu en est d'autant plus ferme et plus serré. Toutes ces couches sont composées de fibres plus ou moins longitudinales, liées ensemble par un tissu cellulaire composé de vessicules qui communiquent les unes aux autres, et vont en s'épanouis-

sant

sant vers le centre où elles forment la moëlle ; cette moëlle disparoît le plus ordinairement dans les vieux arbres , et il ne reste qu'un corps ligneux et très-solide.

Ligulé , ée. C'est ce qui est taillé en languette. Les demi-fleurons sont des fleurs ligulées. On appelle feuilles ligulées celles qui ont la configuration de la langue d'un animal.

Liliacées. On nomme fleurs liliacées ou fleurs en lis celles qui sont composées de trois ou de six pétales, ou d'un seul pétale divisé en six , dont la forme approche de celle de la fleur du Lis. Les liliacées constituent la classe neuvième de la méthode de Tournefort.

Lila, plante. *Syringa*, Linné; *Lilac*, Tournef.

Limbe. C'est le bord supérieur de la corolle, tant monopétale que polypétale. C'est le limbe qui forme, dans une corolle monopétale, ce qu'on nomme évasement ou gorge. On ne doit pas confondre le limbe d'un pétale avec la lame. La lame est l'espace qui est entre le limbe et le tube dans la corolle monopétale, et entre le limbe et l'onglet dans le pétale.

Limon. On donne ce nom à de la boue , de la terre détrempée, ou bourbe. Les plantes des terres limoneuses croissent dans les sols où l'eau croupit entre deux terres; la terre y est grossière et sèche en été. Ces végétaux, dans nos jardins , veulent une terre aride, froide, stérile d'ailleurs, et sans terreau. l'*Angélique sauvage*, la *Pédiculaire des marais* sont des plantes des terres limoneuses.

Limon, plante. *Citrus*, Linné ; *Limon*, Tournef.

Limoselle, plante. *Limosella*, Linné ; *Alsine*, Tournef.

Linaire, plante. *Anthirrhinum*, Linné; *Linaria*, Tournef.

Lin , plante. *Linum*, Tournef. Linné.

Linéaire *ou* Liniaire. On donne ce nom au pédicule, au pédoncule, au pétiole, lorsque ces parties sont étroites, alongées comme un fil ou comme une ligne. On entend par feuilles linéaires, celles qui sont également étroites d'un bout à l'autre, et dont l'extrémité supérieure se termine comme un fil.

H

LINNÉ.

SYSTÈME DE LINNÉ.

On donne le nom de systême sexuel à la méthode si ingénueuse-
ment inventée par l'immortel Linné, parce que ses principes sont
appuyés sur les organes sexuels des plantes ; c'est-à-dire, les
étamines considérées comme parties mâles, et les pistils consi-
dérés comme parties femelles. Ce systême ingénieux porte sur
cinq attributs principaux ; 1°. sur le nombre des parties
sexuelles ; 2°. sur leur présence ou sur leur absence, leur
réunion ou leur séparation ; 3°. sur leur situation respective ;
4°. sur leurs figures et leurs formes ; 5°. sur leur proportion
relative. La présence des étamines donne lieu à vingt-trois
classes, et leur absence à la vingt-quatrième.

Les onze premières classes embrassent les fleurs visibles hermaphrodites, dont les étamines ne sont réunies par aucune de
leurs parties, et n'observent entre elles aucune proportion de
grandeur ; leur nombre seul détermine ces classes. La douzième
et la treizième embrassent les fleurs visibles hermaphrodites
considérées suivant le nombre et l'insertion des étamines ;
c'est-à-dire, si elles tiennent au calice ou si elles n'y tiennent
pas. La quatorzième et la quinzième renferment les fleurs
visibles hermaphrodites dont les étamines distinctes dans toutes
leurs parties, sont de grandeur inégale, deux étant plus
grandes et deux étant plus courtes, ou quatre plus grandes et
deux plus courtes. La seizième, la dix-septième, dix-huitième,
la dix-neuvième et la vingtième classes embrassent les fleurs
visibles hermaphrodites dont les étamines à-peu-près égales,
leur nombre mis à part, sont réunies par leurs anthères ou par
leurs filets, soit entre elles, soit avec le pistil de la fleur à
laquelle elles appartiennent. La vingt-unième, la vingt-deuxième
et la vingt-troisième classes réunissent les plantes dont les fleurs
unisexuelles, c'est-à-dire, ou mâles ou femelles seulement, sont
séparées sur le même pied ou sur deux. Enfin, la vingt-
quatrième classe dont les fleurs ne sont pas distinctes.

1ere. Classe. *Monandrie*, une seule étamine. (Le Balisier.)

2e. Classe. *Diandrie*, deux étamines. (Le Jasmin.)

3e. Classe. *Triandrie*, trois étamines. (Les Graminées.)

4e. Classe. *Tetrandrie*, quatre étamines. (La Garance.)

5e. Classe. *Pentandrie*, cinq étamines. (Le Cerfeuil.)

6e. Classe. *Hexandrie*, six étamines. (Le Lis.)

7e. Classe. *Heptandrie*, sept étamines. (Le Maronnier d'Inde.)

8e. Classe. *Octandrie*, huit étamines. (La Persicaire.)

9e. Classe. *Enneandrie*, neuf étamines. (La Capucine.)

10e. Classe. *Decandrie*, dix étamines. (L'Œillet.)

11e. Classe. *Dodecandrie*, douze étamines. (L'Aigremoine.)

12e. Classe. *Icosandrie*, 20 étamines insérées au calice. (LaRose.)

13e. Classe. *Polyandrie*, depuis vingt jusqu'à cent étamines qui ne tiennent pas au calice. (Le Pavot.)

14e. Classe. *Didynamie*, quatre étamines, dont deux petites et deux grandes. (Le Muflier.)

15e. Classe. *Tetradynamie*, six étamines, dont deux petites et opposées, et quatre grandes. (La Julienne.)

16e. Classe. *Monadelphie*, plusieurs étamines réunies en un corps par leurs filets. (Les Mauves.)

17e. Classe. *Diadelphie*, étamines réunies en deux corps par leurs filets. (Les Pois.)

13e. Classe. *Polyadelphie*, étamines nombreuses réunies en trois ou plusieurs corps. (Le Mille-Pertuis.)

19e. Classe. *Syngénesie*, étamines réunies par leurs anthères, rarement par leurs filets. (La Scabieuse.)

20e. Classe. *Dynandrie*, plusieurs étamines insérées au pistil sans adhérer au réceptacle. (L'Orchis.)

21e. Classe. *Manœcie*, fleurs mâles et femelles séparées sur le même pied. (Le Maïs.)

22e. Classe. *Diœcie*, fleurs mâles et femelles séparées sur des pieds différens. (Le Chanvre.)

23e. Classe. *Polygamie*, fleurs mâles, fleurs femelles et fleurs hermaphrodites sur un pied ou sur des pieds différens. (La Pariétaire.)

24°. Classe. Fleurs cachées ou qu'on ne découvre que difficilement. (Les Fougères.)

Ces classes ne sont que les premières divisions du systême; elles sont sous-divisées par les ordres. Le careatère de chaque ordre varie, mais peut servir dans plusieurs classes. Dans les treize premières, le nombre des pistils fait la seule distinction des ordres dont les noms techniques s'unissent à ceux des classes qui les contiennent. La quatorzième classe a deux ordres qui lui sont particuliers et qui sont tirés de la disposition des semences : on réunit également le nom de l'ordre à celui de la classe. La quinzième classe a aussi deux ordres assignés par la figure du péricarpe silique. La seizième, la dix-septième et la dix-huitième ont leurs ordres assignés par les caractères classiques des classes précédentes, et doublent ainsi les signes distinctifs. La dix-neuvième classe possède six ordres fondés sur la proportion et le nombre des parties mâles et femelles comparés ensemble. La vingtième, la vingt-unième, la vingt-deuxième et la vingt-troisième classes ont les mêmes ordres que les classes 16e, 17e. et 18e. Enfin, la vingt-quatrième classe compte autant d'ordres qu'il y a de familles qui la composent.

Classes I, II, III, IV, V, VI, VII, VIII, IX, X, XI, XII, XIII.

1er. Ordre. *Monogynie*, un pistil.

2e. Ordre. *Digynie*, deux pistils.

3e. Ordre. *Trigynie*, trois pistils.

4e. Ordre. *Tetragynie*, quatre pistils.

5e. Ordre. *Pentagynie*, cinq pistils.

6e. Ordre. *Hexagynie*, six pistils.

7e. Ordre. *Heptagynie*, sept pistils.

8e. Ordre. *Polygynie*, beaucoup de pistils.

Classe XIV.

1er. Ordre. *Gymnospermie*, quatre semences nues au fond du calice. (*Les Labiées.*)

2e. Ordre. *Angyospermie*, semences renfermées dans une capsule. (*Les Personnées.*)

Classe XV.

1er. Ordre. *Siliculeuse*, Silique arrondie garnie d'un style à-peu-près de sa longueur. (*Le Cresson.*)

2e. Ordre. *Siliqueuse*, Silique alongée, avec un style court. (*La Dentelaire.*)

C L A S S E S   XVI, XVII, XVIII.

Elles tirent les distinctions de leurs ordres, des caractères classiques de toutes les classes qui les précèdent.

C L A S S E   XIX.

1er. Ordre. *Polygamie égale,* Fleurons hermaphrodites, tant dans le disque . que dans la circonférence des fleurs.

2e. Ordre. *Polygamie bâtarde,* Fleurons hermaphrodites dans le disque ; fleurons femelles dans la circonférence.

3e. Ordre. *Polygamie superflue,* Fleurons hermaphrodites dans le disque , femelles et fertiles dans la circonférence.

4e. Ordre. *Polygamie frustranée,* Fleurons hermaphrodites dans le disque , stériles dans la circonférence.

5e. Ordre. *Polygamie nécessaire,* Fleurons du disque mâles, et de la circonférence femelles.

6e. Ordre. *Polygamie séparée,* plusieurs calices réunis dans un seul , et ne formant qu'une fleur.

7e. Ordre. *Polygamie monogamie,* Fleurs sans fleurons , dont les étamines sont réunies par leurs anthères.

C L A S S E S   XX, XXI, XXII.

Les signes distinctifs des Ordres dans ces Classes , sont les mêmes que dans les Classes 16e. 17e. et 18e.

C L A S S E   XXIII.

1er. Ordre. *Monœcie,* Fleurs mâles, femelles et hermaphrodites, sur le même pied.

2e. Ordre. *Diœcie,* Fleurs mâles , femelles et hermaphrodites sur un pied ; femelles et hermaphrodites sur l'autre.

3e. Ordre. *Triœcie,* Fleurs hermaphrodites sur un pied , mâles sur un autre , femelles sur un autre.

C L A S S E   XXIV.

1er. Ordre. Les *Fougères.* 2e. Ordre. Les *Mousses.* 3e. Ordre. Les *Algues.* 4e. Ordre. Les *Champignons.*

Les Ordres , après avoir sous-divisé les Classes , sont eux-mêmes sous-divisés par les genres qui peuvent être comparés à autant de races d'animaux portant le même nom , différens sous des rapports, et se ressemblant sous beaucoup d'autres. Linné les appelle Enfans de la Nature ; c'est, dit-il, d'après les caractères les plus constans dans le plus grand nombre d'espèces qu'il faut les établir. Il considère en eux , 1°. le Calice ; 2°. la Corolle , le Nectaire sur-tout ; 3°. les Etamines ; 4°. les Pistils ; 5°. le Péricarpe ou Fruit ; 6°. les Semences ; 7°. le Réceptacle ou l'Ovaire. Il considère ces sept articles sous quatre attributs principaux : 1°. le nombre ; 2°. la forme ; 3°. l'insertion ; 4°. leurs grandeurs respectives ; de sorte que toutes ces parties , ou seulement quelques-unes choisies entre elles , lui fournissent autant de caractères ou signes sensibles à tous les observateurs.

Liquidampar , plante. *Liquidampar , Linné.*

Liquidampar , *beaume de Liquidampar.* Il découle de l'arbre de ce nom un suc résineux d'une consistance de vernis gras , d'un jaune rougeâtre , clair , d'une saveur aromatique , et d'une odeur qui approche celle de l'Ambre gris. Ce beaume qui nous est apporté du lieu de l'origine de cet arbre , passe pour être émollient , muturatif et détersif. On s'en sert plus communément dans les parfums. Il surnage quelquefois sur ce beaume une matière balsamique , rousseâtre , très-limpide , et fort fluide : on la nomme Huile de *Liquidampar.* Cet arbre dont les feuilles écrasées répandent une odeur agréable , vient très-bien dans nos contrées en pleine terre , et y fournit aussi son beaume. On peut le multiplier , par les semences apportées de la Virginie , de la Louisiane , et de la nouvelle Espagne ; il aime l'ombre et l'humidité.

Lis , *famille des Lis.* C'est la quatorzième des familles naturelles de Jussieu. Elle réunit les plantes qui ont des conformités avec le Lis. *Lilium.*

Liseron , *famille des Liserons.* C'est la quarante-troisième des familles naturelles de Jussieu. Elle réunit les plantes qui ont des conformités avec le Liseron. *Convolvulus.*

Lisymachie , *famille des Lisymachies.* C'est la trente-quatrième des familles naturelles de Jussieu. Elle réunit les plantes qui ont de l'analogie avec la Lysimachie. *Lysimachia.*

Lis asphodèle , plante. *Hemerocallis ,* Linné ; *Lilio aspho-delus ,* Tournef.

Lisse. C'est le synonyme de Glabre. On désigne par ce terme les plantes et les parties des plantes , qui n'ont ni aspérités , ni poils.

Livèche , plante. *Ligusticum ,* Tournef. Linné.

Livret. (*Voyez* Liber.)

Lobes. C'est dans les graines ou semences le synonyme de

Cotylédons. (Voyez cet article.) Dans les feuilles on nomme lobes , ces parties saillantes qui occupent les intervalles compris entre les échancrures.

Loges. On nomme ainsi lss cavités du fruit. On dit qu'il est *uniloculaire , biloculaire , triloculaire , multiloculaire ,* suivant le nombre de ses loges ou cavités.

Long , gue. Lorsqu'on est obligé d'avoir égard à la grandeur respective des parties qui composent les plantes , on dit que l'une est plus grande , plus longue , ou plus courte que l'autre. Ce terme s'applique sur-tout aux filets , au pédoncule, au pétiole , au style.

Loutar , plante. *Borassus ,* Linné.

Lotier , plante. *Lotus,* Tournef. Linné.

Loupes. C'est ainsi qu'on nomme certaines excroissances ligneuses ou charnues qu'on rencontre sur la tige ou sur les branches des plantes.

Luisant , te. On applique ce nom à diverses parties des plantes , aux feuilles , à l'écorce , lorsqu'elles paroissent comme vernissées.

Lumière. La lumière est si nécessaire à la végétation , que les plantes qui en sont privées s'étiolent et périssent presque toujours avant de donner des fruits. Lorsque dans les serres la lumière ne leur parvient que par un seul endroit, les végétaux s'inclinent vers cette ouverture comme pour témoigner le besoin qu'elles ont de ce fluide bienfaisant. Sans l'influence de la lumière , ils ne nous présentent qu'une seule et triste couleur; et c'est par cette privation qu'on blanchit le *Céleri,* l'*Endive* et autres plantes. Mais non-seulement les végétaux doivent leur couleur verte à la lumière, l'odeur aussi , la saveur, la combustibilité, la maturité , et le principe résineux sont autant de propriétés qui en dépendent ; de-là vient sans doute que les aromates , les résines, les huiles volatiles sont l'apanage des climats du Midi , où la lumière est plus pure , plus constante et plus vive.

Lunaire , plante. *Lunaria,* Tournef. Linné.

Lunulé , ée. On nomme feuilles lunulées celles qui sont en forme de croissant ; elles sont plus larges que longues , arrondies par le haut , ou terminées par une pointe courte, échancrées profondément à leur base , et ont leurs deux lobes latéraux anguleux.

Lupin , *ou* Pois-loup , plante. *Lupinus ,* Tournef. Linné.

Luserne, plante. *Medicago*, Tournef. Linné ; *Medica*, Tournef.

Lycopode, plante. *Lycopodium*, Linné ; *Muscus*, Tournef.

Lyré, ée. On nomme feuilles lyrées celles qui sont en forme de lyre, qui ont latéralement des découpures profondes qui ne les pénètrent pas jusqu'à la côte, et dont les divisions élargies à la base sont pointues à l'extrémité ; telles sont les feuilles de la Dent-de-lion.

M.

MABIER, plante. *Mabea*, Jussieu.

Maborcia, plante. *Morisonia*, Linné.

Macération. C'est la décomposition du suc propre et de plusieurs autres parties des plantes. Cette décomposition se fait en les faisant séjourner quelque temps dans l'eau ou dans une autre liqueur avant de les soumettre à quelque épreuve.

Maceron, plante. *Smyrnium*, Tournef. Linné.

Mâche, plante. *Valeriana*, Linné ; *Valerianella*, Tournef.

Macre, plante. *Trapa*, Linné ; *Tribuloïdes*, Tournef.

Macis. On donne ce nom à l'écorce intérieure de la noix muscade.

Madi du Chili, plante. *Madia*, Jussieu.

Magnoliers, *familles des Magnoliers*. C'est la soixante-quinzième des familles naturelles de Jussieu. Elle embrasse les plantes qui ont de l'analogie avec le Magnolier. *Magnolia*.

Maguey des Mexicains, plante. *Agave*, Linné ; *Aloe*, Tournef.

Mains *ou* Vrilles. Productions filamenteuses en forme de tire-bourre, au moyen desquelles les plantes grimpantes ou sarmenteuses s'accrochent aux corps voisins, et soutiennent la foiblesse de leurs tiges. Telles sont la Vigne, la Clématite, etc.

Maladie. Tout ce qui vit dans la nature est sujet à des maladies et ensuite à la mort. Les *loupes*, les *chancres*, les *galles*, le *couronnement*, l'*étiolement*, l'*ergot*, la *nielle*, le *charbon*, la *gangrène sèche, etc.* sont autant de maladies qui tendent à abréger le cours de la vie des plantes. S'il est intéressant pour le cultivateur de connoître les maladies des plantes qu'il cultive, il ne l'est pas moins au botaniste de connoître celles des plantes qu'il observe ; une plante prolifère, mutilée, étiolée, lui sembleroit être une autre plante, s'il ne se tenoit en garde, et s'il ne savoit jusqu'où peut aller le changement qu'une plante éprouve par un excès de chaleur ou de froid, ou par une transition trop subite de l'un à l'autre, et par une infinité d'autres accidens.

Mâles. On appelle fleurs mâles les fleurs unisexuelles qui n'ont que des étamines, parce que les étamines sont considérées comme parties mâles des plantes. Ces fleurs sont toujours stériles.

Malique, *Acide malique.* C'est l'acide tiré des pommes et de quelques autres fruits par les voies de la Chymie. Il diffère de l'acide citrique sous beaucoup de rapports, et cependant il se trouve souvent mélangé avec lui. L'*Épine-vinette*, le *Sureau*, le *Prunier épineux*, le *Sorbier des oiseleurs*, le *Prunier des jardins*, fournissent beaucoup d'acide malique, et peu ou point d'acide nitrique. Le *Grosellier à fruit velu*, le *Grosellier rouge*, l'*Airelle*, le *Cerisier*, le *Fraisier*, la *Ronce sans épines*, le *Framboisier*, paroissent contenir moitié d'acide malique et moitié de citrique. L'*Airelle canneberbe*, l'*Airelle à fruit rouge*, le *Merisier à grappe*, la *Douce amère*, l'*Eglantier*, le *Citronier* donnent beaucoup d'acide citrique, et très-peu ou point de malique. (*Voyez* Citrique.) L'acide malique, dégagé de tout ce qui lui est étranger, est très-pur, toujours en liqueur, et ne peut pas être mis à l'état concret.

Malpighies, *famille des Malpighies.* C'est la soixante-septième des familles naturelles de Jussieu. Elle réunit les plantes qui ont de l'analogie avec l'arbre nommé Malpighie, *Malpighia.*

Malvacées, *famille des Malvacées.* C'est la soixante-quatorzième des familles naturelles de Jussieu. Elle réunit les plantes qui ont des rapports avec la Mauve, *Malva.*

Mamei, plante. *Mammea,* Linné.

Mamelons, petits tubercules ou protubérances plus ou moins considérables que l'on observe sur diverses plantes ou sur leurs parties seulement, et que l'on nomme *mamelons* par terme de comparaison.

Mameloné, ée. On donne ce nom au chapeau du Champignon, qui est remarquable à sa partie supérieure par une petite élévation qu'on pourroit comparer à un mamelon. On appelle feuilles mamelonées celles sur la superficie desquelles on rencontre des points élevés ou mamelons.

Mancenilier, plante. *Hippomane,* Linné.

Manciène, plante. *Viburnum,* Tournef. Linné.

Manglier, plante. *Rhizophora,* Linné.

Manglille, plante. *Manglilla,* Jussieu.

Mangouetan, plante, *Garcinia*, Linné.

Manguer, plante. *Mangifera*, Linné.

Maui, plante. *Moronobea*. Jussieu.

Manne. Beaucoup de végétaux nous fournissent cette substance. On en extrait du *Pin*, du *Sapin*, de l'*Erable*, du *Chêne*, du *Genièvrier*, du *Figuier*, du *Saule, etc.* ; mais le *Frêne*, le *Mélèze*, l'*Alhagi* en fournissent en plus grande quantité. La Manne la plus usitée vient de la Calabre ; le Frêne qui la donne vient naturellement dans nos climats tempérés ; mais il y est moins fertile en Manne, et la Calabre, la Sicile paroissent être sa patrie naturelle. Elle y découle naturellement de cet arbre, et on en facilite encore l'extraction par des incisions qu'on fait sur lui en été. Le Mélèze, qui croît en foule sur les montagnes du Dauphiné, fournit une Manne qu'on voit se former pendant l'été sur les nervures des feuilles, en grains bruns et friables. L'Alhagi, espèce de Genet qui croît en Perse, donne une Manne qui transude de ses feuilles sous la forme de gouttes plus ou moins grosses que la chaleur du soleil épaissit. Toutes les Mannes ont une odeur vireuse et une saveur douceâtre ; elles forment la base de presque toutes les médecines purgatives.

Maqui du Chili, plante. *Aristotelia*, Jussieu.

Marais, *plantes des Marais*. Ce sont celles qui croissent dans un terrein mou et bourbeux, ou couvertes d'une eau croupie, moins profonde que celles des lacs et des fleuves. Ces plantes y sont exposées aux gelées ; elles sont ordinairement lisses. L'*Alisma plantago* est une plante des marais.

Marcotte, terme de jardinage. C'est le nom qu'on donne à la branche d'une plante que l'on a coupée en terre, lorsqu'elle y a pris racine.

Marcotter. C'est coucher les branches de certaines plantes, les couvrir de quelques pouces de terre, afin de leur faire jeter des racines. Ces branches, quand elles ont fait des racines, se nomment Marcottes. On les coupe et sépare de leur mère. Toutes les plantes ligneuses se multiplient de marcottes plus ou moins facilement. On marcotte aussi des herbes, sur-tout les Œillets, et certaines Géroflées.

Marbré, ée. On qualifie ainsi les fleurs, quelquefois d'autres parties d'une plante, qui sont panachées irrégulièrement et d'une manière très-variée.

Marjolaine, plante. *Origanum*, Linné ; *Marjorana*, Tournef.

Marines, *plantes marines*. Ce sont celles qui, toujours dans la mer, y sont toujours recouvertes par l'eau salée dans laquelle elles nagent; elles n'ont point de racines, se nourrissent par leurs pores, et ne supportent point les gelées. L'*Uve intestinale*, qui est une plante marine, se trouve également dans nos fleuves.

Maritimes, *plantes maritimes*. Ce sont celles qui vivent sur le bord des mers, et ne sont recouvertes d'eau que par intervalle. Ces plantes sont salées, un peu succulentes, et d'un tissu serré. L'eau salée que les autres plantes ne peuvent supporter, leur est la plus convenable. Le *Samolus valerandi* est une plante maritime.

Maronnier, plante. *Fagus*, Linné; *Castanea*, Tournef.

Maronnier d'Inde, plante. *Esculus*, Linné; *Hippocastanum*, Tournef.

Marrube, plante. *Marrubium*, Tournef. Linné; *Pseudodictamnus*, Tournef.

Masque, *en masque*. La corolle ainsi désignée est la même que la corolle personnée. (Voyez cet article.)

Massettes, *famille des Massettes*. C'est la huitième des familles naturelles de Jussieu. Elle réunit les plantes qui ont des rapports avec la masse d'eau. *Typha*.

Mastic, espèce de résine en larmes blanches, farineuses, d'une odeur peu forte, d'une saveur amère et astringente. Elle découle naturellement, ou par incision de l'arbre qui la produit; le *Térébinthe* et le *Lentisque* donnent celui du commerce. Cette résine se dissout presque en totalité dans l'alkool. On l'emploie en fumigation; on la fait mâcher pour fortifier les gencives; on en fait aussi la base de plusieurs vernis siccatifs.

Mastication. Cette partie de la science du botaniste qui le met à portée de donner à chaque plante sa véritable dénomination, est le premier pas que l'homme doit faire pour parvenir à déterminer ses propriétés et ses vertus. La nature souvent place le venin à côté de la plante salutaire. L'animal qui broute est gratifié d'un instinct qui le trompe rarement; mais c'est le seul esprit d'observation qui met l'homme en état de juger avec certitude. Si le goût d'analogie est dangereux pour des esprits systématiques, il doit tourner à l'avantage de la société, lorsqu'il est modéré par la raison et par la réflexion; il sert à étendre les propriétés d'une plante à une autre, et peut rapprocher de nous les avantages qui semblent n'être donnés à notre préjudice qu'à des productions étrangères. C'est par la

mastication qu'on juge le plus sûrement des saveurs. Si la nature donne des sens aux bêtes, comme des sauves-gardes,
pour les préserver des substances nuisibles, pourquoi l'homme
ne pourroit-il pas, avec le secours de ces mêmes sens, déterminer, par des conjectures raisonnées, la force et la manière
d'agir des plantes ; car il est d'expérience que celles qui ont
la même saveur ont communément la même vertu, et que
celles qui diffèrent par leur saveur, diffèrent aussi par leurs
propriétés.

Masticatoires, terme appliqué aux plantes qui provoquent une
secrétion abondante de salive, et évacuent les phlegmes.

Matière médicale. C'est ainsi qu'on nomme quelquefois un grand
amas de drogues qui se tirent des végétaux, des animaux et
des minéraux, et qui entre dans la composition des médicamens usités en médecine.

Matricaire, plante. *Matricaria*, Tournef. Linné ; *Chamœmelum*,
Tournef.

Maturation. C'est l'époque à laquelle les fruits sont arrivés à leur
degré de maturité. Cette époque peut varier comme celle de la
fleuraison, suivant la saison plus ou moins hâtive.

Mauve, plante. *Malva*, Tournef. Linné ; *Alcea*, Tournef.

Mayten Duchyli, plante. *Maytenus*, Jussieu.

Médiastin, terme d'anatomie. C'est une membrane qui sépare la
poitrine en deux parties égales, l'une à droite et l'autre à gauche.
Les botanistes se sont quelquefois servis de ce terme, pour
peindre des membranes qui se trouvent dans l'intérieur de certains fruits.

Mélastomes, *famille des Mélastomes*. C'est la quatre - vingt
dixième des familles naturelles de Jussieu. Elle réunit les plantes
qui ont de l'analogie avec l'arbrisseau nommé Mélastome. *Melastoma*, Linné ; *Grossularia*, Tournef.

Mélèze, plante. *Pinus*, Linné ; *Larix*, Tournef.

Mélianthe, plante. *Melianthus*, Tournef. Linné.

Mélilot, plante. *Trifolium*, Linné ; *Meliotus*, Tournef.

Mélinet, plante. *Cerinthe*, Tournef. Linné.

Mélique, plante. *Melica*, Linné ; *Gramen*, Tournef.

Mélisse, plante. *Melissa*, Tournef. Linné ; *Calamintha*, Tourn.

Mélissot, plante. *Meletis*, Linné ; *Melissa*, Tournef.

Melon, plante. *Cucumis*, Linné ; *Melo*, Tournef.

Mélongène, plante. *Solanum*, Linné; *Melongena*, Tournef.

Ménianthe, plante. *Menianthes*, Tournef. Linné.

Menstrue, terme de chymie. Dans la dissolution ou disparution d'un corps solide dans un liquide, mais sans altération du corps qu'on dissout; on appelle *Menstrue* ou dissolvant le liquide dans lequel disparoît le solide, ou la liqueur propre à dissoudre les corps solides.

Mercuriale, plante. *Mercurialis*, Tournef. Linné.

Méridional, *Ciel méridional*. C'est l'un des huit climats spécifiés par Linné, pour indiquer la nature et la température des végétaux. Le Ciel méridional s'étend depuis l'Ethiopie jusqu'au Cap de-Bonne-Espérance. Il jouit de l'été tandis que l'hiver nous vexe; les plantes de ce climat ne changent pas aisément le temps de leur floraison, qui le plus souvent a lieu vers le solstice d'hiver. Elles ne tiennent ni contre nos froids, ni contre les chaleurs des Indes, et exigent une température de 12 à 18 degrés.

Méthéoriques. On nomme fleurs méthéoriques celles qui n'ont point d'heure déterminée pour s'épanouir.

Méthode. Sans le secours d'une méthode la botanique ne seroit qu'un véritable cahos, et quel homme se reconnoîtroit dans cette foule indéfinie d'objets dissemblables en tout ou en partie, qui constituent le règne végétal? comment l'homme s'y prendroit-il, pour ne pas s'égarer; et les égaremens en botanique sont presque toujours funestes? La mémoire dont nous sommes doués est trop insuffisante, et son défaut nous ravit la faculté de nous rappeler cette foule immense d'objets divers, aussi sûrement, aussi souvent que nous le voudrions, et que nous les avons saisis. C'est donc sur l'indispensable nécessité de nous rendre compte de nos idées, de les rappeler de suite et par ordre, de leur donner un développement qui les rende distinctes, qu'est fondée la nécessité d'une méthode. Sa fonction est de soulager notre mémoire, en guidant notre esprit, en disposant, en distribuant les plantes, suivant leurs caractères déterminés, d'après la considération de toutes leurs parties, ou seulement de quelques-unes d'entre elles. De là sont nés les classes ou familles, les ordres ou sections, les genres, les espèces, les variétés. (Voyez tous ces articles.)

Méthode artificielle. Une méthode artificielle ou système, est établie sur l'examen des parties les plus apparentes, les plus précieuses, les plus essentielles des plantes; mais elle ne s'attache pas à leur analogie, ni a leurs vertus. Presque tous les botanistes ont eu recours à elle ; elle a cet avantage que chaque classe ou division porte sur une même partie ; que le botaniste est libre de choisir celle qui le frappe le plus , et qu'un maître dans cette science , pour rendre ses observations plus générales , ses leçons plus simplifiées , et ses découvertes plus communicatives , peut se fixer successivement sur toutes les parties de la fructification , et sur toute autre qu'il croira nécessaire. Ce genre de méthode est donc le plus à portée de tous les hommes , puisque celui qui étudie la nature , y trouve des ressources et des facilités , que ne lui présenteroit pas une méthode purement naturelle. Ce moyen de s'instruire est le plus sûr ; il a répandu sur la science du botaniste , un nouveau lustre ; il a changé la botanique en une science fondée sur des principes invariables , en une science solide , vraie, et facile à saisir.

Méthode naturelle. Quelques Botanistes assurent, d'après Aristote, que la nature ayant suivi une marche déterminée et progressive dans la formation des végétaux , on ne parviendra à les discerner parfaitement, qu'en les rassemblant , en les rappelant à cet ordre premier , et dans lequel ils furent tous créés. Cette méthode , si elle étoit possible à l'homme , seroit vraiment naturelle , puisqu'elle suivroit la marche qu'a suivi la nature ; elle réuniroit le double avantage de rassembler les plantes qui ont des conformités certaines , et celles qui ont des vertus analogues ; ses divisions ne comprendraient que les plantes qui conviennent entre elles par les caractères de l'ensemble , ou par le plus grand nombre de leurs rapports ; mais elle a cet inconvénient; elle oublie beaucoup de plantes ; ne leur trouvant aucun rapport avec d'autres , elle ne leur assigne aucun siège déterminé ; cette méthode est hérissée de difficultés et de peines ; elle fut la pierre d'achoppement d'une infinité de botanistes ; un sujet de division et de désaccord entre eux ; elle paroît être plutôt le terme de la botanique , qu'un acheminement à s'instruire dans cette science.

Méthode mixte. C'est une méthode naturelle et artificielle en même tems. Cette méthode cultivée avec soin par *Boërrhaave*, *Haller* , *Vanrohem* , *Adamson* , et autres botanistes , a été portée de nos jours à toute la perfection dont elle est susceptible , par les savans Jussieu. Ils ont eu la gloire d'en écarter tout ce qui paroissoit trop pénible. (*Voy. à l'article* Jussieu.) Cette méthode remplit les vœux d'un vrai botaniste ; cent familles naturelles y constituent quinze classes de plantes.

Mûrier , plante, *Morus* , Tournef. Linné,

Miel. Ce nectar des fleurs est contenu principalement dans la base du pistil, où sa secrétion se fait, à l'époque de la fécondation. On peut observer dans les *Hyacinthes*, les pores par lesquels il découle. Il est le véhicule et l'excipient de la poussière fécondante sortie de l'étamine ; c'est l'humeur fourni par la femelle, pour recevoir le pollen. Tout l'intérieur du pistil en est imprégné, et si on le dessèche par la chaleur, dès-lors le pollen n'a plus la faculté de le féconder. On doit donc regarder le miel comme nécessaire à la fécondation. Les fleurs qui n'ont que des parties mâles, ne donnent point de miel en général, et sur les autres, les organes femelles se dessèchent et le perdent, dès que l'acte de la fécondation est accompli. Cette substance sert de nourriture à presque tous les insectes à trompe, qui la pompent dans le pistil ; elle retient le fumet, et souvent les qualités vénéneuses de la plante qui l'a produit ; elle n'éprouve aucune altération dans le corps de l'abeille ; elle paroît n'être qu'une dissolution de sucre et de mucilage, et le sucre quelquefois s'y précipite en crystaux, comme le nectar dans la Balsamine.

Micocouillier, plante. *Celtis*, Tournef. Linné.

Mille-feuille, plante. *Achillea*, Linné ; *Mille-folium*, Tournef.

Millepertuis, *famille des Millepertuis*. C'est la soixante-huitième des familles naturelles de Jussieu. Elle réunit les plantes qui ont de l'analogie avec le Millepertuis. *Hypericus*.

Milliaires. On dit quelquefois qu'une plante a les feuilles milliaires, des écailles milliaires, quand les feuilles ou les écailles dont elle est revêtue, sont si fines et en si grand nombre, qu'on ne sauroit les compter. On appelle aussi semences milliaires, glandes milliaires, celles qui sont arrondies, et que l'on peut comparer à la graine du millet, par leur configuration et leur nombre.

Mimeuses. Plantes qui se contractent quand on les touche, et dont la sensibilité dans quelques-unes de leurs parties ont des rapports avec l'irritabilité involontaire de certaines parties animales. La *Sensitive* est mimeuse dans ses feuilles ; l'*Epine-vinette* l'est dans ses étamines.

Minoratives. Terme de médecine attribué aux plantes dont la propriété est de purger les humeurs superflues, mais dont l'action est douce, et n'irrite que foiblement les fibres de l'estomac.

Mobile. On nomme anthères mobiles ou vacillantes, celles qui ont toujours un mouvement et une oscillation, qui dépend de la manière dont le filet a son point d'insertion sur elles. Les anthères des *Graminées*, des *Platanes*, sont mobiles et presque toujours vacillantes. On nomme dans les plantes les autres parties mobiles, lorsqu'elles sont sujettes à un mouvement en oscillation.

Moëlle. On doit regarder la moëlle comme la partie la plus essentielle à la plante, car elle est au végétal, ce que le cœur est à l'animal. Elle est composée d'une substance plus ou moins vasculeuse, qui occupe dans les arbres, le centre ou milieu du corps ligneux. Les parvis du conduit ou canal, au travers duquel la moëlle passe depuis l'extrémité des branches les plus fines, jusqu'à celles des racines, sont d'une substance ordinairement plus ferme que le reste du bois qui les environne. Cette solidité leur est nécessaire, pour résister aux corps étrangers qui dérangeroient infailliblement cet organe, s'il en souffroit les atteintes ; l'enveloppe cellulaire que l'on trouve sous l'épiderme, dans l'écorce, et le tissu cellulaire ou réticulaire qui joue un grand rôle dans la composition du bois, sont formés l'un et l'autre par les différentes ramifications de la moëlle, qui, traversant de part en part le corps de la tige, ou le tronc et ses rameaux, y dépose des sucs nourriciers, qui ont été préparés dans des vaisseaux destinés à cet usage.

Mogori ; plante. *Nychtantes*, Linné.

Moisissure, plante. *Mucor*, Linné.

Moldavie, plante. *Dracocephalum*, Linné ; *Moldavica*, Tourn.

Molène, plante. *Verbascum*, Tournef. Linné.

Molucelle, plante *ou* moluque. *Molucella*, Linné ; *Molucca*, Tournef.

Monacelle, plante. *Helvella*, Linné.

Monadelphie. Ce terme est composé des deux mots grecs *monos*, un, et *adelphos*, frère ; un frère. Il indique les plantes qui ont plusieurs étamines réunies par leurs filets en un seul corps, de sorte que les parties mâles ne forment qu'un, un seul frère. La Monadelphie est la classe seizième du système sexuel de Linné.

Monandrie. Ce terme est composé de deux mots grecs, *monos*, un, et *aner andros*, homme ; un seul mâle. Il indique les plantes qui n'ont qu'une seule étamine. La *Monandrie* est la première classe du système sexuel de Linné.

Monbin, plante. *Spondias*, Linné.

Monocotylédones. On donne le nom de monocotylédones aux

plantes

plantes dont la semence n'a qu'un seul cotylédon ou lobe. Le cotylédon simple et la germination latérale , sont , suivant Jussieu , le caractère des monocotylédones. L'embryon dans son état de germination laisse échapper la plume ou plumule qui prend sa direction vers le Ciel , et la radicule qui s'enfonce dans la Terre. Ces deux rudimens de la plante nouvelle sortent des flancs du cotylédon , et ne l'abandonnent pas , avant que la racine n'ait acquis la force suffisante pour fournir à toute la plante , un suc nourricier et abondant ; alors seulement , le cotylédon se fane , et tombe de lui-même, étant devenu inutile.

Monocarpe. On donne quelquefois ce nom au péricarpe composé d'une seule coque , ou d'une seule cavité.

Monœcie. Ce terme est composé de deux mots grecs , *monos* , un, et *oikesis* , maison ; une maison. Il indique les plantes dont les fleurs mâles et femelles sont séparées , mais sur le même pied La *Monœcie* constitue la classe 21e. du systême sexuel de Linné.

Monogamie. Ce terme est composé de deux mots grecs , *monos* , un , et *gamos* , noce ; une noce. Il indique les plantes dont les fleurs , sans être composées de fleurons ni de demi-fleurons , ont leurs étamines réunies par les anthères. La *Singénésie* , qui est la dix-neuvième classe du systême sexuel de Linné , est divisée en plusieurs ordres , dont la *Monogamie* est le dernier.

Monogynie. Ce terme est composé de deux mots grecs , *monos* , un , et *gunè* , femme ; une femme. Il indique les plantes qui n'ont qu'un seul pistil. Lorsqu'on a déterminé une classe , suivant le systême sexuel de Linné , la plante est du premier ordre , si elle n'a qu'un seul pistil, et ce premier ordre est appelé *Monogynie.* Il y a quelques exceptions.

Monoïques. On appelle plantes monoïques , celles qui sont de la classe *Monœcie* , c'est-à-dire , qui ont sur le même individu , des fleurs mâles et femelles séparées.

Monopétale. Ce terme est composé de deux mots grecs , *monos* , un , et *petale* , feuille ; une feuille. On nomme corolle ou fleur monopétale, celle qui est formée d'une seule pièce ou feuille , de manière que lorsqu'on la détache , le tout se détache ensemble. Cette dénomination est commune aux fleurs régulières et irrégulières. Une fleur monopétale peut être profondément partagée en plusieurs feuillets ; il suffit , pour qu'on l'appelle ainsi , qu'elle soit d'une seule pièce à sa base.

Monophylle. On appelle calice monophylle, celui qui n'est que d'une seule pièce ; c'est-à-dire , dont les divisions , s'il y en a , ne sont pas continuées jusqu'à sa base.

I

Monosperme, terme dérivé du grec, *monos*, un, et *sperma*, semence. On l'applique aux baies et autres fruits qui ne renferment qu'une seule semence.

Monstres. Les fleurs qu'on nomme pleines, parce que toutes leurs étamines et tous leurs pistils se sont métamorphosés en pétales, sont regardées comme des monstres, en ce qu'elles ne conservent aucun organe sexuel, et qu'on ne peut espérer d'elles aucune fécondité par les semences; cependant, ces monstres ne sont pas toujours abhorrés, comme ceux du règne animal; ils font même les délices des fleuristes.

Monstruosités. Ce sont des changemens contre nature que les plantes éprouvent dans toutes, ou seulement dans quelques-unes de leurs parties.

Montant, te. On nomme pédoncule montant, celui qui est un peu arqué à sa base, mais qui regagne la tige verticale par son sommet. On nomme pétiole montant, celui qui suit une direction pareille; et tige montante, celle qui étant plus horizontale que perpendiculaire, regagne la ligne verticale, en se courbant en arc de bas en haut.

Mordues. On appelle feuilles mordues, celles dont le sommet obtus et tronqué est remarquable, par une ou plusieurs découpures ou déchirures, qui semblent avoir été faites par les dents d'un animal broutant.

Morelle, plante. *Solanum*, Tournef. Linné.

Morgeline, plante. *Alsine*, Tournef. Linné.

Morille, plante. *Phallus*, Linné; *Boletus*, Tournef.

Morine, plante. *Morina*, Tournef. Linné.

Morrènes, *famille des Morrènes*. C'est la vingt-deuxième des familles naturelles de Jussieu. Elle réunit les plantes qui ont de l'analogie avec la Morrène. *Hydrocharis*, Linné; *Morsus Ranœ*, Tournef.

Mort. Le végétal n'est pas plus exempt de ce tribut à la nature, que l'animal; tout ce qui jouit de la vie, est sujet à cette loi. L'arbre dont la tête majestueuse, élevée jusqu'aux nues voit, pendant plusieurs siècles, des milliers de plantes mourir et renaître à ses pieds, meurt à son tour; car la nature en le créant, a tracée de sa main les bornes de son existence, et ces limites sont communes à tous les individus de la même espèce; chacun d'eux n'ira guère au-delà de ce terme, que plus de mille accidens et les besoins de l'homme sont sujets à abréger.

Mort du Safran. Espèce de petite Truffe velue qui vit aux dépens des bulbes du Safran et leur cause la mort. Duhamel, à qui l'on est redevable de la découverte de cette maladie, a observé que cette petite Truffe parasyte attaquoit également d'autres plantes vivaces, et qu'elle leur donnoit la mort.

Mosabé, plante. *Cleome*, Linné ; *Sinapistrum*, Tournef.

Moschatelle, plante. *Adoxa*, Linné ; *Moschatellina*, Tournef.

Mouron, plante. *Anagallis*, Tournef. Linné.

Mouron d'eau, plante. *Samolus*, Tournef. Linné.

Mouroucou, plante. *Mouroucoa*, Jussieu.

Mousses, *famille des Mousses*. C'est la quatrième des familles naturelles de Jussieu. Elle réunit les mousses et les plantes qui en approchent.

Moutarde, plante. *Sinapis*, Linné ; *Sinapi*, Tournef.

Mouvement de la Sève. On a cru long-tems que la sève circuloit dans les vaisseaux des plantes, comme le sang circule dans les vaisseaux des animaux. Différentes expériences ont prouvé que ce qu'on nommoit circulation dans les plantes, est une fluctuation alternative qui est portée, depuis les plus fines ramifications des racines, jusqu'aux extrémités des branches, pendant le jour sur-tout, où il se fait une forte succion causée par la chaleur, et que lorsque cette cause cesse, la sève cesse aussi de s'élever, mais qu'elle redescend par les mêmes vaisseaux, depuis les plus fines ramifications des tiges, jusqu'aux dernières divisions des racines. C'est cette sève montante et descendante qui dépose dans son cours les sucs nourriciers du végétal ; l'air que fournissent les vaisseaux absorbans, est transmis jusqu'aux dernières fibres des racines ; et c'est ainsi que s'entretient l'équilibre nécessaire entre la déperdition et la réparation.

Mucilage, (*voyez* Muqueux ; Suc muqueux.)

Mucroné, ée. On nomme feuilles mucronés, celles qui se terminent en pointe très-aigue, saillante et alongée.

Mufle. Les fleurs en mufle sont les mêmes que les fleurs personnées. (Voyez cet article.)

Mufflier, plante. *Anthirrinum*, Tournef. Linné ; *Asarina*, Tournef.

Muguet, plante. *Convallaria*, Linné ; *Lilium convallium*, Tourn.

Mulet. Ce terme est aussi en usage pour les végétaux. On appelle de ce nom les plantes qui sont le produit d'une semence fécondée par la poussière génitale d'une plante étrangère à son genre, et qui tient de l'espèce fécondante, autant que de l'espèce fécondée. Ces sortes de plantes donnent des graines sujettes à dégénérer.

Multicapsulaire. C'est le titre des fruits qui sont composés de plusieurs capsules.

Multifide. On applique ce terme aux feuilles qui sont partagées par plusieurs sinus aigus, comme si on les eut découpées avec des ciseaux. Cette dénomination se donne aussi dans le même cas aux calices, aux corolles et aux pétales.

Multiflore. On nomme multiflore le pédoncule qui porte plusieurs fleurs.

Multiloculaire. On nomme multiloculaires, les fruits qui renferment plusieurs loges.

Multiplication des plantes. La nature mère toujours attentive et toujours prévoyante, a fait que rien ne peut s'opposer à une nouvelle sémination, à une reproduction même indéfinie de toutes les espèces de végétaux ; chaque plante a reçu d'elle la faculté de produire plus de semences mille fois, que si toutes concouroient à une nouvelle génération, semblables à ces animaux, qui tous les jours tombent sous le couteau meurtrier, et tous les jours sont remplacés par d'autres qui entretiennent la multiplicité de l'espèce, à proportion des besoins de l'homme ; mais les plantes se multiplient encore de beaucoup d'autres manières, et l'industrie du cultivateur semble encore enchérir sur le travail de la nature ; il a l'art de multiplier les végétaux par leurs rejetons, par les boutures, par les marcottes, et par les greffes. (Lisez tous ces articles.) En cela, le cultivateur est encore l'imitateur du travail de la nature.

Multivalve. On donne cette qualification aux capsules qui ont. plusieurs valves ou panneaux.

Mûr, re. On le dit de toutes les productions végétales qui sont arrivées à leur degré de maturité. On emploie aussi quelquefois le mot demi-mûr, pour signifier un fruit qui n'est pas encore à son dernier degré de maturité.

Muqueux, *Suc muqueux*. La plupart des semences se résolvent presque entièrement en mucilage, et les jeunes plantes en paroissent presque toutes formées. Cette substance a la plus grande analogie avec le fluide muqueux des animaux. Comme lui, il est très-abondant dans le jeune âge ; et c'est de lui que les autres principes paroissent sortir. Dans le végétal, comme dans l'animal, il diminue, à mesure que le corps peut se passer d'accroissement. Non seulement le suc muqueux est le nutritif de la plante et de l'animal , mais quand on l'extrait de l'un ou de l'autre , il devient par nous l'aliment le plus sain et le plus nourrissant.

Muscadier , plante. *Myristica ,* Linné.

Muscilage. Il forme la base des sucs propres et de la sève d'une plante. Les jeunes plantes et la plupart des semences en paroissent presque toutes formées. Cette substance dans les végétaux a la plus grande analogie avec le fluide muqueux dans les animaux ; il est quelquefois presque seul, comme dans les *Mauves,* les graines du *Coing ,* celles du *Lin ,* du *Thlaspi.* Quelquefois il est combiné avec des substances insolubles dans l'eau , qu'il y maintient dans un état d'émulsion , comme dans les *Euphorbes ,* la *Chélidoine ,* les *Liserons ,* etc. ; d'autrefois , avec une huile, ce qui forme les huiles grasses ; souvent avec le sucre, comme dans les *Graminées ,* la *Canne à sucre ,* le *Maïs ,* la *Carotte ;* on le trouve encore confondu avec les sels essentiels , comme dans l'*Epine - vinette ,* le *Tamarin ,* les *Oseilles ;* enfin , il forme quelquefois l'état permanent de la plante , comme dans le *Tremela ,* les *Conferva ,* quelques *Lichens ,* et la plupart des *Champignons.*

Mutilées. On appelle feuilles mutilées , racines mutilées, celles qui sont broyées , déchirées ou défigurées par quelque accident. On nomme fleurs mutilées, celles qui sont privées par un accident des parties ordinaires de leur fructification.

Myrre, *Chœrophyllum ,* Linné ; *Myrrhis ,* Tournef.

Myrtes, *famille des Myrtes.* C'est la quatre-vingt-dix-neuvième des familles naturelles de Jussieu ; elle réunit les plantes qui ont de l'analogie avec le Myrte. *Myrtus.*

Myrtille , plante. *Vaccinium ,* Linné ; *Vitis idœa ,* Tournef.

N.

Naïades , *famille des Naïades.* C'est la sixième des familles naturelles de Jussieu ; elle réunit les plantes qui ont de l'analogie avec la Naïade.

Nain, ne. On dit qu'un arbre est nain , quand il est beaucoup plus petit que dans sa taille ordinaire ; on dit que telle plante s'élève beaucoup dans un terrein aqueux , mais qu'elle reste naine dans un terrein sec.

Napiformes. On donne ce nom à une racine qui se prolonge et s'amincit insensiblement dans la forme d'un Navet.

Narcisses, *famille des Narcisses.* C'est la dix-septième des familles naturelles de Jussieu; elle réunit les plantes qui ont des
rapports avec le Narcisse. *Narcissus.*

Natte, plante, *ou* Bois de Natte. *Imbricaria, Jussieu.*

Naturel. On le dit en général, en Botanique, de ce qui est
dans l'ordre de la nature, et n'est pas l'ouvrage de l'art.
(*Voyez* Méthode naturelle.)

Navet, plante. *Brassica*, Linné; *Napus*, Tournef.

Nécessaire, *Polygamie nécessaire.* C'est lorsque dans une fleur
composée, les fleurons du disque sont mâles, et ceux de la circonférence femelles. La Polygamie nécessaire est un des ordres
dans les classes du système sexuel de Linné.

Nectaire. C'est une partie de la corolle que l'on a souvent
regardé, mais faussement comme destinée à contenir le miel.
Toutes les fleurs n'en sont pas pourvues, et il ne paroît pas
nécessaire, comme l'est le miel, à la fécondation. Tantôt il est
en forme de filet, tantôt sous celle d'une écaille ou d'un cornet,
d'un mamelon, d'un éperon : quelquefois par sa forme, par
ses couleurs, par son organisation, c'est un prolongement de
pétale, un simple pétale distingué des autres par sa disposition.
Ce mot, mal défini par Linné (m'écrit un savant dont j'ignore
le nom) *seroit mieux défini, ce qui n'est ni corolle, ni calice,
ni pétale.*

Néflier, plante. *Mespilus,* Tournef. Linné.

Nélumbo, plante. *Nymphœa,* Linné.

Nénuphar, plante. *Nymphœa,* Tournef. Linné.

Nériette, plante. *Epilobium,* Linné; *Chamœnerion,* Tournef.

Nerpruns, *famille des Nerpruns.* C'est la quatre-vingt-quinzième
des familles naturelles de Jussieu; elle réunit les plantes les
plus rapprochées du Nerprun. *Rhamnus*

Nervures. Elévations filamenteuses qu'on rencontre sur les feuilles,
sur les pétales et autres parties des plantes. Les grosses nervures sont comparées aux muscles des animaux; leurs ramifications sont comparées aux veines.

Nielle. C'est une maladie qui attaque les graminées, le Froment
sur-tout, et qui convertit en une poussière noire toute la
substance farineuse du grain. Lorsque la Nielle domine dans
le bled, le pain devient dangereux et peut causer des convul-
sions, des douleurs de tête, la diarrhée. On prétend y remé-
dier en lavant toute la masse du grain dans plusieurs eaux;
mais, dans ce cas, il ne faut pas manquer de le faire sécher

incontinent, pour éviter une seconde maladie qui seroit encore plus dangereuse que la première.

Nigelle, plante. *Nigella*, Tournef. Linné.

Niruri, plante. *Phyllanthus*, Linné.

Nitrogène. (*Voyez* Gaz nitrogène.)

Niveau. On appelle fleurs en niveau, celles qui sont disposées en corymbe, c'est-à-dire celles dont les pédoncules, quoique inégaux en longueur, et placés comme au hasard le long de l'extrémité d'une tige, arrivent tous à la même hauteur, comme si c'étoit une ombelle.

Nœud. C'est la partie de l'arbre la plus dure, la plus serrée; c'est par où il pousse ses branches, ses racines et même son fruit. Les agriculteurs taillent la vigne au premier ou au second nœud du jet.

Noix. La Noix du Noyer n'est réellement qu'un fruit à noyau; ce qu'on appelle brou est une substance qu'on peut, en quelque sorte, comparer à la chair qui entoure le noyau du Pêcher, de l'Amandier, du Prunier, etc. On appelle *zeste* une cloison membraneuse et coriace qui sépare les lobes de cette noix. On nomme *Noix angleuse* celle qui tient tellement à la coque qu'on ne peut l'en séparer que par morceaux. On nomme Noix de *galles* une excroissance qui survient sur les feuilles de *Chêne*. (*Voyez* Galles.) La Noix de *Gérofle* ou Noix de *Madagascar* est grosse comme une Noix de Galles, ronde, légère, de couleur de Châtaigne, ayant l'odeur et le goût du girofle, mais plus foible; c'est le fruit d'un arbre de Madagascar. La Noix d'*Inde* est le fruit d'une espèce de Palmier qui vient aux Indes orientales; on a donné à cette Noix le nom de *Cocos*. La Noix muscade est aussi le fruit d'un arbre étranger; elle est grosse comme nos Noix vertes, couverte de deux écorces; la première, qui est fort grossière, se fend et se détache à mesure que le fruit mûrit; la seconde est tendre, rougeâtre et odorante. Il est encore beaucoup d'autres fruits auxquels on donne le nom de Noix.

Noix de Ben, plante. *Guilandina*, Linné.

Noix vomique, *Strychnos*, *Ignatia*, Linné.

Nomenclature. La nomenclature est cette partie de la Botanique, qui a pour objet l'art d'assigner à chaque plante le nom qui lui est propre, d'après les principes adoptés dans les différentes méthodes; car, sans une méthode quel homme ne s'égareroit pas dans cette foule indéfinie d'objets qui constituent le règne végétal? Un coup d'œil les voit tous, mais il ne les voit que confusément et sans fruit, et s'il en saisit la nomenclature, elle ne peut être que partielle et momentanée. Un regard jeté rapidement sur l'ensemble du port et de la figure des plantes, présente nécessairement à l'observateur des rapports marqués, ou des différences sensibles; mais cette facilité de notre esprit à saisir les conformités ou les dissemblances, seconde à peine nos premiers efforts, et nous conduit tout au plus à quelques progrès ; la nomenclature échappe à notre mémoire. C'est donc sur l'indispensable nécessité de nous rendre compte de nos idées, de les rappeler de suite et par ordre, de leur donner un développement qui les rende distinctes, et de fixer en nous une nomenclature aussi prompte que certaine, qu'est fondée la nécessité d'une méthode dont la fonction est de soulager notre mémoire en guidant notre esprit et nos recherches.

Nord, *Ciel du Nord*. C'est l'un des huit climats indiqués par Linné pour caractériser la température des végétaux. Les plantes du nord sont celles de *l'Europe septentrionale, de la Laponie, la Suède, la Russie, la Prusse, l'Allemagne, la Suisse, le Danemarck, l'Angleterre, les Pays-Bas, Paris* même. Ces plantes s'élèvent le plus commodément et le plus sûrement dans nos jardins.

Nopal, plante. *Cactus*, Linné; *Opuntia*, Tournef.

Nostoc, plante. *Tremella*, Linné, *Nostoc*, Tournef.

Noué, ée. On appelle fruit noué, l'ovaire grossi et fécondé; fleur nouée, celle dont l'ovaire est inférieur, c'est-à-dire placé inférieurement au-dessous de la fleur.

Noueux. On dit que le bois est noueux, lorsqu'on ne peut le fendre sans rencontrer des nœuds qui changent fréquemment la direction des fibres ligneuses lesquelles en constituent le corps.

Noyau. Le noyau est une boîte osseuse ou ligneuse, qui renferme une ou plusieurs amandes. Le fruit à noyau est composé d'une pulpe ou chair molle qui renferme un ou plusieurs noyaux. Parmi les fruits à noyaux, les Botanistes comprennent assez communément les Noix ; mais la chair dont elle est recouverte est nommée brou.

Noyer, plante. *Juglans*, Linné; *Nux*, Tournef.

Nu, ue. On nomme le pédoncule nu, lorsqu'il ne porte ni feuilles, ni écailles, ni poils, mais seulement une ou plusieurs fleurs. On nomme *réceptacle nu*, celui sur lequel, après qu'il est dépouillé des fleurs, on ne rencontre ni poils ni paillettes. On nomme verticille nu, celui qui ne porte à sa base ni bractées ni collet, ou qui n'est accompagné que de feuilles parfaitement semblables à celles de toute la plante. On nomme tige nue, celle qui ne ramifie point, et sur toute la longueur de laquelle on ne trouve ni feuilles, ni fleurs, ni aucune espèce d'articulation. On nomme feuilles nues, celles sur la superficie desquelles on ne rencontre ni poils, ni épines, ni glandes. En général, on indique, par le terme de nues, toutes les parties qui ne sont recouvertes d'aucune autre partie.

Nul, le. Ce mot est souvent employé dans la description des plantes, pour indiquer les parties qui manquent à sa constitution. On dit corolle nulle, calice nul, style nul, etc., lorsque ces parties n'existent pas.

Nutation. Ce mot désigne l'inclination des feuilles, de la tige ou des fleurs de certaines plantes desséchées par l'ardeur du soleil; on le dit aussi quelquefois de ces parties, lorsqu'elles sont naturellement penchées : tel est le Chardon nommé *Nutans*.

Nutrition. La nutrition des plantes se fait par la répartition du suc nourricier qui, se répandant dans la tissure de leurs parties, les fait gonfler, s'y fige et en augmente ou en entretient le volume en réparant ce qui s'en est dissipé. L'*eau* et le *carbone* sont regardés comme les principes nutritifs du végétal; cependant on ne doit pas regarder la terre comme nulle dans leur nutrition; elle ne l'est pas plus que le *placenta* qui par lui-même ne fournit rien à la vie de l'enfant, mais qui prépare et dispose le sang de la mère à devenir une nourriture convenable. La terre s'imbibe d'eau et de carbone, les retient, les prépare, les fournit au besoin, et est l'agent qui empêche que le végétal ne soit exposé à l'alternative funeste d'être inondé ou d'être desséché. La plante comme l'animal se nourrit par *intus-susception*. (Voyez cet article.)

Nyctages, *famille des Nyctages*. C'est la trente-deuxième des familles naturelles de Jussieu. Elle réunit les plantes qui approchent de la nature du Nyctage ou Belle-de-nuit. Jalapa, Tournef. *Mirabilis*, Linné.

Nympheau, plante. *Menyanthes*, Linné ; *Nymphoïdes*, Tournef.

O.

Obier, plante. *Viburnum*, Tournef. Linné.

Oblique. C'est ce qui est de biais ou incliné. En Botanique, on nomme tige oblique celle dont l'extrémité est aussi éloignée de la ligne perpendiculaire à l'horizon, que de l'horizon même.

On nomme feuilles obliques celles qui sont de biais, dont la surface n'est ni horizontale ni verticale ; elles peuvent l'être de deux manières, ou vers le ciel, ou vers la terre. En général, en Botanique, on désigne par le terme oblique tout ce qui s'éloigne de la ligne verticale et horizontale.

Oblong, gue. On désigne par ce terme les feuilles, les anthères et autres parties sur une plante, qui sont plus longues que larges.

Obtus, se. On nomme feuilles obtuses celles dont le sommet est presque arrondi, et comme émoussé. En général, le botaniste désigne par le terme obtus ce qui n'est pas pointu, ou ce qui est terminé par une pointe émoussée.

Occident, *Ciel d'Occident*. C'est un des huits climats que Linné établit dans la répartition des productions végétales. Ce climat contient l'*Amérique septentrionale*, le *Canada*, *Philadelphie*, la *Virginie*, la *Caroline*, le *Japon*. Les plantes de ces contrées fleurissent dans les nôtres en automne.

Octandrie. Ce terme est composé de deux mots grecs *octo*, huit, et *aner andros*, mari, *huit maris*. Il indique les plantes qui ont huit étamines. L'*Octandrie* est la huitième classe du système sexuel de Linné.

Odeur. C'est le sentiment qui résulte en nous de l'impression que font sur notre nez certaines petites particules qui s'exhalent des corps ; et l'odorat est un de nos sens qui offre le plus d'utilité à l'observateur dans l'étude des plantes et de leur nature ; les diverses odeurs lui indiquent les différentes propriétés. L'odeur agréable des fleurs de *Tilleul*, des *Lis*, du *Jasmin*, de la *Géroflée*, de la *Tubéreuse* ranime les nerfs relâchés ou affoiblis ; l'odeur aromatique de la *Canelle*, du *Laurier*, du *Camphre*, du *Girofle*, de l'*Angélique*, etc. ranime l'action des nerfs, et accélère le mouvement des liqueurs ; l'odeur d'ambre dans l'*Ambrette*, la *Mauve musquée*, l'*Aspérule odorante*, ranime la circulation, mais sans détruire l'obstacle qui s'opposoit au libre cours des humeurs ; l'odeur pénétrante de l'*Ail*, de l'*Oignon*, de l'*Alliaire*, du *Scordium*, du *Thlaspi*, de l'*Assa fœtida*, de la *Petiveria* ranime la transpiration, dissipe les vents, prévient la contagion ; l'odeur de l'*Opium*, du *Chanvre*, de l'*Hièble*, de l'*Herbe St. Christophe*, du *Solanum*, de la *Jusquiane*, des *Hellebores*, est vireuse, stupéfiante, assoupissante ; elle indique un poison, etc. etc. (*Voyez* Arome ou Esprit recteur.) Le nez est pour le botaniste un des meilleurs chymistes qu'il puisse consulter, et un bon odorat lui est presque aussi nécessaire que des bons yeux ou une bonne loupe.

Odontalgiques. Terme de médecine appliqué aux plantes usitées dans les douleurs aux dents.

Œil. Les cultivateurs donnent ce nom aux boutons ou bourgeons d'une plante dans leur enfance, et à l'ombilic d'un fruit.

Œillet, plante. *Dianthus*, Linné ; *Caryophyllus*, Tournef.

Œil de Christ, plante. *Aster*, Linné, Tournef.

Œil de bœuf, plante. *Buphtalmum*, Tournef. Linné.

Œilletons. Ce sont les rejetons qu'on trouve aux pieds des artichauts, des Œillets et autres plantes. Le cultivateur les arrache et les transporte pour multiplier l'espèce.

Œillet d'Inde, plante. *Tagètes*, Tournef. Linné.

Œnanthe, plante. *Œnanthe*, Tournef. Linné.

Oignon. Le jardinier donne ce nom de préférence à une plante potagère qui est d'usage dans toutes les cuisines. Le botaniste donne en général ce nom à la partie supérieure naturellement de forme à-peu-près sphérique, ou principe de la racine dans certaines plantes. C'est le synonyme de bulbe (Voy. cet article.)

Oligospermes. On donne ce nom aux fruits, aux tiges des fruits, aux valvules qui ne renferment qu'un petit nombre de semences.

Olivier, plante. *Olea*, Tournef. Linné.

Ombelle, assemblage de fleurs ou de fruits dont les pédicules partent d'un axe commun et divergent ensuite comme les rayons d'un parasol. Les plantes à ombelle ou ombellifères constituent la classe huitième de la méthode de Tournefort. Le botaniste distingue la fausse Ombelle d'avec la véritable, et la distinction se tire du fruit : dans la véritable Ombelle, il est toujours composé de deux graines géminées et nues ; dans le faux Ombelle, il est de toute autre manière. On distingue encore l'Ombelle universelle de l'Ombelle partielle. L'Ombelle universelle est celle qui est composée de rayons qui portent chacune une Ombelle partielle, comme sur la *Carotte*, le *Persil*, etc.

Ombellifères, *famille des Ombellifères*. C'est la soixantième des familles naturelles de Jussieu. Elle réunit les plantes ombellifères.

Ombilic. C'est dans les fruits une petite cavité formée par les débris d'un calice supérieur et persistant, que les cultivateurs nomment œil, de-là, la Poire à deux yeux : cette cavité dans les baies est quelquefois marquée par les restes d'un style, ou

par un point ; quelquefois, au lieu de cavité, c'est une protu-
bérance plus ou moins sensible.

Ombiliqué, ée. On nomme fruit ombiliqué celui qui est remarquable par un ombilic ; on dit aussi baie ombiliquée, chapeau
ombiliqué. On nomme feuilles ombiliquées celles qui étant
pétiolées, sont distinguées par la manière dont le pétiole est
inséré à la feuille : ce pétiole n'est pas, comme il est d'ordinaire,
inséré à une des extrémités de la feuille ; il est central, c'est-à-
dire inséré au centre de la feuille, ou presque central ; ses
nervures, au lieu de se prolonger d'un bout à l'autre de la
feuille, partent en nombre du point de l'insertion, et se dirigent comme les rayons d'une roue. Telles sont les feuilles de
la *Capucine*, du *Nombril de Vénus*. On donne aussi à ces
feuilles le nom de feuilles en ronde-hache.

Omphalodes, plante, ou petite Bourrache. *Cynoglossum*, Linné ;
Omphalodes, Tournef.

Onagres, *famille des Onagres*. C'est la quatre-vingt-huitième
des familles naturelles de Jussieu. Elle indique les plantes qui
ont de l'analogie avec l'Onagre. *Onagra*, Tournef. *Ænothera*,
Linné.

Onctueux, se, adjectif des plantes qui sont d'une substance grasse
et huileuse.

Ondé, ée. On qualifie ainsi les parties d'une plante sur lesquelles
on remarque des gros plis façonnés en forme d'ondes.

Ondulé, ée, adjectif des feuilles, des feuillets du calice et autres
parties sur lesquels on observe des ondulations ou bordures
répétées d'une manière irrégulière et variée.

Ongle. C'est une espèce de tache différente en couleur du reste
d'un pétale dans certaines fleurs. Cette tache a, dit-on, la
figure d'un ongle ; elle se trouve à la naissance des pétales : on
la trouve dans la *Rose*. dans le *Pavot*, etc.

Onglet. C'est dans les pétales la partie par laquelle ils adhèrent
au réceptacle ; ils sont fort alongés dans les fleurs en *œillet*. On
dit que l'Onglet est *glanduleux*, lorsqu'on y observe des glandes.
On le nomme *staminifère*, lorsqu'il porte les étamines. Dans les
corolles monopétales, la partie qui remplace l'Onglet se nomme
tube.

Onguiculés. On le dit des pétales qui se terminent inférieurement
par de longs onglets ; telles sont les pétales de l'*Œillet*, du
Lychnis, etc.

Onoporde, plante. *Onopordium*, Linné ; *Carduus*, Tournef.

Opercule. On donne ce nom au petit couvercle qui recouvre les urnes de quelques espèces de mousses ; c'est un des organes de la fructification. On ne doit pas le confondre, comme certains botanistes, avec ce qu'on nomme coiffe.

Ophioglose, plante, *ou* Langue de serpent. *Ophioglossum*, Tournef. Linné.

Ophrise, plante. *Ophrys*, Tournef. Linné ; *Orchis*, *Nidus avis*, Tournef.

Ophtalmique. Terme de médecine donné aux plantes usitées dans les maladies des yeux.

Opium. La plante qui fournit ce médicament est cultivée communément en Perse et dans l'Asie mineure ; c'est une espèce de Pavot. Des incisions qu'on fait à la plante, le font découler en larmes qu'on recueille soigneusement, et c'est le plus pur. L'autre s'extrait par expression des têtes de ces Pavots. C'est celui qui nous est apporté, et qu'on trouve communément dans le commerce.

Opposé, ée. On nomme feuilles opposées celles dont les insertions sont disposées le long d'une tige ou d'un rameau, opposées l'une à l'autre. Il en est de même des pédoncules, des pétioles, des stipules. On nomme feuilles opposées en croix celles qui, disposées quatre à quatre sur un même axe d'insertion, ont toujours cette insertion en croix et opposée suivant ce nombre.

Opuntia, plante. *Cactus*, Linné ; *Opuntia*, Tournef.

Orangers, *famille des Orangers*. C'est la soixante-dixième des familles naturelles de Jussieu. Elle réunit les plantes qui ont de l'analogie avec l'Oranger. *Citrus*.

Orbiculaire. C'est le synonyme d'arrondi. Ce terme convient au chapeau du champignon, aux feuilles des autres plantes, et à toutes les parties dont les points de la circonférence sont à-peu-près également éloignés du centre.

Orchidées, *famille des Orchidées*. C'est la vingt-unième des familles naturelles de Jussieu. Elle réunit les plantes qui ont des rapports avec l'*Orchis*.

Ordre. C'est le nom que Linné donne à la première sous-division de ses classes. Ce terme est aussi employé par Jussieu et plusieurs autres savans botanistes. Le caractère de l'ordre est moins apparent, mais aussi général que celui de la classe.

Ordre naturel. (*Voyez* Famille naturelle.)

Oreilles d'ours. *Primula*, Linné; *Auricula ursi*, Tournef.

Oreillé, ée. On nomme feuilles oreillées celles qui portent à leur base pétiolée ou retrécie en pétiole deux appendices, ou oreillettes. On nomme en général oreillé tout ce qui est remarquable par deux appendices en forme d'oreillettes.

Oreillettes. Ce sont les parties latérales d'un casque qui couvrent les oreilles. Les fleurs de l'*Aconit* ont deux Oreillettes ou feuilles latérales. On nomme aussi Oreillettes des appendices qu'on observe à la suite de certaines feuilles.

Organes. Les vaisseaux dont la fonction est de distribuer le suc nutritif dans le corps de la plante, et ceux qui les évacuent, sont regardés comme ses organes. Mais on donne plus communément ce nom aux instrumens de la fructification, et aux auteurs de la reproduction dans le végétal, aux étamines, aux pistils, etc. Ils le sont de même que le mâle et la femelle sont les auteurs de la génération dans le règne animal, car toutes les fonctions y sont les mêmes. Le calice est semblable au palais où se célèbrent les noces, la corolle au lit nuptial ; les pétales sont les témoins et les protecteurs du travail conjugal ; l'étamine fait la fonction du mâle ; le pistil fait la fonction de femelle, la graine ou semence est l'enfant vivifié dans les flancs de sa mère, et donné ensuite par elle à la nature.

Organisation. Les végétaux sont des corps vivans, et par conséquent organisés ; mais ils sont dépourvus de mouvemens combinés : tout en eux est purement mécanique, et n'est jamais l'effet du sentiment ; ils ressemblent aux minéraux par la privation du sentiment ; mais ils en diffèrent essentiellement en ce qu'ils sont organisés. La plante vit et s'accroît par *intussusception* ; le minéral ne vit point, et n'augmente que par *juxta-position*. Les végétaux ont plus d'analogie avec les animaux qu'ils n'en ont avec les minéraux : comme les animaux, ils naissent d'une semence, ils vivent de sucs étrangers, ils s'accroissent, ils se reproduisent, ils meurent, laissant après eux une lignée qui durera autant que le monde ; ils sont seulement privés de la faculté de vouloir et de faire, qui distingue l'animal.

Orge, plante. *Hordeum*, Tournef. Linné.

Orient, *Ciel d'Orient.* C'est l'un des huit climats spécifiés par Linné pour indiquer la nature et le tempérament des végétaux. Il embrasse l'*Asie septentrionale*, la *Sibérie*, la *Tartarie*, voisine de la *Syrie*. La plupart de ces plantes sont printannières dans nos contrées.

Origan, plante. *Origanum*, Tournef. Linné.

Orme, plante. *Ulmus*, Tournef. Linné.

Orme d'Amérique, plante. *Theobroma*, Linné.

Ormin, plante. *Salvia*, Linné ; *Horminum*, Tournef.

Ornithogale, plante. *Ornithogalum*, Tournef. Linné.

Orobranche, plante. *Orobanche*, Tournef. Linné.

Orobe, plante. *Orobus*, Tournef. Linné.

Orpin, plante. *Sedum*, Linné ; *Anacampseros*, Tournef.

Orties, *famille des Orties*. C'est la quatre-vingt-dix-huitième des familles naturelles de Jussieu. Elle réunit les plantes qui ont de l'analogie avec l'Ortie.

Orvale, plante. *Salvia*, Linné ; *Sclarea*, Tournef.

Oseille, plante. *Rumex*, Linné ; *Acetosa*, Tournef.

Ourrelet. Les organes de la fructification de quelques fougères sont disposées en lignes saillantes sur le dos des feuilles ; ces lignes sont nommées Ourrelet par le botaniste, qui emploie également ce terme dans d'autres circonstances semblables.

Ouvert, te. On appelle feuilles ouvertes celles qui, d'après leur insertion, s'éloignent beaucoup de la ligne verticale, mais moins cependant que les feuilles horizontales. On appelle pédoncules ouverts ceux qui sont disposés comme les feuilles ouvertes. On appelle tige ouverte celle dont les rameaux se rapprochent de la ligne horizontale.

Ovaire, terme d'anatomie. C'est la partie où se forment les œufs dans le ventre de la femelle des animaux. L'ovaire, en Botanique, est la partie inférieure du pistil, qu'on regarde comme l'organe femelle des plantes ; il renferme les œufs ou semences qui servent à le reproduire ; le fruit n'est ensuite que l'ovaire fécondé, grossi et arrivé à son état de perfection. On dit que l'ovaire est supérieur, quand il est renfermé en dedans de la corolle, au-dessus du calice et de l'insertion des pétales : on le nomme inférieur, lorsque sa place est au-dessous de la corolle. Il peut être aussi demi-inférieur ; c'est lorsqu'il se montre autant en dedans qu'en dehors. L'ovaire peut être pédiculé ou sessile, et présente diverses formes que le botaniste saisit pour en faire un caractère distinctif de la plante qu'il veut dépeindre.

Ovale. L'ovale mécanique qui est celui dont on parle en Botanique, est une figure ronde et oblongue qui approche de celle de l'œuf. On appelle fruit ovale non-seulement celui qui approche de la figure d'un œuf, mais encore celui dont la coupe d'un bout à l'autre approche de celle de l'ovale mécanique. On nomme aussi feuilles ovales celles qui ont cette coupe.

Ovoïde. On donne ce nom à une graine, à un fruit, quand leur forme est à-peu-près celle d'un œuf.

Oxalique, *Acide oxalique.* C'est un acide que la Chymie tire du sucre et de plusieurs autres substances végétales, telles que les *Gommes*, le *Miel*, l'*Amidon*, le *Gluten*, l'*Alkool*, *etc.* La découverte de cet acide a été consignée dans une thèse soutenue à *Upsal*, par *Avidson*, sous la présidence de *Bergmann*. Morveau, à qui on est redevable d'un très-beau travail sur l'Acide oxalique, a prouvé que tout le sucre n'entroit pas dans la confection de cet acide, mais seulement un de ses principes; et il prétend que c'est une huile atténuée qui se trouve dans plusieurs corps.

Oxigène. (*Voyez Gaz oxigène.*)

Oxigone, terme de géométrie. On l'applique à une feuille triangulaire dont tous les angles sont aigus.

P.

PACAGE, terme des campagnes. C'est un lieu propre à nourrir et à engraisser les animaux qui paissent.

Pagapate, plante. *Sonneratia*, Linné.

Paille. On nomme communément paille la tige ou chaume des graminées, lorsqu'elle est desséchée.

Paillettes. On appelle quelquefois fleurs en paillettes celles sur lesquelles, eu guise de pétales, on n'observe que des écailles placées autour des organes de la fructification. On donne aussi souvent le nom de Paillettes à ces arêtes ou bales qui sortent de l'épi dans les graminées.

Pain de pourceau, plante. *Cyclamen*, Tournef. Linné.

Pain de coucou, plante. *Oxis*, Linné, *Oxalis*, Tournef.

Palais. On nomme communément *Palais* dans les fleurs cette partie, cet espace qui occupe le milieu entre les deux lèvres d'une corolle monopétale, irrégulière. (Voyez les fleurs du Mélampire, de la Linaire et autres.) On donne aussi figurément le nom de Palais au calice d'une fleur, le considérant comme le lieu où se célèbrent les noces des plantes.

Paletuvier, plante. *Rhizophora*, Linné.

Palissade, terme des champs. C'est une clôture de palis fichés en

terre

terre ; c'est aussi une suite d'arbres plantés à la ligne, et dont les branches forment une espèce de haie. Le Charme est, de tous les arbres, le plus propre à faire de grandes palissades. On emploie le *Buis*, l'*If*, le *Filaria* et autres pour les palissades qui sont à hauteur d'appui.

Paliure, plante. *Rhamnus*, Linné ; *Paliurus*, Tournef.

Palme. C'est une espèce de mesure connue en Italie, et qui est de l'étendue de la main. On cite souvent cette mesure en Botanique ; c'est aussi la largeur de quatre doigts ou de quatre pouces environ.

Palmé, ée. On nomme feuilles palmées ou digittées, celles qui sont simples, lobées, et dont les divisions forment l'éventail ou représentent une main ouverte : on les appelle feuilles composées, lorsque les divisions surpassent le nombre de cinq. On nomme racines palmées, celles qui sont composées de plusieurs divisions charnues, épaisses, inégales et étalées comme les doigts d'une main ouverte. En général, on donne le nom de palmé à tout ce qui ressemble aux doigts d'une main ouverte.

Palmiers, *famille des Palmiers*. C'est la onzième des familles naturelles de Jussieu ; elle réunit les Palmiers.

Palmier éventail, plante. *Chamærops*, Linné.

Paloué, plante. *Palovea*, Jussieu.

Pamier, plante. *Bamea*, Jussieu.

Pampe. On donne ce nom aux feuilles du blé, de l'orge et de tous les graminées.

Pampre. C'est un sarment de vignes avec ses feuilles et ses raisins ; on donne aussi ce nom aux branches du Lierre arbre. On peint Bacchus couronné de pampres de Vigne, Apollon et Orphée couronnés de pampres de Lierre.

Panaché, ée. On nomme fleurs panachées, celles qui sont rayées et bigarrées de couleurs diverses. Une *Tulipe* est réputée belle lorsque ses panaches s'étendent depuis son limbe jusqu'à l'onglet. On dit également feuilles panachées.

Panais *ou* **Pastenade**, plante. *Pastinaca*, Tournef. Linné.

Panarine, plante. *Illecebrum*, Linné ; *Paronycha*, Tournef.

Panchymagogue. Terme de médecine appliqué aux plantes qu'on regarderoit comme capables de purger toutes les humeurs viciées. Ce seroit le remède universel à tous maux.

Panduriformes. On nomme feuilles panduriformes, celles qui sont en forme de violon ; elles sont oblongues, un peu larges à leur base et remarquables par une échancrure de chaque côté.

Panicaut, plante. *Eryngium* , Tournef. Linné.

Panicule. Assemblage de fleurs disposées confusément, et portées sur des pédoncules grêles qui les étalent sans ordre déterminé ; c'est une espèce d'épi qui contient beaucoup de fleurs et de semences. On nomme panicule diffus, celui qui est étalé et dont les pédoncules propres font avec les pédoncules communs, des angles très-ouverts. On nomme panicule serré celui qui est très-peu étalé et dont les pédoncules propres font avec le pédoncule commun des angles très-aigus.

Paniculé , ée. On nomme tige paniculée, celle qui produit des rameaux , lesquels en se divisant et se sous-divisant diversement, représentent un panicule.

Panis , plante. *Panicum ,* Tournef. Linné.

Panneau. En terme de menuiserie, c'est une table d'ais mince , qui sert à remplir le cadre d'un lambris ou d'une porte. On se sert, en Botanique , quelquefois de ce terme , pour exprimer les parties de certains fruits qui ont du rapport aux panneaux de menuiserie. Plus communément on nomme panneaux les deux battans de la silique.

Papangage , plante. *Momordica* , Linné ; *Luffa ,* Tournef.

Papavéracées , *famille des Papavéracées.* C'est la soixante-deuxième des familles naturelles de Jussieu ; elle réunit les plantes qui ont des rapports avec le Pavot.

Papayer, plante. *Papaga* , Tournef. Linné.

Papilionacées. On nomme fleurs papilionacées , celles qui sont composées de quatre pétales , dont un supérieur qu'on nomme l'étendard , deux latéraux qu'on nomme les ailes , et un inférieur qu'on appelle la carène. Les papilionacées constituent la dixième et la dernière classe de la méthode de Tournefort. Il est des fleurs papilionacées qui pourroient être confondues avec les fleurs personnées ou les fleurs labiées ; mais il ne faut que se rappeler que les corolles des fleurs papilionacées sont polypétales , et que les autres sont monopétales. En général, on nomme papilionacé tout ce qui a des rapports avec la forme d'un papillon : on appelle feuilles papilionacées , celles qui sont tachetées comme les ailes de certains papillons.

Paquerette, plante. *Bellis ,* Tournef. Linné.

Paquet. On use quelquefois de ce terme trivial, pour exprimer les petits tas de fleurs qui naissent à l'épi du Bled, du Chiendent, et autres graminées, et qui sont attachés aux dents de la rape. Plus souvent on leur donne le nom d'*Epilet* ou *Epillet*.

Parabole. On nomme feuilles en parabole, celles qui sont plus longues que larges, dont l'extrémité supérieure est très-arrondie, l'inférieure retrécie insensiblement jusqu'au point de leur insertion sur la tige ou les rameaux, ou jusqu'à l'extrémité supérieure du pétiole, si elles sont pétiolées.

Parallèles. On nomme feuilles parallèles, celles qui sont horizontales et disposées parallèlement l'une avec l'autre. On le dit de toutes les autres parties d'une plante, et des cloisons qui partagent un fruit.

Parasite. C'est le titre d'un écornifleur qui fait métier d'aller manger à la table d'autrui. La Botanique a adopté ce terme pour désigner les plantes qui croissent sur d'autres plantes, y vivent et se nourrissent de leurs substances. Les herbes parasites ne sont susceptibles d'aucune culture : les unes vivent aux dépens de la sève des arbres, le *Gui*; d'autres sur les herbes, la *Cuscute*; d'autres sur les racines des arbres, l'*Orobanche*, la *Clandestine*. Différentes espèces de Mousses, de Lichens, d'Agarics sont également des plantes parasites.

Parasol. Fleurs en parasol est le synonyme de fleurs en ombelle.

Pareira-Brava. Nom emprunté du Portugais, et qui signifie une *Vigne sauvage*. Cette plante est du Brésil.

Parenchyme, terme de médecine et d'anatomie. C'est le nom que l'on donne à la substance propre de chaque viscère dans le corps de l'animal. La Botanique a adopté ce terme pour désigner ce tissu cellulaire, tendre et spongieux, qui remplit, dans les feuilles et dans les jeunes tiges, les intervalles qui se rencontrent entre les plus fines ramifications. Lorsque l'on fait rouir des feuilles, c'est le parenchyme qui se détache et qui laisse à nu tous les vides qu'il avoit rempli. Quelquefois des insectes ont dévoré la substance pulpeuse d'une feuille, et alors on apperçoit le réseau dénué, et on peut observer toutes les ramifications qui en constituent le squelette.

Parfaites. On nomme fleurs parfaites ou complettes, celles à qui il ne manque aucune des parties ordinaires aux fleurs, tels que les étamines, pistils, corolles, pétales, calices. Une fleur, quand elle ne seroit dépouillée que de l'une de ces parties, seroit nommée fleur incomplette.

Pariétaire, plante. *Parietaria*, Tournef. Linné.

Parinari, plante. *Parinarium*, Tournef. Linné.

Pariset, plante. *Paris*, Linné; *Herba paris*, Tournef.

Parkinset, plante. *Parkinsonia*, Linné.

Partagé, ée. Les feuilles partagées sont celles qui sout divisées par des sinus; celles dout les sinus sont aigus, se nomment feuilles fendues ; celles dont les sinus sont obtus, sont appelées feuilles sinuées.

Partiel, le. On nomme pédoncule partiel, celui qui n'est point une continuation de la tige, mais qui est une division ou une ramification du pédoncule commun. On nomme collerette partielle, celle qui est située à la base des pédoncules propres. On nomme ombelle partielle, celle qui est portée par l'un des rayous de l'ombelle universelle.

Passerage, plante. *Lepidium*, Tournef. Linné ; *Nasturtium*, Tournef.

Passerine, plante. *Passerina*, Linné; *Thimœlea*, Tournef.

Pastel, plante. *Isatis*, Tournef. Linné.

Pasteque, plante. *Cucurbita*, Linné; *Anguria*, Tournef.

Pataqua, plante du Chili. *Crinodendrum*, Jussieu.

Patience, plante. *Rumex*, Linné; *Lapathum*, Tournef.

Patte. On le dit du pied des auimaux, et par une sorte de ressemblance de beaucoup d'autres choses ; on dit une patte d'Anémone, une patte de Renoncule, pour dire la racine d'une Renoncule ou d'une Anémone.

Patte-d'Oie, plante. *Chenopodium*, Tournef. Linné.

Paturin, plante. *Poa*, Linné; *Gramen*; Tournef.

Pavillon. C'est le nom que l'on donne au pétale supérieur des fleurs papillonacées, mais on dit plus communément étendard.

Pavot, plante. *Papaver*, Tournef. Linné.

Pêcher, plante. *Prunus*, Linné; *Armeniaca*, Tournef.

Pectoral, terme de médecine appliqué aux plantes bonnes pour la poitrine.

Pédiculaires, *famille des Pédiculaires.* C'est la trente-cinquième des familles naturelles de Jussieu ; elle réunit les plantes qui ont de l'analogie avec la Pédiculaire. *Pedicularis.*

Pédicule. On le dit quelquefois d'une partie foible et grêle qui attache la feuille ou la fleur à la tige. On nomme plus communément pédicule le support des aigrettes, des glandes, des anthères. On ne doit pas confondre le pédicule avec le pédoncule dont la signification est bornée à désigner la partie qui supporte les fleurs et les fruits.

Pédiculé, ée. C'est ce qui est porté par un pédicule ; on nomme communément pédicule la tige des Champignons , et celles de plusieurs plantes dont les parties de la fructification ne sont pas bien apparentes , comme dans les Lichens , les Moisissures.

Pédoncule. On ne doit pas confondre le pédoncule avec le pédicule qui , comme nous l'avons dit à son article , soutient et porte quelques parties dans les plantes, comme les nectaires , les glandes , les ovaires, etc. Le pédoncule est le support de la fleur et du fruit : cette partie mérite l'attention du Botaniste ; il la considère sous quatre attributs principaux , le nombre , la forme, son insertion sur la tige, et son insertion sur la fleur et le fruit. On donne communément le nom de queue au pédoncule de la Rose et de l'Œillet ; on dit aussi prendre une Pomme , une Poire par la queue, c'est la prendre par son pédoncule.

Pédonculé , ée. C'est ainsi qu'on nomme les fleurs et les fruits qui sont portés par un pédoncule ; s'ils en sont dépourvus , on les nomme sessiles.

Pekea, plante. *Pekea* , Jussieu.

Pélard , terme des Campagnes. On nomme bois pélard , celui dont on a ôté l'écorce pour en faire du tan.

Peluche *ou* Panne. C'est cette touffe de feuilles menues et déliées que le fleuriste admire dans les Anémones doubles , parce qu'elle fait à ses yeux leur principale beauté.

Penché, ée. On désigne, par ce terme, la tige , les feuilles, les fleurs qui sortent de leur à-plomb et s'inclinent.

Pendant, te. On nomme pédoncule pendant, celui qui est dans une situation pendante sans qu'il y ait de cause de foiblesse. On nomme rameaux pendans, ceux dont la foiblesse est si grande qu'ils sont entraînées par leur propre poids vers la terre. On nomme feuilles , fleurs , fruits pendans , ceux qui retombent dans une direction verticale.

Pentagone, terme de Géométrie. On s'en sert pour désigner les parties des plantes qui sont remarquables par cinq faces et cinq angles.

Pentagynie. Terme composé des deux mots grecs *Pente*, cinq , et *Gunè*, femme ; *cinq femelles.* Il désigne les plantes qui ont cinq pistils. La pentagynie est l'un des ordres qui divisent les classes dans le système sexuel de Linné.

Pentandrie. Terme composé de deux mots grecs, *Pente ,* cinq, et *aner andros*, homme ; *cinq mâles.* Il indique les plantes qui ont cinq étamines. La Pentandrie est la cinquième classe du système sexuel de Linné.

Pepin. Semence couverte d'une tunique propre, coriacée, qui se trouve au centre de certains fruits. Le fruit à pepin est ordinairement composé d'une pulpe charnue, et plus ou moins solide, au centre de laquelle on rencontre des loges membraneuses qui renferment les semences ; tels sont les *Pommes*, les *Coings*, les *Courges*. C'est mal-à-propos qu'on donne le nom de pepins aux graines que l'on trouve dans le raisin.

Pépinière, terme d'agriculture. On donne ce nom à un plan de petits arbres qu'on lève au besoin pour en peupler son verger. Le cultivateur donne également ce nom à un coin de son jardin ou de son champ, où il sème les plantes qui peuvent souffrir la transplantation. La plupart des plantes vivaces sont dans ce cas.

Pépiniériste. C'est le titre du Jardinier qui cultivé des Pépinières.

Pepon, plante. *Cucurbita*, Linné ; *Pepo*, Tournef.

Peptiques. Terme de médecine appliqué à certaines plantes auxquelles on attribue la propriété d'aider à la digestion ou de disposer les humeurs viciées à une supuration salutaire.

Perce-feuille, plante. *Buplevrum*, Tournef. Linné.

Perce-neige, *Galanthus*, Linné ; *Narcisso leucoïum*, Tournef.

Percepier, plante. *Aphanes*, Linné ; *Alchimilla*, Tournef.

Perfeuillé, ée, *ou* Perfolié. Adjectif des feuilles qui sont traversées par la tige ; telles sont celles de certains *Chèvre-feuilles* et de l'herbe nommée *Perce-feuille*.

Périanthe. (Ce mot signifie enveloppe.) C'est le calice, proprement dit, de Linné ; il est le plus commun ; il accompagne les organes de la fructification jusqu'à leur perfection. Il est de deux pièces dans la Fumeterre, de trois dans l'*Argemone*. Il peut être de douze pièces ; il varie dans sa forme et peut être globuleux ou cylindrique, ou écailleux, ou strié, ou cannelé.

Péricarpe. C'est encore un terme consacré par Linné ; c'est le fruit, proprement dit, ou l'ovaire fécondé et mûr, qui renferme la semence. On en distingue huit espèces qui constituent huit espèces de fruits ; savoir, la capsule, la coque, la silique, la gousse, le fruit à noyau, le fruit à pepins, la baie, le cône. (Voyez tous ces articles dans ce Dictionnaire.)

Perichætia. C'est une sorte d'anneau ou de calice qui investit ou recouvre certaines parties des fleurs, comme les filets sur les Mousses.

Périgynes. C'est par ce terme qu'on désigne les étamines et autres parties des fleurs qui sont au fond ou au sommet, ou attachées au milieu du calice.

Peripheria. Terme de Géométrie appliqué aux parties d'une plante dont on décrit la circonférence ou contour.

Perisperme. On nomme ainsi cette substance, ou molle, ou dure, ou farineuse, ou sèche, qui enveloppe immédiatement l'embryon ou germe.

Perluaux. C'est le nom qu'on donne à l'écorce desséchée de certains arbres : on enduit cette écorce de résine ou d'un engrais combustible, et elle peut servir alors de flambeau. On se sert de ces sortes de flambeaux, sur-tout dans les·fouilles d'ardoises et autres minéraux, sous terre.

Persicaire, plante. *Polygonum,* Linné; *Persicaria,* Tournef.

Persil, plante. *Apium,* Tournef. Linné.

Persistant. On appelle calice persistant, celui qui subsiste encore après la chûte des pétales. On nomme corolle persistante, celle qui ne tombe que long-tems après le développement des organes de la fructification, qui subsiste même jusqu'à ce que le fruit soit dans son état de maturité. On nomme feuilles persistantes celles qui passent l'hiver sur une plante, et conservent leur verdure. On nomme stipules persistantes, celles qui subsistent après la chûte des feuilles ; Volva persistant celui qui subsiste autant que le Champignon même ; racines persistantes, celles qui survivent à la mort des tiges et renouvellent la plante l'année suivante. En général, le mot persistant signifie ce qui est d'une durée remarquable.

Personnées, fleurs personnées, *ou* en mufle, *ou* en masque. C'est le nom des fleurs dont la corolle est monopétale, irrégulière, à limbe toujours divisé en deux lèvres inégales, et dont les semences sont renfermées dans un péricarpe, au lieu d'être nues au fond d'un calice, comme dans les fleurs labiées. On distingue les deux lèvres de cette corolle, en lèvre supérieure et lèvre inférieure. Les fleurs personnées constituent la troisième classe de la méthode de Tournefort.

Pervenche, plante. *Vinca,* Linné ; *Pervinca,* Tournef.

Pesise, plante. *Peziza,* Linné ; *Fungoïdes,* Tournef.·

Pesse, plante. *Hippuris,* Linné.

Pétale. Le nom pétale a pour sa racine un mot grec qui signifie feuille. C'est une feuille mince, ordinairement colorée, composée d'un grand nombre de vaisseaux et d'un tissu cellulaire, substance pulpeuse. Cette substance possède les couleurs, on la nomme *Parenchyme*, comme dans les feuilles ; elle est recouverte d'un épiderme transparent qui les transmet. On distingue dans le pétale, le limbe, la lame et l'onglet. Le limbe est l'extrémité supérieure ; l'onglet est l'extrémité inférieure ; la lame est l'espace qui est entre le limbe et l'onglet. Une corolle est nommée, ou *monopétale*, ou *dipétale*, ou *tripétale*, ou *tétrapétale*, ou *polypétale*, suivant le nombre de ses pétales.

Pétalé, ée. On nomme fleurs *pétalées*, toutes celles qui sont composées de pétales, et fleurs *apétales*, celles qui en sont dépourvues.

Pétaloïde. On distingue par ce terme les feuilles du calice, les filets, le style, lorsque ces parties sont en forme de pétales.

Pétasite, plante. *Tussilago*, Linné ; *Petasites*, Tournef.

Pétiole. Ce mot est consacré pour désigner la queue qui porte une feuille, comme le mot pédoncule est consacré à désigner la queue qui porte la fleur ou le fruit. On nomme *pétiolées*, les feuilles qui sont portées sur un pétiole ; celles qui en sont dépourvues, se nomment *sessiles*. On appelle *pétiolaires*, les parties qui viennent sur le pétiole, ou qui appartiennent au pétiole, telles que les vrilles dans certaines plantes.

Peuplier, plante. *Populus*, Tournef. Linné.

Phrases botaniques. L'art de les composer consiste à détailler brièvement et distinctement tous les caractères qui distinguent une plante. Les phrases *génériques* assignent le caractère du genre, les phrases *spécifiques* donnent les caractères de l'espèce.

Phtalmiques. Terme de médecine appliqué aux plantes qui excitent une irritation vive sur les membranes du nez, provoquent l'éternuement et la secrétion des humeurs nazales.

Petite Centaurée, plante. *Gentiana*, Linné ; *Centaurium minus*, Tournef.

Philosophie botanique. La philosophie naturelle, (dit un auteur recommandable), a pour objet la recherche des causes des phénomènes de la nature ; la philosophie du botaniste a ce même objet dans les plantes : elle en étudie toutes les parties diverses, toute l'organisation, tout le physique ; elle compare, elle combine leurs différens rapports ; elle juge sur leur dissemblance ou leur conformité, et parvient, par un travail combiné, méthodique et suivi, à connoître leur véritable nature.

Phytologie. Terme composé de deux mots grecs, *phutos*, plante ; et *logos*, discours ; discours sur les plantes. La *phytologie* est

l'art de décrire les plantes ; la botanique est l'art de les connoître, par les caractères qui leur sont assignés par la *phytologie*.

Physionomie. C'est dans le langage ordinaire , l'art de juger par
l'inspection des traits du visage , quelles sont les inclinations
d'une personne ; il se prend aussi pour l'air et l'ensemble des
traits du visage ; quelques botanistes n'ont pas craint d'employer
ce terme , pour indiquer la structure , le port ou l'ensemble
d'une plante.

Pied. Le pied en botanique est la partie d'une plante la plus
rapprochée de la terre. Quelquefois on rend ce mot synonyme
de plant; c'est ainsi qu'on dit abattre cent pieds d'arbres ; c'est
prendre la partie pour le tout.

Pied-de-Lion , plante. *Alchimilla ,* Tournef. Linné.

Pied-d'Alouette, plante. *Delphinium ,* Tournef. Linné.

Pied-d'Oiseau , plante. *Ornithopus ,* Linné ; *Ornithopodium ,*
Tournef.

Pigamon , plante. *Thalictrum ,* Tournef. Linné.

Pilulaire , plante. *Pilularia ,* Linné.

Piment, plante. *Capsicum ,* Tournef. Linné.

Pimprenelle , plante. *Poterium ,* Linné ; *Pimpinella ,* Tournef.

Pin, plante. *Pinus ,* Tournef. Linné.

Pin du Chili , plante. *Araucaria , Pinus, Dombeia ,* Jussieu.

Pinnatifide. On nomme feuilles pinnatifides , celles qui sont
découpées profondément, et qui ne diffèrent des feuilles ailées,
que parce que les découpures ne vont pas jusqu'à la nervure
principale de la feuille.

Pinné , ée , *feuille pinnée ,* ou *feuille ailée.* C'est ainsi qu'on
nomme les feuilles qui , sur deux côtés opposés d'un pétiole
commun , sont chargées de folioles distinctes. On nomme
feuilles bipinnées , celles dont le pétiole commun se divise en
pétioles particuliers , également ailés ; on dit aussi feuilles
tripinnées.

Piquant. On dit un fruit garni de piquans , hérissé de piquans ,
armé de piquans , pour dire un fruit armé de pointes épineuses.
Dans les piquans , les épines diffèrent des aiguillons , en ce que
les premiers sont contenus , c'est-à-dire, adhérens au corps
de la plante, et que les seconds n'y sont que contigus. Les
piquans sont regardés comme les armes défensives des
végétaux.

Piriforme. On désigne par ce terme , certaines parties d'une

plante , ou des plantes même entières, comme certains Champignons , dont la forme imite celle d'une Poire.

Pissenlit , plante. *Leontodon* , Linné ; *Dens Leonis* , Tournef.

Pistachier , plante. *Pistacia* , Linné ; *Terebinthus* , Tournef.

Pistil. Le pistil est une mère féconde dans tous les végétaux ; on
le compare à la partie femelle dans le règne animal ; il a sa
place fixe au centre de la corolle , là il est investi par les étamines comparées aux parties mâles. Sa forme est une espèce de
mamelon , qui se termine en un filet perforé dans son extrémité supérieure. Le pistil est donc composé de trois parties
principales ; la partie supérieure , à qui on a donné le nom de
stigmate ; la partie moyenne , nommée le *style ;* et la partie
inférieure , qui est le réceptacle des graines , qu'on nomme
ovaire. La partie moyenne , comme la moins utile , manque
souvent , ou paroît manquer ; les deux autres ne manquent
jamais. Le pistil est complet , quand il a stigmate , style et
ovaire : on le nomme incomplet , lorsqu'on l'a reconnu dépourvu
de l'une de ces parties. Linné compare le stigmate , aux parties
extérieures de la génération dans le règne animal ; c'est lui qui
reçoit la poussière fécondante des anthères de l'étamine , pour
la transmettre par le style , dans l'intérieur de l'ovaire , et
qu'elle y féconde les semences. Souvent le pistil est seul , et
alors on le nomme solitaire; quelquefois on ne peut les compter,
tant ils sont nombreux.

Pitte , plante. *Agave* , Linné ; *Aloe* , Tournef.

Pivoine , plante. *Pœonia* , Tournef. Linné.

Pivot. C'est le nom du tronc, ou partie la plus grosse d'une racine
qui s'enfonce verticalement dans la terre.

Pivoter. Il se dit des arbres qui jettent leur principale racine
perpendiculairement dans la terre. On le dit aussi des herbes.
Le Chêne pivote ; la Rave pivote.

Placenta, terme d'anatomie. C'est une masse mollasse qui est autour
du fœtus animal. Ce terme est usité en botanique, pour indiquer
la partie d'un fruit , où les graines à laquelle les semences ont
leur point d'insertion , et de laquelle sortent les sucs nourriciers destinés à leur subsistance ; car, dans le système des œufs,
on peut comparer les fruits , au corps de *l'utérus* ; la graine
enveloppée de sa tunique propre , au *fœtus ;* et le corps où la
graine est attachée, au *placenta.* C'est ainsi que l'observateur
remarque une analogie assez parfaite, entre les œufs des animaux et ceux des plantes.

Plan , ne , terme de mathématiques. *Angle plan , surface ,* ou *figure plane.* C'est un angle tracé sur une superficie plate ; c'est une surface, une figure plate et unie. Ce terme est adopté dans le même sens par la Botanique. On l'applique aux diverses parties ou figures, sur une plante, lorsqu'elles sont élargies, unies, égales, ou dans une situation parallèle à l'horizon.

Plançon *ou* Plantard, terme d'agriculture. Ce sont les branches de Saule, d'Aune, et des autres arbres qui viennent de bouture, lorsqu'on les a coupé pour les planter.

Plant, terme des campagnes. C'est un lieu planté de jeunes arbres. On le dit aussi du jeune pied de la Vigne, du Noyer, du Saule, du Peuplier, sur-tout lorsqu'ils ont pris racine.

Plantains, *famille des Plantains.* C'est la trente - unième des familles naturelles de Jussieu. Elle réunit les plantes qui ont de l'analogie avec le Plantain. *Plantago.*

Plantain d'eau, plante. *Alisma*, Linné ; *Ranunculus*, Tournef.

Plantard, c'est le synonyme de plançon. Quelques-uns appellent *boutures*, les plantards *ou* plançons, lorsqu'ils sont de petite taille.

Plantation, terme de jardinage. C'est le terrein que le cultivateur a planté de beaucoup d'arbres ou autres plantes.

Plante. C'est le nom général de toute production naturelle qui peut occuper un rang dans le règne végétal. Le *Chêne*, comme l'*Hyssope* ; le *Sycomore*, comme le petit *Gramen* ; le *Cèdre*, comme les *Mousses* et les *Lichens* ; l'*Olivier*, l'*Oranger*, comme le *Champignon*, sont des plantes. Lorsqu'une plante est ligneuse, c'est-à-dire, a la consistance du bois, si sa tige s'élève et devient un tronc, elle se nomme arbre, le *Chêne*, le *Noyer* ; une plante également ligneuse, mais s'élevant beaucoup moins, lorsqu'elle se partage en plusieurs tiges, se nomment arbrisseau. Le *Grenadier*, le *Sureau* ; une plante aussi ligneuse et qui le plus souvent se divise en plusieurs tiges, lorsqu'elle ne porte point de boutons aux aisselles des feuilles, se nomme sous-arbrisseau ; le *Chèvre-feuille.* Toute plante qui n'est pas ligneuse, ou ne l'est qu'imparfaitement, soit qu'elle soit annuelle, ou bisannuelle, ou vivace, est une herbe ; la *Violette*, la *Giroflée.*

Plantule *ou* plumule. On donne communément le nom de plantule, à cette partie d'une semence où sont les rudimens d'une plante nouvelle, c'est la plante en raccourci dans son œuf, ou l'embryon d'une plante. Plus communément, le mot *plantule* est synonyme de *plumule*, et alors c'est cette partie de l'embryon, d'une graine qui doit s'élever en tige, lorsqu'elle se montre dans l'état de la première germination.

Plaqueminiers , *famille des Plaqueminiers.* C'est la quarante-neuvième des familles naturelles de Jussieu ; elle réunit les plantes qui ont des rapports avec le Plaqueminier. *Guiacana* , Tournef. *Diospyros* , Linné.

Plat , te. C'est en botanique, ce qui sur une plante a la superficie unie , et dont les parties ne sont pas plus élevées les unes que les autres.

Plate-bande , terme de jardinage. C'est une espèce de terre qui règne autour d'un parterre , et que l'on destine à être garnie d'arbustes et autres plantes agréables à la vue.

Plein , ne. C'est l'opposé de vide ; ce qui contient tout ce qu'il est capable de contenir. On appelle pédicule plein , celui qui n'a en lui aucune cavité ; tige pleine , celle qui n'est en aucune manière fistuleuse ; fruit plein , celui dont la substance est ferme , continue, sans nulle interruption, etc. On nomme aussi fleurs pleines , celles dont toutes les étamines et les poils se métamorphosant en pétales , en ont prodigieusement accru le nombre ; telles sont , beaucoup de Roses , de Renoncules , d'Œillets , etc. C'est aussi un terme d'agriculture. On nomme arbre à plein vent , celui qu'on laisse élever à toute la hauteur dont il est susceptible.

Plié , ée. C'est en général ce qui est courbé ou fléchi. On dit que les feuilles sont pliées sur elles-mêmes dans le bouton. On les nomme pliées en gouttière , lorsqu'elles forment le chevron brisé.

Plume. C'est la partie supérieure de l'embryon d'une gaine. (*Voyez Plantule.*) On la nomme ainsi , parce qu'elle ressemble dans son premier développement, à un petit paquet de plumes.

Plumeux , se. On donne ce titre aux aigrettes des semences , aux poils répandus sur une plante , quand ils sont découpés comme une plume.

Plumule. C'est la partie de l'embryon qui s'élève pour former la tige d'une plante. (*Voyez* Plantule.)

Podagraire , plante. *Ægopodium* , Linné ; *Angelica* , Tournef.

Polémoine, plante. *Polemonium* , Tournef. Linné.

Polémoines , *famille des Polémoines.* C'est la quarante-quatrième des familles naturelles de Jussieu. Elle réunit les plantes qui ont de l'analogie , avec la Polémoine ou Valériane grecque. *Polemium.*

Poinçon. Ce mot a plusieurs significations en botanique. C'est quelquefois le noyau ou centre contre lequel sont appliquées toutes les parties de certains fruits qui sont comme disposées verticillairement. C'est aussi cette espéce de réceptacle que l'on observe dans les fleurs des arums.

Poils. Productions minces, courtes et chevelues que l'on trouve sur différentes parties des plantes ; ce sont ordinairement des organes qui correspondent aux vaisseaux excrétoires ; il est très-peu de plantes sur lesquelles on ne puisse observer des poils, sur-tout dans leur jeunesse.

Poincillade, plante. *Poinciana*, Tournef. Linné.

Poireau, plante. *Allium*, Liné ; *Porrum*, Tournef.

Poirée, plante. *Beta*, Tournef. Linné.

Poirier, plante. *Pyrus*, Tournef. Linné.

Pois, plante. *Pisum*, Tournef. Linné ; *Ochrus*, Tournef.

Pois-chiche, plante. *Cicer*, Tournef. Linné.

Pois à gratter, plante. *Cnestis*, Jussieu.

Poivre, plante. *Piper*, Linné.

Poivre d'Inde, plante. *Capsicum*, Tournef. Linné.

Poix. Matière gluante et noire, faite de résine brûlée, et mêlée avec de la suie du bois dont la résine est tirée. Elle est fournie par un sapin nommé *Picea* ou *Epicia*. On la tire aussi par incision de cet arbre ; on la coule dans des sacs de toile sans la brûler ; c'est alors la *poix blanche*, ou *poix* de Bourgogne ; c'est aussi la plus pure.

Politric, plante. *Asplenium*, Linné ; *Trichomanes*, Tournef.

Pollen, *poussière séminale*, ou *poussière fécondante*. Le pollen joue le plus grand rôle dans l'économie des végétaux. Tout nous dit qu'il est la source de la fécondité, l'essence prolifique, le sperme qui l'opère. Il n'est aucun végétal qui soit dépourvu de cette poudre génitale, ou qui puisse se passer d'elle. On la trouve sur l'*Hyssope*, sur le petit *Gramen*, comme sur la *Rose*, sur les *Mousses*, sur les *Lichens*, sur les *Champignons* même. Elle se présente au microscope, sous la forme de globules arrondis ou alongés, quelquefois hérissés de pointes, couverts d'aspérités, quelquefois lisses et unis. Sitôt qu'elle est parvenue au degré nécessaire d'effervescence et de maturité ; l'anthère, cette petite outre qui la contenoit, s'ouvre spontanément, il se fait une petite explosion, le pollen s'élance, et vient se reposer sur le pistil ; et là, soit qu'un simple contact lui suffise, soit que sa subtilité ou sa pente naturelle le porte jusqu'à l'ovaire, il parvient à le féconder. Le pollen varie par sa couleur, comme par sa forme ; le plus souvent il a une couleur blanche. Il est jaune dans le *Galega*, le *Cynocrambe*, le *Lis*. Il est transparent dans la *Jusquiame dorée*. Il est composé de deux globules, dans la *Consoude*. Cette poussière qui paroît si petite, est cependant composée ; lorsqu'on la jette dans l'eau elle se gonfle, son écorce se fend, et il en sort avec force une matière filamenteuse, mêlée de graines verdâtres. Elle ne se mêle point à l'eau, mais elle se dissout dans l'*Alkool*. Elle est cette cire brute que les Abeilles recueillent et transportent, à l'aide des brosses de poils dont leurs cuisses sont revêtues. Le pollen des plantes imparfaites, tel que celui des *Mousses*, ne se crève pas dans l'eau. Celui du *Lycopode* ne se fond pas même dans l'eau bouillante ; jeté sur la flamme d'une bougie, il brûle comme une résine pulvérisée, ce qui lui a fait donner le nom de *soufre végétal*. C'est à la poussière des étamines du *Pin*, qu'on doit ces prétendues pluies de soufre qui tombent dans le voisinage des montagnes couvertes de ces arbres, et qui quelquefois sont portées au loin par les vents, dans le printemps, lorsque les *Pins sont en fleur*.

Polyadelphie, terme composé de l'adjectif grec, *polus, e, u*, plusieurs, et d'*adelphos*, frère, *plusieurs frères*. Il indique les plantes qui ont les étamines réunies en trois ou plusieurs corps. La Polyadelphie est la classe dix-huitième du système sexuel de Linné.

Polyandrie. Ce terme est composé de deux mots grecs, *polus*, plusieurs, et *aner andros*, homme, *plusieurs hommes*. Il indique les plantes qui ont beaucoup d'étamines. La Polyandrie est la treizième classe du système sexuel de Linné.

Polyanthée, terme peu usité en Botanique. On le donne à une tige qui porte plusieurs fleurs.

Polygamie, terme composé de deux mots grecs, *polus*, plusieurs, et *gamos*, noce, *plusieurs noces*. Il indique les plantes qui portent ou sur le même individu des fleurs hermaphrodites et des fleurs uni-sexuelles mâles ou femelles, ou sur deux individus de la même espèce, des fleurs hermaphrodites et des fleurs mâles sur l'un, des fleurs hermaphrodites et des fleurs femelles sur l'autre ; ou bien encore des fleurs mâles sur un individu, des fleurs femelles sur l'autre, et des fleurs hermaphrodites sur un troisième. La Polygamie est la vingt-troisième classe du système sexuel de Linné, et constitue plusieurs ordres dans la dix-neuvième. *Syngenesie*.

Polygone. Il signifie, en Botanique, comme en Géométrie, ce qui a plusieurs angles et plusieurs côtés.

Polygonées, *famille des Polygonées*. C'est la vingt-huitième des familles naturelles de Jussieu. Elle réunit les plantes qui se rapprochent de la Polygonée. *Polygonum.*

Polygynie, terme composé de deux mots grecs, *polus*, plusieurs, et *gunè*, femme, *plusieurs femelles*. Il indique les plantes dont les fleurs renferment plusieurs pistils. La Polygynie est un des ordres qui divisent les classes du système sexuel de Linné.

Polypétale. On le dit des fleurs qui ont plusieurs pétales ou feuilles. On divise les corolles polypétales en Polypétales régulières et Polypétales irrégulières. La *Rose* est une Polypétale régulière ; la *Capucine* est une Polypétale irrégulière.

Polyphylle. On nomme calice polyphylle celui qui est composé de plusieurs pièces ou feuillets. On appelle collerette polyphylle celle qui est divisée jusqu'à l'endroit de son insertion en plusieurs parties distinctes.

Polypode, plante. *Polypodium*, Tournef. Linné.

Polysperme. On nomme baie polysperme celle qui contient un très-grand nombre de semences. On donne aussi cette qualification à toutes les espèces de fruits, lorsque leurs semences sont nombreuses. Le terme *Polysperme* est composé des mots grecs *polus*, plusieurs, et *sperma*, semence.

Pomme de merveille, plante. *Momordica*, Tournef. Linné.

Pomme dorée, *ou* Pomme d'amour. *Solanum*, Linné ; *Lycopersicon*, Tournef.

Pomme épineuse, plante. *Datura*, Linné ; *Stramonium*, Tourn.

Pomme-de-terre. *Fécule de Pomme-de-terre.* Cette fécule est généralement connue sous le nom de Farine de Pomme-de-terre. On écrase ce fruit bien lavé, on met la pulpe sur un tamis, on y passe de l'eau qui entraîne la fécule et la laisse déposer dans le fond du vase. On lave le dépôt à plusieurs reprises, on le met sécher ; la couleur blanchit à mesure, et la fécule sèche est très-blanche et très-fine. Comme cette fécule est devenue d'un usage très-répandu, on a fait connoître des instrumens plus ou moins propres à broyer la Pomme-de-terre. On a proposé des rapes tournant dans des cylindres, des meules armées de pointes de fer, etc.

Pommé. On donne ce nom au cidre fait de pommes. Le jardinier donne aussi ce nom aux choux dont les têtes sont conglobées en pomme, et aux laitues dans le même cas.

Pommeraie, terme des campagnes. C'est un lieu planté de Pommiers.

Ponche. C'est un composé de diverses liqueurs et autres substances tirées des végétaux , tels que le jus de Citron , l'Eau-de-
vie, le Vin blanc et le Sucre.

Poncire. On donne ce nom à un citron fort gros et fort odorant.

Ponctué, ée, ce qui est parsemé de points remarquables. Les
feuilles du *Millepertuis* sont ponctuées. On doit remarquer si
ces points sont calleux et élevés, s'ils sont planes et colorés,
s'ils sont caves et transparens. Ces observations servent à bien
indiquer une plante.

Pongelion, plante. *Aylanthus* , Jussieu.

Pongolotte, plante. *Gadelupa* , Jussieu.

Populage , plante. *Caltha* , Linné ; *Populago* , Tournef.

Pore. C'est un petit trou ou une ouverture presque imperceptible
dans la peau de l'animal, par où se fait la transpiration , et par
où sort la sueur. Les végétaux ont aussi des pores, les uns
absorbans , par lesquels ils reçoivent l'air et les liqueurs nécessaires à leur existence ; les autres exhalans ou excréteurs, par
où ils émettent un air nuisible ou quelque fluide dont la présence troubleroit l'équilibre de leurs fonctions économiques.

Porosité. C'est la qualité ou caractère d'une substance poreuse.

Port. Ce mot , dans le langage ordinaire , signifie le maintien d'un
homme. On dit qu'il a un port noble , majestueux , etc. En
Botanique , c'est le caractère habituel d'une plante ; son port
gît dans sa conformation , dans tout son ensemble, dans son
accroissement, sa grandeur, sa position. Ce caractère que
l'observateur saisit aisément, est employé sur-tout dans la
distinction des espèces ; on le compare à la physionomie de
l'homme , résultant de l'ensemble de tous ses traits.

Porte-collier , plante. *Osteospermum* , Linné.

Portulacées ,*famille des Portulacées.* C'est la quatre-vingt-sixième
des familles naturelles de Jussieu. Elle réunit les plantes qui
ont de l'analogie avec le Pourpier. *Portulaca.*

Potagères. On nomme communément plantes potagères les plantes
que l'on cultive dans les jardins pour l'usage des cuisines. Le
jardin potager est celui où l'on cultive les plantes potagères.
Ce genre de plante étoit une des divisions des anciennes méthodes : on distinguoit les *potagères* , les *vineuses,* les *alimentaires* , *etc.*

Potasse. On appelle *salin* , le sel provenant de la lessive de cendres de bois réduite , rapprochée , et évaporée jusqu'à siccité.

On

On nomme *potasse*, ce même sel calciné, et blanchi par la calcination. Tous les végétaux n'en produisent pas une égale quantité ; les plantes herbacées sont celles qui en fournissent le plus ; les arbustes en fournissent plus que les arbres ; les feuilles plus que les branches ; les branches plus que le tronc. Tous les produits de la vigne, depuis le sarment jusqu'à la grappe de raisin, le tartre, la lie desséchés et brûlés, en fournissent en abondance. La dépouille ou le squelette de certaines plantes potagères, telles que les tiges de *Haricots*, du *Féve des marais*, de *Melon*, de *Concombre*, de *Chou*, d'*Artichauts*, sont également riches en salin. Le *Tournesol*, les tiges de *Blé de Turquie*, les *Fougères*, les *Bruyères*, les *Buis*, les *Chardons*, peuvent aussi être employés. Lorsque le salin est fabriqué, on le met dans des tonneaux, pour le service des verreries, des savonneries, des blanchisseries, etc. Presque toute la potasse est fabriquée dans le Nord, où l'abondance du bois permet l'exploitation à moins de frais ; de semblables ateliers pourroient être établis dans toutes les grandes forêts ; les cendres lessivées forment un engrais très-précieux pour les prairies humides, et dans toutes les terres marécageuses.

Potentille, plante. *Potentilla*, Linné ; *Pentaphylloïdes*, Tourn.

Potiron, plante. *Cucurbita*, Linné ; *Melopepo*, Tournef.

Pourpier, plante. *Portulaca*, Tournef. Linné.

Poussière séminale. (*Voyez* Pollen.)

Précipité, terme de Pharmacie et de Chymie. C'est une matière dissoute, séparée de son dissolvant par le moyen de quelque précipitant, et tombée au fond du vaisseau.

Prêle, plante. *Equisetum*, Tournef. Linné.

Prématuré, terme de jardinage. On nomme fruit prématuré celui qui mûrit avant la saison de la maturité ordinaire à son espèce.

Primevère, plante. *Primula*, Linné ; *Primula-veris*, Tournef.

Principes de botanique. Si le but du botaniste n'étoit que de connoître les plantes par leur nom ; leur vue, un examen répété, la simple comparaison des unes et des autres feroit toute son étude ; il s'instruiroit comme un voyageur connoît les contrées qu'il a parcourues, ou comme l'habitant des campagnes apprend à discerner un grand nombre de plantes de son canton ; une routine feroit toute sa méthode, secondée par l'effort de sa mémoire ; sa science seroit une science vague, incertaine, et sur-tout très-limitée. Mais l'ambition du botaniste est plus agrandie, et son dessein plus vaste ; ses regards se prolongent sur l'immensité de toutes les plantes, et son désir est de les discerner toutes ; sa science, dès-lors, ne peut être l'effet d'une routine, ni ses leçons celui d'un rollet. La ressemblance de plusieurs plantes utiles avec celles qui sont nuisibles, la difficulté de connoître sûrement les unes, si l'on n'a pas une idée distincte des autres ; la facilité de se méprendre, et les dangers d'une méprise, tout lui fait sentir la nécessité de recourir à des principes fondés sur des caractères ou signes directs pour toutes. Ce sont ces principes si nécessaires qui constituent une *méthode*. (*Voyez l'article* Méthode.)

Prolifères. On ne doit pas confondre les fleurs prolifères avec les fleurs doubles, car elles peuvent être doubles, pleines même, et prolifères tout-à-la-fois. On obtient quelquefois, par la culture, des fleurs, du milieu desquelles s'élève une petite tige qui porte des feuilles ou une nouvelle fleur. Cet événement est fréquent dans les *Giroflées*, dans les *Renoncules*. Ces monstruosités ne sont que l'effet d'un dérangement causé, dans l'économie végétale, par une surabondance d'engrais.

Prolification. La prolification a lieu toutes les fois qu'on voit sortir du centre d'une fleur un ou plusieurs rameaux chargés de feuilles et de fleurs, dont le limbe dépasse plus ou moins celui de la corolle qui les porte. Elle a lieu aussi sur certains fruits ; souvent on voit sortir une *petite Pomme* de l'œil d'une autre *Pomme*; cela se remarque aussi dans la *Poire* et dans le *Coing*.

Prolifique. On donne en général ce nom à tout ce qui a la force et la vertu d'engendrer ou de faire engendrer ; telle est la poussière prolifique dans les végétaux. (*Voyez* Poussière fécondante *ou* Pollen.)

Propre. On nomme calice propre celui qui est immédiatement sous la corolle et ne porte qu'une fleur dans les fleurs composées. On dit dans le même cas *enveloppe propre*. Le pédoncule propre est celui qui porte immédiatement une fleur ou une agrégation de fleurs dans les *ombellifères* et autres; on appelle pétiole propre, celui qui soutient la foliole dans les feuilles composées. Ce qu'on nomme suc propre dans les plantes est une liqueur souvent colorée, et qui a souvent de la saveur et de l'odeur ; elle est blanche dans les *Euphorbes*, rouge dans la *Patience* et la *Betterave*, jaune dans la *Chélidoine*. Ces sucs épurés par tous les organes de la plante et les couloirs, à travers lesquels ils passent, se perfectionnent de jour à autre jusqu'à leur entière maturité, et alors ils constituent les propriétés.

Propriété. Dans les végétaux, c'est le résultat de toutes leurs qualités ou l'ensemble de leurs vertus particulières. Les anciens botanistes n'eurent égard qu'aux propriétés des plantes pour les discerner les unes des autres, et établir les principes de diverses méthodes, de les classer ils les divisèrent en *potagères, vineuses, alimentaires, vénéneuses, aromatiques, purgatives, etc.* Les plantes de même genre ont ordinairement les mêmes propriétés qui ne varient que par degrés. La *Scamonée*, le *Mécoacun*, le *Turbith*, la *Soldanelle* sont tous purgatifs et sont tous des espèces de *Liserons*; l'*Epurge*, l'*Esule*, le *Titimale*, sont des purgatifs caustiques et sont des espèces de *Titimales*; le *Moli*, le *Poireau*, l'*Oignon*, la *Victoriale* sont âcres et échauffans, et ce sont des espèces dans le genre de l'*Ail*; la *Canelle*, la *Casse ligneuse*, le *Sasafras*, le *Benjoin* sont aromatiques et des espèces de Lauriers. Cependant il faut se défier de l'esprit d'analogie; car la nature souvent le dément. C'est ainsi qu'il croît sur le *Figuier*, arbre vénéneux, le plus sain de tous les fruits. La *Péche* est douce, mais son amande est amère; la *Grenade* est acide, mais son écorce est astringente; le *Céleri* perd dans nos jardins la saveur désagréable qu'il avoit dans les marais; le *Chervi* s'est adouci par la culture, au point de devenir un aliment très-sain. On prétend que l'*Ail*, en Grèce, n'a ni saveur ni odeur désagréable. La plupart des fruits des arbres subissent dans leurs propriétés le même changement que les autres plantes; car c'est la culture qui enlève l'âpreté et communique cette propriété nutritive et adoucissante à la plupart des fruits qui croissent dans nos vergers. La nature a placé le poison à côté de la plante salutaire, ou qui en est le remède; l'instinct de l'animal les distingue; l'homme a, pour son partage, la raison et l'esprit d'observation, et il lui appartient de réunir tous les moyens d'apprécier les propriétés des végétaux. Le plus sûr est l'analyse chymique qui, en séparant les principes, en rapprochant les parties agissantes sous un moindre volume, contribue encore plus que tous nos sens réunis à nous les indiquer sûrement. Ce sont les plantes qui nous nourrissent ou servent de pâture aux animaux dont la chair nourrit, et la toison nous vêtit. Pour peu que nous apportions d'attention à observer ce qui se passe entre tous les êtres qui composent les trois règnes de la nature, nous voyons qu'ils ont tous des propriétés réciproques les uns envers les autres, et qu'ils se prêtent réciproquement des secours pour leur existence mutuelle. Ces *Lichens crustacés*, dont nous faisons peu de cas, sont les premiers fondemens d'une végétation; ils s'attachent aux rochers et laissent, après leur destruction, une terre fine où les *Lichens imbriqués* établissent

leurs racines. Diverses *Mousses* trouvent ensuite à s'y nourrir ;
ces dernières laissent encore une plus grande quantité de terre ,
où les herbes et les arbrisseaux peuvent prendre leur accroissement successif ; c'est ainsi que les végétaux se servent les uns
et les autres , même par leur destruction. Leur végétation a
aussi la propriété de conserver la masse de l'athmosphère dans
l'état de pureté nécessaire à l'entretien de notre vie. Les plantes
ne croissent jamais mieux que dans un terrein où l'air est altéré
par des émanations animales ; elles les absorbent, s'en nourrissent ; et si elles sont aidées des influences de l'astre du jour,
elles rejettent cet air corrompu dans l'état d'air pur.

Protée. Ce mot est emprunté de la Mythologie, pour indiquer ce
qui change continuellement de forme ; la Botanique l'a adopté
pour indiquer les plantes qui varient dans leur port et leurs
parties, et l'ensemble de ces parties.

Protées, *familles des Protées..* C'est la vingt - troisième des
familles naturelles de Jussieu ; elle réunit les plantes analogues
à celles que Tournefort nomme *Globularia,* et Linné *Protea.*

Provin, terme d'agriculture. C'est le rejeton d'un sep de vigne
provigné. On donne également ce nom aux branches d'un
arbre ou arbuste, qui, couchées sur terre, y ont pris racine
et peuvent servir à multiplier l'espèce, en les séparant du tronc.

Prunier, plante. *Prunus*, Tournef. Linné.

Pubescent. C'est par ce terme qu'on désigne les parties diverses
des plantes, ou des plantes entières, lorsqu'elles sont recouvertes de poils doux , très–fins , plus ou moins distincts.

Pulicaire, plante. *Plantago ,* Linné ; *Psyllium ,* Tournef.

Pulmonaire, plante. *Pulmonaria ,* Tournef. Linné.

Pulpe. On donne ce nom à la substance médullaire et charnue qui
compose le corps de la plupart des fruits. La pulpe est aux
fruits ce que le parenchyme est aux feuilles et aux jeunes tiges.

Pulpeux, se. On le dit des feuilles comme des fruits qui sont
remplis d'une pulpe plus ou moins succulente.

Pulsatille, plante. *Anemone.* Linné ; *Pulsatila ,* Tournef.

Purgatif, ve. Terme de médecine appliqué aux plantes dont la
propriété est de faire évacuer par le bas les matières superflues ou
nuisibles, contenues dans l'estomac et les intestins des animaux.

Putier, plante. *Prunus*, Linné ; *Cerasus .* Tournef.

Putréfaction. Tout corps vivant une fois privé de la vie prend un
chemin rétrograde et se décompose. Les mêmes causes, les

mêmes agens et les mêmes circonstances déterminent la décomposition des végétaux et des animaux, et la différence des produits, qui en résulte, ne provient que de la variété de leurs principes constituans. La putréfaction est donc la fin naturelle de tout végétal, et c'est le seul but que se propose la nature, puisque, par ce seul moyen, elle répare la surface épuisée du globe; car la vie du plus grand nombre des végétaux n'est que de quelques mois de durée ; et leurs dépouilles, ainsi que celles des plantes qui jouissent d'une vie plus longue, venant à s'altérer, il en résulte, selon leur degré de décomposition, du terreau ou de la terre végétale dans lesquelles les graines que les végétaux, qui ne sont plus, ont laissé après eux ces graines , les reproduisent et les font revivre après leur mort.

Pyramide. Corps solide à plusieurs côtés, qui s'élève en diminuant toujours, et se termine en pointe. Ce terme de comparaison est quelquefois utile au botaniste. L'ame du fruit de la *Langue de chien* est, dit Tournefort, une pyramide à quatre faces.

Pyrole, plante. *Pyrola,* Tournef. Linné.

Pyro-ligneux, Acide pyro-ligneux. On donne ce nom à l'acide que l'on retire du bois par la distillation. Les bois les plus durs en donnent mêlé avec une portion d'huile qui en masquoit les propriétés; cinquante-cinq onces de copeaux ont donné dix-sept onces de cet acide : il brûle comme tous les acides végétaux ; il rougit fortement les couleurs bleues végétales ; il corrode certains métaux tels que le plomb, dont il dissout deux fois son poids

Pyro-muqueux, Acide pyro-muqueux. Tous les végétaux contenant un sucre, donnent à la distillation un acide particulier connu sous le nom d'Acide pyro-muqueux. Il existe dans tous les corps susceptibles de passer à la fermentation spiritueuse, tandis qu'ils ne contiennent que le radical de l'acide oxalique ; il y est combiné avec des huiles et y est à l'état savonneux. Cet acide concentré a une saveur très-piquante, il rougit fortement les couleurs bleues végétales, il corrode certains métaux tels que le plomb, et forme, ainsi que le précédent, des cristaux de diverses nature suivant le métal sur lequel il a agi.

Q.

QUADRANGULAIRE, ce qui a quatre angles. On nomme tige quadrangulaire celle qui, sur toute sa longueur, a quatre angles saillans. On nomme feuilles quadrangulaires celles qui présentent en leurs bords quatre angles ; quand les deux latéraux sont obtus, on les nomme feuilles rhomboïdes.

Quadricapsulaire. On appele fruit Quadricapsulaire, celui qui est formé de quatre capsules.

Quadrilatère, terme de géométrie. C'est une figure à quatre faces. On nomme en botanique quadrilatères les parties qui présentent quatre côtés égaux, ou quatre faces égales.

Quadriloculaire. On nomme capsule *uniloculaire* celle qui n'a qu'une loge, *biloculaire* celle qui a deux loges, *triloculaire* celle qui en a trois, *quadriloculaire* celle qui en a quatre, *quinqueloculaire* celle qui en a cinq, et *multiloculaire* celle qui en réunit un plus grand nombre.

Quadriphylle. On nomme calice *monophylle*, celui qui n'a qu'une seule pièce ; et calice *quadriphylle*, celui qui est composé de quatre pièces distinctes.

Quadrijuguée. On nomme *quadrijuguée*, la feuille qui sur un pétiole commun porte quatre paires de folioles opposées.

Quadrivalve. On nomme capsule *univalve*, celle qui n'a qu'une valve ; et capsule *quadrivalve*, celle qui a quatre valves ou panneaux.

Qualités. Chaque plante a des qualités qui lui sont propres, et qui sont comme la base ou le principe de ses propriétés. Le goût et l'odorat aidés par l'analogie et l'expérience nous les indiquent. Il est communément reçu que celles qui ont la même odeur, ont aussi les mêmes vertus, que celles qui diffèrent par leur odeur diffèrent aussi par leurs qualités ; que toutes celles qui sont insipides, méritent peu d'être employées comme remèdes, tandis que celles qui ont le plus de saveur et d'odeur ont aussi le plus d'activité. C'est dans un terrein sec que croissent les aromates les plus puissans, tels que la *Canelle*, le *Girofle*, le *Romarin*, la *Sauge*, la *Lavande*. Les végétaux qui croissent dans un terrein gras, sont ordinairement insipides ; ceux qui croissent dans l'eau, sont le plus souvent âcres et corrosifs ; ils ont de la saveur et de l'odeur dans les lieux élevés et exposés au grand air. On prétend que la couleur peut aussi servir à nous indiquer les qualités des plantes. Le blanc désigne la douceur ; le vert, la crudité ; le jaune annonce l'amertume ; le rouge, l'acidité ; le brun indique un âpre astringent ; le noir présage une saveur désagréable et souvent vénéneuse ; mais ces règles souffrent des exceptions. Les baies de quelques *bruyères* sont noires, sans être vénéneuses ; le *Cassis* est dans le même cas. La *Reine-claude* qui est verte, est le plus doux de tous les fruits. Il convient donc à l'homme de réunir tous les moyens, pour apprécier et juger les qualités des plantes. «

Quassi, plante. *Quassia*, Linné.

Quaternées. On nomme feuilles *quaternées*, celles dont le pétiole commun porte quatre folioles pétiolées, ou réunies en pétiole, et qui ont toutes le même point d'insertion. En général, on donne cette qualification à toutes les parties des plantes qui sont disposées, quatre par quatre, sur un même point d'insertion.

Queniquier, plante. *Guilandina*, Linné.

Queue. C'est souvent le synonyme de pédoncule et de pétiole. On dit, prendre une *Rose*, une *Pomme*, une *Cerise* par sa queue ; c'est la prendre par son pédoncule.

Queue de Lion, plante. *Phlomis*, Linné ; *Leonurus*, Tournef.

Quinchamali, plante. *Quinchamalium*, Jussieu.

Quillai, plante. *Quillaja*, Jussieu.

Quina-quina, plante. *Myrospermum*, Jussieu.

Quinné, ée. C'est le titre des feuilles et autres parties des plantes qui sont disposées cinq par cinq, sur un même point d'insertion.

Quinquangulaire. On désigne par ce terme peu usité, les parties des plantes qui sont relevées de cinq angles.

Quinquina, plante. *Cinchona*, Linné.

Quinquina. C'est l'écorce de l'arbrisseau nommé *Cinchona*. Quand elle n'est pas roulée, on présume qu'elle a été enlevée du tronc de l'arbre ; si elle est mince et roulée en petits cornets, c'est qu'elle a été prise sur les rameaux ; si elle est par morceaux détachés, très-petits, menus, jaunes en dedans et blanchâtres en dehors, elle a été levée de la racine, et c'est celle qu'on estime le plus. Cette écorce contient plus de matières résineuses que des gommeuses ; elle est, à cause de son amertume, mise au rang des fébrifuges et des stomachiques. Quelques-uns attribuent les mêmes vertus à l'écorce du *Pêcher* et de quelques autres arbres. Boërrhaave présente les racines de la Benoîte, comme un congenère du Quinquina. Pourquoi aller chercher au Pérou et aux Caribes des remèdes que nous trouvons tous les jours dans nos climats et sous tous nos pas.

Quintefeuille, plante. *Potentilla*, Linné ; *Quinquefolium*, Tourn.

Quivi, plante. *Quivisia*, Jussieu.

R.

RABATTU , UE. On nomme feuilles réfléchies , ou rabattues , ou tombantes , celles qui forment avec la tige un angle aigu ou presque aigu à leur insertion , et qui sont tombantes , leur situation étant absolument l'opposée de celle des feuilles droites. On applique le terme de rabattu , à toutes les parties des plantes qui étoient d'abord dans une position droite, qui se renversent ensuite et se replient sur elles-mêmes.

Raboteux , se. On désigne par ce terme les parties des plantes qui sont nerveuses , inégales , et même celles dont la surface n'est pas unie.

Racine. C'est la partie la plus basse d'une plante ; ensevelie sous terre , sous l'eau , dans la substance même d'une autre plante ou de tout corps étranger ; elle soutient la tige , la fixe et l'assujettit dans le même lieu ; douée d'une attraction plus ou moins forte , la racine pompe de la terre , de l'eau , ou du corps sur lequel elle a pris sa naissance , un suc nourricier et propre à l'accroissement du végétal auquel elle le communique. Les racines ont très-communément des rapports et des proportions avec le corps de la plante et ses tiges ; de manière qu'une plante qui n'a que peu de tiges , un petit nombre de branches , ou qu'on empêche de s'élever , n'a ordinairement que de foibles racines ; mais cette règle n'est pas certaine. Quelques herbes , telles que la *Bryone ,* ont des racines monstrueuses ; et des arbres très-élevés , comme le *Sapin ,* n'en ont que des médiocres. Le botaniste considère principalement dans la racine , sa forme , sa position , sa consistance , sa durée. Il la nomme *horizontale , simple , fibreuse , napiforme ,* etc. (Voyez l'interprétation de tous ces termes.)

Rachitis , terme des campagnes. C'est une maladie du blé.

Radical , le. On donne ce nom aux hampes , aux feuilles , au volva , aux fleurs , lorsque ces parties appartiennent à la racine , ou partent immédiatement de la racine.

Radicant , te. On donne ce nom aux plantes et aux parties des plantes qui , comme le *Lierre* et la *Cuscute ,* jettent de leurs feuilles plusieurs racines.

Radicule. C'est la partie inférieure du germe d'une graine ; elle contient en raccourci la véritable racine , et est la première à se développer. On donne aussi le nom de radicule , à l'extrémité des racines d'une plante.

ø⟩ **Radié**, ée. Une fleur composée, dont le disque est occupé par des fleurons, et la circonférence, par des demi-fleurons, comme celles du Soleil, de l'Aster, de la Paquerette, etc. est nommé fleur radiée ou à rayon. On nomme aussi radié, tout ce qui autour d'un axe commun, est disposé comme les rayons d'une roue autour de son moïeu.

Radis, plante. *Raphanus*, Linné; *Raphanistrum*, Tournef.

Ragadiole, plante. *Lapsana*, Linné; *Ragadiolus*, Tournef.

Raffe, **Rafle**, *ou* **Rape**. On donne indifféremment ces noms au réceptacle commun, dans les graminées, les fleurs en épi, les fleurs en grappe. On dit la raffe d'un épi de *Seigle*, ou de *Froment*, la raffe du *Raisin*.

Rafraîchissantes. Plantes qui tempèrent la chaleur, diminuent les mouvemens trop accélérés des liqueurs, et donnent de la souplesse aux fibres.

Raifort, plante. *Raphanus*, Tournef. Linné.

Raisin de Renard, plante. *Paris*, Linné; *Herba paris*, Tournef.

Raisinier, plante. *Coccoloba*, Linné.

Ramassé, ée. C'est l'adjectif de toutes les parties qui sont très-rapprochées les unes des autres. On désigne par-là les feuilles, les fleurs, les fruits qui sont nombreux et se touchent de près. On dit ramassé en tête, en bouquet, en corymbe, en ombelle, par paquets, etc.

Raméal, le. C'est ce qui appartient aux rameaux ou aux branches, ce qui a son insertion sur les rameaux. On dit feuilles, fleurs, fruits raméals.

Rameaux. Ce sont les divisions ou branches d'une plante, ou de la tige d'une plante. Le corps d'une plante commence par les racines, et se termine par les rameaux. Un botaniste trouve dans les rameaux et leurs diverses insertions des caractères qu'il emploie très-utilement pour la distinction des espèces.

Rameux, se. On nomme tige rameuse celle qui produit latéralement des rameaux. On nomme racine rameuse celle qui se divise en rameaux latéraux, lesquels se sous-divisent encore. On nomme pédicule rameux celui qui se partage en deux ou plus de deux parties. En général, on nomme rameux tout ce qui se divise et sous-divise en rameaux ou branches.

Ramification. En anatomie, c'est la distribution d'une grosse veine ou artère en plusieurs moindres qui en sont comme les rameaux. En Botanique, c'est la disposition des branches considérées en elles-mêmes, et relativement les unes aux autres. On appelle aussi ramifications les dernières divisions des branches ou rameaux d'une plante, et les dernières divisions des nervures d'une feuille.

Ramontchi, plante. *Flacurtia*, Jussieu.

Rampant, te. Ramper, c'est se traîner sur le ventre comme les serpens, les couleuvres, les vers. On nomme rampantes toutes les plantes dont les tiges s'étendent au loin sur terre sans s'élever. Les racines que l'on nomme rampantes sont celles qui s'étendent et se prolongent entre deux terres dans une position parallèle à l'horizon.

Rape. (*Voyez* Rafle.)

Rapette, plante. *Asperugo*, Tournef. Linné.

Rapontic, plante. *Rheum*, Tournef. Linné.

Rapport. C'est, en Botanique, cette conformité que l'on observe entre une plante et une autre plante du même genre ou de la même famille. C'est ainsi que les plantes de la famille des *Ombellifères*, les *Graminées*, les *Algues* ou *Lichens*, les *Mousses*, ont entre elles des rapports si marqués, qu'elles ne sauroient être séparées de famille.

Rapproché. On le dit des anthères, des feuilles, des fleurs qui sont si voisines les unes des autres, qu'on pourroit les croire réunies. On dit aussi qu'un genre se rapproche d'un autre genre, que telle espèce se rapproche de telle autre, lorsqu'on trouve entre eux beaucoup de rapport et d'analogie.

Raputier, plante. *Raputia*, Jussieu.

Rassemblé, ée. On donne ce nom à toutes les parties des plantes qui viennent très-près les unes des autres. On dit rassemblé en anneau, en corymbe, en tête, en épi, par paquets, etc.

Rave, plante. *Brassica*, Linné; *Rapa*, Tournef.

Ravenal, plante. *Ravenala*, Jussieu.

Ravent-sara, plante. *Agatophyllum*, Jussieu.

Rayon. On donne ce nom à tout ce qui, sur une plante, est disposé comme les rayons d'une roue, ou comme les branches divergentes d'un parasol. Telles sont plusieurs feuilles verticillées et les branches d'une ombelle. On appelle aussi rayons les demi-fleurons qui partent du disque dans les fleurs radiées.

Rebord. C'est ainsi qu'on nomme un bord en saillie, ou un bord élevé sur un autre bord; ou un bord replié et renversé.

Receper. C'est tailler une vigne ou un arbre jusqu'au pied. On recepe la vigne, lorsque son tronc est desséché, aride et stérile.

On recepe un arbre dont le fruit est de mauvaise qualité, afin de lui faire pousser des sujets bons à être greffés.

Réceptacle. C'est un lieu où sont rassemblés plusieurs objets différens. En Botanique, on distingue trois espèces de réceptacles ; celui de la fleur, c'est-à-dire, celui où les pétales sont insérées ; celui du fruit, c'est-à-dire, ce qui porte immédiatement le fruit, et le réceptacle des semences, ou *Placenta*.

Récipient. C'est un vase dont le chymiste se sert pour recevoir les semences produites par l'effet d'une distillation. Le récipient est ordinairement une sphère qui présente deux ouvertures ; l'une assez grande pour recevoir le cou de la *cornue;* l'autre plus petite pour donner issue aux vapeurs.

Recomposées. On nomme feuilles recomposées celles qui sont composées deux fois, c'est-à-dire, qui ont un pétiole commun, des pétioles immédiats, et des pétioles propres, quand elles ne sont pas retrécies en pétioles. Les feuilles sur-composées sont encore plus divisées que les feuilles recomposées ; elles sont composées plus d'une fois. Les feuilles de la *Carotte*, de la *Ciguë* sont sur-composées.

Recourbé, ée, ce qui est courbé en rond par le haut. En Botanique, on emploie souvent les termes *courbé* et *recourbé* comme synonymes. On nomme pétioles et poils recourbés ceux qui, après avoir pris une direction droite, s'en éloignent en se recourbant en arc. On nomme aussi pétioles et pédoncules recourbés ceux qui forment l'arc de bas en haut.

Redoux, plante. *Coriaria,* Linné.

Redressé, ée. On nomme pétiole, pédoncule, pétales, feuilles redressés, ceux qui d'abord, dans une situation penchée, regagnent la ligne verticale par leur extrémité. Redresser, c'est rendre droite une chose qui l'avoit été auparavant, ou qui devoit l'être.

Réfléchi, ie. On désigne par ce terme les rameaux, les feuilles, les stipules, lorsque ces parties sont repliées sur elles-mêmes, et se courbent soit en dedans, soit en dehors. On nomme bords roulés ceux qui sont courbés sur eux-mêmes comme une boucle de cheveux. On nomme bords réfléchis ceux qui sont simplement recourbés.

Réfrigérant, terme de Chymie. C'est le vaisseau rempli d'eau dont la fonction est de refroidir les vapeurs que le feu élève de l'alambic.

Regain, terme de campagne. C'est l'herbe qui repousse dans les prés après qu'ils ont été fauchés.

Région. C'est pour le botaniste, comme pour le géographe, une grande étendue, soit sur la terre, soit dans l'air, soit dans l'eau.

Réglisse, plante. *Glycyrrhiza*, Tournef. Linné.

Réglisse, *Extrait de Réglisse.* On le prépare en Espagne par la décoction de la racine de l'arbrisseau qui porte ce nom. Nous pourrions aussi, à peu de frais, nous emparer de cette industrie; car une livre de racine de celui qui croît en abondance dans nos climats le long de nos étangs, fourniroit deux onces d'extrait de bonne qualité. On prépare cet extrait de diverses manières pour l'approprier aux divers usages, et le rendre d'un emploi plus commode et plus agréable.

Règne. On donne trois règnes à la nature; le règne animal, le règne minéral, et le règne végétal. Le règne animal s'étend sur l'homme, sur tous les quadrupèdes, les reptiles, les oiseaux, les insectes, les poissons. Le règne minéral embrasse toutes les espèces de terre, les pierres, les métaux, les demi-métaux, les sels, les cristaux, et tout ce qui y a des rapports. Le règne végétal comprend tout ce qu'on nomme plante; le nombre en est immense. *Commerçon* se glorifia d'en avoir formé une collection de plus de vingt-cinq mille : on dit que Sherrard en connoissoit seize mille; Adamson les portoit à vingt mille; on en nombre aujourd'hui trente mille et plus. L'objet du botaniste est de les connoître, de les comparer, de combiner leurs différens rapports, de juger sur leur dissemblance ou leur conformité, pour parvenir à savoir leur véritable nature.

Régulier. On nomme corolle régulière, celle qui est constamment d'une forme symétrisée, telle que celle de la *Rose*, et sur laquelle on n'observe aucune irrégularité. Il en est de même du chapeau du Champignon, et de tous les fruits. En général, on appelle en botanique régulier, tout ce qui présente aux yeux une forme symétrisée.

Rejet. C'est le nouveau jet que pousse un arbre. On dit, voilà le rejet de cette année; voilà un rejet bien constitué et bien vert.

Rejetons *ou* Stolones. Ce sont les nouvelles pousses produites par la tige d'une plante auprès de la racine : il faut les distinguer des drageons qui sont les produits de la racine même.

Relevé, ée. On le dit des bords d'une feuille ou d'un pétale, d'une feuille entière, d'une branche, quand ces parties se haussent et s'élèvent plus que les autres parties.

Reluisant, te. C'est ce qui luit par réflexion; ce sont les parties qui présentent le plus d'éclat.

Renflé, ée. On nomme calice renflé, celui qui se gonfle sensiblement et grossit bien au-delà de l'insertion des pétales ; les calices de beaucoup de *Lychnis* sont renflés. On nomme pédicule renflé, celui qui a une espèce de gonflement, qui augmente de beaucoup son diamètre ; tels sont ceux de plusieurs *Champignons*. On nomme feuilles renflées, celles qui sont charnues et épaisses dans le milieu ; telles sont celles de la *Raquette*.

Réniformes. On désigne par ce terme, les feuilles, les semences, les silicules qui ont la forme d'un petit rein, ou d'un rognon ; les feuilles réniformes sont plus larges que longues, échancrées à leur base, et arrondies par le haut.

Renonculacées, *famille des Renonculacées.* C'est la soixante-unième des familles naturelles de Jussieu ; elle réunit les plantes qui ont de l'analogie avec les Renoncules.

Renoncule, plante. *Ranunculus,* Tournef. Linné.

Renouée, plante. *Polygonum,* Tournef. Linné.

Renversé, ée. On le dit des feuilles et autres parties qui s'écartent de leur direction primitive en retombant.

Replié, ée. Il se dit des rameaux, des feuilles et autres parties qui sont pliées plusieurs fois et en différens sens.

Reproduction. La nature mère féconde et prévoyante, a fait que rien ne put s'opposer à une nouvelle sémination, à une reproduction même indéfinie de toutes les espèces des végétaux, et elle a donné à chaque plante, plus de semence mille fois, que si toutes concouroient à une nouvelle sémination, semblables à ces animaux qui tous les jours tombent sous le couteau meurtrier, et tous les jours sont reproduits par d'autres individus qui reproduisent l'espèce, à proportion des besoins de l'homme. L'art ajoute encore au travail de la nature, pour la reproduction des plantes, la greffe, les boutures, les drageons, les caïeux, sont des moyens de reproduction, comme le sont les semences.

Réseau. C'est un tissu de fibres entrelacés, comme le sont les mailles d'un filet ou d'un retz. C'est ainsi que des vaisseaux sèveux ou des fibres, après avoir parcouru le pétiole, viennent former l'ensemble d'une feuille, par plus de mille ramifications qui en constituent le réseau.

Réséda, plante. *Reseda,* Tournef. Linné.

Résines. Substances inflammables, grasses, onctueuses, qui découlent de certains arbres, tels que le *Pin*, le *Sapin*, le *Picea*, le *Lentisque*, etc. Les résines diffèrent des gommes, en ce qu'elles sont susceptibles de s'enflammer, et qu'on ne peut les dissoudre, qu'à l'aide d'un spirituel comme l'alkool, et de l'huile. Elles ne paroissent être que des huiles rendues concrètes par leur combinaison avec l'oxigène. Elles sont en général plus suaves que les beaumes. Les résines les plus pures et les plus solubles dans l'alkool, sont le *beaume de la Mèque*, celui de *Copahu*, les *Térébenthines*, le *Tacamahaca*, l'*Elémi*. Les moins pures sont, le *Mastic*, le *Sandaraque*, le *Gayac*, le *Ladanum*, le *Sang-dragon*. (*Voyez* ces divers articles dans cet ouvrage.) La résine connue dans le commerce sous le nom de résine de *Strasbourg* et de la consistance d'une huile grasse, d'un blanc jaunâtre, d'un goût amer, et d'une odeur plus agréable que les térébenthines ordinaires. Elle découle du *Sapin* à feuilles d'*If*, très-commun dans les montagnes de Suisse. Cette résine se ramasse dans des vessies qui paroissent sous l'écorce aux plus grandes chaleurs. Les habitans du pays percent ces vessicules avec la pointe d'un cornet, qui se remplit de ce suc, et le vident à mesure dans un vaisseau plus grand.

Respiration des plantes. L'air est nécessaire aux végétaux, mais ils ne le respirent pas comme les animaux ; son passage à travers les trachées ou vaisseaux aériens, sa dilatation ou sa condensation successives, leur tiennent lieu de respiration ; mais si l'air est nécessaire aux plantes, et si on ne peut en douter, il est des plantes, comme des animaux, auxquelles il en faut bien peu. On a reconnu, et l'expérience le confirme encore tous les jours, que certains arbres, pour être multipliés de boutures, exigent presque absolument la privation de cet élément, qu'on ne leur rend ensuite que successivement et peu à peu, comme on le rend à un noyé. Il paroît que les plantes qui vivent dans l'air, n'en changent pas la nature, car des végétaux couverts de cloches pendant six semaines, n'ont produit aucun changement dans le volume ni la nature de l'air qui y étoit renfermé. Des expériences ont encore prouvé que l'air atmosphérique pouvoit servir à la plante, lors même qu'il ne contient que du gaz nitrogène.

Ressort. En botanique, comme en mécanique, c'est la force qu'ont les corps de se remettre en leur premier état quand on les abandonne, après les avoir contraints et courbés, ou après les avoir étendus plus qu'ils ne le sont naturellement.

Resserré, ée. On le dit d'un panicule, d'un thyrse, d'un épi dont les parties sont très-rapprochées les unes des autres, et comme *entassées*.

Réticulaire. (*Voyez* tissu réticulaire.)

Rétiformes. On donne ce nom au chapeau de certains Champi-gnons , aux racines , aux feuilles , aux plantes mêmes qui ont la forme d'un retz ou d'un filet.

Réuni , ie. On le dit des anthères et des filets , lorque ces parties ne font qu'une.

Rhomboïdal , le. On nomme feuilles rhomboïdales , ou rhom-boïdes , et on en donne aussi ce nom aux parties des plantes qui ont une figure rectiligne, à deux angles aigus et deux obtus, dont il n'y a guère que ceux qui sont parallèles , qui soient égaux.

Rhubarbe, plante. *Rheum* , Linné , *Rhabarbarum* , Tournef.

Ridé , ée. C'est ainsi qu'on nomme les feuilles et les superficies qui ont une surface inégale et remarquable par des enfoncemens et des élévations alternatifs.

Rides. Ce sont des plis qui se font sur le front , sur le visage , sur les mains , et qui sont ordinairement l'effet de l'âge. On se sert en botanique de ce terme de comparaison.

Riéble, plante. *Galium* , Linné ; *Aparine* , Tournef.

Rima , plante. *Artocarpus* , Linné.

Riz , plante. *Oryza* , Tournef. Linné.

Rob. C'est un suc dépuré des fruits cuits , de consistance de miel ou de syrop épais.

Rocou, plante. *Bixa* . Linné ; *Mitella* , Tournef.

Romarin, plante. *Rosmarinus*, Tournef. Linné.

Ronce, plante. *Rubus*, Tournef. Linné.

Rondache. C'est un grand bouclier rond dont on se servoit au-trefois. On nomme feuilles en rondache celles qui sont élargies et arrondies à leurs bords. On nomme aussi stigmate en ron-dache celui qui est très-plat et arrondi.

Rondelet. C'est un diminutif de rond : ce qui est taillé en forme de cercle.

Rondier, plante. *Borassus* , Linné.

Rongé , ée, ce qui est coupé avec les dents à fréquentes reprises. La Botanique nomme rongé ce qui a l'air d'avoir été entamé par la dent d'un animal.

Rosacé , ée. On nomme fleurs rosacées celles dont les pétales sont disposées comme ceux de la Rose. Les Rosacées constituent la sixième classe de la méthode de Tournefort.

Rosacées , *famille des Rosacées.* C'est la quatre-vingt-douzième des familles naturelles de Jussieu ; elle réunit les plantes dont les fleurs sont disposées en rose.

Rosages, *famille des Rosages*. C'est la cinquantième des familles naturelles de Jussieu. Elle réunit les plantes qui ont de l'analogie avec le Rosage. *Rhododendron*, Linné ; *Chamœrodendros*, Tournef.

Rose de Jéricho, plante. *Anastatica*, Linné ; *Thlaspi*, Tournef.

Rose du Japon, plante. *Hortensia*, Jussieu.

Roseau, plante. *Arundo*, Tournef. Linné ; *Gramen*, Tournef.

Rosette, *en Rosette*, terme de comparaison pour désigner la forme de certaines fleurs et de certains fruits. C'est aussi le synonyme de corolle en roue.

Rosier, plante. *Rosa*, Tournef. Linné.

Rossolis, plante. *Drosera*, Linné ; *Rossolis*, Tournef.

Rotang, plante. *Calamus*, Linné.

Roue, *Corolle en roue*. C'est celle qui est monopétale, régulière, divisée supérieurement en plusieurs parties, découpées profondément, et étalées en étoile ou en roue.

Rouille. C'est une espèce de maladie qui attaque les tiges et les feuilles de plusieurs plantes. Mais il en est d'autres qui, sans être malades, ont les feuilles ou d'autres parties marquées de taches de rouille. Telle est la plante *Rhododendron ferrugineum* qui tapisse et embellit plusieurs de nos montages.

Rouir. C'est faire la décomposition d'un végétal par l'action combinée et appliquée alternativement de l'air et de l'eau. On désorganise la plante ; on rompt toute liaison entre les deux principes ; l'eau entraîne les sucs, et met à nu le squelette fibreux. C'est ainsi qu'on prépare le *Chanvre* et le *Lin* ; c'est ainsi qu'on décompose le *Genêt d'Espagne* dans certains pays, et l'écorce du *Mûrier* dans d'autres.

Routine. C'est une sorte de faculté ou de capacité qu'une longue habitude nous acquiert. Cette faculté est nulle pour un botaniste, parce que le nombre infini d'objets qu'embrasse la Botanique surpasse toute la capacité de la plus vaste mémoire. Ce rôlet diffère de la vraie science, que l'on n'acquiert que par des principes, et que l'on n'exerce que par méthode et par logique.

Rouvet, plante *Osyris*, Linné ; *Casia*, Tournef.

Royoc, plante, *Morinda*, Linné.

Rubanté

Rubanté, ée. On désigne par ce terme certaines tiges, certaines feuilles qui sont aplaties ou colorées comme un ruban.

Rubiacées, *famille des Rubiacées.* C'est la cinquante-septième des familles naturelles de Jussieu. Elle réunit les plantes qui ont de l'analogie avec la Garance. *Rubia.*

Rude. C'est ce qui est âpre au toucher, et dont la superficie est inégale et dure. Ce terme, en Botanique, désigne les feuilles et autres parties des plantes qui sont âpres au toucher, et qui présentent des duretés ou inégalités sur leur surface.

Rue, plante. *Ruta*, Tournef. Linné.

Runciné, ée. On nomme feuilles runcinées celles qui sont découpées latéralement et profondément, en lobes élargis. Telles sont les feuilles de l'*Aigremoine.*

Rutacées, *famille des Rutacées.* C'est la quatre-vingt-unième des familles naturelles de Jussieu. Elle réunit les plantes qui ont de l'analogie avec la Rue. *Ruta.*

S.

Sabine, plante. *Juniperus,* Tournef. Linné.

Sable. Le botaniste sait que le sable est un composé de corps secs, durs au toucher, graveleux, impénétrables à l'eau, dont les parties ont peu d'adhérence entre elles. Les sables purs sont friables et secs; les plantes qui y subsistent ont tout à craindre de l'humidité ; une terre qui conserve l'eau leur seroit funeste. Tels sont le *Mufle de veau vulgaire*, la *Scorpione*, la *Potentille du printemps*, le *Serpolet.*

Sabot, plante. *Cypripedium*, Linné ; *Calceolus*, Tournef.

Sabre, *en sabre.* On nomme feuilles en sabre celles qui, trésalongées, ont un bord épais et l'autre mince et tranchant, dans la forme d'une lame de sabre.

Sachets. On donne ce nom à certains récipiens globuleux qui renferment les organes de la fructification dans plusieurs espèces de lichens.

Sagittées. On nomme feuilles sagittées celles qui sont taillées en fer de flèhe. *Sagitta.* Telle est la forme de celles de la *Flèche d'eau* ou *Sagittaire.*

Safran, plante. *Crocus*, Tournef. Linné.

Sagou. C'est une fécule tirée de la moëlle de plusieurs *Palmiers* farineux. C'est aux Moluques qu'on fait cette préparation. On n'emploie que la moëlle des Palmiers d'un certain âge, car les jeunes en donnent peu : on délaie la moëlle dans l'eau, et on laisse précipiter la fécule qui en est extraite, et qui blanchit le liquide. Cette fécule desséchée forme des petits grains qui, réduits en poudre, et mis dans l'eau tiède, donnent une pulpe ou mucilage très-nutritif. On fait aussi une espèce de Sagou avec ce qu'on nomme *Farine de Pomme-de-terre*, cuite dans l'eau, du bouillon ou du lait.

Sagoune, plante. *Sagonea*, Jussieu.

Sainbois, plante. *Daphné*, Linné ; *Thimelea*, Tournef.

Salep. Les racines de toutes les espèces d'Orchis contiennent un principe farineux amilacé. C'est avec ces racines principalement qu'on prépare le *Salep*, aliment nourrissant, restaurant, surtout connu des peuples orientaux. On cueille ces racines lorsque la plante a donné ses semences, et que les tiges commencent à sécher ; on les dépouille de leurs fibres, de leurs enveloppes et des bulbes desséchées de l'année ; on les lave dans l'eau froide ; on les fait bouillir un moment dans l'autre eau ; on les enfile dans un fil pour les faire sécher à l'air ; elles deviennent transparentes, très-dures, ressemblant à de la gomme adragant. Séchées, on les conserve aussi long-temps qu'on veut dans un endroit sec ; on les réduit en farine aussi fine que celle du froment, et cette fécule ainsi pulvérisée et délayée forme une gelée très-nourrissante. On en fait aussi une boisson très-agréable, en y mêlant du sucre et quelques légers aromates.

Salicaires, *famille des Salicaires*. C'est la quatre-vingt-onzième des familles naturelles de Jussieu. Elle réunit les plantes qui ont des rapports avec la Salicaire. *Lithrum*.

Salicorne, plante. *Salicornia*, Tournef. Linné.

Saligot, plante. *Trapa*, Linné ; *Tribuloïdes*, Tournef.

Salivaires, terme appliqué aux plantes qui provoquent une secrétion abondante de salive.

Salsepareille, plante. *Smilax*, Tournef. Linné.

Salsifis, plante. *Tragopogon*, Tournef. Linné.

Samole, plante, *ou* Mouron d'eau. *Somolus*, Tournef. Linné.

Sandaraque. C'est un suc résineux, concret, en larmes sèches, blanches, transparentes, d'une saveur amère et astringente. On la retire de presque toutes les espèces de *Genèvriers*, où elle se trouve entre le bois et l'écorce. La Sandaraque est presque entièrement soluble dans *l'Alkcol*, avec lequel elle forme un vernis très-blanc et très-siccatif ; c'est pour cela qu'on l'appelle aussi *vernis*.

Sang-Dragon , plante. *Dracœna*, Linné.

Sang-Dragon. C'est une résine d'une couleur rouge foncée , lorsqu'elle est en masse , et d'un rouge brillant lorsqu'elle est en poudre. Elle est rarement transparente ; elle est sans saveur ni odeur , excepté quand on la brûle , car alors elle répand une odeur qui approche de celle du Storax liquide , et sa fumée a une odeur acide comme du Benjoin. Le Sang-Dragon se retire du *Dracœna*, dans les îles Canaries , et découle de cet arbre sous la forme de larmes au tems de la canicule. On en retire aussi du *Pterocarpus-Draco* ; on expose les fruits à la la vapeur de l'eau chaude , et le suc suinte en gouttes : on le ramasse, on l'enveloppe dans des feuilles de Roseau. Cette résine se dissout dans l'Alkool , et la dissolution est rouge. Bouillie dans l'eau , elle s'y dissout à la longue , et la colore en rouge. Le Sang-Dragon est employé par la médecine , comme astringent. Celui qu'on trouve communément dans les boutiques, est en pains orbiculaires , aplatis ; c'est une composition de diverses gommes qu'on met sous cette forme, après les avoir coloré par un peu de Sang-Dragon.

Sapan , plante. *Cesalpina*, Linné.

Sapotiliers , *famille des Sapotiliers*. C'est la quarante-huitième des familles naturelles de Jussieu ; elle réunit les plantes qui ont de l'analogie avec le Sapotilier. *Achras*.

Sarment. C'est, dans le langage ordinaire, le bois que pousse un sep de vigne ; on s'en sert en Botanique pour désigner les branches souples et pliantes de quelques autres plantes que l'on nomme plantes sarmenteuses.

Sarrasin, plante. *Polygonum*. Linné. *Fagopyrum*. Tournef.

Sarrette, plante. *Sarratula*, Linné ; *Jacea* , Tournef.

Sassafras , plante. *Laurus*, Tournef. Linné.

Sassafras. On connoît sous ce nom une résine d'un roux blanchâtre, spongieuse et légère , de couleur cendrée , roussâtre en dedans, d'un goût âcre , douceâtre , aromatique ; d'une odeur assez semblable à celle du Fenouil et de l'Anis. On en retire une huile essentielle. Le *Laurier-Sassafras* , originaire de la Caroline , peut s'acclimater en France, et s'y multiplier par ses semences. La Médecine se sert de la résine Sassafras pour exciter la transpiration et les sueurs ; on dit qu'appliquée extérieurement , elle adoucit les douleurs de goutte , et corrige les humeurs froides.

Satyrion , plante. *Satyrium* , Linné ; *Orchis* , Tournef.

Satyre , plante. *Phallus* , Linné ; *Boletus* , Tournef.

Saveur. Les saveurs indiquent le plus souvent les propriétés des plantes ; elles agissent sur nos nerfs , nos vaisseaux , nos humeurs, de la même manière dont elles affectent notre goût. On distingue dix espèces de saveurs : l'*insipide*, ou *aqueux*, le *sec*, le *doux*, le *gras*, le *visqueux*, l'*acide*, le *salé*, l'*âcre*, l'*amer*, l'*austère*, ou *styptique*; l'eau est aqueuse ; la farine est sèche ; le sucre est doux ; l'huile est grasse; la gomme est visqueuse . le vinaigre est acide ; le sel est salé, la moutarde est âcre ; la bile est amère ; la noix de galle est austère ; et comme on guérit souvent par les contraires , l'aqueux est opposé au sec , l'acide à l'amer , le doux à l'âcre , le visqueux au salé; le gras à l'austère. Il est d'expérience que les plantes qui ont les mêmes saveurs , ont communément les mêmes vertus ; que celles qui diffèrent par leurs saveurs, diffèrent aussi par leurs qualités ; et que toutes celles qui sont insipides méritent rarement d'être employées comme remèdes , tandis que celles qui ont le plus de saveur ont aussi le plus d'activité. Toutes ces règles souffrent cependant des exceptions ; car quoique les principes savoureux aient une grande action sur nos organes , on a cependant observé que des plantes du même goût produisent quelquefois des effets contraires , ce qui peut provenir de ce qu'elles diffèrent par leur odeur. Le goût et l'odorat doivent donc toujours être réunis dans le jugement qu'on porte d'une plante.

Sauge, plante. *Salvia* , Tournef. Linné.

Saule , plante. *Salix* , Tournef. Linné.

Savoniers , *famille des Savoniers*. C'est la soixante-cinquième des familles naturelles de Jussieu ; elle réunit les plantes qui ont des rapports avec le Savonier. *Sapindus*.

Sauvevie , plante. *Asplenium* , Linné ; *Ruta muraria* , Tournef.

Sauvageon , terme d'agriculture. C'est un arbre sauvage et jeune qu'on enlève aux bois , et qu'on transporte dans un jardin pour le cultiver et greffer dessus les espèces précieuses.

Saxifrages , *famille des Saxifrages*. C'est la quatre-vingt-quatrième des familles naturelles de Jussieu; elle réunit tous les Saxifrages.

Saxifrage , plante. *Saxifraga* , Tournef. Linné. *Geum* , Tournef.

Saxifrage dorée , plante. *Chrisoplenium* , Tournef. Linné.

Scabieuse, plante. *Scabiosa* , Tournef. Linné.

Scammonée. C'est une gomme résine d'un gris noirâtre , d'une saveur amère et âcre, d'une odeur forte et nauséabonde. Pourquoi aller chercher aussi loin des plantes aussi dangereuses ? On en connoît deux variétés dans le commerce : l'une vient d'*Alep*, et l'autre de *Smyrne* ; la première est plus pâle et plus pure, la seconde noire, pesante, et ordinairement mêlée de corps étrangers. Toutes les deux sont extraites du *Convolvulus Scammonia*. C'est principalement de la racine, qu'on retire cette résine ; on pratique à cet effet des incisions à la tête de cette même racine ; on la recueille dans des coquilles de moule ; on la retire aussi par expression de la plante, et c'est la moins estimée. La Scammonée doit être brillante, facile à casser, et très-aisée à réduire en poudre, insipide sur la langue ; elle doit devenir laiteuse lorsqu'on l'arrose de quelques liqueurs. C'est un purgatif violent qu'il faut toujours associer à d'autres qui le tempèrent. Cependant triturée avec le sucre et les amandes, elle forme une immulsion purgative très-agréable. Adoucie par le suc de réglisse ou le coing, elle forme le *Diagrede*.

Scape. (Voyez Hampe.)

Scarieuse. Ce terme, créé par les Botanistes, désigne les parties d'une plante qui sont arides, sèches, et résonnent lorsque l'on les touche ; on dit feuilles Scarieuses.

Sceau de Notre-Dame, plante. *Tamus*, Linné; *Tamnus*, Tournef.

Sceau de Salomon, plante. *Convallaria*. Linné. *Polygonatum*. Tournef.

Scie. On nomme feuilles dentées en Scie, celles dont les dentelures sont tournées comme les dents d'une scie.

Scille, plante. *Scilla*. Linné. *Ornitogalum*, *Lilio Hyacinthus*, Tournef.

Sclarée, plante. *Salvia*, Linné; *Sclarea*, Tournef.

Scirpe, plante. *Scirpus*, Linné; *Cyperus*, Tournef.

Scolopendre, plante. *Asplenium*, Linné; *Lingua cervina*, T.
Scorpione, plante. *Myosotis*, Linné; *Lithospermum*, Tournef.

Scorsonère, plante. *Scorzonera*, Tournef. Linné.

Scrophulaires, *famille des Scrophulaires*. C'est la quarantième des familles naturelles de Jussieu. Elle réunit les plantes qui ont de l'analogie avec la Scrophulaire. *Scrophularia*.

Scrotiforme. C'est le nom qu'on donne à certaines capsules, aux nectaires des Elléborines, à d'autres parties encore auxquelles on attribue la forme du *Scrotum*.

Sébestier, plante. *Cordia*, Linné.

Secrétions. C'est la filtration proprement dite des différentes liqueurs ou sucs nourriciers des plantes. Les vaisseaux séveux sont les organes distributeurs de la séve ; ce sont eux qui portent les sucs nutritifs aux extrémités supérieures, et qui les rapportent aux inférieures ; car les vaisseaux dans les plantes font les fonctions des veines et des artères dans les animaux.

Sections. Ce sont les premières divisions des classes d'une méthode. Linné et Jussieu les nomment *Ordres*. Ce sont des classes subalternes, si l'on peut s'exprimer ainsi, qui sont à leur tour divisées en genres, comme les genres le sont en espèces.

Segmens. C'est ainsi que l'on nomme les divisions d'un calice, d'une corolle, d'une feuille, etc.

Seigle, plante. *Secale*, Tournef. Linné ; *Gramen*, Tournef.

Semence, *ou* Graine. La Semence est le principe d'une plante nouvelle ; c'est l'œuf végétal qui, fécondé par la poussière génitale des étamines, vivifié par le pistil, échauffé de nouveau par la chaleur de la terre, doit reproduire et perpétuer la plante qui lui donna naissance. Si l'homme, trop assujetti à ses usages, trop resserré dans les limites de ses connoissances ordinaires, ignore ce qu'elle présente d'intéressant pour la Physique et pour son bonheur même, c'est qu'il n'a pas eu le courage de parcourir les diverses semences, de les étudier pour les connoître. Que de précautions la nature n'a-t-elle pas pris pour varier ses opérations et ses ressources dans la dispersion des semences ! Il est des semences ornées d'aigrettes pour être portées par les vents ; d'autres pourvues de membranes en forme d'ailes, pour ne pas être submergées dans les eaux, et être transportées par les courans. D'autres ont des espèces de crochets qui les attachent aux poils des animaux, lesquels, dans leurs courses, les sèment au loin, les dépaysent. D'autres sont enduites d'une humeur glutineuse qui les garantit des injures de l'air, ou les attache aux corps qui les touchent. D'autres ne perdent pas le pouvoir de germer, après avoir passé par le corps, la digestion même, des animaux qui s'en nourrissent. Il est des semences, enfin, qui, par un mécanisme des plus simples, sont jetées au loin par le jeu des panneaux élastiques qui les renfermoient ; car elles n'auroient pu se disposer d'elles-mêmes, et couvrir l'étendue du globe : il falloit que quelque agens subalternes fissent ou favorisassent cette disposition nécessaire. C'est ainsi que la nature a fait qu'il y ait une sorte d'enchaînement entre tous les êtres, et qu'ils se prêtassent sans cesse, sans le vouloir même, des secours réciproques pour assurer leur existence mutuelle. On distingue dans la Semence ou Graine végétale la *tunique propre*, les *cotylédons*, l'*embryon*, la *radicule* et la *plumule*. (Voyez tous ces articles dans cet ouvrage.)

Semi-cylindrique. C'est ainsi qu'on nomme une tige qui est cylindrique d'un côté, et un peu aplatie de l'autre. Il en est de même de plusieurs autres parties sur les plantes.

Semi-double. C'est par ce terme qu'on désigne certaines fleurs qui ne sont qu'à moitié doubles ; c'est-à-dire, qui ont conservé une plus grande quantité de parties sexuelles, et possèdent moins de pétales que les fleurs doubles. Certaines fleurs semidoubles, les Renoncules entre autres sont plus estimées des Fleuristes que les fleurs doubles, soit parce qu'elles ont plus de vivacité dans les couleurs, soit parce que leurs graines sont plus multipliées et plus fécondes.

Séminales. On nomme feuilles séminales, celles qui paroissent les premières après le développement de la graine; elles sont souvent bien différentes de celles que la tige portera dans la suite. Le terme de séminal convient encore à tout ce qui a des rapports ou appartient aux semences.

Séminations C'est la dispersion des semences ou graines d'une plante, soit que ce soit l'effet des dispositions de la nature, soit que ce soit celui du travail des hommes et de l'art.

Semis, terme d'Agriculture. On donne ce nom à un lieu où l'on a semé des graines d'une plante dont on doit lever les plans pour les disperser à une distance proportionnée à leurs besoins.

Séné, plante. *Cassia*, Linné ; *Senna*, Tournef.

Séneçon, plante. *Senecio*, Tournef. Linné.

Sensibilité *ou* Irritabilité des plantes. Espéce de mouvement spontanée dans certaines parties des plantes qui s'agitent ou se contractent lorsqu'on les touche, et tant que la cause dure. Les feuilles de plusieurs mimoses sont sensibles, les étamines de l'Epine-vinette, celles de la Pariétaire sont sensibles. Cette sensibilité dans les végétaux paroit avoir de l'analogie avec ces mouvemens involontaires que nous éprouvons lorsque quelque chose nous chatouille.

Sensitive, plante. *Mimosa*, Tournef. Linné.

Séparée, *Polygamie séparée*. C'est lorsque dans les fleurs composées, plusieurs calices sont réunis dans une fleur, et ne forment qu'une fleur. La Polygamie séparée est un des ordres qui divisent les classes dans le système sexuel de Linné.

Serpentaire, plante. *Arum*, Linné ; *Dracunculus*, Tournef.

Serpolet, plante. *Thymus*, Linné ; *Serpillum*, Tournef.

Serre. L'homme qui réfléchit sur la latitude, l'exposition et le sol que la nature assigne à chaque plante, est nécessairement convaincu de la nécessité de copier sa marche pour parvenir à les élever et à les faire fructifier. Les plantes qui croissent dans les pays chauds ne végètent dans nos contrées que par le secours des Serres. Le Botaniste-cultivateur en admet trois sortes, la *Serre chaude*, la *Serre tempérée*, et la *Serre d'Orangerie* ou *Serre froide*. 1°. Dans la Serre chaude, la chaleur doit être maintenue depuis quinze degrés jusqu'à trente. Cette Serre est destinée aux plantes de l'Egypte et des Indes ; on les entre dans les premiers jours de septembre, et si lorsqu'on les rentre, elles ont déja donné leurs fleurs et leurs fruits, il faut retrancher les racines superflues, les changer de terre ; mais on ne doit jamais faire cette opération lorsqu'elles sont en pleine séve. 2°. La Serre tempérée est celle des climats méridionaux, et des plantes grasses. Le thermomètre ne doit pas y descendre en hiver, au-dessous de dix degrés, ni monter au-dessus de quinze. Les plantes grasses sont presque toutes originaires des montagnes et des roches arides ; c'est pourquoi trop d'humidité leur est toujours funeste. On rentre les plantes dans cette Serre, dès le mois de septembre, pour ne les sortir qu'au mois de mai. 3°. La Serre d'orangerie est destinée aux plantes de terre ferme, aux Orangers, aux Lauriers. Le thermomètre dans cette Serre ne doit pas descendre plus bas que le terme de la congellation, ni monter au-dessus de huit ou dix degrés, pour que les plantes n'y deviennent pas trop foibles et trop délicates. On rentre ces plantes dans les premiers jours d'octobre, et on les sort dans les premiers jours de mai. La science des Serres, c'est-à-dire l'art d'y graduer la chaleur, est décrit dans des traités particuliers. Nous y renvoyons nos lecteurs, pour ne pas donner trop d'étendue à cet ouvrage ; ce qui seroit si nous nous livrions dans cet article comme dans beaucoup d'autres, qui semblent l'exiger, à tous les détails dans lesquels nous pourrions descendre.

Sésame, plante. *Sesamum*, Linné ; *Digitalis*, Tournef.

Séséli, plante. *Seseli*, Linné ; *Fœniculum*, Tournef.

Sessile. On qualifie ainsi les plantes et toutes leurs parties diverses lorsqu'elles sont sans tige ou sans pédicules, ou sans pétioles, ou sans pédoncules. On dit glandes, fleurs sessiles, feuilles sessiles, etc.

Sétacé, ée. On désigne, par ce terme, les feuilles, les styles, les filets des étamines , etc. qui sont alongés , menus comme un cheveu ou comme une soie de cochon.

Séve. C'est l'humeur générale d'où dérivent toutes autres qui font le principal aliment du végétal. Cette liqueur peut être comparée au sang de l'animal ; elle est contenue dans des réservoirs ou vaisseaux d'où les divers organes peuvent extraire les divers sucs et les élaborer d'une manière convenable. La séve monte pendant le jour, lorsque la chaleur, raréfiant l'air, augmente la force d'ascension des liqueurs dans les tubes capillaires ; elle descend dans la nuit, et c'est cette circulation des sucs nourriciers qu'on appelle *intus-susception* dans les plantes.

Sexes des plantes. L'étamine est la partie mâle de la génération des plantes, le pistil est la partie femelle ; c'est là le fondement du système ingénieux de Linné. Leurs fonctions sont les mêmes, dit ce grand observateur. Dans l'étamine, le filet représente les *vaisseaux spermatiques*, les anthères sont les *testicules*, le pollen est la *liqueur spermatique*. Dans le pistil, le stygmate devient la *vulve*, son style le *vagen*, et l'ovaire est l'*uterus*, le fruit et la graine seront l'enfant vivifié et donné à la nature. S'il est quelques plantes sur lesquelles il seroit difficile de faire l'application de cette belle comparaison, Linné les renvoie dans sa classe des noces cachées, *Crypto-gamie*, jusqu'à ce qu'un autre observateur l'ait contredit ; ce qui n'arrivera jamais.

Sifflet. Greffer en sifflet ou en flûte , c'est enlever un tuyau d'écorce de deux à trois doigts de long, et l'ajuster sur une branche d'un sujet différent, dont on a pareillement enlevé l'écorce.

Sigaline , plante. *Parkinsonia* , Linné.

Siliculeux. Ce terme indique une plante dont le fruit est une silicule , espèce de péricarpe qui ne diffère de la silique que par sa longueur. La silique est beaucoup plus longue que large ; la silicule est presque aussi large que longue. Les siliculeuses établissent le premier ordre de la classe *Tetradynamie* dans le système sexuel , les siliqueuses forment le second.

Silique. C'est la troisième espèce de péricarpe. La silique est composée de deux panneaux ou battans, d'un rang de graines attachées alternativement des deux côtés , comme sur deux *placentas*. Les graines sont souvent séparées par une espèce de *diaphragme* ou *cloison membraneuse*. La silique de la *Chélidoine* n'a pas cette cloison. On pourroit confondre la silique avec la coque ou follicule laquelle est composée d'une seule pièce qui s'ouvre dans sa longueur, du bas en haut , comme un cornet, et est dépourvue de sutures apparentes, auxquelles les semences adhèrent. Les anciens sont tombés dans ce défaut. Linné est le premier qui les ait séparément déterminées. La disposition des semences, dans ces deux péricarpes, diffère essentiellement.

Simarouba, plante. *Quassia*, Linné.

Simple. On nomme fleur simple, celle qui conserve le même nombre de pétales qu'elle doit avoir dans son état naturel. On nomme aigrette simple, calice simple, pédoncule, tige, épines, feuilles, stipules, poils, etc. simples toutes celles de ces parties qui ne sont pas composées.

Simples. On donne ce nom à toutes les plantes dont la Médecine fait usage en remèdes. On dit que la *Mauve*, que la *Camomille romaine* sont de très-bons simples.

Singane, plante. *Singana*, Jussieu.

Sinus. Les parties saillantes d'un pétale ou d'une feuille sont appelées angles ou lobes. Les parties rentrantes se nomment *Sinus* : on désigne par le terme *Sinué* tout ce qui est remarquable par des *Sinus*.

Sison, plante. *Sison*, Linné; *Sium*, Tourn.

Situation. C'est l'insertion et la direction des parties, qui font leurs situations sur une plante; elles sont situées ou à droite, ou à gauche, ou au sommet, ou à la base, dans une direction parallèle ou opposée, ou alterne, etc. On considère encore la situation des plantes par rapport à leur exposition, et celui qui considère cette situation est nécessairement convaincu de la nécessité d'imiter la prévoyance de la nature, pour parvenir à les élever. C'est ainsi que les plantes des hautes montagnes y naissent sur leurs revers ou sur les côtés; celles qui naissent aux revers y sont situées au-dessous des glaciers et au-dessus des bois; elles sont plus petites, maigres; le sol qu'elles occupent est escarpé et exposé à tous les vents; la terre y est grossière et couverte de neiges jusqu'au cœur de l'été; les végétaux n'y sont point exposés aux vicissitudes du printems, et la gelée n'endurcit que très-tard le terrein qu'ils occupent. Ces plantes, transportées dans nos jardins, y vivent peu, à moins qu'on ne les préserve; les nuits froides du printems leur nuisent, et leurs racines bientôt découvertes sont aussi bientôt desséchées par la chaleur du jour. Les plantes qui naissent sur les côtés des hautes montagnes, y sont situées à l'abri, dans les bois épais, dans une terre profonde et remplie de sucs; elles semblent aussi craindre les atteintes des premières gelées. La situation naturelle du *Rhododendron fer-rugineum*, du *Trolle européen*, est sur le revers des hautes montagnes : celle de l'*Aconit tue-loup* est sur leurs côtés. La situation des plantes peut encore être ou dans l'eau, ou dans les champs découverts, ou sur les collines, etc. La nature a prémuni les unes contre les chaleurs les plus brûlantes ; elle a formé les autres à n'habiter que les climats tempérés ; elle en a endurci d'autres contre les froids, les gelées mêmes excessives, afin qu'il n'y ait aucun climat sur la terre, qui soit dépourvu d'êtres végétaux.

Sol. C'est le nom que l'on donne à un terroir considéré suivant sa qualité. Que le botaniste envisage les plantes sous tous les rapports divers, et qu'il épie, en tout et par-tout, le travail de la nature, qui les conduit à toute leur perfection, en leur donnant le sol qui leur est propre, c'est l'unique moyen de s'approprier une jouissance complette de tous les végétaux qu'il apprit à connoître ; il saura les multiplier sans les dégrader. Car en vain l'habitant des campagnes ensemenceroit un champ aride et sec de l'herbe qui croît d'elle-même dans ses prairies, et en vain aussi il choisiroit dans les bois les plantes qu'y broute son bétail, pour les transplanter dans des lieux découverts. Celles qui croissent au sommet des montagnes dédaignent la fertilité de ses côteaux et de ses vallons ; elles y perdroient leurs vertus. C'est ainsi que l'*Angélique*, croissant sur les Alpes, possède au double cette résine odorante qui fait son prix dans nos jardins : c'est ainsi que l'Absinthe maritime y perd tout le parfum dont elle fut douée sur le bord des mers : c'est ainsi que le sol assigné par la nature aux divers végétaux, doit fixer l'attention du botaniste ; il y distingue le *Sable*, l'*Argile*, la *Craie* et le *Terreau*. (Voyez tous ces articles dans cet ouvrage.)

Solaires. C'est le nom qu'on donne à un appartement exposé au soleil. Le botaniste emploie ce terme pour désigner les fleurs qui épanouissent pendant que le soleil règne sur notre horizon. Parmi les fleurs solaires, les unes sont équinoxiales, c'est-à-dire qu'elles ont une heure fixe pour s'ouvrir ; les autres sont nommées tropiques lorsqu'elles s'ouvrent le matin et se ferment le soir : les autres sont appelées méthéoriques ; ce sont celles dont le moment de l'épanouissement est sujet à être dérangé par la température de l'athmosphère.

Solanées, *famille des Solanées*. C'est la quarante-unième des familles naturelles de Jussieu ; elle réunit tous les *Solanum*.

Soldanelle, plante. *Soldanella*, Tournef. Linné.

Soleil, plante. *Helianthus*, Linné ; *Corona Solis*, Tournef.

Solide. C'est ce qui a de la consistance, et dont les parties demeurent naturellement dans la même situation ; dans ce cas, c'est l'opposé de *fluide*. C'est aussi ce qui a une fermeté capable de résister au choc des corps et à l'injure des tems, et dans ce sens, c'est l'opposé de *fragile* ou *peu durable*. On le dit en général en Botanique de ce qui est d'une consistance ferme et durable.

Solitaire. Adjectif des fleurs, des pédoncules, des stipules, du style et autres parties des plantes qui sont seules et isolées d'une autre partie qui les rendroit doubles ou géminées.

Sommeil. C'est le repos de l'animal, causé par l'assoupissement naturel de tous les sens. En Botanique, c'est l'état d'une plante qui, aux approches de la nuit ou aux heures de la plus grande chaleur du jour, se penche, prend un air de langueur et se resserre.

Sommet. C'est en Botanique le synonyme d'*Anthères*. (Voyez cet article) On le dit aussi de l'extrémité supérieure d'une partie quelconque. Ainsi le sommet d'une feuille est l'extrémité opposée au pétiole ; ainsi le sommet d'un pétale est l'extrémité opposée à son onglet, et le sommet d'une plante est l'extrémité opposée à la racine.

Soporatif. Terme de médecine appliqué aux plantes qui ont la vertu d'endormir ; on les nomme aussi assoupissantes.

Soporeux, se. C'est souvent le synonyme de *Soporatif*; mais c'est plus souvent ce qui cause un assoupissement et un sommeil dangereux.

Sorbet. C'est une composition combinée du suc de différens végétaux, de citron, de sucre mêlés avec l'ambre.

Sorbier, plante. *Sorbus*, Tournef. Linné.

Souche. C'est la partie d'en bas du tronc d'un arbre, accompagnée de ses racines, et séparée du reste de l'arbre.

Souchets, *famille des Souchets*. C'est la neuvième des familles naturelles de Jussieu ; elle réunit les plantes qui ont des rapports avec le Souchet. *Cyperus*.

Souci, plante. *Calendula*, Linné ; *Caltha*, Tournef.

Soude, plante. *Salsola*, Linné ; *Kali*, Tournef.

Soude. C'est un alkali qu'on retire des plantes marines par la combustion ; toutes n'en donnent pas la même quantité ; la *Barille* d'Espagne fournit la belle Soude d'Alicante. La plante nommée *Salicor* en fournit une de bonne qualité ; on forme des tas de ces plantes, on creuse à côté une fosse ronde qui s'élargit vers le fond, et à trois ou quatre pieds de profondeur ; c'est dans ce foyer qu'on brûle les végétaux ; la combustion se continue pendant plusieurs jours, et lorsqu'ils sont tous brûlés, on trouve une masse de Sel alkali qu'on divise en morceaux pour en faciliter et la vente et le transport ; ce sont ces morceaux qui sont connus sous le nom de Soude ; cet alkali existoit dans les végétaux, mais il y étoit combiné avec les acides et les huiles ; cela est plus croyable que de l'envisager comme le produit des diverses opérations qu'on a fait pour l'en extraire.

Sous-Arbrisseaux, *ou Arbuste.* Ils diffèrent des *arbres* et des *arbrisseaux*, en ce qu'ils ne présentent à l'observateur point de boutons aux aisselles des feuilles ; ils diffèrent des herbes en ce que leurs tiges sont ligneuses, c'est-à-dire ont la dureté et la consistance du bois.

Sous-Axillaire. On donne ce nom aux feuilles, aux pétioles, aux pédoncules qui ont leur point d'insertion sous l'aisselle que forme une autre partie quelconque ; on dit une feuille, une fleur, une épine, Sous-Axillaires à une branche, &c.

Souligneux, se. C'est en général ce qui n'a pas une consistance aussi solide que celle du bois ; on appelle aussi Souligneuses, les plantes qui perdent leurs rameaux tous les ans et conservent leurs tiges.

Sous-Orbiculaire. On nomme feuille Sous-Orbiculaire, celle qui est presque ronde, mais qui a un peu moins de hauteur que de longueur, ou de largeur que de hauteur. Ce terme s'applique aussi dans le même sens aux fruits et autres parties sur les plantes.

Spadice. (Voyez Poinçon.)

Spargoute, plante. *Spagula*, Linné ; *Alsine*, Tournef.

Sparte, plante. *Lygeum*, Linné ; *Gramen*, Tournef.

Spathe, ou *Voile.* Il répond au calice, improprement dit de Tournefort. C'est une graine membraneuse, d'une seule pièce, souvent sans périanthe, qui renferme une ou plusieurs fleurs, quelquefois des bouquets entiers ; qui s'ouvre de côté, se dessèche et périt dans quelques individus, et dans d'autres survit à la fleur. Si l'on trouve dans certaines fleurs des écailles membraneuses, blanchâtres ou colorées, plus ou moins transparentes, mais qui n'ont jamais contenu ces fleurs, on doit les mettre au rang des bractées, et non dans celui de Spathes. (Cette observation est du savant Botaniste la Mark.)

Spatule, *en Spatule*. La Spatule est un instrument de Chirurgie et d'Apothicairerie ; on nomme feuilles spatulées, celles qui sont en forme de Spatule.

Spécifiques. C'est ce qui tient immédiatement à l'espèce, ce qui la caractérise et la distingue. On nomme caractères Spécifiques, ceux qui signalent les espèces ; la considération de toutes les parties de la fructification, quand ils ne furent pas nécessaires à la formation de ses genres, et toutes les parties visibles et palpables, fournirent à Linné ses caractères Spécifiques, que Tournef. avoit pris seulement dans les parties étrangères à la fructification.

Sphérique. Ce terme est souvent le synonyme d'*orbiculaire ;* il désigne en général ce qui est rond comme un globe, et peut rouler en tout sens.

Spic, plante. *Lovandula*, Tournef. Linné

Spirale. C'est une ligne courbe qui a plusieurs circonvolutions l'une dans l'autre, semblables à celles d'un limaçon. Le mot *Spire* se prend pour un tour de Spirale. Ces termes de comparaison servent en Botanique pour désigner certaines parties, telles que les vrilles lorsqu'elles sont contournées en spirale.

Spléniques, terme de Médecine appliqué aux plantes mises en usage pour rétablir la liberté de la circulation, pour désobstruer le foie et la rate, mais qui ne sont que foiblement apéritives.

Spongieux, se. C'est ce qui est mou, élastique dans les parties d'une plante, telles que le fruit, l'écorce, les racines, etc. ce qui est percé de trous inégaux comme une éponge.

Spontané, ée, terme didactique. Il n'est d'usage qu'en parlant des choses que l'on fait volontairement. On appelle mouvement spontané celui qui s'exécute naturellement, et qui ne dépend d'aucune cause étrangère. On appelle aussi quelquefois plantes spontanées celles qui croissent naturellement dans un canton, et sans y être naturalisées par l'art du cultivateur.

Squine, plante. *Smilax*, Tournef. Linné.

table. C'est ce qui est dans une situation ou position ferme et constante. En Botanique, c'est ce qui persiste sur une plante après la chûte des autres parties. Les feuilles du *Houx* sont stables, celles du *Noyer* et de la plupart des *Chênes* sont caduques.

Staphylin, plante. *Staphylea*, Linné ; *Staphylodendron*, Tourn.

Stellaire, plante. *Stellaria*, Linné, *Alsine*, Tournef.

Sternutatoires. Plantes qui provoquent l'éternuement et la secrétion des humeurs nazales.

Stigmate. C'est la partie supérieure du pistil : il est porté sur le
style ; mais quand le style manque, il repose immédiatement
sur l'ovaire. Linné le compare aux parties extérieures de la
génération des femelles dans le règne animal ; sa fonction est
de recevoir la poussière fécondante ou pollen des étamines , et
de transmettre, par l'entremise du style, ce sperme des plantes
jusqu'à l'ovaire , pour qu'il y féconde les semences. Souvent le
Stigmate est seul , et alors on le nomme solitaire , quelquefois il est double ou triple, etc.

Stipules. Elles diffèrent des bractées , en ce que les bractées
accompagnent les fleurs et non les feuilles. Les stipules sont des
petites productions membraneuses et foliacées, souvent de la
même couleur que la feuille à qui elles appartiennent, mais
dont elles diffèrent toujours par la forme. Quelquefois il n'y
en a qu'une , et on la nomme solitaire ; le plus souvent on en
trouve deux , qui accompagnent les pétioles à leur insertion sur
la tige.

Stœchas , plante. *Lavandula*, Linné ; *Stœchas* , Tournef.

Stoloniferes. On donne ce nom aux racines et aux tiges qui
jettent des drageons rampans ou stolones ; les tiges du *Fraisier*
sont stoloniferes.

Stomachiques. Application d'un terme de médecine aux plantes
qui ont la propriété d'exciter la chaleur nécessaire à la digestion , et de réveiller l'oscillation des fibres de l'estomac.

Striée. C'est ainsi qu'on désigne une feuille , une tige, le chapeau
du Champignon , dont la superficie est marquée de lignes
parallèles , moins profondes que si la partie étoit sillonée.

Strobile. (*Voyez* Cône.)

Structure. Tout végétal nous présente dans sa structure une charpente fibreuse et dure , qui soutient tous les autres organes ,
détermine la direction, et donne la solidité à la plante et à
toutes ses parties. On trouve aussi un tissu cellulaire qui accompagne tous les vaisseaux, enveloppe tous les fibres , se replie
de mille manières, et forme par-tout des couches et des réseaux
qui lient toutes les parties et entretiennent entre elles une communication admirable. Nous déterminons dans chaque article
particulier , toutes ces parties diverses qui constituent la structure du végétal.

Style. Si Linné compare les stigmates aux parties extérieures de la génération des femelles dans le règne animal, le style peut être assimilé à la première des parties internes ; c'est par lui que le sperme fécondant parvient à l'ovaire ; aussi est-il ordinairement fistuleux, c'est-à-dire, creusé en tuyau. Il est au stigmate, ce que le filet est à l'étamine ; il en est le pédicule ; quelquefois son extrémité supérieure ne peut être discernée de l'ovaire, et on le croiroit totalement supprimé.

Styrax *ou* Storax. Le Styrax calamite ou Storax', est un suc d'une odeur très-forte, mais fort agréable. La plante qui la fournit est le *Liquidampar oriental.* On a cru long-temps que c'étoit l'Aliboufier, *Styrax folio mali cotonœi,* qui donne aussi un suc très-agréable. On connoît deux variétés du storax dans le commerce ; l'une en larmes rougeâtres et nettes ; l'autre en masses, d'un rouge noirâtre, molles et grasses. Ce beaume est une des bases de ces pastilles odorantes qu'on brûle dans la chambre des malades, pour masquer ou tromper la mauvaise odeur. On l'apportoit autrefois dans des cannes ou roseaux, c'est ce qui lui a valu le nom de *Styrax calamite.*

Subdivisé. C'est ce qui est divisé, et dont les divisions sont encore divisées une ou deux fois.

Subéreux. On désigne par ce terme les parties d'un végétal qui sont composées d'une substance molle et élastique, comme du *Liège,* et tout ce qui a à-peu-près la consistance du Liège.

Submergé, ée. Plantes ou portions des plantes qui croissent dans l'eau, sous l'eau. On nomme feuilles submergées, celles qui croissent sous l'eau, et ne flottent jamais sur sa superficie.

Substance. On donne ce nom à la matière dont une chose est composée ; elle est, ou aqueuse, ou spongieuse, ou subéreuse, ou solide, ou cassante, ou élastique, ou filandreuse, ou gluante, etc. On la compare à mille choses connues, à de la terre, à du sable, à de l'herbe, à de la viande, etc.

Subulé, ée. C'est en général ce qui a la forme d'une alène. On nomme *feuilles subulées,* celles dont la base est aussi étroite que celle des feuilles linéaires, et dont l'extrémité est une pointe très-fine.

Sucre. Le sucre est un principe constituant assez répandu dans un grand nombre de végétaux. L'*Erable,* le *Bouleau,* le *Froment,* le *Blé de Turquie,* en fournissent. On en extrait des racines de la *Betterave,* de la *Poirée,* du *Chervis,* du *Panais,* de même que des *Raisins secs.* Dans le Canada, on extrait le suc de l'Erable, *acer montanum candidum,* par des entailles qu'on

fait

fait dans le corps ligneux de l'arbre. Deux cent livres du suc de cet arbre, produisent quinze livres d'un sucre brunâtre. On pourroit tirer ce bienfait de la nature dans toutes nos provinces où l'Erable croit en abondance. L'opération se fait dans les premiers jours du printemps. Les Indiens retirent du sucre de la moëlle du Bambou. Nous pourrions en tirer de celle de plusieurs roseaux ; mais le sucre dont on fait un si grand usage, est produit par la canne à sucre, *arundo sacharifera*, qu'on élève dans l'Amérique méridionale, dans les Indes, dans les îles Canaries. On n'a pas encore réussi à la naturaliser en Europe ; sa culture est facile dans les lieux de sa naissance ; elle se plaît dans les terreins gras et humides ; on y couche les cannes à sucre dans des sillons ; de chaque nœud il pousse des drageons ; neuf ou dix mois après la plantation, les cannes sont parvenues à leur maturité ; on les coupe, on rejette les feuilles, on les broie sous des rouleaux d'un bois très-dur, elles répandent une liqueur douce et visqueuse, appelé *Miel de canne.* C'est ce miel qui donne par les diverses préparations qu'on lui fait subir, cet aliment si recherché et devenu presque de nécessité. (Nous renvoyons à l'Encyclopédie, qui traite des préparations du sucre, de la manière la plus ample et la plus lumineuse.)

Sucs végétaux. Les sucs végétaux sont des substances particulières à chaque végétal, et qui varient relativement à sa nature. On nomme *suc nourricier,* la partie de la séve qui est propre à nourrir les plantes. On nomme *suc propre,* celui qui constitue les propriétés de la plante. C'est une liqueur souvent colorée, qui a presque toujours de la saveur et de l'odeur ; elle est blanche dans les *Titimales,* jaune dans la *Chélidoine,* rouge dans la *Patience,* dans la *Betterave,* etc. Le suc propre est renfermé dans des vaisseaux ou tubes parallèles à la longueur des tiges et des rameaux, on les nomme *vaisseaux propres.* L'âge apporte toujours des modifications dans les sucs des végétaux. Les jeunes arbres ont plus de séve que les vieux, et cette séve est plus douce, plus muqueuse, moins chargée d'huile et de résine. La séve varie aussi, selon la saison ; au printemps le suc ne nous présente dans le végétal, qu'une légère altération des principes nutritifs et il est toujours clair et presque sans saveur ; mais dans l'été, ce sucre est élaboré digéré et la séve prend des caractères différens de ceux qu'elle avoit au printemps. Les sucs d'une plante en sont extraits ou naturellement en s'échappant par extravasation et par transpiration, telles sont les *gommes* et quelques *résines* ; ou par incision, c'est ainsi qu'on extrait la *Manne,* l'*Opium,* etc. ; ou par expression, c'est ainsi qu'on extrait les sucs de l'*Acacia* et de l'*Hypociste*; ou enfin par la distillation et toutes les voies chymiques. Il est une communication établie qui fait qu'en déchirant chaque partie d'un végétal, les sucs qui y abondent s'échappent par la déchirure, non pas aussi promptement, aussi complettement que dans les animaux, parce que les humeurs n'y jouisent pas d'un mouvement aussi rapide, et qu'il y a moins de rapports entre les divers organes du végétal, que de l'animal; cependant c'est l'humeur générale du végétal, et cette humeur peut être comparée au sang même de l'animal.

Succulent. C'est ce qui est rempli de sucs; on appele fruits succulens ceux dont la chair est fondante et dont la pulpe est agréable au goût.

Sudorifiques. Terme de médecine appliqué aux plantes qui provoquent la sueur, et poussent la transpiration vers les pores de la peau.

Sujet, terme du jardinier. C'est le jeune arbre sur lequel il impose la greffe.

Sumac, plante. *Rhus*, Tournef. Linné.

Superficie. Selon les Géomètres, c'est la longueur et la largeur, sans profondeur; dans l'usage ordinaire c'est la simple surface. En botanique c'est aussi la surface proprement dite, l'extérieur d'un corps quelconque.

Superflue, *Polygamie superflue.* C'est lorsque, dans une fleur composée, les fleurons sont hermaphrodites dans le disque, femelles et fertiles dans la circonférence. La polygamie superflue est un ordre qui divise certaines classes du système sexuel.

Supérieur, re. On nomme calice supérieur celui qui est situé au dessus de l'ovaire. On nomme corolle supérieure celle qui est dans la même position au dessus de l'ovaire. On nomme ovaire supérieur celui qui est situé au dessus du calice, dans l'intérieur de la corolle. En général on nomme supérieur toute partie qui est située au dessus d'une autre partie, et c'est l'opposé d'inférieur.

Superbe, plante. *Gloriosa*, Linné.

Sur-composé, ée. C'est ce qui est composé et divisé plus de deux fois. On nomme feuilles sur-composées celles qui ont un pétiole commun, des pétioles partiels, et des pétioles immédiats sur lesquels les feuilles sont insérées. Les feuilles sur-composées sont aussi nommées triternées, si les pétioles immédiats portent trois folioles sur le même point d'insertion. On les nomme tripinnées quand les pétioles immédiats portent des folioles disposées par paires, en forme d'ailes. Elles sont nommées tergéminées quand chaque pétiole immédiat porte deux folioles sur le même point d'insertion.

Sureau, plante. *Sambuchus*, Tournef. Linné.

Surelle, plante. *Oxalis*, Linné; *Oxis*, Tournef.

Surface. C'est en botanique le synonyme de superficie. On distingue dans un pétale et dans une feuille la surface supérieure et l'inférieure. La surface supérieure est le côté de la feuille qui est tourné vers le ciel, le côté opposé est la surface inférieure.

Surgeons ou *Rejetons*. C'est le nom qu'on donne à certaines petites branches qui poussent sur le tronc des arbres, et principalement vers le pied.

Suron, plante. *Bunium*, Linné; *Bulbocastanum*, Tournef.

Suspendu. C'est ce qui sur une plante constitue une de ses parties et est suspendu ou soutenu en l'air comme un plomb au bout de sa corde.

Suture. C'est la jointure qu'on observe des deux côtés de la silique et de la gousse auxquelles les semences adhèrent intérieurement. C'est aussi en général la jointure de deux parties parallèles.

Sylvestre. C'est la qualification des plantes qui croissent dans les bois et dans les forêts.

Syngénesie. Terme composé de deux mots grecs *sun*, ensemble, et *genesis*, génération, *génération réunie*. Il indique les plantes qui ont plusieurs étamines réunies en forme de gaine ou de cylindre par leurs anthères, quelquefois par leurs filets. La Syngénesie constitue la dix-neuvième classe du système sexuel de Linné.

Syringa, plante. *Philadelphus*, Linné; *Syringa*, Tournef.

Système. Voyez l'exposition du système sexuel de L. à l'art. Lin. Voyez celui de Villars; voyez, à la fin de ce dictionnaire, l'exposition des classes et familles naturelles de Jussieu.

T.

Tabac, plante. *Nicotiana*, Tournef. Linné.

Tabouret, plante. *Thlaspi*, Linné; *Bursa pastoris*, Tournef.

Tachigali, plante. *Tachigalia*, Jussieu.

Taillis , terme des campagnes. C'est un bois que l'on coupe de temps à autre, tous les neuf ans ou plus.

Taligale , plante. *Taligalea* , Jussieu.

Talon, c'est la partie postérieure du pied. Le botaniste appelle talon la petite feuille ébranchée qui soutient la feuille des orangers ; on appelle aussi talon la partie grasse et la plus grosse d'une branche coupée ; on appelle encore talon l'endroit d'où sortent les œilletons que l'on détache d'un pied d'artichaut , et cet œilleton a ordinairement un peu de racine.

Tamarinier, plante. *Tamarindus* , Tournef. Linné.

Tamaris , plante. *Tamarix* , Linné ; *Tamarinus* , Tournef.

Tamboul, plante. *Ambona* , Jussieu.

Taminier, plante. *Tamus* , Linné, *Tamnus* , Tournef.

Tanaisie, plante. *Tanacetum* , Tournef. Linné.

Taniboucier, plante. *Tanibouca* , Jussieu.

Tanrouge, plante. *Weinmannia* , Linné.

Tanroujou , plante. *Himenea* , Linné.

Tarala, plante. *Taralea* , Jussieu.

Tarconante, plante *Tarchonanthus* , Linné ; *Conyza* , Tournef.

Tariri , plante. *Camocladia* , Linné.

Tartre. On donne ce nom à des couches plus ou moins épaisses que le vin dépose sur les parois des vaisseaux qui l'ont contenu. Tous les vins n'en fournissent pas la même quantité, et on prétend que ce sont ceux du Rhin qui en donnent le plus pur. On distingue le Tartre d'après sa couleur en rouge ou blanc : le premier est le résidu du vin rouge ; il paroît au chymiste que ce sel existoit déjà dans le mout et par conséquent dans le raisin ; il existe aussi dans plusieurs autres végétaux. On a prouvé que le *Tamarisc* et le *Sumac* le contiennent, ainsi que l'*Epinevinette*, la *Mélisse* , le *Chardon béni* , les racines de l'*Arêtebœuf*, de la *Germandrée* , de la *Sauge* , etc. Le Tartre est employé dans les teintures comme mordant ; mais sa plus grande consommation est dans le Nord , où, d'après des préparations qui tiennent en quelque sorte à la Chymie , on en fait un aliment.

Tavoulou, plante. *Tacca* , Linné.

Teigne. C'est une espèce de gale plate et sèche qui vient à la tête et qui s'y attache. On donne aussi ce nom à une maladie qui attaque l'écorce des arbres : c'est une lèpre qui souvent devient funeste à toutes les parties de l'individu, et le fait périr.

Tek, plante, *ou* bois de Tek. *Tectona*, Linné.

Temo du Chili, plante. *Temus*, Jussieu.

Tenace. On le dit d'une partie qui a une adhérence si forte à une autre partie qu'on a de la peine à l'en séparer.

Térébintacées, *famille des Térébintacées*. C'est la quatre-vingt-quatorzième des familles naturelles de Jussieu. Elle réunit les plantes qui ont de l'analogie avec le Térébinthe. *Terebinthus*, Tournef. *Pistacia*, Linné.

Térébentine. Les Térébentines sont des résines tirées des végétaux ; les plus usitées sont celle de *Chio* et celle de *Venise*. La Térébentine de Chio est fluide, d'un blanc jaunâtre, tirant sur le bleu ; elle découle du *Térébinthe* qui fournit les Pistaches. Cet arbre croit communément en Chypre, à Chio, et est commun dans le Midi de la France. On ne retire la résine que du tronc et des plus grosses branches, par incision qu'on fait d'abord dans le bas, et successivement jusqu'en haut. Cette Térébentine distillée fournit une huile volatile très-blanche, très-limpide, très-odorante. Cette Térébentine est très-rare dans le commerce. Celle de Venise a une couleur jaune clair et limpide, une odeur forte et aromatique, une saveur amère ; l'arbre qui la fournit est le Mélèze, qui donne la Manne. On pratique pendant l'été des trous de tarière au tronç et vers le bas des arbres, dans lesquels on met des petites goutières qui conduisent le suc dans des baquets destinés à le recevoir. On ne retire la résine que des arbres qui sont dans la plus grande vigueur. Les vieux présentent souvent dans leurs troncs des dépôts de résine assez considérables. Elle fournit les mêmes principes que celle de Chio ; et on l'emploie plus communément parce qu'elle est moins rare. La Médecine en use pour déterger les ulcères du poulmon et des reins.

Tergéminé. On nomme feuilles tergéminées celles qui sont géminées trois fois.

Termes de Botanique. Une science qui embrasse un nombre presque indéfini d'êtres tous dissemblables, a nécessairement un grand nombre de termes qui lui sont propres, et sans lesquels il lui seroit impossible de s'expliquer avec précision. C'est injustement qu'on a critiqué ceux qu'a assigné le célèbre Linné dans son excellent ouvrage, intitulé *Philosophia Botanica*. Les langues ne peuvent pas être naturelles ; il ne s'agit que de les entendre interpréter. Ces termes techniques, comme les

N 3

caractéres ou signes botaniques, sont les principes de toutes les méthodes ; sans eux, la Botanique ne seroit qu'une chimère, et il n'existeroit pas de parfait botaniste. Ces termes, ou caractères, ou signes, peuvent être fixés sur toutes les parties d'une plante, sur la racine, sur la tige, ses rameaux, ses feuilles, ses fleurs et ses fruits.

Terminal. On nomme épine terminale, fleurs, feuilles, pédoncules terminales celles de ces parties qui se trouvent toutes à l'extrémité d'une plante, ou qui terminent une chose quelconque.

Terné, ée. On nomme feuilles ternées celles qui sont disposées trois à trois sur le même point d'insertion. Il en est de même de toutes les autres parties des plantes.

Terrein. Duhamel a dit que l'art du cultivateur consiste à bien connoître la nature de la terre qu'il se propose d'ensemencer, qu'il doit savoir si elle est sèche ou humide, forte ou légère, meuble ou compacte, glaiseuse ou argileuse ; ses yeux et ses mains lui suffisent pour juger de ces qualités, et la fertilité des terres se connoît mieux par son expérience, que par les analyses les plus recherchées du Chymiste. Il n'est pas moins intéressant pour le Botaniste que pour le cultivateur, de connoître les différentes espèces de terreins où il porte ses recherches ; cette connoissance le conduira à pénétrer les causes de cette variété indéfinie de plantes, souvent même dans le même genre, souvent encore dans la même espéce.

Terreau. On donne le nom de Terreau à une terre formée par la décomposition des substances animales ou végétales. C'est par le Terreau qu'on engraisse tous les jardins et la plupart des autres terres ; c'est le Terreau qui nourrit la plupart des plantes : les végétaux ne croissent jamais mieux que dans un air altéré par les décompositions animales ou végétales, et par les émanations qui s'en exhalent. Ces Lichens crustacés dont nous faisons peu de cas, sont les premiers fondemens de la végétation ; ils s'attachent aux rochers arides, mais y vivent peu, n'étant soutenus que par la très-petite portion de nourriture que la pluie et l'air leur fournissent ; cependant ils laissent par leur destruction un terreau très-fin où les Lichens imbriqués peuvent établir leurs racines ; diverses mousses trouvent ensuite à s'y nourrir, et laissent après elles une plus grande quantité de Terreau, où les arbrisseaux trouvent ensuite leur accroissement. C'est ainsi que les végétaux sont utiles, même par leur destruction, qui, dans un lieu cultivé, augmente progressivement la couche de terre fertile, et met un terrein en état de fournir à ses productions journalières. C'est par les débris des végétaux que les champs , dépouillés de leur terre même , après de longues années , se renouvellent et peuvent enfin nourrir des plantes utiles. C'est par eux que l'ancien sol des rivières , étant abandonné à lui-même , s'élève insensiblement au-dessus du cours de l'eau ; c'est en imitant la nature que l'homme parviendra à fertiliser son sol par des végétaux que la putréfaction réduit en fumier et ensuite en Terreau.

Terre-Ferme. Ciel de Terre-Ferme ; c'est un des climats assignés par Linné pour indiquer la température des diverses plantes. Celles de Terre-Ferme sont de l'*Europe meridionale* , de la *Hongrie* , de la *province Narbonaise* , d'*Espagne* , de *Portugal* , d'*Italie* , de l'*Archipel* , même celles de *Médie* et d'*Arménie*. Les déserts de Médie , suivant les observations de *Buxbahum* , nourrissent les mêmes plantes que les déserts de l'*Espagne* ; l'*Arménie* offre aux voyageurs celles de l'*Italie* ; la plupart des plantes de *Montpellier* et de *Hongrie* s'observent à *Constantinople*.

Terre-Noix , plante. *Bunium* , Linné ; *Bulbocastanum* , Tournef.

Terrestres. On désigne par ce terme les plantes qui croissent sur terre. On appelle fluviatiles , marécageuses , les plantes qui croissent dans l'eau , dans les mers et dans les marais.

Terrette , plante. *Glecoma* , Linné ; *Calamintha* , Tournef.

Tête. On dit que les fleurs ou les graines sont ramassées en manière de tête , lorsqu'elles sont entassées par petits bouquets. Cet assemblage de feuilles , aux extrémités des tiges ou des rameaux , est remarquable dans beaucoup de plantes , sur-tout dans les *Trèfles*.

Tetradynamie. Ce mot est composé des deux mots grecs *Tetra* et *Duvamis* , *quatre puissances*. Il indique les plantes qui ont six étamines , parmi lesquelles quatre grandes et deux courtes et opposées. La Tetradynamie constitue la quinzième classe du système sexuel de Linné.

Tétragone. On appelle de ce nom , en géométrie , un corps régulier dont la surface est formée de quatre triangles égaux et équilatéraux. En Botanique on nomme anthères , pédoncules , siliques , tétragones , celles de ces parties qui ont quatre angles et quatre côtés égaux.

Tétragynie. Terme composé de deux mots grecs : *Tetra* quatre , et *Gunè* femme , *quatre femmes*. Il indique les plantes qui ont quatre pistils ; celles dont on a trouvé les classes par le nombre des étamines , sont du quatrième ordre de cette classe lorsqu'elles ont quatre étamines , suivant le système sexuel de Linné.

Tetrandrie. Terme composé de deux mots grecs : *Tetra* quatre , et *aner andros* homme , *quatre hommes*. Il indique les plantes qui ont quatre étamines ; la Tétrandrie est la quatrième classe du système sexuel de Linné.

Thapsie , plante. *Thapsia* , Tournef. Linné.

Thé , plante. *Thea* , Linné.

Thim , plante. *Thymus* , Tournef. Linné.

Thlaspi , plante. *Thlaspi* , Tournef. Linné.

Thimbre , plante. *Saturcia* , Linné ; *Thimbra* , Tournef.

Thymelées , *famille des Thimelées*. C'est la vingt-cinquième des familles naturelles de Jussieu. Elle réunit les plantes qui ont de l'analogie avec le Thymelée ou Garou. *Thymelea* , Tournef ; *Daphne* , Linné.

Thyrse. C'étoit autrefois un javelot , environné de pampres et de Lierre ; les bacchantes étoient armées de Thyrses. Ce terme de comparaison sert en Botanique pour exprimer certains bouquets de fleurs et de feuilles.

Tige. On nomme Tige dans l'herbe , l'arbuste et l'arbrisseau , ce qu'on nomme tronc dans les arbres ; l'un et l'autre constituent la plus grande partie du corps des plantes , et sont terminés à une extrémité par les rameaux , des feuilles ou des fleurs , et à l'autre par les racines. Le tronc et la tige sont composés d'une partie intérieure qu'on nomme le corps , et d'une partie extérieure qu'on nomme communément l'écorce. On reconnoît plusieurs espèces de troncs ou de tiges ; le Botaniste remarque leur présence ou leur absence , leurs formes , leurs directions , leurs consistances , leurs durées , leur hauteur , comparée à celle des rameaux et à la grandeur des feuilles. Il regarde encore les manières dont ils se partagent en haut par les rameaux , et en bas par les racines.

Tiliacées , *famille des Tiliacées*. C'est la soixante-dix-neuvième des familles naturelles de Jussieu ; elle réunit les plantes qui ont de l'anologie avec le Tilleul. *Tilia.*

Tille. On donne ce nom à la petite peau fine et déliée qui est entre l'écorce et le bois du Tilleul.

Tilleul , plante. *Tilia* , Tournef. Linné,

Tiqueté. On le dit en Botanique des parties d'une plante qui sont marquées de petites taches.

Tissu reticulaire *ou* cellulaire. Le tissu reticulaire forme une couche ou enveloppe générale sous l'*épiderme* de l'écorce des plantes ; il sert à la réparation de l'épiderme lorsqu'il vient à manquer ; recouvre les couches corticales, et prévient le dessèchement des parties qu'il recouvre. Il est souvent d'une couleur verte ; il est presque toujours succulent et herbacé, et peut être, en quelque manière, comparé au tissu cellulaire dans les animaux, avec lequel il semble avoir des fonctions analogues. (Voyez *Enveloppe Cellulaire.*)

Tithymale, plante. *Euphorbia*, Linné ; *Tithymalus*, Tournef. *Tithymaloïdes*, Tournef.

Tolut, plante. *Toluifera*, Linné.

Tomate, plante. *Solanum*, Linné ; *Lycopersicon*, Tournef.

Tombant, te. On nomme tige tombante celle qui a d'abord une direction droite, mais qui, avançant en âge, retombe sur la terre ; dans ce sens le mot tombant se prend pour pendant. On nomme aussi tige tombante celle qui périt dans l'année pour renaître ensuite des racines ; on nomme feuilles, calices, pétales tombant, dans le même sens qu'on dit feuilles, pétales, calices caducs (*Voyez à l'article* Caduc.)

Toque, bonnet de figure cylindrique, en forme de chapeau, dont le bord est étroit. Il y a des fruits que l'on compare, à cause de leur forme, à des petites toques.

Toque, plante. *Scutellaria*, Linné ; *Cassida*, Tournef.

Tormentille, plante. *Tormentilla*, Tournef. Linné.

Tors, se, *ou* Tordu, ue. On nomme tige tordue celle qui n'est point ce qu'on appelle communément de droit fil, c'est-à-dire, celle dont les fibres longitudinales sont tournées en spirale comme la mèche d'un tire-bouchon. On dit aussi d'une tige en zig-zag.

Tortelle, *ou* Velar, plante. *Erysimum*, Tournef. Linné.

Tovomite, plante. *Tovomita*, Jussieu.

Tourbe. C'est, dans le langage ordinaire, une motte faite de terre bitumineuse, propre à brûler. On discerne les plantes qui naissent dans la tourbe ; c'est alors une terre porreuse, grossière, humide, d'un brun noirâtre, fertilisée par des débris de racines. La gelée ne s'y fait sentir que très-tard ; les plantes n'y commencent leur végétation que vers la fin du printemps ; elles doivent être, dans nos jardins, couvertes de mousses pendant cette saison, et leurs racines ne doivent pas être exposées à l'air pendant aucune saison. L'Ophris des marais, le Jong conglomeré naissent dans la tourbe.

TOURNEFORT.

MÉTHODE DE TOURNEFORT.

LES fleurs des plantes sont le principal fondement de cette savante Méthode. Tournefort regarda cette portion la plus apparente du végétal comme celle qui pouvoit lui fournir les caractères les plus nombreux, les plus généralisés, les plus distincts. Il détermina par les fleurs vingt-deux classes qui embrassent toutes les plantes connues de lui.

Cette méthode porte sur cinq attributs principaux, sur l'ancienne division des plantes en herbes et en arbres, sur la présence ou l'absence des fleurs, sur la présence ou l'absence des corolles dans les fleurs, sur la régularité ou l'irrégularité des pétales, enfin, sur les corolles simples ou composées.

Les fleurs monopétales régulières établissent la première et la deuxième classe; les fleurs monopétales irrégulières établissent la troisième et la quatrième; les fleurs polypétales régulières fournissent la cinquième, la sixième, la septième, la huitième et la neuvième; les fleurs polypétales irrégulières fournissent la dixième et la onzième; les fleurs composées donnent la douzième, la treizième et la quatorzième; les fleurs apétales remplissent la quinzième, la seizième et la dix-septième; les arbres à fleurs apétales font la dix-huitième; les arbres à fleurs apétales amentacées font la dix-neuvième; les arbres à fleurs monopétales, la vingtième; les arbres à fleurs polypétales régulières, la vingt-unième; et les arbres à fleurs polypétales irrégulières, la vingt-deuxième.

Tournefort, après avoir tiré de la corolle les divisions de ses classes, a cherché principalement dans les parties de la fructification celles de ses sections que l'on peut regarder comme des classes subalternes; il en établit cent quarante-deux, qu'il détermine, 1°. sur l'origine du fruit; 2°. sur la situation du fruit et de la fleur; 3°. sur la substance, la consistance et la grosseur du fruit; 4°. sur le nombre des cavités du fruit; 5°. sur le nombre, la forme, la disposition et l'usage d s semences; 6°. sur la disposition et situation des fleurs et des fruits ; 7°. sur la figure et la disposition de la corolle ; 8°. enfin, sur la disposition des feuilles.

Les sections sont composées de la réunion de plusieurs genres, qu'on peut comparer à des familles dont tous les parens portent le même nom, quoique chaque individu soit distingué par un nom particulier. Tournefort a eu la gloire de travailler le premier à leurs véritables distinctions ; et pour y parvenir, il établit cinq règles principales ; 1°. si les plantes sont pourvues de fleurs et de fruits ; 2°. si ces signes étoient insuffisans, d'autres peuvent se tirer de la considération des racines, des tiges, de l'écorce, des feuilles et autres parties même moins essentielles des plantes ; 3°. si les plantes sont dépourvues de fleurs et de fruits visibles, le genre sera également déterminé par les racines, les feuilles et le port de la plante. 4°. Pour déterminer le genre, il faut écarter tout signe surabondant, car sa superfluité rendroit la détermination souvent douteuse. 5°. L'habitude générale des plantes doit plutôt être considérée pour la détermination du genre, que les variétés particulières des fleurs et autres parties.

Ces principes établis pour la fixation des genres, ont conduit Tournefort à en distinguer deux sortes, les genres du premier ordre, et ceux du second ordre. Les genres du premier ordre sont ceux que la nature a elle-même institués, et qu'elle détermine par la structure des fleurs et des fruits ; tels sont ceux des *Violettes*, des *Renoncules*, des *Roses*. Les genres du second ordre sont ceux que l'art du botaniste détermine plus encore que la nature des plantes, et pour lesquels il faut recourir à d'autres parties qu'aux fleurs et aux fruits.

C L A S S E Ire. Les Campaniformes.

Toutes les herbes à fleurs simples formées d'un seul pétale régulier en forme de cloche de bassin, ou de grelot. Cette classe réunit neuf sections ; 1°. fleur en cloche, fruit mou et assez gros, la *Mandragore* ; 2°. fleur en cloche ou en grelot, fruit mou et assez petit, le *Sceau de Salomon* ; 3°. fleur en cloche, fruit sec à une seule cavité, ou partagé en cellules, la *Gentiane* ; 4°. fleur en cloche, semence unique, la *Rhubarbe* ; 5°. fleur en cloche ou en bassin, fruit en graine, l'*Apocin* ; 6°. fleur en cloche, fruit composé de plusieurs capsules, ou divisé en plusieurs loges, la *Mauve*, le *Coton* ; 7°. fleur en cloche ou en bassin, fruit charnu presque dans tous les genres, la *Couleuvrée*, la *Coloquinte* ; 8°. fleur en cloche, fruit sec, né du calice, la *Campanule*, la *Raiponce* ; 9°. fruit à deux pièces unies, et né du calice, la *Garance.*

CLASSE IIᵉ. Les *Infundibuliformes*.

Toutes les herbes à fleurs simples monopétales, régulières, ressemblant à un entonnoir, à une soucoupe ou à un gaudet. Cette classe est composée de huit sections ; 1º. fleur en entonnoir, fruit né du pistil, le *Quamoclit* ; 2º. fleur en soucoupe ou en rosette, fruit né du pistil, l'*Androsace*, l'*Herbe aux puces* ; 3º. fleur en entonnoir, fruit né et enveloppé du calice, le *Jalap* ou *Belle-de-nuit* ; 4º. fleur en entonnoir, ou en bassin, ou en molette, quatre semences nées du pistil, renfermées dans le calice, la *Bourrache* ; 5º. fleur en entonnoir, une seule semence née du pistil, la *Dentelaire* ; 6º. fleur en rosette, fruit dur et sec né du pistil, la *Lysimachie* ; 7º. fleur en rosette ou en gaudet, fruit mou ou charnu né du pistil, la *Morelle* ; 8º. fleur en rosette, fruit né du calice, la *Pimprenelle*.

CLASSE IIIᵉ. Les *Personnées*.

Toutes les herbes à fleurs simples, monopétales, irrégulières, imitant un masque ou mufle, à deux livres, les semences renfermées dans une capsule. Cette classe est composée de cinq sections ; 1º. fleur en cornet ou en capuchon, jeunes fruits attachés au bas du pistil, le *Pied-de-veau* ; 2º. fleur en tuyau coupé en languette, fruit né du calice, l'*Aristoloche* ; 3º. fleur en tuyau ouvert par les deux bouts, fruit venu du pistil, la *Digitale* ; 4º. fleur en tuyau irrégulier, ouvert dans le fond, fermé dans le haut par un mufle à deux mâchoires, le *Mufle-de-veau* ; 5º. fleurs irrégulières terminées en bas par un anneau, l'*Acanthe*.

CLASSE IVᵉ. Les *Labiées*.

Toutes les herbes à fleurs simples monopétales irrégulières, composées d'un tuyau terminé dans le haut par un mufle à deux lèvres, quatre semences nues au fond du calice. Cette classe est composée de quatre sections ; 1º. fleur en gueule, lèvre supérieure en casque ou en faucille, le *Phlomis* ; 2º. fleur en gueule, lèvre supérieure creusée en cuilleron, la *Moldavique* ; 3º. fleur en gueule, lèvre supérieure retroussée, la *Crapaudine* ; 4º. fleur en gueule, une seule lèvre, la *Germandrée*.

CLASSE Vᵉ. Les *Cruciformes*.

Toutes les herbes à fleurs simples, polypétales, régulières, composées de quatre pétales disposés en croix, le fruit étant une silique. Cette classe est composée de neuf sections ; 1º. fruit court et à une seule cavité, le *Jonc Thlaspi* ; 2º. fruit court à deux loges, cloison mitoyenne transversale aux panneaux, le *Thlaspi*; 3°. fruit à deux loges, cloison mitoyenne parallèle aux panneaux, l'*Alysson*; 4°. gousse divisée dans sa longueur en deux loges par une cloison mitoyenne, le *Chou*; 6°. gousse divisée par travers en plusieurs loges, le *Raphanistrum*; 6°. gousse à une seule cavité, l'*Eclaire*; 7°. fruit à trois ou quatre cellules, l'*Erucago*; 8°. semences ramassées en manière de tête, le *Potamogeton*; 9°. fruit mou, l'*Herbe Paris*.

CLASSE VIe. Les *Rosacées*.

Toutes les herbes à fleurs simples, polypétales, régulières, composées d'un nombre indéterminé de pétales disposés en rose. Cette classe est composée de neuf sections; 1°. fleurs en rose, fruit né du pistil, s'ouvrant en travers comme une boîte, l'*Amaranthe*; 2°. fruit né du pistil ou du calice, assez gros, à une seule cavité, le *Pavot*; 3°. fruit né du pistil et divisé en plusieurs cellules, le *Millepertuis*; 4°. fruit né du pistil, et divisé le plus souvent en deux loges, la *Saxifrage*; 5°. fruit né du pistil qui, dans son épaisseur, renferme plusieurs semences, le *Nelumbo*; 6°. fruit né du pistil, et composé de plusieurs pièces, la *Joubarbe*; 7°. fruit né du pistil, composé de plusieurs graines ramassées en manière de tête, l'*Anemone*; 8°. fruits mous nés du calice ou du pistil, l'*Herbe Saint-Christophle*; 9°. fruits ou graines nées du pistil, le *Cuminoïdes*.

CLASSE VIIe. *Les Ombellifères.*

Toutes les herbes à fleurs simples, polypétales, régulières, composées de cinq pétales disposés en rose, ayant pour fruit deux semences réunies. Les fleurs des plantes de cette classe sont portées sur de longs pédoncules qui partent d'un centre commun, et divergent comme les rayons d'un parasol. Elle est composée de neuf sections. 1°. fleurs en parasol; fruit né du calice, et à deux graines rayées ou cannelées, l'*Ammi*; 2°. fruit né du calice à deux graines étroites, longues, ou de médiocre grosseur, le *Fenouil*; 3°. fruit né du calice à deux graines presque rondes, de médiocre grosseur, le *Maceron*; 4°. fruit né du calice à deux graines plates, ovales et de médiocre grosseur, l'*Impétoire*; 5°. fruit né du calice à deux graines ovales, plates, d'une grandeur considérable, le *Panais*; 6°. fruit né du calice à deux graines cannelées profondément, et d'une grosseur considérable, la *Livéche*; 7°. fruit né du calice à deux graines enveloppées d'une matière spongieuse, l'*Armarinthe*; 8°. fruit né du calice à deux graines terminées par une longue queue, le *Scandix* ou *Aiguille*; 9°. fleurs disposées en manière de tête sans aucun rayon, la *Sanicle*.

CLASSE VIIIᵉ. *Les Caryophyllées.*

Toutes les herbes à fleurs simples, polypétales, regulières, dont
l'onglet est fort long, et a son insertion au fond d'un calice
alongé et monophylle. Cette classe ne réunit que deux sections.
1°. fruit né du pistil, l'*Œillet;* 2°. pistil devenu une graine
renfermé dans le calice de la fleur, *le Statice.*

CLASSE IXᵉ. *Les Liliacées.*

Toutes les herbes à fleurs simples polypétales, régulières, composées de trois pétales ou de six, ou d'un seul divisé en six,
leurs semences renfermées dans une capsule à trois loges. Cette
classe est composée de cinq section. 1°. fleur d'une seule
feuille, coupée en six pièces; fruit né du pistil, l'*Asphodele;*
2°. fleur d'une seule feuille et dont le calice devient le fruit,
le Safran; 3°. fleur composée de trois pétales, l'*Ephémère;*
4°. fleur composée de six feuilles, fruit né du pistil, *le Lis-
St.-Bruno;* 5°. fleur composée de six feuilles, fruit né du
calice, *le Perce-Neige.*

CLASSE Xᵉ. *Les Papilionacées.*

Toutes les herbes à fleurs simples, polypétales, irrégulières, composées de quatre ou cinq pétales, le supérieur, nommé *Etendart*
ou *pavillon;* l'inférieur, nommé *Carène.* Les latéraux nommés
Ailes, et imitant celles d'un papillon, le fruit étant une gousse
ou légume. Cette classe est composée de cinq sections. 1°. gousse
simple et courte, née du pistil, *la Réglisse;* 2°. gousse simple
et longue, née du pistil, *le Pois;* 3°. gousse composée de différentes pièces attachées bout-à-bout, et née du pistil, *le Pied-
d'Oiseau;* 4°. trois feuilles sur une queue, *le Lotier;* 5°. gousse
divisée dans sa longueur en deux loges, et née du pistil, l'*Astragale.*

CLASSE XIᵉ. *Les Anomales.*

Toutes les herbes à fleurs simples, polypétales, irrégulières, qui
présentent à nos yeux une forme indéterminée et bizare. Cette
classe est composée de trois sections. 1°. Anomales polypétales,
fruit à une cavité, né du pistil, *la Balsamine;* 2°. anomales
polypétales, fruit à plusieurs loges ou capsules, né du pistil,
le Sesamoïdes; 3°. anomales polypétales, fruits remplis de
sémences semblables à de la sciure de bois, et nés du calice,
l'*Orchis.*

CLASSE XIIᵉ. *Les Flosculeuses.*

Toutes les herbes dont les fleurs sont composées de l'agrégation
d'un nombre indéterminé de petites fleurs monopétales, régu-

lières en entonnoir , découpées dans leur limbe , et qu'on nomme fleurons. Cette classe est composée de trois sections. 1°. fleurons ne laissant qu'une semence , l'*Ambrosie*; 2°. fleurons réguliers ramassés en bouquets, semences souvent aigrettées, l'*Artichaut*; 3°. fleurons réguliers , semences sans aigrettes , l'*Armoise*; 4°. fleurons réguliers, ramassés en boule, calice particulier pour chacun , l'*Echinope* ou *Boulette*; 5°. fleurons irréguliers ramassés par bouquets , calice particulier pour chacun de ces fleurons , *la Scabieuse*.

C L A S S E XIIIe. *Les Semiflosculeuses.*

Toutes les herbes dont les fleurs sont composées d'une agrégation indéterminée de petites corolles qui forment des tuyaux étroits dans leur base, et terminés par une languette dentelée, ces petites corolles nommées demi-fleurons. Cette classe ne renferme que deux sections. 1°. Semences aigrettées , *la Dent de Lion*; 2°. Semences non aigrettées , *la Chicorée*.

C L A S S E XIVe. *Les Radiées.*

Toutes les herbes dont les fleurs sont formées d'une agrégation de fleurons dans le centre ou disque, et demi-fleurons à la circonférence. Cette classe est composée de cinq sections. 1°. semences aigrettées , l'*Aster*; 2°. semences sans aigrettes et sans chapiteau , *la Paquerette*; 3°. semences ornées d'un chapiteau de feuilles , l'*Œillet-d'Inde*; 4°. semences renfermées dans des capsules , *le Souci*; 5°. fleurs composées de fleurons et de feuilles plates , *la Carline*.

C L A S S E XVe. *Fleurs à Etamines.*

Toutes les herbes dont les fleurs dépourvues de pétales, ne sont composées que d'étamines et de pistils. Cette classe est composée de six sections. 1°. fruit né de la partie supérieure du calice, *le Cabaret*; 2°. graines nées du pistil, enveloppées du calice de la fleur , l'*Oseille*; 3°. semences propres à faire du pain et leurs semblables, *le Froment, le Roseau*; 4°. fleurs dans des têtes écailleuses , *le Souchet*; 5°. fleurs séparées du fruit sur le même pied , *le Blé de Turquie*; 6°. fleurs et fruits séparés sur des pieds différens , *les Epinars*.

C L A S S E XVIe.

Toutes les herbes qui ne présentent point de fleurs visibles, mais dont la fructification est sur le dos des feuilles, ou en forme de petites gaines. Cette classe présente deux sections. 1°. Fruit sur le dos des feuilles, *la Fougère*; 2°. semences en grappes, en épi, ou dans des boîtes, l'*Osmonde*, la *Langue de Serpent*, le *Lichen*.

CLASSE XVIIe. *Les Apétales sans Fleurs ni Fruits.*

Toutes les plantes qui ne présenteront aucune fleur, et aucun fruit visible. Cette classe offre deux sections. 1°. Herbes terrestres, *la Mousse, le Champignon;* 2°. herbes aquatiques, l'*Algue*.

CLASSE XVIIIe. *Arbres à Etamines.*

Tous les arbres, arbustes et arbrisseaux dont les fleurs n'ont que des étamines sans pétales, et ne sont pas portées par des chatons, soit que les parties de la fructification soient unies ou séparées sur le même pied, soit qu'elles soient séparées sur des pieds différens. Cette classe est composée de trois sections. 1°. fleurs apétales réunies aux fruits, *le Frène;* 2°. fleurs séparées du fruit sur le même pied, *le Buis;* 3°. fleurs et fruits séparés sur des pieds différens, *le Térébinthe.*

CLASSE XIXe. *Arbres Amentacées.*

Tous les arbres, arbustes et arbrisseaux dont les fleurs sans pétales sont disposées sur des chatons, soit que les parties de la fructification soient unies ou séparées sur le même pied, soit qu'elles soient séparées sur des pieds différens. Cette classe est composée de six sections. 1°. chatons séparés sur le même pied du fruit qui est osseux, *le Noyer;* 2°. chatons séparés des fruits sur le même pied, et dont les semences ont une enveloppe semblable à un cuir léger, *le Chéne;* 3°. chatons séparés des fruits sur le même pied et dont les fruits sont écailleux, *le Sapin;* 4°. fleurs amentacées séparées sur le même arbre, du fruit qui est mou, *le Cèdre;* 5°. chatons séparés sur le même pied du fruit qui est sec, *le Platane;* 6°. Fleurs et fruits séparés, et sur des pieds différens dans le même genre, *le Saule.*

CLASSE XXe. Les *Arbres Monopétales.*

Tous les arbres, arbustes et arbrisseaux dont les fleurs sont monopétales campaniformes, ou infundibuliformes. Cette classe est composée de sept sections; 1°. fleurs monopétales dont le pistil devient un fruit mou et à pepins, le *Nerprun;* 2°. fleurs monopétales dont le pistil devient un fruit à semences osseuses, le *Storax*, l'*Olivier;* 2°. fleurs monopétales dont le pistil devient un fruit membraneux, l'*Orme;* 4°. fleurs monopétales dont le pistil devient un fruit multicapsulaire, le *Lilac;* 5°. fleurs monopétales dont le pistil devient un fruit en silique,

le

le *Laurier-rose* ; 6°. fleurs monopétales dont le calice devient une baie, le *Sureau* ; 7°. fleurs monopétales séparées du fruit, le *Guy*.

CLASSE XXIe. *Arbres rosacés.*

Tous les arbres, arbustes et arbrisseaux à fleurs rosacées. Cette classe est composée de neuf sections ; 1°. fleurs rosacées dont le pistil devient un fruit unicapsulaire, le *Fustet* ; 2°. fleurs rosacées, dont le pistil se change en une ou plusieurs semences, le *Micocoullier*, l'*Epine-vinette* ; 3°. fleurs rosacées dont le pistil devient un fruit multicapsulaire, l'*Erable* ; 4°. fleurs rosacées dont le pistil devient un composé de siliques ramassées en tête, le *Spirea* ; 5°. fleurs rosacées dont le pistil devient une silique, la *Poincillade* ; 6°. fleurs rosacées dont le pistil devient un fruit à noyau, le *Cerisier* ; 7°. fleurs rosacées dont le pistil devient un fruit à pepins, le *Myrthe*, le *Pommier* ; 8°. fruit charnu à pepins, l'*Oranger* ; 9°. fleurs rosacées dont le pistil devient un fruit à plusieurs noyaux, le *Néflier*.

CLASSE XXIIe. *Arbres papilionacés.*

Tous les arbres, arbustes et arbrisseaux à fleurs polypétales papilionacées. Cette classe embrasse trois sections ; 1°. feuilles alternes, verticillées, mais simples, le *Genêt* ; 2°. feuilles ternées, ayant chacune leur pédoncule, le *Cytise* ; 3°. arbres à fleurs papilionacées, à côtes feuillées, l'*Acacia*.

Tournesol, plante. *Helianthus*, Linné; *Corona solis*, Tournef.

Tourretie, plante. *Turretia*, Jussieu.

Toute-Bonne, plante *Salvia*, Linné ; *Sclarea*, Tournef.

Toxique. C'est le nom général qu'on donne à toute espèce de poison.

Tracer. Il se dit des arbres dont les racines s'étendent en rampant sur la terre, et ne s'enfoncent presque pas. Le *Chiendent* trace extraordinairement : c'est-à-dire que ses racines entrent peu avant dans la terre, et s'étendent sur les côtés. On dit aussi que les fraisiers tracent, mais c'est par des jets qui courent sur la terre, et prennent racine à leur extrémité et à leurs nœuds.

Trachées, *ou Vaisseaux aériens.* Ces organes, dans les plantes, paroissent être les conduits de la respiration, ou plutôt ceux qui reçoivent l'air, en facilitent l'absortion et la décomposition. On les appelle Trachées à cause de la ressemblance qu'on a cru leur trouver avec les organes respiratoires de l'insecte. Pour les appercevoir on prend une jeune branche d'arbre que l'on casse

O

net, après en avoir entamé l'écorce ; on voit alors les Trachées
sous la forme de petits tire-bourres, ou de vaisseaux tournés en
spirale. On pense généralement que les grands pores qu'on apperçoit sur la tranche d'une plante considérée au microscope, ne
sont que l'orifice des Vaisseaux aériens. Il arrive souvent que la
séve s'extravase dans la cavité des Trachées ; et elles paroissent ne
pouvoir servir à d'autres usages qu'à chasser l'air, du moins
pendant quelque tems, sans que la vie en soit altérée. (Voyez
les élémens de Chymie de Chaptal.)

Traînées. Ce sont ces longues files de tiges que jettent les plantes
traçantes ou stolonifères comme le *Fraisier,* ou bien des jets
qui s'implantent par terre, qui s'y enracinent, et deviennent
autant de nouveaux pieds.

Tranchant, te. C'est ce qui est aplati et remarquable par un côté
très-aminci et coupant. Ce terme convient à quelques tiges.

Transpiration. Il y a dans le végétal comme dans l'animal, des
conduits extreteurs ou digestifs, destinés à chasser au-dehors
les principes qui ne peuvent être assimilés. Ces vaisseaux paroissent au microscope comme autant de petits tuyaux ou de
pores de différens calibres. Les trois principales substances qu'ils
exhalent, sont l'air, l'eau et l'arome. *Ingenhouz* a avancé que
les plantes ont la vertu de transpirer de l'air vital dès qu'elles
sont frappées des rayons du soleil, et qu'elles transpirent de
l'air très-méphytique à l'ombre et pendant la nuit. La plante
verse également de l'eau par ses pores, et on peut regarder
cette excrétion comme la plus abondante. *Halès* a calculé que
la transpiration d'une plante adulte, telle que l'*Helianthus annuus,* étoit en été dix-sept fois plus considérable que celle de
l'homme. Chaque plante a aussi une odeur qui lui est propre ;
mais ce principe est si délié que l'émission continuelle qui se fait
de l'odeur d'un bois ou d'une fleur n'en diminue pas le poids
sensiblement, même après un tems considérable. La transpi-
piration de ces trois principes par leurs pores est si nécessaire
aux végétaux, que lorsqu'on l'arrête, en couvrant de quelques
corps gras leur superficie, on les voit dès-lors se faner et peu
de tems après périr.

Transversal, le. On nomme cloison transversale, cette membrane qui se trouve entre les deux panneaux de la silique ou
gousse, quand elle est posée de travers. Le mot *Transversal* se
prend aussi pour tout ce qui est posé de travers.

Trapeziforme. C'est ce qui a la forme d'un *Trapèze,* figure de
géométrie qui a quatre côtés, et dans laquelle il y a au moins
deux côtés opposés qui ne sont point parallèles. On nomme

feuilles Trapeziformes celles qui ont à leurs bords quatre angles inégaux, et par conséquent quatre faces inégales.

Trèfle, plante. *Trifolium*, Tournef. Linné.

Trèfle-d'Eau, plante. *Ménianthes*, Tournef. Linné.

Triandrie. Terme composé de deux mots grecs : *Tris*, trois, et *aner*, homme, *trois hommes*. Il indique les plantes qui ont trois étamines ; la Triandrie est la troisième classe du système sexuel de Linné.

Triangulaire. C'est ce qui a trois angles saillans. On nomme feuilles Triangulaires celles qui ont trois angles saillans en leurs bords, et forment le triangle.

Tricapsulaire. On nomme fruit Tricapsulaire celui qui est composé de trois capsules.

Trientale, plante. *Trientalis*, Tournef.

Trifide. On nomme feuilles, calices, capsules etc. Trifides, celles de ces parties qui, étant d'une seule pièce, sont néanmoins fendues en trois parties plus ou moins profondes.

Trigône. C'est ce qui a trois angles et trois côtés, ou trois faces distinctes, égales et planes.

Trigynie. Terme composé de deux mots grecs : *Tris*, trois, et *Gunè*, femme, *trois femmes*. Il indique les plantes qui ont trois pistils. La *Trigynie* est un des ordres qui subdivisent les classes dans le système sexuel de Linné.

Trijuguées. On nomme feuilles Trijuguées celles qui sont trois fois conjuguées.

Trilobé, ée. C'est en général ce qui est divisé en trois lobes. On nomme Stigmate Trilobé celui qui est formé de trois lobes distincts ; feuilles Trilobées, celles qui sont divisées par trois lobes.

Triloculaires. C'est le nom donné aux capsules qui renferment trois loges.

Triphylle. C'est en général ce qui est partagé en trois parties distinctes, ou composé de trois pièces distinctes ; ainsi on nomme calix triphylle celui qui est composé de trois feuillets.

Trique, plante. *Sedum*, Tournef. Linné.

Trisannuel, le. On nomme une plante *Annuelle*, lorsqu'elle ne vit qu'un an, bisannuelle lorsqu'elle en vit deux, et trisannuelle lorsqu'elle en vit trois.

Triternées. On nomme feuilles Triternées, celles qui sont insérées

trois par trois sur les dernières ramifications d'un pétiole
commun.

Trivalve. On nomme capsule univalve celle qui n'a qu'une valve,
et trivalve celle qui a trois valves ou panneaux.

Troéne, plante. *Ligustrum*, Tournef. Linné.

Tronc. C'est le gros d'un arbre, ou la tige considérée sans ses branches et sans racines. On nomme aussi *Tronc*, la partie d'une
tige quelconque qui occupe l'espace entre les racines et les
branches. (Voyez tige.) Ce corps de la plante est composé dans
les arbres de deux parties principales, l'aubier et le bois; l'aubier est placé sous les couches corticales : c'est un bois encore
imparfait, qui acquérera de la consistance à mesure que la
plante prendra de l'accroissement. Le bois dans un Tronc
est la partie ligneuse ou la substance dure qui en constitue le
cœur.

Tronqué, ée. On nomme feuilles Tronquées celles dont le sommet a l'air d'avoir été coupé à angle droit, et qui se terminent
par une ligne presque transversale ; on nomme racines Tronquées celles dont l'extrémité inférieure est comme rongée ou
cassée ; beaucoup de racines tubéreuses sont dans ce cas ; la racine de la *Scabieuse Succise* est tronquée. On nomme stigmate
Tronqué, celui qui paroît avoir été rogné à son extrémité supérieure. En général en Botanique, on nomme Tronqué ce
qui paroît devoir être plus long, se termine brusquement,
comme si on l'eut rogné ou rongé.

Truffe, plante. *Lycoperdon*, Linné ; *Tuber*, Tournef.

Tubercule, terme de jardinage. C'est une excroissance en forme de
bosse, qui survient à une feuille, à une racine, à une plante.
Ces Tubercules en Botanique se remarquent sur-tout dans les
racines : celles de la *Filipendule* et du *Geranium triste*, sont
formées de Tubercules.

Tubéreuse, plante. *Poliantes*, Linné. *Hyacinthus*, Tournef.

Tubéreux. C'est la qualification des racines qui ont la grosseur et
la consistance d'une Truffe.

Tulipe, plante. *Tulipa*, Tournef. Linné.

Tulipier, plante. *Liriodendrum*, Linné.

Tunique. On appelle Tunique les différentes peaux d'un oignon
qui sont emboîtées les unes dans les autres. On se sert aussi
quelquefois du mot de Tunique pour signifier simplement une
enveloppe.

unique propre. C'est une membrane particulière qui recouvre

les semences, et qui, lorsqu'elles sont dans leur état de germination, se déchire d'elle-même pour livrer passage aux parties
qui se développent. Cette épiderme est très-visible dans les semences du Café et du Jasmin. Toutes les semences cependant
n'en sont pas pourvues ; elles ont alors une enveloppe sèche qui
tient lieu de tunique, et cette enveloppe est intérieurement ta-
pissée de membranes plus déliées. Les fonctions de la Tunique
propre sont de conserver les sucs nourriciers, de concentrer la
chaleur nécessaire à la germination, et d'y contribuer.

Tuniqué, ée. On donne cette qualification aux fruits et autres parties
des plantes qui sont recouverts d'une ou plusieurs tuniques très-
apparentes.

Tupelo, plante. *Nyssa*, Linné.

Turbiné, ée. On qualifie ainsi tout ce qui est court, et d'une
forme cônique : tout ce qui imite la forme d'une *Toupie*, d'une
Poire.

Turquette, plante. *Herniaria*, Tournef. Linné.

Turrette, plante. *Turritis*, Tournef. Linné.

Tussilage, plante. *Tussilago*, Tournef. Linné.

Tuyau. On emploie ce terme pour désigner une tige qui est creusée
comme un tube ; on le dit aussi de la partie inférieure des
fleurs et des fleurons infundibuliformes, quand cette partie
forme le tube. Souvent le terme de Tuyau est adopté par la
Botanique pour toutes les parties qui ont une forme cylindrique, qui sont fistuleuses, ou percées d'un bout à l'autre.

U.

UNI, IE. C'est ainsi qu'on qualifie en Botanique tout ce qui présente une superficie lisse et égale.

Unicapsulaire. C'est le titre des fruits qui n'ont qu'une capsule.

Uniflore. On désigne par ce terme le pédoncule qui ne porte
qu'une fleur.

Universel, le. On appelle *Collerette universelle*, celle qui est
située à la base des premiers pédoncules, ou pédoncules communs aux pédoncules propres des fleurs ; elle est placée à la
base de l'ombelle universelle : la Collerette partielle est celle
qui est au haut de chaque pédoncule partiel de l'ombelle ; on
appelle ombelle universelle celle qui est composée de rayons
qui portent chacun une ombelle partielle. Le mot universel
s'emploie souvent en Botanique comme synonyme de général,

Universalité. C'est la généralité ou l'ensemble de diverses parties qui composent un genre, c'est un tout qui est composé de parties.

Univoque, terme de logique. C'est un nom qui s'applique dans un sens à plusieurs choses, soit de même espèce, soit d'espèces différentes. Malheureusement la Botanique, comme toutes les autres sciences, a encore plusieurs termes univoques. C'est à l'expérience et à la raison de l'homme, qu'il appartient de corriger, et ensuite de détruire tous les défauts des univocations.

Urchin, plante. *Hydnum*, Linné.

Usage des plantes. Ce sont les plantes qui nous nourrissent et qui servent à la pâture des animaux dont la chair nous nourrit et dont la toison nous vêtit ; c'est à leurs parties délicates et analogues à nous, que nous avons recours pour recouvrer la santé ; mais ces usages ne sont pas les seuls réservés au règne végétal : les plantes remplissent encore d'autres vues de la nature. Les unes préparent la terre, la fertilisent de leurs débris, ou fournissent un abri naturel à des plantes plus délicates ; c'est ainsi que les bois, par leurs feuillages, garantissent ce qui est à l'ombre et ce qui se plait à l'ombre des ardeurs souvent meurtrières du soleil. D'autres végétaux fournissent des tapis de verdures sans cesse renouvellés ; et semblables à ces ornemens variés qui tapissent un palais somptueux, quelques-uns ne paroissent destinés ni aux aisances de la vie, ni au rétablissement de notre santé, mais seulement à embellir la surface du globe. De tout tems l'homme s'est étudié à découvrir dans chaque production du règne végétal, une utilité ou quelque chose d'analogue et de particulier à ses besoins personnels. Il les a toutes rangées sous trois divisions principales, 1°. les plantes alimentaires ; 2°. les plantes médicinales ; 3°. les plantes utiles aux arts et celles que nous faisons servir à notre agrément. (Voyez les articles : *Propriétés* des végétaux, et *Qualités* des végétaux, dans cet ouvrage.)

Utriculaire, plante. *Utricularia*, Linné ; *Lentibularia*, Tournef.

V.

VAISSEAUX. Les vaisseaux dans les plantes font les fonctions des veines et des artères dans les animaux. C'est par eux que la nature fait circuler dans toutes leurs parties les sucs propres à seconder leur développement, leur accroissement et leur perfection. On en distingue principalement trois sortes, les *vaisseaux de la séve*, les *vaisseaux propres*, les *vaisseaux aériens*.

Les vaisseaux de la séve sont en très-grand nombre; ils sont parallèles aux tiges et aux rameaux, et disposés suivant la longueur de ces parties de la plante. Leur fonction est de porter le suc nutritif aux extrémités supérieures, et de le rapporter à la racine. Par eux, la séve monte dans le jour, lorsque la chaleur raréfiant l'air, augmente la force d'ascension des liqueurs dans les tubes capillaires : c'est par eux encore qu'elle descend dans la nuit, et c'est cette circulation de sucs nourriciers que l'on nomme *intus-susception* dans les végétaux.

Les vaisseaux propres sont plus gros et en plus petit nombre que les vaisseaux de la séve ; ils sont aussi parallèles à la longueur des tiges ou des rameaux. Lorsque la force de la végétation les a une fois remplis, ils ne paroissent plus se vider, il contiennent ce qu'on appelle suc propre. (Voyez cet article.)

Les vaisseaux aériens ou trachées ouvrent un libre passage à l'air dans l'intérieur du végétal ; ils transmettent cet aliment nécessaire aux vaisseaux séveux et aux vaisseaux propres avec lesquels ils communiquent et s'abouchent, favorisant ainsi le mouvement et la secrétion des liqueurs. Au lieu d'être parallèles comme les autres à la longueur des tiges et des rameaux, ils sont tournés en spirale ; ils sont élastiques et susceptibles de raccourcissement et de prolongation. *Malpighi* et *Grew* les ont dépeints ; l'Encyclopédie en présente plusieurs figures ; ils sont principalement situés sur les feuilles et sur les jeunes branches des plantes.

On observe encore sur plusieurs plantes les vaisseaux absorbans et les vaisseaux excrétoires. Les vaisseaux absorbans sont des suçoirs disposés principalement sur les feuilles ; ils sont destinés à pomper l'humidité de l'air, aliment secondaire pour les végétaux comme pour les animaux. Les vaisseaux excrétoires sont destinés à émettre les liqueurs superflues : une telle fonction est aussi remplie dans plusieurs plantes par les poils, les glandes, les anthères, etc.

Valériane, plante. *Valeriana*, Tournef. Linné ; *Valerianella*, Tournef.

Valve, terme de Conchologie. La Botanique a adopté cette dénomination, et en distingue plusieurs espèces sur une plante ; 1°. la valve ou valvule, espèce de panneau qui divise une capsule. La capsule est *univalve* quand elle est d'une seule pièce, et ne s'ouvre que d'un côté ; on la nomme *bivalve* quand elle est composée de deux pièces ou panneaux ; *trivalve*, quand elle en a trois ; *quadrivalve*, etc. 2°. Les valves des Graminées, espèce de paillettes qui font les fonctions de pétales ; elles sont ordinairement transparentes, coriaces, rayées, et terminées par un filet grêle, plus ou moins alongé, qu'on nomme barbe ou arête : on en distingue trois espèces, les florales, les calicinales et les communes. Les florales sont celles qui enveloppent immédiatement les étamines et les pistils ; les calicinales, placées derrière les florales, sont les enveloppes secondaires des parties sexuelles et de la fructification ; les communes sont celles qui font les fonctions de calice commun, celles qui réunissent en *épilet* plusieurs balles qui peuvent avoir chacune leurs valves florales et leurs valves calicinales. (*Voyez* Epilet.)

Valvule. C'est, en Anatomie, une membrane qui fait l'effet d'une *soupape* dans les vaisseaux du corps de l'animal. En Botanique, on donne ce nom aux panneaux de la capsule multivalve.

Vanguier, plante. *Vanguieria*, Jussieu.

Vanille, plante. *Epidendrum*, Linné.

Varaire, plante. *Veratrum*, Tournef. Linné.

Varec, plante. *Fucus*, Tournef. Linné ; *Alga*, Tourn.

Variétés. Les variétés, en Botanique, sont un jeu de la nature, ou l'ouvrage de causes accidentelles, et de l'art qui les entretient et les multiplie par des procédés ingénieux. Mais il ne dépend pas de l'art de faire toujours changer les formes et les couleurs comme et quand il veut ; ceci est purement l'ouvrage de la nature. Les variétés, d'ailleurs, sont changeantes, et ne peuvent se soutenir constamment ; c'est par-là qu'elles diffèrent des espèces.

Végétal. Les végétaux sont des corps vivans et organisés, mais dépourvus de mouvemens spontanés ; ils ressemblent aux minéraux par la privation du sentiment ; mais ils en diffèrent essentiellement par leur vie et leur organisation. La plante vit et s'accroît par *intus-susception*. Le minéral ne vit point, et n'augmente que par *juxta-position*. Les végétaux ont plus d'analogie avec les animaux qu'avec les minéraux ; comme les animaux, ils naissent d'une semence, ils vivent de sucs étrangers, ils s'accroissent, ils se reproduisent, ils meurent, laissant après eux une lignée qui durera autant que le monde ; seulement, ils sont privés de la faculté de vouloir et de faire, qui distingue l'animal ; et tout en eux est purement mécanique, mais n'est jamais l'effet du sentiment.

Végétation. C'est le développement successif de toutes les parties qui concourent à l'accroissement et à la perfection des végétaux. Ils sont tous également doués d'une *semence*, d'une *germination*, d'une *radicule*, d'une *plumule*, de leurs *cotylédons*, d'une *floraison*, d'une *fructification*, etc. etc. Nous avons traité, dans cet ouvrage, de toutes ces parties prises en particulier, pour que l'étude en devînt facile et sure à tous les hommes : ces parties réunies forment un ensemble dont il nous reste peut-être encore à tracer l'image. Une graine, voilà l'*œuf végétal*; cet œuf est le fruit du travail et de l'union des *parties génitales* d'une plante; cet œuf une fois fécondé, dès-lors renferme le principe d'une plante nouvelle; on le voit fermenter, augmenter, se gonfler; sa tunique propre éclatte; les cotylédons en sortent comme de leur berceau; ils se séparent, livrent passage à la plantule, et dès-lors le végétal entre dans son état de germination; la végétation commence; la radicule prend sa direction vers la terre, elle s'y enfonce, elle grossit, elle jette de côtés et d'autres des fibres latéraux qui feront le chevelu d'une racine dont elle ne cessera pas d'être le pivot. La plumule paroît presque aussitôt que la radicule; elle tient aux cotylédons comme l'animal tient aux mamelles de sa mère, jusqu'à ce que la radicule lui fournisse un suc capable de la nourrir. Si c'est une herbe, la tige sans consistance périra tous les ans; et si elle renaît de ses racines, ce ne peut être que pendant deux ans ou quelques années de plus. Si c'est un arbuste, sa tige aura plus de consistance et de solidité, elle sera d'une plus longue durée, résistera aux changemens des saisons, et pourra donner tous les ans des fleurs et des fruits. Si c'est un arbrisseau, souvent il se divisera dès sa base en plusieurs rameaux d'une consistance ligneuse; il présentera des boutons aux aisselles de ses feuilles, annonçant par-là son accroissement successif et sa fécondité. Si c'est un arbre, il s'élèvera majestueusement et d'un seul jet; ce jet deviendra un tronc qui produira mille rameaux; sa consistance sera très-durable; toutes ses aisselles seront fournies de boutons; ces boutons serviront d'abri pendant la rigueur des frimats à de nouveaux rameaux, aux feuilles, aux fleurs même, et à leur germe. Ces boutons se développant laisseront un libre passage aux parties essentielles qu'ils renferment, jusqu'au retour de l'hiver, où presque tous les végétaux se dépouillent de leurs richesses, pour rendre à la terre ce qu'ils en ont emprunté, afin dé végéter et de revivre de nouveau, et cent fois, par cent nouvelles restitutions.

Véhicule, terme de physique. C'est ce qui sert à conduire et à faire passer plus facilement. L'air et la chaleur sont les véhicules des sucs nourriciers des plantes. L'expérience prouve que la séve monte pendant le jour, lorsque la chaleur raréfiant l'air, augmente la force d'ascension des liqueurs dans les tubes capillaires. Cette circulation se fait, depuis les plus fines parties des racines, jusqu'aux ramifications les plus minces et les plus élevées des grands arbres. La séve redescend dans la nuit, et c'est cette circulation de sucs nourriciers, pompés ou chassés par la chaleur et l'air que l'on nomme *intus-susception*, *secrétion*, et *suc propre* dans les plantes.

Veiné, ée. Ce terme, en botanique, désigne les parties d'une plante dans le tissu desquelles on distingue un grand nombre de ramifications, que l'on compare aux divisions et sous-divisions des veines et des artères dans le corps des animaux.

Velouté. En terme d'anatomie, c'est la surface intérieure de l'estomac, des intestins, de la vessie, de la vessicule du fiel, lorsqu'elle est comme hérissée d'un nombre infini de petits filets situés perpendiculairement. En botanique on nomme *velouté*, ce duvet semblable à celui du velours qu'on observe sur certaines parties des plantes ; il est souvent semblable au velouté des viscères dans le corps des animaux.

Velu, ue. On dit le velu d'une plante, pour dire la partie velue de sa surface. On nomme velu en général, tout ce qui est couvert de poils.

Velvote *ou* Elatine, plante. *Elatine*, Linné.

Vendange, terme des campagnes. C'est la récolte des raisins pour faire les vins. En botanique, le temps des vendanges correspond au milieu de l'automne.

Vénéneux, se. La botanique adopte ce terme pour tout ce qui, dans le règne végétal, peut devenir nuisible. Le suc de la *Ciguë* est vénéneux ; les racines du *Napel* sont vénéneuses, on regarde toutes les plantes qui ont un nectaire séparé des pétales comme vénéneuses : tels sont l'*Aconit*, l'*Apocin*.

Venin. C'est un poison, ou une sorte de poison capable d'altérer notre santé, ou d'attaquer notre vie par quelques qualités malignes.

Ventricule. On le dit communément de certaines capacités qui sont dans le corps de l'animal, et principalement de celles du cerveau, et de celles du cœur. Ce terme de comparaison est souvent employé en botanique.

Ventru, ue. On le dit du calice, lorsqu'il est renflé et gorgé dans le milieu.

Verdeur. On donne communément ce nom à l'humeur et à la sève qui est dans le bois, lorsqu'il n'est pas mort, ou qu'il n'est pas encore sec.

Verge d'or, plante. *Solidago*, Linné ; *Virga aurea*, Tournef.

Vernal. On donne ce nom à toutes les productions du printemps.

Verne, plante. *Betula*, Tournef. Linné ; *Alnus*, Tournef.

Vernis, plante. *Rhus*, Tournef. Linné, *Toxicodendron*, Tourn.

Vernis. Le suc qui sort des incisions qu'on fait aux feuilles et aux tiges du *Rhus Toxicodendron*, a les mêmes qualités que celles qu'on attribue au vernis des Chinois. Celui qu'on cultive dans nos climats, fournit un suc blanc et laiteux qui se colore en noir, et s'épaissit par le contact de l'air ; la couleur en est ensuite du noir le plus brillant, et on pourroit introduire aisément parmi nous ce genre d'industrie, puisque l'arbre se plait dans nos climats et résiste à tous les froids de nos hivers. Pour faire le vernis brillant, on le fait évaporer au soleil ; on lui donne du corps avec le fiel de porc évaporé et le sulfate de fer. L'arbre qui fournit le vernis de la Chine, s'appelle *Tsïchou* chez les Chinois. Cet arbre prend par boutures ; ces arbres sont, dit-on, de la grosseur de la jambe ; le vernis se retire en été ; si c'est un arbre cultivé, il en fournit trois récoltes. On l'extrait par des incisions qu'on fait au corps de l'arbre, et lorsque le suc ne découle plus, on y met le feu, et tout ce qui reste de vernis, se précipite par le bas et tombe par d'autres entailles faites au pied de l'arbre. Le vernis exhale une odeur qu'on se garde bien de respirer ; elle donne une maladie, qu'on nomme *Clou de Vernis*.

Vermifuges. On donne ce nom aux plantes employées pour faire périr les vers dans le corps humain, et les faire évacuer.

Véronique, plante. *Veronica*, Tournef. Linné.

Verrue. C'est un poireau, sorte de durillon et d'excroissance de chair qui vient au visage ou aux mains. Ce terme de comparaison est quelquefois employé en botanique.

Verruceux, se. On emploie ce terme pour désigner diverses parties d'une plante, lorsqu'elles sont chargées de verrues, ou qu'elles ont la forme d'une verrue.

Vertical. En mathématiques, c'est ce qui est perpendiculaire à l'horizon ; en botanique, c'est aussi ce qui a une direction perpendiculaire à l'horison, c'est-à-dire, ce qui est dans la même direction, qu'une corde à laquelle un plomb seroit attaché.

Verticille. C'est un assemblage de feuilles ou de fleurs disposée
autour d'une tige ou autour de ses rameaux , comme sur un axe
commun. Le verticile est , ou sessile , ou pédonculé, ou colleté
ou feuillé , ou nu , ou ramassé. Le botaniste doit le considérer
dans toutes ses formes diverses.

Verticillé. On désigne par ce terme , les feuilles , les fleurs , et
autres parties qui sont placées en verticille autour d'un axe
commun.

Vertus. Les plantes de même genre ont ordinairement les mêmes
vertus; ces vertus dépendent du développement particulier des
parties de la plante , et d'une proportion déterminée entre les
principes qui la composent. La méthode qui, dispose les végétaux par familles, ou celle qui les rassemble en raison des rapports qui existent entre les différentes parties qui les composent,
est donc la plus utile à l'humanité, et la plus précieuse à la
médecine. Telle est aujourd'hui celle dont la Botanique est redevable aux savans *Jussieu* ; celle de *Villars*, observateur
très-éclairé , de la nature, présente aussi ces avantages. De telles
méthodes mettent l'homme dans la position heureuse de substituer une plante à une autre , et le dirigent presque toujours
avec sûreté , dès qu'il suppose à un individu du règne végétal , les mêmes vertus ou les mêmes défauts qu'à ses congénères ,
et la propriété la plus générale de la famille à laquelle cet individu appartient.

Les *Borraginées* sont des plantes potagères ; elles sont toutes
plus ou moins mucilagineuses ou glutineuses. Elles passent toutes
en médecine pour dépuratives et vulnéraires astringentes.

Les *Gentianes* sont amères , un peu aromatiques ; elles sont
réputées fortifiantes.

Les *Apocinées* sont âcres et caustiques ; le *Dompte-venin*,
qui est le seul employé en médecine , est aussi fort âcre : les
chevaux ne le touchent que lorsque sa saveur caustique a été
émoussée par les gelées.

Les *Solanées*, sont toutes suspectes, venimeuses, narcotiques;
la *Belladone*, la *Mandragore*, la *Jusquiame*, le *Stramonium* ,
sont des poisons très-reconnus ; la *Pomme-de-terre* fournit un
bon aliment , mais il est nécessaire qu'elle ait été dépouillée de
son principe vénéneux par le feu et la décoction. Ce n'est pas la
seule plante ou le poison se trouve combiné avec le principe
nourrissant; cette combinaison est aussi très-sensible dans le
Manhiot.

Toutes les *Rubiacées ,* sont diurétiques et apéritives.

Les *Bruyères*, sont astringentes, ou se sert dans quelques contrées du *Myrtille* et de l'*Arbousier* pour tanner les cuirs, mais leurs baies sont acides et se mangent.

Les *Cucurbitacées*, sont généralement purgatives et rafraîchissantes. Leur usage immodéré affoiblit, donne des dévoiemens, des tranchées, des vomissemens. La *Colloquinte* et le *Cocombre-Sauvage*, purgent avec trop de violence, la *Coloquinte* est diurétique.

Les *Labiées*, sont aromatiques, toniques, résolutives, céphaliques, émménagogues, c'est dans leurs feuilles que résident leurs vertus; mais l'arome varie beaucoup dans cette famille dont aucune plante ne passe d'ailleurs pour vénéneuse.

Les *Composées*, sont très-employées par la médecine, on en excepte le *Doronic*, le *Cartame*, la *Laitue-Sauvage*, sur lesquels on a des soupçons. Toutes les plantes de cette famille sont apéritives, échauffantes, dépuratives; quelques-unes mais en petit nombre sont purgatives comme l'*Eupatoire*. Elles fournissent encore un aliment léger, apéritif, peu nourrissant.

Les *Malvacées* sont mucilagineuses, émollientes, lubréfiantes, propres à émousser l'acrimonie, à déterminer la supuration. Leurs vertus sont répandues dans toutes les parties de la plante; les Romains mangeoient les mauves (*me pascunt olivæ . . . . læves que malvæ;*) on les mange encore dans le Nord. L'Okra, *Hibiscus esculentus*, sert de nourriture dans les pays les plus chauds.

Les *Cruciformes* sont âcres, incisives, antiscorbutiques, détersives et diurétiques; peu d'entre elles sont odorantes : et néanmoins en séchant, elles perdent toutes leurs vertus; elles servent plutôt d'assaisonnement que de nourriture.

Les *Rosacées* ont des fruits dont la pulpe charnue et succulente est bonne à manger.

Les *Renonculacées* sont la plupart venimeuses et caustiques. La *Pivoine* agit violemment; le Thé récent doit être pris avec précaution; au lieu de son origine, on n'en use qu'après plus d'un an de dessication.

Les *Papavéracées* sont plus ou moins narcotiques; mais cette propriété réside dans la substance gommeuse extractive; elle ne se trouve ni dans l'huile que l'on extrait des semences, ni dans le principe mucilagineux de ces mêmes semences qui rend l'huile miscible à l'eau sous la forme d'émulsion.

Les *Ombellifères* sont aromatiques, échauffantes, propres à rappeller la sueur, les urines, les règles, le lait, et à dissiper les vents, lorsqu'elles croissent dans un terrein sec ; mais elles croissent dans les sols humides, elles sont le plus souven venimeuses La culture dans une terre bien meublée, en adouci plusieurs, telles que le *Céleri*, au point qu'elles deviennent ali ment. C'est dans la racine et les semences que résident leur propriétés.

Les *Légumineuses* sont toutes nourrissantes, leurs feuille servent de pâture aux bestiaux, et leurs semences sont des ali mens pour l'homme ; aucune plante dans cette famille n'es venimeuse, ni caustique.

Les *Liliacées* contiennent des parties nourrissantes dans leurs racines, mais l'aliment y est souvent altéré par des principes vénéneux ; la différence de saveur et d'odeur indique si elles sont nuisibles. On mange dans quelques pays les racines de Tulipe et de Martagon; elles sont sans odeur. J'ai connu un fleuriste passionné à qui des maçons dans un régal mangèrent les oignons d'une planche nombreuse de *Tulipe*, les prenant pour des oignons ordinaire, les maçons s'en trouvèrent bien, mais le pauvre fleuriste n'en est pas encore consolé. Il n'en eut pas été de même pour les maçons s'ils eussent dévoré sa planche de *Jacinthe*; ces oignons, ceux de la *Phalangère*, du *Perce-Neige*, de la *Narcisse*, de la *Couronne-Impériale*, ont une odeur désagréable et sont vénéneux. Plusieurs, tels que l'*Oignon*, l'*Ail*, le *Poireau*, perdent leur causticité par la coction, et deviennent aliment. La *Scille*, corrigée par la dessication, et par la macération dans le vin ou le vinaigre devient un remède puissant.

Les *Aroïdes*, sont très-échauffantes, âcres ou aromatiques.

Les *Palmiers*, portent des fruits sains et qui se mangent.

Les *Orchidées*, sont nourrissantes et restaurantes, c'est de la fécule qu'on en retire qu'on fait le *Salep*, dans cette famille est la *Vanille*, qui est réputée *Aphrodisiaque*.

Les *Balisiers*, qui croissent dans les pays très-chauds, sont aromatiques, d'une saveur âcre et piquante, plus forte dans les racines qui échauffent beaucoup.

Les *Euphorbes* sont des purgatifs caustiques, très-violens, et même souvent mortels.

Les *Amentacées* sont ordinairement astringentes; les écorces du *Platane*, du *Hêtre*, du *Châtaignier* sont astringentes, febrifuges, anti-dyssentériques. Les galés de l'*Aune* et du *Chêne*, les boutons du *Peuplier*, les feuilles du *Saule* ont la même propriété astringente.

Les *Conifères* sont résineux, stimulans, échauffans, diurétiques; c'est en rétablissant les secrétions qu'ils opèrent utilement contre le scorbut; la résine de l'*If* diffère peu de celle du *Genièvrier*.

Les *Graminées* sont nourrissantes. Les bestiaux broutent leurs feuilles; les plus petites de leurs graines servent de nourriture aux oiseaux; les autres fournissent à l'homme son aliment le plus ordinaire. Toutes ces plantes sont salutaires si l'on excepte l'*Ivroie* et un très-petit nombre d'autres qui paroissent vénéneuses.

Les *Fougères* sont en général suspectées. La plupart ont une odeur forte et désagréable, quelques-unes sont vénéneuses, quelques-unes cependant sont apéritives, quelques-unes même sont nourrissantes; le *Sagou*.

Les *Mousses* ont la plupart une odeur désagréable, elles sont astringentes.

Les *Algues* ont été recommandées comme apéritives et détersives, ces vertus sont peu établies.

Les *Champignons* fournissent une nourriture trop souvent incertaine et dangereuse; puissent-ils enfin cesser d'être aussi funestes à l'humanité; car quoique tous les naturalistes depuis Pline jusqu'à ce jour aient publié leurs dangers, cela n'empêche pas les hommes de manger beaucoup d'individus issus de cette famille vénéneuse. J'ai commencé un travail et des observations très-longues pour établir solidement les différences essentielles qui existent entre eux; ces différences sont très-sensibles, et il est très-possible d'en faire deux familles distinctes. Si ma santé peut me permettre de soutenir l'examen rigoureux de ces végétaux, que j'ai commencé depuis plusieurs années; si les expériences que j'ai souvent fait sur moi-même peuvent se renouveller encore par moi, si mon âge et ma vie me le permettent, j'éclairerai mes concitoyens, et par de nouvelles classifications dans ces familles je mettrai les hommes à l'abri du danger.

L'esprit d'analogie si dangereux pour les hommes systématiques, peut tourner à l'avantage de la société lorsqu'il est modéré et dirigé par la raison, la réflexion, et des expériences innocentes. Il sert à étendre les propriétés d'une plante à une autre; il parviendra un jour à nous jouir faire des avantages qui ont semblé jusqu'ici avoir été exclusivement accordés par la nature aux productions végétales des contrées qui nous sont étrangères.

Verveine , plante. *Verbena* , Tournef. Linné.

Vésiculeux , Vésiceux , se , *ou* Vésiculaire. C'est ce qui est formé
de petites vessies. Les glandes vésiculaires sont celles qui ressemblent à des petites vessies.

Vesce , plante. *Vicia ,* Tournef. Linné.

Vesce-de-Loup , plante. *Lycoperdon ,* Tournef. Linné.

Viable , terme de médecine. Il s'applique à tout individu assez
formé en sortant du sein de sa mère , pour faire espérer qu'il
vivra. La botanique emploie ce terme dans le même cas.

Vie des végétaux. Comme les animaux , la plante jouit du bienfait de la vie ; l'embryon s'échappant d'une semence , paroît
dès-lors comme animé , et le végétal s'adopte le lieu propre à
faire les frais de son existence. Il croît en longueur , en largeur , prend la direction qui lui convient le plus ; il devient
adulte , comme l'animal ; il opère la reproduction de son
espèce ; et comme tout ce qui est dans la nature , il dépérit
enfin et cesse d'exister.

Vignes , *famille des Vignes.* C'est la trente-huitième des familles
naturelles de Jussieu ; elle réunit les plantes qui ont des rapports
avec la Vigne. *Vitis.*

V I L L A R S.

M É T H O D E   D E   V I L L A R S.

CETTE Méthode, composée par Villars, observateur aussi ardent
qu'éclairé, de la Nature, pour servir à son Histoire des Plantes
du Dauphiné , a paru en 1686. C'est une modification de celle
du célèbre Linné , et qui peut aussi être qualifiée Système
sexuel. Aux avantages de la simplicité, de la précision , de la
clarté , elle réunit celui de conserver le plus grand nombre des
familles naturelles.

Cette Méthode , devenue par-là très-précieuse, réduit les vingt-
quatre classes de Linné à treize seulement , qu'elle détermine
par cinq attributs principaux ; 1°. par le nombre des étamines ;

2°.

2º. par la réunion de leurs filets ; 3º. par l'insertion et la position des filets ; 4º. par le nombre indéterminé des étamines ;
5º. par leur absence ou leur petitesse invisible. La présence
des étamines donne lieu à douze classes, et leur absence à la
treizième. La 1, 2, 3, 4, 5 et 6ᵉ classes sont déterminées seulement par le nombre des étamines, de 1, ou 2, ou 3, ou 4,
ou 5, ou 6. La classe 7ᵉ a une plante à sept étamines, et est
déterminée pour les autres par la réunion des étamines en un
ou plusieurs corps. La classe 8ᵉ embrasse les plantes à huit
étamines. La 9ᵉ classe a trois plantes fournies de neuf étamines,
et détermine les autres par l'insertion des étamines au calice.
La 10ᵉ classe embrasse les plantes qui ont dix étamines. La
11ᵉ est établie sur le nombre indéterminé des étamines et leur
insertion sur le réceptacle. La 12ᵉ embrasse toutes les plantes
qui ont douze étamines. La treizième, enfin, contient toutes
les plantes dont les étamines ne peuvent être découvertes.

Le botaniste *Villars* sous-divise ces classes par ordres ou sections ;
il les prend dans les familles naturelles qu'il a eu la gloire de
conserver, dans le nombre des pistils, dans la désunion des
sexes sur les plantes, enfin, dans le nombre des étamines, si
il varie dans la classe. Ses genres sont à-peu-près ceux de Linné ;
il les modifie quelquefois, et les restreint, mais il les facilite
par ses familles naturelles.

Iʳᵉ. C L A S S E.   *Monandrie.*

Toutes plantes dont les fleurs ne portent qu'une seule étamine.
Cette classe correspond à la 1ʳᵉ et à la 22ᵉ de Linné ; elle est
peu nombreuse, et ne comprend aucune famille naturelle.

IIᵉ. C L A S S E.   *Diandrie.*

Toutes les plantes dont les fleurs portent deux étamines. Elle correspond à la 2ᵉ, à la 20ᵉ et à la 21ᵉ classes de Linné. Elle embrasse
une famille naturelle, celle des *Orchidées.*

IIIᵉ. C L A S S E.   *Triandrie.*

Toutes les plantes dont les fleurs portent trois étamines. Elle
correspond avec la 3ᵉ et la 6ᵉ classes de Linné. Elle réunit cinq
familles naturelles ; 1º. les *Graminées* ; 2º. les *Souchets* ; 3º. les
Massettes, 4º. les *Joncs* ; 5º. les *Liliacées.*

IVᵉ. C L A S S E.   *Tétrandie.*

Toutes les plantes dont les fleurs portent quatre étamines. Cette
classe correspond à la 4ᵉ et à la 14ᵉ de Linné. Elle réunit

quatre familles naturelles ; 1º. les *Dipsacées* ; 2º. les *Rubiacées* ; 3º. les *Labiées* ; 4º. les *Personnées*.

Vᵉ. CLASSE.

Toutes les plantes dont les fleurs portent cinq étamines. Cette classe correspond à la 5ᵉ et à la 19ᵉ classes de Linné. Elle a cinq familles naturelles ; 1º. les *Borraginées* ; 2º. les *Ombelli-fères* ; 3º. les *Flosculeuses* ; 4º. les *Chicoracées* ; 6º. les *Corym-bifères*, ou fleurs *radiées*.

VIᵉ. CLASSE. *Hexandrie*.

Toutes les plantes dont les fleurs portent six étamines. Elles correspond à la 6ᵉ et à la 15ᵉ classes de Linné. Elle n'a qu'une seule famille naturelle , les *Crucifères*.

VIIᵉ. CLASSE *Heptandrie*, *Monadelphie*. *Diadelphie*.

Toutes les plantes dont les étamines sont réunies par leurs filets. Elle correspond à la 16ᵉ , la 17ᵉ et la 18ᵉ classes de Linné. Elle a deux familles naturelles , 1º. les *Malvacées* ; 2º. les *Papilionacées*.

VIIIᵉ. CLASSE. *Octandrie*.

Toutes les plantes dont les fleurs portent huit étamines. Elle correspond à la 8ᵉ classe de Linné. Elle ne forme aucune famille naturelle.

IXᵉ. CLASSE. *Ennéandrie* , *Icosandrie*.

Toutes les plantes dont les fleurs portent neuf, douze , ou un plus grand nombre d'étamines insérées au calice. Cette classe correspond à la 9ᵉ et à la 12ᵉ de Linné. Elle ne présente aucune famille naturelle

Xᵉ. CLASSE. *Décandrie*.

Toutes les plantes dont les fleurs portent dix étamines. Elle correspond à la 10ᵉ classe de Linné. Elle offre une famille naturelle, les *Caryophyllées*.

XIᵉ CLASSE. *Polyandrie*

Toutes les plantes dont les fleurs portent plus de trente étamines. Cette classe correspond à la 13ᵉ et à la 22ᵉ. de Linné. Elle réunit trois familles naturelles ; 1º. les *Multisliqueuses* ; 2º. les *Amentacées* ; 3º. les *Conifères*.

XIIᵉ. CLASSE. *Dodécandrie.*

Toutes les plantes dont les fleurs portent douze étamines. Elle correspond à la 11ᵉ classe de Linné, et ne présente aucune famille naturelle.

XIIIᵉ. CLASSE. *Cryptogamie.*

Toutes les plantes dont les étamines ne peuvent être apperçues. Elle correspond à la 24ᵉ classe de Linné, et renferme quatre familles naturelles ; 1°. les *Fougères* ; 2°. les *Mousses* ; 3°. les *Algues* ou *Lichens* ; 4°. les *Champignons.*

L'Auteur assigne une vertu reconnue et commune souvent à toutes les plantes qui composent les familles naturelles ; et c'est par leurs propriétés médicales qu'il prétend les réunir sous la même parenté. Cette partie, la plus utile sans doute dans l'art du Botaniste, puisque c'est elle qui se rapporte le plus aux besoins de l'homme, est traitée d'une manière savante et en même-tems aisée à saisir par l'observateur Villars. Les familles naturelles des plantes présentent nécessairement des genres séparés et distincts ; la manière de les répartir appartient à la philosophie du Botaniste, et pour ne rien laisser à desirer sur un objet aussi intéressant, nous ne pouvons éviter de renvoyer nos lecteurs à l'ouvrage même du savant Villars, qui est écrit en Français. C'est aussi par ce motif d'utilité à tous les hommes, que nous ajoutons à ce Dictionnaire les caractères des classes et des ordres naturels donnés par Jussieu, et mis en Français. (Voyez à quelques pages plus bas.)

Vin. Le produit de beaucoup de substances végétales est une liqueur plus ou moins colorée, susceptible de donner de l'esprit ardent à la distillation, d'une odeur aromatique et vineuse, d'une saveur piquante et chaude, qui ranime le jeu des fibres. Tels sont le *Cidre*, le *Poiré*, la *Bière*, le *Tafia*, le *Kerschwaser*, *etc.* C'est le vin qui l'emporte, par son excellence et sa salubrité, sur toutes ces boissons de l'homme ; c'est la plus commune, et la plus recherchée. Du moment que le Raisin dont il est le produit est dans la cuve, il se fait une espèce d'analyse qui est annoncée par la séparation de quelques-unes de ses parties constituantes, telles que le tartre qui se dispose sur les parois, et la lie qui se précipite dans le fond ; il ne reste que l'esprit ardent et la partie colorante délayés dans un liquide plus ou moins considérable. Le principe colorant est de nature résineuse ; il est contenu dans la péllicule du Raisin, et la liqueur ne se colore, que lorsque le vin est déjà formé, parce qu'alors seulement il y a un principe qui peut le dissoudre ; de là vient qu'on fait du vin blanc avec du Raisin rouge, lorsqu'on se contente d'exprimer le Raisin pour en avoir le jus, et qu'on rejette la pellicule. On décompose ordinairement le vin par la distillation, et le premier produit de l'opération est connu sous le nom d'*Eau-de-vie*. (Voyez cet article.)

Vinaigre. Le muqueux et l'alkool sont les principes de la fermentation acide ; et lorsque le corps muqueux a été détruit dans les vins, ils ne sont plus susceptibles de fermenter pour aigrir, car trois causes sont nécessaires, pour que la fermentation acide ait lieu dans les liqueurs spiritueuses, l'existence d'une matière muqueuse et de l'alkool, une chaleur de 18 à 25 degrés, et la présence du gaz oxigène. La fermentation se développe, la liqueur s'échauffe et se trouble ; elle offre une grande quantité de filamens ; elle exhale une odeur vive, et il s'absorbe beaucoup d'air, d'après l'observation de *Rosier*. Il se forme beaucoup de lie, qui se dépose lorsque le Vinaigre s'éclaircit, et cette lie est très-analogue à la matière fibreuse. On purifie le Vinaigre par la distillation ; les premières portions qui passent sont foibles, mais bientôt après l'acide acéteux monte, et il est d'autant plus fort, qu'il passe plus tard.

Vinetiers, *famille des Vinetiers*. C'est la soixante-dix-huitième des familles naturelles de Jussieu : elle rassemble les plantes qui ont de l'analogie avec le Vinetier ou Epine-vinette. *Berberis*.

Violette, plante. *Viola*, Tournef. Linné.

Viorne, plante. *Viburnum*, Tournef. Linné.

Vipérine, plante. *Echium*, Tournef. Linné.

Viscères, terme d'anatomie. On nomme viscères, ces parties du corps humain qui sont tissues d'une infinité de petites glandes, lesquelles servent à la préparation et filtration des humeurs ; le *foie*, la *ratte*, le *cerveau*, les *reins*, le *pancreas*, sont des viscères. Les fleurs des plantes, eu égard à leur usage, sont appelées viscères en botanique, et cet objet de comparaison est encore adopté par d'autres parties sur les végétaux.

Visqueux, se. On donne cette qualification au chapeau du Champignon, aux fruits, aux feuilles, aux tiges même, lorsque la superficie de ces parties est recouverte d'une espèce de mucilage qui la rend gluante.

Vital. *Principe vital*. On ne peut nier que le végétal soit doué de mouvemens divers, et que ses mouvemens de vie soient si marqués dans certaines plantes, que nous pouvons les décider à volonté ; telles *la sensitive* et beaucoup d'autres *mimoses* prin-

cipalement dans leurs feuilles , telles les étamines de *la Raquette*
de *l'Epine-vinette* de la *Pariétaire* etc. Les plantes dont le regard
suit le cours du soleil, celles qui dans les serres s'inclinent vers
l'ouverture d'où leur vient la lumière, celles qui se contractent
et se récoquillent par la piqûre d'un insecte , celles aussi dont
les racines se dévoient d'elles-mêmes de leur direction première
pour aller plonger dans la bonne terre ou dans l'eau, ne sont-
elles pas doués d'un tact qui tient au sentiment, et de sensations
analogues à leurs besoins. Ces sensations et ce tact cependant
sont purement méchaniques , mais le végétal se reproduit de
lui-même ainsi que l'animal, la différence qui existe extérieurement entre-eux , est que l'animal en général est doué de la faculté de se transporter d'un endroit à un autre , pour varier ou
trouver avec plus d'abondance la matière de son aliment, mais
le végétal fixé à la même demeure ne peut saisir que dans son
voisinage ce qui doit servir à son existence. La nature lui a
donné des feuilles pour puiser, dans l'atmosphère, l'air et l'eau
nécessaires à sa vie et des racines qui s'étendent au loin dans la
terre, y trouvent son appui, y cherchent et en pompent tous
ses autres principes nutritifs.

Vivace. La plante annuelle est celle dont la vie ne s'étend pas au-
delà d'un an ; la plante vivace est celle dont la vie excède la
durée de trois ans. Parmi les herbes vivaces , il y en a , et c'est
le plus grand nombre qui perdent leurs tiges tous les hivers ,
et dont la racine reproduit tous les ans une tige nouvelle.

Voa-vanguier, plante. *Vanguera* , Jussieu.

Volva. C'est une enveloppe membraneuse plus ou moins épaisse
qui recouvre entièrement , ou en partie seulement , le chapeau
du Champignon dans sa jeunesse : il y est renfermé , comme
dans une bourse. Cette bourse se déchire par le haut , et le
Champignon en sort comme la tige d'une graine quelconque ,
dans l'état de germination ; le pédicule du Champignon est
caché dans son centre , comme le cordon ombilical dans le
centre de l'Amnios , avant son déchirement d'avec le placenta.
On distingue deux espéces de volvas , le complet et l'incomplet. Le volva complet est celui qui renferme le Champignon
dans son entier ; ce volva se fend nécessairement , et reste
presque toujours attaché au pédicule , sous la forme d'une
membrane plissée. Le volva incomplet est celui qui ne couvrant
pas le jeune Champignon dans son entier , n'est pas obligé de
se fendre pour lui livrer passage. La membrane du volva complet est toujours persistante , et conserve les bords très-élevés ;
le volva incomplet n'a qu'un petit rebord , qui disparoît peu de
temps après le développement du Champignon. Il est nécessaire

d'observer attentivement le volva des Champignons ; il sert à discerner leurs espèces. *Paulet* a remarqué que le volva , qui forme comme une bulbe à la base des Agarics , en désigne les espèces vénéneuses.

Volute , ornement du chapiteau ionique et du composite fait en ligne spirale ; il y a des fruits , des épis et des fleurs qu'on prétend faits en volute.

Vomique , plante. *Strichnos*. Lin.

Vrille *ou* Main. Ce sont des productions filamenteuses , ordinairement en forme de tire-bourre , aux moyens desquelles les plantes grimpantes s'attachent aux corps qui les environnent. Dans quelques plantes , comme la *Vigne*, la *Bryone*, les vrilles partent immédiatement de la tige ; mais dans le plus grand nombre , elles sont un prolongement des pétioles.

Vulnéraire , plante. *Anthyllis* , Linné ; *Vulneraria*. Tournef.

Y.

Y È B L E ; plante. *Sambucus* , Tournef. Linné.

Yeuse , plante. *Quercus*, Linné; *Ilex*, Tournef.

Z.

ZEDOAIRE , plante. *Kœmpferia*, Linné.

Zeste. Espèce de placenta membraneux qu'on trouve dans le corps d'une Noix, et qui en divise l'amande en quatre parties. On nomme aussi zeste, une partie mince que l'on coupe à l'écorce du Citron et de l'Orange.

Zig-zag. On nomme tige en zig-zag , celle qui se plie de côtés et d'autres, à la manière du Z. Ces espèces de tiges ont de distance à autre des nœuds qui changent leur direction, et qui leur font former alternativement des angles saillans et rentrans.

CARACTÈRES

DES CLASSES ET DES ORDRES NATURELS,

SUIVANT LE SYSTÊME DE JUSSIEU,

AVEC

LES NOMS DES GENRES DE PLANTES QUI LES COMPOSENT.

Ce fragment de l'ouvrage immortel, qui est intitulé *Genera plantarum secundum ordines naturales disposita*, n'étoit pas réservé à paroître dans ce volume; je ne l'avois traduit que pour l'usage de mes amis particuliers, et je n'eus pas pensé à décorer mon travail de ce chef-d'œuvre d'un amour aussi persévérant qu'éclairé de la nature, si un homme recommandable par les services qu'il a rendus et qu'il rend encore à la patrie, amateur de la Botanique et de tout ce qui, dans cette science, intéresse l'humanité, ne m'eût demandé cet abandon au public. Je desire qu'il soit accueilli de mes concitoyens : et pourroit-il ne pas l'être ? c'est l'ouvrage de Jussieu.

CLASSE PREMIÈRE.

PLANTES ACOTYLÉDONES.

ORGANES sexuels peu visibles ou invisibles dans quelques individus, incertains ou très-petits dans quelques autres, très à découvert dans les autres; parties mâles, mêlées lorsqu'elles sont visibles avec les femelles sur le même organe, ou séparées dans des organes différens. Pollen mâle, tantôt nu, tantôt caché dans une anthère ou follicule qui varie par son insertion et sa disposition. Pistil qui varie par sa structure, par sa situation ou le nombre de ses parties; l'ovaire nu ou couvert. Semences dans quelques genres très-connues, dans la plupart invisibles, dans d'autres à peine visibles et d'une germination ignorée, ce qui empêche d'établir les règles certaines de leur développement.

ORDRE PREMIER. *Famille* Ire. *les Champignons.*

Plantes parasites ou nées immédiatement de la terre, tantôt nues, tantôt renfermées dans un volva qui se fend; substance subéreuse, ou couverte d'écorce dans les uns, dans les autres plus molle et charnue, dans les autres mucilagineuse : quelques-uns simples ou rameux, quelques-uns sphériques, plusieurs pourvus d'un chapeau pédiculé ou sessile, tantôt orbiculaire et en forme de bouclier, tantôt demi-orbiculaire et inséré par le côté; aucunes feuilles, aucunes fleurs, et au lieu d'anthères un pollen dispersé en-dedans et en-dehors; des organes diversement construits, suppléans les pistils; des lames ou des rides; des sillons, des pores, des tubes, des mamelons, des petites cavités, les s espèces de petites grilles, etc. Ces parties renferment des petits corps qui confiés à la terre, germant comme d'autres semences ou s'étendant en rejetons, reproduisent le végétal.

Les Champignons subéreux sont vivaces et souvent parasites ; les autres sont parasites ou terrestres, fugaces, et se putréfiant rapidement.

1. Champignons charnus, sphériques.
Moisissure, Vesse-de-loup, Truffe, Clathre.

2. Champignons charnus, à chapitaux orbiculaires, sessiles ou portés sur un pédicule central.
Satyre, Morille, Monacella, Pezize, Chanterelle, Champignon, Cèpe, Erinace.

3. Champignon, la plupart subéreux, à chapeaux demi-orbiculaires, sessiles, ou pédiculés par le côté.
Agaric, Merulius, Auricularia, Urchin.

4. Champignons anomales, simples ou rameux.
Clavaire.

ORDRE II. *Fam.* 2e. *les Algues.*

Plantes à diverses habitudes, diversifiées par leur tissu, leur substance, et la disposition de leurs organes. Les unes filamenteuses ou gélatineuses analogues, en quelque manière, aux Champignons ; d'autres coriaces ou crustacées ; d'autres herbacées, comme feuillées et plus rapprochées des autres plantes. Organes sexuels tout-à-fait cachés dans les unes, à peine visibles dans les autres, très-visibles et très-connus dans d'autres, mais diversifiés par leur structure et leur situation.

1. Algues filamenteuses ou gélatineuses, fructifications cachées, Bysses.
Bysse, Conferve, Nostoc.

2. Algues filamenteuses ou coriaces, fructifications incertaines, Varecs.
Ulva, Varec.

3. Algues coriaces ou crustacées, fructifications plus visibles. Lichens.
Cyathus, Hypoxylum, Sphæria, Lichen.

ORDRE III. *Fam.* 3e. *les Hépatiques.*

Fleurs monoïques ou dioïques. Organes mâles, granuleux ou folliculaires, gorgés d'un pollen ou humeur visqueuse, solitaires ou serrés ensemble, nus, rarement agrégés dans un périanthe commun, sessiles, rarement pédonculés. Organes femelles nus ou pourvus d'un périchetia ou calice monophylle, sessile ; solitaires dans le périchetia, ou plusieurs, un seul souvent subsistant, les autres sessiles, tous nus ou enveloppés d'une membrane qui porte le stile, laquelle est le plus souvent ouverte à son sommet, quelquefois coupée horizontalement en-dessous. Autant de capsules uniloculaires, monospermes ou polyspermes, sessiles, rarement pédiculées, nues ou couvertes en-dessus d'une membrane en forme de coiffe, ou et le plus souvent entourées de cette même membrane persistante autour de la base du pédicule. Semences, tantôt libres, tantôt attachées à des crins élastiques, prenant racine en-dessous, et s'étendant de toutes parts en-dessus dans la germination.

Ces petites plantes sont herbacées, terrestres ou parasites, rampantes ; ce sont souvent des expansions sans feuilles, plates, sans divisions ou lobées,

» quelquefois polyphylles, à feuilles distiques, rarement imbriquées. Le
» organes mâles dans les polyphylles sont axillaires ou terminals, ou assis
» sur les folioles. Dans les expansions sans feuilles, ils sont épars ou mar-
» ginals; les organes femelles dans celles-ci naissent des sinus ou du sommet
» de l'expansion; dans les autres, ils sont axillaires ou terminals.

Riccia, Blasia, Anthoceros, Targionia, Jungermannia, Marchantia.

O R D R E IV. *Fam. 4e. les Mousses.*

Plantes monoïques ou dioïques. L'organe mâle composé d'une anthère
simple, ou petite tête remplie de pollen, de la forme d'une urne; cette
urne operculée avec une coiffe, ou operculée sans coiffe, ou dénuée
d'opercule, non ouverte, et alors la poussière s'échappant par des valvules ou pores ouverts; cette urne sessile en pédiculée, terminale ou
axillaire, entourée d'un petit calice feuillé, qui persiste à sa base.
L'organe femelle, moins sensible, caché dans l'aisselle des feuilles, sans
style, sans stigmate, sans péricarpe, ne consistant que dans un embryon nu, sans écorce, sans lobes, mais avec un calice propre.

Ces petites plantes herbacées sont terrestres ou parasites, couchées ou
droites, simples ou rameuses, à feuilles distiques, ou éparses, ou imbriquées; les unes portent seulement des urnes, d'autres qui sont monoïques
portent en même temps des bourgeons et des urnes; d'autres enfin, qui
sont dioïques, portent des urnes et des petites étoiles séparées sur des
pieds différens.

1. Mousses véritables, dioïques, chargées de capsules ou urnes et de
petites étoiles.
Splachnum, Polytricum, Mnium, Hypnum.

2. Mousses véritables, monoïques, chargées seulement de capsules, les
petites étoiles ou bourgeons invisibles ou nuls.
Fontinalis, Bryum, Phascum, Buxbaumia, Sphagnum.

3. Mousses bâtardes.
Porella, Lycopodium.

O R D R E V. *Fam. 5e. les Fougères.*

Famille encore trop peu connue; organes sexuels, nommés anthères
par les uns, capsules par les autres; organes mâles seuls aisés à distinguer, ce sont des anthères sessiles, uniloculaires, s'ouvrant ordinairement par deux battans qui le plus souvent sont entourés d'un anneau
élastique. Fructification radicale avec des pistils sensibles, mêlés parmi
les étamines, ou fructification en épi sans qu'on puisse appercevoir les
pistils, ou fructification sur les feuilles sans pistil apparent, ou enfin
fructification en épi avec des pistils sensibles, séparés des étamines. Ces
pistils, bien observés dans quelques individus, paroissent couronnés par
un stigmate simple.

Les Fougères sont herbacées, rarement arborescentes; les feuilles,
dans beaucoup de genres, sont, avant leur développement, roulées
en-dedans depuis la pointe jusqu'à la base; elles sont simples ou
rameuses, souvent écailleuses à leur base.

1. Anthères ou follicules disposées sur un épi distinct; les autres
organes inconnus.
Ophioglosse, Onoclea, Osmonde.

2. Follicules placées sous les feuilles, les autres organes inconnus.
Acrostichum, Polypode, Ceterac, Scolopendre, Politric, Sauve-vie,
Hemionitis, Blechnum, Lonchitis, Fougère, Myriotheca, Capillaire,
Darea, Trichomanes.

3. Anthères placées sur un strobile, pistils visibles et séparés des
étamines.
Zamia, Cycas.

4. Anthères mêlées avec les pistils sous le même involucre.
Pilulaire, Lemina.

5. Fructification moins connue, plantes voisines des Fougères, à
feuilles non roulées.
Salvinia, Isoetes, Prèle.

ORDRE VI. *Fam. 6ᵉ. les Naïades.*

Calice entier ou divisé, supérieur ou inférieur, rarement nul. Étamines peu nombreuses (Périgynes.) Ovaire supérieur ou inférieur,
unique ou quadruple; sur chaque ovaire un style simple, rarement
double ou nul; stigmate unique ou répété. Semences solitaires ou en
grand nombre, nues, supérieures, ou renfermées dans un péricarpe
supérieur ou inférieur.

Toutes ces plantes sont herbacées, excepté une (le Saururus;) elles
sont toutes aquatiques; les feuilles le plus souvent sont opposées, quelquefois elles sont verticillées. Les fleurs, dans certains genres, sont
hermaphrodites; dans les autres, elles sont monoïques ou dioïques.

1. Fruit inférieur.
La Pesse d'eau.

2. Fruit supérieur, monosperme ou tétrasperme.
Charagne, Ceratophyllum, Myriophyllum, Naïade, Saururus,
Aponogeton, Potamogeton, Ruppia, Zanichellia, Callitriche.

3. Fruit supérieur, oligosperme, les semences non définies.
Lentille d'eau.

C L A S S E I Iᵉ.

PLANTES MONOCOTYLÉDONES. ÉTAMINES HYPOGYNES.

Calice inférieur, monophylle, ou polyphylle, ou nul. Corolle nulle.
Étamines hypogynes ou insérées sous le pistil, souvent définies, rarement
indéfinies. Ovaire supérieur, simple; style unique, ou répété, ou nul;
stigmate simple ou partagé. Semence unique, nue ou couverte, ou fruit
uniloculaire, monosperme ou polysperme. Feuilles souvent alternes et
en gaîne. Fleurs quelquefois à sexes séparés par avortement.

ORDRE PREMIER. *Famille 7ᵉ. les Aroïdes.*

Spadice simple, multiflore, enveloppé d'un spathe, ou nu. Calice nul
ou simple. Étamines définies ou indéfinies, insérées au spadice. Ovaires
nés du même spadice, nus ou entourés du calice, tantôt mêlés d'étamines, tantôt séparés d'elles; autant de styles ou styles nuls; autant de
stigmates; autant de fruits uniloculaires, monospermes ou polyspermes.
L'embryon central, dans un périsperme charnu.

Dans ces plantes, les feuilles sont alternes, en gaîne, le plus souvent toutes radicales ; le spadice est souvent solitaire, assis au sommet d'une tige ou scape radical ; car rarement ces plantes ont des tiges ; quelques-unes deviennent très-irrégulières par la dépravation des sexes.

1. Spadice enveloppé d'un spathe.
Ambrosinia, Zostera, Gouet, Serpentaire, Calla, Dracontium, Pothos, Houttuynia.

2. Spadice nu, dépourvu de spathe.
Orontium, Acorus.

ORDRE II. *Fam.* 8ᵉ. *les Massettes.*

Fleurs monoïques ; les mâles agrégées, triandriques, dans un calice triphylle ; les femelles pareillement agrégées dans un calice triphylle ; l'ovaire supérieur à style simple, à semence unique.
Les feuilles sont alternes, en gaîne ; ces plantes sont aquatiques.

Massette, Sparganium.

ORDRE III. *Fam.* 9ᵉ. *les Souchets.*

Fleurs hermaphrodites ou monoïques, soutenues, chacune par une paillette qui tient lieu de calice. Calice le plus souvent nul. Trois étamines insérées sous le pistil. Ovaire unique supérieur ; style unique ; stigmate souvent triple, rarement double. Semence unique, nue ou couverte d'une tunique propre, entourée dans quelques espèces de soies ou poils qui naissent de sa base. Embryon et germination comme sur les Graminées. Pailles uniflores, serrées, disposées diversement en épis ou en faisceaux, quelques-unes vides, les fleurs étant avortées
Dans ces plantes, les tiges ou chaumes sont cylindriques ou triangulaires, sans nœuds dans la plupart, articulées sur quelques-unes. Les feuilles florales sont sessiles ; les radicales et les caulinaires sont en gaîne, la gaîne entière et ne se fendant point.

1. Fleurs monoïques.
Laiche.

2. Fleurs hermaphrodites.
Fuirena, Schœnus, Gahnia, Eriophorum, Scirpe, Souchet, Tryocephalum, Kinllingia, Mapania, Chrysitrix.

ORDRE IV. *Fam.* 10ᵉ. *les Graminées.*

Balle, qui est le calice, suivant Linné, uniflore ou multiflore, soutenant deux ou plusieurs fleurs distiques, disposées sur un épillet ; cette balle souvent bivalve, rarement univalve, ou multivalve, ou nulle. A chaque fleur un calice, qui est la corolle suivant Linné, semblable à la balle, le plus souvent bivalve, rarement univalve, ou nul, la valve extérieure sans poils ou suivie d'arêtes. Étamines définies (indéfinies dans la Pariana,) hypogynes, le plus souvent au nombre de trois, rarement de deux, de six, ou uniques ; les anthères oblongues, bifurquées au sommet et à la base. Ovaire unique, supérieur, entouré à sa base de deux petites écailles qui ne sont pas toujours visibles. Pour la plupart deux styles et deux stigmates plumeux ; pour quelques-uns un style, et un stigmate simple ou divisé. Dans les uns et les autres une semence

nue ou couverte , la valve intérieure du calice persistante. Embryon
petit , adhérent inférieurement au côté d'un périsperme farineux, qui
beaucoup plus grand. Le cotylédon et le périsperme persistant et sessile
pendant la germination, adhérens à la partie primaire de la gaine qui
entoure la plumule.

Dans ces plantes, les racines sont fibreuses, capillaires; les tiges ou
chaumes sont cylindriques, fistuleux ou moëlleux intérieurement, articulés ou distingués par des internœuds, souvent simples et herbacés. Les
feuilles sont alternes, comme solitaires et en gaîne sur chaque nœud du
chaume, la gaîne se fendant jusqu'au nœud. Les fleurs sont glomérées
ou disposées en épi sur un rafle, renfermées avant la maturescence dans
la gaîne de la feuille supérieure ; quelques espèces sont monoïques par
l'avortement des sexes.

1. Deux styles : étamine unique ou double.
Cinna , Flouve.

2. Deux styles ; trois étamines ; balle uniflore.
Bobartia , Aristida , Alopecurus , Phleum , Phalaris , Paspalum ,
Digitaria, Panicum, Agrostis, Stipa, Lagurus, Saccharum.

3. Deux styles ; trois étamines ; balle uniflore. Fleurs polygames.
Holcus , Andropogon.

4. Deux styles ; trois étamines; balle biflore ou triflore. Fleurs
polygames.
Anthistiria, Spinifex, Ischæmum, Tripsacum, Cenchrus, Œgilops ,
Rotthollia.

5. Deux styles; trois étamines ; balle biflore ou triflore. Fleurs
hermaphrodites.
Aira , Mélique.

6. Deux styles; trois étamines ; balles multiflores , glomérées.
Dactylis.

7. Deux styles; trois étamines; balles multiflores , en épi serré sur
un axe ou sur un rafle ; l'épi souvent simple.
Sesleria , Cynosurus , Ivroie , Elymus , Orge , Froment , Seigle.

8. Deux styles; trois étamines ; balles multiflores , vagues. Fleurs
souvent paniculées.
Droue , Fétuque , Paturin , Uniola , Amourette , Avoine , Roseau.

9. Deux styles; six étamines ou plus.
Ritz , Erharta , Zizania , Luziola.

10. Style unique ; stigmate simple ; trois étamines.
Nardus, Lygeum , Aphula , Mays.

11. Style unique ; stigmate divisé ; trois étamines.
Pharus , Olyra , Cornucopiæ , Larmille , Manisuris , Pommereulla ,
Remiria.

12. Style unique ; stigmate divisé ; six étamines.
Nastus.

13. Style unique ; stigmate divisé ; plusieurs étamines.
Pariana.

C L A S S E   I I I^e.

MONOCOTYLÉDONES. ÉTAMINES PÉRIGYNES.

Calice monophylle, tubulé, ou profondément partagé, supérieur ou inférieur, quelquefois nu, le plus souvent soutenu d'un spathe uniflore, plus rarement d'un involucre qui imite un calice extérieur. Corolle nulle, car ce qui est appelé corolle par Tournefort, Linné et les autres auteurs, est à nos yeux le calice. Étamines définies, rarement indéfinies, insérées au fond ou au sommet du calice, opposées à ses découpures, à filets distincts, rarement connés, à anthères biloculaires, distinctes. Dans quelques individus, plusieurs ovaires supérieurs ; autant de styles ou de stigmates ; autant de capsules uniloculaires, monospermes ou polyspermes, intérieurement bivalves, les semences appliquées à la marge des valvules. Dans beaucoup, ovaire unique, supérieur ou inférieur ; style unique, rarement triple ou nul ; stigmate simple, ou divisé ; fruit en baie, ou capsulaire, à trois loges, à trois spermes, ou polysperme, quelquefois deux loges avortées et une seule semence persistante. Les semences dans les baies sont attachées à l'angle intérieur des loges ; dans les capsules, qui sont ordinairement à trois valves, elles sont insérées çà et là à la marge d'un réceptacle élevé qui constitue une cloison mitoyenne dans chaque valve, et s'ouvre avec elle. Embryon petit, dans un périsperme corné et plus grand.

ORDRE PREMIER. *Famille* 11e. *les Palmiers.*

Calice en six parties, souvent persistant, trois découpures extérieures, souvent plus petites. Six étamines, rarement plus ou moins, insérées à la base des découpures du calice, ou plutôt à un corps glanduleux, hypogyne ; les filets souvent réunis par la base. Ovaire supérieur, simple, rarement triple (dans le Chamærops.) Style unique ou triple ; stigmate simple ou trifide. Fruit en baie ou à noyau, intérieurement réticulé, uniloculaire ou triloculaire, monosperme ou trisperme ; les semences osseuses. Embryon très-petit, dans la cavité dorsale ou latérale, rarement dans l'intérieur d'un périsperme grand, d'abord mou et mangeable, ensuite endurci et corné.

La tige est simple, cylindrique, en forme de tronc, souligneuse ou arborescente, devenue écailleuse par la base persistante des feuilles, ou raboteuse par les vestiges arrondis des anciennes bases. Les feuilles sont terminales, serrées, alternes, en gaîne à leur base ; les plus jeunes sont plissées et couvertes ou entourées par la gaîne réticulaire de la feuille précédente qui persiste entre les bases. Le spadice tient le milieu entre les feuilles ; il est simple ou rameux, terminal, ses rameaux deux fois spathacés ; il est multiflore, enveloppé d'un spathe très-grand, simple, rarement polyphylle. Les fleurs sont monoïques ou dioïques par l'avortement des parties sur le même spadice, ou sur des spadices séparés ; rarement elles sont hermaphrodites.

1. Feuilles pinnées, les folioles souvent lancéolées, étroites.
Rotang, Dattier, Arèque, Élaté, Cocotier, Elaïs, Caryota, Nipa.

2. Feuilles palmées, ou flambelliformes.
Corypha, Licuala, Lantania, Lontarus, Chæmœrops, Mauritia.

ORDRE II. *Fam.* 12e. *les Asperges.*

Calice à six divisions, régulier, le plus souvent profondément partagé, et inférieur, rarement supérieur. Six étamines insérées au fond ou au milieu du calice. Ovaire simple, souvent supérieur; style triple, avec un stigmate triple, ou style unique avec un stigmate simple ou trifide. Fruit en baie, rarement capsulaire, supérieur, rarement inférieur; les loges unispermes, ou bispermes, ou olygospermes. Embryon dans l'ombilic d'un périsperme charnu.

La tige de ces plantes est herbacée; il est rare qu'elle soit souligneuse; les feuilles le plus souvent sont alternes; rarement elles sont opposées ou verticillées, souvent sans gaîne, et seulement amplexicaules. Chaque fleurs sont spathacées; dans quelques individus, elles sont dioïques par avortement. La troisième partie de la fructification est quelquefois supprimée dans un petit nombre, ou une quatrième est ajoutée.

1. Fleurs hermaphrodites. Ovaire supérieur.
Sang-Dragon, Dianelle, Ripogonum, Flagellaria, Asperge, Calixène, Phylesia, Medeola, Trillium, Paris, Muguet des bois, Sceau de Salomon.

2. Fleurs dioïques, Ovaire supérieur.
Fragon, Salsepareille, Igname.

3. Fleurs dioïques. Ovaire inférieur.
Taminier, Rajania.

ORDRE III. *Fam.* 13ᵉ. *les Joncs.*

Calice inférieur en six parties, égal ou inégal, ses découpures alternativement plus grandes et en forme de pétales, ou calice à balles, rapproché du calice des Graminées. Étamines définies (indéfinies dans la Sagittaire,) souvent au nombre de six, rarement de trois ou de neuf, insérées au fond du calice. Dans des genres, ovaire supérieur, simple; style unique; stigmate simple ou divisé; capsule à trois loges, à trois valves polyspermes, les valves chargées des semences dans le milieu de la cloison. Dans d'autres genres, ovaires supérieurs, trois ou six, rarement indéfinis, quelquefois réunis par la base; autant de styles ou de stigmates; autant de capsules uniloculaires, distinctes ou réunies, monospermes, souvent non ouvertes, ou polyspermes, intérieurement bivalves, les marges des valves chargées des semences. Embryon dans l'ombilic d'un périsperme corné.

Toutes ces plantes sont herbacées; les feuilles radicales et les caulinaires inférieures sont alternes et en gaîne; les caulinaires supérieures et les florales souvent en forme de spathes et sessiles. Les fleurs sont spathacées.

1. Ovaire unique; capsule à trois loges; calice à balles.
Eriocaulon, Restio, Xyris, Aphyllantes, Jonc.

2. Ovaire unique; capsule à trois loges; calice demi-pétaloïde.
Rapatea, Mayacca, Pollia, Callisia, Commelina, Tradescentia.

3. Plusieurs ovaires, autant de capsules uniloculaires; fleurs en ombelle ou verticillées sur une scape; les ombelles et les verticilles entourés d'un involucre triphylle, plantes aquatiques.
Butome, Flûteau, Plantain d'eau, Sagittaire.

4. Plusieurs ovaires, (souvent trois) autant de capsules uniloculaires, quelquefois réunies par la base. Fleurs en panicule, ou en épi.
Cabomba, Scheuchzeria, Triglochin, Narthecium, Helonias, Melanthium, Hellébore blanc, Colchique.

ORDRE IV. *Fam.* 14e. *les Lis.*

Calice coloré, inférieur, en six parties, le plus souvent égal et régulier. Six étamines insérées au fond des découpures du calice. Ovaire simple, supérieur; style unique, rarement nul; stigmate triple. Capsule supérieure à trois loges, à trois valves, polysperme; les semences souvent planes, disposées sur double rang dans chaque loge.

La tige est le plus souvent herbacée; les feuilles radicales sont quelquefois en gaîne, les autres sessiles, souvent alternes, rarement verticillées. Les fleurs sont nues ou spathacées, ou soutenues d'une feuille qui imite la spathe, souvent elles sont penchées avec un style plus long que les étamines.

Tulipe, Erythronium, Methonica, Uvularia, Fritillaire, Impériale, Lis, Yucca.

ORDRE V. *Fam.* 15e. *les Ananas.*

Calice 6-fide ou en six parties, supérieur avec un ovaire inférieur, inférieur avec un ovaire supérieur, tantôt égal, tantôt et le plus souvent inégal, trois découpures étant alternativement plus grandes. Six étamines insérées au fond ou au milieu du calice, ou quelquefois à une glande calicinale qui couvre l'ovaire. Ovaire simple, supérieur ou inférieur; style unique; stigmate trifide. Fruit à trois loges, supérieur ou inférieur, en baie, non ouvert, ou capsulaire à trois valves, les loges monospermes ou polyspermes.

Les feuilles sont en gaîne, le plus souvent toutes radicales; les fleurs en épis ou en panicule, rarement en corymbes, toutes sont spathacées.

1. Ovaire supérieur.
Burmannia, Tillandsia.

2. Ovaire inférieur.
Xerophita, Ananas, Agave.

ORDRE VI. *Fam.* 16e. *les Asphodèles.*

Calice inférieur, coloré, souvent à six parties, égal, rarement tubulé 6-fide. Six étamines insérées au fond, ou au milieu du calice. Ovaire supérieur, simple; style unique; stigmate simple ou trifide. Capsule à trois loges, à trois valves, polysperme.

La racine dans plusieurs est bulbeuse, jetant un cape; elle est chevelue sous la bulbe; la racine dans les autres est fibreuse, et donne une tige herbacée. Les feuilles sont en gaîne, alternes, souvent toutes radicales; l'épi est souvent simple sur le scape, quelquefois rameux, les rameaux spathacés. Les fleurs sont spathacées, en épi, (en ombelle dans l'ail) elles sont terminales, rarement axillaires.

1. Fleurs en épi. Racine fibreuse. Calice tubulé.
Aletris, Aloès.

2. Fleurs en épi. Racine fibreuse. Calice en six parties, portant les étamines à sa base.
Anthericum, Phalangium, Liliastrum, Asphodelus.

3. Fleurs en épi. Racine bulbeuse. Calice tubulé à la base.
Basilea, Hyacinthus, Muscari, Phormium, Massonia.

4. Fleurs en épi. Racine bulbeuse. Calice en six parties, portant les étamines à sa base.

Cyanella, Albuca, Scilla, Ornithogalum, Lilio -Hyacinthus.

5. Fleurs en ombelle. Racine bulbeuse. Calice en six parties, égal.

Oignon, Poireau.

ODRRE VII. *Fam. 17ᵉ. les Narcisses.*

Calice supérieur, quelquefois inférieur, coloré, tubulé à la base, le limbe en six parties et souvent égal. Six étamines insérées au tube, à filets distincts ou rarement réunis à la base. Ovaire simple, dans plusieurs inférieur, dans quelques-uns supérieur; style unique; stigmate à trois lobes, ou simple. Capsule inférieure ou supérieure, à trois loges, à trois valves, polysperme (dans l'Hæmanthus baie trisperme.)

La racine est souvent bulbeuse; les feuilles sont radicales, en gaîne. Les fleurs terminales sur un cape, spathacées, solitaires ou en ombelle; un spathe commun et simple, ou divisé, entourant l'ombelle.

1. Ovaire supérieur.

Gethyllis, Bulbocodium, Hemerocallis, Crinum, Tulbagia.

2. Ovaire inférieur.

Hæmanthus, Amaryllis, Pancratium, Narcisse, Leucoium, Galanthus.

3. Genres peu rapprochés des Narcisses.

Hypoxis, Pontederia, Tubereuse, Alstrœmeria, Tacca.

ORDRE VIII. *Fam. 18ᵉ. les Iris.*

Calice supérieur, coloré, tubulé à la base, le limbe 6 fide ou en six parties, égal ou inégal. Trois étamines insérées au tube, opposées à trois découpures alternes du calice; les filets distincts, ou rarement connés en un tube traversé par le style. Ovaire inférieur; style unique; stigmate triple. Capsule inférieure, à trois loges, à trois valves, polysperme; semences souvent arrondies.

La racine est fibreuse, ou tubéreuse, ou bulbeuse; la tige, le plus souvent herbacée, feuillue, rarement presque nulle. Les feuilles sont alternes en gaîne, souvent ensiformes. Les fleurs sont spathacées; les spathes souvent bibalves, uniflores ou multiflores.

1. Etamines à filets connés.

Bermudiène, Galaxia, Trigidia, Ferraria.

2. Etamines à filets distincts.

Iris, Xiphion, Hermodactylus, Sisyrinchium, Moræa, Ixia, Cipura, Watsonia, Glayeul, Antholyza, Witsenia, Tapeinia, Safran.

3. Genres rapprochés des Iris.

Xiphidium, Wachendorfia, Dilatris, Argolasia.

CLASSE IV.

MONOCOTYLÉDONES, ÉTAMINES ÉPIGYNES.

Calice monophylle supérieur, tubulé, ou partagé. Corolle nulle, (comme dans la Classe III.) Etamines définies, épigynes, c'est-à-dire, insérées à l'ovaire ou au style. Ovaire simple, inférieur; style unique ou nul, rarement répété; stigmate simple ou divisé. Fruit inférieur, uniloculaire, ou multiloculaire, en baie ou capsulaire.

ORDRE

ORDRE PREMIER. *Famille 19e. les Bananiers.*

Calice supérieur, en deux parties, les découpures simples ou lobées. Six étamines insérées sur l'ovaire, quelques-unes stériles ou avortées. Ovaire inférieur ; style simple ; stigmate simple, ou divisé. Fruit à trois loges ; les loges monospermes ou polyspermes. Embryon dans la cavité d'un périsperme farineux.

La tige est herbacée ou arborescente, souvent couverte de pétioles en gaîne. Les feuilles sont alternes en gaîne, les plus jeunes roulées en dedans ; une nervure longitudinale dans le milieu, jette transversalement et obliquement des ramifications innombrables. Toutes les fleurs sont spathacées, disposées en faisceaux le long d'un spadice qui naît du milieu des feuilles ; les faisceaux sont alternes et spathacés.

Bananier, Heliconia, Ravenala.

ORDRE II. *Fam. 20e. les Balisiers.*

Calice supérieur, coloré, partagé en plusieurs (souvent six) découpures pétaloïdes, le plus souvent inégales, irrégulières, trois de ces découpures extérieures et plus petites, copiant un calice extérieur. Étamine unique, insérée à la base du style, souvent plane, pétaloïde ; une anthère adhérente, linéaire, tantôt simple, tantôt et plus rarement géminée. Ovaire inférieur ; style simple, souvent filiforme ; stigmate simple ou partagé. Capsule à trois loges, le plus souvent à trois valves, et polysperme.

La racine souvent est tubéreuse et rampante. La tige est herbacée et couverte de pétioles en gaîne. Les feuilles sont alternes, en gaîne, les plus jeunes roulées en dedans, les autres à plusieurs nervures ; d'autres jettent de la nervure du milieu qui est simple d'autres nervures parallèles. Les fleurs sont spathacées souvent insérées sur un spadice caulinaire ou radical.

Catimbium, Balisier, Globba, Myrosma, Gingembre, Costus, Alpinia, Marantha, Thalia, Curcuma, Kœmpferia.

ORDRE III. *Fam. 21e. les Orchidées.*

Calice supérieur, souvent coloré, en six parties, dont cinq sont supérieures, et la sixième, qui est le Nectaire de Linné, est inférieure, plus grande et dissemblable. Ovaire inférieur ; style unique, montant, souvent adhérent inférieurement à la découpure supérieure du calice, quelquefois plus court, ou comme nul ; stigmate dilaté, pas tout-à-fait terminal, mais comme appliqué antérieurement au style. Anthère unique, sortant du sommet du style, sous le stigmate, biloculaire, à loges distinctes, quelquefois distantes, tantôt adhérentes des deux côtés au style, et sessiles, tantôt insérées à un filet court et qui leur est propre, bivalves, remplies d'un pollen aggluttiné en masse. Capsule uniloculaire, à trois valves, à trois carènes, s'ouvrant des deux côtés sous les carènes. Semences nombreuses, le plus souvent semblables à de la sciure de bois, placées sur un réceptacle qui adhère au milieu des valves.

La racine est fibreuse, souvent bitubéreuse, chaque tubercule, sans division, ou lobé. La tige le plus souvent est simple, herbacée en forme de scape, quelquefois elle est grimpante. Les feuilles sont alternes,

Q

radicales , en gaîne , nerveuses ; les feuilles caulinaires sont sessiles , et souvent en forme de spathe. Les fleurs sont spathacées, le plus souvent en épi , rarement solitaires et terminales.

Orchis , Satyrium , Ophrys , Helléborine , Limodorum , Thelimytra , Disa , Cypripedium , Bipinnula , Arethusa , Pogonia , Epidendrum , Vanille.

ORDRE IV. *Fam. 22e. les Morrènes.*

Calice monophylle , supérieur , (inférieur dans le Nelumbo ,) entier ou divisé , ses découpures simples , ou disposées sur double rang , les intérieures presque pétaloïdes. Étamines définies ou indéfinies , insérées au pistil. Ovaire simple , inférieur, (presque supérieur dans le Nelumbo.) Style simple ou répété, ou nul ; stigmate simple, ou divisé. Fruit le plus souvent inférieur , uniloculaire , ou multiloculaire.

Ces plantes sont herbacées , aquatiles.

Vallisneria , Stratiotes , Morrène , Nenuphar , Nelumbo , Cornouelle , Proserpiniaca , Pistia.

CLASSE Ve.

DICOTYLÉDONES , APÉTALES , ÉTAMINES ÉPIGYNES.

Calice supérieur , monophylle. Corolle nulle. Étamines définies , épigynes, c'est-à-dire , insérées au pistil. Ovaire inférieur ; style unique, ou nul , ou peu répété ; stigmate simple ou divisé. Fruit inférieur , uni-loculaire , ou multiloculaire.

ORDRE PREMIER. *Famille 23e. les Aristoloches.*

Calice supérieur , monophylle , entier ou divisé. Étamines définies. Ovaire inférieur ; style unique , ou comme nul ; stigmate divisé ; fruit multiloculaire , polysperme.

Aristoloche , Cabaret , Hypociste.

CLASSE VIe.

DICOTYLÉDONES , APÉTALES. ÉTAMINES PÉRIGYNES.

Calice monophylle supérieur, ou inférieur , entier ou divisé. Corolle nulle , mais quelquefois des petites écailles insérées au calice , qui imitent des pétales. Étamines périgynes , insérées au calice , définies ou indé-finies, à filets et à anthères distincts. Ovaire supérieur ou inférieur , ou seulement couvert par le calice , simple ou peu répété ; style unique ou répété , ou nul ; stigmate simple ou répété ; semence nue , supé-rieure ou inférieure , souvent monosperme , rarement polysperme. Embryon variant de position dans la semence. Sexes quelquefois distincts.

ORDRE PREMIER. *Famille 24e. les Chalefs.*

Calice monophylle, tubulé, supérieur. Corolle nulle. Étamines défi-nies, insérées au sommet du tube du calice. Ovaire inférieur ; style unique ; stigmate souvent simple. Fruit monosperme , en baie, rarement capsulaire; embryon sans périsperme.

La tige est souligneuse , ou arborescente. Les feuilles sont le plus souvent alternes. Les sexes sont quelquefois distincts.

1. Cinq étamines ou moins.

Thesium, Quinchamalium, Osyris, Fusanus, Argousier, Chalef, Nyssa, Conocarpus.

2. Souvent dix étamines.

Bucida, Terminalia, Chancoa, Pamea, Tanibouca.

ORDRE II. *Fam.* 25e. *les Thymélées.*

Calice monophylle, tubulé, inférieur. Corolle nulle, mais dans quelques-unes des écailles pétaloïdes nées ensemble de la gorge du calice, et imitant une corolle polypétale. Étamines définies, insérées au même endroit souvent en nombre double des découpures du calice, les unes leur étant opposées, les autres alternes. Ovaire supérieur, simple; style unique; stigmate souvent simple. Semence unique, supérieure, nue ou en baie, ou couverte par le calice. Les embryons dépourvus de périsperme, à radicule supérieure.

La tige souvent est souligneuse; les feuilles le plus souvent sont alternes.

Dirca, Lagetta, Garou, Passerina, Stellera, Struthiola, Lachnea, Dais, Gnidia, Nectandra, Quisqualis.

ORDRE III. *Fam.* 26e., *les Protées.*

Calice en quatre ou cinq parties, ou tubulé, 4-fide ou 5-fide, quelquefois soutenu inférieurement par des poils très-petits, ou des petites écailles. Étamines égales en nombre aux découpures du calice, et insérées à elles dans leur milieu. Ovaire unique, supérieur; style simple; stigmate souvent unique. Semence unique, nue ou renfermée dans le péricarpe, ou et plus rarement capsule uniloculaire, polysperme. Embryon sans périsperme, radicule inférieure.

La tige est ligneuse, les feuilles sont alternes, ou verticillées et serrées. Les fleurs sont distinctes, ou diversement agrégées entre les écailles, imbriquées d'un calice commun sur un réceptacle commun; elles sont hermaphrodites, rarement de sexes séparés.

1. Semence nue, ou fruit monosperme.

Protée, Globulaire, Banksia, Roupala, Brabejum.

2. Fruit uniloculaire, polysperme.

Embothrium.

ORDRE IV. *Fam.* 27e. *les Lauriers.*

Calice à six divisions, persistant. Six étamines insérées au fond des découpures du calice ou en nombre double, les autres six étant intérieures; anthères adhérentes au filet et ouvertes depuis la base jusqu'au sommet. Ovaire supérieur; style unique; stigmate simple ou divisé. Fruit à noyau ou baie uniloculaire, contenant une noix monosperme. Embryon de la semence sans périsperme.

La tige est arborescente ou ligneuse. Les feuilles sont alternes, rarement opposées.

Laurier, Ocotea, Ajovea.

Genres rapprochés des Lauriers.

Muscadier, Virola, Hernandia.

ORDRE V. *Fam.* 28e. *les Polygonées.*

Calice monophylle, divisé. Étamines définies insérées au fond du
calice. Ovaire simple, supérieur; styles nombreux ou nuls; plusieurs
stigmates. Semence unique, nue, ou couverte par le calice quasi supérieur. Embryon plongé dans un périsperme farineux.

Les feuilles sont alternes, en gaîne à leur base, ou adhérentes à des
gaînes entre-feuillées, les plus jeunes souvent roulées en-dehors. La tige
est herbacée dans la plupart.

Raisinier, Atraphaxis, Renouée, Sarasin, Bistorte, Persicaire,
Oseille, Patience, Rhubarbe, Rapontic, Triplaris, Calligonum, Pallasia,
Kœnigia.

ORDRE VI. *Fam.* 29e. *les Arroches.*

Calice monophylle, souvent profondément partagé. Étamines définies,
insérées au fond du calice. Ovaire unique, supérieur; style unique, ou
nul, ou répété; stigmate unique sur chaque style, rarement double. Semence
unique, (multipliée dans le Phitolacca, double dans le Galenia.) nue,
ou couverte du calice quasi supérieur, ou renfermée dans un péricarpe
en baie, ou capsulaire. Embryon placé autour d'un type farineux.

La tige dans la plupart est herbacée, dans quelques-unes ligneuse;
les feuilles souvent alternes, rarement opposées. Les sexes quelquefois
sont distincts.

1. Fruit en baie.
Phytolacca, Rivinia, Salvadora, Basea.

2. Fruit capsulaire.
Petiveria, Polychnemum, Camphrée, Galenia.

3. Semence couverte du calice. Cinq étamines.
Basella, Anredera, Anabasis, Caroxylum, Soude, Epinars, Acnida,
Poirée, Patte-d'oie, Arroche.

4. Semence couverte du calice. Moins de cinq étamines.
Crucita, Axyris, Blète, Ceratocarpus, Salicorne.

5. Semence non couverte par le calice.
Coryspermum.

CLASSE VII.

DICOTYLÉDONES APÉTALES. ÉTAMINES HYPOGYNES.

Calice inférieur, monophylle, ou polyphylle. Corolle le plus souvent
nulle; quelquefois de petites écailles hypogynes, pétaloïdes, staminifères ou alternes aux étamines; quelquefois même un tube pétaloïde,
hypogyne, qui ne porte pas les étamines et se flétrit, ou qui les porte
et est formé par la réunion de leurs filets. Étamines hypogynes, c'est-
à-dire insérées sous le pistil, définies, à filets distincts, ou rarement
monadelphes. Ovaire supérieur, simple; style unique, ou répété, ou
nul; stigmate simple, ou répété. Semence unique, ou capsule supérieure
uniloculaire ou biloculaire, monosperme ou polysperme.

ORDRE PREMIER. *Famille* 30e. *les Amaranthes.*

Calice divisé ou partagé, souvent entouré d'écailles à sa base. Étamines définies, tantôt distinctes, tantôt monadelphes; dans quelques

individus des écailles alternes aux filets ; dans les autres une gaîne formée par la réunion des filets. Ovaire simple ; style ou stigmate simple, ou double, ou triple. Capsule uniloculaire, à réceptacle libre, ouverte à son sommet, ou coupée horizontalement, monosperme, ou polysperme. Embryon enveloppant un type farineux.

Les fleurs forment la tête ou l'épi. Les feuilles le plus souvent sont entières et aiguës ; elles sont alternes dans les uns, opposées dans les autres, stipulacées dans d'autres. La tige dans la plupart est herbacée. Les sexes quelquefois sont distincts.

1. Feuilles alternes, nues.
Amaranthe, Celosia, Ærua, Digera.

2. Feuilles opposées, nues.
Iresine, Achyranthes, Amaranthine, Illecebrum.

3. Feuilles opposées, stipulées.
Panarine, Herniole.

ORDRE II. *Fam.* 31e., *les Plantains.*

Calice souvent en quatre parties. Tube pétaloïde, resserré à son sommet et souvent 4-fide, copiant une corolle, mais se flétrissant, non caduc, hypogyne. Quatre étamines à filets longs et sortant de la corolle, insérés au fond du tube. Ovaire unique ; un style ; stigmate simple. Capsule coupée horizontalement, uniloculaire ou biloculaire ; les loges monospermes. Périsperme de la semence nul.

Ces plantes sont herbacées. Les sexes quelquefois sont distincts.

Psyllium, Plantain, Littorella.

ORDRE III. *Fam.* 32e. *les Nictages.*

Calice tubulé, en forme de corolle, extérieurement nu ou entouré d'un calicule. Ovaire unique ; style unique ; stigmate simple. Étamines définies, insérées à une glandule qui entoure l'ovaire, et est née du réceptacle. Semence unique, tantôt entourée de la glandule, tantôt de la base persistante du calice. Embryon placé autour d'un type farineux.

La tige est souligneuse, ou herbacée ; les feuilles sont opposées ou alternes, les fleurs axillaires et terminales.

Belle-de-nuit, Borrhaavia, Pisonia, Buginvillæa.

ORDRE IV. *Fam.* 33e. *les Dentelaires.*

Calice tubulé. Corolle monopétale, ou polypétale, hypogyne. Étamines définies, hypogynes dans les unes, épipétales dans les autres. Ovaire unique, supérieur ; style unique ou répété ; stigmate répété. Capsule monosperme, multivale à la base, en forme de coiffe. Semence couverte, insérée au réceptacle de l'ovaire par un fil. Embryon, oblong, plane, entouré d'un périsperme farineux.

La tige est herbacée ou souligneuse. Les feuilles sont alternes.

Dentelaire, Statice.

CLASSE VIII.
PLANTES DICOTYLÉDONES. MONOPÉTALES.
COROLLE HYPOGYNE.

Calice monophylle. Corolle monopétale, hypogyne, ou insérée sous le pistil, régulière ou irrégulière. Étamines définies, insérées à la corolle et alternes à ses découpures lorsqu'elles les égalent en nombre. Ovaire supérieur, simple; style unique (quelquefois nul dans les apocinées avec un ovaire double;) stigmate simple ou divisé. Fruit supérieur, consistant dans des semences nues, ou renfermées dans un péricarpe en baie ou capsulaire, uniloculaire, ou multiloculaire.

ORDRE PREMIER. *Famille* 34e. *les Lisimachies.*

Calice divisé. Corolle le plus souvent régulière, à limbe divisé souvent en cinq lobes. Étamines définies, souvent au nombre de cinq, rarement plus ou moins égales, en nombre aux lobes de la corolle, et opposées à eux. Style unique; stigmate simple, rarement bifide. Fruit uniloculaire, polysperme, souvent capsulaire; le réceptacle des semences, central, libre.

La tige est herbacée, les feuilles opposées ou alternes.

1. Fleurs portées par une tige.
Centunculus, Mouron, Lisimachie, Hottonia, Coris, Sheffieldia, Limoselle, Trientallis, Aretia.

2. Fleurs portées sur un scape, en ombelle, l'ombelle à involucre polyphylle, rarement solitaires. Feuilles radicales.
Androsoce, Primevère, Oreille-d'ours, Cortuse, Soldanelle, Dodécatéon, Pain-de-Pourceau.

3. Genres rapprochés des Lisimachies.
Globulaire, Conobea, Tozzia, Mouron d'eau. Utriculaire, Grassette, Méniante.

ORDRE II. *Fam.* 35e. *les Pédiculaires.*

Calice divisé, persistant, souvent tubulé. Corolle souvent irrégulière. Étamines définies. Style unique; stigmate simple ou rarement à deux lobes. Fruit capsulaire, à deux loges, polysperme, bivalve. Les valves connées par une nervure mitoyenne laquelle forme une cloison qui les sépare à peine, et est chargée des deux côtés de semences, les valves libres et ouvertes.

La tige le plus souvent est herbacée; les feuilles sont opposées ou alternes; les fleurs opposées ou alternes, chacune accompagnée d'une bractée.

1. Etamines non didynamiques, au nombre de deux ou plus.
Polygala, Véronique, Sibtorpia, Disandra.

2. Quatre étamines didynamiques.
Ourisia, Piripea, Erinus, Manulea, Castilleia, Eufraise, Buchnera, Bartsia, Pédiculaire, Crête-de-coq, Mélampyre.

3. Genres rapprochés des Pediculaires.
Hyobanche, Obolaria, Orobanche, Clandestine.

ORDRE III. *Fam.* 36e. *les Acanthes.*

Calice divisé, persistant, souvent accompagné de bractées. Corolle le plus souvent irrégulière. Deux étamines ou quatre, le plus souvent didynamiques. Style unique; stigmate à deux lobes, ou rarement simple. Fruit capsulaire, à deux loges, souvent polysperme, élastiquement bivalve, à cloison opposée aux valves, qui naît au milieu d'elles, se

fend du sommet à la base, en deux réceptacles chargés de semences des
deux côtés, et est continue aux valves, ce qui les rend demi-
biloculaires.

La tige est herbacée ou souligneuse. Les feuilles souvent sont opposées,
et les fleurs sont aussi souvent opposées.

1. Quatre étamines didynamiques.
Acanthe, Dilivaria, Blepharis, Thunbergia, Barleria, Ruellia.

2. Deux étamines.
Justicia, Dianthera.

O R D R E I V. *Fam. 37e., les Jasminées.*

Calice tubulé. Corolle tubulée, régulière, (nulle ou à quatre pétales
dans le Frène.) Étamines le plus souvent au nombre de deux. Style
unique, stigmate à deux lobes. Fruit capsulaire, (comme dans les
Acanthes,) ou en baie, tantôt biloculaire, bisperme, tantôt uniloculaire, unisperme, bisperme, ou tétrasperme. Embryon redressé, plane,
souvent enveloppé d'un périsperme charnu.

La tige est souligneuse, rarement arborescente, à rameaux opposés.
Les feuilles le plus souvent sont opposées, les fleurs en panicule ou en
corymbe.

1. Fruit capsulaire.
Nyctanthes, Lilac, Hebe, Frène.

2 Fruit en baie.
Chionanthus, Olivier, Filaria, Mogori, Jasmin, Troène.

O R D R E. V. *Fam. 38e. les Gattiliers.*

Calice tubulé, souvent persistant. Corolle tubulée, à limbe le plus
souvent irrégulier. Souvent quatre étamines didynamiques, rarement
deux ou six. Style unique; stigmate simple, ou à deux lobes, ou brisé
et irrégulier. Semences définies, nues, ou et le plus souvent renfermées
dans un péricarpe en baie, quelquefois capsulaire.

La tige dans la plupart est ligneuse, dans un petit nombre, elle est
herbacée. Les feuilles le plus souvent sont opposées. Les fleurs sont
opposées formant le corymbe, ou alternes formant l'épi.

1. Fleurs opposées et formant le corymbe.
Clerodendrum, Volkameria, Ægiphila, Gattilier, Callicarpa, Manabea, Premna, Petitia, Cornutia, Gmelina, Theka, Avicennia.

2. Fleurs en épi, alternes sur l'épi.
Petræa, Citharexylum, Durantha, Lippia, Lantana, Spielmannia,
Taligalea, Tamonea, Verveine, Perama.

3. Genres rapprochés des Gattiliers.
Eranthemum, Selago, Hebenstretia.

O R D R E V I. *Fam. 39e. les Labiées.*

Calice tubulé, quinquefide, ou à deux lèvres. Corolle tubulée, irrégulière, souvent à deux lèvres. Quatre étamines didynamiques; (deux plus
grandes, deux plus courtes,) insérées sous la lèvre supérieure de la
corolle; ou seulement deux, les deux autres étant avortées. Ovaire à

quatre lobes ; style unique adhérent au réceptacle entre les lobes de l'ovaire ; stigmate bifide. Quatre semences nues, redressées, attachées par la base au réceptacle, renfermées dans le calice persistant. Embryon sans périsperme.

La tige est quadrangulaire, à rameaux opposés, le plus souvent herbacée, quelquefois ligneuse. Les feuilles sont opposées. Les fleurs sont opposées, souvent soutenues par des bractées, ou des soies, solitaires, ou verticillées, ou en corymbe, ou en épi, terminales ou axillaires.

1. Deux étamines fertiles, deux avortées.

Lycope, Amethystea, Cunila, Ziziphora, Monarda, Romarin, Sauge, Sclarée, Orvale, Colinsonia.

2. Quatre étamines fertiles. Corolle à une lèvre. Lèvre supérieure comme nulle.

Bugle, Teucrium, Germandrée, Ivette, Polium.

3. Quatre étamines fertiles. Corolle à deux lèvres. Calice 5-fide.

Sariette, Calament, Hysope, Cataire, Perilla, Lavande, Stœchas, Crapaudine, Stachys, Menthe, Lierre terrestre, Lamier, Galeopsis, Bétoine, Ballote, Marrube, Faux Dyctamne, Agripaume, Phlomis, Queue-de-lion, Moluque.

4. Quatre étamines fertiles. Corolle à deux lèvres. Calice à deux lèvres.

Clinopode, Origan, Marjolaine, Thym, Serpolet, Thymbre, Mélisse, Moldavique, Ormin, Mélisse des bois, Dracocéphale, Germanea, Basilic, Tricostema, Brunelle, Toque, Phrasium, Phryma.

ORDRE VII. *Fam. 40ᵉ. les Scrophulaires.*

Calice divisé, souvent persistant. Corolle souvent irrégulière, à limbe divisé. Étamines souvent au nombre de quatre, didynamiques, rarement deux. Style unique ; stigmate simple ou à deux lobes. Fruit capsulaire, à deux loges, bivalve au sommet ou intérieurement ; les valves (quelquefois biparties) intérieurement nues, concaves ; un réceptacle central, marginé dans son contour, chargé des deux côtés de semences, tenant lieu d'une cloison, et parallèle aux valves, ou appliqué autour de leurs marges. Semences souvent nombreuses et petites.

La tige est herbacée, rarement ligneuse. Les feuilles sont opposées ou alternes. Les fleurs ont des bractées.

1. Quatre étamines didynamiques.

Budleja, Scoparia, Russelia, Capraria, Stemodia, Halleria, Galvezia, Achimenes, Scrophulaire, Matourea, Dodartia, Gerardia, Cymbaria, Linaire, Mufflier, Hemimeris, Digitale.

2. Deux étamines.

Pederota, Calceolaria

3. Genres rapprochés des Scrophulaires, à feuilles opposées.

Columnea, Besleria, Cyrtandra, Gratiole ; Torenia, Vandellia, Lindernia, Mimulus, Polypremum, Montira.

4. Genres rapprochés des Scrophulaires, à feuilles alternes.

Schwalbea, Scwenkia, Browallia.

ORDRE VIII. *Fam.* 41e. *les Solanées.*

Calice le plus souvent, quinquefide, ou en cinq parties, souvent persistant. Corolle le plus souvent régulière et 5-fide. Souvent cinq étamines insérées au fond de la corolle. Style unique ; stigmate simple, rarement à deux sillons. Fruit le plus souvent à deux loges, polysperme, tantôt capsulaire, bivalve, à cloison parallèle aux valves comme dans les Scrophulaires, tantôt et plus souvent en baie; les réceptacles des semences centraux, opposés au milieu des valves, souvent s'élevant, et partageant intérieurement la baie en loges quelquefois demi-divisées en plusieurs. Embryon de la semence placé autour d'un type farineux.

La tige est herbacée ou ligneuse. Les feuilles sont alternes, dans quelques individus ; les florales sont binnées, nées à la même insertion. Les fleurs sont diversement disposées, souvent extra-axillaires ou apposées au côté des feuilles sans naître des aisselles.

1. Fruit capsulaire.
Celsia, Bouillon blanc, Blattaire, Jusquiame, Nicotiane, Pomme épineuse.

2. Fruit en baie.
Triguera. Jaborosa, Mandragore, Belladone, Nicandra, Alchéchenge, Aquartia, Morelle, Tomate, Melongène, Piment, Lycium, Cestrum.

3. Genres rapprochés des Solanées.
Bontia, Brunsfelsia, Crescentia.

ORDRE IX. *Fam.* 42e. *les Borraginées.*

Calice à cinq divisions, persistant. Corolle le plus souvent régulière. Étamines souvent au nombre de cinq. Ovaire simple ou à quatre lobes; style unique ; stigmate bifide, ou sillonné, ou simple. Souvent quatre semences tantôt renfermées dans un péricarpe capsulaire ou en baie, tantôt nues (gymnospermes, Linn.) appliquées obliquement au fond du style, et le plus souvent entourées du calice persistant. Embryon sans périsperme.

La tige dans la plupart est herbacée, dans quelques-unes ligneuse ou arborée. Les feuilles sont alternes et souvent rudes.

1. Fruit en baie, tige ligneuse ou arborée.
Patagonula, Cordia, Ehretia, Menais, Varronia, Tournefortia.

2. Fruit unicapsulaire ou bicapsulaire.
Hydrophyllum, Phacelia, Ellisia, Dichondra, Messerschmidia, Melinet.

3. Fruit gymno-tétrasperme. Gorge de la corolle, nue. Plantes le plus souvent herbacées et rudes.
Coldénia, Héliotrope, Vipérine, Grémil, Pulmonaire, Onosma.

4. Fruit gymno-tétrasperme. Gorge de la corolle pourvue de cinq écailles. Herbes le plus souvent à feuilles rudes.
Consoude, Lycopsis, Myosotis, Buglosse, Bourrache, Rapette, Cinoglose.

5. Genres rapprochés des Borraginées.
Nolana, Siphonanthus, Falksia.

ORDRE X. *Fam.* 43ᵉ. *les Liserons.*

Calice cinq fois divisé, souvent persistant. Corolle régulière, à limbe souvent 5-fide. Souvent cinq étamines insérées au fond de la corolle et alternes à ses découpures. Style unique ou peu partagé; styles multipliés, autant de stigmates simples; pour un seul le stigmate simple ou divisé. Fruit capsulaire, souvent à trois loges, rarement à deux ou à quatre; les loges monospermes ou polyspermes; les semences marquées d'un ombilic inférieur, comme osseuses, et attachées à une cloison centrale; les valves libres et apposées par la marge aux angles de la cloison. Les embryons courbés en arc (renfermés dans un périsperme;) la radicule inférieure.

Ce sont des arbrisseaux ou des herbes la plupart volubiles, plusieurs laiteuses. Les feuilles sont alternes, rarement comme opposées.

1. Style unique,
Maripa, Mouroucoa, Retzia, Endrachium, Liseron, Ipomæa.

2. Plusieurs styles.
Evolvulus, Nama, Hydrolæa, Sagonea, Cressa.

3. Genres rapprochés des Liserons.
Cuscute, Diapensia, Lœselia.

ORDRE XI. *Fam.* 44ᵉ. *les Polémoines.*

Calice divisé, corolle régulière à cinq lobes. Cinq étamines insérées au milieu du tube de la corolle. Style unique; stigmate triple. Capsule entourée du calice persistant, à trois loges, à trois valves, polysperme; les valves chargées dans le milieu d'un battant ou pourvues d'une côte éminente, le réceptacle ou cloison central, triangulaire appliqué en angle aux battans des valvules.

La tige est herbacée ou ligneuse; les feuilles sont alternes ou opposées; les fleurs terminales ou axillaires.

Phlox, Polémoine, Cantua, Hoitzia.

ORDRE XII. *Fam.* 45ᵉ. *les Bignones.*

Calice divisé. Corolle souvent irrégulière, à quatre ou cinq lobes. Étamines souvent au nombre de cinq, une le plus souvent avortée ou stérile. Style unique; stigmate simple ou à deux lobes. Fruit à deux loges, tantôt capsulaire, polysperme, entièrement à deux valves, la cloison qui porte les semences, opposée aux valves, ou parallèle, ou se séparant d'elles; ce fruit tantôt coriace, ligneux, s'ouvrant seulement au sommet, oligosperme; la cloison qui porte les semences, continue aux parois, ne se séparant pas, le plus souvent s'élevant en-dehors et formant une aile qui partage les loges en deux. Embryon de la semence sans périsperme.

La tige est herbacée, ou ligneuse, ou arborée. Les feuilles sont opposées, rarement alternes.

1. Fruit capsulaire, bivalve. Tige herbacée.
Chelone, Sesamum, Incarvillea.

2. Fruit capsulaire, à deux valves. Tige arborée ou ligneuse.
Millingtonia, Jacaranda, Catalpa. Tecoma, Bignonia.

3. Fruit coriace, ligneux , s'ouvrant à son sommet. Tige herbacée.
Vourretia, Martynia, Craniolaria, Pedalium.

ORDRE XIII. *Fam.* 46e. *les Gentianes.*

Calice monophylle, divisé, persistant. Corolle régulière, souvent
flétrie, à limbe partagé, égal, les lobes au nombre des divisions du
calice, quelquefois obliques, le plus souvent au nombre de cinq.
Autant d'étamines insérées au milieu ou au sommet de la corolle ;
anthères assises. Style unique, rarement double par une scission ;
stigmate simple ou lobé. Capsule simple, ou didyme, polysperme,
bivalve, uniloculaire, ou biloculaire, les valves pliées en-dedans par
les bords, et roulées en-dedans dans le fruit uniloculaire, planes et
constituant une cloison dans les biloculaires. Semences petites insérées
à un réceptacle marginal sur les valves.

La tige est herbacée, rarement souligneuse ; les feuilles sont opposées,
souvent entières, et sessiles ; les florales souvent plus petites et brac-
téiformes, les fleurs ainsi étant comme à deux bractées.

1. Capsule simple, uniloculaire.
Gentiane, Petite Centaurée, Vohiria, Coutoubea, Swertia, Chlora.

2. Capsule simple, biloculaire.
Exacum, Lisianthus, Tachia, Chironia, Nigrina.

3. Capsule didyme, biloculaire.
Spigelia, Ophiorrhiza,

4. Genre rapproché des Gentianes.
Potalia.

ORDRE XIV. *Fam.* 47e. *les Apocinées.*

Calice cinq fois divisé. Corolle régulière, à cinq lobes souvent
obliques, tantôt nue, tantôt intérieurement augmentée par cinq appendices de formes diverses. Cinq étamines insérées au fond de la corolle,
alternes à ses lobes, à filets souvent courts, tantôt distincts, tantôt et
plus rarement coadunés en un tube serré autour de l'ovaire, anthères à
deux loges, se prolongeant par-dessus en une membrane ou en un fil.
Ovaire simple ou géminé, imposé sur un réceptacle souvent glanduleux ;
style unique, quelquefois très-court ou comme nul, comme articulé et
implanté sur l'ovaire double ou simple ; stigmate formant la tête. Fruit
dans les monogynes, en baie, rarement capsulaire, le plus souvent à
deux loges, polysperme ; dans les digynes, fruit à deux follicules conjuguées, capsulaires, en membranes oblongues, rarement comme en baies
plus courtes; ces follicules ouvertes intérieurement dans leur longueur,
uniloculaires, polyspermes; leurs semences sans poils ou aigrettées,
attachées en tuilé, et sur plusieurs rangées à un réceptacle latéral,
libre, qui les porte d'un côté, et de l'autre est appliqué au parois interne
de la follicule, du côté où elle s'ouvre. Embryon plane dans un périsperme tendre et charnu.

Ce sont des herbes, des arbrisseaux ou des arbres le plus souvent
laiteux. Les feuilles sont opposées ou alternes ; des glandes axillaires,
comme ciliaires, quelquefois peu visibles.

1. Ovaire double ; fruit à deux follicules ; semences non aigrettées.

Pervenche , Matelea , Ochrosia , Tabernæmontana , Cameraria, Plumeria.

2. Ovaire double. Fruit à deux loges. Semences aigrettées.
Laurier-rose , Echites , Ceropegia , Pergularia , Stapelia , Periploca , Apocin , Cynanchum , Asclepias.

3. Ovaire simple. Fruit en baie , rarement capsulaire.
Ambelania, Pacouria, Allamanda, Melodinus, Gynopogon , Rauvolfia, Ophioxylon , Cerbera , Carissa.

4. Genres rapprochés des Apocins non laiteux.
Strychnos, Theophrasta. Anasser, Fagræa, Gelsemium.

ORDRE XV. *Fam.* 48e. *les Sapotiliers.*

Calice divisé, persistant. Corolle régulière, dont les découpures, tantôt sont égales en nombre aux divisions du calice , et en même temps alternes à autant d'appendices intérieures ; tantôt en nombre double , les appendices se trouvant nulles. Étamines opposées aux découpures de la corolle , égales à leur nombre ou doubles, les appendices alors étant chargées d'anthères. Ovaire unique ; style unique ; stigmate le plus souvent simple. Fruit en baie ou à noyau , uniloculaire ou multiloculaire, les loges monospermes. Semences osseuses, luisantes, marquées d'une cicatrice latérale. Embryon de la semence , plane , entouré d'un périsperme charnu.

La tige est ligneuse ou arborescente ; les feuilles sont alternes, souvent entières. Les fleurs le plus souvent sont axillaires , à pédoncules uniflores. Ces plantes sont laiteuses.

Jacquinia, Manglilla, Sideroxilum , Bassia , Mimusops, Imbricaria , Chrysophyllum , Lucuma , Sapotillier.

Genres rapprochés des Sapotiliers.
Myrsine, Inocarpus , Olax , Leca.

C L A S S E   I X^e.

DICOTYLÉDONES MONOPÉTALÉS. COROLLE PÉRIGYNE.

Calice monophylle , quelquefois profondément partagé. Corolle périgyne ou insérée au calice , monopétale, quelquefois profondément partagée et quasi polypétale, régulière, rarement irrégulière. Étamines insérées à la corolle ou au calice , définies, rarement indéfinies. Ovaire simple , supérieur ou inférieur; style souvent unique ; stigmate simple ou divisé. Fruit supérieur ou inférieur, en baie , ou capsulaire, uniloculaire ou multiloculaire.

ORDRE PREMIER. *Famille* 49e. *les Plaqueminiers.*

Calice monophylle , divisé à son sommet. Corolle insérée au fond ou au sommet du calice , monopétale , lobée ou profondément partagée. Étamines insérées à la corolle , tantôt définies et égales en nombre à ses divisions ou en nombre double , tantôt indéfinies, les filets monadelphes à la base, ou polyadelphes. Ovaire dans la plupart supérieur, dans quelques-uns inférieur ou demi-inférieur ; style unique ; stigmate simple ou divisé. Fruit supérieur , quelquefois inférieur, capsulaire ou en baie, multiloculaire, les loges monospermes. Embryon de la semence, plane, dans un périsperme charnu,

La tige est souligneuse ou arborescente; les feuilles sont alternes et les fleurs axillaires.

1. Etamines définies.
Plaqueminier, Royena, Pouteria, Alibousier, Halesia.

2. Etamines indéfinies.
Alstonia, Symplocos, Ciponima, Paralea, Hopea.

ORDRE II. *Fam.* 50e. *les Rosages.*

Calice divisé, persistant. Corolle insérée au fond du calice, tantôt monopétale, lobée; tantôt quasi polypétale, le limbe étant profondément partagé. Étamines définies, distinctes, insérées à la corolle dans les monopétales, insérées immédiatement au fond du calice dans les polypétales. Ovaire supérieur; style unique; stigmate simple, souvent formant la tête. Capsule supérieure, multiloculaire, multivalve, les valves courbées en-dedans, sur l'une et l'autre marge, formant chacune une loge polysperme, et attachées à un axe central; les semences petites.

La tige est ligneuse ou souligneuse. Les feuilles sont alternes, rarement opposées, les plus jeunes roulées, dans la plupart des espèces, sur la marge.

1. Corolle monopétale.
Kalmia, Rosage, Azalea.

2. Corolle comme polypétale.
Rhodora, Ledum, Befaria, Itea.

ORDRE III. *Fam.* 51e. *les Bruyères.*

Calice monophylle, persistant, tantôt supérieur, tantôt inférieur, profondément partagé. Corolle monopétale, quelquefois profondément partagée, insérée au sommet, ou au fond du calice, ou à une glande calicinale, souvent flétrie et persistante. Étamines définies, distinctes, insérées au même endroit, ou rarement adhérentes à la base de la corolle; les anthères souvent bicornes par la base. Ovaire supérieur, rarement inférieur; style unique; stigmate souvent simple. Fruit supérieur ou inférieur, multiloculaire, polysperme, en baie, plus souvent capsulaire, multivalve; les valves partagées dans le milieu par une cloison, et attachées inférieurement à un axe central; les semences le plus souvent fort petites.

La tige est ligneuse, ou souligneuse, ou herbacée. Les feuilles sont alternes, ou opposées, ou verticillées.

1. Ovaire supérieur.
Cyrilla, Blæria, Bruyère, Andromeda, Arbousier, Busserole, Clethra, Pyrole, Epigæa, Epacris, Gaultheria, Brossæa.

2. Ovaire inférieur ou demi-inférieur.
Argophyllum, Mœsa, Airelle, Canneberge.

3. Genres rapprochés des Bruyères.
Empetrum, Hudsonia.

ORDRE IV. *Fam.* 52ᵉ. *les Campanulacées.*

Calice supérieur, à limbe divisé, rarement demi-inférieur. Corolle insérée au sommet du calice, souvent régulière, à limbe divisé, le plus souvent se flétrissant. Étamines insérées au même endroit, sous la corolle, souvent alternes à ses découpures et en nombre égal, de cinq le plus souvent, les anthères distinctes, rarement réunies. Ovaire inférieur, rarement demi-inférieur, glanduleux en dessus; style unique; stigmate simple ou divisé. Capsule inférieure, rarement demi-inférieure; le plus souvent à trois loges, quelquefois à deux, cinq ou six loges, le plus souvent polysperme, et ouverte par les côtés; les semences attachées à l'angle intérieur des loges.

Ces plantes sont des herbes, rarement des arbrisseaux; elles sont laiteuses; les feuilles sont le plus souvent alternes; les fleurs sont distinctes ou agrégées dans un calice commun.

1. Anthères distinctes.
Cerastotema, Forgesia, Mindium, Canarina, Campanule, Trachelium, Roella, Gesneria, Cyphia, Scævola, Phyteuma.

2. Anthères connées.
Lobelia, Jasione.

C L A S S E Xᵉ.

DICOTYLÉDONES, MONOPÉTALES, COROLLE EPIGYNE, ANTHÈRES CONNÉES.

Fleurs tubulées, agrégées souvent plusieurs ensemble dans un calice commun, (ce qui les a fait nommer fleurs composées) sur un réceptacle commun, nu, ou couvert de pailles ou de poils. Calice propre nul, (à moins qu'on ne regarde comme tel l'écorce de la semence, et une aigrette qui souvent lui est continue). Corolle monopétale, tubulée, épigyne ou insérée sous le pistil, flosculeuse dans les uns, c'est-à-dire à limbe régulier, souvent 5-fide; dans les autres ligulée, c'est-à-dire à limbe prolongé en une lanière latérale, entière à son sommet, ou dentée. Etamines définies, souvent au nombre de cinq, à filets distincts et insérés à la corolle; les anthères coalisées en un tube (seulement rapprochées dans la dernière série des corymbifères). Ovaire inférieur, simple, imposé sur le réceptacle commun; style unique traversant le tube des anthères; stigmate souvent en deux parties, rarement simple. Semence unique, nue ou couronnée d'une aigrette. Embryons dépourvus de perisperme; radicule inférieure.

Les fleurs, dans le même calice, sont tantôt toutes flosculeuses, tantôt toutes ligulées, tantôt radiées, c'est-à-dire, celles du centre flosculeuses, et celles de la circonférence ligulées.

ORDRE PREMIER. *Famille* 53ᵉ. *les Chicoracées.*

Fleurs toutes ligulées et hermaphrodites. Calice commun varié. Les ligulées entières à leur sommet, ou dentées. A chacune un stygmate double. Semence nue ou aigrettée. Réceptacle nu, ou couvert de poils ou de paillettes.

Ces plantes sont laiteuses, herbacées, souvent s'élevant en tiges. Les feuiles sont alternes. Presque toujours les fleurs sont jaunes.

1. Réceptacle des fleurs nu. Semence non aigrettée.
Lampsane, Ragadiole

2. Réceptacle nu. Semence aigrettée, l'aigrette poileuse.
Prenanthes, Chondrille, Laitue, Laitron, Epervière, Crépide, Drepania, Hedypnoïs, Hyoseris, Taraxacum.

3. Réceptacle nu. Semence aigrettée : aigrette plumeuse.
Dent-de-lion, Picris, Helmintia, Scorsonère, Salsifis, Urospermum.

4. Réceptacle paillassé ou poileux. Aigrette plumeuse ou poileuse.
Géropogon, Hypochæris, Seriola, Andryala.

5. Réceptacle paillassé. Aigrette à arête, ou dentée, ou nulle.
Cupidone, Chicorée, Scolyme.

ORDRE II. *Fam.* 54e. *les Cinarocéphales.*

Fleurs toutes flosculeuses, tantôt toutes hermaphrodites, tantôt neutres, ou rarement femelles mêlées avec les hermaphrodites. Calice commun, polyphyle sur plusieurs rangs, tuilé d'écailles épineuses, ou sans épines. Réceptacle commun couvert de poils, ou plus souvent de paillettes. Fleurons neutres, souvent irréguliers : les hermaphrodites quinquefides, réguliers, à cinq étamines. Ceux-ci ont un stigmate simple ou bifide, souvent sans articulation au style. Semence aigrettée : aigrette sessile, poileuse ou plumeuse.

La tige est herbacée, rarement ligneuse. Les feuilles sont alternes, épineuses ou sans épines. Les fleurs varient par la couleur ; elles sont terminales, rarement axillaires.

1. véritables cinarocéphales : les écailles du calice épineuses,
Atractylis, Cnicus, Carthame, Carline, Arctium, Artichaut, Cardon, Onoporde, Chardon, Bardane, Circium, Crocodilium, Chausse-trape, Seridia.

2. Vraies cinarocéphales. Écailles du calice sans épines. Plantes la plupart sans piquans.
Jacée, Bluet, Zoegea, Rhaponticum, Centaurée, Pacourina, Sarrette, Pteronia, Stæhelina.

3. Cinarocéphales anomales. Calices uniflores ou pauciflores, agrégés.
Jungia, Nassauvia, Gundelia, Echinops, Corymbium, Sphæranthus.

ORDRE III. *Fam.* 55e. *les Corymbifères.*

Fleurs ou toutes flosculeuses, ou radiées, c'est-à-dire flosculeuses dans le disque, et ligulées à la circonférence. Les flosculeuses le plus souvent hermaphrodites : quelquefois les centrales hermaphrodites, les marginales femelles ou neutres : rarement les centrales mâles et les marginales femelles. Les radiées jamais toutes hermaphrodites, mais tantôt pourvues de fleurons hermaphrodites et de ligulées femelles, tantôt de fleurons mâles et de ligulées femelles. Calice commun, monophylle ou polyphylle, simple ou caliculé, c'est-à-dire entouré d'un calice extérieur, ou tuilé, multiflore, rarement pauciflore ou uniflore. Le réceptacle commun nu, ou couvert, de poils, de paillettes qui distinguent les fleurs. Fleurons 5-fides, rarement 3 ou 4-fides : ligulées entières au sommet, ou dentées. Étamines nulles dans les femelles et dans les neutres, au nombre de cinq dans les hermaphrodites et dans les mâles , rarement au nombre de quatre , les anthères réunies en un tube , (très-rarement distinctes et rapprochées, comme dans la Kuhnia, l'Armoise et les Corymbifères anomales :) stigmate continu au style , double dans les hermaphrodites et les femelles, simple dans les mâles , simple ou nul dans les neutres. Semence nue ou couronnée d'une aigrette.

Ces plantes sont des herbes , rarement des arbrisseaux ou des sous-arbrisseaux : les feuilles dans la plupart sont alternes, dans quelques-unes opposées : le disque des fleurs le plus souvent est jaune , le rayon souvent de même couleur , rarement de couleur diverse.

1. Réceptacle nu : semence aigrettée. Fleurs flosculeuses, (radiées dans les Mutisia, Bernadesia , Leysera).
Kuhnia , Cacalie , Eupatoire , Ageratum , Elephantopus , Chuquiraga, Mutisia , Barnadesia , Xeranthemum , Gnaphalium , Filago , Leisera, Shawia, Armoselle , Stæbe , Conyze , Baccante , Chrysocome.

2. Réceptacle nu. Semence aigrettée. Fleurs radiées : (fleurs en partie radiées dans le Tussilage et le Seneçon).
Erigeron , Aster , Verge d'or , Aulnée , Perdicium , Tussilage , Péta-site , Brachyglottis , Seneçon , Jacobée, Othonna, Didelta, Œillet d'Inde , Pectis , Doronic , Arnique , Gorteria.

3. Réceptacle nu. Semence nue ou non aigrettée. Fleurs radiées.
Porte-collier , Souci , Margueritte , Matricaire , Paquerette, Cenia , Lidbeckia.

4. Réceptacle nu. Semence nue ou non aigrettée. Fleurs flosculeuses.
Cotula , Adenosthema , Struchium , Grangea , Ethulia , Carpesium , Hippia , Tanaisie , Armoise , Aurone , Absinthe.

5. Réceptacle paillassé. Semense nue ou non aigrettée. Fleurs la plu-part radiées , rarement flosculeuses : (aigrette courte dans les Tarcho-nanthus , Calea , Athanasia.)
Tarchonanthus , Calea , Athanasia, Micropus, Santoline, Anacyclus , Camomille , Œil-de-bœuf , Mille-feuille , Herbe à éternuer , Erioce-phalus , Osmites , Ancelia , Sclerocarpus , Unxia , Flaveria , Milleria , Sigesbeckia , Polymnia , Baltimora , Eclipta.

6. Réceptacle paillassé : semence dentée ou paillassée à son sommet. Fleurs dans la plupart radiées, dans quelques-unes flosculeuses. (Récep-tacle de l'Helenium presque nud).
Spilanthus , Bidens , Verbesina , Coreopsis , Zinnia , Balliera , Syl-phium , Melampodium , Chrysogonum , Soleil , Helenium , Rubdeckia , Tithonia , Galardia , Wedelia , Ædera, Agriphyllum.

7. Réceptacle paillassé. Semence aigrettée , l'aigrette plumeuse ou poileuse , ou à arrête. Fleurs souvent radiées.
Arctotis, Tridax , Amellus , Pardisium , Ceruana.

8. Corymbifères anomales , à anthères non réunies , mais seulement rapprochées. Calice monoïque.
Iva, Clibadium , Parthenium.

9. Corymbifères anomales , à anthères rapprochées , non réunies ; calice dioïque.
Ambrosie , Lampourde , Nephelium.

CLASSE.

C L A S S E X I^e.

DICOTYLEDONES MONOPÉTALES. COROLLE ÉPIGYNE. ANTHERES DISTINCTES.

Calice propre monophylle, supérieur. Corolle monopétale, très-rarement polypétale ; les pétales réunis par leur base élargie ; épigyne, c'est-à-dire insérée sur le pistil ; souvent régulière. Étamines définies, à filets insérés sur la corolle, à anthères distinctes. Ovaire simple, inférieur ; style souvent unique, quelquefois répété ou nul ; stigmate simple ou divisé. Semence inférieure, ou plus souvent fruit inférieur, capsulaire ou en baie, uniloculaire ou multiloculaire, monosperme ou polysperme.

ORDRE PREMIER. *Famille* 56e. *les Dispacées.*

Calice simple ou doublé. Corolle tubulée, à limbe divisé. Étamines définies ; style unique ; stigmate simple. Capsule le plus souvent monosperme, non ouverte, de l'apparence d'une semence nue, rarement à deux ou trois loges ; les loges monospermes. Embryons dépourvus de périspermes ; radicule supérieur.

La tige le plus souvent est herbacée. Les feuilles sont opposées, rarement verticillées. Les fleurs dans quelques individus sont distinctes, dans la plupart elles sont agrégées sur un réceptacle commun paillassé, entre un calice commun polyphylle.

1. Fleurs agrégées.
Morine, Cardiaire, Scabieuse, Knautia, Allionia.

2. Fleurs distinctes.
La Valériane, la Mâche.

ORDRE II. *Fam.* 57e. *les Rubiacées.*

Calice monophylle, supérieur, simple, à limbe divisé, ou rarement entier. Corolle régulière, le plus souvent tubulée, à limbe divisé. Étamines définies, au nombre de quatre ou de cinq, rarement plus, insérées au tube de la corolle, alternes à ses découpures, et en nombre égal. Ovaire inférieur, style unique, rarement double ; stigmate le plus souvent double. Fruit tantôt à deux coques monospermes, non ouvertes, et imitant des semences nues, tantôt d'une seule coque capsulaire, ou en baie, souvent à deux loges monospermes ou polyspermes ; quelquefois fruit uniloculaire ou mutiloculaire, couronné par le limbe persistant du calice, ou nu, ce limbe étant caduc. Embryon oblong, fin, enveloppé d'un périsperme grand, corné, latéral.

La tige est herbacée, ou ligneuse, ou arborée. Les feuilles, dans quelques genres, sont verticillées, dans la plupart opposées, les pétioles se réunissant par la base, souvent par la médiation d'une stipule simple, ou en gaîne ciliée.

1. Fruit à deux coques, à deux spermes. Étamines souvent au nombre de quatre. (Feuilles le plus souvent verticillées ; tige le plus souvent herbacée.)

Sherardia, Asperule, Caillelait, Gratteron, Crucianelle, Croisette, Garance, Anthospermum.

2. Fruit à deux coques, à deux spermes, quatre étamines, rarement cinq ou six. (Feuilles souvent opposées, par la médiation d'un gaîne ciliée ; tige le plus souvent herbacée.
Houstonia, Knoxia, Spermacocce, Diodia, Galopina, Richardia, Phyllis.

3. Fruit monocarpe, à deux loges polysperme. Quatre étamines. (feuilles opposées, tige herbacée, ligneuse.)
Hedyotis, Oldenlandia, Carphalea, Coccocipsilum, Gomozia, Nacibea, Tontanea, Petesia, Fernelia, Catesbea.

4. Fruit monocarpe, à deux loges, polysperme. Cinq étamines. (Feuilles opposées; tige souvent souligneuse.)
Randia, Bellonia, Virecta, Macrocnemum, Bertieria, Dentella, Mussænda, Quinquina, Tocoyena, Posoqueria, Rondeletia, Genipa, Gardenia, Portlandia.

5. Fruit monocarpe, à deux loges, polysperme. Six étamines ou plus. (Feuilles opposées; tige ligneuse ou arborée.)
Coutarea, Hillia, Duroia.

6. Fruit monocarpe, à deux loges. Quatre étamines. (Feuilles opposées ; tige le plus souvent ligneuse.)
Chomelia, Pavetta, Ixora, Coussarea, Malanea, Antirhea.

7. Fruit monocarpe, à deux loges, à deux spermes. Cinq étamines. (Feuilles opposées; tige ligneuse ou arborée.)
Chimarrhis, Chiococca, Psychotria, Caffeyer, Canthium, Ronabea, Pæderia, Coprosma, Simira.

8. Fruit monocarpe, multiloculaire, les loges monospermes. Quatre étamines, ou cinq, ou plus. (Feuilles opposées; tige souvent ligneuse.)
Nonatelia, Laugeria, Erithalis, Psathura, Myonima, Pyrostria, Vangueria, Mathiola, Guettarda.

9. Fruit monocarpe, multiloculaire, à loges polyspermes. Cinq étamines ou plus. (Feuilles souvent opposées ; arbrisseaux ou herbes.)
Hamelia, Patima, Sabicea.

10. Fleurs agrégées sur un réceptacle commun, ou rarement coadunées. (Feuilles opposées ; arbres ou arbrisseaux, rarement herbes.)
Mitchella, Canephora, Patabea, Evea, Tapogomea, Morinda, Nauclea, Cephalanthus.

11. Genres rabiacés, dont le fruit n'est pas encore assez déterminé.
Serissa, Pogamea, Faramea, Hydrophylax.

ORDRE III. *Fam.* 58ᵉ. *les Chèvre-feuilles.*

Calice monophylle, supérieur, souvent caliculé à sa base, ou à deux bractées. Corolle dans la plupart monopétale, régulière ou irrégulière,

dans les autres polypétale, les pétales réunis par la base élargie.
Étamines définies, souvent au nombre de cinq, dans les monopétales,
épipépales, alternes ; dans les polypétales, tantôt épigynes, alternes
avec la corolle, tantôt insérées au milieu du pétale. Ovaire inférieur ;
style souvent unique, ou nul ; stigmate unique, rarement triple. Fruit
inférieur, en baie, quelquefois capsulaire, uniloculaire ou multiloculaire ; les loges monospermes ou polyspermes. Embryon de la semence
dans la cavité supérieure, petite, d'un périsperme solide et grand.

La tige est souligneuse ou arborée, rarement herbacée. Les feuilles
dans la plupart sont opposées, dans d'autres alternes ; aucunes stipules
entremêlées dans les feuilles.

1. Calice caliculé ou à bractées. Style unique. Corolle monopétale.
Linnæa, Triosteum, Ovieda, Symphoricarpos, Diervilla, Camerisier,
Xylosteon, Chèvre-feuille, Periclymenum.

2. Calice caliculé ou à bractée. Style unique. Corolle comme polypétale.
Loranthus, Gui, Manglier.

3. Calice à bractées. Style nul ; trois stigmates. Corolle monopétale.
Viorne, obier, Laurier-thym, Hortensia, Sureau.

4. Calice simple. Style unique. Corolle polypétale.
Cornouillier, Lierre.

C L A S S E   X I Ie.

DICOTYLÉDONES POLYPÉTALES. ÉTAMINES ÉPIGYNES.

Calice monophylle, supérieur. Corolle polypétale, à pétales définis,
insérés sur le pistil ou sur un limbe glanduleux qui couvre l'ovaire. Étamines
définies, distinctes, insérées au même endroit, en nombre égal à celui
des pétales, et alternes à eux. Ovaire inférieur, simple ; plusieurs styles
définis, autant de stigmates, autant de semences nues ou rarement renfermées dans un péricarpe qui contient autant de loges. Embryon très-
petit, oblong dans le sommet d'un périsperme ligneux.

Les fleurs sont en ombelles (ce qui les fait nommer ombellifères) ;
c'est-à-dire qu'elles sont portées par plusieurs pédicules uniflores et sortis
de la même insertion. L'ombelle est nue ou entourée d'un involucre
polyphylle ; tantôt elle est simple, tantôt elle est composée de petites
ombelles nues, ou entourées d'un petit involucre.

ORDRE PREMIER. *Famille 59e. les Aralies.*

Calice entier ou denté sur la marge. Pétales et étamines définies. Styles
et stigmates nombreux. Fruit en baie, rarement capsulaire, multiloculaire, les loges en même nombre que les styles, et monospermes.

La tige est arborée, ou ligneuse, ou herbacée ; les feuilles sont alternes,
composées à la base ; le pétiole inférieurement en gaine ; les fleurs en
ombelle, involucrées, rarement nues.

Gastonia, Polyscias, Aralia, Cussonia, Panax.

ORDRE II. *Fam. 60e. les Ombellifères.*

Calice entier ou à cinq dents. Cinq pétales. Cinq étamines. Deux styles et deux stigmates. Fruit se partageant en deux semences par une scission perpendiculaire ; ces semences de diverses formes, pendantes par leur extrémité supérieure, d'un axe central, filiforme, souvent partagé en deux. Fleurs disposées sur de petites ombelles, lesquelles le plus souvent constituent de grandes ombelles ; les deux ombelles involucrées ou nues, régulières dans la plupart, dans les autres, anomales.

La tige est souvent herbacée, rarement ligneuse. Les feuilles sont alternes, à pétioles en gaîne ; elles sont simples, ou composées, ou plusieurs fois divisées. La couleur des fleurs dans la plupart est blanche, quelquefois elle est purpurine, très-rarement jaune. La lagæcia est à un seul style, et monosperme.

1. Ombelles vraies. Ombelles générales et partielles, souvent nues.
Pocograire, Boucage, Carvi, Persil, Ache, Anet, Fenouil, Maceron, Panais, Thapsie.

2. Ombelles vraies. Ombelles générales nues. Ombelles partielles involucrées.
Seseli, Impératoire, Cerfeuil, Aiguille, Coriandre, Æthuse, Cicutaire, Phellandrie.

3. Ombelles vraies. Ombelles générales et partielles involucrées.
Ænanthé, Gingidium, Cumin, Bubon, Férule, Sison, Berle, Chervi, Angélique, Livêche, Laser, Berce, Queue-de-pourceau, Armarinthe, Bacille, Athamante, Selinum, Ciguë, Terre-noix, Ammi, Carotte, Caucalis, Tordylium, Hasselquitia, Artedia, Buplêvre, Hermas, Astrance, Sanicle.

4. Ombellifères anomales.
Arctopus, Echinophora, Panicaut, Bolax, Hydrocotyle, Azorella, Lagæcia.

C L A S S E   X I I Ie.

DICOTYLÉDONES POLYPÉTALES, ÉTAMINES HYPOGYNES,

Calice monophylle ou polyphylle, rarement nul. Pétales hypogynes, c'est-à-dire insérés sous le pistil, définis, très-rarement indéfinis, plus rarement nuls, distincts le plus souvent, quelquefois réunis par la base, et formant une corolle fausse monopétale. Étamines hypogynes définies ou indéfinies, à filets souvent distincts, quelquefois coalisés en un tube, quelquefois formant plusieurs faisceaux. Anthères distinctes. (Connées dans la Violette et la Balsamine.) Ovaire supérieur, dans la plupart unique, dans très-peu répété ; style unique, ou répété, ou nul ; stigmate seul ou répété. Fruit supérieur, tantôt simple, uniloculaire ou multiloculaire, tantôt répété, chaque péricarpe uniloculaire.

O R D R E P R E M I E R. *Famille 61ᵉ. les Renonculacées.*

Calice polyphylle, quelquefois nul. Pétales définis, souvent au nombre de cinq. Étamines indéfinies ; (définies dans le Myosurus.) Anthères adhérentes aux filets. Plusieurs ovaires indéfinis ou définis (rarement un) imposés sur un réceptacle commun, sur chaque un style unique, rarement nul ; stigmate simple. Autant de capsules ou baies, monospermes non ouvertes dans les uns, et dans les autres polyspermes, intérieurement demi-bivalves, chargées de semences sur les marges. Embryon très-petit dans la cavité supérieure d'un périsperme corné et grand.

La tige est presque toujours herbacée. Les feuilles sont alternes, rarement opposées (dans la Clématite, l'Atragène,) quelques-unes en demi-gaîne ; les unes sont composées, pinnées ou digittées ; les autres simples, et celles-là le plus souvent sont palmées ou lobées.

1. Capsules monospermes, non ouvertes (baies dans l'Hydrastis.) Clématite, Atragène, Pigamon, Hydrastis, Anemone, Pulsatille, Hamadryas, Adonide, Renoncule, Ficaria, Myosurus.

2. Capsules polyspermes, intérieurement ouvertes. Pétales irréguliers. (Calice souvent coloré, nommé corolle par Linné, et les pétales nommés nectaire.) Trolle, Hellebore, Isopyre, Nigelle, Garidella, Ancolie, Pied-d'alouette, Aconit.

3. Capsules polyspermes, ouvertes intérieurement. Pétales réguliers. Populago, Pivoine, Zanthorhiza, Cimicifuga.

4. Ovaire unique. Baie uniloculaire, polysperme ; le réceptacle des semences latéral, unique. Actea, Podophyllum.

O R D R E II. *Fam. 62ᵉ. les Papavéracées.*

Calice souvent diphylle et caduc. Pétales souvent au nombre de quatre. Étamines définies ou indéfinies. Ovaire unique ; style souvent nul ; stigmate divisé. Fruit capsulaire ou siliqueux, le plus souvent uniloculaire, souvent polysperme. Semences attachées à des réceptacles latéraux, chacune demi-couverte par un involucre membraneux.

La tige est herbacée ou très-rarement ligneuse. Les feuilles sont alternes. Le suc dans quelques plantes est coloré.

1. Étamines indéfinies. Anthères adhérentes aux filets. Sanguinaria, Argemone, Pavot, Glauciene, Chélidoine, Bocconia.

2. Étamines définies. Hypecoum, Fumeterre.

O R D R E III. *Fam. 63ᵉ. les Crucifères.*

Calice tétraphylle, le plus souvent caduc. Quatre pétales disposées en croix, (ce qui a fait donner le nom de cruciformes.) Ces pétales alternes aux folioles du calice, souvent onguiculés, insérés à un disque hypogyne. Six étamines insérées au même endroit, tétradynamiques. Ovaire simple, imposé sur le disque staminifère, qui quelquefois est renflé et comme à quatre glandes entre les étamines grandes et petites; style unique ou nul; stigmate souvent simple. Fruit siliqueux, long, ou siliculeux, court, le plus souvent à deux loges et polysperme, à deux valves qui s'ouvrent en long, et sont appliquées sur une cloison membraneuse, marginée, qui quelquefois s'étend au-delà dans la forme d'un bec, et est chargée des semences apposées çà et là sur les marges. Embryon sans périsperme.

Ces plantes sont des herbes, rarement des arbrisseaux ou des sous-arbrisseaux. Les feuilles sont (une seule fois opposées.) Les fleurs le plus souvent sont non axillaires, vagues, ou en épi terminal, quelquefois en corymbe.

1. Fruit siliqueux; style nul.
Raifort, Radis, Moutarde, Chou, Navet, Rave, Roquette, Turrette, Arabis, Julienne, Heliophila, Giroflée, Vélar, Sisymbrium, Cresson, Dentaire, Ricotia.

2. Fruit siliculeux; style unique.
Lunaire, Biscutella, Clypeola, Alyssum, Subularia, Drave. Cochléaria, Iberis, Talaspi, Bourse-à-pasteur, Passe-rage, Rose de Jéricho, Vella, Cameline, Bunias, Crambe, Pastel.

ORDRE IV. *Fam. 64ᵉ. les Câpriers.*

Calice polyphylle ou monophylle, partagé. Quatre pétales ou cinq, souvent alternes au calice. Étamines définies, plus souvent indéfinies. Ovaire simple, souvent pédiculé; son pédicule souvent staminifère, et ayant sa base souvent glanduleuse; style nul ou unique; stigmate simple. Fruit polysperme, siliqueux ou en baie, uniloculaire (rarement multiloculaire.) Semences souvent reniformes attachées aux parois qui forment les placentas. Embryon sans périsperme, recourbé, la radicule renversée sur les lobes.

La tige est herbacée, ou ligneuse, ou arborée. Les feuilles sont alternes, simples, entières, rarement ternées ou digittées, quelquefois à deux stipules à la base, ou à deux épines, ou à deux glandes.

Cleome, Cadaba, Câprier, Sodaba, Crateva, Morisonia, Durio.

Genres rapprochés des Câpriers.
Marcgravia, Norantea, Réséda, Gaude, Rossolis, Parnassie.

ORDRE V. *Fam. 65ᵉ. les Savoniers.*

Calice polyphylle ou monophylle, souvent partagé. Quatre pétales ou cinq, insérés à un disque hypogyne, tantôt nus, tantôt velus intérieurement dans le milieu, et glanduleux, tantôt augmentés par un pétale intérieur. Étamines souvent au nombre de huit, insérées à un disque hypogyne, à filets distincts. Ovaire simple; style unique ou triple; stigmate unique, ou double, ou triple. Fruit à noyau ou capsulaire, à une, deux ou trois loges, ou à une, deux ou trois coques, les loges ou les coques monospermes. Semences attachées à l'angle intérieur des loges. Embryon sans périsperme, la radicule recourbée sur les lobes qui sont aussi souvent recourbés.

La tige est arborescente ou ligneuse, rarement herbacée. Les feuilles sont alternes.

1. Pétales doublés ou augmentés vers l'onglet par un pétale intérieur.
Cardiospermum, Paullinia, Savonier, Talisia, Aporetica.

2. Pétales simples.
Schmidelia, Ornitrophe, Euphorbia, Melicocca, Toullicia, Trigonis, Molinæa, Cossignia.

5. Genres rapprochés des Savoniers.
Matayba, Enourea, Cupauia, Pekea.

ORDRE VI. *Fam. 66ᵉ. les Erables.*

Calice monophylle. Pétales définis, rarement nuls, insérés autour d'un disque hypogyne. Etamines imposées au milieu du même disque, définies, et souvent égales en nombre aux pétales. Ovaire simple, imposé sur le disque; style unique ou rarement géminé; stigmate unique ou double. Fruit multiloculaire ou multicapsulaire; les loges ou les capsules géminées ou triples. Semences solitaires dans chacune, ou au plus au nombre de trois, attachées à l'angle intérieur, quelqu'une d'elles avortée. Embryons dépourvus de périsperme, la radicule se renversant sur les lobes.

La tige est arborescente ou ligneuse. Les feuilles sont opposées, non stipulées. Les fleurs en grappes ou en corymbe, quelquefois à sexes séparés par avortement.

1. Fruit multiloculaire.
Maronnier d'Inde.

2. Fruit multicapsulaire.
Érable.

3. Genres rapprochés, d'une part, des Érables, et de l'autre, des Malpighies.
Hippocratea, Thryalis.

ORDRE VII. *Fam. 67ᵉ. les Malpighies.*

Calice en cinq parties, persistant. Cinq pétales alternes au calice, insérés à un disque hypogyne, onguiculés. Dix étamines insérées au même endroit, alternes aux pétales, et alternativement opposées au calice; les filets quelquefois réunis par la base; les anthères presque rondes. Ovaire simple ou à trois lobes; trois styles; trois stigmates ou six. Fruit tricapsulaire, ou monocarpe à trois loges, les capsules ou les loges monospermes. Embryons dépourvus de périspermes; la radicule droite; les lobes réfléchis par la base.

Ces plantes sont des arbrisseaux ou des arbustes. Les feuilles sont opposées, simples, presque stipulées. Les pédoncules sont terminaux

R 4

ou axillaires, uniflores et nombreux, ou solitaires et multiflores, les fleurs formant presque l'ombelle, ou l'épi, ou le panicule; les pédicules présentent le plus souvent dans leur milieu une articulation et deux petites écailles.

1. Ovaire à trois lobes. Fruit tricapsulaire.
Banistera, Triopteris.

2. Ovaire simple. Fruit monocarpe.
Malpighia.

3. Genres rapprochés des Malpighies.
Trigonia, Erythroxylum.

ORDRE VIII. *Fam. 68ᵉ. les Millepertuis.*

Calice en quatre ou cinq parties. Quatre ou cinq pétales. Étamines nombreuses, polyadelphes, c'est-à-dire à filets réunis par la base en plusieurs phalanges; anthères presque rondes. Ovaire simple; plusieurs styles; autant de stigmates. Fruit le plus souvent capsulaire, multiloculaire; les loges du nombre des styles, multivalves; les valves formant les loges par leurs courbures. Semences très-fines, attachées à un récepttacle central dans le fruit, tantôt simple tantôt partagé en plusieurs parties égales en nombre aux valves. Embryon redressé, sans périsperme.
La tige est herbacée, ou souligneuse, ou ligneuse. Les feuilles sont opposées. Les fleurs en corymbes et le plus souvent terminales.

Ascyrum, Brathys, Millepertuis, Toute-saine.

ORDRE IX. *Fam. 69ᵉ. les Guttiers.*

Calice polyphylle ou monophylle partagé, rarement nul. Pétales définis, souvent au nombre de quatre. Étamines le plus souvent indéfinies, rarement définies, à filets, tantôt distincts, tantôt et plus rarement monadelphes ou polyadelphes. Anthères adhérentes aux filets. Ovaire simple; style unique ou nul; stigmate simple ou divisé. Fruit le plus souvent uniloculaire, en baie, ou à noyau, ou capsulaire, tantôt entier, tantôt s'ouvrant en valves, intérieurement monosperme ou polysperme. Semences tantôt attachées à un réceptacle central, tantôt aux parois. Embryon droit, sans périsperme, à lobes subéreux, calleux.
Ce sont des arbres ou des arbrisseaux, la plupart remplis d'un suc résineux, gommeux. Les feuilles souvent sont opposées, souvent coriaces, entières, glabres, avec une seule nervure longitudinale, les autres étant transversales. Les fleurs sont axillaires ou terminales, quelquefois les sexes séparés par avortement.

1. Style nul.
Cambogia, Clusia, Garçinia, Tovomita, Quapoya, Grias.

2. Style nul.
Moronobaea, Macoubea, Mammea, Macanea, Singana, Mesua, Rheedia, Calophyllum.

3. Genres à feuilles alternes, rapprochés, d'une part, des Guttiers, de l'autre, des Orangers.
Vateria, Elæorcarpus, Vatica, Allophyllus.

ORDRE X. *Fam.* 70e. *les Orangers.*

Calice monophylle, souvent partagé. Pétales définis, élargis à la base, insérés autour d'un disque hypogyne. Étamines imposées sur le même disque, définies, rarement indéfinies, à filets distincts ou monadelphes, ou polyadelphes. Ovaire unique; style unique; stigmate simple ou rarement divisé. Fruit le plus souvent en baie, quelquefois capsulaire, uniloculaire ou multiloculaire; les loges monospermes ou dispermes. Embryon droit, montant, sans périsperme.
La tige est arborescente ou ligneuse. Les feuilles sont alternes, simples, rarement composées.

1. Fruit monosperme. Feuilles non ponctuées. Orangers bâtards.
Ximenea, Heisteria, Fissilia.

2. Fruit polysperme, en baie. Feuilles transparentes, ponctuées. Vrais Orangers.
Chalcas, Bergera, Muraya, Cookia, Oranger, Citronier, Limon, Limonia.

3. Fruit polysperme, capsulaire. Feuilles non ponctuées. Genres rapprochés des Orangers et des Azédarachs.
Ternstromia, Tonabea, Thé, Camellia.

ORDRE XI. *Fam.* 71e. *les Azédarachs.*

Calice monophylle, partagé, ou divisé seulement à son sommet. Quatre pétales ou cinq, l'onglet large, souvent connivens par la base. Étamines définies, en nombre égal aux pétales ou en nombre double; les filets connés en tube ou en une bourse, dentés à leur pointe, chargés des anthères ou couvrant des anthères adhérentes à eux intérieurement. Ovaire unique; style unique; stigmate simple, rarement divisé. Fruit en baie ou souvent capsulaire, multiloculaire; les loges monospermes ou dispermes; les valves en nombre égal eux loges, et partagées par une cloison.
La tige est ligneuse ou arborescente, à rameaux alternes. Les feuilles sont alternes, non stipulées, simples ou composées.

1. Feuilles simples.
Winterania, Symphonia, Tinus, Geruma, Aytonia, Quivisia, Turræa.

2. Feuilles composées.
Ticorea, Sandoricum, Portesia, Trichilia, Elcaja, Guarea, Ekerbergia, Azedarach, Aquilicia.

3. Genres rapprochés des Azédarachs.
Swietenia, Cedrela.

ORDRE XII. *Fam. 72e. les Vignes.*

Calice monophylle, court, presque entier. Pétales définis, au nombre
de quatre, cinq ou six, élargis à leur base, autant d'étamines opposées
aux pétales, insérées à un disque hypogyne; les filets distincts. Ovaire
simple; style unique ou nul; stigmate simple. Baie uniloculaire ou multiloculaire, monosperme ou polysperme. Semences osseuses, inégales
sur leur surface, insérées au fond de la loge. Embryon descendant;
les lobes droits, sans périsperme.

Cissus, Vigne.

ORDRE XIII. *Fam. 73e. les Géraines.*

Calice simple, pentaphylle, ou en cinq parties, persistant. Cinq
pétales. Étamines définies, à filets réunis par la base, tantôt toutes
fertiles, tantôt quelques-unes stériles. Ovaire simple; style unique; cinq
stigmates oblongs. Fruit en cinq loges ou en cinq capsules; les loges
ou les capsules monospermes ou dispermes. Embryon sans périsperme.

La tige est souligneuse ou herbacée. Les feuilles sont stipulées, opposées ou alternes. Les fleurs sont opposées aux feuilles alternes, et axillaires aux feuilles opposées.

Geranium, Monsonia.

Genres rapprochés des Géraines.
Capucine, Balsamine, Alleluia.

ORDRE XIV. *Fam. 74e. les Malvacées.*

Calice 5-fide ou en cinq parties, tantôt simple, tantôt double et entouré
d'un calicule monophylle ou polyphylle. Cinq pétales égaux, tantôt distincts
et hypogynes, tantôt connés par la base, et adhérens au fond du tube
des étamines. Étamines hypogynes, définies ou indéfinies; les filets
tantôt réunis dans leur très-grande partie en un tube appliqué contre le
style, presque égal à lui, portant la corolle à sa base, et souvent au
haut de sa superficie extérieure, chargé d'anthères portées sur un
filet propre; rarement sessiles; tantôt ces filets connés intérieurement
en un corps dont toutes les divisions sont chargées d'anthères, ou sont
stériles et fertiles entre-mêlées. Ovaire unique, pédiculé dans quelques
individus; style souvent unique, rarement répété; stigmate répété, très-
rarement simple. Fruit tantôt multiloculaire, multivalve, les valves
partagées par une cloison; tantôt fruit multicapsulaire, les capsules
presque toujours ouvertes, réunies en un fruit unique, ou verticillées
autour du style, quelquefois formant la tête au-dessus du réceptacle.
Semences solitaires dans les loges ou dans les capsules, ou en nombre,
insérées à l'angle intérieur ou au réceptacle central et en colonne du
fruit, qui réunit les loges et les capsules. Embryon sans périsperme, les
lobes recourbés ou ridés sur la radicule.

La tige est arborescente, ou ligneuse, ou herbacée. Les feuilles sont
alternes, stipulées, souvent simples, rarement digittées. Les fleurs sont
axillaires ou terminales, rarement les sexes séparés par leur avortement.

1. Étamines connées en un tube qui porte la corolle, indéfinies. Fruit multicapsulaire ; capsules qui forment la tête.

Palava, Malope.

2. Étamines connées en un tube qui porte la corolle, indéfinies. Fruit multicapsulaire ; les capsules verticillées, disposées en boule ou réunies en une seule.

Mauve, Alcée, Guimauve, Lavatera, Malachera, Pavonia, Urena, Napæa, Sida.

3. Étamines connées en un tube qui porte la corolle, indéfinies. Fruit simple, multiloculaire.

Anoda, Laguna, Solandra, Hibiscus, Malviscus, Coton, Ketmie.

4. Étamines connées en un tube qui porte la corolle, définies. Fruit multiloculaire.

Senra, Fugosia, Plagianthus, Quararibea.

5. Étamines connées en une masse sessile, toutes fertiles, définies ou indéfinies.

Melochia, Ruizia, Malachodendrum, Gordonia, Hugonia, Bombax, Adansonia.

6. Étamines connées par leur base en une masse sessile, stériles mêlées avec les fertiles, définies, rarement indéfinies.

Pentapetes, Theobroma, Abroma, Guazuma, Melhania, Dombeya, Assonia, Byttneria.

7. Étamines connées en une masse serrée étroitement autour de l'ovaire, pédiculées avec lui, le plus souvent définies et fertiles.

Ayenia, Kleinhovia, Helicteres, Sterculia.

8. Genres rapprochés des Malvacées.
Pachira.

ORDRE XV. *Fam.* 75e. *les Magnoliers.*

Calice définitivement polyphylle, quelquefois suivi de bractées. Pétales le plus souvent définis, vraiment hypogynes. Étamines nombreuses, distinctes, insérées au même endroit que les pétales ; les anthères adhérentes aux filets. Ovaires définis ou indéfinis, imposés sur un réceptacle commun ; autant de styles, ou styles nuls ; autant de stigmates. Autant de capsules ou de baies uniloculaires, monospermes ou polyspermes, quelquefois réunies en un seul fruit. Embryon de la semence droit, sans périsperme.

La tige est ligneuse ou arborescente. Les feuilles sont alternes, le plus souvent entières ; les plus jeunes entourées de stipules qui forment la gaîne sur les petits rameaux, sont roulés en corne comme dans les Figuiers, abritent le bourgeon terminal, tombent ensuite et ne laissent que leurs vestiges circulaires. Les fleurs sont terminales ou axillaires.

Euryandra, Drymis, Illicium, Michelia, Magnolia, Talauma, Tulipier, Mayna.

Genres rapprochés des Magnoliers.
Dillenia, Curatella, Ochna, Quassia.

ORDRE XVI. *Fam.* 76ᵉ. *les Anones.*

Calice court, à trois lobes, persistant. Six pétales, dont trois extérieurs, imitent un calice extérieur. Étamines nombreuses, à anthères comme sessiles qui couvrent un réceptacle hémisphérique, étant tétragones et élargies à leurs sommets. Ovaires nombreux, imposés au milieu du réceptacle, très-serrés, à peine distincts des anthères, et comme couverts par elles ; autant de styles courts ou comme nuls ; autant de stigmates. Autant de baies ou de capsules monospermes ou polyspermes, tantôt distinctes, sessiles ou pédiculées, et imposées sur un réceptacle commun ; tantôt coadunées en un seul fruit pulpeux, creusé sous son écorce d'une infinité de loges monospermes. Membrane extérieure des semences coriace ; l'intérieure menbraneuse, intérieurement plissée plusieurs fois transversalement, les plis séparant une infinité de petits lobes transversaux d'une semence ou périsperme grand et solide, dans l'ombilic duquel est un embryon très-petit.

La tige est arborescente ou ligneuse ; les rameaux et petits rameaux sont alternes, à écorce souvent réticulée. Les feuilles sont alternes, simples, entières, non stipulées. Les fleurs sont axillaires.

Anona, Unona, Uvaria, Cananga, Xilopia.

ORDRE XVII. *Fam.* 77ᵉ. *les Menispermes.*

Calice définiment polyphylle. Pétales définis, opposés au calice ; dans quelques-uns autant de petites écailles intérieures opposées au calice. Étamines définies, égales en nombre aux pétales, et opposées à eux. Plusieurs ovaires définis ; autant de styles et de stigmates Autant de fruits en baie ou capsulaires, reniformes, monospermes, à semence conforme ; plusieurs souvent étant avortées, une seule semence reste. Embryon plane, petit, à lobes très-fins, dans le sommet d'un périsperme charnu, beaucoup plus grand et recourbé.

La tige est ligneuse, le plus souvent sarmenteuse. Les feuilles sont alternes, simples, non stipulées. Les fleurs sont axillaires ou terminales, en faisceaux disposés en épi ou en grappe ; les faisceaux étant suivis d'une bractée, elles sont souvent à sexes séparés par avortement.

Cissampelos, Menisperme, Leæba, Epibaterium, Abuta.

ORDRE XVIII. *Fam.* 78ᵉ. *les Vinettiers.*

Calice définiment polyphylle ou partagé. Pétales définis, égaux en nombre aux folioles du calice, souvent opposés à elles, tantôt simples, tantôt accrus à la base par un pétale intérieur. Étamines définies, en nombre égal à celui des pétales, opposées à eux ; les anthères adhérentes aux filets, ouvertes par une valvule de la base au sommet. Ovaire simple ; style unique ou nul ; stigmate souvent simple. Baie ou capsule uniloculaire, souvent polysperme ; les semences attachées au

 fond de la loge. Embryon descendant, plane, entouré d'un périsperme
charnu.

 La tige est ligneuse ou herbacée. Les feuilles le plus souvent sont
alternes, stipulées, souvent nues, simples ou composées.

Épine-vinette, Leontice, Epimédium, Rinorea, Conoria.

Genres rapprochés des Vinettiers.

Riana, Corinocarpus, Poraqueiba, Hamamelis, Othera, Rapanea.

ORDRE XIX. *Fam.* 79e. *les Tiliacées.*

Calice polyphylle, ou en plusieurs parties. Pétales définis, distincts
(nuls dans le Sloane,) alternes aux découpures ou folioles calicinales,
et le plus souvent en nombre égal. Étamines souvent indéfinies et
distinctes. Ovaire simple; style souvent unique, rarement multiplié
ou nul; stigmate simple ou divisé. Fruit en baie ou capsulaire, le plus
souvent multiloculaire; les loges monospermes ou polyspermes, les
valves en cloison dans le milieu des capsules. Embryon de la semence,
plane, entouré d'un périsperme charnu.

La tige est arborescente ou ligneuse, rarement herbacée. Les feuilles
sont alternes, simples, stipulées.

1. Étamines monadelphes par la base, ou entièrement monadelphes,
définies. (Tilleuls douteux.)
Waltheria, Hermannia, Mahernia.

2. Etamines distinctes, le plus souvent indéfinies. Fruit multiloculaire.
(Véritables Tilleuls.)
Antichorus, Corchorus, Heliocarpos, Triumfetta, Spermannia,
Sloanea, Apeiba, Muntingia, Flacurtia, Oncoba, Stewartia, Grewia,
Tilleul.

3. Étamines distinctes, indéfinies. Fruit uniloculaire. Genres rapprochés des Tillacées.
Rocou, Laetia, Banara.

ORDRE XX. *Fam.* 80e. *les Cistes.*

Calice en cinq parties. Cinq pétales. Étamines nombreuses. Ovaire
simple; style unique; stigmate unique. Capsule polysperme, à petites
semences, uniloculaire, trivalve, ou multiloculaire, multivalve; les
valves chargées des semences dans le milieu; un réceptacle tantôt en
forme de battant séparant les loges, tantôt linéaire sans s'élever au-
dessus; les semences nombreuses et petites. Radicule de l'embryon,
recourbée sur les lobes entre un périsperme mince.

La tige est ligneuse, ou souligneuse, ou herbacée. Les feuilles le plus
souvent sont opposées, stipulacées ou nues. Les fleurs sont en épi ou en
corymbe formant l'ombelle.

Ciste, Hélianthème.

Genres rapprochés des Cistes. Le fruit à trois valves; les valves chargées
des semences; mais les étamines définies.
Violette, Piriqueta, Piparea, Tachibota.

O R D R E XXI. *Fam.* 81ᵉ. *les Rutacées.*

Calice monophylle, souvent en cinq parties Pétales souvent au nombre de cinq, alternes aux découpures du calice. Étamines définies, distinctes, souvent au nombre de dix, alternes aux pétales, et alternativement opposées au calice. Ovaire simple; style unique; stigmate simple, rarement divisé. Fruit multiloculaire ou multicapsulaire; les loges ou les capsules souvent quinnées, monospermes ou polyspermes; les semences attachées à l'angle intérieur. Embryon plane dans un périsperme charnu.

La tige est herbacée ou ligneuse, rarement arborescente. Les feuilles dans les unes sont alternes, nues; dans les autres, elles sont stipulées, souvent opposées. Les fleurs sont axillaires ou terminales.

1. Feuilles stipulées, souvent opposées.
Tribulus, Fagonia, Zygophyllum, Guaiacum.

2. Feuilles alternes, nues,
Rue, Peganum, Fraxinelle.

3. Genres rapprochés des Rutacées.
Melianthe, Diosma, Emplevrum, Aruba.

O R D R E XXII. *Fam.* 82ᵉ. *les Caryophyllées.*

Calice monophylle, le plus souvent persistant, tubulé ou partagé. Pétales définis (rarement nuls,) alternes aux découpures du calice, en nombre égal, souvent onguiculés. Étamines définies, quelquefois en nombre moindre que celui des pétales, souvent égales en nombre à eux, et alternes, ou en nombre double, alternativement hypogynes et épipétales. Ovaire simple; plusieurs styles, rarement un seul; autant de stigmates. Fruit capsulaire, le plus souvent polysperme, uniloculaire ou multiloculaire; les semences attachées à un réceptacle central. Embryon recourbé, placé eutour d'un type farineux.

La tige le plus souvent est herbacée. Les feuilles sont opposées, connées à la base, rarement verticillées, stipulacées dans quelques individus, dans la plupart nues. Les feuilles sont axillaires ou terminales.

1. Calice partagé. Trois étamines. Style unique, plus souvent triple.
Ortegia, Loeflingia, Holosteum, Polycarpon, Donatia, Mollugo, Minuartia, Queria.

2. Calice partagé. Quatre étamines. Deux styles ou quatre.
Bufonia, Sagina.

3. Calice partagé. Cinq étamines ou huit. Deux styles, ou trois, ou quatre.
Morgeline, Pharnaceum, Mæringhia, Elatiné.

4. Calice partagé. Dix étamines. Trois styles ou cinq.
Bergia, Spargoute, Ceraiste, Cherleria, Sabline, Stellaire.

5. Calice tubulé. Dix étamines alternativement hypogynes et épipétales. Deux styles, ou trois, ou cinq.
Gypsophila, Saponaire, Œillet, Silène, Cucubale, Lychnis, Agrostemma.

6. Calice tubulé. Moins de dix étamines. Deux styles ou trois.
Velezia, Drypis, Sarothra.

7. Genres rapprochés des Caryophyllées.
Rotala, Frankenia, Lin, Lechea.

C L A S S E   X I V^e.

DICOTYLÉDONES POLYPÉTALES. ÉTAMINES PÉRIGYNES.

Calice monophylle, supérieur ou inférieur, divisé à son sommet, ou profondément partagé. Corolle périgyne, insérée au fond ou au sommet du calice, polypétale, quelquefois nulle, rarement monopétale, les pétales étant réunis en un seul. Étamines périgynes, définies ou indéfinies, souvent distinctes, quelquefois réunies par les filets. Ovaire supérieur, simple ou répété, rarement inférieur et simple ; sur chaque ovaire style unique, ou répété, ou nul, stigmate entier ou divisé. Fruit tantôt simple, supérieur ou inférieur, uniloculaire ou multiloculaire ; tantôt répété et supérieur, chaque péricarpe étant uniloculaire. Sexes quelquefois distincts par avortement.

ORDRE PREMIER. *Famille* 83e. *les Joubarbes.*

Calice inférieur, partagé. Pétales insérés au fond du calice, définis, égaux en nombre aux divisions du calice, et alternes à elles, ou et plus rarement corolle monopétale, tubulée ou partagée. Autant d'étamines alternes aux pétales, ou en nombre double, alternativement insérées à l'onglet des pétales et au fond du calice ; les anthères comme rondes. Plusieurs ovaires, égaux en nombre aux pétales, unis par la base intérieure, l'extérieure garnie de glandes souvent en forme d'écailles ; autant de styles et de stigmates. Autant de capsules uniloculaires, polyspermes, intérieurement bivalves, les marges des valves portant les semences. Embryon de la semence recourbé, placé autour d'un type farineux.
La tige est herbacée ou souligneuse. Les feuilles sont succulentes, opposées ou alternes.

Tillæa, Crassula, Cotylédon, Rhodiola, Sedum, Joubarbe, Septas.

Genre rapproché des Joubarbes.
Penthorum.

ORDRE II. *Fam.* 84e. *les Saxifrages.*

Calice supérieur, plus souvent inférieur, 4-fide ou 5-fide. Quatre pétales ou cinq (pétales rarement nuls,) insérés au sommet du calice, alternes à ses découpures. Autant d'étamines, ou souvent en nombre double, insérées au même endroit que les pétales. Ovaire simple, supérieur, rarement inférieur; deux styles; deux stigmates. Fruit souvent capsulaire, polysperme , à deux valves à son sommet, uniloculaire ou biloculaire , les valves constituant une cloison par leur courbure en dedans Embryon recourbé , placé autour d'un type farineux ou presque charnu.

La tige le plus souvent est herbacée. Les feuilles sont alternes, rarement opposées , quelquefois un peu épaisses.

1. Fruit supérieur, capsulaire, à deux becs à son sommet.
Heuchera , Saxifrage , Geum , Tiarella , Mitella.

2. Fruit inférieur , capsulaire ou en baie.
Saxifrage doré , Moscatelline.

3. Genres rapprochés des Saxifrages.
Weinmannia, Cunonia, Hydrangea.

ORDRE III. *Fam.* 85e. *les Cactes.*

Calice supérieur, divisé à son sommet. Pétales définis ou indéfinis, insérés au sommet du calice. Étamines définies ou indéfinies, insérées au même endroit que les pétales. Ovaire inférieur, simple ; style unique; stigmate partagé. Baie inférieure, uniloculaire, polysperme , chargée de semences sur les parois.

La tige est ligneuse ou arborescente. Les feuilles sont alternes ou nulles.

1. Pétales et étamines définis.
Groseiller , Cassis.

2. Pétales et étamines indéfinis.
Cacte , Melocacte , Opuntia.

ORDRE IV. *Fam.* 86e. *les Portulacées.*

Calice inférieur, divisé à son sommet. Corolle définiment polypétale, rarement monopétale ou nulle, insérée au fond ou au milieu du calice, souvent alterne à lui, pourvu que le nombre des pétales soit égal. Étamines insérées à ce même endroit, définies , rarement indéfinies. Ovaire supérieur, simple ; style unique, ou double, ou triple, rarement nul ; stigmate souvent répété. Capsule supérieure, uniloculaire ou multiloculaire; les loges monospermes ou polyspermes. Embryon recourbé , placé autour d'un type farineux, ou comme charnu.

Ce sont des herbes , ou des arbrisseaux gras. Les feuilles sont opposées ou alternes , souvent succulentes.

1. Fruit uniloculaire.
Pourpier, Talinum, Turnera, Bacapa, Montia, Rokejeka, Tamaris, Telèphe, Corrigiola, Gnavelle, Gymnocarpus.

2. Fruit multiloculaire.
Trianthema , Limeum , Claytonia, Gisekia.

ORDRE

ORDRE V. *Fam. 87ᵉ. les Ficoïdes.*

Calice monophylle, inférieur ou supérieur, partagé. Pétales indéfinis, rarement définis, insérés au sommet du calice, quelquefois nuls, le calice étant alors intérieurement coloré. Étamines plus nombreuses que douze, insérées à ce même endroit. Anthères oblongues, assises. Ovaire simple, supérieur ou inférieur ; plusieurs styles ; autant de stigmates. Capsule ou baie supérieure ou inférieure, multiloculaire ; les loges du nombre des styles, et polyspermes ; les semences attachées à l'angle intérieur des loges. Embryon recourbé, placé autour d'un type farineux.

La tige est herbacée ou souligneuse. Les feuilles sont opposées ou alternes, le plus souvent succulentes, de formes souvent variées.

1. Ovaire supérieur.
Reaumuria, Nitraria, Sesuvium, Aizoon, Glinus, Orygia.

2. Ovaire inférieur.
Mesembryanthemum, Tetragonia.

ORDRE VI. *Fam. 88ᵉ. les Onagres.*

Calice monophylle, tubulé, supérieur, à limbe divisé, persistant ou caduc. Pétales définis insérés au sommet du calice, alternes à ses découpures. Étamines définies, insérées à ce même endroit, égales en nombre aux pétales, ou en nombre double, rarement plus. Ovaire simple, inférieur ; style le plus souvent unique ; stigmate partagé ou simple. Fruit capsulaire ou en baie, inférieur, rarement demi-inférieur, le plus souvent multiloculaire et polysperme, rarement uniloculaire, tantôt couronné par le limbe du calice, tantôt à nu, ce limbe étant caduc. Embryon sans périsperme.

La tige est herbacée ou ligneuse. Les feuilles sont alternes ou opposées.

1. Genres mitoyens entre les Ficoïdes et les Onagres. Style répété.
Mocanera, Vahlia, Cercodea.

2. Style unique. Fruit capsulaire. Étamines égales en nombre aux pétales.
Montinia, Serpicula, Circée, Ludwigia.

3. Style unique. Fruit capsulaire. Étamines en nombre double des pétales.
Jussiæa, Onagre, Épilobe, Gaura, Cacoucia, Combretum, Guiera.

4. Style unique. Fruit en baie. Genres rapprochés des Myrtes, mais à étamines définies.
Fuchsia, Mouriria, Ophira, Beckea, Memecylon, Jambolifera, Escallonia, Sirium, Santalum.

5. Genres rapprochés des Onagres, Polyandriques.
Mentzelia, Loossa.

ODRRE VII. *Fam.* 89ᵉ. *les Myrthes.*

Calice monophylle, urcéolé ou tubulé, supérieur, rarement demi-supérieur, nu ou garni de deux écailles à sa base. Pétales définis, insérés au sommet du calice, égaux en nombre à celui de ses découpures, et alternes avec elles. Etamines indéfinies, insérées au même endroit, sous les pétales; anthères petites, comme rondes, courbées en arc, formant une marge au sommet dilaté du filet. Ovaire simple, inférieur, rarement demi-inférieur; style unique; stigmate simple, rarement divisé. Fruit en baie, ou à noyau, ou quelquefois capsulaire; inférieur, rarement demi inférieur, uniloculaire ou multiloculaire; les loges monospermes ou polyspermes. Embryon droit ou recourbé, sans périsperme.

La tige est arborescente ou ligneuse, à rameaux souvent opposés. Les feuilles sont opposées et simples, rarement alternes, dans plusieurs individus ponctuées.

1. Fleurs dans les aisselles des feuilles, ou opposées sur des pédoncules multiflores. Feuilles le plus souvent opposées et ponctuées.

Alangium, Dodecas, Melaleuca, Leptospermum, Guapurium, Goyavier, Myrthe, Eugenia, Giroflier, Decumaria, Grenadier, Syringa, Sonneratia, Fœtidia, Catinga.

2. Fleurs alternes sur des grappes. Feuilles souvent alternes et non ponctuées.

Butonica, Stravadium, Pirigara, Couroupita, Lecythis.

ORDRE VIII. *Fam.* 90ᵉ. *les Mélastomes.*

Calice monophylle, tubulé, supérieur ou inférieur, unique ou entouré d'écailles. Pétales définis, insérés au sommet du calice, égaux en nombre à ses découpures, et alternes à elles. Etamines insérées au même endroit que les pétales, définies, en nombre double des pétales; le sommet des filets souvent à deux soies, ou à deux oreillettes sous les anthères; les anthères longues, en bec à leur sommet, implantées par la base à la pointe des filets, d'abord penchées, ces filets étant courbés en-dedans, ensuite redressés, les filets se redressant. Ovaire tantôt supérieur, couvert par le calice, tantôt inférieur; style unique; stigmate simple. Fruit en baie ou capsulaire, tantôt supérieur et couvert par le calice resserré en-dessus, tantôt inférieur croissant au-dessus du calice qui lui est adhérent; le fruit multiloculaire; les loges polyspermes. Embryon sans périsperme.

La tige est sous-arborescente, ou ligneuse, ou rarement herbacée. Les feuilles sont opposées, simples, à trois ou plusieurs nervures longitudinales. Les fleurs sont opposées, axillaires, ou terminales, sur des pédoncules uniflores ou multiflores.

1. Ovaire inférieur.
Blackea, Melastome, Tristemma.

2. Ovaire supérieur.
Topobea, Tibouchina, Mayeta, Tococa, Osbeckia, Rhexia.

ORDRE IX. *Fam. 91ᵉ. les Salicaires.*

Calice tubulé, ou urcéolé. Pétales définis, insérés au sommet du calice, et alternes à ses découpures, quelquefois nuls. Étamines définies (indéfinies dans la Lagerstromia et la Munchausia,) égales en nombre aux pétales, ou en nombre double, insérées au milieu du calice; anthères petites. Ovaire simple, supérieur; style unique; stigmate souvent formant la tête. Capsule entourée par le calice, uniloculaire ou multiloculaire, polysperme; les semences attachées au réceptacle central. Embryon sans périsperme,

La tige est ligneuse ou herbacée. Les feuilles sont opposées ou alternes. Les fleurs sont axillaires ou terminales.

1. Fleurs polypétales.
Lagerstromia, Munchausia, Pemphis, Cinoria, Grislea, Lausonia, Erenea, Salicaire, Acisanthera, Parsonsia, Cuphea.

2. Fleurs souvent apétales.
Isnardia, Ammania, Gloux, Peplis.

ORDRE X. *Famille 92ᵉ. les Rosacées.*

Calice supérieur tubulé, ou inférieur urcéolé ou en roue, à limbe souvent divisé, le plus souvent persistant. Pétales définis, souvent au nombre de cinq, insérés au sommet du calice, alternes à lui, ou quelquefois nuls. Étamines indéfinies ou rarement définies, insérées au même endroit sous les pétales; anthères souvent comme rondes. Ovaire tantôt simple, inférieur, le style et le stigmate souvent multipliés, tantôt supérieur, simple, à un seul style, ou multiplié à plusieurs styles, les styles toujours latéraux et sortant du flanc de l'ovaire. Structure du fruit variée; dans les uns, une pomme inférieure à plusieurs loges, ou comme une bourse faussement inférieure, resserrée au-dessus des semences; dans les autres, les semences ou péricarpes uniloculaires, le plus souvent monospermes, indéfinis ou définis, supérieurs et imposés sur un réceptacle commun; dans les autres, une capsule supérieure, unique, uniloculaire, ou une noix pareillement supérieure, monosperme, ou disperme, nue, ou revêtue d'un tegment drupacé. La cicatrice des semences latérale sous le sommet auquel est inséré un fil qui adhère au fond du réceptacle. Embryon droit sans périsperme.

La tige est herbacée, ou ligneuse, ou arborée. Les feuilles sont alternes, stipulacées, simples, ou composées.

1. Ovaire simple, inférieur, à plusieurs styles. Pomme ombiliquée par le limbe du calice, multiloculaire. Arbres ou arbrisseaux. (Pomacées.)
Pommier, Poirier, Coignassier, Néflier, Azérolier, Aubépin, Alisier, Sorbier.

2. Ovaires indéfinis, couverts par le calice urcéolé et resserré en-dessus, quasi inférieurs, chacun à un seul style. Autant de semences. Arbrisseau. (Rosiers.)
Rosier, Églantier.

3. Ovaires définis (rarement ovaire unique,) couverts par le calice urcéolé et resserré en dessus, quasi inférieurs, chacun à un style. Autant de semences. Herbes la plupart, plusieurs apétales, plusieurs à étamines définies, quelques-unes à sexes séparés. (Pimprenelles.)

Primprenelle , Sanguisorbe , Ancistrum , Acæna , Aigremoine , Neurada , Cliffortia , Aphanes , Pied-de-lion , Sibbaldia.

4. Ovaires indéfinis , vraiment supérieurs, imposés sur un réceptacle commun ; chacun à un seul style. Autant de semences nues ou rarement en baies. Herbes, rarement arbrisseaux. (Potentilles.)

Tormentille, Potentille, Quinte-feuille, Fraisier, Comarum, Benoîte, Dryas , Ronce , Framboisier.

5. Ovaires définis, supérieurs, à un seul style. Autant de capsules monospermes ou polyspermes. Arbrisseaux, rarement herbes. (Spireas.)

Spiræa , Reine-des-prés , Filipendule , Barbe-de-chèvre , Suriana , Tetracera.

6. Ovaire unique, supérieur, à un seul style. Fruit uniloculaire, monosperme ou polysperme. Arbres ou arbrisseaux, quelquefois apétales. (Prockias.)

Tigarea , Delima , Prockia , Hirtella.

7. Ovaire unique, supérieur, à un seul style. Noix monosperme ou disperme , nue , souvent pulpeuse. Arbres ou arbrisseaux. (Amygdalées.)

Licania , Grangeria , Chrysobalanus , Cerisier , Putier , Laurier-cerise, Prunier , Abricotier , Amandier , Pêcher , Moquilea , Couepia , Acioa , Parinarium.

8. Genres rapprochés des Rosacées.
Plinia , Calycanthus , Ludia , Blakwellia , Homalium , Napimoga.

ORDRE XI. *Famille* 93e. *les Légumineuses.*

Calice monophylle, diversement divisé. Corolle polypétale, rarement nulle ou monopétale, insérée au sommet du calice , au-dessous de ses divisions. Pétales tantôt au nombre de cinq, quelquefois moins, réguliers, comme égaux, tantôt et plus souvent au nombre de quatre, irréguliers, imitant par leur ensemble un papillon, (c'est ce qui a fait donner à ces plantes le nom de Papillonnacées.) Le pétale supérieur nommé étendard, couvrant en partie tous les autres ; les pétales latéraux, nommés les ailes ; le pétale inférieur, qui est simple ou partagé , nommé carène. Dix étamines, rarement moins ou plus , insérées au calice sous les pétales, à filets tantôt distincts ou comme réunis seulement à la base ; tantôt et plus souvent diadelphes, ou neuf connés en un tube fendu sous l'étendard, le dixième restant solitaire et appliqué contre la fente, quelquefois monadelphes, le tube étant sans divisions et composé de dix ; anthères distinctes , souvent comme rondes , petites , quelquefois oblongues et assises. Ovaire simple , supérieur ; style unique ; stigmate simple. Fruit dans quelques-uns capsulaire , uniloculaire , comme monosperme , bivalve , ou non ouvert. Dans la plupart légumineux (ce qui a donné le nom à cette famille,) plus long, bivalve (trivalve dans la Moringa , quadrivalve dans une espèce de Mimose ;) les semences attachées à une seule suture latérale ; cette espèce de fruit tantôt uniloculaire, monosperme, ou polysperme, tantôt multiloculaire, les cloisons transversales et les loges monospermes, quelquefois pulpeuses. Dans les polypétales régulières, la radicule de l'embryon s'inclinant sur les lobes sans périsperme ; dans les régulières, la même radicule droite, un périsperme, ou membrane épaisse entourant l'embryon. Les lobes le plus souvent se changeant en feuilles séminales, comme c'est l'ordinaire dans les dicotylédones, quelquefois persistant sous les mêmes feuilles, et distincts d'elles.

La tige est herbacée, ou ligneuse, ou arborée, souvent alternativement rameuse. Les feuilles sont stipulées, alternes, (dans quelques individus comme opposées,) tantôt simples ; tantôt et plus souvent ternées, ou digittées, ou pinnées. Les fleurs ont des dispositions diverses.

1. Corolle régulière. Légume multiloculaire, souvent bivalve, à cloisons transversales, à loges monospermes. Étamines distinctes. Arbres ou arbrisseaux. Feuilles pinnées sans impaire.

Acacie, Sensitive, Gleditsia, Gymnocladus, Outea, Ceratonia, Tamarindus, Parkinsonia, Schotia, Casse, Séné.

2. Corolle régulière. Légume uniloculaire, bivalve. Dix étamines distinctes. Arbres ou arbrisseaux. Feuilles pinnées sans impaire. Légume à trois valves.

Moringa, Prosopis, Hæmatoxylum, Eperua, Tachigalia, Adenanthera, Poincillade, Cæsalpina, Guilandina.

3. Corolle comme irrégulière. Étamines définies ou réunies seulement par la base. Légume uniloculaire, bivalve. Arbres ou arbrisseaux ; feuilles pinnées sans impaire, ou seulement conjuguées, ou simples.

Taralea, Parivoa, Vouapa, Cynometra, Hymenea, Bauhinia, Palovea.

4. Corolle irrégulière, papillonacée. Étamines distinctes, rarement réunies par la base. Légume uniloculaire, bivalve. Arbres ou arbrisseaux. Feuilles simples, ou ternées, ou pinnées avec impaire.

Gaînier, Possira, Anagyris, Sophora, Mullera, Coublandia.

5. Corolle irrégulière, papillonacée. Dix étamines diadelphes. Légume uniloculaire, bivalve. Arbrisseaux ou herbes. Les feuilles simples ou ternées, rarement digittées. Stipules tantôt comme nulles ; tantôt très-visibles, adhérentes au fond du pétiole, et distinctes de lui.

Ajonc, Aspalathus, Borbonia, Liparia, Genet-spartium, Cythise-Genet, Spartium, Genet teinturier, Cytise, Crotalaire, Lupin, Arrête-bœuf, Arachis, Vulnéraire, Barbe-de-Jupiter, Erinacea, Dalea, Psoralea, Trèfle, Mélilot, Luzerne, Medicago, Fænu-grec, Lotier, Dorychnium, Dolichos, Haricot, Erythrina, Clitoria, Glycine.

6. Corolle irrégulière, papillonacée. Dix étamines diadelphes. Légume uniloculaire, (biloculaire dans l'Astragale et le Bisserula.) Bivalve. Herbes, ou arbustes, ou arbrisseaux. Feuilles pinnées avec impaire.

Abrus, Amorpha, Piscidia, Robinia, Caragana, Astragale, Tragacantha, Bisserula, Phaca, Baguenaudier, Réglisse, Galega, Indigotier.

7. Corolle irrégulière, papillonacée. Dix étamines diadelphes. Légume
uniloculaire, bivalve. Herbes. Feuilles pinnées ou conjuguées, rarement
comme nulles, le pétiole commun terminé par une vrille, les stipules
distinctes du pétiole.

Gesse, Clymenum, Aphaca, Nissolia, Pois, Ochre, Orobe, Vesce,
Fève, Ers, Lentille, Pois chiche.

8. Corolle irrégulière, papillonacée. Dix étamines diadelphes. Légume
articulé, les articulations monospermes. Herbes ou arbrisseaux, rarement arbres; les feuilles simples, ou ternées, ou souvent pinnées avec
impaire. Stipules distinctes du pétiole.

Chenille, Pied-d'oiseau, Fer-à-cheval, Coronille, Emerus, Securidaca, Sainfoïn, Hedisarum, Alhagi, Æschinomene, Diphysa.

9. Corolle irrégulière, papillonacée. Étamines le plus souvent au
nombre de dix, diadelphes. Légume capsulaire, uniloculaire, comme
monosperme, souvent non ouvert. Arbres ou arbrisseaux. Feuilles
souvent pinnées avec impaire. Stipules distinctes du pétiole, et bientôt
caduques.

Dalbergia, Amerimnon, Gadelupa, Andira, Geoffræa, Deguelia,
Nissolia, Coumarouna, Acouroa, Pterocarpus.

10. Corolle irrégulière, (quelquefois nulle.) Dix étamines distinctes.
Légume capsulaire, uniloculaire, comme monosperme, souvent non
ouvert. Arbres ou arbrisseaux. Feuilles pinnées avec impaire, ou
simples. Stipules distinctes du pétiole, bientôt caduques.

Apalatoa, Detarium, Copaifera, Myrospermum.

11. Genres rapprochés des Légumineuses.
Securidaca, Brownea, Zygia, Arouna.

ORDRE XII. *Fam.* 94ᵉ. *les Térébintacées.*

Calice monophylle, inférieur, définiment partagé. Pétales définis
(rarement nuls,) insérés au fond du calice, égaux en nombre et
alternes à ses découpures. Autant d'étamines alternes aux pétales,
ou en nombre double, insérées sur le même point. Ovaire supérieur,
simple, ou peu répété. Sur l'ovaire simple style unique (rarement nul,)
avec un stigmate simple ou partagé, ou styles répétés avec un nombre
égal de stigmates; fruit capsulaire, ou en baie, ou drupacée, uniloculaire ou multiloculaire, les loges monospermes. Sur les ovaires
répétés, autant de styles et de stigmates simples, autant de capsules
monospermes, distinctes. Les semences le plus souvent renfermées
dans une noix osseuse. Embryons dépourvus de périspermes, radicule
latérale et réfléchie sur les lobes.

La tige est arborescente ou ligneuse. Les feuilles sont alternes, non
stipulées, simples, ou ternées, ou pinnées avec impaire.

1. Ovaire simple. Fruit uniloculaire, monosperme.
Acajou, Anacarde, Manguier, Connarus, Sumac, Vernis, Fustet,
Rourea.

2. Ovaire simple. Fruit multiloculaire; les loges, dans quelques individus, avortées.

Camélée, Rumphia, Comocladia, Canarium, Icica, Amyris, Toddalia, Schinus, Spathelia, Térébinthe, Lentisque, Pistachier, Bursera, Tolut, Tapiria, Poupartia, Monbin.

3. Ovaire répété. Fruit multicapsulaire; les capsules monospermes.
Simaba, Aylanthus, Brucea.

4. Genres rapprochés des Térébintacées, distincts par le périsperme de la semence qui est charnu, ce qui les rapproche des Nerpruns.
Cnestis, Fagara, Zantoxylum, Ptelea.

5. Genres rapprochés des Térébintacées, dont le périsperme de la semence n'est pas charnu.
Dodonæa, Averrhoa, Noyer.

ORDRE XIII. *Fam.* 95e. *les Nerpruns.*

Calice inférieur, monophylle, le limbe définiment divisé. Cinq pétales, rarement quatre ou six, (très-rarement nuls,) insérés au sommet du calice, ou au disque calicinal, alternes et en nombre égal à ses découpures, quelquefois onguiculés, en forme d'écaille; quelquefois réunis par leur base élargie. Autant d'étamines insérées au même endroit, tantôt alternes, tantôt opposées aux pétales. Ovaire entouré d'un disque calicinal glanduleux; cet ovaire supérieur; style unique ou peu répété; stigmate unique ou répété. Fruit supérieur, tantôt en baie, multiloculaire, ou à plusieurs noix; les loges ou les noix monospermes; tantôt capsulaire, multiloculaire, multivalve, les valves divisées dans le milieu par une cloison, et les loges monospermes ou dispermes. Embryon plane et droit, entouré d'un périsperme charnu.

La tige est arborée ou ligneuse; les feuilles sont stipulacées; les stipules souvent très-petites; elles sont alternes ou opposées.

1. Étamines alternes aux pétales. Fruit capsulaire.
Staphylea, Fusain, Polycardia, Celastrus.

2. Étamines alternes aux pétales. Fruit drupacé ou en baie. Quelques genres dont les pétales sont réunis par leur base élargie.
Mygindia, Goupia, Rubentia, Cassine, Schrebera, Houx, Prinos.

3. Étamines opposées aux pétales. Fruit drupacé.
Mayepea, Samara, Nerprun, Bourgène, Alaterne, Jujubier, Paliure.

4. Étamines opposées aux pétales. Fruit à trois coques.
Colletia, Ceanothus, Hovenia, Phylica.

5. Genres rapprochés des Nerpruns; l'ovaire souvent supérieur.
Brunia, Bumaldia.

6. Genres rapprochés des Nerpruns, distingués par l'ovaire inférieur.
Gouania, Plectronia, Carpodetus, Aucuba, Votomita.

CLASSE XVe.

DICOTYLÉDONES APÉTALES. ÉTAMINES IDIOGYNES.

Fleurs tantôt monoïques, c'est-à-dire, mâles et femelles, mêlées sur la même plante, tantôt dioïques, c'est-à-dire mâles sur une plante et femelles sur l'autre; tantôt et très-rarement hermaphrodites. Calice pour toutes monophylle, ou une écaille tenant lieu de calice. Corolle nulle, mais quelquefois des écailles, ou divisions calicinales intérieures, pétaloïdes. Dans les fleurs mâles, étamines insérées au fond, ou au sommet du calice, ou à l'écaille qui supplée le calice; ces étamines définies ou indéfinies, à filets distincts, rarement réunies en un support central, naissant du milieu du calice. Dans les femelles, ovaire simple, quelquefois répété, supérieur, rarement inférieur; style unique ou répété, rarement nul; stigmate simple ou répété. Fruit supérieur ou inférieur, variant par sa structure et le nombre de ses loges.

ORDRE PREMIER. *Famille* 96e. *les Euphorbes.*

Fleurs monoïques, ou dioïques, ou rarement hermaphrodites. Calice de chacune tubulé ou partagé, simple, ou doublé de découpures intérieures, quelquefois en forme de pétales. Pétales nuls, à moins qu'on ne nomme ainsi les découpures susdites. Dans les mâles, étamines définies ou indéfinies; filets insérés au réceptacle, ou au centre du calice, distincts ou connés, quelquefois rameux, quelquefois articulés. Dans quelques individus, des écailles ou des paillettes entre-mêlées parmi les étamines. Pour les femelles, ovaire unique, supérieur, sessile ou pédiculé; dans les unes, style répété souvent au nombre de trois, et capsule à autant de loges monospermes ou dispermes; dans les autres, style unique, trois stigmates ou plus. Fruit multiloculaire; les loges aussi nombreuses que les stigmates monospermes ou dispermes; dans toutes, les loges intérieurement bivalves avec élasticité; les semences demi-capsulaires, annexées supérieurement à l'axe central et persistant du fruit. Embryon enveloppé d'un périsperme charnu.

Ces plantes sont herbacées, ou ligneuses, ou arborées, quelques-unes sont laiteuses. Les feuilles sont alternes ou opposés, rarement nulles, stipulées ou nues.

1. Styles répétés, souvent au nombre de trois.
Mercuriale, Titimale, Titimaloides, Argythamnia, Cicca, Phyllanthus, Xylophylla, Kitganellia, Kiggellaria, Clutia, Andrachne, Agineja, Buis, Securinega, Adelia, Mabea, Ricin, Manihot, Dryandra, Aleurites, Croton, Acalypha, Caturus, Excæcaria.

2. Style unique.
Tragia, Stillingia, Sapium, Mancenillier, Maprounea, Sechium, Hura, Omphalea, Plukenetia, Dalechampia.

ORDRE II. *Fam.* 97ᵉ. *les Cucurbitacées.*

Fleurs monoïques, ou rarement dioïques, ou très-rarement (dans la Gronovia et la Melothria, hermaphrodites.) Calice supérieur, resserré sur l'ovaire, se dilatant au-delà, quinque-fide, (c'est la corolle, suivant Tournefort et Linné), souvent coloré, se flétrissant, ne tombant que fort tard, ayant extérieurement à la base de la campanule cinq appendices, (c'est le calice, suivant Tournefort); les appendices verdoyans, semblables aux dernières découpures du calice, et tombant avec lui. Corolle nulle. Dans les fleurs mâles, cinq étamines insérées à la partie resserrée du calice, à filets et à anthères tantôt distincts, tantôt connés ensemble ou séparément; anthères uniloculaires, oblongues, implantées au haut des filets, se prolongeant souvent en une ligne deux fois fléchie, quatre le plus souvent géminées, et la cinquième solitaire ; ovaire avorté ou stérile. Dans les femelles, filets stériles ou nuls; ovaire inférieur ; style unique, rarement répété; stigmate souvent répété. Fruit inférieur, en baie, à écorce souvent solide, uniloculaire, monosperme ou polysperme, ou multiloculaire polysperme; les réceptacles des semences latéraux, ou attachés au paroi; les semences cartilagineuses ou crustacées. Embryon plane sans périsperme.

La racine le plus souvent est tubéreuse. La tige est herbacée, grimpante ou rampante, flexible. Les feuilles sont alternes, pourvues de vrilles axillaires, simples, cordiformes, ou palmées, ou rarement digittées, souvent rudes et semées de points calleux. Les fleurs sont axillaires sur des pédoncules uniflores ou multiflores.

1. Style unique. Fruit uniloculaire, monosperme,
Gronovia, Sicyos.

2. Style unique. Fruit uniloculaire, polysperme.
Couleuvrée, Elaterium.

3. Style unique. Fruit multiloculaire, polysperme.
Melothria, Angourie, Pomme de merveille, Concombre, Melon, Coloquinte, Angurie, Courge, Calebasse, Pepon, Potiron, Pastèque, Trichosanthes, Cerathosanthes.

4. Plusieurs styles. Cucurbitacées douteuses.
Fevillea, Zanonia.

5. Genres rapprochés des Cucurbitacées, distingués sur-tout par l'ovaire qui est supérieur.
Fleur de la passion, Murucuia, Tacsonia, Papaya.

ORDRE III. *Fam.* 98ᵉ. *les Orties.*

Fleurs monoïques ou dioïques, rarement hermaphrodites. Calice pour toutes monophylle et divisé. Corolle nulle. Dans les mâles, étamines définies, insérées au fond du calice, et opposées à ses découpures. Dans les femelles, ovaire unique, supérieur ; style nul ou unique, ou double, souvent latéral ; souvent deux stigmates. Semence unique, renfermée dans une croûte fragile, ou dans une tunique propre, nue ou couverte par le calice qui quelquefois forme la baie. Son embryon sans périsperme, droit ou recourbé.

Les fleurs sont tantôt solitaires ou en grappe, tantôt imposées dans un réceptacle multiflore, quelquefois en forme de chaton ; tantôt elles sont renfermées dans un involucre commun qui est monophylle. Le fruit quelquefois est polysperme, formé de la réunion des semences agrégées dans le réceptacle. Ces plantes sont des arbres, des arbrisseaux, ou des herbes, quelquefois laiteux. Les feuilles sont stipulacées, alternes, ou opposées.

1. Fleurs renfermées dans un involucre commun qui est monophylle.
Figuier, Ambora, Dorstenia, Hedycaria, Perebea.

2. Fleurs imposées sur un réceptacle commun et multiflore, ou formées en tête par des écailles qui les entourent, ou éparses et distinctes.
Cecropia, Artocarpus, Mûrier, Elatostema, Bochmeria, Procris, Ortie, Forskalca, Pariétaire, Pteranthus, Houblon, Chanvre, Theligonum.

3. Genres rapprochés des Orties.
Gunnera, Misandra, Poivre, Gnetum, Thoa, Bagasia, Coussapo, Pourouma.

ORDRE IV. *Fam.* 99*. *les Amentacées.*

Fleurs monoïques ou dioïques (rarement hermaphrodites,) toutes apétales ; les mâles disposées sur un chaton pourvu d'écailles qui portent les étamines à défaut de calice, ou attachées à un calice monophylle, portant les étamines. Étamines définies ou indéfinies, à filets distincts. Les fleurs femelles amentacées, ou fasciculées, ou solitaires, tantôt pourvues d'un calice monophylle, tantôt seulement d'une écaille. Ovaire supérieur, simple, rarement répété ; style unique ou répété ; souvent plusieurs stigmates. Semences nues, ou capsules supérieures, tantôt coriaces, tantôt osseuses, souvent uniloculaires, et en même nombre que les ovaires. Embryons dépourvus de périsperme ; radicule droite.

La tige est arborescente ou ligneuse, rarement souligneuse. Les feuilles sont alternes, stipulacées, souvent simples.

1. Fleurs hermaphrodites.
Fothergilla, Orme, Micocoullier.

2. Fleurs dioïques.
Saule, Peuplier, Galé.

3. Fleurs monoïques.
Bouleau, Aulne, Charme, Hêtre, Châtaignier, Chêne, Chêne-vert, Liége, Coudrier, Liquidampar, Platane.

ORDRE V. *Fam.* 100e. *les Conifères.*

Fleurs monoïques ou dioïques ; les mâles souvent amentacées, c'est-à-dire ramassées sur un chaton , chacune pourvues d'une écaille , caliculées ou nues ; les écailles ou les calices staminifères. Étamines définies ou indéfinies , à filets tantôt distincts , tantôt connés en un support simple ou rameux. Les fleurs femelles solitaires , ou en tête , ou disposées sur un strobile ou cône à écailles denses, tuilées qui distinguent les fleurs. Calice ou petite écaille imitant un calice. Ovaire supérieur , conique, ou double, ou multiplié ; autant de styles et de stigmates. Autant de semences ou de capsules monospermes. Embryon cylindrique, central dans un périsperme , à deux lobes, les lobes quelquefois partagés ou palmés, ce qui fait paroître plusieurs lobes. (Le Pin.)
La tige est arborée ou ligneuse.

1. Calice staminifère.
Ephedra, Casuarina , If.

2. Calice nul. Écailles staminifères. Vrais conifères.
Genèvrier , Cèdre , Sabine , Cyprès , Thuya , Araucaria , Pin , Sapin , Mélèze.

PLANTES DONT LE SIÉGE EST INCERTAIN.

Monopétales, l'ovaire supérieur.
Willichia , Maba , Stilbe , Amasonia , Simbuleta , Galipea , Moscharia , Penæa , Eriphia , Tapura , Bassovia , Geniostoma , Galax , Badula , Doræna , Porana , Montabea , Ropourea , Veigela , Bladhia, Lerchea , Raputia , Monnieria , Saraca , Codon, Ceodes.

Monopétales , l'ovaire inférieur.
Phyllachne , Forstera , Chloranthus , Pongatium.

Polypétales, l'ovaire supérieur.
Qualea , Vochisia, Dialium , Salacia , Gevuina , Orixa, Skimmia, Krameria , Dobera , Azima , Schefferia , Roridula , Sauvagesia, Lophanthus , Embelia , Payrola , Catha , Calodendrum , Gluta , Astronium , Melicythus, Pennantia, Ruyschia , Souroubea , Commersonia , Aldrovanda , Scheffleria , Lindera , Soulamea , Nandina , Melicope , Sassia , Margaritaria , Clausena , Barbylus , Codia , Monotropa , Dionæa , Hippomanicca , Ouratea , Crinodendron , Deutzia , Agathophyllum , Eurya , Apactis , Cassipourea , Crossostylis , Euclea , Aristoelia , Soramia , Glabraria , Doliocarpus , Cleyera , Calinea , Caraipa, Vantanea , Touroulia, Vallea, Mahurea , Houmiria , Trilix, Sarraccenia, Caryocar , Temus.

Polypétales , ovaire inférieur.
Aphyteja , Tontelea , Strumpfia , Adenia , Begonia.

Apétales hermaphrodites , ovaire supérieur.
Meborea , Comætes , Amanoa, Capura , Scopolia , Aniba , Plegorhiza,
Anavinga , Aquilaria , Samyda , Cassytha , Tomex , Tounatea , Sequieria,
Mærua , Alania , Mourera , Coriaria.

Apétales hermaphrodites, l'ovaire inférieur.
Mniarum , Catonia , Gonocarpus , Linconia , Trewia.

Apétales, sexes séparés , ovaire supérieur.
Ascarina, Glochidion , Meryta , Trophis , Batis , Antidesma , Tonina ,
Siparuna , Myroxylon , Nepenthes , Quillaja , Pandanus , Balanophora.

Apétales, sexes séparés , ovaire inférieur.
Cynomorium, Datisca.

Appendice.

Themedia , Sehima , Puya , Hedychium , Cansjera , Abronia ,
Maytenus , Hyptis , Witheringia , Madia , Euchalyptus.

DIVERSES DÉNOMINATIONS

VULGAIRES ET FRANÇAISES,

RAPPORTÉES A LEURS GENRES ET A LEURS ESPÈCES.

A.

ABRICOTIER. *Prunus armeniaca.*
Absynthe. *Arthemisia absinthium.*
Acacia. *Mimosa pseudo-acacia.*
Acacia de Constantinople. *Mimosa yulibrizin.*
Acacia de Sibérie. *Robinia caragna.*
Acacia de Farnèse. *Mimosa farnesiana.*
Acacia des jardiniers. *Robinia pseudo-acacia.*
Acacia triancanthos. *Gleditsia triacanthos.*
Acacia rose. *Robinia hispida.*
Acajou. *Anacardium occidentale.*
Acanthe. *Acanthus mollis.*
Ache. *Apium graveolens.*
Ache des montagnes. *Ligustrum leviticum.*
Achillée dorée. *Achillea aurata.*
Achillée compacte. *Achillea ccmpacta.*
Achillée à feuilles cuniformes. *Achillea cunei-folia.*
Aconit. *Aconitum napelus.*
Acorus. (faux) *Iris pseudo acorus.*
Acouide. *Adonis œstivalis, autumnalis.*
Adragante. *Astragalus tragacantha.*
Agnus castus. *Vitex agnus castus.*
Agripaume. *Leonurus cardiaca.*
Agrostide. *Agrostis spica venti.*
Ayaut. *Narcissus pseudo narcissus.*
Aigremoine. *Agrimonia eupatoria.*
Aiguille. *Scandix pecten.*
Ail. *Allium sativum.*
Ail rameux. *Allium ramosum.*
Ail rose. *Allium roseum.*
Ail des sables. *Allium arenarium.*
Ail feuilles carinées. *Allium carinatum.*
Ail à tête sphérique. *Allium sphærocephalum.*
Ail jaune. *Allium flavum.*

Ail penché. *Allium nutans.*
Ail à grandes fleurs. *Allium grandi-florum.*
Ail pétiolé. *Allium petiolatum.*
Ail doré. *Allium aureum.*
Ail des vignes. *Allium vineale.*
Ail d'ours. *Allium ursinum.*
Ail de chien. *Hyacinthus comosus.*
Ajonc. *Ulex europeus.*
Airelle. *Vaccinium myrtillus.*
Airelle vénée. *Vaccinium uliginosum.*
Airelle ponctuée. *Vaccinium vitis idœa.*
Airelle canneberbe vaccinium. *Oxicoccus.*
Aizoon. *Sedum aizoon.*
Alaterne. *Rhamnus alaternus.*
Albuca. *Albuca major.*
Aletris. *Aletris capensis.*
Alcée. *Malva alcea.*
Alisier. *Cratœgus aria.*
Alysse. *Alysson.*
Alkékenge. *Physalis alkekengi.*
Alleluia. *Oxalis acetosela.*
Alliaire. *Erysimum alliaria.*
Aloès. *Aloe vulgaris.*
Aloès de bourbon. *Aloe purpurea.*
Aloès sucotrin. *Aloe succotrina.*
Aloès à cornes de bélier. *Aloe fruticosa.*
Aloès mitré. *Aloe mitrœformis.*
Aloès araignée. *Aloe aracnidea.*
Aloès à longues feuilles. *Aloe uvaria.*
Aloès perlé. *Aloe margaritifera.*
Aloès pouce écrasé. *Aloe retusa.*
Aloès perroquet. *Aloe variegata.*
Aloès d'Amérique. *Agave americana.*
Alouchier. *Cratœgus torminalis.*
Alpiste. *Phalaris canariensis.*
Aluine. *Arthemisia absynthium.*
Amadou. *Boletus igniarius.*
Amandier. *Amygdalus communis.*
Amaranthe. *Amaranthus maximus.*
Amaranthe veloutée. *Celosia cristata.*
Amaranthe à queue. *Amaranthus cristatus.*
Amaranthe tricolor. *Amaranthus tricolor.*
Amaranthoïde. *Gomphrena globosa.*
Amarelle. *Gentiana amarella.*

Amaryllis. *Amaryllis formosissima.*
Amaryllis jaune. *Amaryllis lutea.*
Amaryllis ondulée. *Amaryllis undulata.*
Amaryllis de Virginie. *Amaryllis à tamasco.*
Ambrette. *Hybiscus abelmoscus.*
Ambrosie. *Ambrosia trifida.*
Ambrosie. *Chenopodium ambrosoides.*
Amelanchier. *Mespilus amelanchier.*
Améthiste. *Amethistea cœrulea.*
Ammi. *Ammi majus.*
Ammome. *Solanum pseudo capsicum.*
Ammome. *Sison ammomum.*
Amorpha. *Amorpha fruticosa.*
Ammiolhygromètre. *Mnium hygrometrum.*
Amourette. *Bryza , major , minor , eragrostis.*
Anagyride. *Anagyris fœtida.*
Ananas. *Bromelia ananas.*
Ancolie. *Aquilegla vulgaris.*
Andriale. *Andriala lanata.*
Andromède. *Andromeda poli-folia.*
Anemone. *Anemone coronaria.*
Anemone des jardins. *Anemone coronaria.*
Anemone œil de paon. *Anemone pavonina.*
Anemone sylvie. *Anemone nemorosa.*
Anet. *Anethum grave olens.*
Angélique. *Angelica archangelica.*
Angélique épineuse. *Aralia spinosa.*
Angélique sauvage. *Ægopodium podagraria.*
Anis. *Pimpinella anisum.*
Anotte. *Lathyrus tuberosus.*
Anteuphorbe. *Cacalia anteuphorbium.*
Anthémide odorante. *Anthemis nobilis.*
Antholyze. *Antholyza œthiopica.*
Anthora. *Aconitum anthora.*
Apalachine. *Ceanothus africanus.*
Apalachine. *Prinos verticilata.*
Apios. *Glycine apios.*
Aplicaire. *Lycopodium elevatum.*
Apocin de Syrie. *Asclepias syriaca.*
Apocin gobe-mouche. *Apocinum maritimum.*
Apocin maritime. *Apocynum maritimum.*
Apocin à la ouatte. *Asclepias syriaca.*
Aralie. *Aralia spinosa , arborea.*
Arbousier. *Arbutus unedo.*

Arbre de cire. *Myrica cerifera.*
Arbre de Judée. *Cercis siliquastrum.*
Arbre de Ste.-Lucie. *Prunus mahaleb.*
Arbre de neige. *Chionanthus virginicus.*
Arbre de suif. *Croton sebiferum.*
Arbre de vie. *Thuia occidentale.*
Arcangélique. *Labium album.*
Argentine. *Potentilla anserina.*
Argousier. *Hyppophae rhamnoides.*
Arguse. *Messerschmidia.*
Aristoloche. *Aristolochia longa clematis.*
Aristoloche siphon. *Aristolochia sipho.*
Armarinthe. *Cachris libanotis.*
Armoise. *Artemisia vulgaris.*
Armoselle. *Seriphium cinereum.*
Aroche. *Atriplex hortensis.*
Aroche fétide. *Chenopodium vulvaria.*
Aroche-fraise. *Blitum virgatum.*
Arrête-bœuf. *Ononis arvensis.*
Artichaut. *Cynara scolimus.*
Ascyrum. *Hypericum quadrangulum.*
Asclépias de curacao. *Asclepias curussavica.*
Asclépias dompte-venin. *Asclepias vincetoxicum.*
Asclépias incarnat. *Asclepias incarnata.*
Asclépias à feuilles de saule. *Asclepias fruticosa.*
Asphodèle. *Asphodelus luteus.*
Asphodèle jaune. *Asphodelus luteus.*
Asphodèle blanc. *Asphodelus albus.*
Asperge. *Asparagus officinalis.*
Astéroïde. *Buphtalmum speciosissimum.*
Aster œil de Christ. *Aster oculus cristi.*
Aster maritime. *Aster tripolium.*
Aster de la nouvelle Angleterre. *Aster novæ britanniæ.*
Aster grandes fleurs. *Aster grandi-florus.*
Aster feuilles d'amandier. *Aster amygdalinus.*
Astragale. *Astragalus glicophyllos.*
Astragale queue-de-renard. *Astragalus alopecuroides.*
Astragale axillaire. *Astragale cristianus.*
Astragale de caroline. *Astragalus carolianus.*
Astragale esparcette. *Astragalus onobrychis.*
Astragale bigarré. *Astragalus varius.*
Astragale étoilé. *Astragalus stellatus.*
Astrantie. *Astrantia major, minor.*
Athanaise. *Athanasia maritima.*

Aubepin.

Aubepin. *Cratœgus oxiacantha.*
Aubergine. *Solanum melongena.*
Aubifoin. *Centaurea cyanus.*
Aubours. *Cytisus laburnum.*
Aveline. *Corylus avellana.*
Avenette blonde. *Avena flavescens.*
Avet. *Pinus picea.*
Aulne. *Betula alnus.*
Aulne noir. *Rhamnus frangula.*
Aunée. *Inula helenium.*
Avoine. *Avena sativa.*
Avron. *Avena fatua.*
Auricule. *Primula auricula.*
Aurone femelle. *Santolina chamœ-cyparissus.*
Aurone mâle. *Artemisia abrotanum.*
Azalée. *Azalea ★ ★ ★ ★ viscosa.*
Azarero. *Prunus lusitanica.*
Azéderach. *Melia azedarach.*
Azérolier. *Cratœgus azarolus.*
Azier. *Nonatelia.* Aubl.
Azoïde. *Stapelia variegata.*

B.

BACCANTHE. *Baccharis halimi folia.*
Baccile. *Critmum maritimum.*
Badiane. *Illicium anisatum.*
Baguenaudier. *Colutea arborescens.*
Baguenaudier faux. *Coronilla emerus.*
Balisier. *Canna indica.*
Balisier à feuilles étroites. *Canna angustifolia.*
Balisier glauque. *Canna glauca.*
Balostrier. *Punica granatum.*
Balote. *Ballota alba , nigra.*
Balsamine. *Impatiens balsamina.*
Bananas. *Musa paradisiaca.*
Barbarée. *Erysimum barbarea.*
Barbe de bouc. *Tragopogon pratense.*
Barbe de chêvre. *Galega officinalis.*
Barbe de Jupiter. *Anthyllis barba jovis.*
Barbe de renard. *Astragalus tragacantha.*
Barbe de vieillard. *Geropogon caliculatum.*
Barbe de chêvre. *Spirœa aruncus.*

Barbeau. *Centaurea cyanus.*
Barbeau jaune. *Centaurea moscata.*
Barbeau du grand-seigneur. *Centaurea moscata.*
Barbouquine. *Tragopogon pratense.*
Bardane. *Arctium lappa.*
Barelière. *Barlieria coccinea.*
Baselle. *Basella rubra , alba.*
Basilic. *Ocymum basylicum.*
Basilic petit. *Ocymum minimum.*
Basilic sauvage. *Clynopodium vulgare.*
Basilic sauvage. *Thymus acynos.*
Bassinet. *Ranunculus bulbosus.*
Beaume des jardins. *Mentha gentilis.*
Beaumier. *Populus balsamifera.*
Beaumier de gilead. *Pinus balsamea.*
Becabongue. *Veronica becabunga.*
Bec-de-canne. *Aloe distica.*
Bec-de-grue. *Geranium robertinum , etc.*
Bec-de-héron. *Mesembryanthemum rostratum.*
Belladone. *Amaryllis reginœ.*
Belladone. *Atropa belladona.*
Belle-de-jour. *Convolvulus tricolor.*
Belle-de-nuit. *Mirabilis jalapa.*
Belvédère. *Chenopodium scoparia.*
Ben. *Guilandina nuga.*
Ben rouge. *Statice limonium.*
Benjoin. *Croton benzoe.*
Benjoin. *Laurus benjoin.*
Benoîte. *Geum urbanum.*
Benoîte penchée. *Geum nutans.*
Berce. *Heracleum sphondilium.*
Berle. *Sium latifolium.*
Bermudiane. *Sisyrinchium bermudiana.*
Bétoine. *Betonica officinalis.*
Bétoine velue. *Betonica hirsuta.*
Bétoine d'eau. *Scrophularia aquatica.*
Betterave. *Beta vulgaris.*
Bignone. *Bignonia semper virens.*
Bicorne. *Martynia annua.*
Bisnague. *Daucus visnaga.*
Bistorte. *Polygonum bistorta.*
Blattaire. *Verbascum blattaria.*
Bled-avrillet. *Triticum œstivum.*
Bled de Canarie. *Phalaris canariensis.*

Bled-noir. *Polygonum fagopirum.*
Bled trémois. *Triticum œstivum.*
Bled de Turquie. *Zea mays.*
Bled noir de la Tartarie. *Poligonum tartaricum.*
Blette rouge. *Amaranthus Lividus.*
Bluet. *Centaurea cyanus.*
Bois à canne. *Diospiros virginiana.*
Bois trompette. *Cecropia peltata.*
Bois-gentil. *Daphne mezereon.*
Bois-puant. *Anagyris Fœtida.*
Bois bouton. *Cephalanthus occidentalis.*
Bois punais. *Cornus sanguinea.*
Bois de Sainte-Lucie. *Prunus mahaleb.*
Bonduc. *Guillandina dioïca.*
Bonhenri. *Chenopodium bonus Henricus.*
Bonne-Dame. *Atriplex hortensis.*
Bonnet d'électeur. *Curcurbita Melopepo.*
Bonnet de prêtre. *Evonymus europeus.*
Botrys. *Chenopodium Botrys.*
Boucage. *Pimpinella saxifraga.*
Bouillon blanc. *Verbascum Thapsus.*
Bouillon odorant. *Primula officinalis.*
Bouillon sauvage. *Phlomis fruticosa.*
Bouton d'or. *Ranunculus acris.*
Boviste. *Lycoperdon bovista.*
Boulette. *Echinops sphœrocephalus.*
Bouleau *Betula alba.*
Bouleau merisier. *Betula lenta.*
Bourbonoise. *Lycnis viscaria.*
Bourrache. *Cynoglossum omphalodes.*
Bourrache. *Borrago officinalis.*
Bourdaine. *Rhamnus frangula.*
Bourdon. *Ophris insectifera.*
Bourreau des arbres. *Celastrus scandens.*
Bourgène. *Rhamnus frangula.*
Bourse à berger. *Thlaspi bursa pastoris.*
Brancursine. *Acanthus mollis.*
Fausse Brancursine. *Heracleum spondilium.*
Brome. *Bromus secalinus.*
Brossière. *Andrapogon ischœmum.*
Broualle élevée. *Broualia elata.*
Broualle à tige basse. *Broualia demissa.*
Brue. *Ulex europeus.*
Brunelle. *Prunella vulgaris.*

Brunelle odorante. *Cleonia lusitanica.*
Brunelle à feuilles d'hyssope. *Prunella hissopi folia.*
Bruyère. *Erica vulgaris.*
Bruyère du cap. *Phylica ericoïdes.*
Bryone. *Bryonia alba.*
Bryone d'Abyssinie. *Bryonia abyssinica.*
Bucarde. *Callicarpa americana.*
Budlèje. *Budleja globosa.*
Bugle. *Ajuga reptans.*
Buglose. *Anchusa officinalis.*
Buglose verte. *Anchusa semper virens.*
Buglose des champs. *Lycopsis arvensis.*
Bugrane élevée. *Ononis altissima.*
Bugrane. *Ononis spinosa.*
Bugrane queue de renard. *Ononis alopecuroïdes.*
Buis. *Buxus semper virens.*
Buis piquant. *Ruscus aculeatus.*
Buisson ardent. *Mespillus pyracantha.*
Bulbonac. *Lunaria annua.*
Bullain. *Salix amygdalina.*
Buplèvre. *Buplevrum fructicosum.*
Busserolle. *Arbutus uva ursi.*
Butnerie. *Butneria scabra.*
Butôme. *Butomus umbellatus.*

C.

CABARET. *Azarum europeum.*
Cabrillet. *Ehretia spinosa.*
Cacavate. *Theobroma cacao.*
Cachimentier. *Anona muricata.*
Cacte. *Cactus opuntia.*
Café. *Coffea arabica.*
Caillelait. *Galium mollugo.*
Caïmitier. *Chrysophyllum cairio.*
Calament. *Melissa calaminta.*
Calcéolaire. *Calceolaria pinnata.*
Calebasse. *Cucurbita lagenaria.*
Calle des marais. *Calla palustris.*
Camara. *Lentana camara.*
Camarine. *Empetrum nigrum.*
Camelée. *Cneorum tricoccos.*
Camelli du Japon. *Camellia japonica.*

Caméléon blanc. *Carlina acaulis.*
Camelyne. *Myagrum sativum.*
Camomille. *Matricaria camomilla.*
Camomille puante. *Anthemis cotula.*
Camomille romaine. *Anthemis nobilis.*
Campanule. *Campanula pyramidalis.*
Campanule gantelée. *Campanula trachelium.*
Campanule des jardins. *Campanula nemorosa.*
Campêche. *Hematoxylum campechianum.*
Camphrée. *Camphorosma monspeliaca.*
Canabine. *Datisca canabina.*
Canillée. *Lemna minor.*
Canne à sucre. *Saccharum officinale.*
Canne d'Inde. *Canna indica.*
Canneberge. *Vaccinium oxicoccos.*
Canse. *Æra cœrulea.*
Canti de l'Inde. *Gardenia radicans.*
Capillaire. *Asplenium trichomanes.*
Capillaire blanc. *Palypodium rœthicum.*
Caprier. *Capparis spinosa.*
Capucine. *Tropæolum majus , minus.*
Caracole. *Phaseolus caracalla.*
Carantin. *Cheiranthus annuus.*
Caragan. *Robinia caragana.*
Cardamine. *Cardamine pratensis.*
Cardasse. *Cactus opuntia.*
Cardière. *Dipsacus fullonum.*
Cardinale. *Lobelia cardinalis.*
Cardinale bleue. *Lobelia antisiphyllitica.*
Cardinale des marais. *Lobelia urens.*
Cardon. *Cynara cardunculus.*
Caret. *Carex acuta.*
Carline sauvage. *Carlina Silvestris.*
Carmentine. *Justicia adathoda.*
Carnillet. *Cucubalus behen.*
Carotte. *Daucus carotta.*
Carotte des montagnes. *Athamantha cervaria.*
Carotte à feuilles de Cerfeuil. *Daucus gengidium.*
Caroubier. *Ceratonia siliqua.*
Carouge. *Ceratonia siliqua.*
Carthame. *Carthamus Lanatus.*
Carvi. *Carum carvi.*
Caryophyllata. *Geum urbanum.*
Casse du Mariland. *Cassia marylandica.*

Casse cotoneuse. *Cassia tomentosa.*
Casse de buesnosaire. *Cassia falcata.*
Cataire. *Nepeta caturia.*
Catalpa. *Bignonia catalpa.*
Caucalier. *Caucalis grandiflora.*
Céanote. *Ceanothus americanus.*
Cèdre. *Pinus cedrus.*
Celastre. *Celastrus buxifolius.*
Céleri. *Apium grave olens.*
Celasie. *Celosia margaritacea.*
Centaurée. *Centaurea centaurium.*
Centaurée , petite. *Gentiana centaurium.*
Centaurée bleue. *Centaurea galericulata.*
Centenille. *Centunculus minimus.*
Cephalante. *Cephalantus occidentalis.*
Ceraiste argentine. *Cerastium repens.*
Cercifis. *Tragopogon porrifolium.*
Cerfeuil tremblant. *Chœrophyllum tremulum.*
Cerisier. *Prunus cerasus.*
Cerisier nain. *Lonicera xylosteon.*
Cestreau. *Cestrum tomentosum.*
Ceterach. *Asplenium ceterach.*
Chamaras. *Teucrium scordium.*
Chamœdris. *Teucrium rubrum.*
Chamœrodendros. *Rododendron ferrugineum.*
Chalef. *Eleagnus angustifolia.*
Champignon. *Agaricus campestris.*
Chambreule. *Galeopsis galeobdolon.*
Chantrelle. *Agaricus cantharellus.*
Chanvre. *Cannabis sativa.*
Chanvre de Piémont. *Cannabis gigantea.*
Chapeau d'évêque. *Epimedium alpinum.*
Chapronière. *Tussilago petatites.*
Chardon. *Carduus eriophorus.*
Chardon béni. *Cnicus benedictus.*
Chardon béni. *Centaurea benigna.*
Chardon des Mexicains. *Argemone mexicana.*
Chardon des Parisiens. *Carthamus lanatus.*
Chardon à foulon. *Dipsacus sativus.*
Chardon hémoroïdal. *Serratula arvensis.*
Charme. *Carpinus betulus.*
Chataignier. *Fagus Castanea.*
Chassebosse. *Lisimachia vulgaris.*
Chaussetrape. *Centaurea calcitrapa.*

Chélidoine. *Chelidonium majus.*
Chêne. *Quercus robur.*
Chêne vert. *Quercus ilex.*
Chenille. *Scorpiurus sulcata.*
Chenuelle. *Eriophorum polystachion.*
Chervi. *Sium sisarum.*
Chevelure dorée. *Chrysocoma minor.*
Cheveux de Vénus. *Nigella damascena.*
Chèvre-feuille. *Lonicera caprifolium.*
Chicon. *Lactuca romana.*
Chicorée. *Cichorium endivia.*
Chicorée de Zante. *Lapsana zacintha.*
Chicorée batarde. *Catananche cœrulea.*
Chicot du Canada. *Guilandina dioïca.*
Chiendent. *Triticum repens.*
Chinorodon. *Rosa canina.*
Chionante. *Chionantus virginica.*
Chironie velue. *Chironia frutescens.*
Chironie à feuilles de lis. *Chironia linoïdes.*
Choin. *Schœnus mariscus.*
Chou. *Brassica oleracea.*
Chou caraïbe. *Calla œthiopica.*
Chou-fleur. *Brassica cauliflora.*
Chou-marin. *Convolvulus soldanella.*
Chou à vaches. *Brassica vaccina.*
Chou marin. *Crambe maritima.*
Chou tunep. *Brassica laponica.*
Criste marine. *Salicornia herbacea.*
Chrysène. *Chrysanthemum.* ✶ ✶ ✶
Ciboule. *Allium fissile.*
Ciboulette. *Allium schœnoprasum.*
Cicutaire. *Ligusticum lœviticum.*
Cierge. *Cactus opuntia.*
Ciguë. *Conium maculatum.*
Ciguë petite. *Æthusa cynapium.*
Cimbalaire. *Anthirrinum cymballaria.*
Cimicaire. *Cimicifuga fœtida.*
Cinanchine. *Asperula tinctoria.*
Cinéraire. *Cineraria amelloïdes.*
Ciouta. *Vitis laciniosa.*
Circée. *Circea lutetiana.*
Ciste-laurier. *Cistus laurifolius.*
Ciste. *Cistus niloticus.*
Ciste-peuplier. *Cistus populi folius.*

Citise. *Citisus laburnum.*
Citise à larges feuilles. *Citisus laburnum latifolium.*
Citise de Montpellier. *Genista candicans.*
Citise trifolium. *Citisus sessilifolius.*
Citise velu. *Citisus hirsutus.*
Citronelle. *Melissa officinalis.*
Citronier. *Citrus medica.*
Citronille. *Cucurbita pepo.*
Civette. *Allium schœnoprasum.*
Clavaire. *Clavaria pistillaris.*
Clathre. *Clathrus denudatus.*
Clématite. *Clematis vitalba.*
Clinopode. *Clinopodium.* ★ ★ ★
Cléomé. *Cleome viscosa.*
Cletra. *Cletra major, minor.*
Clétorie de ternate. *Clitoria ternutea.*
Cnicaut. *Cnicus oleracens.*
Cochêne. *Sorbus aucuparia.*
Coclearia. *Coclearia officinalis.*
Coiguassier. *Pyrus cidonia.*
Colasseau. *Barleria coccinea.*
Colchique. *Colchicum autumnale.*
Coloquinte. *Cucumis colocinthis.*
Colsa. *Brassica arvensis.*
Comaret. *Comarum palustre.*
Commeline. *Commelina communis.*
Concombre. *Cucumis sativus.*
Concombre sauvage. *Momordica elaterium.*
Condrille. *Condrilla juncea.*
Conferve. *Conferva.* ★ ★ ★
Conise. *Conysa squarrosa.*
Conise glutineuse. *Conisa glutinosa.*
Conise des prés. *Inula dissenterica.*
Consoude grande. *Symphitum officinale.*
Consoude petite. *Ajuga reptans.*
Contrayerva. *Dorstenia contrayerva.*
Copahu. *Copaifera officinalis.*
Coq des jardins. *Tanacetum balsamita.*
Coquelicot. *Papaver rhœas.*
Coquelourde. *Anemone pusatilla.*
Coqueret. *Physalis alkekengi.*
Corail des jardins. *Capsicum annuum.*
Coralloïde à calice. *Lichen pixidatus.*
Corbeille d'or. *Alisson saxatile.*

Corblai. *Anthylis vulneraria.*
Cordelière. *Iris susiana.*
Corepso à oreilles. *Coreopsis auriculata.*
Corespside. *Coreopsis bidens.*
Corespside de Virginie. *Coreopsis tripteris.*
Coriandre. *Coriandrum majus.*
Corête. *Corchorus.* ★ ★ ★
Cormier. *Sorbus domestica.*
Corise. *Coris.* ★ ★ ★
Cornard. *Martinia annua.*
Corne-de-cerf. *Plantago coronopus.*
Corneille. *Lysimachia vulgaris.*
Cornouiller. *Cornus mascula.*
Cornouiller sanguin. *Cornus sanguinea.*
Cornuet. *Bidens tripartica.*
Coronille. *Coronilla glauca.*
Corossol. *Anona cherimolia.*
Cortuse. *Costusa.* ★ ★ ★
Coton. *Gossypium herbaceum.*
Cotonaster. *Mespilus cotonaster.*
Cotylet. *Cotyledon.* ★ ★ ★
Couepi. *Couepia.* Aubl.
Coulequin. *Cecropia peltata.*
Couleuvrée. *Bryonia alba.*
Courge. *Cucurbita pepo.*
Courbaril. *Himenea.* ★ ★ ★
Couronne impériale. *Fritillaria impérialis.*
Cousin. *Triumfetta lapula.*
Crapaudine. *Sideritis hirsuta.*
Crapaudine. *Betonica hirta.*
Crapaudine des canaries. *Sideritis canariensis.*
Crassule. *Crassula.* ★ ★ ★
Crepide. *Crepis tectorum.*
Crepis barbue. *Crepis barbota.*
Cresson. *Sysimbrium nasturtium.*
Cresson corne-de-cerf. *Cochlearia coronopus.*
Cresson à la vache. *Veronica becabunga.*
Cresson alènois. *Lepidium sativum.*
Cresson des prés. *Cardamine pratensis.*
Cresson de roche. *Chrysoplenium oppositi folium.*
Cresson de Valence. *Vella annua.*
Crête de coq. *Rhinanthus crista galli.*
Cretelle. *Cynosurus cristatus.*
Cristophoriane. *Actea spicata.*

Criste marine. *Chritmum maritimum.*
Crocus. *Crocus sativus, vernus.*
Croisette. *Crucianella latifolia.*
Croisette velue. *Valantia cruciata.*
Croix de chevalier. *Tribulus terrestris.*
Croix de Jerusalem. *Lychnis calcedonica.*
Crotalaire arbre. *Crotalaria arborescens.*
Crote de souris. *Sedum album.*
Crucianelle. *Crucianella monspeliaca.*
Crustolle. *Ruellia strepens.*
Cullerée. *Cochlearia officinalis.*
Cumin cornu. *Hipecoum procumbens.*
Cumin sauvage. *Lagœcia cuminoïdes.*
Cumin des prés. *Carum carvi.*
Cupidone. *Catananche cerulea.*
Cupidone jaune. *Catananche lutea.*
Curage. *Polygonum persicaria.*
Cuscute. *Cuscuta europea.*
Cynoglose. *Cynoglossum officinale.*
Cynosure *Cynosurus cristatus.*
Cyprès. *Cupressus sempervirens.*
Cyprès distique. *Cupressus distica.*

D.

DACTYLE. *Dactylis glomerata.*
Dame de onze heures. *Ornitogallum umbellatum.*
Damier. *Fritillaria meleagris.*
Dard bardelé. *Achyranthes aspera.*
Dattier. *Phœnix.* Linné.
Daucus de crête. *Athamanta sicula.*
Dentaire. *Dentaria bulbifera.*
Dent-de-chien. *Erithronium dens canis.*
Dent-de-lion. *Leontodon taraxacum.*
Dentelaire. *Plumbago europea.*
Dentelaire de ceylan. *Plumbago zeylanica.*
Dictame de crète. *Origanum dictamnus.*
Dictamne faux. *Marrubium pseudodictamnus.*
Dierville. *Lonicera diervilla.*
Digitale. *Digitalis purpurea.*
Diosma imbriqué. *Diosma imbricata.*
Discipline. *Cactus flagelliformis.*
Dodard. *Dodartia orientalis.*

Dodecateon. *Dodecateon meadia.*
Doligue. *Dolichos.* ★ ★ ★
Dompte-veuin. *Asclepias vince toxicum.*
Doradille. *Asplenium ceterach.*
Dormeuse. *Hyoseris radiata.*
Doronique. *Doronicum plantagineum.*
Double-feuille. *Ophrys ovata.*
Doucette. *Valeriana locusta.*
Douve petite. *Ranunculus flammula.*
Drave. *Draba verna.*
Droue. *Bromus secalinus.*
Dracocephale. *Dracocephalum.* ★ ★ ★
Durion. *Durio zibelinus.*

E.

ÉBÈNE DE CRÊTE. *Ebenus cretica.*
Ebénier des Alpes. *Cytisus laburnum.*
Echalotte. *Allium ascalonicum.*
Echinops. *Echinops sperocephalus.*
Eclaire. *Chelidonium majus.*
Eclairette. *Ranunculus ficaria.*
Ecuelle d'eau. *Hydrocotile vulgaris.*
Eglantier. *Rosa canina.*
Elicope. *Licopus europeus.*
Elime. *Elimus caninus.*
Emerus. *Coronilla emerus.*
Empêtre. *Empetrum nigrum.*
Endive. *Cichorium endivia.*
Endormie. *Datura stramonium.*
Endrac. *Endrachium.* ★ ★ ★
Epaiuvin. *Lolium perenne.*
Epervière. *Hieracium murorum.*
Ephèdre. *Ephedra distachia.*
Ephémère. *Tradescantia virginiana.*
Epi d'eau. *Potamogeton crispum.*
Epi fleuri. *Stachis germanica.*
Epiglotte. *Astragalus epiglottis.*
Epilobe. *Epilobium latifolium.*
Epinars. *Spinacia oleracea.*
Epinars de Crète. *Rumex spinosus.*
Epinars de la Chine. *Basella alba.*
Epinars-fraise. *Blitum virgatum.*

Epine à bouquet. *Mespilus chamœmespilus.*
Epine blanche. *Onopordon acanthium.*
Epine blanche. *Cratœgus oxiacantha.*
Epine blanche ardente. *Mespilus pyracantha.*
Epine jaune. *Scolymus maculatus.*
Epine noire. *Prunus sylvestris.*
Epine de caroline. *Mespilus caroliana.*
Epine érable. *Mespilus acerifolia.*
Epine poirier. *Mespilus pyrifolia.*
Epine à long dard. *Mespilus aculeata.*
Epine luisante. *Mespilus crus galli.*
Epine de penchar. *Mespilus tomentosa.*
Epinette du Canada. *Pinus canadeus.*
Epine-vinette. *Berberis vulgaris.*
Epicia. *Pinus abies.*
Epicia de Virginie. *Pinus balsamea.*
Epurge. *Euphorbia lathyrus.*
Erable. *Acer campestris.*
Erable sycomore. *Acer pseudo-platanus.*
Erable plane. *Acer platanoïdes.*
Erable à sucre. *Acer saccarinum.*
Erable frène. *Acer negundo.*
Erable à fleurs rouges. *Acer rubrum.*
Erable de pensylvanie. *Acer pensylvanicum.*
Erable opale. *Acer opalus.*
Erable de Montpellier. *Acer monspessulanum.*
Erable de Crète. *Acer creticum.*
Erape bois jaspé. *Acer canadense.*
Erable patte-d'oie. *Acer laciniosum.*
Erable de Tartarie. *Acer tartaricum.*
Erinace. *Hydnum.* ★ ★ ★
Ers. *Ervum ervilia.*
Erucago. *Brunias erucago.*
Escarolle. *Lactuca sativa.*
Escourgeon. *Hordeum hybernum.*
Esparcette. *Hedisarum onobrychis.*
Espargoutte. *Spergula arvensis.*
Estragon. *Astemisia dracunculus.*
Etuse. *Euphorbia esula.*
Etive. *Æthusa cynapium.*
Eupatoire. *Eupatorium cannabinum.*
Eupatoire aquatique. *Bidens cernua.*
Eupatoire de Mesué. *Achillea ageratum.*
Euphorbe. *Euphorbia peplus.*
Euphraise. *Euphrasia officinalis.*

F.

FABAGO. *Zygophyllum fabago.*
Fagon. *Fagonia cretica.*
Falangère. *Anthericum annuum.*
Femme battue. *Tamus communis.*
Fenouil. *Anethum fœniculum.*
Fenouil de porc. *Peucedanum officinale.*
Fenouil marin. *Chrytmum maritimum.*
Fenouil sauvage. *Seseli hypomaratrum.*
Fenouil tortu. *Seseli tortuosum.*
Fenu grec. *Trigonella fœnum grecum.*
Fer à cheval. *Hippocrepis multisiliquosa.*
Férule. *Bubon galbanum.*
Férule. *Ferula ferulago.*
Festuque. *Festuca bromoides.*
Festuque. *Festuca ovina*
Fève. *Vicia faba.*
Fève de loup. *Coronilla securidaca.*
Févée. *Zigophyllum fabago.*
Févier. *Gleditsia triacanthos.*
Féverole. *Vicia faba equina.*
Ficoïde. *Mesembryanthemum edule.*
Figuier. *Ficus carica.*
Figuier d'Adam. *Musa paradisiaca.*
Figuier des Hotentots. *Mesembryanthemum edule.*
Figuier d'Inde. *Cactus ficus indica.*
Filaire. *Phillirea latifolia.*
Filicule. *Polipodium latifolium.*
Filipendule. *Spiræa filipendula.*
Filipendule aquatique. *Phœlandrium aquaticum.*
Filique. *Polypodium filix.*
Filao. *Casuarina equiseti folia.*
Flambe. *Iris germanica.*
Flèche d'eau. *Sagittaria sagittifolia.*
Fleur de la passion. *Passiflora cœrulea.*
Fleur de veuve. *Scabiosa atro purpurea.*
Flouve. *Antoxantum odoratum.*
Flox. *Phlox paniculata.*
Fluteau. *Alisma damasonium.*
Foin. *Aira aquatica.*
Fougère. *Polipodium filix.*

Fougère de fontaine. *Achrosticum septentrionale.*
Fougère femelle. *Pteris aquilina.*
Fougère fleurie. *Osmunda regalis.*
Fougère mâle. *Polypodium filix mas.*
Foyard. *Fagus sylvatica.*
Fragara. *Zantoxylon clava herculis.*
Fragon. *Ruscus aculeatus.*
Fraisier. *Fragaria vesca.*
Framboisier. *Rubus idœus.*
Framboisier du Canada. *Rubus odoratus.*
Frangipanier. *Plumeria rubra.*
Fraxinelle. *Dictamnus albus.*
Frêne. *Fraxinus excelsior.*
Frêne à feuilles arrondies. *Fraxinus rotundi folia.*
Frêne à fleurs. *Fraxinus florifera.*
Frêne à la manne. *Fraxinus ornus.*
Frêne de Caroline. *Fraxinus Caroliana.*
Frêne de la nouvelle Angleterre. *Fraxinus americana.*
Frêne épineux. *Zantoxylum clava herculis.*
Frêne épineux. *Fragara Zantoxylum.*
Frêne noyer. *Fraxinus juglandi folia.*
Fritillaire. *Fritillaria variegata.*
Froment. *Triticum cereale.*
Froment de Smyrne. *Triticum palmatum.*
Fromental. *Avena elatior.*
Fuchsie à trois feuilles. *Fuchsia triphylla.*
Fumane. *Cistus fumana.*
Fumeterre. *Fumaria capnoides.*
Fumeterre bulbeuse. *Fumaria bulbosa.*
Fusain. *Evonymus latifolius.*
Fustet des corroyeurs. *Rhus cotinus.*

G.

GAILLARDE. *Gaillarda pulchella.*
Galardiène. *Galardia.* ★ ★ ★.
Galanga. *Maranta galanga.*
Galant de jour. *Cestrum lucidum.*
Galant de nuit. *Cestrum nocturnum.*
Gale. *Myrica gale.*
Galega. *Galega officinalis.*
Galeop. *Galeopsis galeobdolon.*
Galinole. *Clavaria coralloides.*

Gand Notre-Dame. *Campanula trachelium.*
Gaude. *Reseda luteola.*
Gantelée. *Campanula trachelium.*
Ganteline. *Campanula glomerata.*
Garance. *Rubia tinctorum.*
Garance petite. *Asperula cinanchica.*
Garde-robe. *Santolina cyparissus.*
Garidelle. *Garidella nigellastrum.*
Garou. *Daphne laureola.*
Garou. *Daphne thymelea.*
Gattilier. *Vitex agnus castus.*
Gayac. *Gayacum officinale.*
Genégo. *Genego biloba.*
Genêt. *Genista spartium.*
Genêt d'Espagne. *Spartium junceum.*
Genêt épineux. *Ulex europeus.*
Genette. *Genista pilosa.*
Genèvrier. *Juniperus communis.*
Genipayer. *Genipa americana.*
Genepi. *Artemisia genipi.*
Genistrole. *Genista sagittalis.*
Genouillet. *Convallaria polygonatum.*
Gentiane. *Gentiana lutea.*
Gentiane petite. *Gentiana acaulis.*
Gentianelle. *Exacum.* ***.
Géraine. *Geranium columbinum.*
Germandrée. *Teucrium chamœdris.*
Gérofle sauvage. *Cherephyllum sylvestre.*
Gesse. *Latyrus latifolius.*
Geum. *Saxifraga umbrosa.*
Gevuin du Chili. *Gevuina.* Mol.
Gingembre. *Amomum zizember.*
Ginsing. *Pana.* ***.
Girarde. *Hesperis matronalis.*
Giroflée. *Cheiranthus incanus.*
Giroflée d'Afrique. *Hesperis africana.*
Giroflier. *Caryophillus aromaticus.*
Giroselle. *Dodecatheon meadia.*
Girouille. *Caucalis grandiflora.*
Glaciale. *Mesembryanthemum crystallinum.*
Glauciène. *Chelidonium majus.*
Glayeul. *Gladiolus communis.*
Glayeul puant. *Iris fœtidissima.*
Glinote. *Glinus lotoides.*

Globulaire. *Globularia vulgaris.*
Glouteron. *Arctium lappa.*
Glouteron petit. *Xanthium strumorium.*
Gloux. *Glaux maritima.*
Gomart. *Bursera gummifera.*
Gnaphale. *Gnaphalium stœchas.*
Gora. *Gora biennis.*
Goravier. *Psidium guaiava.*
Gortéria. *Gorteria pinnata.*
Gouan. *Ligusticum pyreniacum.*
Gouet. *Arum maculatum.*
Gourde. *Cucurbita lagenaria.*
Grævia. *Grævia occidentalis.*
Graine d'Avignon. *Rhamnus infectorius.*
Graine d'Avignon. *Rhamnus catharticus minor.*
Graine de beurre. *Synapis erucoides.*
Graine de Canarie. *Sinapis canariensis.*
Graminée. *Stellaria graminea.*
Grassette. *Pinguicula vulgaris.*
Grateron. *Galium aparine.*
Gratiole. *Grotiola officinalis.*
Grémil. *Lithospermum officinale.*
Grémil aquatique. *Myosotis scorpioides.*
Grenadier. *Punica granatum.*
Grenadier nain. *Punica nana.*
Grenadille. *Passiflora cœrulea.*
Grevie. *Grevia occidentalis.*
Groseillier. *Ribes rubrum.*
Groseillier d'Amérique. *Cactus pereschia.*
Guaicuru. *Plegorhiza.* Mol.
Guaivier. *Psydium pyriferum.*
Guède. *Isatis tinctoria.*
Gui. *Viscum album.*
Guier du Sénégal. *Guiera.* Juss.
Guimauve. *Althea officinalis.*
Guimauve fausse. *Sida abutilon.*
Guittarin. *Citarexylum quadrangulare.*

H.

HALESIA. *Halesia tetraptera.*
Haller. *Halleria lucida.*
Hamamelle. *Hamamellis virginica.*
Hanebanne. *Hiosciamus niger.*

Hannebanne.

Hannebanne. *Hyosciamus niger.*
Hantol. *Sandoricum.* Rumph.
Haricot. *Phaseolus vulgaris.*
Hedipnoïde. *Hioseris hedipnois.*
Hélénie. *Helenium autumnale.*
Hellébore. *Helleborus fœtidus.*
Hellébore blanc. *Veratrum album.*
Hellébore jaune. *Trollius europeus.*
Helléborine. *Serapias latifolia.*
Hélianthême. *Cistus helianthemum.*
Héliotrope. *Heliotropium europeum.*
Héliotrope du Pérou. *Heliotropium peruvianum.*
Hémérocalle. *Hermerocallis flava.*
Hépathique. *Anemone hepatica.*
Hépathique étoilée. *Asperula odorata.*
Hépathique des fontaines. *Marchantia polymorpha.*
Hérisson. *Echinops spherocephalus.*
Hérissonné. *Caucalis latifolia.*
Hermodacte. *Iris tuberosa.*
Herniaire. *Herniaria glabra.*
Herbe aux ânes. *Ænothera biennis.*
Herbe saint Antoine. *Epilobium angustifolium.*
Herbe à balet. *Chenopodium scoparia.*
Herbe sainte Barbe. *Erysimum barbarea.*
Herbe aux Cancers. *Plumbago europea.*
Herbe saint Benoît. *Geum urbanum.*
Herbe au chantre. *Erysimum vulgare.*
Herbe au chat. *Nepeta cataria.*
Herbe de saint Christophle. *Actœa spicata.*
Herbe au coq. *Tanacetum balsamita.*
Herbe à coton. *Filago germanica.*
Herbe aux cuillers. *Cochlearia officinalis.*
Herbe aux écus. *Lysimachia nummularia.*
Herbe de saint Etienne. *Circœa lutetiana.*
Herbe à l'épervier. *Hipochœris radicata.*
Herbe à l'esquinancie. *Aperula xynanchica.*
Herbe à éternuer. *Achillea ptarmica.*
Herbe à gérard. *Ægopodium podagaria.*
Herbe aux gersures. *Lapsana ragadiolus.*
Herbe aux gueux. *Clematis vitalba.*
Herbe à jaunir. *Reseda luteola.*
Herbe de saint Jacques. *Senecio jacobœa.*
Herbe au lait. *Polygala vulgaris.*
Herbe maure. *Reseda lutea.*

Herbe des magiciennes. *Circœa lutetiana.*
Herbe à la lancette. *Chœrophyllum sylvestre.*
Herbe aux deux langues. *Ruscus Hyppoglossum.*
Herbe aux médailles. *Lunaria annua.*
Herbe aux mittes. *Verbascum blattaria.*
Herbe aux panaris. *Illecebrum paronichia.*
Herbe au pauvre homme. *Gratiola officinalis.*
Herbe aux perles. *Lithospermum officinale.*
Herbe aux poux. *Delphinium staphisagria.*
Herbe à la puce. *Rhus radicans.*
Herbe aux puces. *Plantago psyllium.*
Herbe aux puces. *Conyza squarrosa.*
Herbe à la pucelle. *Crotallaria latifolia.*
Herbe aux ragades. *Lapsana ragadiolus.*
Herbe à la reine. *Nicotiana rustica.*
Herbe à Robert. *Geranium robertianum.*
Herbe du siége. *Scrophullaria aquatica.*
Herbe aux sorciers. *Datura stramonium.*
Herbe à la tarentule. *Anthericum ramosum.*
Herbe aux teigneux. *Tussilago petasites.*
Herbe aux teinturiers. *Genista tinctoria.*
Herbe au tour. *Turritis hirsuta.*
Herbe aux trachées. *Trachelium cœruleum.*
Herbe au vent. *Anemone pulsatilla.*
Herbe aux verrues. *Heliotropium europeum.*
Herbe aux vers. *Chœnopodium anthelminticum.*
Herbe aux vipères. *Echium vulgare.*
Herniole. *Herniaria glabra.*
Hêtre. *Fagus sylvatica.*
Hieracium. *Hieracium aurantiacum.*
Hipocheride. *Hypochœris radicata.*
Hisope. *Hyssopus officinalis.*
Hisope des garigues. *Cistus helianthemum.*
Houblon. *Humulus lupulus.*
Houlque laineux. *Holcus lanatus.*
Houx. *Ilex aquifolium.*
Houx frelon. *Ruscus aculeatus.*
Hydrangea. *Hydrangea arborescens.*
Hypociste. *Cytinus hypocistis.*
Hypreau. *Populus alba.*

J.

JACÉE DES JARDINS *Lichnis viscosa.*
Jacée. *Centaurea jacea.*

Jacinthe. *Hyacinthus non scriptus.*
Jacinthe du Pérou. *Scilla peruviana.*
Jacobée. *Senecio jacobea.*
Jacobée maritime. *Cineraria maritima.*
Jalap. *Mirabilis jalapa.*
Jalousie. *Amaranthus flavus.*
Janette. *Narcissus poëticus.*
Jasmin. *Jasminum officinale.*
Jasmin d'Afrique. *Lantana africana.*
Jasmin d'Arabie. *Nyctanthes sambac.*
Jasmin des Açores. *Jasminum azoricum.*
Jasmin du Cap de Bonne-Espérance. *Gardenia florida.*
Jasmin d'Espagne. *Jasminum grandiflorum.*
Jasmin des Indes. *Jasminum odoratissimum.*
Jasmin rouge. *Ipomœa coccinea.*
Jasmin de Virginie. *Bignonia radicans.*
Jasminoïde. *Lycium europeum*
Ibériette. *Iberis amara.*
Icaque. *Crisobalanus. Icaco.*
If. *Taxus baccata.*
Igname. *Convolvulus batatas.*
Immortelle. *Gnaphalium stœchas.*
Immortelle d'Amérique. *Gnaphalium margaritaceum.*
Immortelle. *Xerantemum annuum.*
Impératoire. *Imperatoria osthrutium.*
Indigo. *Indigofera tinctoria.*
Indigo bâtard. *Amorpha fruticosa.*
Jonc. *Juncus acutus.*
Jonc à duvet. *Eriophorum polystachion.*
Jonc fleuri. *Butomus umbellatus.*
Jonc marin. *Ulex europeus.*
Jonc odorant. *Acorus calamus.*
Jonc Thlaspi. *Clypeola jonthlaspi.*
Jonquille. *Narcissus jonquilla.*
Joubarbe. *Semper-vivum tectorum.*
Joubarbe. *Sedum rupestre.*
Iris. *Iris germanica.*
Iris naine. *Iris pamila.*
Iris de Florence. *Iris florentina.*
Iris de Sibérie. *Iris sybirica.*
Iris graminée. *Iris graminea.*
Iris puant. *Iris fœtidissima.*
Iris acorus. *Iris pseudo-acorus.*
Iris hermodacte. *Iris tuberosa.*

Iris de Suse. *Iris susiana.*
Iris tigre. *Ixia maculata.*
Iris bulbeux. *Xiphium iris.*
Iris de Perse. *Iris persica.*
Itea. *Itea virginica.*
Jujubier. *Rhamnus ziziphus.*
Juliène. *Hesperis matronalis.*
Juliène de Mahon. *Cheiranthus maritimus.*
Jusquiame. *Hyosciamus niger.*
Jusquiame dorée. *Hyosciamus aureus.*
Ivette. *Teucrium camœpitis.*
Ivette d'Autriche. *Dracocephalum ruischiana.*
Ivroie. *Lolium tremulentum.*

K.

KALMIE. *Kalmia angustifolia.*
Kalmie. *Kalmia latifolia.*
Ketmie. *Hybiscus trionum.*

L.

LAICHE. *Carex acuta.*
Laitron. *Sonchus oleraceus.*
Laitue épineuse. *Lactuca virosa.*
Laïtue de grenouille. *Potamogeton crispum.*
Laitue ordinaire. *Lactuca sativa.*
Laitue romaine. *Lactuca romana.*
Lambruc. *Vitis labrusca.*
Lamier. *Lamium album.*
Lamponide. *Xanthium strumarium.*
Laude. *Ulex europeus.*
Langue-de-cerf. *Asplenium scolopendrium.*
Langue-de-serpent. *Ophyoglossum vulgatum.*
Larme de Job. *Coix lacrima Job.*
Lazer. *Laserpitium latifolium.*
Lauréole. *Daphne laureola.*
Laurier alexandrin. *Ruscus racemosus.*
Laurier alexandrin. *Ruscus hypophyllum.*
Laurier-amande. *Prunus lauro cerasus.*
Laurier-cerise. *Prunus lauro cerasus.*

Laurier des Alpes. *Epilobium angustifolium.*
Laurier benzoin. *Laurus benzoin.*
Laurier bourbon. *Laurus indica.*
Laurier des marais. *Epilobium palustre.*
Laurier franc. *Laurus nobilis.*
Laurier amandé. *Cerasus americana.*
Laurier St.-Antoine. *Epilobium latifolium.*
Laurier sauce. *Laurus nobilis.*
Laurier de Portugal. *Prunus lusitanica.*
Laurier rose. *Nerium oleander.*
Laurier thym. *Viburnum tinus.*
Laurier tulipier. *Magnolia grandiflora.*
Laurier velu. *Epilobium hirsutum.*
Latanier. *Latania.* Commers.
Lavande. *Lavendula spica.*
Lavanèze. *Galega officinalis.*
Lavatère en arbre. *Lavatera arborea.*
Lavatère à fleurs blanches. *Lavatera alba.*
Lavatère d'Hyères. *Lavatera olbia.*
Lavatère de Syrie. *Lavatera trimestris.*
Lentibullaire. *Utricularia vulgaris.*
Lentille. *Ervum lens.*
Lentille d'eau. *Lemna minor.*
Lentisque. *Pistacia lentiscus.*
Lentisque faux. *Schinus molle.*
Léporine. *Carex leporina.*
Liane à serpent. *Guania domengensis.*
Lichnis. *Lychnis dioica.*
Lichnis, arbrisseau. *Silene fruticosa.*
Lichnis de Bohême. *Silene polyphilla.*
Lichnis de Crète. *Silene cretica.*
Lichnis d'Egypte. *Silene egyptia.*
Liége. *Quercus suber.*
Lierge. *Sonchus oleraceus.*
Lierre. *Hedera ilix.*
Lierre terrestre. *Glechoma hederacea.*
Limon. *Citrus medica.*
Lilas. *Syringa vulgaris.*
Lilas des Indes. *Melia azedarach.*
Lime chinoise. *Aloe margaritifera.*
Limoselle. *Limosella aquatica.*
Lin. *Linum usitatissimum.*
Lin sauvage. *Linum gallicum.*
Linaire. *Anthirrinum linaria.*

Liquidampar. *Liquidampar styraciflua.*
Lis. *Lilium candidum.*
Lis asphodèle. *Hemerocalis flava.*
Lis des Incas. *Alstromeria peregrina.*
Lis narcisse. *Amarillis belladona.*
Lis martagon du Canada. *Lilium superbum.*
Lis Martagon de Pompone. *Lilium pomponium.*
Lis orangé. *Lilium bulbiferum.*
Lis de Greuesey. *Amaryllis sarniensis.*
Lis Saint-Jacques. *Amaryllis formosissima.*
Lis de Mathiole. *Pencratium maritimum.*
Lis de Saint-Bruno. *Anthericum liliastrum.*
Lis de Perse. *Fritillaria persica.*
Lis jaune doré. *Amaryllis aurea.*
Liseret. *Convolvulus arvensis.*
Liseron. *Convolvulus sepium.*
Lisimachie. *Lysimachia vulgaris.*
Livèche. *Ligustrum leviticum.*
Lonchite. *Polypodium odoratum.*
Lontar. *Borassus.* ★★★.
Lotier. *Lotus siliquosus.*
Lotier odorant. *Melilotus cœrulea.*
Lotier cultivé. *Lotus tetragonolobus.*
Loupon. *Aconytum lycoctomum.*
Luette. *Uvularia perfoliata.*
Lunaire. *Lunaria rediviva.*
Lunetière. *Biscutella auriculata.*
Lupin. *Lupinus albus.*
Lupuline. *Medicago lupulina.*
Luserne. *Medicago sativa.*
Luserne, arbre. *Medicago arborea.*
Lyciet. *Lycium europeum.*

M.

MABIER. *Mabea.* Aubl.
Mâche. *Valeriana locusta.*
Mabonia. *Morisonia americana.*
Maceron. *Smyrnium olusastrum.*
Macre. *Trapa natans.*
Maïs. *Zea mays.*
Magnolier. *Magnolia catalpa.*
Malherbe. *Plumbago europea.*

Malpighi. *Malpighia.* ***.
Mancelinier. *Hippomane mancinella.*
Mandragore. *Atropa mandagora.*
Manglier. *Rizophora mangles.*
Manguier. *Mangifera manguier.*
Mangoustan. *Garcinia mangostana.*
Mani. *Moronobea.* Aubl.
Maniot. *Jatropha manihot.*
Manne. *Festuca fluitans.*
Mansienne. *Viburnum lantana.*
Marguerite. *Bellis perennis.*
Marguerite d'Ethiopie. *Arctotis dentata.*
Margueritte dorée. *Chrysanthemum segetum.*
Marise. *Schœnus mariscus.*
Marjolaine. *Origanum marjorana.*
Marronier. *Esculus hippocastanum.*
Marronier. *Fagus castanea.*
Maroute. *Anthemis cotula.*
Marrube. *Murrubium vulgare.*
Marrube aquatique. *Lycopus europeus.*
Marrube noir. *Ballota nigra.*
Marseau. *Salix caprea.*
Masse. *Typha latifolia.*
Masse au bedeau. *Bunias erucago.*
Massette. *Phleum pratense.*
Martagon. *Lilium martagon.*
Matricaire. *Matricaria parthenium.*
Mauve. *Malva sylvestris.*
Mauve en arbre. *Lavatera arborea.*
Mauve épineuse. *Sida spinosa.*
Mauve rose. *Alcea rosea.*
Mayenne. *Sotanum melongena.*
Mays. *Zea mays.*
Médicinier. *Jatropha gossypi folia.*
Mélampyre. *Melampyrum arvense.*
Melastome. *Melastoma grossularia.*
Melèse. *Pinus larix.*
Mélianthe. *Melyanthus major.*
Mélilot. *Trifolium melilotus.*
Mélinet. *Cerinthe major.*
Mélique. *Melica.* ***.
Mélisse. *Melissa hortensis.*
Mélisse des bois. *Melitis melissophyllum.*
Mélisse de Moldavie. *Dracocephalum moldavica.*

Mélisse des Moluques. *Molucella lœvis.*
Melon. *Cucumis melo.*
Melon d'eau. *Cucurbita citrullus.*
Melongène. *Solanum melongena.*
Ménianthe. *Menianthes trifoliata.*
Ménisperme. *Menispermum canadense.*
Mentastre. *Menta rotundifolia.*
Mente. *Mentha sylvestris.*
Mente-coq. *Tanacetum balsamita.*
Mente-coq des jardins. *Mentha gentilis.*
Meflier. *Mespilus germanica.*
Mercuriale. *Mercurialis annua.*
Mercuriale. *Mercurialis perennis.*
Mercuriale de Virginie. *Acalypha virginica.*
Merisier. *Prunus avium.*
Merisier à grappes. *Prunus virginiana.*
Meum. *Athamanta meum.*
Micocouillier. *Celtis australis.*
Mil. *Panicum milliaceum.*
Mille-feuille. *Achillea mille-folium.*
Millepertuis. *Hypericum perforatum.*
Millepertuis en arbuste. *Hypericum frutescens.*
Millet. *Panicum miliaceum.*
Millet petit. *Panicum italicum.*
Millet noir. *Holcus sorghum.*
Millet d'Afrique. *Holcus sorghum.*
Milletot. *Millium effusum.*
Miroir de Vénus. *Campanula speculum.*
Mirthe. *Myrthus romanus.*
Myrthe moyen. *Myrthus belgica.*
Myrthe à feuilles différentes. *Myrthus mucronata.*
Mitre. *Mitella diphylla.*
Mongory. *Nyctantes arbor tristis.*
Moldavique. *Dracocephalum moldavica.*
Molène. *Verbascum thapsus.*
Moluque. *Molucella lœvis.*
Moly. *Allium moli.*
Monacelle. *Helvella mitra.*
Monarde rouge. *Monarda didyma.*
Monarde violette. *Monarda fistulosa.*
Monbin. *Spondius monbin.*
Monogère. *Lysimachia nummularia.*
Monogère. *Thlaspi arvense.*
Mors du diable. *Scabiosa succisa.*

Morelle. *Solanum nigrum.*
Morgeline. *Alsine media.*
Morgeline gramen. *Stellaria graminea.*
Morgeline petite. *Arenaria serpylli folia.*
Morille. *Phallus esculentus*
Morine. *Morina persica.*
Morine. *Hydrocharis morsus ranœ.*
Moscatelline. *Adoxa moschatellina.*
Mouche. *Orchis insectifera.*
Mouron. *Anagallis arvensis.*
Mouron d'eau. *Samolus valerandi.*
Mouroucou. *Mouroucoa.* ★★★.
Mousse. *Muscus.* ★★★.
Mousselet. *Thlaspi campestre.*
Moutarde. *Synapis nigra.*
Moxa des Chinois. *Artemisia chinensis.*
Mozambé. *Cleome sinapistrum.*
Mufle-de-veau. *Anthirrinum majus.*
Muguet. *Convallaria mayalis.*
Muguette. *Sisymbrium tenui folium.*
Mûrier. *Morus alba.*
Mûrier noir. *Morus nigra.*
Muscadier. *Myristica officinalis.*
Muscari. *Hyacinthus comosus.*
Muscari odorant. *Narcyssus moschatus.*
Muscipula. *Silene muscipula.*
Myosotide. *Myosotis repens.*
Myrtylle. *Vaccinium myrtillus.*

N.

NAIADE. *Naïas marina.*
Naison. *Lathyrus tuberosus.*
Napel. *Aconitum napelus.*
Narcisse. *Narcissus pseudo narcissus.*
Narcisse d'Illirie. *Pancratium illiricum.*
Narcisse des poëtes. *Narcissus poëticus.*
Narcisse aïaut. *Narcissus pseudo narcissus.*
Narcisse de Constantinople. *Narcissus tazetta.*
Narcisse tout blanc. *Narcissus totus albus.*
Nardet. *Nardus stricta.*
Nasitor. *Lepidium sativum.*
Nasitor. *Cochlearia coronopus.*
Navet. *Brassica napus.*

Nèflier. *Mespillus germanica.*
Nelumbo. *Nymphea nelumbo.*
Nénuphar. *Nymphea lutea.*
Nénuphar blanc. *Nymphea alba.*
Nériette. *Epilobium angustifolium.*
Nérion. *Nerium oleander.*
Nerprun. *Rhamnus catharticus.*
Nez coupé. *Staphylea pinnata.*
Nicotiane. *Nicotiana tabacum.*
Nid d'oiseau. *Ophris nidus avis.*
Nielle. *Nigella arvensis.*
Nielle des blés. *Agrostema gitago.*
Niruri. *Phyllanthus niruri.*
Noisetier. *Coryllus avellana.*
Noix de ben. *Guilandina nuga.*
Nombril de vénus. *Cotyledon umbilicus.*
Nostoc. *Tremela nostoc.*
Noyer. *Juglans regia.*
Noyer des indes. *Justicia adathoda.*
Nummulaire. *Lysimachia nummularia.*
Nyctage. *Mirabilis jalapa.*

O.

Obier. *Viburnum opulus.*
Ochra. *Hibiscus esculentus.*
Ochre. *Pisum ochrus.*
Œil-de-bourrique. *Dolichos urens.*
Œil-de-bœuf. *Anthemis tinctoria.*
Œil-de-christ. *Anthemis tinctoria.*
Œillet. *Dianthus caryophyllus.*
Œillet-de-poëte. *Dianthus barbatus.*
Œillet-de-dieu. *Agrostema coronaria.*
Œillet-d'inde. *Tagœtes patula.*
Œnanthé , safran. *Œnanthe crocata.*
Oignon. *Allium cepa.*
Olidaire. *Chenopodium vulvaria.*
Olivier. *Olea europea.*
Olivier de Bohême. *Ælœagnus angustifolius.*
Olivier nain. *Cneorum tricoccos.*
Omphalodes. *Cynoglossum omphalodes.*
Onagre. *Ænothera grandiflora.*
Onoporde. *Onopordon acanthium.*
Ophioglose. *Ophyoglossum vutgatum.*

Ophrise. *Ophris bifolia.*
Oranger. *Citrus aurantium.*
Orcanette. *Ancuhsa tinctoria.*
Orchis. *Orchis , satyrium.*
Oreille-de-lièvre. *Buplevrum adontites.*
Oreille-d'ours. *Primula auricula.*
Oreille-de-rat. *Hierachium pilosella.*
Oreille-de-souris. *Cerastium repens.*
Orge. *Hordeum vulgare.*
Origan. *Origanum vulgare.*
Orme. *Ulmus campestris.*
Orme d'amérique. *Theobroma guazuana.*
Ormière. *Spirea aruncus.*
Ornitogale. *Ornitogalum pyramidale.*
Orobanche. *Orobanche lœvis.*
Orobe. *Orobus vernus.*
Orobe tubéreux. *Orobus tuberosus.*
Orone. *Arthemisia abrotanum.*
Oronge. *Agaricus coccineus.*
Orpin. *Sedum telephium.*
Orpin rouge. *Crassula coccinea.*
Orpin rose. *Crassula coccinea.*
Orseille. *Lichen prunastri.*
Orvalle. *Salvia sclarea.*
Ortie. *Urtica urens.*
Ortie blanche. *Lamium album.*
Ortie morte. *Stachys sylvatica.*
Ortie jaune. *Galeopsis galeobdolon.*
Oseille. *Rumex acetosa.*
Oseille vierge. *Rumex cerifolia.*
Osier. *Salix vitellina.*
Osier fleuri. *Epilobium angustifolium.*
Osmonde. *Osmunda regalis.*
Osteosperme. *Osteospermum moniliferum.*
Othronche. *Imperatoria osthrucium.*
Oxalide. *Oxalis acetosella.*

P.

PAIN DE COUCOU. *Oxalis acetosella.*
Pain de pourceau. *Cyclamen europeum.*
Pain-vin. *Lolium perenne.*
Paletuvier. *Rizophora mangles.*

Paliure. *Rhamnus paliurus.*
Palme de christ. *Riccinus palma christi.*
Palmier. *Phœnix dactilifera.*
Paloué. *Palovea.* Aubl.
Panais. *Pastinaca sativa.*
Panarine. *Illecebrum paronychia.*
Panicaut. *Eryngium campestre.*
Panicaut améthiste. *Eryngium amethistinum.*
Panis. *Panicum italicum.*
Papagate. *Sonneratia acida.*
Papangaye. *Momordica luffa.*
Papayer. *Carica papaya.*
Paquerette. *Bellis perennis.*
Parkinset. *Parkinsonia acuta.*
Paresseuse. *Mimosa pernambuca.*
Parelle. *Rumex aquaticus.*
Pariétaire. *Parietaria officinalis.*
Pariette. *Paris quadrifolia.*
Parinari. *Parinarium.*
Parkinson. *Parkinsonia aculeata.*
Parnassie. *Parnassia palustris.*
Pas-d'âne. *Tussilago farfara.*
Passerage. *Lepidium latifolium.*
Passerine. *Passerina hirsuta.*
Passe-rose. *Alcea rosea.*
Passe-velours. *Amaranthus caudatus.*
Pastel. *Isatis tinctoria.*
Pastenade. *Pastinaca sativa.*
Pastèque. *Cucurbita citrullus.*
Pataga du Chili. *Crinodendrum.* Mol.
Patate. *Helianthus tuberosus.*
Patience. *Rumex patientia.*
Patte-d'oie. *Chenopodium album.*
Paturin. *Poa annua.*
Pauline dorée. *Paulinia aurea.*
Pavia. *Æsculus pavia.*
Pavot. *Papaver orientale.*
Pavot annuel. *Papaver rhœas.*
Pavot cornu. *Chelidonium glaucium.*
Pavot épineux. *Argemone mexicana.*
Pavot du Mexique. *Argemone mexicana.*
Pékea. *Pekea.* Aubl.
Pêcher. *Amygdalus persica.*
Pédiaire. *Momordica , pediata.*

Pédiculaire. *Pedicularis palustris.*
Peigne de Vénus. *Scandix pecten veneris.*
Pellebone. *Lysimachia vulgaris.*
Pelotte de neige. *Viburnum opulus.*
Pensée. *Viola tricolor.*
Pensée vivace. *Viola grandiflora.*
Pepon. *Cucurbita pepo.*
Perce-feuille. *Bupleurum rotundifolium.*
Perce-mousse. *Polytricum commune.*
Perce-neige. *Galanthus nivalis.*
Perce-neige. *Leucoium vernum.*
Perce-neige du Cap. *Albuca major.*
Perce-pierre. *Aphanes arvensis.*
Perce-pierre. *Chritmum maritimum.*
Pérelle. *Lichen parietinus.*
Périclimène. *Lonicera periclimenum.*
Périploca. *Periploca græca.*
Persicaire. *Polygonum persicaria.*
Persil. *Apium petroselinum.*
Persil de Macédoine. *Bubon macedonicum.*
Persil gros. *Smyrnium olusatrum.*
Persil des marais. *Selinum palustre.*
Persil des montagnes. *Athamantha oreoselinum.*
Pervenche. *Vinca minor.*
Pervenche grande. *Vinca major.*
Pesse. *Pinus abies.*
Pesse d'eau. *Hyppuris vulgaris.*
Pet-d'âne. *Onopordium acanthium.*
Pet-du-diable. *Hura crepitans.*
Pétard. *Ruellia strepens.*
Pétasite. *Tussilago petasites.*
Petit-chêne. *Teucrium chamœdris.*
Peucedane. *Peucedanum officinale.*
Peuplier. *Populus alba.*
Peuplier-beaumier. *Populus balsamifera.*
Peuplier tremble. *Populus tremula.*
Peuplier d'Athénes. *Populus athenea.*
Peuplier noir. *Populus nigra.*
Peuplier d'Italie. *Populus italica.*
Peuplier liard. *Populus viminea.*
Peuplier de Caroline. *Populus heterophylla.*
Peuplier de virginie. *Populus virginiana.*
Pézize *Peziza lentifera.*
Phalangère. *Anthericum liliago.*

Philaria. *Phylirea latifolia.*
Phitême. *Phyteuma pauciflora.*
Phlomide. *Phlomis lychnitis.*
Phlomis. *Phlomis fruticosa.*
Phlomis tubéreux. *Phlomis tuberosa.*
Phlox. *Phlox pilosa.*
Picride épineuse. *Picrus spinosa.*
Pied-d'alouette. *Delphinium ajacis.*
Pied-de-chat. *Gnaphalium dioïcum.*
Pied-de-coq. *Gnaphalium crus galli.*
Pied-de-griffon. *Helleborus fœtidus.*
Pied-de-lièvre. *Trifolium arvense.*
Pied-de-lion. *Alchemilla vulgaris.*
Pied-de-lit. *Clynopodium vulgare.*
Pied-de-loup. *Lycopus europeus.*
Pied-d'oiseau. *Ornithopus perpusillus.*
Pied-d'oiseau. *Lotus ornitopoïda.*
Pied-d'oiseau. *Salsola fruticosa.*
Pied-de-pigeon. *Geranium rotundifolium.*
Pied-de-poule. *Panicum dactylon.*
Pied-de-poule. *Lamium amplexicaule.*
Pied-de-tigre. *Ipomœa pes tigridis.*
Pied-de-veau. *Arum maculatum.*
Pied-de-veau d'Ethiopie. *Calla œthiopica.*
Pigamon. *Thalictrum majus.*
Pignon d'Inde. *Ricinus palma christi.*
Pignon d'Inde. *Jatropha mainot.*
Piloselle. *Hyéracium pilosella.*
Pilulaire. *Pilularia globulifera.*
Piment royal. *Myrica gale.*
Piment, poivre de Guinée. *Capsicum annuum.*
Piment des Indes. *Capsicum cerasiforme.*
Pimprenelle. *Poterium sanguisorba.*
Pin. *Pinus sylvestris.*
Pin - Pignon. *Pinus pinea.*
Pin Weimouth. *Pinus strobus.*
Pin d'Ecosse. *Pinus pinaster.*
Pirole. *Pirola minor.*
Pissenlit. *Leontodon taraxacum.* ·
Pistache de terre *Arachis hypogœa.*
Pistachier. *Pistacia narbonensis.*
Pistachier faux. *Staphylea pinnata.*
Pivoine. *Pœonia officinalis.*
Plaqueminier. *Diospiros lotus.*

Plaqueminier de Virginie. *Diospiros virginiana.*
Plantain. *Plantago major.*
Plantain à cinq côtes. *Plantago lanceolata.*
Plantain découpé. *Plantago coronopus.*
Plantain d'eau. *Alisma plantago.*
Platane d'orient. *Platanus orientalis.*
Platane d'Occident. *Platanus occidentalis.*
Plumelle. *Hottonia palustris.*
Podagraire. *Œgopodium podagraria.*
Poherbe. *Poa palustris.*
Poincillade. *Poinciana pulcherrima.*
Poireau. *Allium porrum.*
Poirée. *Beta cycla.*
Poirier. *Pyrus communis.*
Pois. *Pisum sativum.*
Pois chiche. *Cicer arietinum.*
Pois d'angola. *Citisus caian.*
Pois de merveille. *Cardiospermum halicacabum.*
Pois Tubéreux. *Lathyrus tuberosus.*
Pois à bouquet. *Lathyrus latifolius.*
Pois à odeur. *Lathyrus odoratus.*
Pois de terre. *Guilandina bonducella.*
Poivre. *Piper nigrum.*
Poivre des Arabes. *Cynanchum viminale.*
Poivre d'eau. *Polygonum hydropiper.*
Poivre , arbrisseau. *Capsicum frutescens.*
Poivre de Guinée. *Capsicum annuum.*
Poivre d'Inde. *Cynanchum viminale.*
Poivrier du Pérou. *Schinus molle.*
Polémoine. *Polemonium Cœruleum.*
Politric. *Asplenium trichomanes.*
Polypode. *Polypodium vulgare.*
Pomme-d'amour. *Solanum lycopersicon.*
Pomme épineuse. *Datura stramonium.*
Pomme épineuse d'Egypte. *Datura fastuosa.*
Pomme dorée. *Solanum lycopersicon.*
Pomme de merveille. *Momordica balsamita.*
Pomme de terre. *Solanum tuberosum.*
Pommier. *Pyrus malus.*
Pompadoura. *Calycanthus floridus.*
Pongolote. *Gadelupa.* La Mark.
Populage. *Caltha palustris.*
Porcelle. *Hyppochœris maculata.*
Pourreau. *Allium porum.*

Porte chapeau. *Rhamnus paliurus.*
Porte collier. *Osteospermum monilliferum.*
Porte-feuille. *Asperugo procumbens.*
Potentille. *Potentilla anserina.*
Potelée. *Hyosciamus niger.*
Potiron. *Cucurbita pepo.*
Pouce écrasé. *Aloe retusa.*
Poudrier. *Hura crepitans.*
Poule grasse. *Valeriana locusta.*
Poule qui pond. *Solanum oviferum.*
Pouliot. *Menta pulegium.*
Pouliot des montagnes. *Teucrium polium.*
Pouliot sauvage. *Calamintha-nepeta.*
Pouliot-thym. *Mentha arvensis.*
Pourpier. *Portulaca oleracea.*
Pourpier d'Afrique. *Cotyledon orbiculata.*
Pourpier de mer. *Atriplex portulacoides.*
Prêle. *Equisetum arvense.*
Prêle. *Equisetum palustre.*
Prêle. *Equisetum sylvaticum.*
Primevère. *Primula veris.*
Prinos verticillé. *Prinos verticillata.*
Prunier. *Prunus domestica.*
Prunelier. *Prunus spinosa.*
Prunier mirobolan. *Spondias monbin.*
Ptarmique. *Achillea ptarmica.*
Ptélée. *Ptelea trifoliata.*
Ptéride. *Pteris aquilina.*
Pulicaire. *Plantago psyllium.*
Pusatille. *Anemone pulsatilla.*
Putier. *Prunus padus.*
Pulmonaire. *Pulmonaria officinalis.*
Pulmonaire de chêne. *Lichen pulmonarius.*
Pulmonaire des Français. *Hieracium murorum.*
Pulmonaire des Savoyards. *Hieracium sabaudum.*
Pulmonaire de terre. *Lichen caninus.*
Putier. *Prunus padus.*
Pyrachanthe. *Mespillus pyracantha.*
Pyramidale. *Campanula pyramidalis.*

Q.

QUAMOCLIT. *Ipomœa quamoclit.*
Quassi. *Quassia simaruba.*

Quatelit.

Quatelé. *Lecythis ollaria.*
Queniquier. *Guilandina bonduc.*
Queue-de-cheval. *Equisetrum palustre.*
Queue-de-lion. *Phlomis leonurus.*
Queue-de-pourceau. *Peucedanum officinale.*
Queue-de-rat. *Alopecurus agrestis.*
Queue-de-renard. *Amaranthus caudatus.*
Quillai. *Quilla-ja.*
Quinquina. *Cinchona officinalis.*
Quinte-feuille. *Potentilla reptans.*
Quinte-feuille, arbre. *Potentilla fruticans.*

R.

RABIOULE. *Brassica rapa.*
Racine-vierge. *Tamus sativus.*
Radis. *Raphanus sativus.*
Ragoumier. *Prunus canadensis.*
Raifort. *Raphanus sativus.*
Raifort sauvage. *Coclearia armoriaca.*
Raiponce. *Campanula rapunculus.*
Raiponce. *Plyteuma orbiculato.*
Raisin d'Amérique. *Phytolacca decandra.*
Raisin de mer. *Ephedra distachia.*
Raisin d'ours. *Arbutus uva ursi.*
Raisin de renard. *Paris quadri-folia.*
Raisinier. *Coccoloba uvifera.*
Raivier. *Gleditsia triacanthos.*
Ramnoïde. *Hippophae rhamnoides.*
Rapette. *Asperugo procumbens.*
Rapistre. *Crambe hispanica.*
Rapistre. *Raphanus raphanistrum.*
Rapontic. *Rheum raponticum.*
Raputier. *Raputia.* Aubl.
Raquette. *Cactus opuntia.*
Rave. *Brassica rapa.*
Ravenal. *Ravenala.* Adans.
Ravenelle. *Cheiranthus cheiri.*
Ravensara. *Agatophyllum.* Sonu.
Raygrass. *Lolium perenne.*
Raygrass. *Avena elatior.*
Redoux. *Coriaria myrti-folia.*
Regardemoi. *Scabiosa atr-opurpurea.*
Réglisse. *Glycirrhiza glabra.*

Réglisse d'Egypte. *Abrus precatorius.*
Remors. *Scabiosa succisa.*
Reine sauvage. *Astragalus glycyphyllos.*
Reine marguerite. *Aster sinensis.*
Reine des prés. *Spiræa ulmaria.*
Reine des prés. *Spiræa lobata.*
Renoucule. *Ranunculus.* ★ ★ ★
Renouée. *Polygonum aviculare.*
Reprise. *Sedum telephium.*
Réseda. *Reseda odorata.*
Réveil-matin. *Euphorbia helioscopia.*
Rhododendron. *Rhododendrum maximum.*
Rhubarbe. *Rheum palmatum.*
Rhubarbe des moines. *Rumex patientia.*
Ricin. *Riccinus communis.*
Rièble. *Galium aparine.*
Rivin. *Rivina lævis.*
Riz. *Oryza sativa.*
Romarin. *Rosmarinus officinalis.*
Ronce. *Rubus fruticosus.*
Rondier. *Borassus.* ★ ★ ★
Roquette. *Brassica eruca.*
Roquette sauvage. *Sisymbrium tenui-folium.*
Rosage. *Rhododendrum maximum.*
Rose. *Rosa arvensis.*
Rose. *Rosa centi-folia.*
Rose de Cayenne. *Hybiscus syriacus.*
Rose de Jéricho. *Anastatica hierocuntica.*
Rose de Gueldre. *Viburnum opulus.*
Rose d'Inde. *Tagetes erecta.*
Rose trémière. *Alcea rosea.*
Roseau. *Arundo.* ★ ★ ★
Roseau ruban. *Arundo danax.*
Rosier. *Rosa.* ★ ★ ★
Rossolis. *Drosera rotundi-folia.*
Rotang. *Calamus rotang.*
Roucou. *Bixa orellana.*
Rougeole. *Trifolium arvense.*
Roule. *Cenchrus racemosus.*
Rouvet. *Ozyris alba.*
Royoc. *Morinda royoc.*
Ruban. *Phalaris variegata.*
Ruban d'eau. *Sparganium erectum.*
Rue. *Ruta grave olens.*

Rue de chèvre. *Galega officinalis.*
Rue des prés. *Thalictrum flavum.*
Rue sauvage. *Peganum harmala.*

S.

SABINE. *Juniperus sabina.*
Sabot de Notre-Dame. *Cypripedium calceolus.*
Safran. *Crocus sativus.*
Safran. *Crocus officinalis.*
Safran bâtard. *Carthamus tinctoria.*
Sagoune. *Sagonea.* Aubl.
Sainfoin. *Hedisarum onobrychis.*
Sainfoin d'Espagne. *Hedisarum coronarium.*
Salade. *Valeriana locusta.*
Salicaire. *Lithrum salicaria.*
Salicaire. *Lithrum virgatum.*
Salse-pareille. *Smilax salsa parilla.*
Salsifis. *Tragopogon porri-folium.*
Sang-dragon. *Rumex sanguineus.*
Sang-dragon. *Dracœna draco.*
Sanguin. *Cornus sanguinea.*
Sanguisorbe. *Sanguisorba purpurea.*
Sanicle. *Sanicula europea.*
Sanicle femelle. *Astrantia major.*
Santal. *Santalum album.*
Santoline. *Santolina chamœcyparissus.*
Sapin. *Pinus abies.*
Sapin faux. *Pinus picca.*
Sapinette blanche. *Abies brevi-folia.*
Sapinette noire. *Abies purpurascens.*
Sapinette, If. *Abies canadensis.*
Saponaire. *Saponaria officinalis.*
Saponaire des Alpes. *Gypsophylla paniculata.*
Sapotilier. *Achras sapota.*
Sarrasin. *Polygonum fagopyrum.*
Sarrette. *Serratula tinctoria.*
Sarrette. *Serratula prœalta.*
Sarriette. *Satureia hortensis.*
Sassafras. *Laurus sassafras.*
Satyre. *Phallus impudicus.*
Satyrion. *Satyrium hirciuum.*
Satyrion femelle. *Orchis morio.*
Satyrion mâle. *Orchis mascula.*

Sauge. *Salvia officinalis.*
Sauge queue-de-lion. *Salvia leonuroides.*
Sauge, arbre. *Phlomis fruticosa.*
Sauge des bois. *Teucrium scorodonia.*
Saule. *Salix alba.*
Saule de Babylone. *Salix babylonica.*
Saule odorant. *Salix pentandra.*
Saule myrte. *Salix myrsinites.*
Saule St.-Léger. *Salix arenaria.*
Saule marceau. *Salix caprea.*
Savinier. *Juniperus sabina.*
Savonnier. *Sapindus saponaria.*
Savonnière. *Saponaria officinalis.*
Sauve-vie. *Asplenium ruta muraria.*
Saxifrage. *Saxifraga geum.*
Saxifrage dorée. *Chrysoplenium oppositi-folium.*
Saxifrage de Sibérie. *Saxifraga crassi-folia.*
Saxifrage granulée. *Saxifraga granulata.*
Scabieuse. *Scabiosa arvensis.*
Scabieuse, fleur de veuve. *Scabiosa atro purpurea.*
Scammonée. *Convulvulus scammonea.*
Scammonée de Montpellier. *Cynanchum monspeliacum.*
Scarolle. *Cichorium endivia.*
Sceau de Notre-Dame. *Tamus communis.*
Sceau de Salomon. *Convallaria polygonatum.*
Scène. *Scœnus mariscus.*
Scille. *Scylla maritima.*
Scille. *Scylla amœna.*
Scille à deux feuilles. *Scilla bifolia.*
Scirpe. *Scirpus cœspitosus.*
Scolopendre. *Asplenium scolopendrium.*
Scordium. *Teucrium scordium.*
Scorsonère. *Scorsonera humilis.*
Scorsonère. *Scorsonera hispanica.*
Scrophulaire. *Scrophularia nodosa.*
Scrophulaire aquatique. *Scrophularia aquatica.*
Scrophulaire canine. *Scrophularia canina.*
Sebestier. *Cordia.* ★ ★ ★
Securidaca. *Coronilla emerus.*
Sedon. *Saxifraga cotyledon.*
Sedon. *Saxifraga pyramidalis.*
Seigle. *Secale cereale.*
Selagine. *Lycopodium selaginoides.*
Séné. *Cassia sena.*

✝Séné bàtard. *Coronilla emerus.*
Séné faux. *Colutea arborescens.*
Séné provençal. *Globularia alypum.*
Sénevé. *Sinapis alba.*
Sensitive. *Mimosa sensitiva.*
Sériole. *Seriola œtnensis.*
Sériole. *Seriola urens.*
Serpentaire. *Arum dracunculus.*
Serpolet. *Thymus serpillum.*
Sésame. *Sesamum indicum.*
Séseli. *Laserpitium siler.*
Séseli. *Buplevrum fruticosum.*
Sigaline. *Parkinsonia aculeata.*
Sigesbecque. *Sigesbeckia occidentalis.*
Silave. *Peucedanum silaus.*
Silphe. *Sylphium asteriscus.*
Silvie. *Anemone nemorosa.*
Simarouba. *Quassia simaruba.*
Singane. *Singana.* Aubl.
Siringa. *Phyladelphus coronarius.*
Solanum. *Solanum banariense.*
Soldanelle. *Convolvulus soldanella.*
Soleil. *Helyanthus annuus.*
Sophora. *Sophora tinctoria.*
Sorbier. *Sorbus domestica.*
Sorbier des oiseaux. *Sorbus occuparia.*
Sorgo. *Holcus solgum.*
Souchet rond. *Scirpus maritimus.*
Souchet long. *Cyperus longus.*
Souci. *Calendula officinalis.*
Souci d'eau. *Caltha palustris.*
Souci de Barbarie. *Othonna cheiri-folia.*
Soucrion. *Hordeum nudum.*
Soude. *Salicornia herbacea.*
Soude. *Salicornia arborea.*
Soude. *Salsola kali.*
Spargoute. *Spergula arvensis.*
Sparte. *Lygeum sparlum.*
Spatule. *Iris fœtidissima.*
Souveraine. *Hypericum androsœmum.*
Soyeuse. *Asclepias syriaca.*
Spergule. *Spergula arvensis.*
Spheigne. *Sphagnum palustre.*
Spirea. *Spirea. Salici folia.*

Spirea. *Spirea cytisus.*
Spirea, aubier. *Spirea opuli-folia.*
Spirea crènelé. *Spirea crenata.*
Spirea millepertuis. *Spirea hiperici-folia.*
Spirea velu. *Spirea tomentosa.*
Squille rouge. *Scilla maritima.*
Stachide. *Stachis sylvatica.*
Stapelle. *Stapelia hirsuta.*
Staphilea. *Staphylea pinnata.*
Statice. *Statice arenaria.*
Stellaire. *Stellaria nemorum.*
Stæchas. *Lavendula dentata.*
Stæchas *Lavendula stœchas.*
Stæchas citrin. *Gnaphalium stœchas.*
Stramoine. *Datura stramonium.*
Styrax. *Styrax officinale.*
Sucre. *Arundo saccarifera.*
Sumac. *Rhus coriaria.*
Superbe. *Gloriosa superba.*
Sureau. *Sambucus nigra.*
Sureau. *Bunium bulbocastanum.*
Sureau à grappe. *Sambucus racemosa.*
Sureau petit. *Sambucus ebulus.*
Surelle. *Oxalis acetosella.*
Surette. *Rumex acetosella.*
Suron. *Bunium bulbocastanum.*
Sycomore. *Acer pseudo platanus.*
Sycomore faux. *Melia azedarach.*
Sylvie. *Anemone nemorosa.*
Symphorocarpe. *Lonicera symphorocarpos.*
Syringa. *Philadelphus coronarius.*

T.

TABAC. *Nicotiana tabacum.*
Tabouret. *Thlaspi bursa pastoris.*
Tacamahaca. *Populus balsamifera.*
Tachigali. *Tachigalia.* Aubl.
Thalictron. *Thalictrum majus.*
Thalictron. *Thalictrum minus.*
Thalictron des boutiques. *Sysimbrium sophia.*
Thalictron. *Thalictrum aquilegi-folium.*
Tamarin. *Tamarindus indica.*
Tamarisc. *Tamariscus germanica.*

Tamarisc. *Tamariscus narbonensis.*
Taminier. *Tamus communis.*
Tanaisie. *Tanacetum vulgare.*
Tanibucier. *Tanibouca.* Aubl.
Tarala. *Taralea.* Aubl.
Teisse. *Poa abyssinica.*
Tek. *Tectona.*
Térébinthe. *Pistacia therebinthus.*
Terre-noix. *Bunium bulbocastanum.*
Terrette. *Glechoma hederacea.*
Tête de coq. *Hedysarum caput galli.*
Tête de dragon. *Dracocephalum virginiacum.*
Tête de méduse. *Euphorbia caput medusæ.*
Tête de platane. *Cephalanthus occidentalis.*
Thapsie. *Thapsia villosa.*
Thé. *Thea viridis.*
Thé des Apaluches. *Ceanothus africanus.*
Thé d'Europe. *Veronica officinalis.*
Thé jésuite. *Psoralea glandulosa.*
Thé du Méxique. *Chenopodium ambrosoides.*
Thé du Labrador. *Ledum palustre.*
Thim. *Thymus vulgaris.*
Thimoty. *Phleum pratense.*
Thora. *Ranunculus thora.*
Thuya. *Thuya occidentalis.*
Thuya. *Thuya orientalis.*
Thymélée. *Daphne cneorum.*
Tiare. *Tiarella cordi-folia.*
Tilleul. *Tilia europea.*
Tilleul d'Hollande. *Tilia hortensis.*
Tilleul de Canada. *Tilia americana.*
Tlaspi. *Thlaspi arvense.*
Tlaspi. *Iberis umbellata.*
Tolut, Beaumier de Tolut. *Toluifera balsamum.*
Tomate. *Solanum lycopersicon.*
Topinambour. *Solanum tuberosum.*
Toque des Alpes. *Scutellaria alpina.*
Toque des marais. *Scutellaria galericulata.*
Toque. *Scutellaria galericulata.*
Tovomite. *Tovomita.* Aubl.
Torchepin. *Pinus sylvestris.*
Torchon. *Momordica luffa.*
Tordilier. *Tordilium officinale.*
Tormentille. *Tormentilla erecta.*

Tormentille. *Tormentilla repens.*
Tortelle. *Erysimum officinale.*
Tortue. *Chelone penstemon.*
Tourrétie. *Tourretia dombeia.*
Tourrette. *Turritis hirsuta.*
Tournesol. *Helyanthus annuus.*
Toute-bonne. *Salvia sclarea.*
Toute-épice. *Nigella arvensis.*
Toute-saine. *Hypericum androsœmum.*
Trèfle. *Trifolium pratense.*
Trèfle bitumineux. *Psoralea bituminosa.*
Trèfle d'eau. *Menianthes nymphoides.*
Trèfle hémoroïdal. *Lotus hirsuta.*
Trèfle jaune. *Lotus corniculata.*
Trèfle rouge. *Trifolium incarnatum.*
Tremble. *Populus tremula.*
Trenasse. *Polygonum aviculare.*
Trientale. *Trientalis.*
Trinitaire. *Anemone hepatica.*
Triolet. *Trifolium pratense.*
Trique-madame. *Sedum album.*
Troene. *Ligustrum vulgare.*
Trolle. *Trollius europeus.*
Trompe d'éléphant. *Elephas italica.*
Truffe. *Lycoperdon tuberosum.*
Tubéreuse. *Polyanthes tuberosa.*
Tubéreuse bleue. *Crinum africanum.*
Tue-chien. *Colchicum autumnale.*
Tue-loup. *Aconitum lycoctomum.*
Tulipe. *Tulipa gesneriana.*
Tulipier. *Liriodendron tulipi-fera.*
Tulipier du cap. *Hœmanthus puniceus.*
Tupelo. *Nyssa aquatica.*
Turbith bâtard. *Thapsia villosa.*
Turquette. *Herniaria glabra.*
Turquie. *Zea mays.*
Turrette. *Turritis , glabra.*
Tussilage. *Tussilago farfara.*
Tytymale. *Euphorbia.* ★ ★ ★

U.

Usnée. *Hypnum triquetrum.*
Urquin. *Hypnum* ★ ★ ★.

Utriculaire. *Utricularia vulgaris.*
Utrifère. *Parthenium hysterophorus.*

V.

VACIET. *Hyacinthus comosus.*
Valériane. *Valeriana officinalis.*
Valériane grèque. *Polemonium cœruleum.*
Vampi de la Chine. *Cookia* ★ ★ ★.
Vanguier. *Vangueria.* Juss.
Vanille. *Epidendrum vanilla.*
Veillame. *Colchicum autumnale.*
Vélar. *Erysimum officinale.*
Velvotte. *Antirrhinum spurium.*
Verge à pasteur. *Dipsacus fullonum.*
Verge d'or. *Solidago virga aurea.*
Vergne. *Betula alnus.*
Vermiculaire. *Sedum acre.*
Verne. *Betula alnus.*
Vernis. *Rhus vernix.*
Véronique. *Veronica officinalis.*
Véronique. *Lychnis flos cuculi.*
Verrare. *Veratrum album.*
Verveine. *Verbena officinalis.*
Vesce. *Vicia sativa.*
Viédase. *Solanum melongena.*
Vigne. *Vitis vinifera.*
Vigne blanche. *Bryonia alba.*
Vigne folle. *Hedera quinque-folia.*
Vigne de Judée. *Solanum dulcamara.*
Vinaigrier. *Rhus tiphyna.*
Violette. *Viola odorata.*
Violette marine. *Campanula medium.*
Violier. *Cheiranthus keiri.*
Violon. *Rumex pulcher.*
Viorne. *Viburnum lantana.*
Vipérine. *Echium vulgare.*
Volant d'eau. *Myriophyllum spicatum.*
Vominoïde. *Celastrus scandens.*
Vomique. *Strychnos nux vomica.*
Vulnéraire. *Anthyllis vulneraria.*
Vulpine. *Alopecurus pratensis.*
Vulvaire. *Chenopodium vulvaria.*

X.

XERANTHÈME. *Xeranthemum annuum.*
Xislosteon. *Lonicera xilosteum.*

Y.

YÈBLE. *Sambucus ebulus.*
Yeuse. *Quercus ilex.*
Yucca. *Yuca gloriosa.*
Yvroie. *Lolium temulentum.*

Z.

ZEDOAIRE. *Kœmpferia galanga.*
Zénigole. *Salix viminalis.*
Zinnie. *Zinnia multiflora.*
Zizanie. *Lolium temulentum.*

TABLE CONCORDANTE

DES DÉNOMINATIONS DIVERSES

ASSIGNÉES A CERTAINES PLANTES;

Par TOURNEFORT, LINNÉ, JUSSIEU, et d'autres savans Naturalistes ; avec les noms français.

A.

ABIES, Tournef. Pinus, Linné. *Sapin.*
Ablania, Jussieu.
Abroma, Linné ; supl. Theobroma, Linné.
Abronia, Jussieu.
Abrotanum, Tournef. Artemisia, Linné. *Aurone.*
Abrus, Linné. Orobus, Tournef.
Absinthium, Tournef. Artemisia, Linné. *Absinthe.*
Abuta, Jussieu.
Abutilon, Tournef. Sida, Linné. *Mauve des Indes.*
Acacia, Tournef. Mimosa, Linné. *Acacie.*
Acœna, Jussieu.
Acalypha, Jussieu.
Acanthus, Tournef. Linné. *Acanthe.*
Acer, Tournef. Linné. *Erable.*
Acetosa, Tournef. Rumex, Linné. *Oseille.*
Achillea, Lin. Millefolium, T. Ptarmica, T. *Millefeuille.*
Achimenes, Jussieu.
Achirophorus, V. Seriola, Linné. Hieracium, Tournef.
Achnida, Linné.
Achrus, Linné. Sapota, Pl. *Sapotillier.*
Achyranthes, Linné. *Cadelari.*
Acisanthera, Brovvn. Rhexia, Linné.
Aciva, Jussieu. *Coupi de Cayenne*
Aconitum, Tournef. Linné. *Aconit.*
Acorus, Tournef. Linné. *Acorus.*
Acourea, Jussieu.

Acrosticum, Tournef. Linné. *Acrostic.*
Actœa, Lin. Christophoriana, Tournef. *Herbe St. Christophe*
Adansonia, Linné. *Baobad du Sénégal.*
Adathoda, Tournef. Justicia, Linné. *Carmentine.*
Adelia, Linné.
Adenanthera, Linné. *Condori.*
Adenia, Jussieu.
Adenostema, Jussieu.
Adianthum, Tournef. Linné. *Capillaire.*
Adonis, Linné. Ranunculus, Tournef. *Adonide.*
Adoxa, Linné. Moschatellina, Tournef. *Moscatelle.*
Ægilops, Linné. Gramen, Tournef. *Egilope.*
Ægiphila, Linné
Ægopodium, Linné. Angelica, Tournef. *Podagraire.*
Ægopricon, Linné, S. Maprounea, Jussieu.
Ærua, Jussieu. Illecebrum, Linné.
Æschinomene, Linné. *Agaty.*
Æsculus, L. Hippocastanum, T. Pavia, Boer. *Marronier d'Inde.*
Æthusa, Linné. Cicuta, Tournef. Meum, Tournef.
Agaricus, Tournef. Linné; Boletus, Linné. *Agaric.*
Agotophyllum, Jus. Ravensara, Sonn. *Raven-tsara*
Agave, Lin. Aloe, Tournef. *Pitte. Maguey des Mexiquains.*
Ageratum, Linné. *Agérat.*
Ageratum, Tournef. Erinus, Linné.
Agrimonia, Tournef. Linné. *Aigremoine.*
Agrimonoides, Tournef. Agrimonia, Linné.
Agriphyllum, Jussieu. Cocrodilodes, Adans.
Agrostemma, Lin. Lychnis, Tournef. *Nigelle.*
Agrostis, Lin. Gramen, Tournef. *Acrostide.*
Agyneja, Linné.
Ahouai, Tournef. Cerbera, Linné.
Aira, Lin. Gramen, Tournef. *Foin.*
Aizoon, Lin. Ficoidea, Niss.
Ajovea, Jussieu. *Ajouvé.*
Ajuga, Lin. Bugula, Tournef. *Bugle.*
Alangium, Lamark. *Angolan.*
Alaternus, Tournef. Rhamnus, Lin. *Alaterne.*
Albuca, Lin. *Albuca.*
Alcea, Tournef. Malva, Lin. *Alcée.*
Alchimilla, Tournef. Lin. *Alchimille, Pied-de-Lion.*
Aldrovanda, Lin. *Aldrovande.*
Aletris, Linné. *Aletris.*
Aleurites, Jussieu.
Alga, Tournef. Fucus, Linné. *Algue.*

Algoides, V. Zanichellia , Linné.
Alhagi, Tournef. Hedisarum , Linné.
Alisma, L. Ranunculus, T. Damasonium , V. *Plantain d'eau.*
Alisma , Lin. Damasonium , T. V. *Fluteau.*
Alkekengi, Tournef. Physalis , Lin. *Coqueret.*
Allamanda, Lin. Orelia , Aubl.
Alliona , Linné.
Allium , Tournef. Lin. *Ail.*
Allium , Lin. Cepa , Tournef. *Oignon.*
Allium , Lin. Porrum , Tournef. *Porreau.*
Allophyllus , Lin.
Alnus , Tournef. Betula , Lin. *Aune.*
Aloe , Tournef. Lin. *Aloès.*
Alopecurus, Lin. Gramen , Tournef. *Queue de Renard.*
Alpinia , Lin.
Alsinastrum , V. Elatine, Lin.
Alsine, Tourn. Lin. *Morgeline.*
Alsine , Tourn. Sagina , Lin.
Alsine , Tournef Mœringia , Lin. *Mœringe mousseuse.*
Alsine , Tourn. Spagula , Lin. *Spargoute.*
Alsine , Tourn. Glinus , Lin. *Glinole.*
Alsine , Tourn. Limosella , Lin. Plantaginella , V.
Alsinoides , V. Montia , Lin.
Alstonia , Linné.
Alstroemeria , Lin. *Lis des Incas.*
Alternanthera, Forsk. Illecebrum , **Lin.**
Althaea , Tourn. Lin. *Guimauve.*
Althaea , Tourn. Lavatera , Lin.
Alyssoides , Tourn. Alyssum , Lin.
Alysson , Tourn. Clypeola , Lin.
Alyssum , Tourn. Lin. *Alysson.*
Amanita , Hall. Fungus , Tourn. Agaricus , Lin. *Champignon.*
Amanoa , Jussieu.
Amaranthoides , Tourn. Gomphrena , Lin. *Amarantine.*
Amaranthus , Tourn. Lin. *Amarante.*
Amaranthus , Tourn. Celosia , Lin.
Amaryllis , Lin. Lilio-Narcissus , Tourn. *Lis St.-Jacques.*
Amasonia , Lin. S.
Amblatum , Tourn. Lathræa , Lin.
Ambleania , Juss.
Ambora, Juss. Tombourissa , Son. Mitridatea , Commers. *Tam-
boul. Bois-Tambour.*
Ambroma , L. S. Theobroma , Lin.
Ambrosia, Tourn. Lin. *Ambrosie.*

Ambrosinia, Lin. *Ambrosiene.*
Amellus, Lin. *L'Amellus.*
Amerimnon, Juss.
Amethystea, Lin. *Amethiste.*
Ammania, Lin.
Ammi, Tourn. Lin. *Ammi.*
Ammi, Tourn. Sium, Lin. Ammi.
Amomum, Lin. *Gingembre. Cardamome.*
Amorpha, Lin.
Amygdalus, Tourn. Lin. *Amandier.*
Amygdalus, Lin. Persica, Tourn. *Pêcher.*
Amyris, Lin.
Anabasis, Lin.
Anacampseros, Tourn. Sedum, Lin. *Orpin.*
Anacardium, L. Lamark. Semecarpus, L. S. *Anacarde.*
Anacardium, L. Cassuvium, Lamark. Acajou, T. *Acajou.*
Anacyclus, Lin. Cotula, Tourn.
Anagallis, Tourn. Lin. *Mouron.*
Anagallis, V. Centunculus, Lin. *Centenille.*
Anagyris, Tourn. Lin. *Bois puant.*
Ananas, Tourn. Bromelia, L. Karatas, Pl. *Ananas.*
Anapodophyllum, Tourn. Podophyllum, Lin.
Anasser, Juss.
Anastatica, Lin. Thlaspi, T. *Jerose. Rose de Jéricho.*
Anavinga, Lamark. Cascaria, Jaquin. Samida, L. Guedonia, Pl.
Anchusa, Lin. Buglossum, Tourn. *Buglose.*
Ancistrum, Juss.
Andira, Lamark. Angelin, Pl. *Angelin.*
Andrachne, Lin. Telephioides, Tournef.
Andromeda, Lin. Erica, Tourn. *Andromède.*
Andropogon, Lin. Gramen, Tournef.
Andropogon, Linné. Anthistiria. Linné, S.
Androsace, Tournef. Linné. Auricula ursi, Tourn. *Androselle.*
Androsace, Tournef. Diapensia, Linné.
Androsæmum, Tournef. Hypericum, Linné. *Toute-saine.*
Andryala, L. Eriophorus, V. Hieracium, T. *Andriale.*
Anemone, Tournef. Linné. *Anémone.*
Anemone, Linné. Pulsatilla, Tournef.
Anethum, Tournef. Linné. *Anet.*
Angelica, Tournef. Linné. *Angélique.*
Angelica, Tournef. Laserpitium, Linné.
Angelin, Pl. Andira, Lamark. *Angelin.*
Anguria, Linné. *Angourie.*
Anguria, Tournef. Cucumis, Linné.

Aniba, Jussieu.
Anoda, Cav. Sida, Linné.
Anona, Linné. Guanabanus, Pl. *Anone. Carossol. Cachimentier.*
Anonis, Tournef. Ononis, Linné. *Bugrane. Arrête-bœuf.*
Anredera, Jussieu.
Anthemis, L. Chamæmelum, T. Buphtalmum, T. Cotula, T. *Camomille.*
Anthericum, Tournef. Liliastrum, Linné. *Lys Saint-Bruno.*
Anthericum, Linné. Phalangium, Tournef.
Anthericum, Linné. Asphodelus, Tournef.
Anthistiria, L. S. Audropogon, L.
Anthoceros, L. *Anthocère.*
Antholiza, Linné. *Antholise.*
Anthospermon, Linné.
Anthoxanthum, Linné. Gramen, Tournef. *Flouve.*
Anthyllis, L. Vulneraria, T. Barba jovis, T. Erinacea, T. *Anthyllide.*
Antichorus, Linné.
Antiderma, Linné.
Antirrhoa, Jussieu.
Antirrhinum, Tourn. Lin. Asarina, Tourn. Linaria. T. *Muflier.*
Apactis, Jussieu.
Apalotea, Jussieu.
Aparine, Tournef. Asperula, Linné. *Grateron.*
Apeiba, Jussieu. Sloanea, Linné.
Aphaca, Tournef. Lathyrus, Linné.
Aphanes, Linné. Alchimilla, Tournef. *Percepier.*
Aphyllanthes, Tournef. Linné. *Bragalou.*
Aphyteia, Linné. Hydnora, Thunb.
Apium, Tournef. Linné. *Ache, Persil.*
Apium, Tournef. Bubon, Linné. *Persil de Macédoine.*
Apluda, Linné.
Apocinum, Tournef. Linné. *Apocin.*
Aponogeton, Linné.
Aporetica, Jussieu.
Aquartica, Linné.
Aquifolium, Tournef. Ilex, Linné. *Houx.*
Aquilaria, Lamark. *Garo, Bois d'aigle.*
Aquilegia, Tournef. Linné. *Ancolie.*
Aquilicia, Linné.
Arabis, L. Leucoïum, T. Turritis, T.
Arachis, L. Arachidna, Pl.
Arachidna, Pl. Arachis, Linné.
Aralia, Tournef. Linné. *Aralie.*

Araliastrum, V. Panax, L.
Arapabaca, Pl. Spigelia, L.
Araucaria, Juss. Pinus, Mol. Dombeia, Lamark.
Arbutus, Tournef. Linné. *Arbousier.*
Arbortristis. Nyctanthes, Arbortristis, Linné.
Arctium, Dalech. Lamark. Berardia, Vill.
Arctium, L. Lappa, T. *Bardane. Glouteron.*
Arctopus, Linné.
Arctotheca, V. Arctotis, Linné.
Arctotis, Linné.
Arduina, Linné. Carissa, Linné. *Calac.*
Areca, Linné. *Arèque.*
Arenaria, Linné. Alsine, Tournef. *Sabline.*
Arethusa, Linné. Pogonia, Jussieu.
Aretia, Linné. Auricula ursi, Tournef.
Argemone, Tournef. Linné. *Argemone.*
Argolaria, Jussieu.
Argophyllum, L. S.
Argithamnia, Jussieu.
Arisarum, Tournef. Arum, Linné. *Pied-de-veau courbe.*
Aristotelia, l'Hérit. *Maqui du Chili.*
Aristida, Linné.
Aristolochia, Tournef. Linné. *Aristoloche.*
Armeniaca, Tournef. Prunus, Linné. *Abricotier.*
Arnica, Linné. Doronicum, Tournef. *Arnique.*
Arauna, Jussieu.
Artemisia, Tournef. Linné. *Armoise.*
Artemisia, Linné. Abrotanum, Absinthium, Tournef.
Arthedia, Linné. Thapsia, Tournef.
Artocarpus, L. S. *Jaquier. Rima. Fruit à pain.*
Aruba, Jussieu.
Arum, Tournef. Linné. *Gouet. Pied-de-veau.*
Arundo, Tournef. Linné. *Roseau.*
Asarina, Tournef. Antirrhinum, Linné. *Asarine.*
Asarum, Tournef. Linné. *Asaret. Cabaret.*
Ascarina, Jussieu.
Asclepias, Tournef. Linné. *Dompte-venin.*
Ascyrum, Linné. Hypericoides, Pl.
Aspalathus, Linné. *Aspalathe.*
Asparagus, Tournef. Linné. *Asperge.*
Asperugo, Tournef. Linné. *Rapette* ou *Porte-feuille.*
Asperula, L. Gallium, Aparine, Cruciata, T. *Aspérule.*
Asphodelus, T. L. *Asphodèle.*
Asplénium, T. L. *Cétérach.*

Assonia,

Assonia, Cav. Kœnigia, Commers.
Aster, T. L. *Aster.*
Asteriscus, T. Buphtalmum, L. *Astérisque.*
Asteroides, T. Buphtalmum, L.
Astragaloides, T. Phaca, L.
Astragalus, Tournef. Linné. *Astragale.*
Astragalus, Linné. Tradecantha, Tournef.
Astrantia, Tournef. Linné. *Astrance.*
Astronium, Linné.
Athamantha, L. Chærophyllum, Oreoselinum, T. *Athamaute.*
Athanasia, L. Santolina, T. Gnaphalium, T. *Athanasie.*
Athrodactylis, Forst. Pandanus, Rumph. Caida, Reed. Keura, Fosk.
Atractylis, Linné. Carlina, Cnicus, Tournefort.
Atragène, Linné. Clematitis, Tournef.
Atraphaxis, Linné.
Atriplex, Tournef. Linné. *Arroche.*
Atropa, L. Mandragora, Belladona, T. *Mandragore. Belladone.*
Aucuba, Jussieu.
Avena, Tournef. Linné. *Avoine.*
Averrhoa, Linné. *Carambolier. Bilimbi.*
Avicenia, Linné.
Aurantium, Tournef. Citrus, Linné. *Oranger.*
Auricularia, Jussieu.
Auricula ursi, Tournef. Primula, Linné. *Oreille d'ours.*
Axyris, Linné.
Ayenia, Linné.
Aylanthus, des Font.
Aytonia, L. S.
Azalea, Linné. Chamærodendros, Tournef. *Azalée.*
Azedarach, Tournef. Melia, Linné. *Azédarach.*
Azima, Lamarck. Monetia, l'Hérit.
Azolla, Lamark. Marsilea, Linné. Salvinia, Mich.
Azorella, Lamark. *Azorelle.*

B.

BACCARIS, Linné. Conyza, Tournef. *Baccante.*
Bacoba, Jussieu.
Badula, Jussieu.
Bæa, Jussieu. *Béole.*
Bæctea, Linné.
Bagassa, Jussieu. *Bagasse.*

Balanophora , Jussieu.
Balliera , Jussieu.
Ballota , Linné. Ballotte , Tournef. *Marrube noir.*
Balsamina , Tournef. Impatiens , L. *Balsamine.*
Baltimora , Linné.
Banara , Jussieu.
Banisteria , Linné. Acer , Pl.
Banksia , L. S.
Barba capræ , T. Spiræa , L. *Barbe de chèvre.*
Barba jovis , T. Anthyllis , L. *Barbe de Jupiter.*
Barbylus , Jussieu.
Barleria , L. *Barrelière. Colasseau.*
Barnadesia , L. S.
Barringtonia , L. S. Butonica , Lamark. Mammea , Linné.
    Commersona , Sonner. *Butonic.*
Bartsia , Linné. Pedicularis , Tournef.
Basilæa , Juss. Corona regalis , Dill. Fritillaria , L. *Couronne*
    royale.
Bassella , Linné. *Baselle.*
Bassia , Linné. *Illipé.*
Bassovia , Jussieu.
Batis , Linné.
Bauhinia , Linné. *Bohin.*
Befaria , Linné.
Begonia , Tourn. Lin. *Bégon.*
Belharnosia , Tourn. Sanguinaria , Linné.
Belladona , Tourn. Atropa , Linné. *Belladone.*
Bellis , Tourn. Linné. *Paquerelle.*
Bellium , Linné. Bellis , Tourn.
Bellonia , Linné.
Berardia , Vill. Arctium , Dalech. Lamarck.
Berberis , Tourn. Linné. *Vinetier. Epine-vinette.*
Bergera , Linné.
Bergia , Linné.
Bermudiana , Tourn. Sisyrinchium , Linné. *Bermudiène.*
Bernardia , Brow. Adelia , Linné.
Berthieria , Jussieu.
Besleria , Linné.
Beta , Tourn. Linné. *Bette. Poirée.*
Betonica , Tourn. Linné. *Bétoine.*
Betonica , Tourn. Stachis , Linné.
Betula , Tourn. Linné. *Bouleau.* Alnus , Tourn. *Aulne.*
Bidens , Tourn. Linné. *Le Bidens.*
Bidens , Tourn. Eclipta , Linné.

Bignonia, Tourn. Linné. *Bignone.*
Bignonia, Tourn. Linné. Tecoma, Juss.
Bignonia, Linné. Jacaranda, Juss.
Bignonia, Tourn. Linné. Catalpa, Juss.
Bihai, Pl. Heliconia, Linné.
Bipinnula, Commers. Arethusa, L. S.
Biscutella, Linné. Thlaspidium, Tourn. *Lunetière.*
Bisserula, Linné. Pelecinus, Tourn. *Astragale pelécin.*
Bistorta, Tourn. Polygonum, Linné. *Bistorte.*
Bixa, Linné. Mitella, Tourn. *Rocou.*
Bladhia, Juss.
Blæria, Linné.
Blakea, Linné.
Blakwelia, Commers.
Blasia, Linné.
Blattaria, Tourn. Verbascum, Linné. *Blattaire.*
Blatti, Rheed. Sonneratia, Lamark. *Pagapate.*
Blechnum, Linné.
Blepharis, Juss. Acanthus, Linné.
Blittum, Linné. *Blette.*
Blittum, Tourn. Amaranthus, Linné.
Bobartia, Linné.
Bocconia, Tourn. Linné. *Boccone.*
Boehmeria, Jacq. Caturus, Linné.
Boerrhavia, Linné. *Boerrhave.*
Bolax, Commers.
Boletus, Tourn. Phallus, Linné. *Satyre.*
Boletus, Tourn. Phallus, Linné. *Morille.*
Boletus, Linné. Suillus, Hall. Fungus, Tourn. *Cèpe.*
Boletus, Linné. Agaricus, Tourn. *Agaric.*
Bombax, Linné. Ceiba, Pl. *Fromager.*
Bonduc, Pl. Guilandina, Linné. *Bonduc, Guenipier.*
Bontia, Linné. *La Bontia.*
Borassus, Linné. Lontarus, Rumph. *Rondier. Lontar.*
Borbonia, Linné. *Bourbonoise.*
Borrago, Tournef. Linné. Cynoglossoides, Isn. *Bourrache.*
Bosea, Lin. S.
Bouati. Lin. Commers. Soulamea, Lamark. *Bouati du Beng.ale.*
Brabejum, Linné. *Brabéje.*
Brachyglottis, Jussieu.
Brassica, Tourn. Linné. *Chou.*
Brassica, Linné. Napus, Tourn. *Navet.*
Brassica, Linné. Rapa, Tournef. *Rave.*
Brassica, Linné. Eruca, Tourn. *Roquette.*

Bratys, Lin. S.
Breynia, Pl. Capparis, Tourn. Linné. *Caprier.*
Briza, Linné. Gramen, Tourn. *Amourette.*
Bromelia, Pl. Lin. Karatas, Pl. Ananas, Pl. Tourn. *Ananas.*
Bromus, Lin. Gramen, Tourn. *Droue.*
Brossæa, Linné.
Browallia, Lin. *Broualle.*
Brouvnea, Linné.
Brucea, Mill. l'Hérit.
Brunella, Tourn. Prunella, **Lin.** *Brunelle.*
Brunia, Lin. *Brunette.*
Brunichia, Jussieu.
Brunsfelfia, Linné.
Bryonia, Tourn. Lin. *Bryone. Couleuvrée.*
Bryonia, Pl. Melathria, Lin.
Bryum, Lin. Muscus, Tourn. *Bris.*
Bryum, Dill. Mnium, Lin. Muscus, Tourn.
Bubon, Lin. Apium, Tourn. Ferula, T. *Persil de Macédoine.*
 Bubon.
Buchnera, Lin. *Buchner.*
Bucida, Lin. *Grignon.*
Budleja, Lin. *Budléje.*
Bufonia, Lin. *Buffon.*
Buginvillæa, Commers.
Buglossum, Tourn. Anchusa, Lin. Lycopsis, Lin. *Buglose.*
Bugula, Tourn. Ajuga, Lin. *Bugle.*
Bulbocastanum, Tourn. Bunium, Lin. *Suron. Terre-noix.*
Bulbocodium, Lin.
Bumalda, Juss.
Bunias, Lin. Erucago, Tourn. *Roquette sauvage.*
Bunium, Lin. Bulbocastanum, Tourn. *Suron Terre-noix.*
Buphtalmum, Tourn. Anthemis, Lin.
Buphtalmum, Lin. Asteroides, Asteriscus, Tourn. *Œil de bœuf.*
Buplevrum, Tourn. Lin. *Buplèvre. Oreille de lievre.*
Burmannia, Lin.
Bursa pastoris, Tourn. Thlaspi, Lin. *Bourse du berger.*
Bursera, Lin. *Gomart.*
Butomus, Tourn. Lin. *Butome. Jonc-fleuri.*
Butonica, Lamark. Barringtonia, Lin. S. Mammea, Linné.
 Butonic.
Buxbaumia, Lin. Muscus, Tourn. *La Buxbaumia.*
Buxus, Tourn. Lin. *Buis, Bouis.*
Byssus, Lin. *Bisse. Fleur d'eau.*
Bytneria, Lin.

C.

CAAPEBA, Pl. Cyssampelos , Pl.
Cabomba , Juss.
Cacalia , Tourn. Lin. Kleinhia, Lin. *Cacalie.*
Cacao , Pl. Theobroma, Lin. *Cacao. Cacaoye*
Cachrys , Tour. Lin. *Armarinte.*
Cacoucia , Juss.
Cactus, L. Melocactus, Cereus , J. Opuntia, T. Pereskia, Pl.
    Cacte. Cierge. Nopal.
Cadaba , Juss.
Cadamba , Sonner. Guettarda, L.
Cæsalpina , Lin. *Bresillet. Sapan.*
Caidbeja , Forsk. Forskalea , Lin.
Cainito , Pl. Chrysophyllum , Lin. *Caïmitier.*
Cakile , Tourn. Bunias , Lin.
Calamintha , Tourn. Melyssa , Lin. *Calament.*
Calamus , Lin. *Rotang.*
Calceolaria , Lin. *Calcéolaire.*
Calceolus , Tourn. Cypripedium , Lin. *Sabot.*
Calchas , Lin. *Calchas.*
Calcitrapa, V. Centaurea , Lin. Carduus , Tourn. *Chausse-trape.*
Calea, Lin. *Calée.*
Calendula, Lin. Caltha , Tourn. *Chausse-trape.*
Calinea , Juss.
Calla , Lin. *Calle des marais.*
Callicarpa, Lin.
Callicornia , Burm. Leisera , Lin.
Calligonum , Lin. Polygonoides, Tourn.
Callisia , Lin. *Callisie.*
Callitriche , Lin. Stellaria , V.
Callixene , Commers.
Calodendrum , Juss.
Calophyllum , Lin.
Caltha , Lin. Populago , Tourn. *Populage.*
Calumbra , Commers. Menispermum , Tourn. Lin.
Calycanthus , Lin.
Camara , Pl. Lantana , Lin.
Cambogia , Lin. *Guttier.*
Camelina , Dod. Myagrum , Tourn. Lin. *Cameline.*
Camellia , Lin. Tsubakki. *Kœmpt.*
Cameraria , Lin. *Camérière.*

Campanula, Tourn. Lin. *Campanule.*
Camphorata, Tourn. Camphorosma, Lin. *Camphrée.*
Camphorosma, Lin. Camphorata, Tourn. *Camphrée.*
Cananga, Juss.
Canarina, Lin. Campanula, Tourn.
Canarium, Linné.
Canella, Murk. Winterannia, Linné.
Canephora, Juss.
Canna, Lin. Cannachorus, Tourn. *Balisier.*
Cannabis, Tournef. Lin. *Chanvre.*
Cannabina, Tourn. Datisca, Lin. *Cannabine.*
Cannachorus, Tourn. Canna, Lin. *Balisier.*
Cansjera, Juss. Tsieron-Cansjeram, Rheed.
Cantharellus, Juss. Fungus, T. Agaricus, L. *Chanterelle.*
Cantharifera , Rumph. Nepenthes, Lin.
Canthium, Lamark. Gardenia, L. S. *Canti de l'Inde.*
Canthua, Juss. *Cantu du Pérou.*
Capnoides, Tournef. Fumaria Lin.
Capparis, Tourn. Lin. Breguia, Pl. *Câprier.*
Capraria, Linné.
Capri-folium, Tourn. Lonicera, Lin. *Chèvrefeuille.*
Capsella, Cœsalp. Bursa pastoris, Tourn. Thlaspi, Lin.
Capsicum, T. L. *Piment. Poivre de Guinée. Corail des jardins.*
Capura, Linné.
Caragana, Lamark. Robinia , Lin. *Caragan.*
Caraipa, Linné.
Cardamindum, T. Tropeolum, L. *Capucine. Cresson du Pérou.*
Cardamine, Tourn. Lin. *Cardamine. Cresson des prés.*
Cardiaca , T. Leonurus , L. *Agripaume. Cardiaque.*
Cardiospermum , Lin. Corindum, Tourn. *Pois de merveille.*
Carduus, Tournef. Lin. *Chardon.*
Carex, L. Cyperoides, T. Scirpoides, V. *Laiche. Caret.*
Carica, Lin. Papaya, Tourn. *Papayer.*
Carissa, Lin. Arduina, Lin. *Calac.*
Carlina, Tourn. Lin. *Carline.*
Carlinea, L. S. Pachira, Aubl.
Caroxilum, Juss.
Carpesium, Lin. Conyzoides, Tournef.
Carphalea , Juss.
Carpinus, Tourn. Lin. Ostrya, Mich. *Charme.*
Carpodetus, Juss.
Cartamus, Tournef. Lin. *Cartame. Safran bâtard.*
Carum, Lin. Carvi, Tournef. *Carvi.*
Carvi , Tournef. Carum , Lin. *Carvi.*

Caryocar, Lin. *Cariocar.*
Caryophyllata, Tournef. Geum, Lin. *Benoîte.*
Caryophyllata, Tournef. Dryas, Lin.
Caryophyllus, Lin. *Giroflier.*
Caryophyllus, Tournef. Dianthus, Lin. *Œillet.*
Caryota, Linné.
Cascaria, Jacq. Samyda, Lin.
Casia, Tournef. Ozyris, Lin. *Rouvet.*
Cassia, Tournef. Lin. *Casse.*
Cassia, Lin. Sena, Tournef. *Séné.*
Cassida, Tournef. Scutellaria, Lin. *Toque.*
Cassine, Linné.
Cassipourea, Juss.
Cassuvium, Lamark. Anacardium, Lin. *Acajou.*
Cassytha, Linné.
Castanea, Tournef. Fagus, Lin. *Châtaignier.*
Castilleja, L. S.
Casuarina, L. S. *Filao de Madagascar.*
Catalpa, Juss. Bignonia, Tournef. Lin. *Catalpa.*
Catanance, Tournef. Lin. *Cupidone.*
Cataria, Tournef. Nepeta, Lin. *Cataire.*
Catesbea, Linné.
Catha, Juss.
Cathimbium, Jus. Globa, L. Renealmia, L. *Catimban.*
Catinga, Jus.
Catonea, Jus.
Caturus, Lin. Bochmeria. Jacq.
Caucalis, Tournef. Lin. *Caucalide. Girouille.*
Ceanothus, Lin. Tubanthera, Commers.
Cecropia, L. Ficus, Plum. *Coulekin. Ambaiba. Bois-trompette.*
Cedrela, Lin. *Cedrèle.*
Cedrus, Tournef. Juniperus, Lin. *Cèdre.*
Celastrus, Lin. *Célastre.*
Celosia, Lin. Amaranthus, Tournef.
Celsia, Lin. Verbascum, Tournef.
Celtis, Tournef. Lin. Muntingia, Pl. *Micocouillier.*
Cenchrus, Lin. Gramen, Tournef.
Cenia, Commers. Cotula, Tournef. Lin.
Centaurea, Lin. Centaurium majus, T. Cyanus, T. *Centaurée. Ambrette.*
Centaurium majus, T. Centaurea, L. *Grande Centaurée.*
Centaurium minus, T. Gentiana, L. *Centaurelle. Petite Centaurée.*
Centunculus, Lin. Anagallis, V. *Centenille.*

Ceodes, Juss.
Cepa, Tourn. Allium, Lin. *Oignon..*
Cephalanthus, L. Platanocephalus, V. *Céphalante. Bois-bouton.*
Cerastium, Lin. Myosotis, Tournef. *Céraiste.*
Cerasus, Tournef. Prunus, Lin. *Cerisier.*
Ceratocarpus, Lin. Ceratoides, Tournef.
Ceratonia, Lin. Siliqua, Tournef. *Caroubier.*
Ceratophyllum, Lin. *Cératophylle.*
Ceratosanthes, Adams. Anguria, Pl.
Ceratostema, Juss.
Cerbera, Lin. Ahouai, Tournef. *Ahouai.*
Cercis, Lin. Siliquastrum, Tournef. *Gainier.*
Cercodea, Lamark. Tetragonia, L. S.
Cereus, J. Cactus, Lin. *Cierge.*
Cerinthe, Tournef. Lin. *Mélinet.*
Ceropegia, Lin. Apocinum, Tournef.
Ceruana, Juss.
Cestrum, Lin. Jasminoides, Tournef. *Cestreau.*
Chærophyllum, Tournef. Lin. *Cerfeuil.*
Chærophyllum, Lin. Myrris, Tournef. *Cerfeuil odorant.*
Chamæcerasus, Tourn. Lonicera, Lin. *Chamœrisier.*
Chamædris, Tournef. Teucrium, Lin. *Germandrée.*
Chamælea, Tournef. Cneorum, Lin. *Camelée.*
Chamæmelum, Tournef. Anthemis, Lin. *Camomille.*
Chamæuerion, Tournef. Epilobium, Lin. *Laurier-Rose.*
Chamæpythis, Tournef. Teucrium, Lin. *Yvette.*
Chamærodendros, Tournef. Rhododendron, Lin. *Rosage.*
Chamærops, Lin. *Palmier-éventail.*
Chara, V. Lin. *Charaigne.*
Cheiranthus. Lin. Leucoium, Hesperis, Tournef. *Giroflée.*
Chelidonium, Tournef. Lin. *Chélidoine. Eclaire.*
Chelidonium, Lin. Glaucium, Tournef. *Glauciene.*
Chelone, Lin. *Chelone.*
Chenopodium, Tourn. Lin. *Anserine. Patte-d'Oie.*
Cherleria, Linné.
Chimarrhis, Juss.
Chiococca, Linné.
Chionanthus, Lin. *Chionante.*
Chironia, Lin. *Chironie.*
Chlora, Lin. Centaurium minus, Tournef.
Chloranthus, l'Hérit. Nigrina, Thumb.
Chomelia, Juss.
Chondrilla, Tournef. Lin. *Chondrille.*
Chondrilla, Tournef. Prœnanthes, Lin.

Christophoriana , Tournef. Actea , Lin. *Christophoriane.*
Chrysanthemum , Tournef. Lin. *Chrysène.*
Chrysanthemum , Lin. Leucanthemum , Tournef. *Marguerite.*
Chrysitrix , Lin.
Chrysobalanus , Lin. Icaco , Pl. *Icaque.*
Chrysocoma , Lin. Conyza , Tournef. *Chrysocome.*
Chrysogonum , Linné.
Chrysophyllum , Lin. Caimito , Pl. *Caimitier.*
Chrysoplenium , Tournef. Lin. *Dorine. Saxifrage dorée.*
Chuncoa , Juss. *Chonco du Maragnon.*
Chuquiraga , Juss.
Cicca , Linné.
Cicer , Tournef. Lin. *Pois chiche. Garvance.*
Cichorium , Tournef. Lin. *Chicorée.*
Cicuta , Tournef. Conium , Lin. *Ciguë.*
Cicuta , Tournef. Æthusa , Lin.
Cicuta , Lin. Angelica , Tournef.
Cicutaria , Lamark. Cicuta , Lin. Angelica , Tournef.
Cimicifuga , Lin. *Cimicaire.*
Cinara , Tournef. Lin. *Artichaut. Cardon.*
Cinchona , Lin. *Quinquina.*
Cineraria , Lin. Jacobæa , Tournef.
Cinna , Lin.
Ciponima , Jus.
Circæa , Tournef. Lin. *Circée.*
Cirsium , Tournef. Cnicus , carduus , Lin.
Cissampelos , Lin. Caapeba , Pl.
Cissus , Lin. Vitis , Tournef.
Cistus , Tournef. Lin. *Ciste.*
Cistus , Lin. Helianthemum , Tournef. *Hélianthéme.*
Citharexylum , Lin. *Guittarin. Bois de guittare.*
Citrus , Tournef. Lin. *Citronier.*
Clandestina , Tournef. Lathræa , Lin. *Clandestine.*
Clathrus , Lin. *Clathre.*
Clausena , Juss.
Clavaria , Lin. Hypoxylum , Juss.
Clavaria , L. Coralloides , Tourn. Corallo fungus , V. *Clavaire.*
Claytenia , Lin.
Clematis , Lin. Clematitis , Tournef. *Clématite.*
Clematitis , Tournef. Clematis , Lin. *Clématite.*
Cleome , Lin. Synapistrum , Tournef. *Mozambé.*
Cleonia , Lin.
Clerodendrum , Lin.
Clethra , Lin.

Cleyera , Juss.
Clibadium , Juss.
Cliffortia , Juss.
Clinopodium , Tournef. Lin. *Clinopode.*
Clitoria , Lin. Ternatea , Tournef.
Clusia , Lin.
Clutia , Lin.
Clymenum , Tournef. Lathyrus , Lin.
Clypeola , Lin. Jonthlaspi , Alysson , Tournef.
Cneorum , Lin. Camelea , Tournef. *Camélée.*
Cnestis , Juss.
Cnicus , Tournef. Lin. Carthamus , Tournef. Circium , Tournef.
Cnicus , Tournef. Carthamus , Lin.
Cnicus , Tournef. Atractylis , Lin.
Cnicus , Tournef. Centaurea , Lin. Crocodilium , V.
Cochlearia , Tournef. Lin. *Cranson.*
Cocopsyllum , Juss.
Coccoloba , Lin. *Raisinier.*
Cocos , Juss. *Cocotier , Coco.*
Cordia , L. S.
Codon , Lin. *Codon.*
Coffea , Lin. Goffe , Rai. *Cafeyer , café.*
Coix , Lin. Lacryma , Job. Tourn. *Larmille , Larme de Job.*
Colchicum , Tournef. Lin. *Colchique.*
Coldenia , Lin.
Colinsonia , Lin.
Colletia, Commers.
Colocynthis , Tournef. Cucumis , Lin. *Concombre.*
Columnea , Lin. *Columnelle.*
Colutea , Tournef. Lin. *Baguenaudier.*
Comarum , Lin. Pentaphylloides , Tournef. *Comaret.*
Combretum , Lin.
Cometes , Lin.
Commelina , Lin. *Commeline.*
Commersonia , Lin. *Commerson.*
Commersonia , Soner. Mammea , Lin.
Camocladia , Lin.
Conferva , Lin. Alga , Tournef. *Conferve.*
Conium , Lin. Cicuta , Tournef. *Ciguë.*
Connarus , Lin.
Conobea , Juss.
Conocarpus , Lin.
Conoria , Juss. Conohoria , Aubl.
Convallaria , Lin. Lilium convallium , Tournef. *Muguet.*

Convolvulus , Tournef. Lin. *Lizeron.*
Conyza, Tournef. Lin. *Conyze.*
Conyza , Lin. Elychrysum, Tournef.
Conyza , Tournef. Baccharis , Lin. *Baccante.*
Conyzoides , Tournef. Carpesium , Lin.
Cookia, Juss. *Vampi de la Chine.*
Copaifera , Lin. Copaiva , Jacq. *Copahu.*
Coprosma. L. S.
Corallina , Tournef. Rupia , Lin.
Corallodendron , Tournef. Erythrina , Lin.
Corallo fungus , V. Clavaria, Lin. Coralloides , Tourn. *Clavaire.*
Coralloides , Tournef. Clavaria , Lin. Corallo fungus , V.
Corchorus , Tournef. Lin. Guazuma , Pl. *Corette.*
Cordia , Lin. Sebestena , CB. *Sébestier.*
Coreopsis , Lin. Bidens , Corona solis , Tournef.
Coriandrum , Tournef. Lin. *Coriandre.*
Coriaria , Lin. *Redoux.*
Corindum , Tournef. Cardiospermum , Lin.
Coris , Tournef. Lin. *Corise.*
Cornucopiæ , Lin.
Cornus , Tournef. Lin. *Cornouillier.*
Cornutia , Lin.
Corona imperialis , Tourn. Fritillaria , Lin. *Couronne impériale.*
Corona regalis , Dill. Fritillaria , Lin.
Corona solis , Tournef. Helianthus , Lin. *Soleil.*
Coronilla , Tournef. Emerus , Lin. *Coronille.*
Coronopus, Tournef. Plantago , Lin. *Corne de cerf.*
Corrigiola , Lin. Polygoni folia , V.
Cortusa , Lin. Auricula ursi , Tournef. *Cortuse.*
Corylus , Tournef. Lin. *Coudrier. Noisetier.*
Corymbium , Lin. *Corymbe.*
Corynocarpus , L. S.
Corypha , Lin. *Palmier.*
Coryspermum , Lin. *Corysperme.*
Cossignia , Juss.
Costus , Lin. *Le Costus.*
Cotinus , Tournef. Rhus , Lin. *Fustet des Corroyeurs.*
Cotula , Lin. *Le Cotula.*
Cotula , Tournef. Lin. Cenia , Commers.
Cotula , Lin. Ludbechia , Berg.
Cotula , Tournef. Anacyclus , Lin.
Cotyledon , Tournef. Lin. *Cotylet.*
Coublandia , Juss.
Couepia , Juss. *Couépi de Cayenne.*

Coumarouna , Juss. *Coumaroa de Cayenne.*
Courbaril , Pl. Hymenæa , **Lin.** *Courbaril.*
Couroupita , Juss.
Coussapea , Juss.
Coussarea , Juss.
Coutarea , Juss. Portlandia , **Lin.**
Coutoubea , Juss.
Crambe , Lin. Rapistrum , Tournef.
Craniolaria , Juss. *Craniole.*
Crassula , Lin. *Crassule.*
Cratægus , Tournef. Lin. ***Alisier.***
Cratægus , Lin. Mespilus , Tourn. ***Aubépin. Nèflier. Azérolier.***
Cratæva , Lin. Tapia , Pl.
Crenea , Juss.
Crepis , Lin. Hycracioides , V. Hierachium. Chondrilla , Tourn.
     Crépide.
Crescentia , Lin. Cujette. Pl. *Calebassier.*
Cressa , Lin. Quamoclit , Tournef.
Crinodendrum , Juss. *Patagua du Chili.*
Crinum , Lin. *Tubéreuse bleue.*
Crithmum , Tournef. Lin. *Baccile.*
Crocodilium , V. Centaurea , Lin. Carduus , jacea , Tournef.
Crocodilodes , Adams. Agriphyllum , **Juss.**
Crocus , Tournef. Lin. *Safran.*
Crossotylis , Juss.
Crotalaria , Tournef. Lin. *Crotalaire.*
Croton , Lin. Ricinoides , Tournef.
Crucianella , L. Rubeola , T. *Crucianelle.* ***Petite Garence.***
Cruciata , Tournef. Asperula , Lin.
Crucita , Lin. *Cruciette.*
Cucubalus , Tournef. Lin. *Canillet.*
Cucumis , Tournef. Lin. *Concombre.*
Cucurbita , Tournef. Lin. *Courge. Citrouille. Potiron.*
Cujete , Pl. Crescentia , L. *Calebassier.*
Cuminoides , Tourn. Lagæta , Linné.
Cuminum , L. Fæniculum , T. *Cumin. Fenouil.*
Cunila , Linné.
Cunonia , Linné.
Cupania , Linné.
Cuphea , Brow. Lythrum , Linné.
Cupressus , Tourn. Linné. *Cyprès.*
Curatella , Linné.
Curcuma , Linné.
Cururu, Pl. Paullinia , Linné.

Cuscuta, Tourn. Linné, *Cuscute.*
Cussonia, L. S.
Cyanella, L. S.
Cyanus, T. Centaurea, T. *Bluet. Barbeau. Aubifoin.*
Cyathus, Juss. Fungoides, Tourn. Peziza, Linné.
Cycas, Linné. *Cicas.*
Cyclamen, T. L. *Cyclame. Pain-de-Pourceau.*
Cydonia, T. Pyrus, L. *Coignassier. Poire de Coing.*
Cymbaria, Linné. *Cymbaire.*
Cynanchum, L. Apocynum, Periploca, T.
Cynocrambe, Tournef. Theligonum, Linné.
Cynoglossoides, Isn. Borrago, T. L. *Bourrache.*
Cynoglossum, T. L. *Cinoglose. Langue de chien.*
Cynometra, Linné.
Cynomorium, Linné.
Cynosurus, L. Gramen. T. *Crételle.*
Cyperodes, T. Carex, L. Scirpoides, V.*Laiche.*
Cyperus, Tourn. Linné. *Souchet.*
Cyperus, Tourn. Scirpus, L. *Scirpe.*
Cyphia, Berg. Lobelia, Linné.
Cypripedium, Linné. Calceolus, Tourn. *Sabot de la Vierge.*
Cyrilla, Linné. *Cyrille.*
Cytinus, Linné. Hypocistis, Tournef. *Hipociste.*
Cytiso genista, Tournef. Genista, Linné.
Cytisus, T. L. *Cytise.*

D.

DACTYLIS, Linné. Gramen, Tournef.
Dalbergia, L. S.
Dalea, Jussieu. Psoralea, Linné.
Dalechampia, Linné. *Daléchamp.*
Damasonium, Tournef. Alisma, L. *Flûteau. Plantain d'eau.*
Daphné, Linné. Thymelea, Tournef. *Garou.*
Datisca, Linné. Cannabina, Tournef. *Cannabine.*
Days, Lin.
Datura, Linné. Stramonium, Tournef. *Pomme épineuse.*
Daucus, Tournef. Linné. *Carotte.*
Deguelia, Jussieu. *Déguelé de Cayenne.*
Delphinium, Tournef. Linné. *Pied-d'alouette.*
Dens canis, Tournef. Erythronium, Linné. *Dent-de-chien.*
Dens leonis, T. Leontodon, L. *Dent-de-Lion. Pissenlit.*
Dens leonis, Tournef. Hyoseris, Linné. *Hioséride.*

Dentaria, Tournef. Linné. *Dentaire.*
Dentella, Jussieu.
Detarium, Jussieu. *Détard du Sénégal.*
Deutzia, Jussieu.
Dialium, Linné.
Diana, Commers. Dianella, Lamarck. Dracæna, Linné.
Dianella, Lamarck. Dracæna, Linné.
Dianthera, Linné.
Dianthus, Linné. Caryophyllus, Tournef. *Œillet.*
Diapensia, Linné. Androsace, Tournef. *Androsace.*
Dichandria, Linné.
Didelta, l'Hérit.
Diervilla, Lin. *Dierville.*
Digera, Juss.
Digitalis, Tournef. Lin. *Digitale.*
Digitalis, Tournef. Gratiola, Lin. *Gratiole.*
Digitaria, Hall. Panicum, Lin.
Dilatris, Berg. Vachendorfia, Lin.
Dillenia, Lin. *Dillaine.*
Dilivaria, Juss. Acanthus, Lin.
Diodia, Lin. *Diodia.*
Dionia, Lin.
Dioscorea, Lin.
Diosma, Lin.
Diospyros, Lin. Guiacana, Tournef. *Plaqueminier.*
Dipsacus, Tournef. Lin. *Cardiaire.*
Dirca, Lin. *Dirca.*
Disa, Juss.
Disandra, Lin.
Dobera, Juss. Tomex, Forsck.
Dodartia, Tournef. Lin. *Dodard.*
Dodecas, Lin.
Dodecatheon, Lin. *Giroselle. Dodecathéon.*
Dodonæa, Lin. *Dodonée.*
Dolichos, Lin. Phaesolus, Tournef. *Dolique.*
Doliocarpus, Juss.
Dombeja, Cav. Stewertia, Commers.
Donatia, Forst. Polycarpon, Lin.
Doræna, Juss.
Doronicum, Tourn. Lin. *Doronic.*
Dorstenia, Lin. *Contrayerva.*
Draba, Lin. Alysson. Lunaria, Tourn. *Drave.*
Dracæna, Lin. *Sang-dragon.*
Dracæna, Linn. Dianella, Lamark. Diana, Commers.

Dracocephalum , Tourn. Lin. *Dracocéphale*.
Dracocephalum , Lin. Moldavica , Tournef. *Moldavie*.
Dracontium , Lin. *Dragon*.
Dracunculus , Tournef. Arum , Lin. *Serpentaire*.
Drepania , Juss. Crepis , Lin. Hieracium , Tournef.
Drosera , Lin. Rossolis , Tournef. *Rossolis*.
Dryandra , Juss.
Dryas , Lin. Caryophyllata , Tournef.
Drymis , Juss.
Drypis , Lin. *Dripide*.
Duranta , Lin. *Durand*.
Durio , Lin. *Durion*.
Duroia , L. S.

E.

EBENUS , Commers. Diospiros , L. Guaiacana , T. *Ebénier*.
Ebenus , Lin. Erinacea , Tournef.
Echino-melocactus , Herm. Melocactus , Tournef. Cactus , Lin.
 Cacte. Cierge. Nopal.
Echinophora , Tournef. Lin. *Echinophore*.
Echinops , Lin. Echinopus , Tournef. *Echinope* ou *Boulette*.
Echioides , Tournef. Lycopsis , Lin. *Lycopsis*.
Echites , Lin. Apocinum , Pl.
Echium , Tournef. Lin. *Vipérine. Herbe aux vipères*.
Eclypta , Lin. Bidens , Tournef.
Ehretia , Lin. *Cabrillet*.
Ekebergia , Juss.
Elæagnus , Tournef. Lin. *Chalef*.
Elæocarpus , Lin. *Eléocarpe*.
Elate , Lin. *Elatine*.
Elaterium , Lin. *Elatère*.
Elaterium , Boerrh. Momordica , Lin.
Elatine , Lin. Alsinastrum , V. *Elatine*.
Elatostema , Juss. *Elastome*.
Elcaja , Juss.
Elephantropus , Lin. *Eléphant*.
Elephas , T. Rhinanthus , L. *Crête de coq. Trompe d'éléphant*.
Ellisia , Lin. *Ellisiène*.
Elycrisum , Tourn. Guaphalium , Lin. *Gnaphale. Immortelle*.
Elymus , Lin. Gramen , Tournef.
Embelia , Burm.
Embotrium , L. S.

Emerus , Tourn. Coronilla , Lin. *Coronille.*
Empetrum , Tournef. Lin. *Camarine.*
Emplevrum , Lamark. Diosma , Lin.
Encelia , Juss.
Endrachium, Juss. Umbertia, Comm. *Endrac de Madagascar.*
Enourea , Juss.
Epacris , L. S.
Eperua , Juss.
Ephedra , Tournef. Lin. *Raisin de mer.*
Ephemerum , Tournef. Tradescantha , Lin.
Epibaterium , Juss.
Epidendrum , Lin. Helleborine , Pl.
Epidendrum , Lin. Vauilla , Pl. *Vanille.*
Epigæa, Linné.
Epilobium, Lin. Chamœnerion , Tournef. *Epilobe.*
Epimedium, Tournef. Lin. *Chapeau d'Evêque.*
Epiphyllum , Herm. Cactus , Lin.
Equisetum , Tourn. Lin. *Prêle,* ou **Queue-de-cheval.**
Eranthemum , Lin. *Eranthème.*
Erhartha , Juss.
Erica , Tournef. Lin. *Bruyère.*
Erica , Tournef. Andromeda , Lin. *Andromède.*
Erigerou , Lin. Virga aurea. Aster , Tournef.
Erinacea , Tournef. Anthyllis , Lin.
Erinus , Lin. Ageratum , Tournef.
Eriocaulon , Lin. *Eriocaule.*
Eriocephalus , Lin. *Eriocéphale.*
Eriophorus , V. Andryala , Lin. Hieracium , Tourn. *Andriale.*
Eriophorum , Lin. Linagostris , Tournef.
Eriphia , Juss.
Erithalis , Lin. *Erithale.*
Eruca , Tournef. Brassica , Lin. *Roquette.*
Erucago , Tournef. Bunias , Lin. *Roquette sauvage.*
Ervum , Tournef. Linné. *Ers.*
Ervum , Lin. Lens , Tournef. *Lentille. Ers.*
Eryngium , Tournef. Linné. *Panicaut. Chardon roland.*
Erysimum , Tournef. Sysimbrium , Lin.
Erysimum , Tournef. Lin. *Velar.*
Erythrina , Lin. Corallodendron , Tournef.
Erythronium , Lin. Dens canis , Tournef. *Dent-de-chien.*
Erytroxylum , Lin. *Erilroxylle.*
Escallonia , L. S. *Escalone.*
Ethulia , Lin. *Ethulie.*
Eucalyptus , l'Hérit.

Euclea ,

Euclea, Lin. *Eucléène.*
Eugenia, Lin. Stavadium, Juss.
Eupatorium, Tournef. Lin. *Bois jacot. Bois de nèfle.*
Euphorbia, Lin. Tithymalus. Tithymaloides, Tournef.
Euphorbium, Is. *Euphorbe.*
Euphoria, Commers.
Euphrasia, Tournef. Lin. *Euphraise. Casse-lunette.*
Eurya, Juss.
Euryandra, Juss.
Evia, Juss.
Evolvulus, Lin. *Faux Liseron.*
Evonymus, Tournef. Lin. *Fusain. Bonnet de Prêtre.*
Exacum, Lin. *Gentianelle.*
Excæcaria, Lin. *Excécar.*

F.

FABA, Tournef. Vicia, Lin. *Fève.*
Fabago, Tournef. Zygophyllum, Lin.
Fœtidia, Juss.
Fagara, Lin. *Fagar.*
Fagonia, Tournef. Lin. *Fagon.*
Fagopyrum, Tournef. Polygonum, Lin. *Sarrazin.*
Fagræa, Juss.
Fagus, Tournef. Lin. *Hêtre. Fayard.*
Fagus, Lin. Castanea, Tournef. *Châtaignier.*
Falksia, Juss.
Faramea, Juss.
Fernelia, Juss.
Ferraria, Lin. Tigridia, Juss.
Ferrum equinum, Tournef. Hippocrepis, Lin. *Fer-à-cheval.*
Ferula, Tournef. Lin. *Férule.*
Ferula, Tournef. Bubon, Lin. *Persil de Macédoine.*
Festuca, Lin. Gramen, Tournef. *Fétuque.*
Fevillea, Lin. Nhaudiroba, Pl.
Ficaria, Dill. Ranunculus, Lin. *Renoncule ficaire.*
Ficoidea, Niss. Aizoon, Lin. *Ficoïde.*
Ficoides, Tournef. Mesembryanthemum, Lin. *Ficoïde..*
Ficus, Tournef. Lin. *Figuier.*
Ficus, Pl. Cecropia, Lin. *Ambaïba. Bois-trompette.*
Filago, Tournef. Lin. *Herbe à coton.*
Filicula, Tournef. Asplenium, Lin.
Filipendula, Tourn. Spiræa, Lin. *Filipendule.*

Filix, Tournef. Polypodium, Lin. *Fougère.*
Fissilia, Commers.
Flacartia, Juss.
Flagellaria, Lin. *Flagellante.*
Flaveria, Juss.
Fluvialis, V. Naias, Lin. Fucus, Tournef. *Nayade.*
Fœniculum, Tournef. Anetum, Lin. *Fenouil.*
Fœniculum, Tournef. Seseli, Lin. *Seseli.*
Fœniculum, Tournef. Cuminum, Lin. *Cumin.*
Fœniculum, Tournef. Sison, Lin. *Sison.*
Fœnum græcum, Tournef. Trigonella, Lin. *Fœnu grec.*
Folium polypi, Rhumf. Aralia, Tournef. Lin.
Fontinalis, Lin. Muscus, Tournef. *Fontinale.*
Forgesia, Juss.
Forskalea, Lin. Caidbeja, Forsk.
Forstera, L. S. *Forstere.*
Foterghilla, Lin.
Fragaria, Tournef. Lin. *Fraisier.*
Fragaria, Tournef. Sibbaldia, Lin.
Frangula, Tournef. Rhamnus, Lin. *Bourgène.*
Frankenia, Lin. *Franchéne.*
Fraxinella, Tournef. Dictamnus, Lin. *Fraxinelle.*
Fraxinus, Tournef. Linné. *Frêne.*
Fritillaria, Tournef. Linné. *Fritillaire.*
Fuchsia, Pl. Skinnera, Forsk. Dorvallia, Commers.
Fucus, Tournef. Linné. *Varec. Algue.*
Fucus, Tournef. Naïas, Linné. *Naïade.*
Fugosia, Juss. Cienfuegosia. Cav.
Fuirena, Jussieu.
Fumaria, Tournef. Linné. *Fumeterre.*
Fungoides, Tournef. Peziza, Linné. *Pezize.*
Fungoides, Tournef. Cyathus, Jussieu.
Fungus, Tournef. Agaricus, Linné. Amanita, Hall. *Champignon.*
Fungus, Tournef. Hydnum, Linné. *Erinacé.*
Fungus, Tournef. Boletus. Linné. *Cepe.*
Fungus, T. Agaricus, L. Cantharelhus, Jus. *Chanterelle.*
Fusanus, L. Colpoon, Berg. Thesium, L. S.

G.

GAHNIA, Jussieu.
Gadelupa, Lamarck. *Pongolote.*
Galanthus, Linné. Narcisso Leucoium, Tournef. *Perce-neige.*

Galardia , Jussieu. *Galardiene* ou *Gaillarde.*
Galaria , Jussieu.
Galax , Linné. *Galax.*
Gale , Tournef. Myrica , Linné. *Gale.*
Galega. Tournef. Linné. *Lavanèse.*
Galenia , Linné. *Galénie.*
Galeopsis , Tournef. Linné. *Galéopse. Chambreule.*
Galipea , Jussieu.
Gallium , Tournef. Galium , Linné. *Caille-lait.*
Gallium , Linné. Apparine , Tournef. *Grateron.*
Galopina , Jussieu.
Galvesia , Jussieu.
Garcinia , Linné. Mangostana , Rumph. *Mangoustan.*
Gardenia , Linné. *Gardenie.*
Garidella , Tournef. Linné. *Garidelle.*
Gastonia , Jussieu.
Gaultheria , Linné. Vitis idœa , Tournef.
Gaura , Linné. *Gaure.*
Gelsemium , Jussieu.
Geniostoma , Jussieu.
Genipa , Tournef. Linné. *Genipayer.*
Genista , Tournef. Linné. *Genet.*
Genista spartium , Tournef. Genista , Linné.
Genista spartium , Tournef. Ulex , Linné. *Ajouc.*
Genistella , Tournef. Genista , Linné.
Gentiana , Tournef, Linné. *Gentiane.*
Gentiana , L. Centaurium minus , T. *Petite Centaurée.*
Gentiana , Tournef. Svertia , Linné.
Geoffræa , Lin. Ulmari , Pis.
Geranium , Tournef. Linné. *Géraine. Bec-de-Grue.*
Gerardia , Linné. *Gerarde.*
Germanea , Lamarck.
Geropogon , Linné. Tragopogon , Tournef.
Gerunia , Jussieu.
Gesneria , Linné. *Gesnerie.*
Gethyllis , Linné. *Githylle.*
Geum , Linné. Caryophyllata , Tournef. *Benoite.*
Gevuina. *Gevuin du Chili.*
Gingidium , Jussieu.
Gisnoria , Lin. *Gisnorie.*
Gisekia , Lin.
Glablaria , Lin. *Glabarière.*
Glaucium , Lin. Chelidonium , Tournef. *Glauciène.*
Gladiolus , Tourn. Lin. *Glayeul.*

Glaux, Tourn. Lin. *Gloux.*
Glecoma, Lin. Calaminta, Tourn. *Lierre terrestre.*
Gleditsia, Lin. *Févier.*
Glinus, Lin. Alsine, Tourn. *Glinole.*
Globba, Linn. *Globbe.*
Globularia, Tourn. Lin. *Globulaire.*
Glochidium, Juss.
Gloriosa, Lin. *Superbe. Lis de Ceylan.*
Gluta, Lin. *Glutiéne.*
Glycine, Lin. Phaseolus, Astragalus, Tourn. *Apios.*
Glycyrrhisa, Tourn. Lin. *Réglisse.*
Gmelina, Lin. *Gmelin.*
Gnaphalium, Lin. Elychrysum, Tourn. *Gnaphale.*
Gnaphalium, Tourn. Athanasia, Lin.
Gnaphalodes, Tourn. Micropus, Lin.
Gnetum, Lin. Gnemon, Rumph.
Gnidia, Lin. *Gnide.* Gomozia, Lin. S. *Gomozia.*
Gomphrena, Lin. Amarantoides, Tourn. *Amarantine.*
Gonocarpus, Juss.
Gordonia, Lin. *Gordonia.*
Corteria, Lin. *Gorterie.*
Gossypium, Lin. Xylon, Tourn. *Coton.*
Gouania, Lin. *Gouan.*
Goupia, Juss. *Goupi.*
Gramen, Tourn. Schœnus, Antoxanthum, Phleum, Alopecurus,
    Phalaris, Holcus, Andropogon, Cenchrus, Œgilops, Aira,
    Melica, Dactylis, Cynosurus, Lolium, Elimus, Triticum,
    Bromus, Festuca, Poa, Bryza, Avena, Arundo, Nardus,
    Lygeum, etc. etc. Lin. *Graminées.*
Granadilla, T. Passiflora, Lin. *Grenadille. Fleur de la passion.*
Grangea, Juss.
Grangeria, Juss.
Gratiola, Lin. Digitalis, Tourn. Monnieria, Brown. *Gratiole.*
Grewia, Lin. *Grewie.*
Grias, Lin. *Griade.*
Grielum, Lin.
Grislea, *Grislée.*
Gronovia, Lin. *Gronovie.*
Grossularia, Tourn. Ribes, Lin. *Groseillier. Cassis.*
Grossularia, Tourn. Melastoma, Lin. *Mélastome.*
Guaiacana, Tourn. Diaspyros, Lin. *Plaqueminier.*
Guiaacum, Lin. *Gayac. Bois de Gayac.*
Guaiava, Tourn. Psidium, Lin. *Gayavier.*
Guanabanus, Pl. Anona, Lin. *Anone. Corossol. Cachiment.*

Guapurium , Juss. *Guapuru du Pérou.*
Guarea , Lin. Guidonia , Pl.
Guazuma, Pl. Theobroma , Lin.
Guettarda , Lin. *Guittarde.*
Guidonia, Pl. Guarea , Lin.
Guiera , Juss. *Guier du Sénégal.*
Guilandina , Lin. Bonduc , Pl. *Bonduc. Queniquier.*
Guilandina , Lin. Gymnocladus , Lamark. *Chicot.*
Guilandina , Lin. Morinda , J. B. *Ben. Noix de Ben.*
Gundelia , Tourn. Lin. *Gundelie.*
Gunnera , Lin. *Gunnerie.*
Gustavia , Lin. S. Pirigara , Aubl. *Gustave.*
Gymnocarpus , Juss.
Gymnocladus , Lamark. Guilandina , Lin. *Chicot.*
Gynopogon , Juss.
Gypsophylla , Lin. Lychnis , Tourn. *Gypsophyle.*

H.

HÆMANTHUS , Tourn. Lin.
Hæmatoxylum , Lin. *Campêche. Bois de Campêche.*
Halesia , Lin. *Halésie.*
Halleria , Lin. *Haller.*
Hamadrias , Juss.
Hamamelis , Lin. *Hammamélide.*
Hamelia , Lin. *Hamélie.*
Harmala , Tourn. Peganum , Lin. *Harmala.*
Hasselquistia , Lin. *Hasselquitiène.*
Hebe , Juss.
Hebenstretia , Lin. *Hebenstretia.*
Hedera , Tourn. Lin. *Lierre.*
Hedycaria , Juss.
Hedychium , Juss.
Hedyotis , Lin. *Hydiote.*
Hedypnois, Tourn. Hyoseris , Lin. Rhagadiolioides, V.
Hedysarum , Tourn. Lin. *Sainfoin.*
Hedysarum , Lin. Onobrychis , Tourn.
Hedysarum , Lin. Alhagi , Tourn. *Alhagi.*
Heisteria , Lin. *Heistère.*
Helenium , Lin. Corona solis , Tourn. *Soleil.*
Helianthemum , Tourn. Cistus , Lin. *Hélianthême.*
Helianthus , Lin. Corona solis , Tourn. *Soleil. Tourne-sol.*
Heliconia , Lin. Bihai , Pl.

Helicteres, Lin. Hisora, Pl.
Heliocarpus, Lin. *Heliocarpe.*
Heliophila, Lin. *Heliophyle.*
Heliotropium , Tourn. Lin. *Héliotrope.*
Helleborine, Tourn. Serapias , Lin. *Elleborine.*
Helleborus, Tourn. Lin. *Hellébore. Pied-de-griffon.*
Helleborus , Tourn. Isopyrum , Lin. *Isopyre. Renoncule.*
Helleborus, Tourn. Trollius , Lin. *Trolle globuleux.*
Helmintia, Juss. Helminthoteca, V. Hieracium , Tourn. Picris,
    Lin. *Picride.*
Helminthoteca, V. Hieracium , Tourn. Picris, Lin.
Helonias, Lin. *Hélonie.*
Helvella , Lin. *Monacelle.*
Hemanthus, Lin. *Hémanthe.*
Hemerocallis , Lin. Lilio asphodelus , Tourn. *Lis asphodèle.*
Hemimeris, L. S. *Hémimeride.*
Hemionitis , Lin. *Hémionite.*
Hepatica , V. Marchantia , Lin. *Hépatique.*
Heracleum , Lin. Spondylium , T. *Berce.*
Herba paris, Tourn. Paris, Lin. *Raisin de renard.*
Hericius , Juss. Hydnum , Lin. *Urquin.*
Hermannia, Tourn. Lin. *Herman.*
Hermas , Lin. *Hermas.*
Hermodactylus , Tourn. Iris , Lin. *Hermodactyle.*
Hernandia, Pl. L. *Hernand.*
Herniaria , Tourn. Lin. *Turquette. Herniole.*
Hesperis , Tourn. Lin. *Juliène. Girarde.*
Hesperis , Lin. Turritis , Tourn. *Turrette.*
Heuchera , Lin. *Heucher.*
Hibicus. Lin. Ketmia, Tourn. *Ketmie.*
Hibiscus, Lin. Pavonia , *Cav.*
Hieracioides, V. Crepis , L. Hieracium , Tourn.
Hieracium , Tourn. Lin. *Epervière.*
Hieracium, Lin. Dens leonis , Tourn. *Pissenlit.*
Hieracium , Tourn. Crepis , Lin. *Crépide.*
Hieracium, Tourn. Picris , Lin. *Picride.*
Hieracium , Tournef. Hypochæris , Lin. *Hypochœride.*
Hieracium, Tournef. Scriola , Lin.
Hieracium , Tourn. Andryala , Lin. *Andryale.*
Hillia, Lin. *Hillie.*
Hippocastanum, T. Æsculus, Lin. Pavia, Pl. *Marronier d'Inde.*
Hippocratea , Lin. Coa , Pl.
Hippocrepis, Lin. Ferrum equinum, Tourn. *Fer-à-cheval.*
Hippomane , Lin. Maucenilla , Pl. *Mancenilier.*

Hippophae, Lin. Rhamnoides, Tourn. *Argousier.*
Hippuris, Lin. Limnopeuce, V. *Pesse d'eau.*
Hirtella, Lin. *Hirtelle.*
Hoitzia, Juss.
Holcus, Lin. Gramen, Tourn. *Houlque.*
Holosteum, Lin. Alsine, Tourn. *Morgeline.*
Homalium, Jacq. Racoubea. Aubl.
Hopea, Lin. *Hopée.*
Hordeum, Tourn. Lin. *Orge.*
Horminum, Lin. *Ormin.*
Horminum, Tourn. Salvia, Lin. *Ormin.*
Hortensia, Juss.
Hottonia, Lin. Stratiotes, V. *Plumelle.*
Houmiria, Juss. Houmiri, Aubl.
Houstonia, Lin. *Houston.*
Houttuynia, Juss.
Hovenia, Juss.
Hudsonia, Lin. *Hudson.*
Hugonia, Lin. *Hugon.*
Humbertia, Commers. Endrachium, Juss. *Endrac.*
Humulus, Lin. Lupulus, Tourn. *Houblon.*
Hura, Lin. *Hura.*
Hyacinthus, Tourn. Lin. *Jacinthe.*
Hyacinthus, Lin. Muscari, Tourn.
Hyacinthus, Lin. Polyanthes, Tourn. *Tubéreuse.*
Hydnora, Thumb. Aphitheia, Lin.
Hydnum, Lin. Fungus, Tourn. *Erinace.*
Hydnum, Lin. Hericium, Juss. *Urchin.*
Hydrangea, Lin. *Hydrangée.*
Hydrastis, Lin. *Hydraste.*
Hydrocharis, Lin. Morsus ranæ, Tourn. *Morrène.*
Hydrocotyle, Tourn. Lin. *Ecuelle d'eau.*
Hydrolea, Lin. *Hydroline.*
Hydrophylax, Lin. S.
Hydrophillum, Tourn. Lin. *Hydrophyle.*
Hymenea, Lin. Courbaril, Pl. *Courbaril.*
Hyobanche, Lin. *Hyobanche.*
Hyosciamus, Tourn. Lin. *Jusquiame.*
Hyoseris, Lin. Dens leonis, Tourn. Taraxaconastrum, V.
Hypecoum, Tourn. Lin. Mnemosilla, Forsk.
Hypericoides, Pl. Ascyrum, Lin.
Hypericum, Tourn. Lin. *Millepertuis.*
Hypericum, Lin. Androsæmum, Tourn.
Hypericum, Lin. Ascyrum, Tourn. *Millepertuis quadrangulaire.*

Hypnum, Lin. Muscus, Tourn. *Hypne.*
Hypochæris, Lin. Hieracium, Tourn. *Hypocheride.*
Hypocistis, Tournef. Cytinus, Lin. *Hypociste.*
Hypoxis, Lin. *Hyppoxide.*
Hypoxilum, Juss. Agaricus, T. Corallofungus, V. Clavaria, L.
   Sphæria, Hall.
Hyppia, Lin. *Hippie.*
Hyptis, Juss.
Hyssopus, Tourn. Lin. *Hyssope.*
Hysterophorus, V. Parthenium, Lin.

J.

JABOROSA, Juss. *Jaborose.*
Jabotapita, Pl. Ochna, Lin.
Jacaranda, Juss. Bignonia, Lin.
Jacea, Tourn. Centaurea, Lin. *Jacée.*
Jacobæa, Tourn. Cineraria, Lin.
Jacobæa, Tourn. Senecio, Lin. *Jacobée.*
Jacquinia, Lin. *Jacquin.*
Jalapa, Tourn. Mirabilis, Lin. *Jalap. Belle-de-nuit.*
Jambolifera, Lin. *Jambonier.*
Jasione, Lin. Rapunculus, Tourn.
Jasminoides, Tourn. Lycium, Lin. *Lyciet.*
Jasminum, Tourn. Lin. *Jasmin.*
Jatropha, Lin. Ricinoides, Tourn. *Maniot.*
Iberis, Lin. Thlaspi, Tourn. Thlaspidium, Tourn.
Icaco, Pl. Chrysobalanus, Lin. *Icaque.*
Icica, Juss.
Ignatia, Lin. S. Strychnos, Lin. *Vomique.*
Ilex, Lin. Aqui-folium, Tourn. *Houx.*
Ilex, Lin. Quercus, Tourn. *Yeuse.*
Illecebrum, Lin. Paronychia, Tourn. *Panarine.*
Illecebrum, Lin. Ærua, Forsk.
Illicium, Linne. *Badiane.*
Imbricaria, Juss. *Bois de natte.*
Impatiens, Lin. Balsamina, Tourn. *Balsamine.*
Imperatoria, Tourn. Lin. *Impératoire.*
Imperialis, Juss. Corona imperialis, Tourn. Fritillaria, Linné.
   Couronne impériale.
Incarvillea, Juss.
Indigofera, Lin. *Indigotier.*
Inocarpus, Lin. S.

Inula, Lin. Aster , Tourn. *Aunée. Inule.*
Jonthlaspi , Clypeola, Lin. *Jonthlaspi.*
Ipomæa , Lin. Quamoclit, Tourn.
Iresine , Lin. *Irésine.*
Iris, Tourn. Lin. *Iris flambe.*
Iris, Lin. Xiphion, Tourn.
Iris, Lin. Hermodactylus, Tourn. *Hermodacte.*
Iris , Lin. Sisyrinchium, Tourn. *Bermudiane.*
Isatis , Tourn. Lin. *Pastel. Guède. Herbe à jaunir.*
Ischæmum, Lin.
Isnardia , *Isnarde.*
Isoetes , Lin. *Isoété.*
Isopyrum, Lin. Helleborus , Tourn.
Itea, Lin. *Itéène.*
Iva , Lin. Conyza, Tourn. Tarchonanthes , V.
Juglans , Lin. Nux , Tourn. *Noyer.*
Juncago, Tourn. Triglochin, Lin.
Juncus , Tourn. Lin. *Jonc.*
Jungermannia , Lin. Muscus, Tourn. Hepaticoides , V.
Jungia, Lin. S. *Jungius.*
Juniperus , Tourn. Lin. *Genèvrier.*
Juniperus , Lin. Cedrus, Tournef.
Juniperus, Tourn. Lin. Sabina , C. B.
Jussiæa, Lin. Onagra , Tourn.
Justitia, Lin. Adathoda , Tourn. *Carmentine.*
Ixia , Lin. *Iris ixia.*
Ixora , Lin. *Ixore.*

K.

KÆMPFERIA, Lin. *Zédoaire.*
Kali , Tourn. Salsola , Lin. *Soude.*
Kalmia , Lin. *Kalmie.*
Karatos , Pl. Bromelia , Lin. Ananas , Tourn. *Ananas.*
Ketmia , Tourn. Hybiscus , Lin.
Kiggellaria , Lin. *Kiggelar.*
Killingia, Juss.
Kirgalenia, Juss.
Kleinia , Lin. Cacalia , Tourn. *Cacalie.*
Kleinhovia, Lin.
Knautia , Lin. Scabiosa , V.
Knoxia, Lin. *Knoxiène.*
Kœnigia , Commers. Ruizia, Cav.
Krameria , Lin. Kuhnia, Lin.

L.

LACHNÆA, Lin.
Lacryma Job, Tourn. Coix, Lin. *Larme de Job. Larmille.*
Lactuca, Tourn. Lin. *Laitue pommée. Romaine.*
Lactuca, Tourn. Prænanthes, Lin.
Laëtia, Lin. *Laëtie.*
Lagerstroemia, Lin.
Lagetta, Juss. *Lagetto. Bois dentelle.*
Lagoecia, Lin. Cuminoides, Tourn.
Laguna, Juss.
Lagurus, Lin. *Lagurier.*
Lamium, Tourn. Lin. *Lamier.*
Lampsana, Tourn. Lapsana, Lin. *Lampsane.*
Lantana, L. Camara, Pl.
Lapathum, Tourn. Rumex, Lin. *Patience.*
Lappa, Tourn. Arctium, Lin. *Bardane. Glouteron.*
Lapsana, Tourn. Lampsana, Lin. *Lampsane.*
Larix, Tourn. Pinus, Lin. *Mélèze.*
Laserpitium, Tournef. Lin. *Laser.*
Latania, Commers. *Latanier de l'ile Bourbon.*
Lathræa, Lin. Clandestina, Tourn. *Clandestine.*
Lathyrus, Tourn. Lin. *Gesse.*
Lathyrus, Lin. Clymenum, Tourn.
Lathyrus, Lin. Aphaca, Tourn.
Lathyrus, Lin. Nissolia, Tourn.
Lavandula, Tourn. Lin. *Lavande.*
Lavandula, Lin. Stæchas, Tourn. *Stœchas.*
Lavatera, Tourn. Lin. *Lavatère.*
Lavatera, Lin. Althæa, Tourn.
Lavatera, Lin. Malva, Tourn.
Laugeria, Lin. *Laugier.*
Lauro-Cesarus, Tourn. Prunus, Lin. *Laurier-Cerise.*
Laurus, Tourn. Lin. *Laurier.*
Lauzonia, Lin. *Lauzun.*
Leœbea, Juss.
Lechea, Lin. *Léchéene.*
Lecythis, Lin. *Quatelé.*
Ledum, Linné. *Lédon.*
Leea, Linné. *Lée.*
Lemma, Jussieu. Marsilea, Linné.
Lemna, Linné. Lenticula, Tournef. *Lentille d'eau.*

Lens , Tournef. Ervum , Linné. *Lentille.*
Lentibularia , Tournef. Utricularia , Linné. *Utriçulaire.*
Lenticula , Tournef. Lemma , Linné. *Lentille d'eau.*
Lentiscus , Tourn. Pistacia , Lin. *Lentisque.*
Leontice , Lin. Leontopetalon , Tourn.
Leontodon , Lin. Dens leonis , Tourn. *Dent-de-lion.*
Leontopetalon , Tourn. Leontice , Lin.
Leonurus , Lin. Cardiaca , Tourn. *Agripaume.*
Leonurus , Tourn. Phlomis , Lin.
Lepidium , Tourn. Lin. *Passerage.*
Lepidium , Lin. Nasturtium , Tourn.
Leptospermum , Jussieu.
Leskea , Lin.
Leucanthemum , Tourn. Chrysauthemum , Lin. *Marguerite.*
Leucoium , Lin. Narciso leucoium , Tourn. *Perce-neige.*
Leucoium , Tourn. Cheiranthus , Lin. *Giroflée. Carantin.*
Leipera , Lin. *Leipère.*
Licania , Jussieu.
Lichen , Tourn. Lin. *Lichen.*
Lichenastrum , Dill. Jungermannia , Lin.
Licuala , Jussieu.
Lidbeckia , Berg. Cotula , Lin.
Ligusticum , Tourn. Lin. *Livêche.*
Ligusticum , Lin. Cicutaria , Tourn.
Ligustrum , Tourn. Lin. *Troène.*
Lilac , Tourn. Syringa , Lin. *Lila.*
Liliastrum , Tourn. Anthericum , Lin.
Lilio asphodelus , Tourn. Hemerocallis , Lin. *Lys asphodèle.*
Lilio hyacinthus , Tourn. Scilla , Lin.
Lilio narcissus , Tourn. Amaryllis , Lin.
Lilium convallium , Tourn. Convallaria , Lin. *Muguet.*
Limeum , Lin. *Limée.*
Limnopeuce , V. Hippuris , Lin. *Pesse.*
Limodorum , Lin. *Limodore.*
Limodorum , Tourn. Orchis , Lin.
Limon , Tourn. Citrus , Lin. *Citron.*
Limonia , Lin. *Limone.*
Limonium , Tourn. Statice , Lin.
Limosella , Lin. Alsine , Tourn. Plantaginella , V. *Limoselle.*
Linagrostis , Tourn. Eriophorum , Lin.
Linaria , Tourn. Antirrhinum , Lin. *Linaire.*
Linconia , Lin. *Linconie.*
Lindernia , Lin. *Linderniène.*
Lingua cervina. Tourn. Asplenium. Lin. *Langue-de-cerf.*

Linnæa , Lin. Campanula , Tourn.
Linum , Tourn. Lin. *Lin.*
Lipuria , Lin. *Lipur.*
Lippia , Lin. *Lippié.*
Liquidampar , Lin. *Liquidampar.*
Liriodendrum , Lin. *Tulipier.*
Lisianthus , Lin. *Lisianthe.*
Lithospermum , Tourn. Lin. *Gremil.*
Lithospermum , Tournef. Myosotis , Linné. *Scorpione. Gre*
    millet.
Littorella , Lin. Plantago , Tourn.
Loasa , Lin. Ortigia. Fevill.
Lobelia , Lin. Rapuntium. Trachelium , Tourn. *Lobelie.*
Loëflingia , Lin. *Loëflinge.*
Loëselia , Lin. *Loeselie.*
Lolium , Lin. Gramen , Tourn. *Ivroie.*
Lonchitis, Lin. *Lonchite.*
Lonchitis , Tourn. Polypodium , Lin.
Lonicera , Lin. Capri-folium. Periclimenum , Tourn.
Lonicera , Lin. Chamæcerasus. Xylosteon , Tourn.
Lonicera , Lin. Diervilla , Tourn.
Lontarus , Rumph. Borassus , Lin. *Lontar. Rondier.*
Lophanthus , Jussieu.
Loranthus , Lin. Lonicera , Pl.
Lotus , Tourn. Lin. *Lotier.*
Lotus , Lin. Dorychnium , Tourn.
Lucuma , Lin. *Lucumiène.*
Ludia , Jussieu.
Ludwigia , Lin. *Louisette.*
Luffa , Tourn. Momordica , Lin.
Lunaria , Tourn. Lin. *Lunaire.*
Lunaria , Tourn. Ricotia , Lin.
Lupinus , Tourn. Lin. *Lupin.*
Lupulus , Tourn. Humulus , Lin. *Houblon.*
Luteola , Tourn. Reseda , Lin. *Gaude,*
Luziola , Jussieu.
Lychnis , Tourn. Lin. *Lychnide.*
Lychnis , Tourn. Saponaria , Lin.
Lychnis , Tourn. Silene , Lin.
Lychnis , Tourn. Agrostema , Lin.
Lycium , Lin. Jasminoides , Tourn. *Liciet.*
Lycoperdon , Tourn. Lin. *Vesse-de-loup.*
Lycoperdon , Lin. Tuber , Tourn. *Truffe.*
Lycopersicon , Tourn. Solanum , Lin. *Tomate.*

Lycopodioides , Dill. Lycopodium , Lin.
Lycopodium , Lin. Muscus , Tourn.
Lycopsis , Lin. Pulmonaria. Buglossum , Tourn.
Lygeum , Lin. Gramen , Tourn. *Sparte.*
Lysimachia , Tourn. Lin. *Lysimachie.*
Lytrum , Lin. Salicaria , Tourn.
Lythrum , Lin. Parsontia , Brown.

M.

MABA , Jussieu.
Mabea , Jussieu. *Mabier.*
Macanea , Jussieu. Macahanea , Aubl.
Macoubea , Jussieu.
Macrochnemum , Lin.
Madia , Jussieu. *Madi du Chili.*
Mærua , Jussieu.
Mæsa , Jussieu.
Magnolia , Lin. *Magnolier.*
Mahernia , Lin. *Maherne.*
Mahurea , Jussieu.
Malachodendron , Jussieu. Stewartia , Lin.
Malachra , Lin. Malachoides , Pl.
Malacoides , Tourn. Malope , Lin.
Malanca , Jussieu.
Melacocca , Jussieu.
Malope , Lin. Malacoides , Tourn.
Malpighia , Lin. *Malpighie.*
Malva , Tourn. Lin. *Mauve. Alcée.*
Malva , Lin. Alcea , Tourn. *Alcée.*
Malvaviscus , Cav. Hibiscus , Lin. *Fausse-Mauve.*
Malus , Tourn. Pyrus , Lin. *Pommier.*
Mammea , Lin. Mamis , Pl.
Manabea , Jussieu.
Mancanilla , Pl. Hippomane , Lin. *Mancenilier.*
Mandragora , Tourn. Atropa , Lin. *Mandragore.*
Manettia , Lin. Nacibea , Aubl.
Mangifera , Lin. *Manguier.*
Mangles , Pl. Rizophora , Lin. *Manglier. Paletuvier.*
Manglilla , Jussieu.
Manisuris , Lin. *Manisurier.*
Manulea , Lin. Nemia , Berg.
Mapania , Jussieu.

Maprounea , Jussieu. Ægopricon , Lin. S.
Maranta , Lin. *Galanga.*
Marchantia , Lin. Hepatica , V. *Hépatique.*
Marjorana , Tourn. Origanum , Lin. *Marjolaine.*
Margaritaria , Lin. S. *Margueritaire.*
Margravia , Lin. *Margrave.*
Maripa , Jussieu.
Marrubiastrum , T. Syderitis , L. Stachys , L. Leonurus S.
Marrubium , Tourn. Lin. *Marrube.*
Marsilea , Mich. Jungermannia , Lin.
Marsilea , Lin. Lemna , Jussieu.
Martynia , Lin. *Bicorne.*
Massonia , Jussieu.
Mataiba , Jussieu.
Matelea , Jussieu.
Mathiola , Lin. *Mathiole.*
Matourea , Jussieu.
Matricaria , Tourn. Lin. *Matricaire.*
Mauritia , L. S. *Maurice.*
Mayaca , Juss.
Mayna , Juss.
Mays , Tournef. Zea , Lin. *Mais.*
Mayepea , Juss.
Mayeta , Juss.
Maytenus , Juss. *Mayten du Chili.*
Meborea , Juss.
Medeola , Lin. *Petite Luzerne.*
Medica , Tournef. Medicago , Lin. *Luzerne.*
Mclaleuca , Lin. *Mélalea.*
Melampodium , Lin. *Mélampode.*
Melampyrum , Tournef. Lin. *Mélampyre. Blé de vache.*
Melanthium , Lin. *Mélanthe.*
Melasma , Berg. Nigrina , Lin.
Melastoma , Lin. Grossularia , Tournef. *Mélastome.*
Melhania , Juss.
Melia , Lin. Azedarach , Tournef. *Azédarach.*
Melianthus , Tournef. Lin. *Méliante.*
Melica , Lin. Gramen , Tournef. *Mélique.*
Melicocca , Lin. *Miel coque.*
Mélicope , Juss.
Melicythus , Juss.
Melilotus , Tourn. Trifolium , Lin. *Mélilot.*
Melissa , Tournef. Lin. *Mélisse.*
Melissa , Lin. Calamintha , Tourn. *Calament.*

Melissa, Tourn. Mellitis, Lin. *Mélissot. Mélisse des bois.*
Mellitis, Lin. Melissa, Tournef. *Mélissot.*
Melo, Tournef. Cucumis, Lin. *Melon.*
Melocactus, Tournef. Cactus, Lin. *Cierge.*
Melochia, Lin. *Melochie.*
Melodinus, L. S. *Milodine.*
Melongena, Tournef. Solanum, Lin. *Mélongène.*
Melopepo, Tournef. Cucurbita, Lin. *Potiron.*
Melothria, Lin. Bryonia, Pl.
Memecylon, Lin. *Mémécyle.*
Menais, Lin.
Menispermum, Tournef. Lin. *Ménisperme.*
Mentha, Tournef. Lin. *Menthe.*
Mentzelia, Lin. *Mentzélie.*
Menyanthes, Tournef. Lin. *Méniante.*
Menyanthes, Lin. Nymphoides, Tournef. *Nymphéau.*
Mercurialis, Tournef. Lin. *Mercuriale.*
Merulius, Juss. Agaricus, Lin.
Meryta, Juss.
Mesembryanthemum, Lin. Ficoides, Tournef, *Ficoïde.*
Mespilus, Lin. Cratægus, Tourn. *Alisier.*
Mespilus, Tourn. Cratægus, Lin. *Aubépin.*
Messerchmidia, Lin. *Arguse.*
Mesua, Lin. *Mésue.*
Methonica, Juss. Gloriosa, Lin. *Superbe.*
Meum, Tourn. Æthusa, Lin.
Michelia, Lamark. *Champac de l'Inde.*
Micropus, Lin. Gnaphalodes, Tournef.
Milium, Tournef. Panicum, Lin. *Millet.*
Milium, Lin. *Mil.*
Mille-folium, Tourn. Achillea, L. *Mille-feuille.*
Milleria, Lin. *Millère.*
Millingtonia, L. S.
Mimosa, Tournef. Lin. *Sensitive.*
Mimosa, Lin. Acacia, Tournef, *Acacie.*
Mimulus, Lin. *Mimuse.*
Mimusops, Lin. *Mimusope.*
Minuartia, Lin. *Minuart.*
Mirabilis, Lin. Jalapa, Tournef. *Jalap. Belle-de-nuit.*
Misandria, Juss.
Mitchella, Lin. *Mitchelle.*
Mitella, Tournef. Lin. *Mitre.*
Mithridatea, Commers. Ambora, Juss. Tambourissa. *Sonner.*
 Tamboul. Bois-tambour.

Mniarium , L. S.
Mnium , Lin. Muscus , Tournef.
Mocanera , Juss. Visnea , L. S.
Mœringia , Lin. Alsine , Tournef.
Mogorium , Juss. Nyctanthes , Lin. *Mogory.*
Moldavica , Tournef. Dracocephalum , Lin. *Moldavie.*
Molinea , Juss.
Molle , Tournef. Schinus , Lin.
Mollugo , Lin. *Molluge.*
Molucca , Tournef. Molucella , Lin. *Moluque.*
Momordica , Tournef. Lin. *Pomme de merveille.*
Momordica , Lin. Luffa , Tournef. *Papangaye.*
Monarda , Lin. *Monarde.*
Monbin , Pl. Spondias , Lin. *Monbin.*
Monetia , l'Hérit. Azyma , Lamark.
Monnieria , Lin. *Monnier.*
Monnieria , Brown. Gratiola , Lin. *Gratiole. Herbe au pauvre
    homme.*
Monilifera , V. Osteospermum , Lin. *Porte-collier.*
Monotropa , Lin. Orobanchoides , Tourn. Hypopytis , Dill.
Monsonia , Lin. *Monson.*
Montia , Lin. Alsinoides , V.
Montinia , L. S. *Montinius.*
Montira , Juss.
Moquilea , Juss.
Moræa , Lin. *Morée.*
Morina , Tourn. Lin. *Morine.*
Morinda , Lin. Royoc , Pl. *Royoc.*
Moringa , J. B. Guilandina , Lin. *Noix de Ben. Ben.*
Morisonia , Lin. *Mabouïa d'Amérique.*
Moronobæa , Juss. *Mani.*
Morsus ranæ , Tourn. Hydrocharis , Lin. *Morrène.*
Morus , Tourn. Lin. *Meûrier.*
Moscharia , Juss.
Moschatellina , Tourn. Adoxa , Lin. *Moscatelle.*
Mourera , Juss.
Mouriria , Juss.
Mouroucoa , Juss. *Mauroucou de Cayenne.*
Moutabea , Juss.
Mucor , Lin. *Moisissure.*
Mullera , L. S. *Mullère.*
Munchaussia , Lin. *Monchaussie.*
Muntingia , Lin. *Montinga.*
Muntingia , Pl. Celtis , Tourn. Lin. *Micocouillier.*

Muraga ,

Muraya , Lin. *Mûrayier.*
Murucuia , Tourn. Passi-flora , Lin.
Musa , Tourn. Lin. *Bananier.*
Muscari , Tourn. Hyacinthus comosus , Lin.
Muscus , Tournef. Polytrichum , Mnium , Hypnum , Fontinalis.
　Bryum , Phascum , Sphagnum , Lycopodium , Lin.
Mussænda , Lin. *Mussœne.*
Mutisia , Lin. S. *Mutisie.*
Myagrum , Tourn. Lin. *Caméline.*
Myagrum , Tourn. Rapistrum , Lin.
Myginda , Lin. *Myginde.*
Myonyma , Juss.
Myosotis , Lin. Lithospermum , Tourn. *Scorpione.*
Myosurus , Lin. Ranunculus , Tourn.
Myrica , Lin. Gale , Tourn. *Gale.*
Myriophyllum , Lin. Potamogeton , Tourn. *Volant d'eau.*
Myriotheca , Juss.
Myristica , L. S. *Muscadier.*
Myrosma , L. S.
Myrospermum , L. S.
Myroxylum , Juss.
Myrrhis , Tourn. Chærophyllum , Lin. *Cerfeuil musqué.*
Myrsine , Lin. *Myrsine.*
Myrtus , Tournef. Lin. *Myrte.*

N.

NACIBEA , Aubl. Manettia , Aubl.
Naias , Lin. Fucus , Tourn. Fluvialis , V. *Naïade.*
Nama , Lin. *Nama.*
Nandina , Juss.
Napæa , Lin. *Napée.*
Napimoga , Juss.
Napus , Tournef. Brassica , Lin. *Navet.*
Narcisso-leucoium , Tournef. Leucoium , galanthus , Lin.
Narcissus , Tourn. Lin. *Narcisse.*
Nardus , Lin. Gramen , Tournef.
Narthecium , Juss. Phalangium , Tournef. Anthericum , Lin.
Nassauvia , Juss.
Nasturtium , Tourn. Lepidum , Lin. *Passe-rage.*
Nasturtium , Tourn. Cochlearia , Lin. *Cresson alenois.*
Nastus , Jussieu.
Nauclea , Lin. *Nauclée.*

Nectandra, Jussieu.
Nelumbium, Jussieu. Nymphea, Lin. *Nelumbo.*
Nepenthes, Lin. *Nepenthes.*
Nepeta, Lin. Cataria, Tourn. *Cataire.*
Nephelium, Lin. *Néphelie.*
Nerium, Tourn. Lin. *Laurier-rose.*
Neurada, Lin. *Neurade.*
Nicandra, Jussieu.
Nicotiana, Tourn. Lin. *Tabac.*
Nidus avis, Tourn. Ophrys, Lin.
Nigella, Tourn. Lin. *Nigelle.*
Nigrina, Lin. Meslasma, Berg.
Nipa, Jussieu. *Nipa.*
Nissolia, Lin. *Nyssolie.*
Nitraria, Lin. *Nytraire.*
Nolana, Lin. *Nolane.*
Nonatelia, Juss. *Azier.*
Norantea, Juss.
Nostoc, Tourn. Tremela, Lin. *Nostoc.*
Nux, Tournef. Juglans, Lin. *Noyer.*
Nyctago, J. Jalapa, T. Mirabilis, L. *Nyctage. Belle-de-nuit.*
Nyctantes, Lin. *Arbre triste.*
Nyctantes, Lin. Mogonium, Juss. *Mogori.*
Nymphea, Tournef. Lin. *Nénuphar.*
Nymphea, Lin. Nelumbium, Juss. *Nélumbo.*
Nymphoides, Tournef. Meuianthes, Lin. *Nimpheau.*
Nyssa, Lin. *Tulepo.*

O.

OBOLARIA, Lin. *Obolaire.*
Ochna, Lin. Jacotapita, Pl.
Ochrosia, Juss.
Ochrus, Tournef. Pisum, Lin.
Ocimum, Tournef. Lin. *Basilic.*
Ocotea, Juss.
Oëdera, Lin. *Oédère.*
Œnanthe, Tournef. Lin. *Œnanthé.*
Œnothera, Lin. Onagra, Tournef. *Onagre.*
Oftia, Adams. Lantana, Lin.
Olax, Lin. *Olax.*
Oldeulandia, Lin. *Oldenlandus.*
Olea, Tournef. Lin. *Olivier.*

Olyra, Lin. *Olyre.*
Omphalea, Lin. *Omphalée.*
Omphalodes, Tournef. Cynoglossum, Lin. *Petite Bourrache.*
Onagra, Tournef. Œnothera, Lin. *Onagre.*
Oncoba, Juss.
Onobrychis, Tournef. Hedisarum, Lin. *Sainfoin.*
Onoclea, Lin. Polypodium, Tournef.
Ononis, Lin. Anonis, Tournef. *Arête-boeuf.*
Onopordum, Lin. Carduus, Tournef. *Onoporde.*
Onosma, Lin. *Onosme.*
Ophrys, Tournef. Lin. *Ophryse.*
Ophrys, Lin. Nidus avis, Tournef.
Ophyoglossum, Tournef. Lin. *Ophioglose.*
Ophyorryza, Lin. *Ophyorhyze.*
Ophyoxylum, Lin. *Serpentine.*
Ophyra, Lin. *Ophyre.*
Opulus, Tournef. Viburnum, Lin. *Obier.*
Opuntia, Tournef. Cactus, Lin. *Cierge.*
Orchis, Tournef. Lin. *Orchis.*
Orchis, Lin. Limodorum, Tournef.
Orchis, Tournef. Satyrium, Lin.
Orelia, Aubl. Allamanda, Lin.
Oreoselinum, Tournef. Athamantha, Lin.
Origanum, Tournef. Lin. *Origan.*
Origanum, Lin. Marjorana, Tournef. *Marjolaine.*
Orixa, Juss.
Ornithogolum, Tournef. Lin. *Ornithogale.*
Ornithogalum, Tournef. Scilla, Lin. *Scille.*
Ornithopodium, Tournef. Ornithopus, Lin. *Pied-d'oiseau.*
Ornitrophe, Juss.
Ornus, Dalech. Fraxinus, Lin.
Orobanche, Tournef. Lin. *Orobanche.*
Orobanchoides, Tournef. Monotropa, Lin.
Orobus, Tournef. Lin. *Orobe.*
Orobus, Tournef. Abrus, Lin.
Orontium, Lin. *Oronge.*
Ortegia, Lin. *Ortégie.*
Orygia, Juss.
Oryza, Tournef. Lin. *Ritz.*
Osbeckia, Lin. *Osbekie.*
Osmites, Lin. *Osmite.*
Osmunda, Tournef. Lin. *Osmonde.*
Osmunda, Tournef. Polypodium, Lin.
Osteospermum, Lin. Monilifera, V. *Porte-collier.*

Ostrya, Michel. Carpinus, Tournef. Lin. *Charme.*
Osyris, Lin. Casia, Tournef. *Rouvet.*
Othera, Lin. *Othère.*
Othonna, Lin. Jacobæa, Tournef.
Ovieda, Lin. Valdia, Pl.
Ouratea, Juss.
Ourisia, Juss.
Outea, Juss.
Oxis, Tournef. Oxalis, Lin. *Surelle.*
Oxycoccus, Tournef. Vaccinium, Lin. *Canneberge.*
Oxys, Tournef. Oxalis, Lin. *Alleluia. Surelle.*

P.

PACHIRA, Aubl. Carolinea, L. S.
Pacouria, Juss.
Pacourina, Juss.
Padus, J. B. Prunus, Lin. *Putier.*
Pæderia, Lin. *Pœderie.*
Pæderota, Lin. *Pœderote.*
Pæonia, Tournef. Lin. *Pivoine.*
Pagamea, Juss.
Palava, Juss.
Paliurus, Tournef. Rhamnus, Lin. *Paliure.*
Pallasia, Lin. Pterococcus, Pall.
Paloue, Aub. Palovea, Juss. *Paloué.*
Pamea, Juss. *Pamier.*
Panax, Lin Araliastrum, V. *Ginseng.*
Pancratium, Lin. *Lis de Mathiole.*
Pandanus, Rumph. Kaida, Rheed. Keura, Forsk. Atrodactylis,
    Forts.
Panicum, Tournef. Lin. *Panis.*
Panicum, Lin. Digittaria, Hall.
Panicum, Lin. Milium, Tournef. *Millet.*
Papaver, Tournef. Lin. *Pavot.*
Papaya, Tournef. Carica, Lin. *Papayer.*
Paralea, Juss.
Pardisium, Juss.
Pariana, Juss.
Parietaria, Tournef. Lin. *Pariétaire.*
Pariuari, Aubl. Parinarium, Juss. *Parinari de Cayenne.*
Paris, Lin. Herba Paris, Tournef. *Raisin de Renard.*
Parivoa, Juss.

Parkinsonia, Lin. Sigaline, Parkinset.
Parnassia, Tournef. Lin. *Parnassie des Marais.*
Paronychia, T. Illecebrum, L. *Panarine. Herbe au panaris.*
Parsonsia, Brovv. Lythrum, Lin.
Parthenium , Lin. Hysterophorum , V.
Paspalum, Lin. *Paspale.*
Passerina, Lin. Tymelea, Tournef. *Passerine.*
Passiflora, L. Grenadilla, T. *Grenadille. Fleur de la Passion.*
Passiflora, Lin. Murucuia, Tournef.
Pastinaca, Tournef. Lin. *Panais. Pastenade.*
Patabea , Juss.
Patagonula, Lin. *Patagone.*
Patima, Juss.
Pavetta, Lin. *Pavette.*
Pavia, Bœrrh. Œsculus, Lin. Hippocastanum, T. *Marronnier*
　d'Inde.
Paullinia, Lin. Serjania, Pl. Cururu, Pl. *Cururu.*
Pavonia, Cav. Hibiscus, Lin.
Paypayrola, Aubl. Payrola , Juss.
Pectia , Lin. *Pectide.*
Pedalium, Lin. *Pédalie.*
Pedicularis , Tournef. Lin. *Pédiculaire.*
Pedicularis , Tourn. Rhinanthus , Lin.
Pedicularis , Tourn. Bartsia , Lin.
Peganum , Lin. Harmala , Tournef. *Harmala.*
Pekea , Juss. *Pékéa de Cayenne.*
Pelargonium , Burm. Geranium , Tourn. Lin. *Géraine.*
Pelecinus , Tourn. Bisserula , Lin. *Astragale pélecin.*
Peltaria , Lin. *Peltaire.*
Pemphis , Forst. Lythrum , L. S.
Penæa , Lin. *Pénééne.*
Penar valli , Rheed. Zanonia , Lin.
Pennantia , Juss.
Pentapetes , Lin. *Pentapète.*
Pentaphylloides , Tournef. Potentilla , Lin. *Potentille.*
Penthorum , Lin. *Penthora.*
Peplis , Lin. Glaux , Tourn. *Gloux.*
Pepo , Tourn. Cucurbita , Lin. *Pépon.*
Perama , Juss.
Perchea , Juss.
Perdicium , Lin. *Perdique.*
Pereskia , Pl. Cactus , Lin. *Cierge.*
Pergularia , Lin. *Pergule.*
Periclymenum , Tourn. Capri-folium , Lin.

A a 3

Perilla , Lin. *Pérille.*
Periploca , Tourn. Lin. *Périploca.*
Periploca , Tourn. Cynauchum , Lin.
Perpensum , Burm. Gurnera , Lin.
Persica , Tourn. Amygdalus , Lin. *Pécher.*
Persicaria , Tournef. Polygonum , Lin. *Persicaire.*
Pervinca , Tourn. Vinca , Lin. *Pervenche.*
Petasites , Tourn. Tussilago , Lin. *Pétasite.*
Petesia , Lin. Lygistrum , Brown.
Petitia , Juss.
Petiveria , Lin. *Pétiviers.*
Petræa , Lin. *Pierrette.*
Peucedanum , Tourn. Lin. *Queue-de-pourceau.*
Peucedanum , Lin. Oreoselinum , Tournef.
Peziza , Lin. Fungoides , Tournef. *Pézize.*
Peziza , Lin. Cyathus , Juss.
Phaca , Lin. Astragaloides , Tournef.
Phaca , Lin. Colutea , Tournef.
Phacelia , Juss.
Phællandrium , Tournef. Lin. *Phœllandrie.*
Phalangium , T. Anthericum , L. Narthecium , J. *Phalangère.*
Phalaris , Lin. Gramen , Tournef. *Phalaride.*
Phallus , Lin. Boletus , Tourn. *Satyre. Morille.*
Pharnaceum , Lin. *Pharnacienne.*
Pharus , Lin. *Phar.*
Phascum , Lin. Muscus , Tournef.
Phaseolus , Tournef. Lin. *Haricot.*
Phaseolus , Tournef. Glycine , Lin.
Phaseolus , Tourn. Dolychos , Lin. *Dolique.*
Philadelphus , Lin. Syringa , Tournef. *Syringa.*
Philesia , Juss.
Phleum , Lin. Gramen , Tournef.
Phlomis , Tournef. Lin. *Phlomis.*
Phlomis , Lin. Leonurus , Tournef. *Queue-de-lion.*
Phlox , Lin. *Flox.*
Phœnix , Lin. *Dattier.*
Phormium , Juss.
Phylica , Lin. *Bruyère.*
Phryma , Lin. *Frima.*
Phyllachne , L. S.
Phyllanthus , Lin. *Niruri.*
Phyllirea , Tourn. Lin. *Filaria.*
Phyllis , Lin. *Phyllide.*
Physalis , Lin. Alkekengi , Tournef. *Alkekenge. Coqueret.*

Phyteuma , Lin. Rapunculus , Tournef. *Raiponce.*
Phytolacca , Tourn. Lin. *Phytolacca.*
Picris , Lin. Hieracium , Tourn. Helminthotheca , V.
Pilularia , Lin. *Pilulaire.*
Pimpinella , Lin. Tragoselinum , Tourn. *Boucage.*
Pimpinella , Tourn. Sanguisorba , Lin. *Pimprenelle.*
Pinguicula , Tourn. Liu. *Grassette.*
Pinus , Tourn. Lin. *Pin.*
Pinus , Lin. Abies , Tournef. *Sapin.*
Pinus , Lin. Larix , Tournef. *Mélèze.*
Piparea , Juss.
Piper , Lin. Saururus , Pl. *Poivre.*
Pirigara , Juss. Gustavia , L. S.
Piripea , Juss.
Piriqueta , Juss.
Piscidia , Lin. Pseudo-acacia , Pl.
Pisonia , Lin.
Pistacia , Lin. Terebinthus , Tourn. *Pistachier.*
Pistia , Lin.
Pisum , Tourn. Lin. *Pois.*
Pisum , Lin. Ochrus , Tournef. *Ochre.*
Pittonia , Pl. Tournefortia , Lin.
Plagianthus , Juss.
Plantaginella , V. Limosella , L. Alsine , T. *Limoselle.*
Plantago , Tourn. Lin. *Plantain.*
Plantago , Lin. Coronopus , Tourn. *Corne-de-cerf.*
Plantago , Tourn. Littorella , Lin.
Plantago , Lin. Psyllinm , Tourn. *Herbe aux puces.*
Platanus , Tourn. Lin. *Platane.*
Platano-cephalus , V. Cephalanthus , Lin. *Bois-boutons.*
Plectronia , Lin.
Plegorhiza , Juss. *Guaïcuru du Chili.*
Plinia , Lin. *Pline.*
Plukenetia , Lin. *Plukenet.*
Plumbago , Tourn. Lin. *Dentelaire.*
Plumeria , Tourn. Lin. *Frangipanier.*
Poa , Lin. Gramen , Tournef. *Paturin.*
Podophyllum , Lin. Anapodophyllum , Tournef.
Pogonia , Juss. Arethusa. Epidendrum , Lin.
Poinciana , Tourn. Lin. *Poincillade.*
Polemonium , Tourn. Lin. *Polémoine.*
Pollia , Juss.
Polyanthes , Lin. Hyacinthus , Tournef. *Tubéreuse.*
Polycardia , Juss.

Polycarpea , Juss.
Polychaemum , Lin. *Polychnème.*
Polygala , Tournef. Lin. *Herbe au lait.*
Polygonatum , Tourn. Convallaria , Lin. *Sceau de Salomon.*
Polygoni-folia , V. Corrigiola , L.
Polygonoides , Tournef. Calligonum , Lin.
Polygonum , Tourn. Lin. *Renouée.*
Polygonum , Lin. Fagopyrum , Tournef. *Blé noir.*
Polygonum , Lin. Bistorta , Tournef. *Bistorte.*
Polygonum , Lin. Persicaria , Tournef. *Persicaire.*
Polymnia , Lin. Vindelia , Jacq.
Polypodium , Tourn. Lin. *Polypode.*
Polypodium , Lin. Filix , Tourn. *Fougère.*
Polypodium , Lin. Lonchitis , Tournef.
Polypodium , Lin. Filicula , Tournef.
Polypodium , Tournef. Onoclea , Lin.
Polypodium , Tournef. Osmunda , Lin.
Polypremum , Lin. *Polyprème.*
Polyscias , Juss.
Polytricum , Lin. Muscus , Tournef.
Pomereulla , L. S.
Pongatium , Juss. Pongati , Rheed.
Pontederia , Lin. *Pontederia.*
Populus , Tourn. Lin. *Peuplier.*
Populago , Tourn. Caltha , Linné *Souci des marais.*
Porana , Lin. *Porane.*
Poraqueiba , Juss.
Porella , Lin. *Porelle.*
Porrum , Tournef. Allium , Lin. *Porreau.*
Portesia , Juss.
Portlandia , Lin. Contarea , Aubl.
Portulaca , Tourn. Lin. *Pourpier.*
Portulaca , Lin. Talinum , Adans.
Posoqueria , Juss.
Possira , Juss.
Potalia , Juss.
Potamogeton , Tourn. Lin. *Epi d'eau.*
Potentilla , Lin. Pentaphylloides , Tournef. *Potentille.*
Potentilla , Lin. Quinque-folium , Tournef. *Quinte-feuille.*
Poterium , Lin. Pimpinella , Tournef. *Pimprenelle.*
Pothos , Lin.
Poupartia , Juss.
Pourouma , Juss.
Poutexia , Juss.

Prasium, Lin. Galeopsis, Tourn.
Premna, Lin.
Prenanthes, Lin. Chondrilla, Lactuca, Tourn.
Primula, Lin. Primula veris, Tourn. *Primeverre.*
Primula, Lin. Auricula ursi, Tourn. *Oreille-d'ours.*
Prinos, Lin. *Apalachine.*
Prockia, Lin.
Procris, Lin.
Proserpinaca, Lin. *Proserpine.*
Prosopis, Lin. *Prosope.*
Protea, Lin. Globularia, Tourn.
Prunella, Lin. Brunella, Tourn. *Brunelle.*
Prunus, Tourn. Lin. *Prunier.*
Prunus, Lin. Cerasus, Tourn. *Cerisier.*
Prunus, Lin. Lauro-cerasus, Tourn. *Laurier-cerise.*
Prunus, Lin. Armeniaca, Tourn. *Abricotier.*
Psathura, Juss.
Pseudo-acacia, Tourn. Robinia, Lin.
Pseudo-dictamus, Tourn. Marrubium, Lin.
Psidium, Lin. Guaiava, Tourn. *Goyavier.*
Psoralea, Lin. Dalea, Juss.
Psychotria, Lin. Psychotrophum, Brown.
Psyllium, Tourn. Plantago, Lin. *Herbe aux puces.*
Ptarmica, Tourn. Achillea, Lin. *Herbe à éternuer.*
Ptelea, Lin. *Orme à trois feuilles.*
Pteranthus, Juss.
Pteris, Lin. Filix, Tourn. *Fougère.*
Pteris, Lin. Lingua cervina, Tourn.
Pterocarpus, Lin. *Ptérocarpe.*
Pterococcus, Pall. Pallasia, Lin.
Pteronia, Lin. Pterophorus, V.
Pulmonaria, Tourn. Lin. *Pulmonaire.*
Pulmonaria, Tournef. Lycopsis, Lin.
Pulsatilla, Tourn. Anemone, Lin. *Pulsatille.*
Punica, Tourn. Lin. *Grenadier.*
Puya, Mol. Renealmia, Fevil.
Pyrola, Tourn. Lin. *Pyrole.*
Pyrostria, Juss.
Pyrus, Tourn. Lin. *Poirier.*
Pyrus, Lin. Malus, Tourn. *Pommier.*
Pyrus, Lin. Cydonia, Tourn. *Coignassier..*

Q.

QUALEA, Juss.
Quamoclit, Tournef, Ipomæa, Lin.
Quapoya, Juss.
Quarribea, Juss.
Quassia, Lin. Simarouba, Aubl. *Quassi. Simarouba.*
Quercus, Tourn. Lin. *Chêne.*
Quercus, Lin. Ilex, Tourn. *Yeuse.*
Quercus, Lin. Suber, Tourn. *Liége.*
Queria, Lin. *Quérie.*
Quila-ja, J. *Quillai du Chili.*
Quinchamalium, Jussieu. *Quinchamali.*
Quinque-folium, Tourn. Potentilla, Lin. *Quinte-feuille.*
Quis qualis, Lin. *Telle quelle.*
Quivisia, Jus. *Bois de Quivi.*

R.

RACOUBEA, Aubl. Homalium, Jacq. *Acomat.*
Rajania, Lin. *Rajanie.*
Randia, Lin. *Randie.*
Ranunculus, Tourn. Lin. *Renoncule.*
Ranunculus, Lin. Ficaria, Hall.
Ranunculus, Tourn. Myosurus, Lin.
Ranunculus, Tourn. Adonis, Lin.
Ranunculus, Tourn. Alisma, Lin.
Rapa, Tourn. Brassica, Lin. *Rave.*
Rapanea, Juss.
Rapathea, Aubl.
Raphanistrum, Tourn. Raphanus, Lin. *Radis.*
Raphanus, Tourn. Lin. *Raifort.*
Rapistrum, Tourn. Myagrum, Crambe, Lin.
Rapunculus, Tourn. Phyteuma, Jasione, Lin.
Rapuntium, Tourn. Lobelia, Lin.
Raputia, Juss. *Raputier.*
Ravenala, Juss. *Revenal.*
Ravensera, Sonn. Agatophyllum, Juss. *Ravensara.*
Rauvolfia, Lin. *Rauvolfe.*
Reaumuria, Linné, *Reaumur.*
Remirea, Juss.

Renealmia, Pl. Tillandsia, Lin.
Renealmia, L. S. Catimbium, Juss. *Catimban.*
Reseda, Tourn. Lin. *Réséda.*
Reseda, Lin. Luteola, Tourn. *Gaude. Herbe à jaunir.*
Reseda, Lin. Sesamoides, Tourn. *Sesamoïde.*
Restio, Lin. *Restion.*
Retzia, Juss.
Rhubarbarum, Tourn. Rheum, Lin. *Rhubarbe.*
Rhacoma, Lin.
Rhagadioloides, V. Hedypnois, Lin.
Rhagadiolus, Tourn. Lapsana, Lin. *Rhagadiole.*
Rhamnoides, Tourn. Hippophae, Lin. *Argoussier.*
Rhamnus, Tourn. Lin. *Nerprun.*
Rhamnus, Lin. Frangula, Tourn. *Bourgène.*
Rhamnus, Lin. Alaternus, Tourn. *Alaterne.*
Rhamnus, Lin. Ziziphus, Tourn. *Jujubier.*
Rhamnus, Lin. Paliurus, Tourn. *Paliure.*
Rhaponticum, V. Centaurea, Lin. Centaureum jacea, Tourn.
Rheedia, Lin. Van-Reedia, Pl.
Rheum, Lin. Rhubarbarum, Tourn. *Rhubarbe. Rapontic.*
Rhexia, Lin. Acisanthera, Brovvn.
Rhinanthus, Lin. Pedicularis, Elephas, Tourn. *Crête-de-coq.*
Rhizophora, Lin. Mangles, Pl. *Manglier.*
Rhodiola, Lin. Anacampseros, Tourn.
Rhododendron, Lin. Chamerodendros, Tourn. *Rosage.*
Rhodora, Lin. *Rhodora.*
Rhus, Tourn. Lin. *Sumac.*
Rhus, Lin. Toxicodendron, Tourn. *Vernis.*
Rhus, Lin. Cotinus, Tourn. *Fustet.*
Riana, Juss.
Ribes, Lin. Grossularia, Tourn. *Groseillier. Cassis.*
Riccia, Lin. *Riccia.*
Richardia, Lin. *Richard.*
Ricinoides, Tourn. Croton, Lin.
Ricinus, Tourn. Lin. *Ricin. Palme de Christ.*
Ricotia, Lin. Lunaria, Tourn.
Rinorea, Juss.
Ripogonum, Juss.
Rivinia, Lin. Solanoides, Tourn.
Robinia, Lin. Pseudo Acacia, Tourn. *Faux Acacia.*
Roella, Lin. *Roelle.*
Roke jeka, Juss.
Ronabea, Juss.
Rondeletia, Lin. *Rondelète.*

Ropoucea , Juss.
Roridula , Lin. *Rorette.*
Rosa , Tourn. Lin. *Rosier. Eglantier.*
Rosmarinus , Tourn. Lin. *Romarin.*
Rossolis , Tourn. Drosera , Lin. *Rossolis. Rosée du soleil.*
Rotala , Lin. *Rotale.*
Rottbollia , Lin. S. Egilops , Lin.
Roupala , Juss.
Rourea , Juss.
Royena , Lin. *Royena.*
Royoc , Pl. Morinda , Lin. *Royoc.*
Rubia , Tourn. Lin. *Garence.*
Rubeola , Tourn. Crucianella , Lin. *Crucianelle.*
Rubus , Tourn. Lin. *Ronce. Framboisier.*
Rudbeckia , Lin. Corona solis , Tourn. *Soleil.*
Ruellia , Lin. *Crustolle.*
Ruizia , Cav. Kœnigia , Commers.
Rumex , Lin. Acetosa , Tourn. *Patience. Oseille.*
Rumex , Lin. Lapathum , Tourn. *Patience.*
Rumphia , Lin. *Rumphius.*
Rupinia , Juss.
Ruppia , Lin. Corallina , Tournef.
Ruscus , Tournef. Lin. *Fragon. Houx-Frelon.*
Russelia , Juss.
Ruta , Tournef. Lin. *Rue.*
Ruta Muraria , Tournef. Asplenium , Lin. *Sauve-vie.*

S.

Sabicea , Juss.
Sabina , CB. Juniperus , Tournef. Lin. *Sabine.*
Saccharum , Lin. Arundo , Tourn. *Canne à sucre.*
Sagina , Lin. Alsine , Tournef. *Sagine.*
Sagittaria , Lin. Sagitta , Tournef. *Sagittaire. Fléche d'eau.*
Sagonca , Juss. *Sagoune des Galibis.*
Salacia , Lin. *Salacie.*
Salicaria , Tournef. Lithrum , Lin. *Salicaire.*
Salicornia , Tournef. Lin. *Salicorne.*
Salix , Tournef. Lin. *Saule.*
Salsosa , Lin. Kali , Tournef. *Soude.*
Salvadora , Lin. *Salvadore.*
Salvia , Tournef. Lin. *Sauge.*
Salvia , Lin. Sclarea , Tournef. *Sclarée. Orvale.*

Salvia, Lin. Horminum, Tournef. *Ormin.*
Salvinia, Juss. Marsilea, Lin.
Samara, Lin. *Samara.*
Sambucus, Tournef. Lin. *Sureau. Yèble.*
Samolus, Tournef. Lin. *Samole. Mouron d'eau.*
Samyda, Juss. Guidonia, Pl.
Sandoricum, Juss. *Hantol des Philippines.*
Sanguinaria, Lin. Belharnosia, Tournef.
Sanguisorba, Lin. Pimpinella, Tournef. *Sanguisorbe.*
Sanicula, Tournef. Lin. *Sanicle.*
Santalum, Lin. *Santal.*
Santolina, Tournef. Lin. *Santoline. Garde-robe.*
Santolina, Tournef. Athanasia, Lin.
Sapindus, Tournef. Lin. *Savonier.*
Sapium, Juss. Hippomane, Lin.
Saponaria, Lin. Lychnis, Tournef. *Saponaire.*
Sapota, Pl. Achras, Lin. *Sapotillier.*
Saraca, Lin. *Saraca.*
Sarothra, Lin. *Sarotha.*
Sarracenia, Tournef. Lin. *Saraciène.*
Sassia, Juss.
Satureia, Tournef. Lin. *Sariette.*
Satureia, L. Calamintha, T. Thymbra, T. Thymus, T.
Satyrium, Lin. Orchis, Tournef. *Satyrion.*
Saururus, Lin. *Saururier.*
Sauvagesia, Lin. *Sauvage.*
Saxifraga, Tournef. Lin. *Saxifrage.*
Saxifraga, Lin. Geum, Tournef. *Saxifrage Geum.*
Scabiosa, Tournef. Lin. *Scabieuse. Fleur de veuve.*
Scabiosa, V. Knautia, Lin. *Knautia.*
Scabrita, Lin.
Scœvola, Lin. Lobelia, Pl.
Scandix, Tourn. Lin. *Peigne de Venus. Aiguille.*
Scandix, L. Myrrhis. Chœrophyllum, T. *Cerfeuil musqué.*
Schæfferia, Juss.
Schefflera, Juss.
Scheuchzeria, Lin. *Scheuchzeria.*
Schinus, Lin. Molle, Tournef.
Schmidelia, Lin.
Schœnus, Lin. Gramen, Scirpus, Tournef. *Choin.*
Schotia, Jacq. Guaiacum, Lin.
Schrebera, Lin. *Schreberr.*
Schvvalbea, Lin.
Schvvechia, Lin.

Scilla, Lin. Ornithogalum, Tournef. *Scille.*
Scilla, Lin. Lilio Hiacinthus, Tournef. *Lis. Jacinth.*
Scirpoides, V. Carex, Lin. *Laiche. Caret.*
Scirpus, Tournef. Lin. *Scirpe.*
Scirpus, Tourn. Schænus, Lin.
Sclarea, Tournef. Salvia, Lin. *Sclarée. Toute-bonne. Orvale.*
Scleranthus, Lin. Alchimilla, Tournef. *Gnavelle.*
Sclerocarpus, Juss.
Scolymus, Tournef. Lin. *Scolyme.*
Scoparia, Lin. *Scoparia.*
Scopolia, L. S. *Scopoli.*
Scorpioides, Tournef. Scorpiurus, Lin. *Chenille.*
Scorzonera, Tournef. Lin. *Scorsonère.*
Scrophularia, Tournef. Lin. *Scrophulaire.*
Scutellaria, Lin. Cassida, Tournef. *Toque. Centaurée bleue.*
Sebestena, CB. Cordia, Lin. *Sebestier.*
Secale, Tournef. Lin. *Seigle.*
Sechium, Juss.
Securidaca, Lin. *Sécuridaca.*
Securidaca, Tournef. Coronilla, Lin. *Coronille.*
Securinega, Juss.
Sedum, Tournef. Lin. *Trique. Petite Joubarbe.*
Sedum, Lin. Anacampseros, Tournef. *Orpin.*
Sedum, V. Tillæa, Lin.
Sedum, Tournef. Sempervivum, Lin. *Joubarbe.*
Seguieria, Lin. *Séguier.*
Sekima, Juss.
Selaginoides, Dill. Lycopodium, Lin.
Selago, Lin. *Le Selago.*
Selinum, Lin. Thysselinum, Tournef. *Persil des marais.*
Semecarpus, L. S. Anacardium, Lin. *Anacarde.*
Sempervivum, Lin. Sedum, Tournef. *Joubarbe.*
Senecio, Tournef. Lin. *Seneçon.*
Senecio, Lin. Jacobœa, Tournef. *Jacobée.*
Senna, Tournef. Cassia, Lin. *Séné.*
Senra, Juss.
Septas, Lin. *Septas.*
Serapias, Lin. Helleborine, Tournef. *Helléborine.*
Serjania, Pl. Paullinia, Lin.
Seridia, Juss. Centaurea, Lin. Carduus, Tournef.
Seriola, Lin. Archirophorus, V. Hieracium, Tournef.
Seriphium, Lin. *Armoselle.*
Serissa, Juss.
Serpicula, Lin. *Serpette.*

Serpillum, Tournef. Thymus, Lin. *Serpolet.*
Serratula, Lin. Jacea, Tournef. *Sarrette.*
Sesamoides, Tournef. Reseda, Lin. *Sesamoïde.*
Sesamum, Lin. Digitalis, Tournef. *Sesame.*
Seseli, Lin. Fœniculum, Tournef. *Seseli.*
Sesleria, Ard. Cynosurus, Lin. Gramen, Tournef.
Sesuvium, Lin. Portulaca, Tournef.
Shaavia, Juss.
Sheffieldia, L. S.
Sherardia, Lin. Aparine, Tournef.
Sibbaldia, Lin. Fragaria, Tournef.
Sibtorpia, Lin. *Sibtorpia.*
Sicyoides, Tournef. Sycios, Lin.
Sycios, Lin. Sycioides, Tournef.
Sida, Lin. Abutilon, Tournef.
Sideritis, Tournef. Lin. *Crapaudine.*
Sideritis, Tournef. Stachys, Lin.
Sideritis, Lin. Stachys, Tournef. Marubiastrum, Tournef.
Sideroxilum, Lin. *Argan.*
Sigesbeckia, Lin. *Sigebeckia.*
Silene, Lin. Lychnis, Tournef.
Siliqua, Tournef. Ceratonia, Lin. *Caroubier.*
Siliquastrum, Tournef. Cercis, Lin. *Gainier.*
Silphium, Lin. *Silphie.*
Simaba, Juss.
Simarouba, Aubl. Quassia, Lin. *Simaruba.*
Simbuleta, Juss.
Simira, Juss.
Sinapis, Lin. Sinapi, Tournef. *Moutarde.*
Sinapistrum, Tournef. Cleome, Lin. *Mozambe.*
Singana, Juss. *Singane.*
Siparuna, Juss.
Siphonanthus, Lin. *Siphonanthe.*
Sirium, Lin.
Sisarum, Tournef. Sium, Lin. *Chervi.*
Sison, Lin. Sium, Fœniculum, Carvi, Tournef. *Sison.*
Sisymbrium, Lin. Erysimum, Eruca, Hesperis, Tournef.
Sisymbrium, Tournef. Lin. *Velar.*
Sisyrinchium, Lin. Bermudiana, Tournef. *Bermudiène.*
Sisyrinchium, Tournef. Iris, Lin.
Sium, Tournef. Lin. *Berle.*
Sium, Lin. Sisarum Ammi, Tournef.
Sium, Tournef. Sison, Lin.
Sloanea, Juss. *Sloane.*

Sloanea, Lin. Apeiba, Aubl.
Smilax, Tourn. Lin. *Salse-pareille.*
Smilax, Tourn. Convallaria, Linné.
Smyrnium, Tourn. Lin. *Macéron.*
Sodada, Juss.
Solandra, Juss.
Solanoides, Tourn. Rivinia, Lin.
Solanum, Tourn. Lin. *Morelle.*
Solanum, Lin. Lycopersicon, Tourn. *Tomate.*
Solanum, Lin. Melongena, Tourn. *Melongène.*
Soldanella, Tourn. Lin. *Soldanelle.*
Solidago, Lin. Virga aurea, Tourn. *Verge d'or.*
Sonchus, Tourn. Lin. *Laitron.*
Sonchus, Lin. Lactuca. Scorsonera, Tourn.
Sonneratia, Lin. S. *Papagate.*
Sophora, Lin. *Sophora.*
Samaria, Juss.
Sorbus, Tourn. Lin. *Sorbier. Cormier. Cochéne.*
Sparganium, Tourn. Lin. *Ruban d'eau.*
Sparmannia, Lin. S. *Sparmannia.*
Spartium, Tourn. Lin. *Genest.*
Spathelia, Lin. *Spatelie.*
Spergula, Lin. Alsine, Tourn. *Spargoute.*
Spermacoce, Lin. *Spermacoque.*
Sphæranthus, Lin. *Spheranthe.*
Sphæria, Hall. Cæratospermum, Mich. Agaricus, *T.* Clavaria, L.
    Corallofungus, V.
Sphagnum, Lin. Muscus, Tourn.
Sphondylium, Tourn. Heracleum, Lin. *Berce.*
Spielmannia, Med. Lantana, Lin.
Spigelia, Lin. Arapabaca, Pl.
Spilanthus, Lin.
Spinacia, Tourn. Lin. *Epinards.*
Spinifex, Lin. *Spinifex.*
Spiræa, Tourn. Lin. *Spiræa.*
Spiræa, Lin. Ulmaria, Tourn. *Reine des prés.*
Spiræa, Lin. Filipendula, Tourn. *Filipendule.*
Spiræa, Lin. Barba capræ, Tourn. *Barbe-de-chèvre.*
Splachnum, Lin. Muscus, Tourn.
Spondias, Lin. *Monbin.*
Stachys, Tourn. Lin. *Epi fleuri.*
Stachis, Lin. Galeopsis, Betonica, Marrubiastrum, Sideritis, T.
Stœchas, Tourn. Lavandula, Lin. *Stœchas.*
Stehelina, Lin. *Stéhéline.*

Stapelia,

Stapelia , Lin. Asclepias , Tourn.
Staphylea , Lin. Staphylodendron , Tourn. *Staphylin.*
Statice , Tourn. Lin. *Statice* ou *Gazon d'Olympe.*
Statice, Lin. Limonium , Tourn.
Stellaria , Lin. Alsine, Tourn. *Stellaire.*
Stellaria , V. Callitriche, Lin.
Stellera , Lin. Thimælea , Tourn.
Stemodia, Lin.
Sterculia , Lin.
Stewartia , Lin. Malachodendrum , Cav.
Stilbe, Lin.
Stillingia , Lin.
Stipa , Lin. *Stipe.*
Stœbe, Lin. Conyza , Tourn.
Stramonium, Tourn. Datura , Lin. *Pomme épineuse.*
Stratiotes , Lin.
Stratiotes , V. Hottonia , Lin. *Plumeau.*
Stravadium , Juss. Eugenia , Lin.
Struchium , Juss.
Strumpfia , Lin.
Struthiola , Lin.
Strychnos , Lin. *Noix vomique. Vomique.*
Styrax , Tourn. Lin. *Aliboufier.*
Suber , Tourn. Quercus, Lin. *Liége.*
Subularia , Lin. *Subulaire.*
Suillus, Hall. Fungus , Tourn. Agaricus , L. *Cépe.*
Suriana , Lin. *Suriane.*
Svietenia , Lin.
Swertia , Lin. Gentiana , Tourn.
Symphitum , Tourn. Lin. *Consoude. Grande Consoude.*
Symphonia , Lin. S. *Symphonie.*
Symphoricarpos , Dill. Lonicera , Lin.
Symplocos, Lin. *Symplocos.*
Syringa, Lin. Lilac , Tourn. *Lila.*

• T.

TABERNÆMONTANA, Lin. *Tabernœmontanus.*
Tacca , Lin. S.
Tachia , Lin. S.
Tachibotta , Juss.
Tachigalia , Juss. *Tachigali de Cayéne.*

Tacsonia , Juss. Passiflora , Lamark.
Tagætes, Tourn. Lin. *Œillet d'Inde.*
Talauma , Juss. Magnolia , Pl.
Taligalea , Juss. *Taligale.*
Talinum , Adans. Portulaca, Lin.
Talisia, Juss.
Tamarindus , Tourn. Lin. *Tamarinier.*
Tamariscus , Tourn. Tamarix , Lin. *Tamaris.*
Tambourissa, Sonner. Mithridatea , Commers. *Bois-tambour.*
Tamnus, Tourn. Tamus , Lin. *Taminier. Sceau de Notre-Dame.*
Tamonea , Juss. Verbena , Lin.
Tamus, Lin. Tamnus , Tourn. *Sceau de la Vierge.*
Tanacetum , Tourn, Lin. *Tanaisie.*
Tanibouca, Juss. *Taniboucier.*
Tapeinia, Juss.
Tapiria, Juss.
Tapogomea , Juss.
Tapura , Juss.
Taralea , Juss. *Tarala des Galibis.*
Taraxaconoides, V. Leontodon , Lin. Dens leonis, **Tourn.**
Taraxacum , Hall. Dens leonis, Tourn. Leontodon , Lin.
Tarchonanthos , V. Iva , Lin. Conyza , Tourn.
Tarchonanthus , Lin. Conyza , Tourn.
Targionia, Lin. *Targionia.*
Taxus, Tourn. Lin. *If.*
Tecoma, Juss. Bignonia , Tourn. Lin.
Tectona, Lin. S. Tecka , Malab. *Tek. Bois de Tek.*
Telephioides , Tourn. Andrachne, Lin.
Telephium , Tourn. Lin. *Téléphe.*
Temus, Juss. *Temo du Chili.*
Terebinthoides, Lin. *Faux Térébinthe.*
Terebinthus, Tourn. Pistacia , Lin. *Térébinthe. Pistachier.*
Terminalia , Lin. *Badanier.*
Ternatea, Tourn. Clitoria , Lin.
Ternstonia, Lin. S.
Tetracera, Lin.
Tetragonia , Lin.
Teucrium , Tourn. Lin. *Germandrée.*
Thalia, Lin. Corthusa , Pl.
Thalictrum , Tourn. Lin. *Pigamon.*
Thapsia, Tourn. Lin. *Thapsie.*
Thea , Lin. *Thé.*
Theca , Malab. Tectona , Lin. *Tek.-Bois de Tek.*
Theligonum , Lin. Cynocrambe , Tourn.

Thelimithra , Juss.
Themeda , Juss.
Theobroma , Lin. Cacao , Pl. *Cacaoyer. Cacao.*
Theophrasta , Lin. Eresia Pl.
Thesium , Lin. Alkimilla , Lin. Tourn.
Thlaspi , Tourn. Anastatica , Lin. *Rose de Jéricho.*
Thlaspi , Tourn. Lin. *Thlaspi.*
Thlaspi , Lin. Bursa pastoris , T. *Bourse du berger. Tabouret.*
Thlaspi , Tourn. Iberis , Lin.
Thlaspidium , Tourn. Iberis , Lin. *Thlaspidium.*
Thlaspidium , Tourn. Biscutella , Lin. *Lunetière.*
Thoa , Juss.
Thryocephalum , Juss.
Thumbergia , Lin. S. *Thumberg.*
Thuya , Tourn. Lin. *Arbre de vie. Thuia.*
Thymbra , Lin. *Thymbre.*
Thymelea , Tourn. Daphne , Lin. *Garou. Sainbois. Laureole.*
Thymus , Tourn. Lin. *Thym.*
Thymus , Lin. Serpillum , Tournef. *Serpolet. Thym.*
Thymus , Lin. Thymbra , Tournef. *Thymbre.*
Thymus , Lin. Clinopodium , Tournef. *Clinopode.*
Thysselinum , Tournef. Selinum , Lin.
Tiarella , Lin. Mitella , Tournef. *Mitre.*
Tibouchina , Juss.
Tichorea , Juss.
Tigarea , Juss.
Tigridia , Juss. Ferraria , Lin.
Tilia , Tourn. Lin. *Tilleul.*
Tillandsia , Lin. Renealmia , Pl. Caraguata , Pl.
Tinus , Lin. Volkameria , Brown.
Tinus , Tourn. Viburnum , Lin. *Laurier-thym.*
Tithonia , Juss.
Tithymaloides , Tourn. Euphorbia , Lin.
Tithymalus , Tourn. Euphorbia , Lin. *Titimale. Euphorbe.*
Tococa , Juss.
Tocogena , Juss.
Toddalia , Juss. Vepris , Commers. Paullinia , Lin.
Toluifera , Lin. *Tolut. Beaumier de Tolut.*
Tomex , Juss.
Tonabea , Juss. Touabo , Aubl.
Tonina , Juss.
Toutanea , Juss.
Tontelea , Juss.
Topobea , Juss.

Tordylium , Tourn. Lin. *Tordylium.*
Tormentilla , Tourn. Lin. *Tormentille.*
Toronia , Lin.
Toulicia , Juss.
Tounatea , Juss.
Tovomita , Juss. *Tovomite.*
Tournefortia , Lin. Pittonia , Pl.
Touroulia , Juss.
Tourretia , Dombey. Dombeya , l'Hérit. *Tourrétie.*
Toxicodendron , Tourn. Rhus , Lin.
Tozzia , Lin. *Tozzia.*
Trachelium , Tourn. Lin.
Tradescantia , Lin. Ephemerum , Tourn.
Tradescantha , Tourn. Astragalus , Lin.
Tragia , Lin. *Tragie.*
Tragopogon , Tourn. Lin. *Cercifis. Salsifis.*
Tragopogonoides , V. Hyeracium , Tourn. Tragopogon , Lin.
    Barbouquine.
Trogoselinum , Tourn. Pimpinella , Lin. *Boucage.*
Trapa , Lin. Tribuloides , Tourn. *Macre. Saligot. Cornuelle.*
    Châtaigne d'eau.
Tremela , Lin. Nostoc, Tourn. *Nostoc. Trémelle.*
Trewia , Lin. *Trévie.*
Trianthema , Lin. *Trianthème.*
Tribulastrum .Neurada , Lin.
Tribuloides , T. Trapa , L. *Macre. Saligot. Châtaigne d'eau.*
Tribulus , Tourn. Lin. *Herse.*
Trichilia , Lin. *Trichilie.*
Trichomanes , Lin. Filicula , Tourn.
Trichomanes , Tourn. Asplenium , Lin.
Trichosanthes , Lin. Colocynthis , Tourn. *Anguine.*
Trichostema , Lin. *Trichothème.*
Tridax , Lin. *Tridax.*
Trientalis , Tourn. *Trientale.*
Trifolium , Tourn. Lin. *Trèfle.*
Trifolium , Lin. Melilotus , Tourn. *Mélilot.*
Triglochin , Lin. Juncago , Tourn. *Triglochin.*
Trigonella , Lin. Fœnum grœcum , Tourn. *Fénu-grec.*
Trigonia , Juss.
Trigonis , Juss.
Triguera , Juss.
Trilix , Lin.
Trillium , Lin.
Triopteris , Lin. Hirea , Jacq.

Triosteum , Lin.
Triplaris , Lin.
Tripsacum , Lin.
Tristemma , Juss.
Triticum , Tourn. Lin. *Froment.*
Triticum , Lin. Gramen , Tourn.
Triumphetta , Lin. *Triumfetta.*
Trollius , Lin. Helleborus , Tourn. *Trolle globuleux.*
Tropæolum , Lin. Cardamindum , Tourn. *Capucine.*
Trophis , Lin. *Trophide.*
Tubanthera , Commers. Ceanothus , Lin.
Tuber , Tourn. Lycoperdon , Lin. *Truffe.*
Tulbagia , Lin. *Tubalgia.*
Tulipa , Lin. *Tulipe.*
Turnera , Lin. *Turnera.*
Turræa , Lin. *Turrea.*
Turritis , Tourn. Lin. *Turrette.*
Turritis , Tourn. Arabis. Erysimum , Lin.
Tussilago , Tourn. Lin. *Tussilage.*
Tussilago , Lin. Petasites , Tourn. *Tussilage pétasite.*
Typha , Tourn. Lin. *Massette. Masse d'eau.*

U.

U L E X , Lin. Genista spartium , Tourn. *Ajonc. Jonc marin.*
Ulmaria , Tourn. Spiræa , Lin. *Reine des prés.*
Ulmus , Tournef. Lin. *Orme.*
Ulva , Lin. Fucus , Tourn.
Umari , Pis. Geoffræa , Lin.
Uniola , Lin.
Unona , L. S.
Unxia , L. S.
Urena , L. S.
Urospermum , Scop. Trogopogonoides, V. Hieracium , T.
Urtica , Tournef. Lin. *Ortie.*
Utricularia , Lin. Lentibularia , Tourn. *Utriculaire.*
Uvaria , Lin. *Uvaire.*
Uva ursi , Tourn. Arbutus , Lin. *Busserole. Raisin d'ours.*
Uvularia , Lin. *Uvulaire.*

V.

VACCINIUM , Lin. Vitis idæa , Tourn. *Mirtille. Airelle.*
Vaccinium , Lin. Oxicoccus , Tourn. *Canneberge.*
Vahlia , Juss.

Valantia , Tournef. Lin. *Valantia.*
Valantia , Lin. Cruciata , Tourn. *Croisette.*
Valantia , Lin. Aparine , Tourn.
Valdia , Pl. Ovieda , Lin.
Valeriana , Tournef. Lin. *Valériane.*
Valerianella , Tourn. Valeriana , Lin. *Mâche. Doucette.*
Vallea , L. S.
Vallisneria , Lin. Vallisnerioides , Michell.
Vandellia , Lin.
Vanguerria , Juss. *Vanguier. Voa-vanguier de Madagascar.*
Vanilla , Pl. Epidendrum , Lin. *Vanille.*
Vaurhedia , Pl. Rheedia , Lin.
Vantanea , Juss.
Varronia , Lin.
Vateria , Lin. Pœnoe. Rheed.
Vatica , Lin.
Valezia , Lin.
Vella , Lin.
Vepris , Commers. Paullinia , Lin.
Veratrum , Tournef. Lin. *Verraire. Ellébore blanc.*
Verbascum , Tournef. Lin. *Molène. Bouillon blanc.*
Verbascum , Lin. Blattaria , Tourn. *Blattaire. Herbe aux mittes.*
Verbascum , Tourn. Celsia , Lin.
Verbena , Tourn. Lin. *Verveine.*
Verbena , Lin. Tamonea , Aubl.
Verbesina , Lin. Bidens , Tourn.
Veronica , Tournef. Lin. *Véronique. Thé d'Europe.*
Vesicaria , Tourn. Alysson , Lin.
Viburnum , Tournef. Lin. *Viorne.*
Viburnum , Lin. Tinus , Tourn. *Laurier-thym.*
Viburnum , Lin. Opulus , Tourn. *Obier.*
Vicia , Tournef. Lin. *Vesce.*
Vicia , Lin. Faba , Tourn. *Fève.*
Vicia , Tourn. Ervum , Lin.
Vinca , Lin. Pervinca , Tourn. *Pervenche.*
Viola , Tourn. Lin. *Violette. Pensée.*
Virecta , L. S.
Virga aurea , Tourn. Solidago , Lin. *Verge d'or.*
Virola , Juss.
Viscum , Tourn. Lin. *Gui.*
Visnea , L. S. Mocanera , Juss.
Vitex , Tourn. Lin. *Gattillier. Vitet. Agnus castus.*
Vitis , Tourn. Lin. *Vigne.*
Vitis , Tourn. Cissus , Lin.

Vitis idæa , T. Vaccinium , L. *Airelle. Myrtile. Canneberge.*
Vochisia , Juss. Vochy , Aubl.
Vohiria , Juss.
Volkameria , Lin. *Volkameria.*
Volkameria , Brown. Tinus , Lin.
Votomita , Juss.
Vouapa , Juss.
Vulneraria , Tourn. Anthyllis , Lin. *Vulnéraire rustique.*

W.

Wachendorfia , Lin. Dilatris , B.
Walteria , Lin. *Valteria.*
Watsonia , Juss.
Wedolia , Jacq. Polymnia , Lin.
Weigela , Juss.
Weinmannia , Lin. *Tan-rouge.*
Willichia , Lin. *Villichia.*
Winterrania , Lin. Canella , Murr.
Witsenia , Juss.

X.

XANTHIUM , Tourn, Lin. *Lampourde.*
Xeranthemum , Tourn. Lin. *Xéranthème.*
Xeranthemum , Lin. Elychrisum , Tourn. *Immortelle.*
Xerophyta , Juss.
Xilopia , Lin. *Xilope.*
Ximenia , Lin. *Ximène.*
Xiphium , Lin. *Iris bulbeux.*
Xiphion , Tourn. Iris , Lin.
Xylon , Tourn. Gossypium , Lin. *Coton.*
Xylophylla , Lin. *Xylophile.*
Xylosteon , Tourn. Lonicera , Lin.
Xyris , Lin. *Xyris.*

Y.

YUCCA , Tourn. Lin. *Yucca.*

Z.

ZACINTHA , Tourn. Hyoseris , Lin. *Zacinthe.*
Zamia , Lin. *Zamie.*
Zanichellia , Lin. Algaoides , V.
Zanonia , Lin. Pennar-valli , Rheed.
Zanthorhiza , l'Hérit. *Zanthorise.*
Zanthoxylum , Lin. *Clavalier.*
Zea , Lin. Mays , Tourn. *Mahyz. Maïs. Blé de Turquie.*
Zinnia , Lin. *Zinnie.*
Zizania , Lin. *Zizanie.*
Ziziphora , Lin. *Ziziphore.*
Ziziphus , Tourn. Rhamnus , Lin. *Jujubier.*
Zoegea , Lin. *Zoège.*
Zostera , Lin. Alga , Tourn.
Zygia , Juss.
Zygophyllum , Lin. Fabago , Tourn. *Fabago.*

DE LA RÉCOLTE, DE LA PRÉPARATION,

DE LA DESSICATION,

DE LA DISTRIBUTION ET DE LA CULTURE DES PLANTES ;

POUR leur usage en médecine et dans les arts, et pour la formation des herbiers.

LA nomenclature, cette partie de la science du Botaniste, qui le met en état d'assigner à chaque plante sa véritable dénomination, n'est que le premier pas que l'homme doit faire pour parvenir à connoître leurs vertus. C'est dans la récolte de l'Herboriste, dans celle du Botaniste, c'est dans la préparation et la dessication des plantes, que gît l'utilité principale de nos travaux et de toutes nos recherches, parce que c'est de-là que dépendent en plus grande partie leurs usages et leur emploi en médecine et dans les arts.

Si l'homme considère les plantes relativement à leurs vertus, et certes tel doit être le premier mobile de ses recherches et le but principal de son étude, c'est dans le climat et le sol qui leur sont naturels qu'il doit aller les récolter de préférence ; car, en dépit de tous les soins qu'un cultivateur industrieux peut leur prodiguer dans un sol et sous une température qui leur seroient étrangers, leurs fleurs, le plus souvent, leurs fruits, leurs feuilles, leurs racines, leur écorce même, y ont dégénéré et presque changé de nature ; leurs principes n'y sont plus dans les mêmes proportions, et toutes leurs facultés intérieures se sont nécessairement affoiblies, comme leur port, leur grandeur et toutes leurs proportions se sont métamorphosés à l'extérieur.

C'est dans un terrein sec que croissent les aromates les plus puissans, tels que la *Canelle*, le *Girofle*, le *Romarin*, la *Sauge*, la *Lavande*. Les plantes ont de la saveur dans les lieux élevés et arides, de l'odeur sur les montagnes. Celles qui croissent dans les bois sont communément âcres, tels le *Stachis fœtide*, l'*Herbe Saint-Cristophe* ; elles y sont souvent vénéneuses, telle est la *Belladonne*. Celles qui croissent dans l'eau, sont aussi le plus souvent âcres ; elles sont ordinairement corrosives, comme les *Renoncules*, la *Phillandrie*, la *Ciguë*, la *Berle*, etc. Sur les bords de la mer elles sont salées , comme la *Soude* , le *Salicor* , le *Cakile*. Que le Botaniste qui. est philosophe envisage les plantes sous tous leurs rapports divers , c'est l'unique moyen de s'approprier une jouisance plus complette de tous les végétaux qu'il apprit à connoître.

Les plantes qui croissent au sommet des montagnes dédaignent la fertilité de nos côteaux ; elles y perdent leurs vertus. C'est ainsi que l'*Angélique* , croissant sur les Alpes , y possède au double cette résine odorante qui fait son prix dans nos jardins ; c'est ainsi que l'*Absinthe maritime* y perd tout le parfum dont dont elle fut douée sur le bord des mers. On observe que beaucoup de fruits mangeables et doux lorsqu'ils mûrissent en plein air , deviennent acerbes à l'ombre ; que dans un vallon dont le sol est gras avec peu de soleil , ils sont abondans , mais fades et amers ; qu'exposés au midi ils sont trop musqués , petits et durs ; et que sur un côteau dans la situation du soleil levant , dans une terre substancielle et mêlée de gravier , ils sont d'une couleur tendre , d'une pâte douce et d'un goût très-exquis. C'est ainsi que le raisin paroît par-tout le même , ou ne diffère pas essentiellement à son extérieur , s'il parvient à sa parfaite maturité ; mais le suc qu'on en retire , même dans la même espèce , varie par le sol et l'exposition. (Donnez-moi aussi mon terrein et mon soleil , disoit *un vigneron de Bourgogne* , qu'on avoit tiré de sa province pour cultiver dans une autre contrée des plans de vignes qu'on avoit aussi amenés de Bourgogne. Certes , ce vigneron n'avoit-il pas plus de sens que ceux qui le mettoient en œuvre ?)

Tous les arts , de même que la culture , ne peuvent réussir qu'autant qu'ils suivent pas-à-pas les traces de la nature , qui assigne à chaque végétal le climat , l'exposition et le sol qui lui sont propres. Depuis l'Orient jusqu'au Couchant , du Midi jusqu'au Nord , chaque province , chaque contrée du globe possède ses richesses diversifiées et distinctes. Il est des plantes qui ne fleurissent que dans les frimats , et à qui les premiers rayons de l'astre du jour deviennent aussitôt funestes ; il en est qui n'obtiennent leur parfaite végétation que des chaleurs mêmes excessives de cet astre dans son midi ; d'autres plus délicates et plus douces ne supportent qu'une chaleur tempérée. Il est des fleurs qui n'étalent leurs beautés que dans les ténèbres , le *Jalap* ou *Belle-de-nuit* : il en est qui attendent le retour de la nuit pour répandre leur parfum , le *Geranium-triste*. La nature n'a rien oublié pour favoriser leurs divers penchans ; elle leur a donné à toutes une position analogue à leur manière de vivre et à leurs tempéramens , ou froids , ou chauds, ou tempérés. Que l'infatigable Botaniste les recueille de préférence dans tous les climats divers ; qu'il sache les découvrir par-tout ; observer et reconnoître leur maturité et leur perfection sous toutes leurs positions, en tout lieu, et en tout tems.

Travail du Pharmacien.

Le premier objet de la dessication d'une plante, pour le Pharmacien comme pour le Botaniste, est de faire évaporer l'eau qui a servi à sa végétation ; et il doit s'attacher principalement à conserver sa couleur et son odeur ; car c'est dans le principe odorant que réside sur-tout la propriété des végétaux. Cette dessication doit être plus ou moins lente, suivant la nature du végétal ; et en général la marche qu'il est nécessaire de tenir dans ce travail, qui est l'un des plus essentiels sans doute, s'apprend plus par l'expérience que pas tous nos préceptes.

1°. Les plantes qui n'ont point ou que très-peu de principes résineux, telles que la *Mélisse*, la *Lavande*, la *Véronique*, ont tout à craindre d'une dessication lente ; elles éprouveroient une fermentation nuisible, causée par la quantité des sucs qu'elles contiennent ; mais les plantes qui réunissent moins de sucs âqueux, comme la *Sauge*, le *Romarin*, perdent moins en séchant lentement, car leurs vertus s'altèrent lorsqu'on les expose au soleil ou dans une étuve pour précipiter leur dessication.

2°. Les plantes odorantes desséchées avec promptitude conservent leur couleur verte, et subsistent long-tems dans leurs vertus ; il en est, telle que l'*Absinthe*, qui conservent leur principe odorant avec tant d'opiniâtreté, qu'on ne risque rien de les faire sécher au soleil ; mais il est utile d'euvelopper de papier les plantes dont l'odeur est volatile, fugace et foible : cette précaution, sur-tout, est nécessaire euvers celles qui doivent être séchées avec les fleurs et les feuilles ensemble ; telles sont les *Mentes*, le *Millepertuis*, la *Germandrée* ; et en général cette précaution convient à toutes les fleurs qui sont susceptibles de garder leurs couleurs, comme la *petite Centaurée*, dout le rouge se changeroit en jaune si elle restoit exposée au plein air.

3°. Le Caille-lait à fleurs jaunes doit être desséché en douze heures, moins même s'il se peut, parce qu'il abonde en miel, lequel, lorsque la dessication n'est pas très-rapide, fermeute nécessairement, devient acide, change de propriétés, et altère le suc propre de la plante. Les fleurs du Sureau et quelques autres exigent la même accélération dans leur desséchement ; et on ne doit jamais attendre qu'elles abandonnent leurs pédoncules ; cette chûte seroit l'effet d'une fermentation nuisible qu'elles auroient subie.

4°. Les fleurs qui ont peu de consistance, telles que celles de la *Matricaire* et du *Scordium*, doivent être desséchées sans être séparées des tiges, et lentement, parce que leur suc âqueux est presque nul ; mais les fleurs des plantes ligneuses, comme la *Mélisse*, la *Bétoine*, doivent toujours être séparées des tiges : dans les *Roses* il est nécessaire de détacher le calice et d'ôter l'onglet ; il faut aussi sécher séparément les feuilles et les fleurs de la *Camomille romaine* ; il faut détacher les fleurs des *Mauves* d'avec le calice, ainsi que celles du *Melilot*, toutes petites qu'elles sont ; ces dernières exigent une dessication presqu'aussi rapide que celle du Caille-lait, et la raison pour le Melilot est la même.

5°. Les écorces et les bois veulent être desséchés promptement, sur-tout quand ils sont humides ; mais ils n'exigent d'ailleurs aucune préparation et aucun soin : les racines veulent être desséchées dès qu'on les tire de la terre, et dans leur première vigueur ; si elles sont douces, petites, un peu âqueuses, on les enfile, on les suspend dans un lieu aéré ; on se garde bien de les laver dans l'eau ; mais on les essuie avec un linge rude qui enlève l'épiderme et la terre qui peut y adhérer. On a soin de fendre les racines qui contiennent un corps ligneux ; on coupe par tranches très-minces celles qui sont charnues, comme celles de la *Bryone*, de la *Squine* ; quelques-unes, telles que celles de l'*Inula Campana*, ne se dessèchent jamais parfaitement, pas même à l'ardeur du soleil ; on les expose à l'entrée d'un four, et on traite de même toutes celles dont le sort est d'être un jour réduites en poudre. Les Bulbes ou Oignons, pour être exactement desséchés, doivent être effeuillés et exposés à la chaleur du bain-marie.

6°. Il est des plantes qui ne veulent pas être desséchées, parce que toute leur vertu réside dans le suc âqueux qu'elles contiennent. L'*Oseille* est de ce nombre, ainsi que le *Pourpier*, la *Joubarbe*, les *Sedums*, les *Cucurbitacées*, le *Cochléaria*, et presque toutes les cruciformes qui, dans la dessication, perdent toutes leurs parties volatiles. Les fleurs de *Bourrache* et de *Buglose* n'ont plus de vertus dès qu'elles sont desséchées.

7°. Parmi les plantes desséchées, il en est dont les vertus ne subsistent que quelques mois ; il faut en renouveller d'autres tous les ans ; très-peu les maintiennent quelques années. Les fleurs de *Violette*, qu'il est nécessaire de renfermer dans des vaisseaux de verre bien clos, n'y ont, après un mois, qu'une odeur d'herbe ; leurs parties odorantes sont les seules qui donnent la couleur ; elles s'évaporent bientôt, et on ne peut obvier à cet inconvénient qu'en réduisant le suc de ces plantes à la consistance du sirop. Les fleurs de *Mauve*, celles du *Bouillon-blanc*, doivent être gardées dans des vaisseaux de verre, parce qu'elles contiennent une substance mucillagineuse qui, comme l'*Hidromel*, attire l'humidité ; elles n'ont de vertus que pendant l'espace d'une année, et la perdent ensuite, de même que la fleur du *Melilot*, de la *Matricaire*, etc. Quelques plantes aromatiques, telles que le *Thim*, la *Marjolaine*, l'*Hissope*, la *Camomille romaine*, conservent très-long-tems leur odeur et par conséquent leurs vertus ; quelques racines, comme celles du *Gingembre*, de l'*Angélique*, du *Souchet*, du *Calamus aromaticus*, sont cinq ou six ans en vigueur ; celles dont la substance est compacte et résineuse comme du *Jalap*, du *Turbith*, durent plus que les ligneuses et les fibreuses : les écorces et les bois sont plus long-tems encore doués de toutes leurs vertus.

8°. Les semences farineuses n'exigent qu'une exposition dans un endroit sec et médiocrement chaud ; elles contiennent moins d'humidité que les autres parties de la plante qui les a produites. Les semences émulsives, celles qui sont renfermées dans des fruits charnus, telles que les semences froides du *Concombre*, du *Melon*, de la *Courge*, de la *Citrouille*, doivent être mondées de leur écorce, mais seulement lorsqu'on les met en usage, afin que l'huile essentielle qu'elles contiennent n'acquière pas une mauvaise qualité. Les semences odorantes doivent être conduites jusqu'à parfaite dessication.

9°. Les fruits veulent être desséchés promptement ; d'abord au feu, jusqu'à un certain point de dessication ; ensuite au soleil. On doit donner à ceux que l'on soupçonneroit contenir des œufs d'insectes, un degré de chaleur de quarante degrés qui les fasse périr ; on enferme ensuite les fruits dans un lieu sec, et ils s'y conservent.

10°. En général il est nécessaire de renouveller le plus souvent les productions végétales desséchées ; toutes s'affoiblissent insensiblement par l'évaporation ; souvent l'humidité y introduit la putréfaction ; et quelquefois des insectes rongeurs les attaquent à la longue, et nuisent à leur efficacité. La densité des corps indique le mode que le Pharmacien doit tenir dans les macérations, les infusions et les décoctions. Les substances les plus compactes y doivent être plus long-tems soumises que celles qui le sont moins ; et on peut donner pour règle générale les principes suivans : 1°. Les bois. 2°. Les racines sèches et ligneuses. 3°. Les écorces. 4°. Les racines fraîches auxquelles on ôte les parties ligneuses et que l'on coupe par morceaux. 5°. Les fruits coupés et mondés de noyaux, de graines ou d'écorces. 6°. Les herbes inodores suivant leur degré de consistance, et hachées grossièrement.

Eu général, il est utile de broyer et de faire macérer les corps secs, avant de les soumettre à la décoction. Quant aux fleurs, on doit éviter de diminuer leurs vertus par une longue ébullition qui corrigeroit le vice des susbstances âcres et piquantes.

Travail du Botaniste.

Le Botaniste nomme Herbier une collection de différentes espèces de plantes toutes desséchées, et collées sur des feuilles de papier ; toutes déterminées et étiquetées suivant la classe, l'ordre ou section et le genre indiqué dans une méthode botanique. La nécessité d'un Herbier, pour un élève commençant, est fondée sur la grande difficulté de graver pour toujours dans sa mémoire une nomenclature aussi immense que celle des végétaux. L'utilité et l'agrément d'un Herbier pour le Botaniste, sont fondés sur l'impossibilité de pouvoir se procurer, au même temps, le spectacle d'un grand nombre de plantes, l'époque de leurs floraisons étant si différenciée et si distante. Beaucoup fleurissent au printems, les autres ne brillent qu'en été, d'autres en automne, quelques-unes même n'étalent leurs beautés que dans le cœur de l'hiver, au sein des frimats et des neiges.

L'Herbier doit être pour le Botaniste le fruit de ses seules recherches et son propre ouvrage. Un Herbier dressé par un autre seroit pour lui d'une utilité aussi nulle que celle d'une image mal dessinée et imparfaitement gravée ; il n'en tireroit aucun profit réel. Il y a plusieurs manières de faire un Herbier, et de dessécher les plantes. La première, la plus parfaite, mais la plus difficile et la moins suivie, est celle-ci :

Cueillez la plante dans un tems sec, au moment où ses feuilles sont étalées et sa fleur parfaitement épanouie ; ne l'écrasez pas, et conservez-lui sa forme entière ; ayez un bocal cylindrique et transparent, dont l'orifice soit du même diamètre que le bocal entier ; placez dans le fond un petit morceau de cire molle ; fixez sur cette cire l'extrémité inférieure de la tige, de manière que la plante se soutienne perpendiculairement dans le bocal ; versez alors dessus, mais bien légèrement, un sablon très-fin, lavé dans plusieurs eaux, pour en extraire toutes les parties limoneuses, et bien séché au four ou au grand soleil ; introduisez ce sablon très-doucement jusqu'à ce qu'il couvre toutes les parties de la plante, la corolle même ; exposez ensuite le bocal au soleil, ou pour mieux réussir encore, mettez-le dans un four tempéré sans le couvrir ; renouvellez plusieurs jours de suite la chaleur modérée du bocal, et vous en tirerez votre plante bien desséchée, douée pour long-tems de toute la vivacité de ses couleurs ;

et sans qu'elle ait perdu aucun de ses caractères. Une collection de plantes ainsi desséchées, mise sous des bocaux et rangées par ordre, feroient, dans un appartement, la décoration la plus sublime aux yeux d'un Naturaliste.

J. J. Rousseau, après avoir démontré la nécessité d'un Herbier, après s'être élevé avec force contre ces prétendus Botanistes qui se vantent de posséder des Herbiers de huit à dix mille plantes, et ne connoissent pas celles qui naissent sous leurs pas, enseigne une manière de dresser un Herbier bien plus pratiquable, aussi utile, quoique moins apparente, que celle que nous venons d'indiquer. « On peut, dit ce grand-homme, faire un » Herbier sans savoir un mot de Botanique : tous ceux qui se dis- » posent à étudier la Botanique devroient commencer par-là. » Quand ils auroient desséché un assez grand nombre de plantes, » et qu'il ne s'agiroit plus que d'y ajouter les noms, il y a des » gens qui leur rendroient ce service pour de l'argent ou pour » quelque chose d'équivalent. D'ailleurs, n'avons-nous pas dans » toutes les villes un peu considérables des jardins botaniques où » les plantes sont disposées dans un ordre méthodique, et marquées » d'une étiquette sur laquelle leurs noms sont inscrits ? Pour » peu que l'on ait une idée de la méthode adoptée, et les » premières notions de l'A, B, C, de la Botanique, c'est- » à-dire, les premiers élémens de cette science, on y trouve » les plantes que l'on cherche ; on les compare ; on en prend » les noms, et c'est assez ; l'usage fait le reste, et nous rend » Botanistes. Mais ne comptez guères sur les meilleurs livres » de Botanique, pour nommer d'après eux des plantes que » vous ne connoîtriez pas ; si ces livres ne sont pas accom- » pagnés de bonnes figures, ils vous fatigueront sans succès ; » à chaque pas ils vous offriront de nouvelles difficultés et » ne vous apprendront rien. Ne vous attendez point à con- » server une plante dans tout son éclat ; celles qui se des- » sèchent le mieux, perdent encore beaucoup de leur fraîcheur : » de tous les moyens employés à la dessication des plantes, » celui de la pression est préférable pour un Herbier. . . . . » Ayez une bonne provision de papiers, 1°. du papier gris, » épais, peu collé ; 2°. du papier gris, épais, collé ; 3°. du » gros papier blanc sur lequel on puisse écrire ; et 4°. du pa- » pier blanc sur lequel vous fixerez vos plantes lorsqu'elles » seront desséchées . . . . . Lorsque vous voudrez dessécher » une plante, il faut la cueillir par un beau tems, et lorsque » les fleurs seront épanouies ; laissez-la quelques heures se » faner à l'air libre . . . . . Dès que ses parties seront amol- » lies, étendez-la avec soin sur une feuille de papier gris de

» la première espèce dont j'ai parlé ; mettez dessous cette
» feuille une feuille de carton, et dessus, douze ou quinze
» doubles de papier de la première espèce. Mettez le tout entre
» deux ais de bois, ou deux planches bien unies que vous char-
» gerez d'abord médiocrement, et dont vous augmenterez peu-
» à-peu la pression, à mesure que la dessication s'opérera. Il
» est plus avantageux de se servir de ces petites presses de bro-
» cheuses, parce que l'on sert si peu et autant qu'on le veut :
» au bout d'une heure ou deux, serrez-la davantage, et laissez-
» la ainsi vingt-quatre heures au plus ; retirez-la ensuite,
» changez-la de papier, et mettez dessous une autre feuille de
» carton bien sèche, ainsi que les feuilles de papier que vous
» allez mettre dessus ; remettez le tout en presse, serrez plus
» que la première fois ; laissez ainsi deux jours votre plante
» sans y toucher ; changez-la encore une troisième fois de
» papier, mais prenez du papier gris collé : serrez encore
» davantage la presse, et ne mettez dessus que trois ou quatre
» doubles de papier, ou seulement une feuille de carton dessus,
» et une dessous ; laissez-la ainsi en presse deux ou trois
» fois vingt-quatre heures : si lorsque vous retirez votre plante,
» elle ne vous paroît pas assez privée de son humidité, vous la
» changerez encore plusieurs fois de papier. » Il y a des plantes
qu'il suffit de changer deux fois de papiers, et d'autres qu'il
faut changer jusqu'à six fois. Celles qui sont de nature âqueuse,
exigent qu'on en accélère la dessication. Ceci se fait par le moyen
d'un ferd chaud, passé sur le papier, ou en mettant les plantes
toujours enveloppées de leurs papiers dans un four dont la chaleur est presque éteinte, ou en couvrant les feuilles de papier
d'un sablon fin de l'épaisseur de quelques lignes : on l'expose
ainsi aux rayons du soleil pendant plusieurs jours ; on les retire
au tems de la rosée du matin, du serein, et lorsque l'atmosphère
paroît chargée d'humidité. Les sucs de la plante s'échappent au
travers des grains de sable, et la dessication étant ainsi accélérée,
les couleurs se conservent plus sûrement. J. J. Rousseau ajoute :
« Mais si, au contraire, les parties qui la composent ont déjà
» perdu de leur flexibilité, il faut la mettre dans une feuille de
» gros papier blanc, où on la laissera en presse jusqu'à ce que la
» dessication soit parfaitement achevée ; ce sera alors qu'il faudra
» songer à assurer pour long-tems la conservation de votre plante ;
» elle pourra être employée à la formation de votre Herbier. Il
» ne s'agit plus que de la fixer, de la nommer, et de la mettre en
» place . . . . . Pour garantir votre Herbier du ravage qu'y fe-
» roient les insectes, il faut tremper le papier sur lequel vous
» voulez fixer vos plantes, dans une forte dissolution d'Alun, le

» bien

» bien faire sécher, et y attacher vos plantes avec des petites
» bandelettes de papier, que vous collerez avec de la colle à
» bouche ; c'est aussi avec cette colle que vous pourrez assujettir
» les organes de la fructification des plantes, lorsque vous aurez
» eu la patience de les dessécher à part.

Je me suis souvent apperçu que la colle indiquée par J. J.,
pour assujettir les plantes dans l'Herbier, y porteroit des in-
convéniens ; quelquefois elle engendre des insectes destructeurs ;
souvent elle occasionne, par son humidité, une nouvelle fermentation qui peut même devenir funeste à la plante que l'on attache,
et à ses voisines. J'ai abandonné l'usage de cette colle et des bandelettes de papier, qui quelquefois couvrent des parties essentielles à observer dans la plante, et j'ai remplacé l'un et l'autre
par de la soie verte, imitant l'ouvrage d'une brodeuse qui vou-
droit placer, sur un canevas nouveau, une broderie déjà travaillée
sur une autre.

J. J. Rousseau ajoute : « Il seroit bon d'avoir plusieurs échan-
» tillons de la même plante, sur-tout si elle est sujette à va-
» rier..... Il faut renfermer les plantes dans des boîtes de tilleul,
» que vous étiquetterez ; il faut qu'elles soient en un lieu sec. »

La forme d'un porte-feuille paroît préférable pour un Herbier,
à celle d'un livre ; les plantes étant moins contiguës, sont par-
là moins sujettes à se communiquer les restes d'humidité qu'elles
pourroient conserver, et ont moins à craindre une nouvelle fermentation. Une feuille de papier peut toujours être facilement
détachée à volonté, sans qu'on coure le risque d'offenser, par la
friction, la plante qui est attachée à la feuille voisine.

J. J. Rousseau regarda avec raison les Herbiers comme les
seuls moyens d'abréger les études du Botaniste, de faciliter ses
connoissances, et de rendre sa science agréable. Il auroit pû
ajouter qu'il est une très-grande différence à faire un Herbier de
sa main, définir soi-même les plantes, les classer sans autre
secours que sa méthode ; ou acquérir un Herbier, une collection de gravures pour y étudier l'art du Botaniste. Dans le
premier cas, on devient nécessairement Botaniste ; dans le second, on acquiert, tout au plus, le goût de la Botanique. Cet
homme rare dit : « Ne comptez guère sur les meilleurs auteurs
» Botanistes pour étudier les plantes, à moins qu'elles soient ac-
» compagnées de bonne figures. » Mais il est des particularités
dans les plantes, qui se peignent mieux par la parole encore,
que par le pinceau ; telles sont les odeurs, les saveurs, certaines couleurs que l'artiste ne peut pas copier, et même des
signes dans les plantes qui, vu leur petitesse, ne peuvent être
exprimées par le pinceau le plus adroit et le mieux exercé.

C c

PROJET D'UN CALENDRIER DE FLORE.

En vain chercheroit-on au printemps les fleurs de l'automne, et celles de l'automne au printemps ; les plantes s'assujétissent à l'ordre et aux loix fixés par la nature, qui se plaît à faire passer successivement sous nos yeux le tableau de toutes les productions végétales. Cette succession déterminée invariablement par elle, est néanmoins subordonnée à la température du climat et à celle de la saison, qui ont le pouvoir d'accélérer ou de retarder le moment de la végétation, et les jouissances du Botaniste. Telle est la progression la plus ordinaire de la floraison dans le climat français.

PLUVIOSE. / VENTOSE.	VENTOSE. / GERMINAL.
Hellébore noir.	Pensée.
Perce-neige.	Prunier.
Bois-gentil.	Hyacinthe.
Drave printanière.	Grande Consoude.
Peuplier blanc.	Orobe printanière.
Saule-marceau.	Cormier.
Hellébore.	Gleditsia.
Saxifrage tridactylites.	Giroflier jaune.
Buis.	Turrette.
Coudrier.	Herbe à Paris.
Bourse à pasteur.	Plusieurs Renoncules.
If.	Hépatique.
Primevère.	Globulaire.
Saxifrage granulée.	Tulipe.
Renoncule ficaire.	Alysson.
Scille à deux feuilles.	Lierre terrestre.
Tussilage.	Myosotis.
Violette.	Pétasite.
Pulmonaire des bois.	Noyer.
Saxifrage geum.	Petite Pervenche.
Amandier.	Pulsatille.
Pêcher.	Pissenlit.
Saule.	Acacia.
Abricotier.	Poirier.
Cabaret.	Langue de Serpent.
Cresson.	Pommier.
Cardamine.	Merisier à grappes.
Saule-pleureur.	Coignaissier.
Cerisier.	Néflier.

Pulsatille.
Plusieurs Trèfles.
Sylvie.
Alleluia.
Nombril de Venus.
Aubepin.
Beaucoup de Graminées.
Alliaire.
Sorbier.
Mélilot.
Aconit.
Sorbier des oiseleurs.
Aspérule odorante.
Narcisse.
Argentine.
Sorbier.
Lotier.
Aristoloche.
Petite Chélidoine.
Bourrache.
Pivoine.
Bryone.
Courges.
Bugle.
Chèvrefeuille.
Dompte-venin.
Phellandrie.
Camomille.
Ciguë
Jusquiame.
Carvi.
Mûrier.
Cerfeuil.
Acanthe.
Chêne.
Juliane.
Frêne.
Grande Lunaire.
Herbe Saint Antoine.
Eglantier.
Plusieurs Plantains.
Epine-vinette.
Aune.
Esule.

Sariette.
Fraisier.
Arbousier.
Grémil.
Obier.
Groseillier.
Ciste hélianthême.
Herbe à Robert.
Arroche.
Iris d'Allemagne.
Ancholie.
Iris faux Acorus.
Brunelle.
Marronier.
Chélidoine.
Ménianthe.
Basilic sauvage.
Muguet.
Sceau de Salomon.
Myrtille.
Aigremoine.
Orchis.
Lychnis dioïque.
Satyrion.
Cythise des Alpes.
Ophrys.
Garance.
Double feuille.
Securidaca.
Oreille-d'ours.
Mufle-de-Veau.
Lamier blanc.
Linaire.
Lamier rouge.
Blattaire.
Ortie jaune.
Béhen blanc.
Oseille.
Patience.
Pédiculaire des marais.
Plusieurs Chardons.
Pied-de-chat.
Reine des prés.
Filago.

C c 2

Seigle.
Pivoine.
Balsamine.
Polygala.
Piloselle.
Pissenlit.
Thlaspi.
Pulmonaire des Français.
Caillelait jaune.
Plusieurs Renoncules.
Froment.
Romarin.
Gui.
Orcanette.
Liseron.
Ronce.
Artichant.
Sainfoin.
Plusieurs Œillets.
Sureau.
Adonis d'été.
Sanicle.
Orobanche.
Ail.
Bluet.
Alkekenge.
Orpin.
Quelques Aconits.
Dodécatéon.
Potentille.
Agripaume.
Asperge.
Aigremoine.
Buglose.
Avoine.
Alcée.
Belladone.
Becabunga.
Benoîte.
Bouillon blanc.
Bistorte.
Plusieurs Chardons.
Caillelait.
Maïs ou bled de Turquie.

Scabicuse.
Lis.
Vipérine.
Carotte.
Meum.
Tilleul.
Sarasin.
Scrophulaire.
Bourrache omphalodes.
Chardon Roland.
Coquelicot.
Chiendent.
Coriandre.
Fève.
Filipendule.
Fumeterre.
Fraxinelle.
Guimauve.
Giroflée.
Alcée.
Réséda.
Gaude.
Coronille.
Grande Marguerite.
Bled noir.
Impératoire.
Ononis à fleurs jaunes.
Iris.
Pied d'alouette.
Plusieurs Menthes.
Serpolet.
Matricaire.
Staphisaigre.
Plusieurs Geranium.
Marrube noir.
Pomme-de-terre.
Marruble blanc.
Morelle grimpante.
Senevé sauvage.
Vigne.
Nymphea blanc.
Bouillon-blanc.
Oignon.
Haricot.

Oranger.
Aster.
Orge.
Quelques Lis.
Ortie.
Laitue.
Pied-de-lion.
Choux.
Quintefeuille.
Plusieurs Genêts.
Raisin sauvage.
Lisimachie corneille.
Plusieurs Roses.
Plusieurs Vesces.
Sauge des boutiques.
Lentille.
Sauge sauvage.
Lin purgatif.
Vergerette du Canada.
Gentiane-Croisette.
Trique-madame.
Quelques Véroniques.
Sedum blanc.
Plusieurs Teucrium.
Valériane des boutiques.
Vermiculaire brûlante.
Mourron.
Héliotrope.
Grande Joubarbe.
Chicorée.
Grande Absinthe.
Doronic.
Petite Absinthe.
Bidens.
Armoise.
Aconit napel.
Nummulaire.
Plusieurs espèces d'Ail.
Salicaire.
Patte-d'oie fœtide.
Plusieurs Rhododendrons.
Aunée.
Plusieurs Bruyères.
Bardane.

Jasione des montagnes.
Berce.
Parnassie.
Bétoine.
Blattaire.
Carline.
Plusieurs Inules.
Chanvre.
Ciguë.
Cochléaria.
Epurge.
Euphraise.
Germandrée.
Scille autumnale.
Glouteron.
Gratiole.
Epervière.
Digitale pourprée.
Houblon.
Digitale jaune.
Millefeuille.
Petite Digitale.
Nymphea jaune.
Stramonium.
Origan.
Gratiole.
Pimprenelle.
Persicaire.
Plusieurs Scabieuses.
Scrophulaire aquatique.
Scordium.
Fougères.
Tanésie.
Petite Lunaire.
Verveine.
Plusieurs Titimales.
Orpin reptise.
Verge d'or.
Véronique.
Plusieurs Vesces.
Yvette.
Colchique.
Mercuriale.
Pain de pourceau.

FRUCTIDOR.

VENDÉMIAIRE.

VENDÉMIAIRE.

BRUMAIRE.

Lierre en arbre.		Lichens.
Plusieurs Gentianes.	**FRIM.**	plusieurs Algues.
Absinthe genypi.		Plusieurs Varecs.
Mousses.		Plusieurs plantes exotiques.
Thlaspi d'hiver.		Quelques Capillaires.

A P P L I C A T I O N

ET USAGE DE DIVERS SYSTÈMES BOTANIQUES

POUR LA DÉTERMINATION DES PLANTES.

SANS le secours d'une méthode, la Botanique ne seroit qu'un véritable chaos, disoit le célèbre Linné ; un coup-d'œil découvre des multitudes de plantes, mais il ne les voit que confusément et sans fruit. Hélas ! comment l'homme s'y prendroit – il pour ne pas s'égarer, et les égaremens en Botanique sont toujours funestes ? C'est donc sur la nécessité de nous rendre compte de nos idées, de les rappeler de suite et par ordre, qu'est fondée la nécessité des méthodes. Leurs fonctions sont de soulager notre mémoire, en guidant notre esprit, en disposant, en distribuant les plantes suivant des caractères déterminés, d'après la considération de toutes leurs parties, ou seulement de quelques-unes d'entre elles.

Toutes les méthodes ont leur avantage et leur mérite ; plusieurs d'entre elles comparées, conduisent un amateur à connoître les plantes sous un plus grand nombre de rapports, et par-là, à les connoître plus sûrement.

Exemple tiré de la Pédiculaire des marais.

Cette plante se présente à mes yeux pour la première fois, je desire la connoître sûrement ; voici la marche que j'ai à tenir pour la discerner ; je détermine successivement, 1°. sa classe ; 2°. son ordre, ou section, ou famille ; 3°. son genre ; 4°. son espèce.

Système de Linné.

CLASSE. Je distingue des fleurs. Par-là la plante que je veux déterminer n'est pas de la vingt-quatrième classe *Cryptogamie*. J'ouvre les fleurs, j'y trouve des étamines et des pistils, elles sont toutes hermaphrodites ; la plante n'est donc ni de la vingt-unième classe *Monœcie*, ni de la vingt-deuxième *Diœcie*, ni de la vingt-troisiéme *Polygamie.* J'observe les étamines, je vois qu'elles ne sont adhérentes, ni par les anthères, ni par les filets ; elles sont libres ; la plante qui les porte n'est donc ni de la seizième classe *Monadelphie*, ni de la dix-septième *Diadelphie*, ni de la dix-huitième *Polyadelphie*, ni la dix-neuvième *Singénésie.* Je nombre les étamines ; elles sont au nombre de quatre, donc la plante n'est que de la quatrième classe *Tétrandrie*, ou de la quatorzième *Didynamie.* Je mesure des yeux la grandeur des étamines, j'en trouve deux plus grandes et deux plus petites ; la plante n'est donc pas de la quatrième classe où les étamines sont toujours égales; il est incontestable qu'elle est de la quatorzième, qui a deux étamines plus grandes que les deux autres, pour caractériser les deux puissances *Didynamie.*

ORDRE. La quatorzième classe du systême est divisée en deux ordres ; le premier embrasse les plantes dont les graines sont nues au fond du calice, *Gymnospermie* ; le second comprend celles dont les graines sont renfermées dans un péricarpe, *Angiospermie* ; j'apperçois au fond du calice une capsule qui renferme les semences ; ma plante est donc du second ordre de la quatorzième classe ; elle est de la *Didynamie, Angiospermie.*

GENRE. Cinquante-huit genres au moins composent l'ordre second de la quatorzième classe de ce systême ; l'observation se porte successivement sur le calice, sur la corolle, sur le péricarpe et sur les parties sexuelles. Je compare les caractères génériques de la plante avec ceux de tous les autres genres, et ce n'est que par cette comparaison bien suivie, que je parviens à discerner en elle les caractères assignés par l'auteur, au genre des pédiculaires. Ces caractères sont un calice 5-fide; une capsule à deux loges, mucronée, oblique ; des semences tuniquées.

ESPÈCES. Le travail n'est pas encore terminé ; Linné assigne une foule d'espèces dans le genre des pédiculaires, et il reste à choisir entre elles. Deux points de réunion se présentent et sont d'un grand secours ; il définit les *Pédiculaires à tige rameuse,* et les *Pédiculaires à tige très-simple.* La tige de la plante est rameuse, donc elle appartient à la première de ces deux sous-divisions. Mais cette sous-division est encore composée de plusieurs espèces ; je trouve définies la *Pédiculaire des marais,* la *Pédiculaire des bois,* la *Pédiculaire à bec arrondi.* La plante est née dans les marais ; je ne l'ai jamais reconnue dans les bois ; elle n'a pas le bec arrondi, et j'y trouve tout le caractère de celle que Linné décrit *Pédiculaire à tige rameuse, à calice caliculé et ponctué, à corolle labiée et oblique, qui habite dans les marais.*

C c 4

Cette manière de discerner les classes, les ordres, les genres et les espèces de plantes, devient facile par l'usage; elle est devenue familière à tout Botaniste; qu'aucun amateur n'en soit épouvanté.

Méthode de Tournefort.

CLASSE. La première division de cette méthode est celle qui sépare les herbes d'avec les arbres et les arbrisseaux; j'observe que cette plante a peu de consistance et rien de ligneux, c'est donc une herbe et non un arbre; elle ne peut donc être que des dix-sept premières classes, les cinq dernières ne décrivant que les arbres; je lui trouve des corolles, dès-lors elle n'est ni de la quinzième, ni de la seizième, ni de la dix-septième classes qui ne contiennent que des fleurs sans corolles, *Apétales*. Elle n'a qu'une simple corolle dans chaque calice, c'est donc une fleur simple et non une fleur composée, car la fleur composée est une agrégation de plusieurs fleurs dans le même calice; j'exclus encore la douzième, la treizième et la quatorzième classes qui dépeignent les fleurs composées. Cette corolle bien examinée est d'une seule feuille, *Monopétale*; j'exclus encore la cinquième, la sixième, la septième, la huitième, la neuvième, la dixième, la onzième classes qui embrassent les fleurs de plusieurs pièces, *Polypétales.* Cette corolle est peu symétrisée, elle est *irrégulière*; j'exclus la première et la deuxième classes qui ne comprennent que des fleurs monopétales régulières; ma plante dès-lors ne peut être que de la troisième ou de la quatrième classe, c'est-à-dire dans le nombre des *fleurs personnées* ou des *fleurs labiées.* Les personnées doivent avoir les semences renfermées dans une capsule, et les labiées doivent présenter des semences nues; je découpe la corolle de ma plante, j'apperçois une capsule qui renferme des graines, dès-lors sa classe est irrévocablement fixée; cette plante est dans la troisième des classes qui constituent la méthode, elle est dans le nombre des personnées.

SECTION. La troisième classe est composée de cinq sections; la première embrasse les fleurs en forme de cornet ou de capuchon, les fruits attachés au bas du pistil; la seconde les fleurs en tuyau terminé par une languette et dont le calice devient le fruit; la troisième les fleurs en tuyau ouvert par les deux bouts et dont le pistil devient le fruit; la quatrième les fleurs en tuyau terminé par deux mâchoires; la cinquième enfin les fleurs terminées en bas par un anneau, et à une seule mâchoire. J'observe de nouveau la corolle de ma plante; elle me présente un tuyau terminé par deux mâchoires, et je n'hésite pas de la ranger dans la quatrième section, et me voilà avec certitude à la classe de ma plante et à sa section.

GENRE. Cette section est divisée en neuf genres ; il me paroît d'abord difficile de déterminer celui de ces neuf genres auquel cette plante appartient ; mais l'ouvrage qui est mon guide a le double avantage d'être méthodique, et de faciliter l'intelligence des divisions et sous-divisions de ses classes par les figures que l'auteur y a fait ajouter. Je lis avec attention les neuf définitions ; je compare les caractères avec les figures qui y correspondent, et trouvant la lèvre supérieure de la corolle de ma plante en casque, je me décide sans peine pour le quatrième genre qui est ainsi dépeint ; ce genre est celui des pédiculaires.

ESPECES. Si la méthode de Tournefort eût ajouté des figures pour toutes les espèces qu'il décrit, cet ouvrage eût été parfait ; aucun autre système n'eût jamais pu rivaliser le sien ; sa grande simplicité lui eût assuré la supériorité sur tous ; mais cette multitude de planches eût été presque à l'indéfini, et il eût fallu plus que la durée ordinaire à la vie d'un homme pour les diriger et les faire exécuter. Le genre quatrième dans la section quatrième de la troisième classe de sa méthode, offre une foule d'espèces et de variétés dans les espèces. Ici je regrette de n'avoir pas à comparer la nature avec les figures, et je ne sais si ma plante est celle qu'il appelle *Pédiculaire des près, pourprée,* ou celle qu'il nomme *Pédiculaire des marais, rouge, plus élevée.* Cependant à force de comparer et de réfléchir sur ces deux phrases botaniques, je trouve enfin plus d'analogie entre ma plante et la dernière de ces deux espèces décrites ; je me décide à lui assigner cette place, et je la désigne par cette dénomination dans mon herbier. *Pédiculaire des marais, rouge, plus élevée,* Tournef. *Pédiculaire à tige rameuse, à calice caliculé et ponctué, à corolle labiée et oblique,* Linné.

Méthode de Jussieu.

Cette méthode est établie sur le rapport des familles naturelles mises en ordre, 1º. par l'absence des cotylédons ; 2º. par leur présence ; 3º. par leur nombre ; 4º. par l'insertion des étamines sur l'ovaire ou sur le réceptacle, ou sur la corolle, ou sur le calice, ou sur le pistil ; 5º. sur l'absence ou la présence des pétales, sur leur nombre et leur disposition. Quinze classes sous-divisées par des ordres et cent familles naturelles embrassent tous les végétaux dans ce savant système. J'ouvre ce livre si intéressant.

CLASSE. Je parcours les caractères des différentes classes ; et après avoir considéré la structure et la disposition de toutes les parties de la floraison et de la fructification de ma plante, je m'arrête à la huitième classe indiquée par Jussieu en ces termes : *Plantes à deux cotylédons, monopétales, la corolle insérée sous le pistil*; ces trois marques existent dans la *Pédiculaire*, et c'est ainsi que l'auteur décrit les plantes de cette classe. Calice monophylle. Corolle monopétale, hypogyne, ou insérée sous le pistil, régulière ou irrégulière. Etamines définies, insérées à la corolle et souvent alternes à ses segmens pourvu qu'elle leurs soient égales en nombre. Ovaire supérieur, simple; style unique; stigmate simple ou divisé. Fruit supérieur formé de semences nues ou renfermées dans un péricarpe lequel est en baie ou capsulaire, à une ou plusieurs loges. Je confère ce savant détail avec les caractères de la plante que je tiens dans les mains; je les y reconnois; aucune des marques nécessaires ne lui manque, elle reste dès-lors de la huitième classe.

ORDRE. Cette classe est partagée par quinze ordres qui constituent autant de familles naturelles ; je compare les caractères de ma plante avec ceux que l'auteur assigne à chaque ordre en particulier. Je trouve le second ordre ainsi décrit. Calice divisé, persistant, souvent tubulé. Corolle souvent irrégulière. Etamines définies. Style unique; stigmate simple, ou rarement a deux lobes. Fruit capsulaire, biloculaire, polysperme, bivalve ; les valves connées par une nervure mitoyenne en une cloison qui porte les semences de chaque côté, et qu'il est difficile de séparer; les valves libres et ouvertes sur la marge. Les caractères de cet ordre me présentent la physionomie de ma plante, aucun des traits assignés ne m'échappe, je les reconnois, et elle les avoue tous à mes yeux. Elle se trouve dans le second ordre de la huitième classe, qui est *la famille des Pédiculaires*.

GENRE. Dix-neuf genres partagent cet ordre, et tous ont leur caractère assigné particulièrement; il faut les conférer tous avec ma plante; mais je trouve deux points de réunion. 1°. Etamines non didynamiques au nombre de deux ou plus; 2°. quatre étamines didynamiques. Après avoir jetté un coup-d'œil sur les parties sexuelles de ma plante, j'y reconnois quatre étamines didynamiques, c'est-à-dire deux plus grandes et deux plus courtes ; je me décide de suite pour la seconde division de l'ordre ; je lis les définitions de chaque genre dans cette division, je trouve la Pédiculaire ainsi décrite. Calice ventru, 5-fide. Corolle tubulée à deux lèvres; supérieurement en casque, échancrée, comprimée, plus étroite ; plane intérieurement, ouverte comme à trois lobes, le lobe du milieu plus étroit. Capsule comme ronde, mucronée, comprimée, souvent oblique. Cette description est le portrait de ma plante ; je ne puis m'y méprendre. J'ai donc trouvé tous les caractères spécifiques, génériques et classiques, rien n'est mieux prouvé, c'est une Pédiculaire ; rien n'est plus solidement établi. Mais ces dernières certitudes, ce complément de preuves ne sont à la portée que du savant ou de celui qui connoît la langue latine, parce que Jussieu a écrit en latin, et que personne n'a encore enrichi notre langue d'un présent aussi utile.

VERTUS ET PROPRIÉTÉS

DES VÉGÉTAUX.

Quelques Botanistes assurent, d'après Aristote, que la Nature ayant suivi une marche déterminée et progressive dans la formation des végétaux, on ne parviendra à les discerner parfaitement qu'en les rassemblant, en les rappelant à cet ordre premier, et dans lequel ils furent tous créés. Cette méthode, si elle est possible à l'homme, seroit vraiment naturelle, puisqu'elle suivroit la marche qu'a suivie la Nature ; elle réuniroit le double avantage de rassembler les plantes qui ont des conformités certaines et des vertus analogues ; ses divisions ne comprendroient que les plantes qui conviennent entre elles par les caractères de l'ensemble, ou par le plus grand nombre de leurs rapports : mais cette méthode a cet inconvénient ; elle oublie beaucoup de végétaux, ne leur trouvant aucun rapport avec d'autres ; elle ne leur assigne aucun siége déterminé. Cette méthode est hérissée de difficultés et de peines ; elle fut la pierre d'achoppement d'un infinité de Botanistes, un sujet de division et de discorde entre eux, et souvent elle parut plutôt le terme de la Botanique, qu'un acheminement à devenir parfait Botaniste.

La Nature souvent place le poison à côté de la plante salutaire. L'animal qui broute est gratifié d'un instinct qui le trompe rarement ; mais c'est le seul esprit d'observation qui met l'homme en état de juger avec certitude. Si les sens nous servent à découvrir les vertus des végétaux ; si la saveur et l'odeur peuvent indiquer leurs propriétés salutaires ou nuisibles ; si la nature donne ces sens aux bêtes comme des sauve-gardes pour les préserver des substances vénéneuses, pourquoi l'homme ne pourroit-il pas, avec le secours de ces mêmes sens, déterminer, par des conjectures raisonnées, la force et la manière d'agir des plantes ? Il est d'expérience que celles qui ont la même saveur ont ordinairement la même vertu, et que celles qui diffèrent par leur saveur, diffèrent aussi par leur propriété. Les plantes insipides méritent peu l'attention du médecin ; mais celles qui excellent par leur saveur, excellent également par leur activité : c'est par la mastication qu'on juge le plus sûrement des saveurs.

L'odorat est encore nn de nos sens qui offre le plus d'utilité à l'observateur dans l'étude des plantes et de leur nature ; les divers odeurs indiquent les diverses propriétés, et les plantes de même odeur ont ordinairement les mêmes vertus, ou ces vertus ne varient que par degré. La couleur en est encore une indication ; le blanc désigne la douceur, le vert la crudité, le jaune l'amertume, le rouge l'acidité, le noir les venins ; mais la nature dément cet ordre dans beaucoup de plantes, et toutes ces règles ne sont pas sans exception. Les baies des bruyères sont noires sans être vénéneuses ; la reine-claude est verte, la cerise est rouge, etc.

Mais tout ce que nous venons de dire, et tout ce que nous pourrions dire encore sur les propriétés des plantes, seroit bien insuffisant pour le Botaniste qui n'useroit pas de tout moyen pour s'assurer de leurs vertus. L'analyse chymique est plus capable encore de satisfaire ses desirs, en séparant les principes de plantes, en rapprochant leurs parties agissantes sous un moindre volume ; elle contribuera, autant que toutes ses autres observations, à démontrer leurs véritables vertus.

Idée de l'Analyse chymique.

Analyser une plante, c'est travailler à connoître le nombre, la forme et les qualités des diverses parties qui la composent ; c'est l'anatomiser ; c'est en faire la résolution en principes sensibles.

Jusqu'ici toutes les plantes ont été analysées par le *feu* et les *menstrues*. La première de ces opérations ne peut qu'être fautive ; elle décompose les corps combinés, en altère les principes, forme de nouveaux corps par la réunion des élémens séparés, et extrait à-peu-près les mêmes principes des substances les plus diverses. *Homber* cite l'analyse du *Chou* et de la *Ciguë*, dont les principes sont les mêmes. Cette opération ne peut avoir d'utilité qu'autant qu'on y joint les autres moyens qui sont au pouvoir de l'art ; et ces autres moyens sont les menstrues et les différentes combinaisons.

L'opération faite par les menstrues ne dénature pas les produits ; elle est aussi plus avantageuse à la Médecine que la première, puisqu'elle lui fournit les moyens de séparer les principes médicamenteux ; elle a également fourni des secours pour extraire dans leur pureté d'autres principes utiles aux arts.

Mais on ne doit pas borner à ce moyen l'analyse chymique

d'une plante ; il faut que le Botaniste-Chymiste ait assez de génie pour varier ses procédés suivant la nature du végétal et le caractère du principe qu'il veut extraire. On peut reprocher aux Chymistes qui ont écrit jusqu'à présent sur l'analyse végétale, que se bornant à assigner des procédés pour extraire telle ou telle substance, ils ne lient leurs opérations par aucun système qui soit pris ou dans les moyens qu'on emploie, ou dans la nature des produits qu'on extrait, ou dans la marche même des opérations de la Nature. Et certes, si on veut connoître les opérations de la Nature, et voir le végétal en Philosophe et en Physicien, il faut consulter les opérations mêmes de la Nature, et suivre un plan qui nous fasse connoître une plante sous tous ses rapports.

Tous les principes qui constituent le végétal sont formés de la composition de l'air, de l'eau, de la terre et du calorique : on distingue, sur-tout, neuf substances ou menstrues qui naissent de cette combinaison dans le végétal ; 1°. la *Partie aromatique ;* 2°. les *Huiles essentielles ;* 3°. les *Huiles fixes ;* 4°. l'*Alkali volatil ;* 5°. le *Mucilage ;* 6°. les *Extraits ;* 7°. les *Extracto-résineux ;* 8°. les *Résino-extractifs ;* 9°. les *Résines.* Les produits que l'on peut extraire sans désorganiser une plante, et que leur organisation présente à nu, sont le *Mucilage,* les *Gommes,* les *Huiles,* les *Résines,* les *Gommes-résines.* Les principes qu'on ne peut recueillir qu'en désorganisant la plante, sont la *Fécule,* le *Gluten,* le *Sucre,* les *Acides,* les *Alkalis,* les *Sels neutres,* les *Principes colorans, etc.* (Voyez presque tous ces articles dans le dictionn.)

C'est par l'extraction de ces substances diverses que le Botaniste-Chymiste connoîtra si la plante contient des parties aromatiques, huileuses qui la rendent pénétrante, échauffante, analystique; des parties amillacées qui la rendent nourrissante ; des parties gommeuses, mucilagineuses, sucrées, aux moyens desquelles elle est adoucissante, lubréfiante ; des parties extractives qui lui donnent les propriétés des amers ; des sels ou des terres qui la font apéritive ou absorbante ; enfin, l'odeur vireuse qu'elle exhaleroit lorsqu'il rapprochera une infusion pour la réduire en extrait, lui annoncera les propriétés narcotiques et suspectes, si elles existent en elles.

DE LA CULTURE.

La culture, de même que tous les arts, ne réussit qu'autant qu'elle copie le travail et la marche de la Nature, qui assigne à chaque végétal le climat, l'exposition et le sol qui lui sont propres ; elle a prémuni les uns contre les chaleurs les plus brûlantes ; elle a formé les autres à n'habiter que des climats

tempérés ; elle en a endurci d'autres contre les froids , les gelées
mêmes excessives , afin qu'il n'y eût aucun climat sur la terre qui
ne fût abondamment pourvu de végétaux. Que le Botaniste donc ,
envisageant les plantes sous tous leurs rapports divers , saisisse
sur-tout cette combinaison naturelle qui les conduit à toute leur
perfection ; c'est l'unique moyen de s'approprier une jouissance ,
plus complette et plus sûre de tous les végétaux qu'il apprit à
connoître ; il saura les multiplier et les dépayser sans les dégrader ,
les conduisant à divers changemens par des passages insensibles ,
mais suivis ; il saura les familiariser au climat nouveau pour elles ,
mais dans lequel il habite ; il réussira à les y perfectionner. C'est
par lui que des fruits exotiques , tels que la *Pêche* , pourront y
être améliorés ; c'est par lui que , par une culture bien dirigée ,
tous les jours ils seront dressés à la température de nos contrées.

Linné les envisageant sous ce point de vue , reconnoît huit ciels
ou climats ; le *ciel des Indes* ; le *ciel d'Egypte* ; le *ciel Méri-*
dional ; le *ciel de Terre - Ferme* ; le *ciel du Nord* ; le *ciel*
d'Orient et le *ciel d'Occident.* (Consultez tous ces articles dans
ce Dictionnaire). Il distingue les plantes des *montagnes élevées* ;
les plantes qui croissent *à l'ombre* ; les plantes *des champs* ; les
plantes *des collines* , et les *plantes parasites.* Il discerne également les différentes sortes de terreins ; le *sable* , l'*argile* , la
craie , et le *terreau.* (Voyez également ces articles). Enfin , le
Botaniste calculant la chaleur nécessaire à la végétation de certaines plantes , sait leur construire des serres analogues à leur
tempérament , ou froid , ou chaud , ou tempéré. (Voyez l'art.
SERRE dans ce Dictionnaire).

DICTIONNAIRE ET INTERPRÉTATION

DES PRINCIPAUX TERMES LATINS

CONSACRÉS par les Auteurs à la description des plantes , et à l'étude méthodique de la Botanique.

A.

Abietosus, a, um. De la nature du Sapin.

Abreviatus, a, um. Raccourci , ie.

Abortiens , tis. Avortant, te ; avorté , ée ; fruit coulé.

Abortus, ûs. Avortement des sexes.

Abrotani-folius , a , um. A feuilles d'Aurone.

Abrupte pinnata folia. Feuilles pinnées sans impaire.

Absorbens, tis. Absorbant ; vaisseaux absorbans.

Acacioides. Faux Acacia.

Acalicinus, a , um. Acalicinal ; sans calice.

Acaulis, se. Sans tige ; sessile.

Acautyledon. Acotylédones ; sans cotylédons.

Acerosus, a, um. Qui a la forme d'une épingle.

Acidus, a , um. Acide ; aigre.

Acinaciformis, e. Qui a la forme d'un sabre.

Acinus , i. Grain de raisin ; petite baie.

Aconiti-folius, a, um. A feuilles des Aconits.

Acris, e. Acre ; piquant.

Aculeatus , a, um. Aiguillonné , ée ; en pointe aiguë.

Aculei, orum. Aiguillons ; armes des plantes.

Acuminatus, a, um. Aiguisé , ée ; pointu, ue.

Acutangulus, a , um. Qui est à angles aigus.

Acute. En pointe.

Acuti-folius , a, um. A feuilles aiguës.

Acutiusculus, a, um. Qui est un peu aigu, ou coupant.

Acutus , a , tum. Aigu, uë.

Adianti-folius, a, um. A feuilles des capillaires.

Adnatus, a, um. Attaché, ée ; cohérent, te.

Adnatum , i. Cayeux ; rejeton ; drageon.

Adnatus , a, um. Cohérent, te ; attaché le long.

Adpressus, a, um. Appliqué, ée contre ; comprimé, ée.

Adscendens, tis. Montant , te ; droit, te ; redressé, ée.

Adulterinus, a, um. Adultérin ; plante adultérine.

Aduncus, a, um. Crochu, ue.

Æqualis, e. Egal, le ; de longueur ou de largeur égale.

Æquilaterus, a, um. Qui est à côtés égaux.

Æquivalvis, e. Qui est à valves égales.

Æquinoctialis, e. Equinoxial, le.

Æquor, ris. Rase campagne ; plaine ; étendue unie.

Æstivalis, e. Estival, le ; qui vient en été.

Æstivatio, nis. Saison des plantes en été.

Æstivus, a, um. Qui vient en été ; qui fleurit en été.

Æthiopicus, a, um. D'Ethiopie ; plante d'Ethiopie.

Affinis, e. Rapproché ; de forme semblable.

Africanus, a, um. Afer, ra, rum. Plante d'Afrique.

Ager, agri. Champ. Campagne. Moisson.

Agglutinatus, a, um. Agglutiné ; collé, ée ensemble.

Aggregatus, a, um. Agrégé, ée ; réuni, ie sur un même lieu.

Agrestis, e. Agreste ; qui croît dans les champs.

Agricultor, ris. Agriculteur. Laboureur, Cultivateur.

Agricultura, æ. Agriculture ; art de la culture.

Ala, æ. Aile ; membrane en forme d'aile ; aisselle d'une feuille.

Alatus, a, um. Ailé ; feuilles, graines ailées.

Albicans, tis. Blanchâtre ; qui tire sur le blanc.

Alburnum, i. Aubier ; bois blanc.

Albus, a, um. Blanc, blanche.

Alienus, a, um. Etranger ; d'une autre contrée.

Alimentarius, a, um. Propre à servir d'aliment ; plantes alimentaires.

Alliaccus, a, um. Qui a l'odeur de l'Ail.

Aloi-folius, a, um. A feuilles de l'Aloès.

Alpestris, e. Alpinus, a, um. Des Alpes.

Alternatim. Alternativement.

Alterni-folius, a, um. A feuilles alternes.

Alternus, a, um. Alterne ; placé alternativement.

Althœi-folius, a, um. A feuilles de l'Athœa.

Alveolatus, a, um. Alvéolé ; creusé d'alvéoles.

Amarus, a, um. Amer, re.

Ambrosiacus, a, um. Qui sent l'ambre.

Ambiguus, a, um. Douteux, se.

Amentaceus, a, um. Amentacé, ée ; à chatons.

Amentum, i. Chaton.

Americanus, a, um. Plante d'Amérique.

Ametistinus, a, um. De couleur améthiste.

Amphibius, a, um. Amphibie.

Amplexicaulis, e. Amplexicaule.

Ampliatus,

Ampliatus, a, um. Amplifié, ée ; agrandi , ie.
Amplius, amplioris. Plus grand , de.
Amygdali-folius, a, um. A feuilles d'Amandier.
Analogia, æ. Analogie ; conformité.
Analysis, is. Analyse végétale.
Anceps, ipitis. Chancelant; tige gladiée.
Anatome, es. Anatomie végétale.
Androgynus, a, um. Androgyne.
Androginus, a, um. Plantes androgynes.
Anguicidus, a, um. Qui fait périr les serpens.
Angulatus, a, um. Angulosus. Angularis, e. Anguleux , se.
Angulus, i. Angle.
Angustifolius, a, um. A feuilles étroites.
Anisatus, a, um. A odeur de l'anis.
Annulatus, a, um. Annulé ; qui a un anneau.
Annuus, a, um. Annuel ; qui ne vit qu'un an.
Annularis, e. Anuulaire; en cercle.
Annulus, i. Anneau ; cercle concentrique.
Anomalus, a, um. Anomal, le ; irrégulier , re.
Anthera, æ. Anthère ; sommet.
Antherifer, a, um. Qui porte les anthères.
Antidissentericus, a, um. Antidissentérique.
Apertio, nis. Epanouissement d'une fleur.
Apetalus, a, um. Apetal, le ; sans pétales.
Apertura, æ. Ouverture ; entrée de ; gorge d'une corolle.
Apex, icis. Sommet ; extrémité supérieure.
Aphyllus, a, um. Sans feuilles ; tige sans feuilles.
Apii-folius, a, um. A feuilles du persil.
Apophysis, is. Apophyse ; excroissance.
Appendiculatus, a, um. Appendiculé, ée ; qui a des appendices.
Approximatus, a, um. Rapproché, ée.
Aquaticus, a, um. Aquatique ; qui croît dans l'eau, sous l'eau.
Aqueus, a, um. Aqueux, se ; limpide ; sans couleur, comme de l'eau.
Aqui-folius, a, um. A feuilles du Houx.
Aquilegi-folius, a, um. A feuilles de l'Ancholie.
Aquosus, a, um. Aqueux; rempli d'eau.
Arabicus, a, um. Plante d'Arabie.
Araneosus, a, um. Aragueux , se ; fait en toiles d'araignées.
Arbor, is. Arbre.
Arborescens, tis. Arborescent.
Arboreus, a, um. Arboré , ée ; de la forme d'un arbre.
Arbuscula, æ. Arbuste ; sous-arbrisseau.
Arbuti-folius, a, um. A feuilles de l'Arbousier.

D d

Arcens, *tis*. Qui écarte ; qui empêche d'approcher.

Arcuatim. En arc.

Arenosus, *a*, *um*. Qui croît dans les terreins sablonneux.

Areolatus, *a*, *um*. Aréolé ; creusé de sillons.

Argenteus, *a*, *um*. Argenté, ée.

Argilla, *œ*. Argile ; terrein argileux.

Argirocomus, *a*, *um*. Qui est d'un blanc argenté et comme satiné.

Aridus, *a*, *um*. Aride.

Arietinus, *a*, *um*. De Bélier ; qui imite les cornes du Bélier.

Ari-folius, *a*, *um*. A feuilles de l'Arum.

Arillus, *i*. Tunique propre.

Arillus, *i*. Tunique propre des semences.

Arista, *œ*. Barbe ; arête.

Arma plantarum. Armes des plantes.

Armeniacus, *a*, *um*. Plante d'Arménie.

Aromaticus, *a*, *um*. Aromatique ; odorant.

Arundinaceus, *a*, *um*. En forme de roseau.

Arrectus, *a*, *um*. Droit, te ; roide.

Articulatio, *nis*. Articulation.

Articulatus, *a*, *um*. Articulé, ée.

Articulus, *i*. Article ; coude à l'insertion d'une partie sur une autre.

Artificialis, *e*. Artificiel, le.

Artemisi-folius, *a*, *um*. A feuilles des armoises.

Arundinaceus, *a*, *um*. Arondinacé, ée ; ce qui a des conformités avec le roseau.

Arvensis, *e*. Des champs ; champêtre.

Arvum, *i*. Terre non ensemencée.

Asari-folius, *a*, *um*. A feuilles du Cabaret.

Ascendens, *tis*. Ascendant, te ; montant, te.

Asper, *a*, *um*. Rude ; raboteux.

Asperifolius, *a*, *um*. A feuilles rudes au toucher.

Assimilans, *tis*. Presque semblable.

Assurgens, *tis*. Relevé, ée ; montant, te.

Atriplici-folius, *a*, *um*. A feuilles de l'Arroche.

Ater, *a*, *um*. Noir, re.

Atro-albus, *a*, *um*. D'un blanc tirant sur le noir.

Atro-sanguineus, *a*, *um*. De couleur d'un sang noir.

Atro-purpureus, *a*, *um*. D'un pourpre noirâtre.

Atro-virens, *tis*. D'un vert tirant sur le noir.

Atro-rubens, *tis*. D'un rouge brun.

Attenuatus, *a*, *um*. Atténué, ée ; épuisé, ée.

Attingens, *tis*. Egal en hauteur.

Auctus, *ûs*. Alongement ; prolongation.
Auruntiacus, *a*, *um*. De couleur orangée.
Auleum, *i*. Corolle ; lit nuptial.
Avenaceus, *a*, *um*. Qui est de la nature de l'avoine.
Arbor, *ris*. Arbre.
Arbustus, *i*. Arbuste.
Aureus, *a*, *um*. Doré, ée.
Auritus, *a*, *um*. Oreillé, ée.
Australis, *e*. Qui croît dans les terres australes.
Austriacus, *a*, *um*. D'Allemagne ; d'Austrasie.
Autumnalis, *e*. Ce qui vient en automne.
Avenaceus, *a*, *um*. Qui tient d'une avoine.
Avenius, *a*, *um*. Sans nervure ; sans vaisseaux apparens.
Axillaris, *e*. Axillaire.
Axis, *is*. Axe.
Azoricus, *a*, *um*. Plante des Açores.

B.

Babylonicus, *a*, *um*. Qui croît à Babylone.
Bacca. *œ*. Baie.
Baccatus, *a*, *um*. Fruit formant une baie.
Baccifer, *a*, *um*. Qui porte des baies.
Balsamum, *i*. Beaume.
Balsamifer, *a*, *um*. Qui porte du beaume.
Barbatus, *a*, *um*. Barbu, ue ; couvert de poils en forme de barbe.
Barbiger, *a*, *um*. Qui est chargé de barbe.
Basis, *is*. Base, ou partie inférieure d'une chose.
Bellidi-folius, *a*, *um*. A feuilles de Paquerette.
Betulinus, *a*, *um*. Du Bouleau ; qui croît sur le Bouleau.
Biarticulatus, *a*, *um*. A deux articulations.
Biauritus, *a*, *um*. A deux oreillettes.
Bibulus, *a*, *um*. Ce qui emboit ou pompe l'eau.
Bicapsularis, *e*. Bicapsulaire ; fruit à deux capsules.
Bicolor, *ris*. De deux couleurs.
Bicornus, *a*, *um*. Qui a deux cornes.
Bicocca, *œ*. A deux coques.
Bicuspidatus, *a*, *um*. Bicuspidé ; à deux pointes.
Bidens, *tis*. *Bidentatus*, *a*, *um*. A deux dents.
Biennis, *e*. Bienne ; bisannuel ; qui dure deux ans.
Bifariam. De deux manières différentes.
Bifarius, *a*, *um*. Sur deux rangées.

Bifer, *a*, *um*. Qui porte deux fois l'année.
Bifidus, *a*, *um*. Bifide.
Biflorus, *a*, *um*. Biflore.
Bifoliatus, *a*, *um*. A deux feuilles.
Biforus, *a*, *um*. Qui est percé de deux trous.
Bifurcatus, *a*, *um*. Bifurqué, ée.
Bigeminatus, *a*, *um*. Bigéminé, ée.
Biglandulosus, *a*, *um*. A deux glandes.
Bijugatus, *a*, *um*. Bijugué, ée ; deux par deux.
Bilabiatus, *a*, *um*. A deux lèvres.
Bilamellatus, *a*, *um*. Deux fois lamellé, ée.
Bilobus, *a*, *um*. Bilobé, ée ; qui a deux lobes.
Bilocularis, *e*. Biloculaire.
Binus, *a*, *um*. *Binatus*, *a*, *um*. Biné, ée.
Binervius, *a*, *um*. A deux nervures.
Bipartitus, *a*, *um*. En deux parties.
Bisannuus, *a*, *um*. Bisannuel ; qui vit deux ans.
Bipinnatus, *a*, *um*. Bipinné, ée.
Bipunctatus, *a*, *um*. A deux ponctuations.
Bispinosus, *a*, *um*. A deux épines.
Biserratus, *a*, *um*. Denté, ée sur deux rangs.
Bisulcatus, *a*, *um*. A deux sillons.
Bituminosus, *a*, *um*. Bitumineux ; enduit de bitume.
Bivalvis, *e*. *Bivalvatus*, *a*, *um*. A deux valves.
Bivascularis, *e*. Bivasculaire.
Bizantinus, *a*, *um*. De Bizance ; qui croît à Constantinople.
Borealis, *e*. Qui croît dans les contrées du Nord.
Botanica, *æ*. Botanique.
Botanicus, *i*. Botaniste.
Brachialis, *is*. De la hauteur du bras d'un homme.
Brachiatus, *a*, *um*. Branchu, ue.
Bractea, *æ*. Bractée.
Bracteatus, *a*, *um*. Qui porte des bractées.
Bracteiformis, *e*. En forme de bractées.
Brasiliensis, *æ*. *Brasilianus*, *a*, *um*. Qui croît au Brésil.
Brevi-folius, *a*, *um*. A feuilles courtes.
Brevis, *e*. Court, te ; raccourci, ie.
Brevissimus, *a*, *um*. Très-court, te.
Britannicus, *a*, *um*. De Bretagne ; qui croît dans la Bretagne.
Brumalis, *e*. Hivernal ; d'hiver.
Bryoni-folius, *a*, *um*. A feuilles de la Bryone.
Bulbiferus, *a*, *um*. Bulbifère ; qui porte des bulbes.
Bulbosus, *a*, *um*. Bulbeux, se.
Bulbulus, *i*. Caïeu ; petite bulbe.

Bulbus, *i.* Bulbe ; Oignon.
Bullatus, *a*, *um.* Bullé, ée ; relevé, ée de petites pointes.
Bupleuri-folius, *a*, *um.* A feuilles de la Buplèvre.
Buxi-folius. *a*, *um.* A feuilles du Buis.

C.

Caducus, *a*, *um.* Caduc, uque ; qui tombe avant.
Cœruleo purpureus, *a*, *um.* De couleur violette.
Cœruleus, *a*, *um.* De couleur bleue.
Cœsius, *a*, *um.* D'un vert bleuâtre.
Calamiformis, *e.* En forme de chalumeau ; de plume.
Calamus, *i.* Chalumeau ; chaume.
Calcar, *ris.* Nectaire en corne, ou en éperon.
Calcaratus, *a*, *um.* Qui est en forme d'éperon ; qui a un éperon.
Calcedonicus, *a*, *um.* De Calcédoine.
Calicinus, *a*, *um.* Calicinal, le ; qui appartient au calice.
Caliculatus, *a*, *um.* Caliculé ; qui a un double calice.
Calidus, *a*, *um.* Chaud, de.
Calix, *icis.* Calice.
Callosus, *a*, *um.* Raboteux ; calleux, se.
Callypta, *æ.* Coiffe dans les Mousses ; les Champignons.
Calyptratus, *a*, *um.* Qui porte une coiffe.
Campana, *æ.* Campane. Cloche. Campanule.
Campaniformis, *e.* Campaniforme.
Campanula, *æ.* Campanule.
Campestris, *is.* Champêtre.
Camphoratus, *a*, *um.* A odeur du Camphre.
Campus, *i.* Champ inculte.
Canadensis, *e.* Plante du Canada.
Canaliculatus, *a*, *um.* Canaliculé ; creusé d'un canal.
Canariensis, *e.* Plante des Canaries.
Cancellatus, *a*, *um.* Qui a la forme d'une grille.
Candidus, *a*, *um.* Blanc, blanche.
Candicans, *tis.* Blanchissant, te.
Candelaris, *e.* En forme de lustre.
Canescens, *entis.* Tirant sur le blanc.
Cannabinus, *a*, *um.* Ce qui a des rapports avec le Chanvre.
Capillaceus, *a*, *um.* Chevelu, ue.
Capensis. Du Cap de Bonne-Espérance.
Capillaris, *e.* Capillaire ; menu comme un cheveu.
Capitatus, *a*, *um.* Qui forme la tête.
Capitulum, *i.* Tête ; chapiteau ou chapeau du Champignon.

Capreolus, *i.* Vrille, *ou* main.
Capreolatus, *a*, *um.* Qui est pourvu d'une vrille.
Capsularis, *e.* Fruit capsulaire.
Capsula, *æ.* Capsule.
Caracter, *ris.* Caractère botanique.
Cardui-folius, *a*, *um.* A feuilles du Chardon.
Carina, *æ.* Carène.
Carinatus, *a*, *um.* Cariné ; fait en carène.
Carinulatus, *a*, *um.* Fait en forme de carène,
Carneus, *a*, *um.* De couleur de chair.
Carnosus, *a*, *um.* Charnu, ue ; d'une substance épaisse.
Carolinus, *a*, *um.* Plante de la Caroline.
Caro, *nis.* Chair ; substance molle et pulpeuse.
Carpini-folius, *a*, *um.* A feuilles du Charme.
Cartilagineus, *a*, *um.* Cartilagineux, se ; en manière de cartilage.
Carvi-folius, *a*, *um.* A feuilles du Chervi.
Caryophyllatus, *a*, *um.* Caryophyllé, en forme d'œillet.
Castanei-folius, *a*, *um.* A feuilles du Châtaignier.
Catalepticus, *a*, *um.* Cataleptique.
Catenatus. Lié, ée, comme enchaîné.
Catharticus, *a*, *um.* Purgatif, ve.
Cauda, *æ.* Queue.
Caudatus, *a*, *um.* A queue.
Caudex, *icis.* Tronc d'arbre.
Caulescens, *entis.* Caulescent, te ; qui pousse une tige.
Cauli-florus, *a*, *um.* Fleurissant sur la tige.
Caulinus, *a*, *um.* Qui appartient à la tige ; caulinaire.
Caulis, *is.* Tige.
Cellula, *æ.* Cellule ; petite loge.
Centi-folius, *a*, *um.* A cent feuilles.
Centralis, *e.* Central.
Cepaceus, *a*, *um.* Qui a la forme, ou le goût de l'Oignon.
Cera, *æ.* Cire.
Cereiformis, *e.* En forme de cierge.
Cerealis, *e.* Qui sert à faire du pain.
Cernuus, *a*, *um.* Penché ; incliné, ée.
Cespitosus, *a*, *um.* Ramassé en touffe ; en gazon.
Chalepensis, *is.* Plante de Chalep.
Cheiri-folius. A feuilles du Giroflier.
Chicoraceus, *a*, *um.* Chicoracé, ée.
Chinensis, *e.* Plante de la Chine.
Chrysiscomus, *a*, *um.* Jaune-orangé, ée.
Ciliaris, *e.* Garni de poils qui imitent les cils.

Ciliatus, a , um. Cilié, ée ; garni de cils.
Cinarocephalus, a , um. Cinarocéphale ; de la forme de l'artichaut.
Cinereus, a , um. Cendré , ée ; de couleur de cendres.
Cingens , entis. Qui entoure ; qui environne.
Circinalis , e. Roulé , ée comme en boucle ; compassé, ée.
Circinatus, a , um. Compassé, ée ; arrondi, ie.
Circumferentia , æ. Circonférence ; contours.
Circumflexus, a , um. Fléchi ; courbé autour.
Circumnascens , entis. Qui naît autour.
Circumcisus , a , um. Partagé en deux parties horizontales.
Circumsepiens , entis. Qui entourre.
Cirrhatus, a , um. Qui se termine par des vrilles.
Cirrhifer , a , um. Qui porte une ou plusieurs vrilles.
Cirrhi-florus , a , um. Dont les vrilles portent des fleurs.
Cirrhus , i. Vrille ; main.
Citri-folius , a , um. A feuilles du Citronier.
Classis , is. Classe de plantes.
Clausus, a , um. clos ; fermé.
Clavatus, a , um. Qui a la forme d'une massue.
Clavus, i. Massue ; en massue.
Clavicula, æ. Vrille, main.
Clima, tis. Climat ; contrée.
Clipeatus, a , um. En forme de bouclier.
Coadnatus, a , um. Coadné ; né ensemble.
Coarctatus, a , um. Resseré , ée.
Cochleatus, a , um. En coquille, en cuillier.
Coherens, tis. Qui fait partie de.
Cocciferus, a , um. Qui porte des cochenilles.
Coccineus, a , um. Rouge ; écarlate.
Collinus, a , um. Qui vient sur les collines.
Collum, i. Col ; entrée d'une corolle.
Color, ris. Couleur ; colorique ; principe colorant.
Coloratus, a , um. Coloré , ée.
Colubrinus, a , um. De couleur de peau de serpent.
Columella, æ. Petite colonne.
Columnaris, e. En colonne ; fait en colonne.
Coma, æ. Touffe de feuilles ou de bractées.
Columnifer, a , um. Disposé en colonne.
Communis, is. Commun, ne ; vulgaire.
Comosus , a , um. Chevelu , ue ; à chevelure.
Compactus , a , um. Compacte ; dense ; épais.
Completus , a , um. Complet ; à qui il ne manque aucune partie.
Compositus , a , um. Composé ; de plusieurs pièces.
Compressus, a , um. Comprimé, ée ; aplati, ie.

Concavus, a, um. Concave; creux, se.
Conceptaculum, i. Coque ou follicule.
Concisus, a, um. Coupé, ée; déchiré, ée.
Concolor, ris. De même couleur.
Condensatus, a, um. Condensé; épaissie.
Conduplicatus, a, um. Plié en double.
Confertus, a, um. Ramassé, ée; resserré, ée.
Confluens, entis. Confluent, te.
Conformis, e. Conforme.
Congeneres plantæ. Plantes congénères.
Congestus, a, um. Ramassé, ée; resserré, ée.
Conglobatus, a. um. Conglobé, ée.
Conglomeratus, a, um. Congloméré, ée.
Congregatus, a, um. Réuni, ie.
Congruens, entis. Qui se réunit.
Compactus, a, um. Compacte; dense; épaisse.
Complanatus, a, um. Aplani, ie; plane.
Complicatus, a, um. Compliqué, ée.
Conicus, a, um. Conique; en cône.
Conifer, a, um. Conifère; qui porte des cônes.
Conjugatus, a, um. Conjugué, ée.
Connatus, a, um. Conné, ée; réuni, ie.
Connivens, tis Connivent, te.
Consimilis, e. Qui se ressemble.
Contaminatus, a, um. Souillé, ée; sali, ie.
Contingens, entis. Qui se touche.
Contiguitas, tis. Contiguité.
Contiguus, a, um. Contigu, ue.
Continuus, a, um. Continu, ue.
Contorsus, a, um. Contourné, ée.
Contortus, a, um. Contourné, ée.
Contortuplicatus, a, um. Plusieurs fois contourné, ée.
Contrarius, a, um. Contraire, opposé, ée.
Contractus, a, um. Racourci, ie; raminci, ie.
Convexus, a, um. Convexe.
Convolutus, a, um. Roulé, ée en dedans.
Conus, i. Cône.
Corculum, i. Embryon.
Corchori-folius, a, um. A feuilles du Corchorus.
Cordato ovatus. Cordiforme; ovale.
Cordatus, a, um. En cœur; cordiforme.
Cordi-folius, a, um. A feuilles en cœur.
Corniculatus, a, um. Corniculé; fait en cornet.
Cornutus, a um. Cornu; qui a des cornes.

Corolla, œ. Corolle.
Corolliferus, a, um. Corollifère.
Corollinus, a, um. Semblable à une corolle.
Corollula, œ. Petite corolle.
Coromandelianus, a, um. Plante de la côte de Coromandel.
Corona, œ. Couronne.
Coronarius, a, um. Qui forme la corolle.
Coronatus, a, um. Couronné, ée.
Coronula, œ. Petite couronne.
Coronopi-folius, a, um. A feuilles de la Corne-de-cerf.
Cortex, icis. Ecorce.
Corticalis, e. Cortical ; qui a des rapports avec l'écorce.
Corylli-folius, a, um. A feuilles du Coudrier.
Corymbifer, a, um. Qui porte des Corymbes.
Corymbosus, a, um. Disposé en corymbe.
Corymbus, i. Corymbe.
Cotini-folius, a, um. A feuilles du Cotinus.
Cotyledon, nis. Cotylédon ; lobe des semences.
Crassi-folius, a um. A feuilles épaisses.
Crassus, a, um. Epais, se.
Crenatus, a, um. Créné, ée ; crénelé, ée.
Crepitans, tis. Bruyant; raisonnant, te.
Creta, œ. Craie.
Creticus, a, um. Plante de l'isle de Crète.
Crinitus, a, um. Garni de crins, de poils semblables à du crin.
Crispus, a, um. Crépu, ue.
Cristatus, a, um. En crête de coq.
Cristallinus, a, um. En forme de cristal.
Croceus, a, um. De couleur de safran.
Croci-folius, a, um. A feuilles du safran.
Cruciatim. En croix.
Cruciatus, a, um. Croisé, ée ; en croix.
Crucifer, a, um. Crucifère ; cruciforme.
Cruci-folius, a, um. Qui a les feuilles en croix.
Cruciformis, e. Crucifié ; cruciforme.
Cruentus, a, um. De couleur de sang.
Cryptœ, arum. Grottes ; plantes des grottes.
Cubitalis, le. Haut d'une coudée.
Cucullatus, a, um. Qui a la forme d'un capuchon.
Cucullus, i. Capuchon ; nectaire imitant la forme d'un capuchon.
Cucumerinus, a, um. En forme, ou de la saveur du concombre.
Cucurbitaceus, a, um. Cucurbitacé, ée.
Cucurbitinus, a, um. Qui se rapproche de la Courge.
Culinaris, e. Qui est d'usage dans les cuisines.

Culmifer, *a*, *um*. Qui a pour tige un chaume.
Culmineus, *a*, *um*. Qui a des rapports avec les Graminées.
Culmus, *i*. Chaume, paille de bled.
Cultivator, *ris* Cultivateur. Jardinier.
Cultratus, *a*, *um*. En forme de lame de couteau.
Cultura, *æ*. Culture.
Cultus, *a*, *um*. Cultivé, ée; plante cultivée.
Cunei-folius, *a*, *um*. A feuilles en coin.
Cuneiformis, *e*. Cunéiforme; en façon de coin.
Cupressi-folius, *a*, *um*. A feuilles du Cyprès.
Cupreus, *a*, *um*. De couleur de cuivre.
Cupula, *æ*. Cupule.
Cupularis, *e*. Qui a la forme d'une coupe.
Curassavicus, *a*, *um*. Plante de Curassao.
Curvatio, *nis*. Courbure.
Cuspidatus, *a*, *um*. Cuspidé; pointu, ue.
Cuticula, *æ*. Surpeau; épiderme.
Cyalinus, *a*, *um*. De couleur bleue.
Cyathiformis, *e*. En forme de ciboire.
Cylindricus, *a*, *um*. Cylindrique.
Cyma, *æ*. Cime; sommet d'une plante.
Cymballari-folius, *a*, *um*. A feuilles de la Cymballaire.
Cymosus, *a*, *um*. Qui a plusieurs cimes.
Cynnamomeus, *a*, *um*. A odeur de Canelle.

D.

Daphne-folius, *a*, *um*. A feuilles du Garou.
Debilis, *lis*. Foible, lâche.
Decangularis, *e*. A dix angles.
Decapetalus, *a*, *um*. A fleurs de dix pétales.
Decaphyllus, *a*, *um*. Composé de dix pièces..
Decaspermus, *a*, *um*. A dix semences.
Decem fidus, *a*, *um*. Fendu en dix endroits.
Decem locularis, *e*. A dix loges.
Deciduus, *a*, *um*. Qui tombe avec.
Declinaturus, *a*, *um*. Incliné, ée.
Decompositus, *a*, *um*. Recomposé, ée.
Decombens, *tis*. Couché, ée; tige couchée.
Decorticans, *tis*. Susceptible d'être pelé, d'être écorché.
Decumbens, *tis*. Qui retombe.
Decurrens, *tis*. Décurrent, te; pétiole décurrent.
Decussatim. En sautoir.

Decussatus, a, um. Disposé par paires ; en sautoir.
Definitus, a, um. Défini, ie ; d'un nombre déterminé.
Deflexus, a, um. Courbé, ée ; en dehors.
Defloratus, a, um. Défleuri, ie.
Defoliatio, onis. Effeuillaison.
Dehiscens, tis. S'ouvrant ; brillant, te.
Deliciosus, a, um. Délicieux, se.
Delicatulus, a, um. Délicat ; frêle ; fragile.
Deltoideus, a, um. Deltoïde ; en forme de triangle.
Delphini-folius, a, um. A feuilles du Delphinium.
Demissus, a, um. Couché, ée ; incliné, ée.
Demersus, a, um. Submergé, ée ; couvert d'eau.
Densus, a, um. Dense ; épais, se.
Dentatus, a, um. Denté, ée.
Denticulatus, um. Denticulé, ée ; finement denté, ée.
Denudatus, a, um. Dépouillé, ée ; découvert, te.
Deorsum. Vers le bas ; inférieurement.
Dependens, tis. Pendant, te.
Depressus, a, um. Comprimé, ée.
Depauperatus, a, um. Apauvri, ie ; dégénéré, ée.
Descendens, tis. Descendant, te ; perché, ée.
Dessicatio, nis. Dessication des plantes.
Dessicuus, a, um. Qui se dessèche.
Destitutus, a, um. Dépourvu, ue.
Deustus, a, um. Desséché, ée ; brulé, ée.
Dextrorsum. De droite à gauche.
Diandrus, a, um. Diandrique.
Dichothomus, a, um. Dicotôme ; fourchu, ue.
Diclinis, e. Plantes à sexes séparés.
Dicotyledon. A deux cotylédons ; dicotylédones.
Didymus, a, um. Didyme.
Difformis, e. Difforme.
Diffusus, a, um. Diffus, se.
Digynus, a, um. Digyne ; à deux étamines.
Digittatus, a, um. Digitté, ée.
Digonus, a, um. A deux angles.
Dilatatus, a, um. Dilaté ; ouvert, te.
Dilute purpureus, a, um. Lavé, ée, de pourpre.
Dimidiatus, a, um. Raminci, ie ; diminué de substance.
Dioicus, a, um. Dioïque.
Dipetalus, a, um. A deux pétales.
Diphyllus, a, um. Diphylle ; de deux pièces.
Dipsaceus, a, um. Dipsacé, ée.
Directio, nis. Direction.

Discor, dis. Discord ; dépareillé, ée.
Discus, i. Disque d'une fleur.
Diphyllus, a, um. Diphylle.
Dipetalus, a, um. De deux pétales.
Discolor, ris. De couleurs diverses.
Dissectus, a, um. Découpé ; disséqué ; incisé, ée.
Disseminatus, a, um. Disséminé ; clair-semé, ée.
Dissepimentum, i. Cloison ; parois ; séparation.
Dissimilis, e. Dissemblable.
Distans, tis. Distant, te ; éloigné, ée.
Disticus, a, um. Distique ; sur deux rangs.
Distinctus, a, um. Distinct, te ; séparé, ée.
Diversi-folius, a, um. A feuilles diverses.
Diurnus, a, um. Qui ne dure qu'un jour.
Divaricatus, a, um. Divergent, te ; étalé, ée.
Divergens, tis. Divergent, te.
Divisus, a, um. Divisé, ée.
Dodecandrus, a, um. Dodécandrique.
Dolabriformis, e. En forme de doloire.
Domesticus, a, um. Domestique ; d'un usage commun.
Dorsalis, e. Dorsal; porté sur le dos des feuilles, etc.
Dorsifer, a, um. Dorsifère ; qui porte sur le dos.
Dorsum, i. Dos.
Drupa, æ. Fruit à noyau.
Drupaceus. Drupacé, ée ; fruit à noyau, et pulpeux.
Dubius, a, um. Douteux, se ; incertain, ne.
Dulcis. Doux, ce.
Dumosus, a, um. Couvert de buisson ; en buisson.
Dumus, i. Dumetum, ti. Buisson.
Duplex, cis. Double ; répété, ée ; nombreux, se.
Duplicatus, a, um. Doublé, ée ; sur double rang.
Durus, a, um. Dur; coriace ; solide.
Duriusculus, a, um. Duriuscule ; un peu dur.

E.

Eburneus, a, um. Blanc, che comme l'ivoire.
Ebeneus, a, um. Noir ; dur ; comme l'ébène.
Echinatus, a, um. Echiné, ée ; hérissé de petites pointes.
Edulis, e. Bon à manger.
Effoliatio, nis. Effeuillaison.
Efflorescentia, æ. Fleuraison ; épanouissement des fleurs.
Effusus, a, um. Répandu, ue.

Elatus, *a*, *um.* Elevé, ée.
Elasticus, *a*, *um.* Elastique; susceptible de raccourcissement et de prolongation.
Ellipticus, *a*, *um.* Elliptique; de la forme d'un élipse.
Elemifer, *ra*, *um.* Qui porte l'élémi.
Emarginatus, *a*, *um.* Emarginé; échancré, ée.
Enervis, *e.* Sans nervures.
Enneaphylus, *a*, *um.* En neuf pièces.
Enneaspermus, *a*, *um.* A neuf semences.
Enodis, *e.* Sans nœuds.
Ensatus, *a*, *um.* Ensiforme; en lame d'épée.
Ensifolius, *a*, *um.* A feuilles ensiformes.
Ensiformis, *e.* Ensiforme.
Ephemerus, *a*, *um.* Ephémère; qui ne dure qu'un jour.
Epicrotus, *a*, *um.* Jaune.
Epidermis, *is.* Epiderme; surpeau.
Equiseti-folius, *a*, *um.* A feuilles de la Prêle.
Equinoctialis, *e.* Equinoxial, le.
Equitans, *tis.* Feuille équitante.
Erectus, *a*, *um.* Droit, te; relevé, ée.
Ericæ-folius, *a*, *um.* A feuilles des Bruyères.
Ericetus, *a*, *um.* Qui vient dans les Bruyères.
Ericetum, *i.* Broussaille.
Erinaceus, *a*, *um.* En forme de hérisson.
Erosus, *a*, *um.* Rongé, ée; mordu, ue.
Erucæformis, *e.* En forme de roquette.
Esculentus, *a*, *um.* Bon à manger.
Essentialis, *e.* Essentiel, le.
Eunuchus, *a*, *um.* Qui n'est pas propre à la génération.
Europeeus, *a*, *um.* Plante d'Europe.
Exaltatus, *a*, *um.* Elevé; très-élevé, ée.
Exasperatus, *a*, *um.* Rude au toucher.
Excavatus, *a*, *um.* Creusé, ée.
Excelsus, *a*, *um.* Elevé, ée.
Excisus, *a*, *um.* Découpé, ée; incisé, ée.
Excoriatus, *a*, *um.* Excorié, ée.
Excussus, *a*, *um.* Secoué, ée.
Exerens, *tis.* Qui se montre au dehors.
Exfoliatio, *nis.* Exfoliation; défoliation.
Eximius, *a*, *um.* Excellent, te.
Exoticus, *a*, *um.* Exotique, étranger.
Expansus, *a*, *um.* Développé, ée; étendu, ue.
Exsertus, *a*, *um.* Qui paroît au dehors.
Extensus, *a*, *um.* Etendu, ue.

Externus, a, um. Externe; extérieur, re.
Extimus, a, um. Qui se trouve à l'extrémité.
Extinctorius, a, um. En éteignoir.
Extrafoliacus, a, um. Stipules; pédoncules au-delà des feuilles.
Extravasatio, nis. Extravasation.

F.

Fabulosus, a, um. Fabuleux, se; controuvé, ée.
Facies, ei. Port d'une plante.
Factitutus, a, um. Factice; ouvrage de l'art.
Fagifolius, a, um. A feuilles du Hêtre.
Fagineus, a, um. Du Hêtre; qui appartient au Hêtre.
Falcatus, a, um. Tourné, ée, en fer de faulx.
Falsus, a, um. Faux, se; controuvé, ée.
Farctus, a, um. Fourré, ée.
Farinosus, a, um. Farineux, se; couvert de farine.
Farnesianus, a, um. De Farnèze.
Fasciatus. Emmailloté, ée; entourré de bandelettes.
Fascicularis, e. Fasciculé, ée; en faisceau.
Fasciculatus, a, um. Fasciculé, ée; réuni en faisceau.
Fasciculus, i. Paquet, faisceau.
Fastigiatus, a, um. Fastigié, ée; à tête touffue.
Fatuus, a, um. Fou; plante folle.
Faux, cis. Gorge; entrée d'une corolle.
Favosus, a, um. Alvéolé, ée; comme les rayons d'une ruche.
Favus, a, um. Pour *favosus.*
Fecundatio, nis. Fécondation; fécondité.
Fecundus, a, um. Fécondé, ée; fertile.
Fœmineus, a, um. Femelle.
Fenestralis. Fénestré, ée; percé à jour.
Fere. Presque.
Ferox cis. Féroce; dangereux; vénéneux, se.
Ferreus, a, um. De couleur de fer.
Ferrugineus, a, um. Ferrugineux, euse; couvert de rouille.
Ferulaccœ, arum Plantes férulacées.
Ferus, a, um. Cruel, le; dangereux; vénéneux, euse.
Fœtidus, a, um. Fétide, puant, te.
Fœtus, a, um. Fécondé, ée; ayant des fruits.
Fibra, æ. La fibre.
Fibrosus, a, um. Fibreux, se.
Ficifolius, a, um. A feuilles du Figuier.
Ficulneus, a, um. Qui tient de la nature du Figuier.

Figura, æ. Figure ; forme ; port d'une plante.
Filamentosus, *a*, *um*. Filamenteux, se.
Filamentum, *i*. Filet; filament; fil.
Filix, *cis*. Fougère; semblable aux fougères.
Filicifolius, *a*, *um*. A feuilles de la fougère.
Filifolius, *a*, *um*. A feuilles filiformes.
Filiformis, *e*. Filiforme; menu comme un fil.
Fimbriatus, *a*, *um*. Fimbrié; frangé, ée.
Fimerarius, *a*, *um*. Qui vient sur le fumier.
Fissifolius, *a*, *um*. A feuilles fendues.
Fissus, *a*, *um*. Fendu, ue.
Fistulosus, *a*, *um*. Fistuleux, se; creusé en tuyau.
Flaccidus, *a*, *um*. Flasque; fanné, ée.
Flagelliformis, *e*. En forme de cierge.
Flagrans odor. Odeur agréable, pénétrante.
Flambellatus, *a*, *um*. Flambelliforme.
Flammeus, *a*, *um*. De couleur de flamme.
Flavescens, *entis*. Jaunissant.
Flavus, *a*, *um*. Jaune.
Flexicaulis, *e*. A tiges flexibles.
Flexifolius, *a*, *um*. A feuilles pliées, flexibles.
Flexilis, *e*. Flexible; pliant, te.
Flexuosus, *a*, *um*. Courbé et tortueux, se.
Flexus, *a*, *um*. Coudé, ée; plié, ée.
Floralis, *e*. Floral, le ; qui tient à la fleur.
Florentinus, *a*, *um*. Qui vient dans le pays de Florence.
Florescens, *tis*. Qui fleurit
Floribundus, *a*, *um*. A fleurs éclatantes.
Floridus, *a*, *um*. Couvert de fleurs.
Florifer, *a*, *um*. Qui porte des fleurs.
Floridus. Pour *florifer*
Floridanus, *a*, *um*. De la Floride.
Flos, *ris*. Fleur.
Flosculosus, *a*, *um*. Flosculeux, se; fleur à fleurons.
Flosculus, *i*. Fleuron ; très-petite fleur.
Fluitans, *tis*. Flottant sur l'eau.
Fluviatilis, *e*. Qui vient dans les fleuves.
Fœniculaceus, *a*, *um*. De la forme du fenouil.
Foliaceus, *a*, *um*. Qui a la forme d'une feuille.
Foliaris, *e*. Qui appartient aux feuilles; foliaire.
Foliatio, *nis*. Foliation ; développement des feuilles.
Foliaris, *e*. Foliaire ; ce qui tient aux feuilles.
Foliatus, *a*, *um*. Feuillé; feuillu, ue.
Foliiferus, *a*, *um*. Qui porte des feuilles.

Folium, i Foliole, très-petite feuille.
Folium, i. Feuille.
Folliculus, i. Follicule ou coque.
Folliculatus, a, um. En follicule.
Fongositas, tis. Fongosité.
Fontanus, a, um. Qui croît dans les fontaines.
Fontinalis, e. Qui vient dans les fontaines.
Foraminulosus, a, um. Percé, ée de trous.
Foratus, a, um. Creusé, ée; percé, ée.
Forma, æ. Forme; figure.
Formosus, a, um. Beau; élégant; d'une belle forme.
Fornicatus, a, um. Courbé, ée; voûté, ée.
Fortunatus, a, um. Fortuné, ée; riche en beautés.
Fragilis, e. Fragile; frêle.
Fraxineus, a, um. Du Frêne; qui a des rapports avec le Frêne.
Frigidus, a, um. Froid, de.
Frequens, tis. Fréquent; nombreux, se.
Frondescens, tis. Qui se couvre de feuilles.
Frondescentia, æ. Feuillaison; foliation.
Frons, dis. Feuillage, pampre.
Frondosus, a, um. Feuillu, ue.
Fructifer, a, um. Qui porte des fruits.
Fructificatio, nis. Fructification.
Fructus, ús. Fruit; graine; semence.
Frugifer, a, um. Qui porte des fruits en abondance.
Frumentaceus, a, um. Frumentacé, ée.
Frustraneus, a, um. Frustrané, ée; faux, sse.
Frutescens, entis. Souligneux, se.
Frutescentia, æ. Saison de la maturité.
Fruticescens, tis. Pour *frutescens.*
Frutex, icis. Arbrisseau; arbuste.
Fruticosus, a, um. Ligneux, se.
Fruticulosus, a, um. Sous-ligneux, se; sous-arbrisseau.
Fuciformis, e. Qui imite la forme du Varec, ou de l'Algue.
Fugax, cis. Fugace; passager, ère.
Fulcra, orum. Supports; appuis.
Fulcratus, a, um. Qui a des supports.
Fulgidus, a, um. Brillant, te.
Fulvus, a, um. De couleur fauve.
Furcatus, a, um. Fourchu, ue; fourché, ée.
Fusco-ater, a, um. D'un brun foncé.
Fuscatus, a, um. Pour *fuscus.*
Fusiformis, e. En forme de fuseau; fusiforme.
Furcellatus, a, um. Qui fait la fourche.

G.

G.

Galbanifer , ra , um. Qui porte le *Galbanum.*
Galea , æ. Casque sur une corolle.
Galeatus , a , um. En forme de casque.
Galegiformis. De la forme du Galega.
Gallicus , a , um. Qui croît en France.
Gei-folius , a , um. A feuilles du Geum.
Gelatinosus , a , um. Gélatineux , se ; de la consistance d'une
    gelée.
Geminus , a , um. Geminé , ée ; double.
Gemma , æ. Bouton ; bourgeon.
Gemmiparus , a , um. Plante gemmipare , ou à bourgeons.
Generatio , nis. Génération ; reproduction.
Genericus , a , um. Générique ; ce qui appartient au genre.
Genevensis , e. Qui croît dans les terres de Genève.
Geniculatus , a , um. Genouillé , ée.
Geniculi-florus , a , um. Fleurissant aux genouillures.
Genisti-folius , a , um. A feuilles du Genêt.
Genitalis , e. Génital , le ; ce qui appartient aux sexes.
Gens , tis. Race ; famille de plantes.
Genus , eris. Genre de plantes.
Germanicus , a , um. Qui croît en Allemagne.
Germen , inis. Germe. Embryon. Ovaire.
Germinatio , nis. Germination.
Gibbus , a , um. Gibbeux , se ; renflé , ée ; bossu , ue.
Giganteus , a , um. Gigantesque.
Gilvus , a , um. De couleur cendrée.
Glaber , ra , rum. Glabre ; lisse ; uni , ie.
Glabretus , a , um. Qui vient dans les terreins découverts.
Glacialis , e. Glacial , le ; qui tient à la glace.
Gladiatus , a , um. Gladié , ée ; ensiforme.
Glandula , æ. Glandule ; glande.
Glandulatio , nis. Disposition des glandes.
Glandulosus , a , um. Glanduleux , se.
Glasti-folius , a , um. A feuilles du Glastrum.
Glauci-folius , a , um. A feuilles glauques.
Glaucissus , a , um. Glauque ; couleur de vert de mer.
Glaucus , a , um. De couleur glauque.
Globifer , a , um. Qui porte des globes.
Globosus , a , um. Globé , ée ; globuleux , se ; rond , de.
Glochides pili. Poils doubles.

E e

Glomeratus , a , um. Gloméré , ée ; réuni , ie.
Gluma ,　œ. Balle ; corolle et calice des Graminées.
Glumaceus , a , um. Glumacé , ée ; en manière de balles.
Glumosus , a , um. Pour *glumaceus.*
Gluten , inis. Glu ; gluten.
Glutinosus , a , um. Glutineux ; visqueux , se.
Gracilis , e. Grêle ; cassant.
Grœcus , a , um. Qui vient en Grèce.
Gramineus , a , um. Graminé , ée ; qui tient des graminées.
Gramini-folius , a , um. A feuilles graminées.
Granadensis. Qui croît à la Grenade.
Grandi-florus , a , um. A grandes fleurs.
Grandis , is. Grand , de ; élevé , ée.
Granularis. Pour *granulatus.*
Granulatus , a , um. Granulé , ée ; semé , ée de grains.
Grave olens , tis. D'une odeur forte.
Grossi-folius , a , um. A feuilles grosses ; épaisses ; grossières.
Grossulari-folius , a , um. A feuilles du Groseillier.
Grumosus , a , um. Grumeleux , se.
Guienensis , e. Qui croît dans la Guiane.
Gulliocca , œ. Brou de la Noix ; de l'Amande.
Gumen , inis. Gomme.
Gummifer , a , um. Qui donne de la Gomme.
Gummi resina. Gomme-résine.
Guttatus , a , um. Guttier.
Gymnospermia. Gymnospermie.
Gynandria. Gynandrie.

H.

Habitatio , nis. Habitation ; siège des plantes.
Habitualis , e. Habituel , le.
Habitus , ûs. Port d'une plante.
Halimi-folius , a , um. A feuilles de l'Halimus.
Hami-plantœ , arum. Hami-plantes.
Hamosus , a , um. Courbé , ée en hameçon.
Hamulosus , a , um. En forme de petit hameçon.
Hamus , i. Hameçon. Crochet.
Hastatus , a , um. Hasté , ée.
Hasti-folius , a , um. A feuilles hastées.
Hederaceus , a , um. Semblable au Lierre.
Helveticus , a , um. Plante qui croît en Suisse.
Hemisphericus , a , um. Hémisphérique.
Hepaticus , a , um. Hépatique.

Heptaphyllus, *a*, *um*. Composé de sept pièces.
Herba, *æ*. Herbe.
Herbaceus, *i*. Herbacé, ée ; herbeux, se.
Herbarium, *ii*. Herbier ; collection de plantes desséchées.
Hepaticæ-folius, *a*, *um*. A feuilles de l'Hépatique.
Herborarius, *i*. Herboriste ; marchand d'herbes.
Herborisatio, *nis*. Herborisation.
Hermanni-folius, *a*, *um*. A feuilles de l'Hermannia.
Hermaphroditus, *a*, *um*. Hermaphrodite.
Hexagonus, *a*, *um*. Hexagone.
Hexandrus, *a*, *um*. Hexandrique.
Hexa-petalus, *a*, *um*. A six pétales.
Hexaphyllus, *a*, *um*. Composé de six pièces.
Hians, *tis*. Baillant, te.
Hibernus, *a*, *um*. Plante d'hiver.
Hieraci-folius, *a*, *um*. A feuilles de l'Epervier.
Hilum, *i*. Ombilic d'une semence.
Hircanicus, *a*, *um*. Plante d'Hircanie.
Hircinus odor. Odeur de bouc.
Hirsutus, *a*, *um*. Hérissé ; velu ; barbu, ue.
Hirtus, *a*, *um*. Hérissé, ée.
Hispanicus, *a*, *um*. Plante d'Espagne.
Hispidus, *a*, *um*. Velu, ue ; drapé ; hérissé, ée.
Hiulcans tis. Qui s'entr'ouvre.
Hiulcus, *a*, *um*. Qui est entr'ouvert.
Holosericeus, *a*, *um*. Plante toute couverte de soie.
Horarius, *a*, *um*. Qui ne dure qu'une heure.
Horæus, *a*, *um*. Qui vient en été.
Hordei-folius, *a*, *um*. A feuilles de l'Orge.
Horizontalis, *e*. Horizontal ; parallèle à l'horison.
Horridus, *a*, *um*. Hérissé, ée de poils ou de pointes.
Hortensis, *e*. Des jardins.
Hortus, *ûs*. Jardin.
Hortulanus, *i*. Jardinier.
Humens, *tis*. Humide ; bien arrosé.
Humidus, *a*, *um*. Humide ; trop arrosé.
Humifusus, *a*, *um*. Couché sur terre.
Humilis, *e*. Qui s'élève peu.
Humor, *ris*. Humeur ; liqueur.
Humus, *i*. Terre ; terrein ; sol.
Hyalinus, *a*, *um*. Sans couleur ; comme de l'eau.
Hybernaculum, *i*. Abri contre l'hiver.
Hybernalis, *is*. Hivernal, le ; qui paroît en hiver.
Hybridus, *a*, *um*. Hybride ; polygame.

Hydropiper, *eris*. Poivre d'eau.
Hyperici-folius, *a*, *um*. A feuilles du Millepertuis.
Hyperboreus, *a*, *um*. Plante qui croît dans le Nord.
Hyppocrateriformis, *e*. Hyppocratériforme.
Hyssopi-folius, *a*, *um*. A feuilles de l'Hyssope.

I.

Jamaicensis, *e*. Plante de la Jamaïque.
Japonicus, *a*, *um*. Plante du Japon.
Javanicus, *a*, *um*. Plante de Java.
Icones plantarum. Figures des plantes.
Icosandrus, *a*, *um*. Icosandrique.
Idœus, *a*, *um*. Plante du mont Ida.
Illici-folius, *a*, *um*. A feuilles du Houx.
Imberbis, *is*. Sans barbe, ni poils.
Imbibitio, *nis*. Imbibition.
Imbricatus, *a*, *um*. Imbriqué ; tuilé, ée.
Immutabilis, *e*. Qui ne change point de forme.
Impari pinnatus, *a*, *um*. Ailé, ée, ou pinné avec impaire.
Imperfectus, *a*, *um*. Incomplet, te ; imparfait, te.
Imperforatus, *a*, *um*. Qui n'est pas perforé.
Improprius, *a*, *um*. Impropre.
Inanis caulis. Tige vaine ; débile.
Inamœnus, *a*, *um*. Sans agrément ; sans beautés.
Inanis, *e*. Qui est vide ; sans moëlle ; sans consistance.
Inapertus, *a*, *um*. Qui n'est pas ouvert.
Incanescens, *tis*. Qui blanchit.
Incanus, *a*, *um*. Blanc, che ; blanchâtre.
Incarcerans, *tis*. Qui renferme ; qui tient caché.
Incarnatus, *a*, *um*. Incarnat, te ; de couleur de chair.
Incisus, *a*, *um*. Incisé ; découpé, ée.
Inclinatus, *a*, *um*. Incliné, ée ; penché, ée.
Includens, *tis*. Qui renferme.
Incompletus, *a*, *um*. Incomplet, te ; fleurs incomplettes.
Incomptus, *a*, *um*. Sans arrangement ; sans ordre.
Inconspicuus, *a*, *um*. Qui n'est pas apparent.
Incrassatus, *a*, *um*. Epaissi, ie.
Incrementum, *i*. Accroissement ; augmentation.
Incumbens, *tis*. Assis, se.
Incurvatus, *a*, *um*. Qui se recourbe.
Indefinitus, *a*, *um*. D'un nombre indéfini.
Indicus, *a*, *um*. Plante des Indes.
Indigenus, *a*, *um*. Indigène.

Individuum, *i.* Individu.

Indivisus, *a*, *um.* Qui n'est pas divisé.

Indurescens, *tis.* Qui se durcit.

Inermis, *e.* Sans épines ; sans piquans.

Infectorius, *a*, *um.* Gâté, ée ; corrompu, ue ; qui corrompt.

Inferne. En bas ; par le bas.

Inferus, *a*, *um.* Inférieur, re.

Infestus, *a*, *um.* Qui est endommagé ; qui endommage.

Infimus, *a*, *um.* Ce qui est le plus bas.

Inflatus, *a*, *um.* Enflé, ée.

Inflexus, *a*, *um.* Courbé ; arqué, ée.

Inflorescentia, *œ.* Floraison.

Infortunatus, *a*, *um.* D'une triste venue.

Infundibuliformis, *e.* Infundibuliforme.

Inodorus, *a*, *um.* Inodore ; sans odeur.

Inoculare. Inserere. Enter ; greffer.

Inquinans, *tis.* Qui tache ; qui se salit.

Insanus, *a*, *um.* Déréglé ; sans ordre.

Insertio, *nis.* Insertion.

Insertus, *a*, *um.* Inséré, ée.

Insidens, *tis.* Qui repose sur une chose.

Insignitus, *a*, *um.* Remarquable.

Insipidus, *a*, *um.* Insipide ; sans saveur.

Insularis, *e.* Qui croît dans les îles.

Instructus, *a*, *um.* Pourvu, ue de.

Integer, *ra*, *um.* Entier, re.

Integri-folius, *a*, *um.* A feuilles entières.

Interceptus, *a*, *um.* Entrecoupé, ée.

Inter-foliaceus, *a*, *um.* Qui vient entre les feuilles.

Intermedius, *a*, *um.* Intermédiaire.

Internodium, *i.* Internœud.

Internus, *a*, *um.* Interne.

Interpositus, *a*, *um.* Placé, ée entre.

Interrupte pinnatus, *a*, *um.* Pinné avec interruption.

Interruptus, *a*, *um.* Interrompu.

Intertextus, *a*, *um.* Entortillé, ée.

Intimus, *a*, *um.* Qui se trouve au centre.

Intorsio, *nis.* Contournement.

Intra-foliaceus, *a*, *um.* Qui vient entre les feuilles.

Intricatus, *a*, *um.* Embarassé ; entortillé, ée.

Intùs. Intérieurement ; en dedans.

Intus-susceptio. Intus-susception.

Inundatus, *a*, *um.* Submergé ; inondé, ée.

Invertens, *entis.* Qui se replie en dedans.

Involucellum, *i*. Involucre; collerette partielle.
Involucratus, *a*, *um*. Entouré, ée d'un involucre.
Involucrum, *i*. Involucre.
Involutus, *a*, *um*. Roulé, ée en dedans.
Involvens, *entis*. Qui enveloppe; qui entoure.
Illyricus, *a*, *um*. Plante d'Illyrie.
Irregularis, *e*. Irrégulier, re.
Irritabilitas, *tis*. Irritabilité; sensibilité.
Islandicus, *a*, *um*. Plante d'Islande.
Iuliferus, *a*, *um*. Qui porte des chatons.
Iulus, *i*. Chaton.
Ivæ-folius, *a*, *um*. A feuilles de livette.
Jubatus, *a*, *um*. Qui porte une crête.
Judaicus, *a*, *um*. Plante de Judée.
Junceus, *a*, *um*. Qui a la forme d'un jonc.

L.

Labiatus, *a*, *um*. Labié, ée.
Labium, *i*. Lèvre.
Labyrinthiformis, *e*. En forme de labyrinthe.
Lacerus, *a*, *um*. Lacéré; déchiré, ée.
Laciniæ, *arum*. Déchirures; lanières.
Laciniosus, *a*, *um*. Couvert de déchirures.
Laciniatus, *a*, *um*. Lacinié; déchiré, ée.
Lacrymans, *antis*. Qui répand des larmes.
Lactescens, *tis*. Lactescent, te; laiteux, se.
Lacteus, *a*, *um*. Blanc de lait.
Lacti-fluus, *a*, *um*. Qui répand du lait.
Lacunosus, *a*, *um*. Lacuneux, se.
Lacustris, *is*. Plante lacustre, des marais.
Ladaniferus, *a*, *um*. Qui porte du Ladanum.
Lætus, *a*, *um*. D'un aspect agréable.
Lævis, *e*. Lisse; uni, ie.
Lagenarius, *a*, *um*. En forme de bouteille.
Lamellatus, *a*, *um*. Lamellé, ée.
Lamina, *æ*. Lame.
Lanatus, *a*, *um*. Lainé, ée; laineux, se; drapé, ée
Lanceolatus, *a*, *um*. Lancéolé, ée; en fer de lance.
Laponensis, *e*. Plante du Lapon.
Larici-folius, *a*, *um*. A feuilles du Larix.
Lateri-florus, *a*, *um*. Fleurissant sur les côtés.
Lateri-folius, *a*, *um*. Qui vient par côté des feuilles.

Lati-folius, *a*, *um*. A larges feuilles.
Lati-siliqua. A larges siliques.
Latitans, *tis*. Qui se cache.
Latus, *eris*. Côté.
Lateralis, *e*. Latéral, le ; de côté.
Lavandulaceus, *a*, *um*. Imitant une lavande.
Lauri-folius, *a*, *um*. A feuilles du Laurier.
Laxus, *a*, *um*. Lâche ; clairsemé, ée ; foible ; débile.
Ledi-folius, *a*, *um*. A feuilles du Ledum.
Legumen, *inis*. Gousse ; légume.
Leguminosus, *a*, *um*. Légumineux, se.
Lenticularis, *e*. En forme de lentille ; lenticulaire.
Lentigerus, *a*, *um*. Qui porte des lentilles.
Lentus, *a*, *um*. Pliant, te.
Leprosus, *a*, *um*. Lépreux ; galeux, se.
Liber, *ri*. Livret, ou liber dans l'écorce.
Lignifer, *i*. Qui rapporte du bois.
Lignosus, *a*, *um*. Ligneux, se ; qui a la consistance du bois.
Lignum, *i*. Bois ; corps ligneux.
Ligularis, *e*. En forme de courroie.
Ligulatus, *a*, *um*. Ligulé, ée ; en courroie.
Liliaceus, *a*, *um*. Liliacé, ée.
Liliifer, *a*, *um*. Qui porte des Lis.
Lilii-folius, *a*, *um*. A feuilles du Lis.
Limbus, *i*. Limbe d'une corolle.
Limonii-folius, *a*, *um*. A feuilles du Limonium.
Limosus, *a*, *um*. Qui croît dans le limon.
Linarii-folius, *a*, *um*. A feuilles de la Linaire.
Linea, *æ*. Ligne ; très-petite raie.
Linearis, *e*. Linéaire.
Linifolius, *a*, *um*. A feuilles du Lin.
Linguiformis, *e*. En forme de languette.
Littoralis, *e*. Qui vient sur le bord des eaux.
Littoreus, *a*, *um*. Qui croît sur les rivages.
Lividus, *a*, *um*. Livide ; plombé, ée.
Lobatus, *a*, *um*. Lobé, ée ; divisé, ée.
Lobus, *i*. Lobe.
Loculamentum, *i*. Boîte ; loge.
Loculus, *i*. Bourse ; loge.
Locusta, *æ*. Epilet ; petit épi.
Longi-bracteatus, *a*, *um*. A longues bractées.
Longi-cauda, *æ*. A longue queue.
Longi-cornu. A longue corne.
Longi-florus, *a*, *um*. A longues fleurs.

Longi-folius , *a* , *um*. Qui porte de longues feuilles.
Lucens , *tis*. Reluisant, te ; brillant, te.
Lucidus , *a* , *um*. Brillant, te ; luisant, te.
Lugens , *entis*. Qui paroît répandre des larmes.
Lunarius , *a* , *um*. En forme de lune.
Lunatus , *a* , *um*. Luné, ée ; en croissant.
Lunulatus , *a* , *um*. Lunulé, ée ; taillé en petite lune.
Luridus , *a*. , *um*. Qui èst d'un jaune pâle.
Lusitanicus , *a* , *um*. Plante du Portugal.
Lutescens , *entis*. Qui tire sur le jaune.
Luteo-albus , *a*, *um*. D'un jaune clair.
Lutetianus , *a* , *um*. Plante de Paris.
Luteus , *a* , *um*. Jaune.
Luteolus , *a* , *um*. Tirant sur le jaune.
Luxurians, *antis*. Luxuriant ; trop abondant.
Lychnideus , *a* , *um*. Du port des Lychnis.
Lyratus , *a* , *um*. Lyré ; taillé, ée en lyre.

M.

Maceratio , *nis*. Macération ; décomposition.
Macedonicus , *a* , *um*. Plante de Macédoine.
Maculatus , *a* , *um*. Maculé , ée ; taché , ée.
Madera-spatanus , *a* , *um*. Plante de Madère.
Malabaricus , *a* , *um*. Plante du Malabar.
Mali-formis , *e*. De la forme d'une pomme.
Mamillaris , *e*. Forme de mammelon.
Mammosus , *a* , *um*. Mammelonné , ée.
Manifestus , *a* , *um*. Qui est évident , te.
Marcessens , *entis*. Qui se flétrit.
Marescens , *tis*. Qui est flétri.
Marginalis , *e*. Marginal , le.
Marginatus , *a* , *um*. Marginé , ée ; bordé , ée.
Margo , *inis*. Marge ; bord ; bordure.
Margaritaceus , *a* , *um*. De couleur de perle.
Mari-folius , *a* , *um*. A feuilles du Marum.
Marinus , *a* , *um*. Qui vient dans la mer.
Maritimus , *a* , *um*. Qui vient sur les bords de la mer.
Martinicensis , *e*. Plante de la Martinique.
Mas , *ris*. Mâle.
Masculus , *a* , *um*. Mâle.
Massiliaris , *e*. De Marseille ; plante de Marseille.
Maturus , *a* , *um*. Mûr, re.

Mauritanicus , a , um. Plante de Mauritanie.
Medicinalis , e. Medicinal , le.
Mediocris , e. De grosseur médiocre.
Mediterraneus , a , um. De la Méditerranée.
Medius , a , um. Moyen , ne ; médiat , te.
Medulla , œ. Moëlle.
Melancolicus , a , um. Mélancolique.
Meliti-folius , a , um. A feuilles du Mélissot.
Mellifer , a , um. Qui porte le miel.
Membranaceus , a , um. Membraneux , se.
Menstruus , a , um. De tous les mois.
Meridianus , a , um. Plante du Midi.
Mesenteri-formis , e. En forme de mésentère.
Meteoricus , a , um. Météorique.
Methodus , i. Méthode de classer les plantes.
Mexicanus , a , um. Plante du Mexique.
Micans , antis. Brillant , te.
Miliaris , e. Milliaire ; par milliers.
Mille-florus , a , um. A mille fleurs.
Mille-foliatus , a , um. A mille feuilles.
Mimosus , a , um. Mimeux , se.
Miniatus , a , um. D'un rouge de vermillon.
Minutissimus , a , um. Très-menu , ue.
Minutus , a , um. Petit , te ; raminci , ie.
Miser , ri. Misérable ; d'une pauvre venue.
Mitis , e. Doux , ce ; d'une saveur douce.
Mixtus , a , um. Mixte ; mêlé , ée.
Mobilis , e. Mobile ; vacillant , te.
Mollis , e. Mou ; molle.
Monilifer , a , um. Qui porte comme un collier.
Monocephalus , a , um. Ne faisant qu'une tête.
Monococon. D'une seule coque.
Monoicus , a , um. Monoïque.
Monogynus , a , um. Monogyne.
Monopetalus , a , um. Monopétale.
Monophyllus , a , um. Monophylle.
Monopyrenus , a , um. A un seul noyau.
Monospermus , a , um. Monosperme ; à une seule semence.
Monostachius , a , um. A un seul épi.
Monspessulanus , a , um. Plante de Montpellier.
Monstruosus , a , um. Monstrueux , se.
Montanus , a , um. Qui vient sur les montagnes.
Moscatus , a , um. Qui répand une odeur de musc.
Mucidus , a , um. Moisi , ie ; chanci , ie.

Mucosus, *a*, *um*.. Muceux, se ; morveux, se.
Mucro, *nis*. Pointe.
Mucronatus, *a*, *um*. Mucroné, ee ; pointu, ue.
Multibulbosus, *a*, *um*. A plusieurs bulbes.
Multangularis, *e*. A plusieurs angles.
Multi-capsularis, *e*. Multi-capsulaire.
Multi-caulis, *e*. A plusieurs tiges.
Multifer, *a*, *um*. Multifère ; qui porte beaucoup.
Multifidus, *a*, *um*. Multifide.
Multi-florus, *a*, *um*. Multiflore.
Multi-glandulosus, *a*, *um*. A plusieurs glandes.
Multilobus, *a*, *um*. A plusieurs lobes.
Multilocularis, *e*. Multiloculaire.
Multipartitus, *a*, *um*. A plusieurs parties.
Multiplex, *icis*. Multiplié ; en grand nombre.
Multiplicatio, *nis*. Multiplication.
Multiplicatus, *a*, *um*. Multiplié, ée.
Multisiloquosus, *a*, *um*. A plusieurs siliques.
Multistamineus, *a*, *um*. A plusieurs étamines.
Multivalvis, *e*. A plusieurs valves.
Muralis, *e*. Plante qui vient sur les murs.
Muricatus, *a*, *um*. Garni de pointes.
Muscariiformis, *e*. Qui a la forme d'un émouchoir.
Muscoides, *is*. Qui est de la nature des mousses.
Muscosus, *a*, *um*. Qui est analogue a la mousse.
Mutabilis, *e*. Changeant, te.
Muticus, *a*, *um*. Qui est sans poils ; sans piquans.
Mutilus, *a*, *um*. *Mutilatus*, *a*, *um*. Mutilé, ée.
Mutilatus, *a*, *um*. Mutilé, ée.
Myrri-folius, *a*, *um*. A feuilles de la Myrre.
Myrti-folius, *a*, *um*. A feuilles du Myrte.

N.

Nanus, *a*, *um*. Nain, naine ; de petite taille.
Napi-folius, *a*, *um*. A feuilles du Navet.
Napiformis, *e*. Napiforme ; en forme de Navet.
Narbonensis, *e*. De la province Narbonnoise.
Narcissi-florus, *a*, *um*. A fleur du Narcisse.
Natans, *tis*. Qui surnage sur l'eau.
Naturalis, *e*. Naturel, le.
Nauseabundus, *a*, *um*. Nauséeux, se.
Navicularis, *e*. Naviculaire ; en forme de nacelle.

Nectarifer , *a* , *um*. Qui porte des Nectaires.
Nectarium , *ii*. Nectaire, ou Nectar.
Neglectus , *a* , *um*. Négligé , ée.
Nemorosus , *a* , *um*. Qui vient dans les bois.
Nepeti-folius , *a* , *um*. A feuilles du Népeta.
Nerii-folius , *a* , *um*. A feuilles du Nérion.
Nervosus , *a* , *um*. Nerveux , se ; fourni de nervures.
Neuter , *ra* , *rum*. Neutre ; nul , le.
Nidorosus , *a* , *um*. Qui sent le brûlé.
Nidulans , *antis*. Placé comme les œufs dans un nid.
Niger , *ra* , *rum*. Noir , re.
Nigricans , *antis*. Noirâtre.
Nigro cœruleus , *a* , *um*. D'un bleu noirâtre.
Nigro maculatus , *a* , *um*. Maculé , ée de noir.
Nitens , *entis*. Brillant , te.
Nivalis , *e*. Qui croît auprès des neiges , ou dans les neiges.
Niveus , *a* , *um*. Blanc comme la neige.
Nocti-florus , *a* , *um*. Qui fleurit de nuit.
Nodi-florus , *a* , *um*. Florissant aux nœuds.
Nodosus , *a* , *um*. Noueux , se.
Nodus , *i*. Nœud.
Nomenclatura , *œ*. Nomenclature.
Norvegicus , *a* , *um*. Plante de Norwège.
Nostras , *tis*. Nostrate ; qui est de notre contrée.
Notabilis , *e*. Remarquable ; distingué par.
Nubilus , *a* , *um*. Couvert d'un nuage ; obscur, re.
Nucamentum , *i*. Chaton.
Nucifer , *ra* , *rum*. Qui porte des Noix.
Nucleus , *ei*. Noyau.
Nudicaulis , *e*. A tige nue.
Nudi-florus , *a* , *um*. A fleurs nues.
Nudus , *a* , *um*. Nu , ue.
Nullus , *a* , *um*. Nul ; qui n'existe pas.
Numerosus , *a* , *um*. Nombreux , se.
Numerus , *i*. Nombre ; quotité.
Numulari-folius , *a* , *um*. A feuilles de la Numulaire.
Numularius , *a* , *um*. Numulaire ; de la forme des monnoies.
Nutans , *antis*. Penché , ée.
Nutatio , *nis*. Nutation ; penchement.
Nutritio , *nis*. Nutrition.
Nux , *cis*. Noix.
Nymphœi-folius , *a* , *um*. A feuilles du Nymphea.

O.

Obcordatus, *a*, *um*. En cœur renversé, ée.
Obliquus, *a*, *um*. Oblique.
Oblongus, *a*, *um*. Oblong, gue.
Oblongo ovatus, *a*, *um*. Ovale alongé, ée.
Obovatus, *a*, *um*. De forme ovale.
Obscure. Obscurément.
Obscurus, *a*, *um*. De couleur obscure.
Obtuse. Obtusément.
Obtusi-folius, *a*, *um*. A feuilles obtuses.
Obtusus, *a*, *um*. Obtus, se ; émoussé, ée.
Obvallatus, *a*, *um*. Entortillé, ée ; enveloppée avec un autre.
Obversus, *a*, *um*. Renversé, ée ; retourné, ée.
Occidentalis, *e*. D'Occident.
Occlusus, *a*, *um*. Renfermé, ée ; caché, ée.
Oceanicus, *a*, *um*. Qui croît sur les bords de l'Océan, ou dans l'Océan.
Ochroleucus, *a*, *um*. Jaunâtre.
Octandrus, *a*, *um*. Octandrique.
Octo-fidus, *a*, *um*. Fendue, ue en huit parties.
Octo-valvis, *e*. A huit valves.
Octo-locularis, *e*. A huit loges.
Octo-petalus, *a*, *um*. A huit pétales.
Octo-phyllus, *a*, *um*. Composé de huit pièces.
Oculus, *i*. Œil. Bouton.
Odor, *ris*. Odeur ; arome.
Odoratus, *a*, *um*. Odorant, te.
Officinalis, *e*. Officinal, le ; des boutiques.
Oleraceus, *a*, *um*. Des potagers.
Olitorius. Pour *Oleraceus*.
Olivaceus, *a*, *um*. De couleur olive.
Ombellifer, *a*, *um*. Ombellifère ; à ombelle.
Ondulatus, *a*, *um*. Ondulé, ée.
Opacus, *a*, *um*. Opaque ; épais, se ; touffu, ue.
Operculatus, *a*, *um*. Couvert, te d'une opercule.
Operculum, *i*. Opercule ; couvercle.
Oppositi-folius, *a*, *um*. A feuilles opposées.
Oppositus, *a*, *um*. Opposé, ée.
Opuli-folius, *a*, *um*. A feuilles de l'Obier.
Orbicularis, *e*. Orbiculaire ; arrondi, ie.
Ordo, *inis*. Ordre ; disposition de.
Orientalis, *e*. De l'Orient.

Origani-folius, *a*, *um*. A feuilles de l'Origan.
Orgialis, *e*. De la hauteur de l'homme.
Ornatus, *a*, *um*. Orné ; décoré, ée.
Os, riscorollæ. Entrée de la corolle.
Ossiculus, *i*. Petit noyau.
Ostreatus, *a*, *um*. Dur ; raboteux ; en forme d'écailles d'huîtres.
Ovalis, *e*. Ovale ; ovoïde.
Ovarium, *ii*. Ovaire ; embryon.
Oviger, *a*, *um*. Qui porte des fruits de la forme d'un œuf.
Ovinus, *a*, *um*. Ovoïde.
Ovum, *i*. Œuf végétal ; semence.

P.

Pagina, *æ*. Le dessus d'une feuille.
Palatum, *i*. Palais d'une corolle labiée.
Palea, *æ*. Paille ; chaume.
Paleaceus, *a*, *um*. Garni, ie de paillettes.
Palestinus, *a*, *um*. Qui croît en Palestine.
Pallens, *tis*. Pâle ; pâlissant, te.
Palmaris, *e*. De la hauteur de trois pouces.
Palmatus, *a*, *um*. Palmé, ée ; digitté, ée.
Palmi-folius, *a*, *um*. A feuilles du Palmier.
Paludosus, *a*, *um*. Marécageux, se.
Palustris, *e*. Qui croît dans les marais.
Panduriformis, *e*. En forme de violon ; panduriforme.
Paniceus, *a*, *um*. Qui tient du Panis.
Panicula, *æ*. Panicule.
Paniculatus, *a*, *um*. Paniculé, ée.
Pannonicus, *a*, *um*. Qui croît en Pannonie.
Papilionaceus, *a*, *um*. Papilionacé, ée.
Papillaris, *e*. En forme de mammelon.
Papillosus, *a*, *um*. Mammelonné, ée.
Paposus, *a*, *um*. Aigretté, ée.
Papulosus, *a*, *um*. Garni, ie de points vésiculeux.
Papyrifer, *a*, *um*. Qui porte, qui produit du papier.
Papyrus, *i*. Papier.
Papus, *i*. Aigrette.
Parabolicus, *a*, *um*. En parabole.
Parallelus, *a*, *um*. Paralléle.
Parasiticus, *a*, *um*. Parasite.
Parietinus, *a*, *um*. Qui vient sur les murailles.
Parisiensis. Qui croît sur le territoire de Paris.
Parnassi-folius, *a*, *um*. A feuilles de la Parnassie.

Partialis , *e*. Partielle.
Partibilis , *e*. Susceptible d'être partagé.
Partitus , *a* , *um*. Partagé , ée.
Parvi-florus , *a*, *um*. A petites fleurs.
Parvi-folius , *a* , *um*. A petites feuilles.
Pascuus , *a* , *um*. D'un pâturage.
Passim. Çà et là.
Patens , *tis*. Ouvert , te ; étalé , ée.
Patulus , *a* , *um*. Etalé ; sans ordre.
Pauci-florus , *a*, *um*. Qui a peu de fleurs.
Pectinatus , *a* , *um*. Pectiné ; comme un peigne.
Pectoralis , *e*. Pectoral , le.
Pedalis , *e*. Haut , te d'un pied.
Pedatus , *a* , *um*. Pédiaire ; pédiforme.
Pedicellatus , *a* , *um*. Pédiculé , ée.
Pediculus , *i*. Pédicule.
Peduncularis , *e*. Pédonculaire ; qui tient au pédoncule.
Pedunculatus , *a* , *um*. Pédonculé , ée.
Pedunculus , *i*. Pédoncule.
Pellucidus , *a* , *um*. Brillant , te ; transparent , te.
Peltatus , *a* , *um*. En forme de bouclier.
Pendulus , *a* , *um*. Pendant , te.
Penicilli-formis , *e*. En forme de pinceau.
Pennatus , *a* , *um*. Penné ; en forme de plume.
Pensylvanicus , *a* , *um*. Qui croît en Pensylvanie.
Pentagonus , *a* , *um*. Pentagone.
Pentandrus , *a* , *um*. Pentandrique.
Pentangularis , *e*. A cinq angles.
Pentapetalus , *a* , *um*. A cinq pétales.
Pentaphyllus , *a* , *um*. Pentaphylle ; de cinq pièces.
Peregrinus , *a* , *um*. Etranger, re ; exotique.
Perennis , *ne*. Pérenne ; persistant , te.
Perexilis , *e*. Très-mince ; très-délié, ée.
Perfectus , *a* , *um*. Parfait, te; complet , te.
Perfoliatus , *a* , *um*. Perfolié , ée.
Perforatus , *a* , *um*. Troué , ée ; perforé , ée.
Perianthum , *i*. Perianthe ; calice proprement dit.
Pericarpium , *i*. Péricarpe ; enveloppe du fruit.
Perpendicularis , *e*. Perpendiculaire.
Perpusillus , *a* , *um*. Qui s'élève très-peu.
Persici-folius , *a* , *um*. A feuilles du Pêcher.
Persistens , *tis*. Persistant, te ; stable.
Personatus , *a* , *um*. Personé , ée ; corolle en masque.

Pertusus, *a*, *um*. Percé, ée de part en part.
Peruvianus, *a*, *um*. Qui croît au Pérou.
Petaliformis, *e*. En forme de pétale.
Petalinus, *a*, *um*. Qui tient aux pétales.
Petalodes, *is*. Qui tient aux pétales.
Petalum, *i.* Pétale.
Petiolaris, *e*. Pétiolaire.
Petiolatus, *a*, *um*. Pétiolé, ée.
Petiolus, *i*. Pétiole.
Petræus, *a*, *um* Qui croît dans les pierres.
Phitologia, *æ*. Phitologie.
Phitologica phrasis. Phrase botanique.
Phrygius, *a*, *um*. Qui croît en Phrygie.
Phœniceus, *a*, *um*. D'un rouge foncé.
Phylici-folius, *a*, *um*. A feuilles du Phylica.
Piceus, *a*, *um*. Poissé, ée ; de couleur de poix.
Pictus, *a*, *um*. Peint, te ; bigarré, ée.
Piger, *a*, *um*. Paresseux ; lent à venir.
Pileum, *ei*. Chapeau du Champignon.
Pillulifer, *a*, *um*. Qui porte des pillules.
Pili, *orum*. Poils.
Pilifer, *a*, *um*. Qui est chargé de poils.
Pilosus, *a*, *um*. Poileux, se; poilu; velu, ue.
Pimpinelli-folius, *a*, *um*. A feuilles de la Pimprenelle.
Pinguis, *e*. Onctueux, se; gras, se.
Pinifolius, *a*, *um*. A feuilles du Pin.
Pinnatifidus, *a*, *um*. Pinnatifide.
Pinnatus, *a*, *um*. Pinné, ée.
Piperatus, *a*, *um*. Qui a le goût du Poivre.
Pisiformis. De la forme d'un pois.
Pistillaris, *e*. Qui tient au pistil.
Pistillum, *i*. Pistil.
Pixidarius, *a*, *um*. En forme de coupe.
Pixidatus, *a*, *um*. Qui porte des coupes.
Pixidifer, *a*, *um*. Qui porte des coupes.
Placenta, *æ*. Placenta.
Plani-folius, *a*, *um*. A feuilles planes.
Planisiliquus, *a*, *um*. A silique plane.
Planta, *æ*. Plante.
Plantagineus, *a*, *um*. En forme de Plantain.
Plantagini-folius, *a*, *um*. A feuilles d'un Plantain.
Plantula, *æ*. Plantule.
Plebeius, *a*, *um*. Plébéien; populaire.
Plenus, *a*, *um*. Plein ; rempli, ie.

Plicatus, *a*, *um*. Plissé, ée.
Plombeus, *a*, *um*. Plombé, ée.
Plumarius, *a*, *um*. En forme de **Plume**.
Plumosus, *a*, *um*. Plumeux, se.
Plumula, *æ*. Plumule.
Plurimi, *æ*, *a*. En grand nombre.
Pollen, *inis*. Poussière séminale; pollen.
Policaris, *e*. Haut d'un pouce.
Poligoni-folius, *a*, *um*. A feuilles de la Renouée.
Poligonus, *a*, *um*. Polygone; à plusieurs faces.
Polimorphus, *a*, *um*. De forme changeante.
Polyandrus, *a*, *um*. Polyandrique.
Polygamus, *a*, *um*. Polygame.
Polypetalus, *a*, *um*. Polypétale.
Polyphyllus, *a*, *um*. De plusieurs pièces.
Polypyrenus, *a*, *um*. Qui renferme plusieurs **noyaux**.
Polyspermus, *a*, *um*. A plusieurs semences.
Polystachus, *a*, *um*. A plusieurs épis.
Pomeridianus, *a*, *um*. Qui vient après midi.
Pomifer, *a*, *um*. Qui porte des fruits à pepins.
Pommum, *i*. Pomme, fruit à pepins.
Populi-folius, *a*, *um*. A feuilles du Peuplier.
Populneus, *a*, *um*. Qui tient au Peuplier.
Pori, *um*. Pores.
Porri-folius, *a*, *um*. A feuilles du Poireau.
Porrosus, *a*, *um*. Poreux, se; qui a des pores.
Portulaci-folius, *a*, *um*. A feuilles du Pourpier.
Præcox, *cis*. Précoce.
Prælongus, *a*, *um*. Alongé, ée.
Præmorsus, *a*, *um*. Mordu, ue; rongé, ée.
Prasinus, *a*, *um*. D'un vert de Poireau.
Pratensis, *e*. Qui vient dans les prés.
Preciæ plantæ. Plantes précoces.
Premens, *tis*. Qui presse.
Primulus, *a*, *um*. Printanier, re.
Prismaticus, *a*, *um*. En forme de Prisme.
Proboscideus, *a*, *um*. De la forme de la trompe d'un Éléphant.
Procerus, *a*, *um*. Qui s'élève beaucoup.
Proboscides, *is*. Qui est en forme de trompe.
Procumbens, *tis*. Qui retombe.
Prolifer, *a*, *um*. Prolifère.
Prolificatio, *nis*. Prolification.
Prolificus, *a*, *um*. Prolifique; poussière prolifique.
Prominens, *tis*. Qui domine; qui s'élève au-dessus.

Prominulus ,

Prominulus, a, um. Qui s'élève peu.
Propendens, tis. Qui penche, qui est pendant.
Proprius, a, um. Propre. Calice propre; suc propre.
Prostratus, a, um. Prosterné, ée ; Renversé, ée.
Proximus, a, um. Immédiat, te; très-rapproché, ée.
Provincialis, e. Provincial, le.
Pruinosus, a, um. En forme de gelée blanche.
Pruni-folius, a, um. A feuilles du Prunier.
Prunus, i. Prune, fruit à noyau.
Pruriens, tis. Qui cause des démangeaisons, des cuissons.
Puber, a, um. Qui a acquis l'âge de puberté.
Pubes, is. Duvet.
Pubescens, tis. Pubescent, te.
Pulcher, ra, um. Beau ; d'une forme élégante.
Pugioniformis, e. En forme de poignard.
Pullus, a, um. De petite taille.
Pulpa, æ. Pulpe.
Pulposus, a, um. Pulpeux, se.
Pulverulentus, a, um. Poudreux, se.
Pulvis seminalis. Poussière séminale.
Pumilus, a, um. Nain, ne.
Punctatus, a, um. Ponctué, ée.
Punctorius, a, um. Qui pique.
Pungens, tis. Piquant, te.
Puniceus, a, um. Rouge-écarlate.
Punici-folius, a, um. A feuilles du Grenadier.
Purgans, tis. Qui purge.
Purpurascens, tis. Purpurin, ne.
Purpuratus, a, um. De couleur pourpre.
Purpureus, a, um. Pourpré, ée.
Pusillus, a, um. Qui s'élève peu.
Pustullatus, a, um. Qui est remarquable par des pustules.
Putamen, inis. Coquille de noix.
Putrescibilis, e. Qui se corrompt aisément.
Pygmæus, a, um. Très-petit, te.
Pyramidalis, e. Pyramidal, le.
Pyreniacus, a, um. Qui croît sur les Pyrénées.
Pyriferus, a, um. Qni porte des fruits en forme de Poires.
Pyriformis, e. En forme de Poire.

Q.

Quadrangularis, e. Quadrangulaire.
Quadricapsularis, e. A quatre capsules.

Quadridentatus, a, um. A quatre dents.
Quadrifidus, a, um. Quatrifide.
Quadriflorus, a, um. Quadriflore.
Quadri-foliatus, a, um. A quatre feuilles.
Quadrijugus, a, um. Quadrijugué, ée.
Quadrilobus, a, um. Quadrilobé, ée.
Quadrilocularis, e. Quadriloculaire.
Quadrinervius, a, um. A quatre nervures.
Quadripartitus, a, um. En quatre parties.
Quadriphyllus, a, um. Quadriphylle, ou tétraphylle.
Quadriqueter, a, um. A quatre faces.
Quadrispermus, a, um. A quatre semences.
Quadrivalvis, e. A quatre valves.
Quadrivascularis, e. A quatre loges en cornet.
Quaternatus, a, um. Quaterné, ée.
Quercifolius, a, um. A feuilles du Chêne.
Quercinus, a, um. Qui est de la nature du Chêne.
Quinnatus, a, um. Quinné, ée ; du nombre de cinq.
Quinquangularis, e. A cinq angles.
Quinque-capsularis, e. A cinq capsules.
Quinque-dentatus, a, um. A cinq dents.
Quinquefidus, a, um. Quinquefide.
Quinque-florus, a, um. A cinq fleurs.
Quinque-folius, a, um. A cinq feuilles.
Quinque-lobus, a, um. A cinq lobes.
Quinque-locularis, e. A cinq loges.
Quinque-nervius, a, um. A cinq nervures.
Quinque-partitus, a, um. En cinq parties.
Quinque-valvis, e. A cinq valves.
Quinque-vascularis e. A cinq loges en forme de cornet.
Quinquiqueter, ris. A cinq faces ; à cinq angles.

R.

Racemi-florus, a, um. Qui fleurit en grappe.
Racemosus, a, um. Disposé, ée en grappe.
Racemus, i. Grappe.
Rachis, is. Rape ; raffe, ou rafle.
Radians, tis. Rayonnant, te.
Radiatus, a, um. Radié, ée.
Radicalis, le. Radical, le ; qui tient à la racine.
Radians, tis. Radicant, te, qui jette des res.
Radicula, æ. Radicule.
Radius, i. Rayon.

Radix, *cis*. Racine.
Ragusinus, *a*, *um*. Qui croît à Raguse.
Rameus, *a*, *um*. Rameal, ce qui tient aux rameaux.
Ramifer, *a*, *um*. Qui produit des rameaux.
Ramificatio, *nis*. Ramification.
Rami-florus, *a*, *um*. Qui fleurit sur les rameaux.
Ramosus, *a*, *um*. Rameux, se.
Ramus, *i*. Branche, rameau.
Rarus, *a*, *um*. Rare.
Rari-florus, *a*, *um*. Qui n'a que peu de fleurs.
Rari-folius, *a*, *um*. Qui n'a que peu de feuilles.
Receptaculum, *i*. Réceptacle.
Reclinatus, *a*, *um*. Renversé, ée.
Recompositus, *a*, *um*. Recomposé, ée.
Reconditus, *a*, *um*. Renfermé, ée; caché, ée.
Rectus, *a*, *um*. Droit, te.
Recurvatus, *a*, *um*. Recourbé, ée.
Recutitus, *a*, *um*. Dépouillé, ée de son écorce.
Recurvus, *a*, *um*. Recourbé, ée.
Redivivus, *a*, *um*. Qui renaît et revit.
Reflexus, *a*, *um*. Réfléchi, ie; replié, ée.
Regerminans, *tis*. Qui germe de nouveau.
Regnum vegetabile. Règne végétal.
Regularis, *e*. Régulier, re.
Remotus, *a*, *um*. Eloigné, ée.
Reniformis, *e*. Réniforme.
Repandus, *a*, *um*. Goudronné, ée.
Repens, *entis*. Rampant, te.
Reproductio, *nis*. Reproduction.
Reptans, *tis*. Serpentant, te.
Resedi-folius, *a*, *um*. A feuilles du Réséda.
Resinæ, *arum*. Résines.
Resinosus, *a*, *um*. Résineux, se.
Resupinatus, *a*, *um*. Retourné, ée.
Retroflexus, *a*, *um*. Replié, ée sur soi-même.
Retrorsum. En arrière.
Retusus, *a*, *um*. Emoussé, ée.
Revolutus, *a*, *um*. Roulé, ée en dessous.
Rhombeus, *a*, *um*. Rhomboïde.
Rhombi-folius, *a*, *um*. A feuilles rhomboïdes.
Rictus, *ûs*. Gueule ouverte.
Rigidus, *a*, *um*. Roide.
Rimosus, *a*, *um*. Crevassé, ée.
Ringens, *entis*. A lèvres ouvertes.

Rivalis, *e*. Qui vient sur les rives.
Romanus, *a*, *um*. Qui vient à Rome.
Roridus, *a*, *um*. Couvert de rosée.
Rosaceus, *a*, *um*. Rosacé, ée.
Roseus, *a*, *um*. Couleur de rose.
Rosmarini-folius, *a*, *um*. A feuilles du Romarin.
Rostellum, *i*. Petit bec; radicule.
Rostratus, *a*, *um*. En forme de bec.
Rotatus, *a*, *um*. En roue, en rosette.
Rotundi-folius, *a*, *um*. A feuilles rondes.
Rotundus, *a*, *um*. Rond, de; arrondi, ie.
Rubens, *tis*. Qui rougit.
Ruber, *ra*, *rum*. Rouge.
Rubiginosus, *a*, *um*. Couleur de rouille.
Ruderalis, *e*. Qui vient dans les gravois, autour des maisons.
Rudimentum, *i*. Rudiment, principe de.
Rugosus, *a*, *um*. Ridé, ée, raboteux, se.
Runcinatus, *a*, *um*. Runciné, ée.
Rupestris, *e*. Qui vient sur les rochers.
Rupicola, *œ*. Qui habite les rochers.
Ruralis, *e*. Qui croît dans les campagnes.
Rusci-folius, *a*, *um*. A feuilles du Houx.
Rusticus, *a*, *um*. Rustique, agreste.
Rutilans, *tis*. Brillant, éclatant, te comme l'or.

S.

Saccharatus, *a*, *um*. Sucré, ée.
Saccharinus, *a*, *um*. Qui tient de la nature du sucre.
Sagittatus, *a*, *um*. Sagitté, ée; en fer de flèche.
Salicarius, *a*, *um*. Qui vient dans les saussaies.
Salici-folius, *a*, *um*. A feuilles du Saule.
Salivarius, *a*, *um*. Salivaire.
Salsus, *a*, *um*. Salé, ée.
Sambuci-folius, *a*, *um*. A feuilles du Sureau.
Sanguineus, *a*, *um*. Couleur de sang.
Sanguinolentus, *a*, *um*. Qui paroît ensanglanté.
Sapidus, *a*, *um*. Savoureux, se.
Sapor, *is*. Saveur.
Sarmentosus, *a*, *um*. Sarmenteux, se.
Sarmentum, *i*. Sarment.
Saxifragus, *a*, *um*. Saxifrage.
Saxosus, *a*, *um*. Qui croît dans les rochers.
Scaber, *ra*, *rum*. Raboteux, se.
Scabrities, *ei*. Rudesse.

Scandens, tis. Grimpant, te.
Scapus, i. Scape; hampe.
Scariosus, a, um. Scarieux, se.
Scissilis, e. Qui se rompt aisément.
Scitamineus, a, um. Scitaminé, ée ; parties ou principes de fructification.
Scoticus, a, um. Qui croît en Ecosse.
Scrotiformis, e. Scrotiforme.
Scoparius, a, um. Propre à faire des balais.
Scutellatus, a, um. En forme d'écuelle.
Sebifer, a, um. Qui porte comme du suif.
Secalinus, a, um. Qui tient de la nature du sucre.
Sectator, ris. Sectateur.
Secretio, nis. Secrétion.
Sectio, nis. Section.
Secundus, a, um. A parties tournées d'un seul côté.
Segestis. Moisson.
Segetalis, e. Des moissons.
Segmentum, i. Segment.
Segregatus, a, um. Ségrégé, ée; séparé, ée.
Semen, inis. Semence; graine d'une plante.
Semi-alatus, a, um. A demi-ailé, ée.
Semi-amplexicaulis, e. Demi-amplexicaule.
Semi-cylindricus, a, um. Demi-cylindrique.
Semi-duplex, icis. Semi-double.
Semi-flosculosus, a, um. Semi-flosculeux, se.
Semi-inferus, a, um. Demi-inférieur, re.
Seminalis, e. Séminal, le.
Seminatio, nis. Sémination.
Seminifer, a, um. Qui porte les semences.
Semi-pinnatus, a, um. A demi-pinné, ée.
Semi-spinosus, a, um. A demi-épineux.
Sempervirens, tis. Toujours vert, te.
Senegal, is. Plante du Sénégal.
Sensilis, e. Sensible; délicat.
Sensibilis, e. Sensible.
Sensitivus, a, um. Qui est sensible.
Senus, a, um. Six par six.
Separatus, a, um. Séparé, ée.
Septentrionalis, e. Qui croît dans le Septentrion.
Septicus, a, um. Septique.
Sericeus, a, um. Soïeux, se.
Serotinus, a, um. Tardif, ve.
Serpens, entis. Serpentant, te.

Serpylli-folius, *a*, *um*. A feuilles du Serpolet.
Serrati-folius, *a*, *um*. A feuilles dentelées.
Serratus, *a*, *um*. Denté, ée en scie.
Serpentinus, *a*, *um*. De couleur de peau de serpent.
Sessili-folius, *a*, *um*. A feuilles sessiles.
Sessilis, *e*. Sessile.
Setaceus, *a*, *um*. Sétacé, ée.
Setæ, *arum*. Soies.
Seti-folius, *a*, *um*. A feuilles comme des soies.
Setosus, *a*, *um*. Garni de poils rudes.
Sexangularis, *e*. A six angles.
Sexfidus, *a*, *um*. Fendu de six côtés.
Sexflorus, *a*, *um*. A six fleurs.
Sexjugus, *a*, *um*. Feuilles à six paires de folioles.
Sexlocularis, *e*. A six loges.
Sexvalvis, *is*. A six valves.
Sexus, *ûs*. Sexe des plantes.
Sibiricus, *a*, *um*. Plante de Sibérie.
Siccus, *a*, *um*. Sec ; desséché, ée.
Silicula, *æ*. Silicule.
Siculus, *a*, *um*. De Sicile.
Siliqua, *æ*. Silique.
Siliquosus, *a*, *um*. Siliqueux, se.
Simplex, *icis*. Simple.
Simplici-folius, *a*, *um*. A feuilles simples.
Sinensis, *e*. Plante de la Chine.
Sinistrorsum. De gauche à droite.
Sinuatus, *a*, *um*. Sinué, ée.
Sinus, *ûs*. Sinus.; échancrure.
Situs, *ûs*. Situation.
Smyrneus, *a*, *um*. Qui croît à Smyrne.
Solani-folius, *a*, *um*. A feuilles du Solanum.
Solares plantæ. Plantes solaires.
Solidus, *a*, *um*. Solide ; d'une consistance ferme.
Solitarius, *a*, *um*. Solitaire ; seul.
Solstitialis, *e*. Qui croît pendant le solstice.
Solum, *i*. Sol. Terrain.
Somnifer, *a*, *um*. Qui porte au sommeil.
Somnus plantarum. Sommeil des plantes.
Sonchi-folius, *a*, *um*. A feuilles du Laitron.
Sonorus, *a*, *um*. Sonore ; retentissant, te.
Sorbi-folius, *a*, *um*. A feuilles du Sorbier.
Sordidus, *a*, *um*. Sordide; souillé, ée.
Spadiceus, *a*, *um*. Qui porte un spadice.

Spadix , icis. Poinçon; spadice.
Sparsus , a , um. Epars, se.
Spatha, æ. Spathe.
Spathaceus , a , um. Pourvu d'un spathe.
Spatulatus , a , um. Spatulé ée; en spatule.
Species , ei. Espèce.
Specificus, a , um. Spécifique, qui tient à l'espèce.
Speciosus , a , um. Beau; spécieux , se.
Sphærocephalus , a , um. A têtes rondes.
Sphæricus , a , um. De forme sphérique.
Sphærospermus , a , um. A semences rondes.
Spica, æ. Epi.
Spicatus , a , um. Qui est en épi.
Spiciger , a , um. Qui porte des épis.
Spicula , æ. Epilet; petit épi.
Spinæ, arum. Epines.
Spinescens , entis. Qui pique comme une épine.
Spinifer , a , um. Qui porte des épines.
Spinosus , a , um. Epineux , se.
Spiræi-folius , a , um. A feuilles du Spirea.
Spiralis , e. Tourné , ée eu spirale.
Spitameus , a , um. Haut, te de neuf pouces.
Splendens , tis. Brillant, te; reluisaut , tc.
Spongiosus , a , um. Spongieux , se.
Sponsalia plantarum. Noces des plantes.
Spontaneus , a , um. Spontané , ée; qui vient naturellement.
Spumosus , a , um. Couvert d'écume.
Spurius , a , um. Bâtard , de.
Squalens , tis. Qui est sali.
Squamæ , arum. Ecailles.
Squamarius , a , um. Qui a la forme d'une écaille.
Squameus , a , um. Qui est eu forme d'écaille.
Squamosus , a , um. Ecailleux , se.
Squalidus , a , um. Qui est sali.
Squarrosus , a , um. Rude ; raboteux , se.
Stabilis , e. Stable ; persistant , te.
Stœchadi-folius , a , um. A feuilles de Stœchas.
Stamen , inis. Etamine.
Stamineus , a , um. En forme d'étamines.
Staminifer , a , um. Qui porte les étamines.
Stamini-formis , e. En forme d'étamines.
Stans , tis. Qui se tient de soi-même , et sans appui.
Stellatus , a , um. Etoilé , ée.
Stelluli-folius , a , um. A feuilles étoilées.

Sterilis, *e*. Stérile.
Stigma, *tis*. Stigmate.
Stimuli, *orum*. Pointes fines.
Stipes, *itis*. Pédicule des Champignons.
Stipitatus, *a*, *um*. Pédicule des Champignons.
Stipula, *œ*. Stipule.
Stipulaceus, *a*. *um*. Qui porte des stipules.
Stipularis, *e*. Qui vient sur les stipules.
Stipulatio, *nis*. Disposition des stipules.
Stipulatus, *a*, *um*. Qui a des stipules.
Stolones, *um*. Stolones. Drageons. Rejettons.
Stolonifer, *a*, *um*. Stolonifère.
Strepens, *entis*. Bruyant, te.
Striatus, *a*, *um*. Strié, ée ; cannelé, ée ; rayé, ée.
Strictus, *a*, *um*. Droit, te ; perpendiculaire.
Stigosus, *a*, *um*. Piquant, te.
Strobilaceus, *a*, *um*. En forme de cône.
Strobilifer, *a*, *um*. Qui porte des strobiles, ou cônes.
Strobilus, *i*. Strobile ; cône.
Stylus, *i*. Style.
Styraci-folius, *a*, *um*. A feuilles du Styrax.
Stypticus, *a*, *um*. Styptique.
Suave olens, *tis*. D'une odeur suave.
Subalaris, *e*. Sous-axillaire.
Subaxillaris, *e*. Placé sous les aisselles d'une feuille.
Suberectus, *a*, *um*. Qui est comme droit.
Suberosus, *a*, *um*. Subéreux, se.
Subcordiformis, *e*. Presque cordiforme.
Subcylindricus, *a*, *um*. Presque cylindrique.
Subfuscus, *a*, *um*. Qui tire sur le noir.
Sublobatus, *a*, *um*. Comme lobé, ée.
Submersus, *a*, *um*. Submergé, ée.
Suborbicularis, *e*. Sous-orbiculaire.
Subrotundus, *a*, *um*. Presque rond.
Subserratus, *a*, *um*. Presque dentelé, ée.
Substancia, *œ*. Substance.
Subterraneus, *a*, *um*. Subterrané, ée ; qui vient sous terre.
Subvillosus, *a*, *um*. Qui est comme velu.
Subulatus, *a*, *um*. Subulé, ée ; en alène.
Succedaneus, *a*, *um*. Partie qui remplace une autre.
Succosus, *a*, *um*. Plein, ine de suc ; succulent, te.
Sufrutex, *icis*. Sous-arbrisseau.
Sufruticosus, *a*, *um*. Sous-ligneux, se.
Suffugium, *ii*. Abri.

Sulcatus, a, um. Sillonné, ée.
Sulfureus, a um. De couleur de Soufre.
Superans, tis. Surpassant en hauteur.
Superficies, ei. Superficie ; surface.
Superfluus, a, um. Superflu, ue.
Superus, a, um. Supérieur, re.
Supinus, a, um. Couché, ée ; renversé, ée.
Suprà-decompositus, a, um. Sur décomposé, ée.
Suprà-foliaceus, a, um. Qui vient au haut des feuilles.
Surculus, i. Bourgeon ; rejetton.
Surinamensis, e. Plante de Surinam.
Suspensus, a, um. Suspendu, ue.
Sutura, æ. Suture.
Sylvaticus, a, um. Qui vient dans les forêts.
Sylvestris, e. Qui vient dans les bois.
Synonymia, æ. Synonymie.
Synopsis, i. Figure ; représentation des plantes.
Systema, tis. Systême.
Systematicus, i. Conforme à un systême.
Syriacus, a, um. Plante de Syrie.

T.

Talia, æ. Bouture.
Tamarisci-folius, a, um. A feuilles du Tamarisc.
Tœnianus, a, um. Rubanté, ée.
Tardi-florus, a, um. Qui fleurit tard.
Taxi-folius, a, um. A feuilles de l'If.
Tectus, a, um. Couvert, te.
Tegens, entis. Couvrant, te.
Temulus, a, um. Tremblant, te.
Tenax, acis. Tenace.
Tenellus, a, um. Délicat, te.
Tenui-florus, a, um. A petites fleurs.
Tenui-folius, a, um. A feuilles minces, étroites.
Tenuis, is. Aminci, ie ; mince.
Terebinthinaceus, a, um.. Qui est de la nature du Térébinthe.
Teretiusculus, a, um. Quasi arrondi, ie.
Teres, tis. Cylindrique ; arrondi, ie.
Tereti-folius, a, um. A feuilles arrondies.
Tergeminus, a, um. Tergéminé, ée.
Terminalis, e. Terminal, le.
Ternatus, a, um. Terné, ée.
Terraneus, a, um. Qui appartient à la terre.
Terrestris, e. Qui vient sur terre.

Terreus, a, um. Terreux, se ; composé de terre.
Tessellatus, a, um. Disposé en échiquier.
Testiculatus, a, um. Fait en testicule.
Teter, ra, rum. D'une odeur vireuse.
Tetragonus, a, um. Tétragone.
Tetrandrus, a, um. De la classe tétrandrique.
Tetrapetalus, a, um. A quatre pétales.
Tetraphylus, a, um. Composé de quatre pièces.
Tetraqueter, a, um. A quatre angles.
Tetraspermus, a, um. A quatre semences.
Thalamus, i. Calice considéré comme lit nuptial.
Thermalis, e. Qui vient dans les grandes chaleurs.
Thirsoideus, a, um. Disposé, ée en thyrse.
Thyrsi-florus, a, um. A fleurs en thyrse.
Thyrsus, i. Thyrse ; bouquet.
Thymi-folius, a, um. A feuilles du Thym.
Tiliæ-folius, a, um. A feuilles du Tilleul.
Tinctorius, a, um. Qui sert à la teinture.
Tomentosus, a, um. Velu, ue ; cotoneux, se.
Tomentum, i. Duvet ; laine.
Topiarius, a, um. Qui tient au jardinage.
Torosus, a, um. Relevé, ée en bosse.
Torulosus, a, um ; pour *Torosus.*
Tortio, nis. Tortillage.
Tortilis, e. Qui se tortille.
Tortuosus, a, um. Tortueux, se.
Tortus, a, um. Tordu, ue.
Tracheæ, arum. Trachées.
Transversus, a, um. Transversal, le.
Trapeziformis, e. Trapéziforme.
Triandrus, a, um. De la classe triandrique.
Triangularis, e. Triangulaire.
Tricapsularis, e. Tricapsulaire.
Triceps, ipitis. Qui a trois têtes.
Tricoccus, a, um. A trois coques.
Tricolor, is. De trois couleurs.
Tricuspidatus, a, um. Tricuspidé, ée.
Tridentatus, a, um. A trois dents.
Triduus, a, um. Qui dure trois jours.
Trifidus, a, um. Trifide.
Triflorus, a, um. Triflore.
Tri-foliatus, a, um. A trois feuilles.
Trichochides pili. Poils divisés en trois crochets.
Trifurcatus, a, um. Trifurqué, ée.

Triglumis , e. A trois balles.
Trigonus , a , um. Trigone.
Trigynus , a , um. De l'ordre trigynie.
Trijugus, a, um. Trijugué , éc.
Trilobus , a , um. Trilobé , ée.
Trilocularis , e. A trois loges ; triloculaire.
Trimestris , e. Qui fleurit au bout de trois mois.
Trinervius, a , um. A trois nervures.
Trinusu, a, m. Terné , ée ; trois à trois.
Tripartitus , a , um. En trois parties.
Tripetalus , a , um. A trois pétales.
Triphyllus , a , um. En trois pièces ; triphylle.
Tripinnatus , a , um. Tripinné , ée.
Triplinervius , a , um. A trois nervures; chacune divisée en trois.
Triqueter, ra , rum. A trois angles.
Trisannuus , a , um. Trisannuel , le.
Trispermus , a , um. A trois spermes.
Trispicatus , a , um. A trois épis.
Tristis , e. D'une couleur triste.
Trisulcus , a , um. A trois sillons.
Triternatus , a , um Triterné , éc.
Trivalvis , e. A trois valves.
Trivialis , e. Qui vient dans les carrefours.
Trivascularis , e. A trois loges en forme de cornet.
Triviale nomen. Nom trivial.
Tropiceus , a , um. Tropique.
Troncatus , a , um. Tronqué , ée.
Troncus , i. Tronc.
Tropicus , a , um. Tropique.
Tuber , is. Truffe.
Tuberculum , i. Tubercule.
Tuberculatus, a , um. Tuberculé , ée.
Tuberosus , a , um. Tubéreux , se.
Tubi-florus , a , um. Qui fleurit en tube.
Tubularis , e. Creusé en tube.
Tubulatus , a , um. Tubulé , ée.
Tubus , i. Tube.
Tulipifer , a , um. Qui porte des Tulipes.
Tunica , œ. Tunique.
Tunicatus , a , um. Tuniqué , ée.
Turbinatus , a , um. Turbiné , ée.
Turgidus , a , um. Gonflé ; renflé , ée.
Turio , onis. Bourgeon.
Turritus , a , um. Fait en tourelle.

U.

Uliginosus, a, um. Qui vient dans les lieux humides.
Umbella, æ. Ombelle.
Umbellatus, a, um. Qui porte une ombelle.
Umbellifer, ra, rum. Ombellifère ; ombellé, ée.
Umbellula, æ. Ombelle partielle.
Umbilicatus, a, um. Ombiliqué.
Umbo, inis. Nombril, ou centre d'une feuille.
Umbilicalis, e. Qui tient à l'ombilic.
Umbilicus, i. Ombilic.
Umbrosus, a, um. Qui croît à l'ombre.
Uncialis, e. Haut, te d'un pouce.
Uncinatus, a, um. Courbé, ée en crochet.
Unctuosus, a, um. Onctueux, se.
Undatus, a, um. Ondé, ée.
Undulatus, a, um. Ondulé, ée.
Unguicularis, e. De la grandeur de l'ongle.
Unguiculatus, a, um. Qui a un onglet.
Unguis, is. Onglet.
Uniangulatus, a, um. A un seul angle.
Unicapsularis, e. Unicapsulaire.
Unidentatus, a, um. A une seule dent.
Uniflorus, a, um. Uniflore.
Uni-folius, a, um. A une seule feuille.
Uniformis. Uniforme.
Unilabiatus, a, um. A une seule lèvre.
Unilateralis, e. Unilatéral, le.
Unilocularis, e. Uniloculaire.
Uni-sexus, ûs. D'un seul sexe.
Uni-siloquosus, a, um. A une seule silique.
Univalvis, e. Univalve.
Uni-vascularis, e. A une seule loge en cornet.
Universalis, e. Universel, le.
Urbanus, a, um. D'usage dans les villes.
Urbicus, a, um. Qui croît dans le voisinage des villes.
Urceolatus, a, um. Urcéolé, ée ; en forme de burette.
Urens, tis. Brûlant, te ; cuisant, te.
Urtici-folius, a, um. A feuilles d'Ortie.
Usitatus, a, um. Usité, ée ; commun, ne.
Uspalensis, e. Qui vient dans le territoire d'Upsal.
Ustulatus, a, um. Qui est grillé, brûlé par la chaleur.
Usus plantarum. Usage des plantes.

Utricularis, *e*. Utriculaire.
Utriculosus, *a*, *um*. Utriculé, ée.
Utriculus, *i*. Utricule.
Uvœ-folius, *a*, *um*. A feuilles de vigne.
Uviferus, *a*, *um*. Qui porte des grappes de raisins.

V.

Vagabundus, *a*, *um*. Qui erre çà et là.
Vagans, *antis*. Qui est dispersé de tous côtés.
Vagina, *œ*. Gaîne; cornet.
Vaginans, *antis*. Qui fait la gaîne.
Vaginatus, *a*, *um*. Vagiué, ée; engaîné, ée.
Vagus, *a*, *um*. Vague.
Valva, *œ*. Valve.
Valvula, *œ*. Petite valve.
Valvalus, *a*, *um*. Entouré, ée de valves.
Variatio, *nis*. Variation; changement.
Varicosus, *a*, *um*. Variceux, se.
Variegatus, *a*, *um*. Panaché, ée.
Varietas, *tis*. Variété.
Variolosus, *a*, *um*. Bigarré, ée; chamarré, ée.
Varius, *a*, *um*. Varié, ée; changeant, te.
Vasa, *orum*. Vases.
Vegetabilia, *orum*. Végétaux.
Vegetatio, *nis*. Végétation.
Venenosus, *a*, *um*. Vénéneux, se.
Venosus, *a*, *um*. Véné, ée.
Ventosus, *a*, *um*. Venteux, se; exposé aux vents.
Ventricosus, *a*, *um*. Ventru, ue.
Ver, *ris*. Printems.
Verbasci-folius, *a*, *um*. A feuilles du Bouillon blanc.
Vermiculatus, *a*, *um*. Vermiculé, ée.
Vernalis, *e*. Printanier, ère.
Vernix, *icis*. Vernis.
Vernus, *a*, *um*. Qui croît au printems.
Verrucosus, *a*, *um*. Verruceux, se.
Versatilis, *e*. Versatile; vacillant, te.
Versicolor, *ris*. De couleurs changeantes.
Vertex, *icis*. Cime; sommet.
Verticalis, *e*. Vertical, le.
Verticillatus, *a*, *um*. Verticillé, ée.
Verticillus, *i*. Verticille.
Verus, *a*, *um*. Vrai, aie; véritable.

Vescus, a, um. Bon à manger.
Vesicatorius, a, um. Vésicatoire.
Vesicularis, e. Vésiculaire.
Vespertinus, a, um. Du soir.
Vestitus, a, um. Couvert, te.
Vexillum, i. Etendart.
Vigiliæ plantarum. Veilles des plantes.
Villosus, a, um. Vélu, ue ; poilu, ue.
Virmineus, a, um. Pliant, te.
Vinealis, e. Qui vient dans les vignes.
Vinifer, a, um. Qui porte du vin.
Violaceus, a, um. Violet, te.
Virescens, tis. Verdoyant, te.
Virgatus, a, um. Foible ; débile ; inégal, le.
Virginianus, a, um. Plante de Virginie.
Viridescens, entis. Verdoyant, te.
Viri-florus. A fleurs vertes.
Viridis, e. Vert, te.
Viridulus, a, um. Un peu vert.
Virosus, a, um. Puant, te ; vireux, se.
Viscositas, tis. Viscosité.
Viscidus, a, um. Gluant, te ; visqueux, se.
Viticulosus, a, um. Garni, ie de vrilles.
Viti-folius, a, um. A feuilles de vignes.
Vitreus, a, um. Transparent, te comme le verre.
Vittatus, a, um. Disposé, ée en bandelette.
Vivipar, ris. Vivipare.
Vivus, a, um. Vivant, te ; vif, ve.
Volubilis, e. Volubile ; qui se roule en spirale.
Volva, œ. Volva.
Volucris, e. Volage ; volant, te.
Vulgaris, e. Vulgaire.
Vulgatus, a, um. Dispersé communément.
Vulnerarius, a, um. Vulnéraire.

F I N.

Fin de la Table.